Lebendige Geometrie
Überlegungen zu einem integrativen Verständnis von Geometrieunterricht anhand des Winkelbegriffes

Europäische Hochschulschriften
Publications Universitaires Européennes
European University Studies

Reihe XI

Pädagogik

Série XI   Series XI
Pédagogie
Education

Bd./Vol. 409

PETER LANG
Frankfurt am Main · Bern · New York · Paris

Konrad Krainer

Lebendige Geometrie

Überlegungen zu einem integrativen
Verständnis von Geometrieunterricht
anhand des Winkelbegriffes

PETER LANG

Frankfurt am Main · Bern · New York · Paris

CIP-Titelaufnahme der Deutschen Bibliothek

Krainer, Konrad:

Lebendige Geometrie : Überlegungen zu einem integrativen
Verständnis von Geometrieunterricht anhand des Winkelbegrif-
fes / Konrad Krainer. - Frankfurt am Main ; Bern ; New York ;
Paris : Lang, 1990
   (Europäische Hochschulschriften : Reihe 11, Pädagogik ;
   Bd. 409)
   Zugl.: Klagenfurt, Univ., Diss., 1989
   ISBN 3-631-42385-3

NE: Europäische Hochschulschriften / 11

ISSN 0531-7398
ISBN 3-631-42385-3

© Verlag Peter Lang GmbH, Frankfurt am Main 1990
Alle Rechte vorbehalten.

VORWORT

Die vorliegende Arbeit ist so umfangreich geraten, daß ich es niemandem verargen kann, wenn er diese - soferne ihn das Thema überhaupt interessiert - nur überblicksweise liest. Alle jene, die dennoch (zumindest teilweise) die Muße aufbringen, sich in den Inhalt zu vertiefen, bitte ich um Rückmeldung, ich werde sie ehrend in Empfang nehmen und in weitere Überlegungen gerne einbeziehen.

Ich danke herzlichst meinen Betreuern Prof. Dr. Willibald Dörfler und Prof. Dr. Roland Fischer, die mir in vielen Belangen wertvolle Hinweise gegeben haben. Dies bezieht sich nicht nur auf diese Arbeit, sondern auf meinen ganzen studentischen und beruflichen Werdegang, in welchem mich die Ideen dieser beiden Wissenschaftler in meinem didaktischen Denken und Handeln wesentlich geprägt haben. Ich danke herzlichst Herrn Prof. Dr. Peter Posch, der mir vor allem zu den pädagogischen Teilen der Arbeit anregende Rückmeldungen gegeben hat.

Ich danke allen, die sich durch taktische "Winkelzüge" des Verfassers plötzlich in einschlägige Gespräche verwickelt sahen und nicht gleich in den letzten "Winkel" flüchteten. Besonders danke ich den Schülerinnen und Schülern, die mir so emsig Fragen beantwortet haben, sowie jenen Kolleginnen und Kollegen, in deren Klassen ich die Untersuchungen mit freundlicher Erlaubnis der Direktoren durchführen konnte. Mein Dank gilt vor allem jenem Schüler und jener Schülerin des BG St. Veit/Glan, die sich auch nach intensiven Interviews noch freundlich zeigten und versicherten, die Sache heil überstanden zu haben.

Ich danke herzlichst den Damen Waltraud Sternad und Sonja Schwarzfurtner, die mich beim Reinschreiben der vielen Manuskriptseiten so wertvoll unterstützt haben. Besonders danke ich auch der Studentin Gabriele Rieser, die das ganze Manuskript mit großer Sorgfalt korrekturgelesen hat.

Ein liebes Dankeschön gebührt meiner Frau Barbara, die meine Arbeit gerne (korrektur-) gelesen hat und über einige Jahre hindurch auf viele gemeinsame Stunden verzichtet hat. Bei meinem Sohn Georg (4 Jahre) hat das oftmalige Über-meine-Schultern-Schauen offenbar dazu geführt, daß er recht gerne Dreiecke zeichnet und manchmal recht stolz auf die drei Winkel hinweist. Ihnen beiden möchte ich meine Arbeit widmen.

Klagenfurt, im Jänner 1989

EIGENER BLICKWINKEL

Zu homogen
ist nicht bequem,
man paßt nicht in die Lade,
das sagte einst mal die Gerade.

Sie probierte darauf einen Trick
und bog sich um zu einem Knick
und wundert sich danach - ganz klar,
daß man sie sieht als Strahlenpaar.

Zu ihrem Zorn und zur Verwirrung
verpaßt man ihr 'ne Orientierung,
sie fühlt sich nun total entfremdet,
von fremder Machtgier arg geschändet.

Sie wollte nur bequemer liegen
und doch nicht solche Pfeile kriegen,
sie klappt zusammen zu Null Grad,
doch so ist's plötzlich wieder fad.

Sie sehnt sich nach den alten Zeiten,
ohne zu denken g'rad' zu schreiten,
jetzt liegt ein neuer Trick parat,
sie mißt jetzt 180 Grad.

GEWINKELTES

Vater: Stell' dich in den Winkel!

Sohn: In den rechten, oder in den linken?

Vater: In den rechten selbstverständlich, den linken gibt es ja nicht!

Lehrer: Bei wieviel Grad siedet Wasser?

Schüler: Bei 90°!

Lehrer: Falsch!

Schüler: Ach ja, bei 90° siedet doch der rechte Winkel!

Schülerin: Unserem Lehrer schenken wir heuer einen Spitzer!

Schüler: Wieso?

Schülerin: Weil er sonst immer stumpfe Winkel zeichnet!

Was ist ein Punkt?

(Antwort: Ein Winkel, dem man seine Schenkel amputiert hat)

Haben Sie schon gewußt, daß ...

... ein rechter Winkel linksorientiert sein kann!

INHALTSVERZEICHNIS

REFLEXIONEN ÜBER HISTORISCH-FACHLICHE, PSYCHOLOGISCH-
INDIVIDUELLE UND EPISTEMOLOGISCH-OPERATIVE ASPEKTE
DES WINKELBEGRIFFES

4

0. EINLEITUNG

Um die Motivation zur vorliegenden Arbeit zu schildern, sei eine Kurzgeschichte mit dem Titel "Wenn Photowandern 'Schule' macht" wiedergegeben, deren Inhalt sich in ähnlicher Form (leider) tatsächlich abgespielt hat:

Ein schlauer Fremdenverkehrsexperte ersann ein attraktionsträchtiges Angebot: Photowandern für Touristen. Wie schon der Name sagt, geht es um eine Kombination von Wandern und Photographieren. Ein "Photowanderlehrer" führt interessierte Gäste auf eigens ausgewählte Pfade, von einem schönen Photomotiv zum anderen. An vorgesehen Standorten hält die "Wanderklasse" geschlossen inne, wählt unter Anleitung Objektiv, Brennweite, u.s.w. und schießt "ihre" Bilder. Es erscheint nicht angebracht, von diesem Programm auszusteigen, da ohnehin der "optimale" Rundkurs gewählt wurde und der "Lehrer" zügig weiter muß, um alle geplanten Stationen zeitgerecht zu absolvieren.

Diese Geschichte beinhaltet (nur) insofern positive Gesichtspunkte, als es jedem freigestellt ist, ein solches Angebot anzunehmen oder nicht. Allerdings meine ich, daß dieses Bild vom "Photowandern" leider auch in großem Ausmaße eine Entsprechung im Mathematikunterricht besitzt.

Besonders schmerzlich empfinde ich die Situation im Geometrieunterricht der Unterstufe (Sekundarstufe I), wo es uns noch nicht gelungen ist, eine Befreiung von den Fesseln axiomatischer Theorien (Hintergrundtheorien) zu erlangen. Es wird immer wieder gefordert, umwelterschließend, wirklichkeitsbezogen u.ä. vorzugehen, verschiedene Aspekte der Geometrie zu beachten, aber vor allem im konkreten Ansatz wird vieles wieder an alten Maßstäben gemessen.

Der vorliegenden Arbeit liegt das Verständnis zugrunde, daß es im Geometrieunterricht nicht um "die Geometrie" geht, sondern um eine (aktive) Auseinandersetzung des Schülers mit Sachverhalten, die man mit geometrischen Mitteln beschreiben, diskutieren und vielleicht auch lösen kann. Nicht das Fach und dessen Strukturen stehen im Vordergrund, sondern die Weiterentwicklung der Beziehung zwischen Individuum und Wirklichkeit, zu deren Gedeihen die Sprache der Geometrie wertvolle Dienste zu leisten vermag. Die Struktur der Geometrie im Unterricht ist nichts faktisch (a priori) Vorgegebenes, sie ist eine Struktur, die gemeinsam mit dem Schüler konstruiert werden sollte.

Am Anfang der Überlegungen zu dieser Arbeit stand die Frage, wie ein Beitrag in Richtung einer "lebendigen Geometrie" geleistet werden könnte. Es folgte eine Zeit des Entwerfens und Verwerfens von Konzepten, die allesamt den Fehler hatten, zuwenig konkret zu sein.

In diese Zeit fielen zwei Erlebnisse, die auf sonderbare Weise zu einer Entscheidung beitrugen: Am Vormittag hörte ich von einer Schülerin im Unterricht, daß der Winkel wohl zu den einfachsten Begriffen der Mathematik gehöre, am Nachmittag las ich in einer didaktischen Arbeit, daß der schwierigste unter den geometrischen Grundbegriffen zweifellos der Winkelbegriff sei. Dies war für mich Herausforderung und Grund genug, den Winkelbegriff genauer zu untersuchen. Die einfache These, daß es nur die Didaktiker wären, die aus diesem Begriff etwas Kompliziertes machten, mußte ich sehr bald revidieren.

Bei der Analyse von Schülerinterviews erkannte ich, daß Schüler teilweise so grundlegende Probleme haben, daß sie von den - von den Didaktikern postulierten- Schwierigkeiten nicht einmal etwas merken.

Ein Beispiel: Daß sich die Orientierung eines Winkels bei einer Achsenspiegelung ändert (bei entsprechender Definition), ist für viele Schüler kein Problem, wohl aber die Tatsache, daß es neben einem "rechten Winkel" nicht auch einen "linken Winkel" gibt.
Dabei ist letztere Vorstellung gar nicht "falsch", wenn man sich in die Lage eines Kindes versetzt, das eben erst eine Winkelfigur gesehen hat, deren Schenkel nach "rechts" und nach "oben" weisen und gleich vordenkend sich eine Winkelfigur vorstellt, deren Schenkel nach "links" und nach "oben" ragen. Das Kind hat nur das "Pech", die Situation nicht mit jenen Augen zu betrachten, mit der wir (geschulte Geometer) diese sehen können.
Bevor es einen Sinn hat, einen "links" - orientierten Winkel einzuführen, sollte den Schülern einsichtig gemacht werden, daß in der Geometrie "links" sinnvollerweise etwas anderes bedeuten soll als "links" im Alltag (Übergang von einer egozentrischen zu einer systematischen Sicht). Verunsicherungen der Schüler können auch darin begründet sein, daß man zwar in der (geometrischen) Theorie nach "links" dreht, in der Praxis (z.B. bei der Uhr) aber oft nach "rechts". Wenn der Schüler nicht erkennt, daß es sich bei der Entscheidung für "links" (bzw. für "rechts") um eine bloße Konvention handelt, könnte der fatale Eindruck entstehen, daß in Theorie und Praxis "die Uhren anders laufen".

Nun aber zum <u>Aufbau der vorliegenden Arbeit:</u>

Im <u>ersten Abschnitt</u> geht es um eine kritische Analyse der Behandlung des Winkelbegriffes in der didaktischen Literatur. Sie zeigt ein Bild, das von fachsystematischen Überlegungen geprägt ist. Vor allem die Analyse von Schulbüchern zeigt, daß Umweltbezüge vornehmlich als "Lockvögel" für rein innermathematische Überlegungen erachtet werden, also ein ungemein unreflektiertes Verhältnis von Theoriebildung und Umweltbezug vorherrscht. Der erste Abschnitt gipfelt im Sichtbarmachen von Tendenzen zu "Trennungs- und Reduktionshaltungen" innerhalb der Geometriedidaktik, die es nach meiner Auffassung zu überwinden gilt.

Im <u>zweiten Abschnitt</u> wird das Ziel verfolgt, den Winkelbegriff nach verschiedenen Aspekten zu untersuchen. Neben der Betrachtung der historisch - fachlichen Genese des Winkelbegriffes werden Untersuchungen von Piaget und Mitarbeitern zum Winkelbegriff diskutiert, eigene empirische Untersuchungen zu Vorstellungen von Winkel bei Kindern besprochen, sowie versucht, "operativen" Aspekten des Winkelbegriffes auf die Spur zu kommen. Es handelt sich insgesamt um den Versuch einer weiter gefaßten Analyse des Begriffes in Hinblick auf eine Konkretisierung zu entsprechenden Lernsequenzen im Unterricht.

Im <u>dritten Abschnitt</u> wird das Ziel verfolgt, die im ersten Abschnitt sichtbar gemachten "Trennungs- und Reduktionshaltungen" zugunsten einer "integrativen" Sicht von Geometrie (-Unterricht) aufzulösen. Es werden Aspekte herausgearbeitet, die das Wesen einer "lebendigen Geometrie" prägen sollen. Als Möglichkeit einer Konkretisierung dieses Ansatzes wird das Aufstellen von didaktisch konzipierten Aufgabensystemen erörtert und schließlich anhand des Winkelbegriffes verwirklicht. Das aus 69 Aufgaben bestehende System von Aufgaben zur Konstruktion des Winkelbegriffes (rund um die 6. Schulstufe) ist vor allem unter dem Gesichtspunkt des Zur-Diskussion-Stellens einer Begriffsentwicklung zu sehen, die Aspekte von Theoriekonstruktion und Umweltkonstruktion (in einem vernetzten Sinne) miteinander verknüpft.

Abschnitt I:

Kritik an der didaktischen Diskussion um den Winkelbegriff. Sammlung von Argumenten wider eine "trennende" und "reduzierende" Geometriedidaktik.

1. DIE DIDAKTISCHE DISKUSSION UM DEN WINKELBEGRIFF

Daß der Winkelbegriff der Mathematikdidaktik einige Probleme aufzulösen gibt, kann aus einigen Literaturstellen herausgelesen werden:

- *"Einer der problematischsten Begriffe der Elementargeometrie ist zweifellos der Winkelbegriff. Die Frage, welcher der vielen möglichen Winkelbegriffe für den Geometrieunterricht in der Schule besonders gut geeignet ist, läßt sich keineswegs einfach beantworten. Auch gibt es unter den neuen Schulbüchern der Geometrie nicht z w e i, in denen die Frage in gleicher Weise entschieden wird. Leider muß hinzugefügt werden, daß es bisher kaum e i n Lehrbuch gibt, in dem der Winkelbegriff in sachlich einwandfreier Weise eingeführt, und zugleich auch später konsequent durchgehalten wird. Es ist daher eine dringliche Aufgabe, zunächst einmal zu klären, welche Möglichkeiten sich für die Einführung des Winkelbegriffs bieten, und was die jeweiligen Winkelbegriffe für einen Gesamtaufbau der Geometrie zu leisten vermögen."* (HOLLAND 1971, S. 105)

- *"Die Einführung des Winkelbegriffs in der "Elementargeometrie enthält mancherlei Probleme."* (BIGALKE/HASEMANN 1978, S. 233)

- *"Der schwierigste unter den geometrischen Grundbegriffen ist zweifellos der Winkelbegriff. Er wird darum in den meisten Schulbüchern auch erst im 6. Schuljahr eingebracht."* (MITSCHKA 1982, S. 34)

- *"Es gibt zahlreiche praktische Situationen, in denen der Begriff des Winkels bzw. die verschiedenen Winkelbegriffe bedeutungsvoll sind. Einer operativen Begriffsbildung ist der Winkel allerdings weniger zugänglich."* (BENDER/SCHREIBER 1985, S. 147)

Im folgenden wird zunächst ein Überblick über die verschiedensten Definitionen bzw. Zugänge zum Winkelbegriff geleistet. Danach erfolgt eine kritische Auseinandersetzung mit der didaktischen Diskussion um den Winkelbegriff. Besonders ausführlich wird auf zwei Arbeiten eingegangen, in denen es um eine Mathematisierung anschaulicher Vorstellungen bzw. um das Untersuchen von (Fehl-) Vorstellungen von Kindern von Winkel geht. Eine zusammenfassende Betrachtung der didaktischen Literatur erfolgt (nach der Analyse von Schulbüchern, vgl. Kapitel 2) im dritten Kapitel.

INHALTSVERZEICHNIS VON KAPITEL 1:

1.1 KURZDARSTELLUNG DER IN DIDAKTISCHEN ARBEITEN VORGESCHLAGENEN WINKELDEFINITIONEN UND ZUGÄNGE ZUM WINKELBEGRIFF

Der Grund für diese Aufstellung von verschiedenartigsten Winkeldefinitionen und Zugängen zum Winkelbegriff liegt einerseits darin, das große Engagement der Mathematikdidaktik bei der Suche nach "passenden" Definitionen sichtbar zu machen, und andererseits darin, eine Art Dokumentationsbasis zur Verfügung zu stellen, auf welche in entsprechenden Belangen in dieser Arbeit Bezug genommen werden kann.

Als erster Einstieg sei die übersichtliche Darstellung aus Gerhard BECKER's "Geometrieunterricht" (1980, S. 156/157) wiedergegeben, die Einteilungsgesichtspunkte der Analyse von Hans FREUDENTHAL (1973) übernimmt, mit einigen Bezeichnungen aus FREUDENTHAL/BAUR (1967). Sie beinhaltet auch jene Winkeldefinitionen, welche von Gerhard HOLLAND (1971) diskutiert werden.

Neben einer kurzen Wiedergabe der Definitionen enthält die Übersicht jeweils auch das Intervall der zulässigen Winkelmaßzahlen, sowie eine Skizze mit gegebenenfalls eingezeichnetem fetten Erstschenkel (siehe Abb. auf der folgenden Seite). (Wenn in der Übersicht von "geordneten Paaren" gesprochen wird, so wird vorausgesetzt, daß vorher bereits eine Orientierung der Ebene erfolgt ist.)

BECKER spricht von verschiedenen "Winkelbegriffen", im folgenden soll aber der Terminus "Winkeldefinition" verwendet werden, wobei die verschiedenen Winkeldefinitionen als mögliche mathematische "Festlegung" verschiedener Vorstellungen von Winkel verstanden werden sollen (vgl. 1.2).

Im folgenden werden jene acht, bei BECKER angeführten Definitionen kurz dargestellt und schließlich durch einige weitere Möglichkeiten ergänzt, die in der didaktischen Diskussion betrachtet wurden.

Einigen der Vorschläge wurde seitens verschiedener Autoren eine ausführliche Betrachtung zuteil. In diesen Fällen wird auch skizziert, wie der Zugang zum Winkelbegriff insgesamt (inkl. Winkelmessung) konzipiert wurde. Aufgrund einer einfacheren Sprechweise wird im folgenden nur dann strikt zwischen einem Winkel, dessen Größe, dessen Maß und dessen Maßzahl unterschieden, wenn Verständnisschwierigkeiten zu erwarten sind.

13

ÜBERSICHT ÜBER EINIGE MÖGLICHE WINKELBEGRIFFE

	Winkel als Paar		Winkel als Punktmenge	
	als Paarmenge	als geordnetes Paar	lineare Punktmenge, festgelegt durch $g \cup h$	flächige Punktmenge, festgelegt durch 2 Geraden / 2 Halbgeraden
... von Geraden	$\sphericalangle_1(g,h) =_{def} \{g,h\}$ $]0,90]$ "stereometrischer Winkelbegriff"	$\sphericalangle_2(g,h) =_{def} (g,h)$ $]0,180]$ "analytisch-geometrischer Winkelbegriff"	$\sphericalangle_5(g,h) =_{def} g \cup h$ $]0,90]$	$\sphericalangle_7(g^1,h^1) =_{def}$ diejenige Punktmenge, die überstrichen wird, wenn g^1 auf kürzestem Weg in h^1 gedreht wird $]0,180]$ oder $[0,180[$
... von Halbgeraden	$\sphericalangle_3(g^1,h^1) =_{def} \{g^1,h^1\}$ $]0,180]$ oder $[0,180[$ "elementargeometrischer Winkelbegriff"	$\sphericalangle_4(g^1,h^1) =_{def} (g^1,h^1)$ $]0,360]$ oder $[0,360[$ "goniometrischer Winkelbegriff"	$\sphericalangle_6(g^1,h^1) =_{def} g^1 \cup h^1$ $]0,180]$ oder $[0,180[$	$\sphericalangle_8(g^1,h^1) =_{def}$ diejenige Punktmenge, die überstrichen wird, wenn der Erstschenkel g^1 gegen den Uhrzeigersinn in den Zweitschenkel h^1 gedreht wird $]0,360]$ oder $[0,360[$ "geordnet"

14

1.1.1 Definitionen mit Geraden

In diesem Abschnitt werden jene drei Winkeldefinitionen aus BECKER's Übersicht (vgl. Einleitung zu 1.1) betrachtet, welche mittels <u>Geraden</u> erfolgen. Sie spielen in der Didaktik der Unterstufengeometrie eine eher untergeordnete Rolle, HOLLAND (1971) beschränkt sich in seiner Analyse daher auch auf Definitionen mittels Halbgeraden. FREUDENTHAL (1973) spricht jenen (von Geraden ausgehenden) Winkeldefinitionen keine besondere praktische Bedeutung zu und weist darauf hin, daß ihre Ursprünge z.t. gar nicht in der ebenen Elementargeometrie liegen. Aus diesem Grund sei deren Darstellung eher kurz gehalten.

a) Beim "<u>analytisch-geometrischen Winkelbegriff</u>" muß eine "Erstgerade" ausgezeichnet werden, da man sonst einen Winkel von seinem Nebenwinkel nicht unterscheiden könnte. (FREUDENTHAL (1973, S. 440) zeigt auch, wie man diese Winkeldefinition auf den Winkel geordneter Halbgeradenpaare zurückführen kann. Ein geordnetes Geradenpaar (g,h) bestimmt also einen eindeutig festgelegten Winkel, dessen Maß (im Falle einer Messung in Grad) mod 180 gerechnet werden kann. Nun sieht man auch den Zusammenhang zu der in der analytischen Geometrie üblichen Berechnung des Winkels zweier Geraden:
Seien $g : y = k_1 x + d_1$ und $h : y = k_2 x + d_2$, dann berechnet man den Winkel ß aus der Formel
$$\tan ß = \frac{k_2 - k_1}{1 + k_1 . k_2}$$
Da der Tangens die Periode 180 besitzt, ist ß daher auch nur mod 180 bestimmt. Vertauscht man g und h, ändert sich das Vorzeichen, man erhält den "Supplementärwinkel".

Entscheidet man sich bei Vorgabe zweier Geraden, keine "Reihenfolge" festzulegen, so bestehen vor allem zwei Möglichkeiten:

b) Definiert man den Winkel zweier Geraden g, h als Paarmenge {g,h}, so ergibt sich der "<u>stereometrische Winkelbegriff</u>". Diese Bezeichnung spiegelt den Sachverhalt insofern nicht richtig wieder, als man in der Stereometrie sehr wohl auch mit ungeordneten Halbgeradenpaaren arbeiten könnte. Eine nähere Erläuterung dazu findet man bei FREUDENTHAL (1973, S. 441/442). Da beim "stereometrischen Winkelbegriff" keine Reihenfolge der Geraden festgelegt wird, wird das senkrecht aufeinander stehende Geradenpaar zum größten Winkel. Die Winkelmessung ist daher auf das Intervall]0,90] beschränkt. Mögliche Einführungen eines Winkelmaßes werden an späterer Stelle exemplarisch behandelt.

c) Definiert man den Winkel als Vereinigung der beiden Geraden, so verzichtet man ebenfalls auf die Festlegung einer Reihenfolge, da die Operation der Vereinigung kommutativ ist.

Aus diesem Grund entsteht eine dem "stereometrischen Winkelbegriff" ähnliche Einschränkung des Winkelmaßes auf das Intervall]0,90], der Unterschied liegt lediglich in der äußerlichen Form: Bei b) handelt es sich um eine "abstrakte" Paarmenge, bei c) geht es um eine "anschauliche" Teilmenge der Ebene.

1.1.2 Definitionen mit Halberaden ohne Auszeichnung eines Erstschenkels

In der Übersicht bei BECKER werden drei verschiedene Winkeldefinitionen unterschieden:

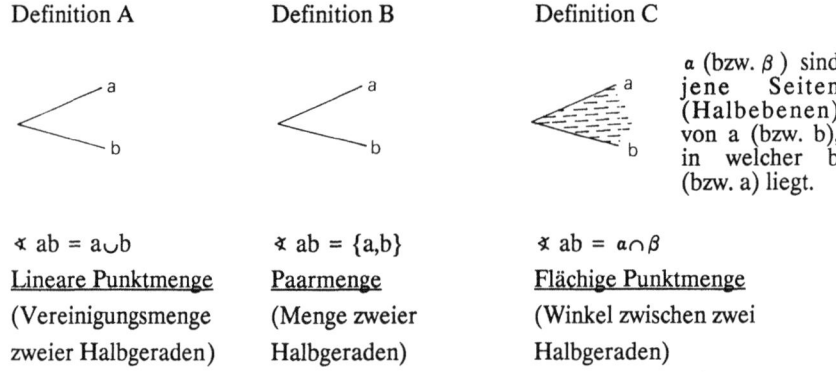

Definition A	Definition B	Definition C	
$\sphericalangle$ ab = a$\cup$b	$\sphericalangle$ ab = {a,b}	$\sphericalangle$ ab = $\alpha \cap \beta$	α (bzw. β) sind jene Seiten (Halbebenen) von a (bzw. b), in welcher b (bzw. a) liegt.
<u>Lineare Punktmenge</u>	<u>Paarmenge</u>	<u>Flächige Punktmenge</u>	
(Vereinigungsmenge zweier Halbgeraden)	(Menge zweier Halbgeraden)	(Winkel zwischen zwei Halbgeraden)	

Für alle drei Definitionen gilt, daß man den Nullwinkel (a=b) sowie den gestreckten Winkel (a und b sind zueinander entgegengerichtete Halbgeraden) zusätzlich definieren muß. Lediglich bei Definition B bleiben dem gestreckten Winkel eindeutig ein Punkt als Scheitel sowie zwei Halbgeraden als Schenkel zugeordnet. Die Winkeldefinition B ist auch jene, die im wesentlichen schon EUKLID (vgl. 4.2) und später HILBERT (vgl. 4.3) verwendeten und deshalb von FREUDENTHAL/BAUR den Terminus "<u>Elementargeometrischer Winkelbegriff</u>" erhielt.

Aufgrund der geringen Unterschiede zwischen den drei Winkeldefinitionen beschränkt sich HOLLAND (1971, S. 107/108) bei der Einführung der Winkelmessung z.B. auf Definition A, weil sich die Vorgangsweise wörtlich auf Definition B und mit geringen Veränderungen versehen auch auf Definition C übertragen läßt.

Im übrigen kann immer insofern "kombiniert" vorgegangen werden, als man zusätzlich zu Definition A oder B das zugehörige Winkelfeld vermöge Definition C ins Spiel bringt. Zur Winkelmessung führt HOLLAND eine Winkelmaßfunktion u ein, die jedem Winkel ß eine Zahl u(ß) aus der Menge

$$U = \{x \mid x \in R ; 0 \leq x \leq 180\}$$ als Winkelmaß von Winkel ß zuordnet.

Die Winkelmessung wird durch folgende Axiome festgelegt (HOLLAND 1971, S. 107):

Axiom A1: a, b, c seien drei Halbgeraden mit demselben Anfangspunkt S. Liegt c im Winkelraum von ⊰ ab oder ist ⊰ ab ein gestreckter Winkel, so gilt:

$$u\ (ab) = u\ (ac) + u\ (cb).$$

Axiom A2: Ist ⊰ ab ein gestreckter Winkel, so ist u (ab) = 180.

Axiom A3: Zu jeder Halbgeraden a mit dem Anfangspunkt S und zu jeder Zahl r ∈ U gibt es in jeder der beiden Halbebenen von a genau eine Halbgerade b mit S als Anfangspunkt, derart daß u (ab) = r.

Schließlich werden weitere Eigenschaften der Winkelmaßfunktion abgeleitet, z.b. auch der Satz, daß a = b < = > u(ab) = 0.

1.1.3 Definition mit Halbgeraden unter Auszeichnung eines Erstschenkels

Der "goniometrische Winkelbegriff" erhält seine Bezeichnung aus der Goniometrie (Winkelmessung), also jenem Teilgebiet der Trigonometrie, welches man oft als "Lehre von den Winkelfunktionen" bezeichnet. Hier werden Winkel üblicherweise mod 360 gerechnet. Um aber - im Gegensatz zu den Definitionen mittels Geraden - auch größere Winkel als gestreckte zuzulassen, muß man von geordneten Halbgeraden (Auszeichnung eines Erstschenkels) ausgehen.

Eigentlich müßte hier von "goniometrischen Winkelbegriffen" gesprochen werden (sofern man diese Terminologie überhaupt beibehalten will), da man wiederum unterschiedliche Definitionen unterscheiden kann. Im weitesten Sinne gehören auch jene "Winkelbegriffe" dazu, welche von geordneten Halbgeraden ausgehen und den Winkel als Winkelfeld festgelegt haben. (Diese werden ausführlich in 1.1.4 besprochen.)

Grundsätzlich kann man vorher entscheiden, ob man eine Orientierung der Ebene voraussetzen, oder eine solche durch die Einführung einer Winkelmaßfunktion festlegen will. Beide Möglichkeiten werden bei HOLLAND (1971) ausführlich behandelt. Um wenigstens fragmentartig die Richtung der (didaktischen) Bemühungen darzustellen, sei der letztere Weg skizzenartig wiedergegeben.

17

HOLLAND definiert Winkel als geordnetes Paar seiner Schenkel (∢ ab = (a,b)), Nullwinkel (a=b) und gestreckter Winkel müssen zusätzlich eingeführt werden. Da die Ebene nicht orientiert ist, kann den voneinander verschiedenen Winkel ∢ ab und ∢ ba nur ein und dasselbe Winkelfeld zugeordnet werden.

Bei der Einführung der Winkelmessung bedient sich HOLLAND wieder einer Winkelmaßfunktion v, die jedem Winkel ß eine Zahl v(ß) der Menge

$$V = \{x \mid -180 < x \le 180\} \text{ als } \underline{\text{Winkelmaß}} \text{ zuordnet.}$$

Die Winkelmessung beschreibt er durch folgende vier Axiome (HOLLAND 1971, S. 111):

Axiom D1:	Sind a, b, c drei Halbgeraden mit demselben Anfangspunkt S, so gilt: $v(ab) = v(ac) \oplus v(cb)$.
Hier ist	$x \oplus y = \begin{cases} x + y + 360, \text{ falls } x + y \le -180, \\ x + y \quad\quad, \text{ falls } -180 < x + y \le 180, \\ x + y - 360, \text{ falls } x + y > 180. \end{cases}$
Axiom D2:	Ist ∢ ab ein gestreckter Winkel, so ist $v(ab) = 180$.
Axiom D3:	Für jedes Dreieck ABC gilt: $v(BAC) > 0 \Rightarrow v(CBA) > 0$.
Axiom D4:	Zu jeder Halbgeraden a mit dem Anfangspunkt S und zu jeder Zahl $r \in V$ gibt es genau eine Halbgerade b mit S als Anfangspunkt, derart daß $v(ab) = r$.

Eine Folgerung aus den Axiomen besagt, daß sich die Maße entgegengesetzter Winkel genau durch das Vorzeichen voneinander unterscheiden:

$$v(ab) = 180 \neq > v(ba) = -v(ab)$$

Danach kann die Klasse R aller "Rechtstripel" aus der Menge aller nicht-kollinearen Punktetripel T ausgezeichnet werden:

$$R = \{(A,B,C) \mid (A,B,C) \in T \quad v(\text{∢ } ABC) > 0\}$$

Schließlich wird gezeigt, daß folgende zwei Aussagen gelten (welche bei vorheriger Orientierung der Ebene als Orientierungsaxiome verwendet werden könnten):

Axiom 01:	$(A, B, C) \in R \Rightarrow (B, C, A) \in R$.
Axiom 02:	Liegen C und D in verschiedenen Halbebenen der Geraden AB, so gilt: $(A, B, C) \in R \Longleftrightarrow (A, B, D) \in L$.

"Der Anschauung folgend" entsprechen dann den "Rechtstripeln" (A,B,C) (C liegt "rechts" des Halbstrahles AB) genau die entgegen dem Uhrzeiger orientierten Winkel ∢ ABC (Abb.).

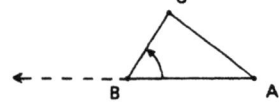

18

1.1.4 Winkel als orientiertes Winkelfeld

Der Definition des Winkels als Winkelfeld geordneter Halbgeradenpaare wird in der Literatur der Geometriedidaktik besondere Bedeutung gemessen. So wählen sowohl Gerhard HOLLAND (1974) in "Geometrie für Lehrer und Studenten" als auch Hans-Günther BIGALKE und Klaus HASEMANN (1978) in ihrer "Didaktik der Mathematik in den Klassen 5 und 6" diese Definition auf ihrem Weg zur Einführung des Winkelbegriffes.

a) HOLLAND orientiert zunächst die Ebene mit Hilfe zweier Orientierungsaxiome, in denen auch die Begriffe Rechtstripel und Linkstripel auftreten.
   Anschließend führt er die abgeleiteten Begriffe *"linke Seite"* bzw. *"rechte Seite"* einer Halbgeraden ein:

   $L(AB): = \{X \mid (A,B,X) \in L\} \cup AB\}$ ... *linke Seite von AB ("Linksfahne")*

   $R(AB): = \{X \mid (A,B,X) \in R\} \cup AB\}$ ... *rechte Seite von AB ("Rechtsfahne")*

   Die Definition des Winkels gestaltet sich aufgrund der Verwendung von Links- und Rechtsfahnen (L(a) bezeichnet die Linksfahne der Halbgeraden a) optisch etwas einfacher als jene aus 1.1.3:

   Definition: a und b seien zwei verschiedene Halbgeraden mit gemeinsamem Anfangspunkt S.

   $$\angle\, ab: = \begin{cases} L(a) \cap R(b)\,, \text{ wenn } b \leq L(a) \\ L(a) \cup R(b)\,, \text{ wenn } b \leq R(a) \end{cases}$$

Diese Definition enthält den Fall zueinander komplementärer Halbgeraden, weshalb nun $\angle$ aa: = a eigens eingeführt werden muß. Wenn man genau hinsieht, wurde bis jetzt nur der Winkel mit dem Erstschenkel a und dem Zweitschenkel b definiert. Dies veranlaßt HOLLAND zu folgender Exaktifizierung:

Definition: Eine Punktmenge β heißt Winkel, falls es zwei Halbgeraden a und b mit gemeinsamem Anfangspunkt S gibt, derart, daß β = $\angle$ ab. Die Halbgerade a heißt Erstschenkel, die Halbgerade b Zweitschenkel und der gemeinsame Anfangspunkt S Scheitel des Winkels β.

In üblicher Vorgangsweise werden dann die Termini Nullwinkel, konvexer (spitzer) Winkel, und überstumpfer Winkel definiert. Für einen Winkel $\angle$ ab mit a = $\overline{SA}$ und b = $\overline{SB}$ wird die Schreibweise $\angle$ ($\overline{SA},\overline{SB}$) gewählt.

19

Entgegen seinem Vorschlag zur Einführung einer Winkelmaßfunktion (HOLLAND 1971, vgl. 1.1.2) behält sich HOLLAND (1974) eine didaktische Modifikation vor: Um die Winkelmaße nicht als unbekannte reelle Zahlen, sondern als Größen betrachten zu können, führt er auf rein formale Weise - und die Kenntnis von R voraussetzend - den Größenbereich der Winkelgrößen (W; +, <) ein:

$$W: = \{x° \mid x \in R_\circ^+\}, \text{ wobei } x° \text{ für } x \text{ Grad steht.}$$

Auf dieser Menge werden nun Gleichheit, Kleinerrelation und Addition definiert: Für alle $x,y \in R_\circ^+$:

$$x° = y° : <=> x = y$$
$$x° < y° : <=> x < y$$
$$x° + y° : = (x+y)°$$

Das Gebilde (W; +, <) ist (klarerweise) isomorph zum Gebilde ($R_\circ^+$; +, <) und erfüllt alle Forderungen für einen Größenbereich (vgl. BIGALKE/HASEMANN 1978, S. 185). Schließlich kann eine Winkelmaßfunktion als Abbildung von der Menge der Winkel in die Menge aller Winkelgrößen (und nicht in R) eingeführt werden, und zwar als undefinierter Grundbegriff, im Rahmen von vier Winkelmaßaxiomen, auf die hier aber nicht näher eingegangen werden soll.

In der Folge kann sodann gezeigt werden, daß die Menge der Winkelgrößen mit $0° \leq x < 360°$ eine kommutative Gruppe (mit $0°$ als neutralem Element) bildet. Weiters können einige weitere "klare" Sachverhalte bewiesen werden, wie etwa jene, daß das Maß des Nullwinkels (gestreckten Winkels) $0°$ ($180°$) beträgt. HOLLAND mißt diesem Zugang (vgl. dessen Analyse bei HOLLAND 1971 als "Definition E") vor allem im Hinblick auf dessen gute Handhabbarkeit bei der Behandlung von Drehungen, eine große Bedeutung zu.

b) Der Zugang zum Winkelbegriff von BIGALKE/HASEMANN (1978) unterscheidet sich von jenem von HOLLAND (1974) nur in wenigen Punkten.
   - Die Ebene wird gleich mittels Links- bzw. Rechtsfahnen orientiert, wobei schließlich eine sehr ähnliche Winkeldefinition wie bei HOLLAND gewählt wird.
   - Bezüglich der Messung von Winkeln (und auch Strecken) schlagen BIGALKE/ HASEMANN einen gänzlich anderen Weg ein: Um Winkel miteinander vergleichen zu können, wird eine Kongruenzrelation betrachtet: Zwei Winkel werden als zueinander kongruent angesehen, wenn es eine Kongruenzabbildung gibt, welche die beiden Winkel aufeinander abbildet. Diese Relation ist eine Äquivalenzrelation auf der Menge aller Winkel und stiftet eine Klasseneinteilung. Die Menge dieser Klassen kann man nun als Menge der Winkelgrößen auffassen.

Danach führen die beiden Autoren die Größe eines Winkels als die gemeinsame Eigenschaft aller Winkel der entsprechenden Äquivalenzklasse ein. Zwei Winkel werden als gleichgroß bezeichnet, wenn sie zueinander kongruent sind. Anhand einer Kleinerrelation kann eine Ordnung der Winkel nach ihrer Größe erreicht werden. Damit kann man bereits Winkel hinsichtlich ihrer Größe miteinander vergleichen, ohne dafür ein Winkelmaß zu benötigen. (In üblicher Weise können nun auch bereits die Begriffe spitzer Winkel, stumpfer Winkel und überstumpfer Winkel eingeführt werden.)

Nach einer Klärung der Möglichkeit des eindeutigen Übertragens von Winkeln wird das Addieren von Winkelgrößen eingeführt.
Es zeigt sich, daß die Menge der Winkelgrößen keinen Größenbereich (vgl. BIGALKE/HASEMANN 1977, S. 185) bildet.
Aus der Menge der Winkel kann ein beliebiger Winkel als Repräsentant einer Einheit ausgewählt werden. Üblicherweise nimmt man jenen Winkel, dessen r-faches ($0 < r < 360$) nur für $r = 360$ die Größe des Nullwinkels ergibt. Die Größe dieses Winkels bezeichnet man mit $1°$ und kann somit jedem Winkel eine Winkelgröße mit den Winkelmaß $r°$ ($r° = r \cdot 1°$ mit $0 \leq r < 360$) zuordnen. Entsprechend der Addition von Winkelgrößen muß man bei der Addition der Winkelmaße mod 360 rechnen.

Insgesamt sind nun zwei Verfahren zur Einführung der Winkelmessung beschrieben worden: Einerseits der von BIGALKE/HASEMANN eingeschlagene Weg über die Einführung von Klassen kongruenter Winkel und andererseits der Weg von HOLLAND mit der Einführung einer Winkelmaßfunktion.
Der erstgenannte Zugang, den man als "konstruktiv" bezeichnen könnte, hat aus grundlagentheoretischer Sicht den Vorteil, daß die reellen Zahlen nicht vorausgesetzt werden müssen, sondern umgekehrt aus der Geometrie "herausgeholt" werden. Der zweite Zugang, den man als "axiomatisch" bezeichnen könnte, wird manchmal aufgrund seiner "Kürze und Einfachheit" (HOLLAND 1974, S. 70) gewählt, wobei jedoch meist übersehen wird, daß auch die Existenz und Eindeutigkeit der Maßfunktion gezeigt werden müssen, was mitunter Anlaß für komplizierte Überlegungen sein kann (vgl. 4.6).

Ein knapper Vergleich der bei HOLLAND bzw. BIGALKE/HASEMANN zugrunde liegenden didaktischen Hintergrundtheorien kann durch folgende Gegenüberstellung der Axiomenabfolge angestellt werden:

Axiome bei HOLLAND	Axiome bei BIGALKE/HASEMANN
- Inzidenzaxiome	- Inzidenzaxiome
- Axiome der linaren Anordnung	- Orthogonalitätsaxiome
- Axiome der ebenen Anordnung	- Spiegelungsaxiome
- Axiome der Orientierung der Ebene	- Parallelenaxiom
(Winkel)	- Axiom der freien Bewegung
- Axiome der Längenmessung	
- Kreisschnittpunktaxiom	- Ordnungsaxiom
- Axiome der Winkelmessung	(Winkel)
(Winkelmessung)	- Dedekind'sches Schnittaxiom
- Orthogonalitätsaxiom	
- Spiegelungsaxiome	(Winkelmessung)
danach:	danach:
Kongruenzabbildungen	Kongruenzabbildungen

Während HOLLAND seine "Geometrie" eher als *"Teilgebiet der klassischen theoretischen Physik, denn als eine Theorie 'struktivierter Mengen'" (1974, S. 9)* betrachtet, soll der Aufbau von BIGALKE/HASEMANN *"dem heute üblichen - und auch erforderlichen - Vorgehen in der Geometrie" (1978, S. 115)* entsprechen (vgl. 2.3).

1.1.5 Weitere Winkeldefinitionen

Im folgenden werden einige Winkeldefinitionen erörtert, die in der Geometriedidaktik weniger oft genannt, von einzelnen Autoren aber als durchaus adäquate Möglichkeiten vorgeschlagen werden.

a) Bei Gustave CHOQUET (1969) wird ein Zugang gewählt, bei welchem der Winkel als Drehung definiert wird, worauf in 4.6 ausführlich eingegangen wird. G. CHOQUET definiert den Winkel eines geordneten Halbgeradenpaares (A_1, A_2) mit Ursprung 0 als jene Drehung um 0, welche A_1 in A_2 überführt (mittels Translationen werden Winkel mit beliebigem Ursprung erklärt). Die Menge der Winkel mit Scheitel 0 bildet bezüglich der Hintereinanderausführung eine kommuntative Gruppe A.

Als Winkelmaß bezeichnet er jede stetige Abbildung ψ von R auf A, die zudem linear ist ($\psi(x + y) = \psi(x) + \psi(y)$ für alle x,y ϵ R). Alle diese Abbildungen sind periodisch, wobei man üblicherweise jene mit Periodenlänge a = 360 auszeichnet. Die Gleichung $\psi(x) = \beta_o$ hat für jeden Winkel β_o wenigstens eine Lösung, da $\psi(R) = A$ ist. Jede Zahl der Form x_o + n . a (n ϵ Z) wird als <u>Maß</u> des Winkels β_o bezeichnet.

CHOQUET führt auch die Orientierung von Winkeln ein. Dabei kann es aufgrund der von ihm gewählten Winkeldefinition dazu kommen, daß sich beim Verviel-fachen (z.B. Verdoppeln) eines Winkels die Orientierung umdreht.

b) Eine Winkeldefinition, der Hans FREUDENTHAL praktische und didaktische Bedeutung zumißt, ist jene, die den sogenannten "<u>analytischen Winkel</u>" beschreibt: *"Wenn einer sich zweiundeinhalb Mal um seine Achse gedreht hat, hat er 900° zurückgelegt. Es ist das ein Winkel, der Umläufe mißt; er gehört also eigentlich in die Kinematik. Aber nicht nur dahin. Wenn man den Sinus und Kosinus als analytische Funktionen auffaßt, sind die für beliebiges (reelles) Argument defi-niert und dabei mod 2 π periodisch. Will man die Argumente als Winkel auffassen, so muß man Winkel von - ∞ bis ∞ erlauben. Wir wollen es die <u>analytischen Winkel</u> nennen, weil sie in der Analysis, als Argumente der Winkelfunktionen eine Rolle spielen. Ein Winkelmesser für "analytische Winkel" ist eigentlich jedes Instrument, das Umwälzungen zählt, etwa ein Elektrizitätsmesser oder ein Hodo-meter, der ja die ganzen (und gebrochenen) Umdrehungen einer gewissen Scheibe registriert." (FREUDENTHAL 1973, S. 442/443)*

FREUDENTHAL führt - vom goniometrischen Winkel (vgl. 5.1.3) kommend - die Gruppe der analytischen Winkel ein, die durch eine "unendlichblättrige Über-lagerung" der zyklisch orientierten Menge der Winkel entsteht, die selbst bereits eine Gruppe bildet. Dieser recht anspruchsvolle Zugang wird in FREUDENTHAL (1973, S. 445ff) ausführlich beschrieben.

c) Arnold KIRSCH (1972) führt im Rahmen seines "didaktisch orientierten Axiomen-systems der Elementargeometrie" den <u>Winkel als Durchschnitt zweier abgeschlos-sener Halbebenen</u> ein. Es besteht eine gewisse Ähnlichkeit zum Winkelfeld ungeordneter Halbgeradenpaare, welches in 1.1.2 (Definition C) behandelt wurde. Der Aufbau dieses Axiomensystems sei mit besonderem Augenmerk auf Winkel und Winkelmessung in knapper Form wiedergegeben.

KIRSCH beginnt mit der Einführung von Strecken und "konstruiert" daraus die Geraden:

Die Ebene 𝔈 ist eine (mehr als ein-elementige) Menge; ihre Elemente heißen Punkte.

Grundbegriff φ: φ ist eine Abbildung, die jeder Zweipunktmenge $\{P, Q\}$ eine Punktmenge als ihre Verbindungsstrecke $\varphi(\{P, Q\})$ zuordnet.

Axiom V 1: φ ist injektiv, und es gilt $\{P, Q\} \subseteq \varphi(\{P, Q\})$.

Definition: Statt $\varphi(\{P, Q\})$ wird $\overline{PQ}$ geschrieben; $\overline{PQ}$ heißt die Strecke mit den Randpunkten P, Q.

Axiom V 2: *Wenn der Durchschnitt $s_1 \cap s_2$ zweier Strecken s_1, s_2 mehr als einen Punkt hat, dann ist die Vereinigung $s_1 \cup s_2$ eine Strecke.*

Definition: Man sagt, daß s_1 kollinear zu s_2 ist, wenn es eine Strecke s mit $s_1, s_2 \subseteq s$ gibt.

Satz: *Die Kollinearität ist eine Äquivalenzrelation in der Menge der Strecken.*

Definition: Eine Gerade ist die Vereinigungsmenge einer Klasse kollinearer Strecken.

Satz: *Zu $P \neq Q$ gibt es genau eine Gerade g mit $\{P, Q\} \subseteq g$ (übliches Inzidenzaxiom).*

Definition der Parallelität $g \parallel h$ bzw. des Schnittpunktes zweier Geraden g, h, wie üblich.

Axiom V 3: 𝔈 *ist keine Gerade.*

In einem zweiten Axiomenblock wird die Gerade mit einer Ordnungsrelation ("zwischen") versehen und zu einer unendlichen Punktmenge erweitert, welche die Ebene (genauer E\g) in zwei Halbebenen teilt. Jeder <u>Durchschnitt zweier Halbebenen mit Randgeraden</u> (welche nicht parallel sein dürfen) wird schließlich als <u>Winkelfeld</u> (= Winkel) bezeichnet.

Strecken- und Winkelmessung werden mittels Maßfunktionen eingeführt (KIRSCH 1972, S. 142):

Grundbegriff λ: λ ist eine Abbildung, die jeder Strecke s eine Zahl aus $\mathbb{R}^+$ (positive reelle Zahl) als ihre Länge $\lambda(s)$ zuordnet.

Axiom L 1: $\lambda(s) = \lambda(s_1) + \lambda(s_2)$, *falls $s = s_1 \cup s_2$ ist und $s_1 \cap s_2$ aus einem Punkt besteht (Additivität).*

Axiom L 2: *Zu jedem $a \in \mathbb{R}^+$ und jeder Halbgeraden $\overline{PQ}$ gibt es einen Punkt $R \in \overline{PQ}$, so daß $\lambda(\overline{PR}) = a$ (Abtragbarkeit von Strecken beliebiger Länge a).*

Der Punkt R erweist sich als eindeutig bestimmt.

Grundbegriff ω: ω ist eine Abbildung, die jedem Winkel(feld) α eine Zahl aus dem offenen Intervall $]0,180[$ als sein Winkelmaß $\omega(\alpha)$, auch Weite genannt, zuordnet.

Axiom W 1: $\omega(\alpha) = \omega(\alpha_1) + \omega(\alpha_2)$, *falls $\alpha = \alpha_1 \cup \alpha_2$ ist und $\alpha_1 \cap \alpha_2$ eine Halbgerade ist (Additivität).*

Axiom W 2: *Abtragbarkeit von Winkeln beliebigen Maßes $a \in]0,180[$ an jeder Halbgeraden nach jeder Seite (vgl. L 2).*

Der zweite Schenkel erweist sich als eindeutig bestimmt.

Satz: $\omega(\alpha) + \omega(\beta) = 180$, *falls α, β Nebenwinkel sind;*
$\omega(\alpha) = \omega(\beta)$, *falls α, β Scheitelwinkel sind.*

Der weitere Aufbau betrifft die Einführung von Isometrien mit der Auszeichnung der Achsenspiegelung. Den Schlußstein des "didaktisch orientierten Axiomensystems" bilden die Definition des Senkrechtstehens und das Parallelenaxiom. Nach KIRSCH soll anschließend u.a. noch eine Erweiterung des Winkelbegriffes stattfinden, vor allem in Richtung eines Übergangs zu orientierten Winkeln, um den Zusammenhang mit der Gruppe der Drehungen um einen Punkt herzustellen.

1.2 DAS ARGUMENTATIONSFELD BEI DER AUSWAHL VON WINKEL-DEFINITIONEN UND ZUGÄNGEN ZUM WINKELBEGRIFF

In 1.1 wurde eine Vielzahl an möglichen (und auch schon vorgeschlagenen) Winkeldefinitionen im Hinblick auf eine Einführung im Unterricht der Sekundarstufe I dargestellt. Wie immer gewinnt eine Diskussion mit vermehrter Anzahl an Alternativen an Brisanz. In den meisten Abhandlungen, die sich mit dem Winkelbegriff beschäftigen, geht es um die Suche nach einer möglichst "günstigen" Definition. Im folgenden soll eine Auslotung des Argumentationsfeldes in der didaktischen Diskussion versucht werden.

1.2.1 Analyse der Argumente bei der Beurteilung von Zugängen

Im schon erwähnten Beitrag "Zum Winkelbegriff in der Elementargeometrie" nimmt Gerhard HOLLAND (1971) eine Untersuchung der in der Schulgeometrie gängigen Winkeldefinitionen mit dem Ziel vor, sie hinsichtlich ihrer "Güte" zu vergleichen. Aus seinen Vorbemerkungen kann man bereits die Stoßrichtung seiner Argumentation erkennen:

"Die Reflexion des axiomatischen Gerüstes ist insbesondere deshalb wichtig, weil sie zu klaren Entscheidungen bezüglich der zu verwendenden Begriffe zwingt. Da das Begriffsnetz der Geometrie ein komplexes zusammenhängendes System ist, kann sich eine zu Beginn des Lehrganges getroffene begriffliche Entscheidung für den gesamten weiteren Aufbau der Geometrie entscheidend auswirken. Die Aufgabe, einen geeigneten Lehrgang der Elementargeometrie zu konzipieren, ist allerdings deshalb recht schwierig, weil es nahezu unbegrenzt viele Möglichkeiten gibt. Für die zutreffenden Entscheidungen ist es selbstverständlich, daß sie nicht nur mathematische Gesichtspunkte berücksichtigen dürfen (z.B. Eleganz der Beweisführung) sondern in erster Linie unter didaktischen Gesichtspunkten getroffen werden müssen."
(HOLLAND 1971, S. 105)

Untersucht man genauer, was HOLLAND unter didaktischen Gesichtspunkten subsumiert, so treten gleich bei seinen Vorentscheidungen für bestimmte Winkeldefinitionen charakteristische Aspekte auf:
- Es werden nur Winkeldefinitionen in Betracht gezogen, bei denen der Winkel eindeutig durch das Paar (a,b) seiner Schenkel bestimmt ist, da nur so das Zeichen "⊰ ab" einen eindeutigen Sinn hat: ⊰ ab ≠ ⊰ ba (fachsystematische Begründung).

- Bezüglich der Winkelmessung betrachtet er nur den Zugang über eine Winkelmaß-funktion (als undefinierten Begriff), deren Eigenschaften in Axiomen der Winkelmessung ihren Ausdruck finden. In einer späteren Arbeit deutet HOLLAND (1974) die Vorteile dieses Zuganges gegenüber der Konstruktion eines Größenbereiches an: Die mathematische "Einfachheit" und "Kürze" des Weges und die Tatsache, daß Schüler schon Erfahrungen mit Meßskalen besitzen. Der Zusammenhang zwischen den Meßskalen auf einem Winkelmesser und der Winkelmaßfunktion mit den entsprechenden Axiomen der Winkelmessung ist aber für Schüler der Unterstufe wohl keinesfalls nachvollziehbar.

Weitere Aspekte, an denen HOLLAND die "Güte" von Winkeldefinitionen mißt:

- "Leichtere" Erfaßbarkeit der Winkeldefinition (z.b.: das Paar zweier Halbgeraden ist logisch komplexer als eine Punktmenge)
- Einfachheit der explizierten Definition (z.b. bei den Rechtstripeln: R = {(A,B,C) | (A,B,C) ∈ T ∧ v(ABC) > 0}, wobei v die Winkelmaßfunktion bedeutet)
- Möglichkeit begrifflicher Unterscheidungen (z.b. Winkel - Winkelfeld)
- Einschränkung des Begriffsumfanges (z.b.: Einschränkung des Winkelmaßes auf 0 ≤ alpha < 180°)
- Einfachheit der Beweistechnik (z.b.: ein ungerichteter Winkel ist ein "schlechtes" Werkzeug, um Eigenschaften von Drehungen zu beweisen)
- "Angepaßtheit" des Begriffes an andere Begriffe (Ist die Zugehörigkeit eines Winkelfeldes zu einem Winkel auch invariant gegenüber uneigentlichen Bewegungen? Paßt der Winkelbegriff in adäquater Weise zum Drehungsbegriff?)
- Möglichkeit des Vermeidens bzw. Umgehens von komplizierten theoretischen Fragen (z.B. Orientierung)
- Einfachheit der Formulierung elementarer Sätze (wie z.B. über die Summe der Winkelmaße im Dreieck)
- Anwendbarkeit der Winkeldefinition (dieses Argument tritt nur einmal, und da in sehr oberflächlicher Form auf: Eine Winkeldefinition wird als praktisch unverwendbar bezeichnet, weil es in der Figurenlehre kaum vorkommen kann, daß zu einem Winkelfeld zwei verschiedene Winkel gehören. An keiner Stelle wird jedoch die Frage der Anwendbarkeit konkret gestellt).

Schließlich genügen HOLLAND die oben genannten Aspekte, um zwei Winkeldefinitionen (A und E, vgl. Kapitel 1.1) als die günstigsten auszuweisen. Die Entscheidung zwischen diesen beiden wird nicht getroffen, da jedem bestimmte (innermathematische) Vor- und Nachteile zugeschrieben werden:

26

"Vergleichen wir nun die beiden Winkelbegriffe A und E, so müssen wir konsta-
tieren, daß der ungerichtete Winkel A zweifellos begrifflich einfacher ist als der
gerichtete Winkel E. Das trifft auch für die Winkelmessung zu. Demgegenüber ist es
ein Vorteil des Winkelbegriffes E, daß auch überstumpfe Winkel definiert sind, und
daß man Winkel zwischen 0 bis 360 Grad mißt. Darüberhinaus ist der gerichtete
Winkel dem nichtgerichteten Winkel A in der Beweistechnik - insbesondere im
Zusammenhang mit Drehungen - überlegen." (HOLLAND 1971, S. 115)

Die didaktische Analyse HOLLAND's bezieht sich zum Großteil auf innermathematische Gesichtspunkte, während Fragen der Anwendbarkeit bzw. des Vorwissens der
Schüler weitgehend ausgeklammert bleiben.

Sehr ausführlich mit dem Winkelbegriff beschäftigt sich auch Arno MITSCHKA (1982,
S. 34 - 38). Er untersucht dabei u.a. auch eine Menge von Schulbüchern der Bundesrepublik Deutschland und konstatiert ein äußerst inhomogenes Bild:
Die Zugänge sind sehr unterschiedlich und seiner Einschätzung nach auch oftmals
inadäquat. Seine Kommentare, wie etwa *"fragwürdig", "verengt", "nicht ausreichend",*
"nicht anschaulich fundiert" usw. stellen eine ernstgemeinte Kritik an einzelnen
Zugängen von Schulbuchautoren dar. Es soll an dieser Stelle nicht um den Vergleich
der verschiedenen Zugänge in den Schulbüchern gehen (vgl. dazu Kapitel 2), sondern
vor allem um die Frage, welche Aspekte für MITSCHKA die "Güte" bzw. die "Fragwürdigkeit" einer Winkeldefinition ausmachen. Dazu einige Zitate (ohne Bezugnahme
auf einzelne Autoren):

a) *"Nach dieser Definition wären konkrete Winkel gleicher Größe nicht unterscheid-*
   bar."
b) *"Eine andere Definition entspricht wohl dem wissenschaftlichen Gewissen der*
   Herausgeber, ist aber zu abstrakt und entspricht nicht der üblichen Termino-
   logie."
c) *"M.E. ergibt sich dadurch ein zu verengter Winkelbegriff. Denn in der elemen-*
   taren euklidischen Geometrie arbeitet man nicht mit orientierten Winkeln,
   sondern mit Winkelfeldern. Z.B. im Satz von der Summe der Innenwinkel im
   Dreieck, und auch im Alltag gibt es Drehungen links und rechts herum; z.B.
   könnte bei der Einschränkung auf Linksdrehungen die Uhr gar nicht als Modell
   herangezogen werden. Auch kommt man in Schwierigkeiten bei der Abbildung
   eines Winkels durch eine Geradenspiegelung, die ja die Orientierung ändert."

d) *"Der globale Größenvergleich von verschiedenen Winkeln durch Aufeinanderlegen (im wissenschaftlichen Sinn eine Kongruenzabbildung) vor der Einführung des Winkelmessens ist deswegen methodisch wichtig, weil dabei die völlige Analogie zum Messen von Strecken oder Flächeninhalten deutlich wird."*

e) *"Hier bleibt völlig offen, wie die Einteilung eines Vollwinkels geschieht, mindestens müßte als Verfahren die Unterteilung des Kreisumfanges erwähnt werden."*

f) *"Ein Problem stellt sich noch hinsichtlich der Frage nach den Bezeichnungen. Da es sich empfiehlt, für ortsfeste Winkelfelder statt der Bezeichnung durch 3 Punkte griechische Buchstaben zu verwenden, wählen einige Autoren dann für die Winkelgröße die Bezeichnung W(α) oder | α | usw. Das ist zwar korrekt, aber umständlich."*

g) *"Bei einigen Schulbuchautoren wird das Winkelfeld, weil es ein Gebiet der Ebene ist, ebenso wie die ganze Ebene als Punktmenge definiert. Das kann eine unnötige Komplizierung des Winkelbegriffes bedeuten."*

h) *"Dieses Verfahren ... verstößt gegen das genetische Prinzip, nach dem ein schwieriger Begriff erst in mehreren Stufen steigenden Schwierigkeitsgrades eingeführt werden sollte, nicht von vornherein in der abstakten Endfassung. Solche Einführung versäumt es, den Winkelbegriff in der Anschauung hinreichend zu fundieren."*

Die einzelnen Argumente gehören unterschiedlichsten Ebenen an, und es liegen ihnen eher persönliche Meinungen als objektivierbare Kriterien zugrunde:

1) <u>Fachlicher Aufbau:</u> Ununterscheidbarkeit von Winkeln (a), "Enge" des Begriffes (c), Schwierigkeiten mit der "Kompatibilität" von Begriffen (c), Fehlen von wesentlichen Erklärungen (e).

2) <u>Methodisches Vorgehen:</u> Abstraktheit (b), Analogie zur Streckenmessung (d), Komplizierung (g), ungenetisches Vorgehen (h).

3) <u>Konventionen:</u> Unübliche Terminologie (b), Verweis auf Andersartigkeit der Vorgangsweise in der Elementargeometrie (c), Umständlichkeit von Bezeichnungen (f).

An zwei Beispielen sei verdeutlicht, daß andere Autoren die <u>"Güte"</u> bestimmter Zugänge gänzlich anders einschätzen:

- So etwa vertreten BIGALKE/HASEMANN (1978, S. 233) bezüglich des obigen Punktes g) genau die gegenteilige Auffassung:

"Für den propädeutischen Geometrieunterricht empfehlen wir, den Winkel als Punktmenge aufzufassen und in engem Zusammenhang mit Drehungen einzuführen."

Sie sprechen sich also für einen gerichteten Winkel als Winkelfeld aus. Aus Aspekt g) bei MITSCHKA geht nicht klar hervor, welche Komplizierung gemeint ist. Rein anschaulich wird ein Winkelfeld immer als eine Punktmenge und Teilmenge der Ebene zu sehen sein. Vermutlich vertritt MITSCHKA die Auffassung, daß die Verwendung des Mengenkalküles nicht zu einem vertieften Verständnis des Winkelbegriffes für die Schüler beiträgt und eine rein theoretisch-kosmetische Absicherung (in Schulbuchtexten) darstellt.

Interessant ist in diesem Zusammenhang ein Argument von Gerhard BECKER (1980, S. 158) zugunsten des "voller" und "massiver" als eine linienhafte Figur wirkenden Winkelfeldes:

Er weist auf Schwierigkeiten hin, aus linienhaften Figuren Teilfiguren herauszusuchen, welche Winkel darstellen.

Dem kann entgegengehalten werden, daß das Wesentliche des Winkels nicht in seiner "Flächenhaftigkeit" liegt, sondern darin, daß er den Unterschied zwischen zwei Richtungen in einer Ebene verkörpert. Von diesem In-Beziehung-Setzen von Richtungen wird aber durch das Anfärben (o.ä.) einer Fläche geradezu abgelenkt.

- Daß "gerichtet" und "Winkelfeld" nicht unbedingt als Gegensätzlichkeiten gesehen werden müssen (wie es MITSCHKA in Punkt c) andeutet), sondern auch als gegenseitige Ergänzung denkbar sind, versucht HOLLAND (1971) anhand zahlreicher Argumente zu belegen. Speziell dem gerichteten Winkel als Winkelfeld ("Definition E") mißt er eine höhere schulpraktische Relevanz zu als dem gerichteten Winkel als geordnetes Paar seiner Schenkel ("Definition D"). Die meisten Argumente HOLLAND's (1971, S. 114ff.) sind jedoch innermathematischer Natur, wenngleich er an einer Stelle von *"Fragen der täglichen Anwendung der Mathematik"* spricht. In diesem Zusammenhang geht es aber lediglich um den Umstand, daß sich in der Figurenlehre eine Definition als nachteilig erweist, wenn einem Winkelfeld zwei verschiedene Winkel zugehören. Echte anwendungsbezogene Argumente fehlen auch hier. HOLLAND stellt weiter fest, daß die ungerichteten Winkel (Definitionen "A,B,C" mit "C" als Winkelfeld) begrifflich einfacher sind als der gerichtete Winkel E, was auch hinsichtlich der Winkelmessung zutreffe.

Die Vorteile des gerichteten Winkels E wiederum sieht er erstens in der Existenz überstumpfer Winkel (0 $\leq$ alpha < 360°) und zweitens in der einfacheren Beweistechnik, vor allem im Zusammenhang mit Drehungen. Wäre HOLLAND bei dieser Gegenüberstellung so konsequent wie beim Vergleich der Winkel D und E, so wäre das Argument der einfacheren Beweistechnik entkräftet und das Hauptargument läge auf der Existenz stumpfer Winkel. Es wäre aber äußerst einfach möglich, ungerichtete Winkel auch mit einer Größe von über 180° zu definieren:
Man geht etwa von der Vereinigungsmenge zweier Halbgeraden $(\overset{\longmapsto}{SA},\overset{\longmapsto}{SB})$ mit einem

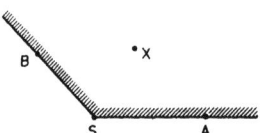

gemeinsamen Anfangspunkt aus. Von den beiden möglichen Winkelfeldern wählt man eines aus (z.b. durch die Angabe eines Punktes X, der nicht auf einer der Halbgeraden liegt, siehe Abb.).

Rein theoretisch könnte der Winkel so als Quadrupel (S,A,B,P) oder gleich als entsprechendes Winkelfeld definiert werden. Dieser Vorschlag soll aber nur als überspitzte Fortsetzung der rein innermathematischen Abwägungen verstanden werden, gewissermaßen als Karikatur des Versuches, zehn- bis zwölfjährigen Schülern den Winkelbegriff zu vermitteln, ohne deren aktiven Part bei der Begriffsbildung ernstzunehmen.

1.2.2 Eine oder mehrere Definitionen?

In den meisten didaktischen Arbeiten, die eine Analyse des Winkelbegriffes zum Inhalt haben, geht es um die Auswahl einer möglichst "guten" Definition. Die Tatsache, daß man sich auf eine Definition beschränken will, wird sehr selten explizit ausgesprochen. Deutliche Positionen in diese Richtung nehmen HOLLAND (1971) und STREHL (1983) ein.
HOLLAND verwendet als Votum für eine einzige Winkeldefinition folgende Argumentation:
"Abschließend stellen wir die Frage, ob man allen Schülern der Sekundarstufe, also Haupt-, Real- und Gymnasialschülern denselben Winkelbegriff anbieten soll oder nicht. Im Hinblick auf eine integrierte Gesamtschule ist zweifellos das erstere vorzuziehen, um Übergänge nicht unnötig zu erschweren. Die Einigung auf einen einheitlichen und für alle Schülergruppen geeigneten Winkelbegriff wäre daher sehr wünschenswert." (HOLLAND 1971, S. 115)

Neben der Utopie dieser Forderung, die einer Gleichschaltung aller Schulbücher, aller didaktischen Zugänge zu bestimmten Themen gleichkäme, ist auch die Argumentation rein theoretisch unhaltbar: Es wird unterstellt, daß bei verschiedenartigen Winkeldefinitionen solche Wissensunterschiede auftreten (können), daß Übergänge erschwert würden. Dem Winkelbegriff wird hier wohl eine zu hohe "Hindernis- und Schwierigkeitsschwelle" zugewiesen: Aus der Tatsache, daß gewisse - meist ohnehin "schlechte" - Autofahrer Umstellungsschwierigkeiten beim Erproben eines neuen Fahrzeuges haben, folgert auch niemand, daß ein Einheitsauto eingeführt werden müsse.

STREHL (1983) interpretiert die Vielzahl an verschiedenen Definitionen des Winkels in den Schulbüchern als Zeichen dafür, daß sich nicht alle Schulbuchautoren an den anschaulichen Vorstellungen von Winkel orientieren. Da seiner Meinung nach alle Schüler denselben Winkelbegriff besitzen, kann die Einführung des Winkels nur in einer einzigen Art und Weise stattfinden.

Er übersieht hier offenbar die unterschiedlichen Vorerfahrungen der Schüler und das weitgefächerte (Anwendungs-) Spektrum, das dem Winkelbegriff zugrunde liegt.
Abgesehen vom Versuch von STREHL, verschiedene Vorstellungen von Winkel in eine Sequenz von Winkeldefinitionen zu fassen (vgl. 1.3), beschränken sich alle Zugänge, die sich an einer Hintergrundtheorie (z.B. KIRSCH 1972, HOLLAND 1974, BIGALKE/HASEMANN 1978) orientieren, auf eine Definition. Die Betrachtung mehrerer Definitionen hätte zur Folge, über deren Verschiedenheit zu reflektieren.
Es ginge um Vor- und Nachteile von Definitionen in bestimmten axiomatischen Systemen (Beweistechnik, Komplexität der Definition, Aussagenumfang), es müßte über Begriffsbildungen in vorgegebenen Axiomatiken reflektiert werden, ein Vorhaben, welches sich in der Sekundarstufe I wohl nicht realisieren läßt. Außerdem ist es eine Tatsache, daß bestimmte Hintergrundtheorien bestimmte Definitionen bevorzugt erscheinen lassen.
Sosehr durch dieses einseitige "Zurecht-Definieren" eine fachsystematische "Glattheit" erreicht wird, sosehr werden Anwendungs- und Umweltbezug, aber auch Reflexion verhindert.

Die Frage, ob man nur eine oder mehrere Definitionen betrachtet, ist damit letztendlich eine Frage nach der globalen Orientierung, die dem Unterricht zugrunde gelegt werden soll.
Geht es um einen rein fachsystematisch orientierten Geometrielehrgang, so kann die Beschränkung auf eine möglichst passende Definition adäquat sein.

Geht es um einen umwelt- und anwendungsbezogenen Geometrieunterricht, so müssen wohl mehrere Facetten des Winkelbegriffes betrachtet werden, wobei es primär nicht um das Aufstellen von Definitionen (im engeren Sinn) geht, sondern vielmehr um das Herausarbeiten charkteristischer Merkmale entsprechender Vorstellungen von Winkel. Bedenklich erscheint eine Orientierung an einer Hintergrundtheorie mit gleichzeitigem Anstreben von Umwelt- und Anwendungsbezug. Mögliche Folgen werden vor allem bei der Analyse der Schulbücher (Kapitel 2) zu orten sein.

Ein Verfechter der Position, den Schülern mehrere Winkeldefinitionen zu vermitteln, ist Hans FREUDENTHAL. Er kritisiert, daß uns manche Didaktiker davon überzeugen wollen, daß nur eine der vielen Winkeldefinitionen (er spricht von "Begriffen") die richtige sei:

"Ordnungsliebe ist lobenswert, aber sie sollte nicht so weit gehen, daß man wichtige Begriffe verbietet, weil sie nicht ins System passen. Es ist das übrigens eine ganz unmathematische Einstellung. Man hat sich widerstrebend daran gewöhnt, daß es verschiedene Zahlbegriffe gibt und man unterscheidet sie sorgfältig. Wenn man, statt die verschiedenen Winkelbegriffe zu unterscheiden, alle bis auf einen verbietet, lernt man eben nicht, sie zu unterscheiden - das Verbieten hilft ja gar nichts."
(FREUDENTHAL 1983, S. 438/439)

Er mißt in seiner didaktischen Analyse zumindest drei Winkeldefinitionen eine praktische und damit auch didaktische Bedeutung zu:

a) Der "elementargeometrische Winkel" (vgl. 1.1.2) mit dem Maßintervall]0,180[, welcher mit dem Halbkreiswinkelmesser zu messen ist ("absolute Winkel").

b) Der "goniometrische Winkel" (vgl. 1.1.3) mit dem Maßintervall]0,360[, welcher mit dem Vollkreiswinkelmesser zu messen ist, wobei man die Orientierung berücksichtigen muß ("Winkel").

c) Der "analytische Winkel" (vgl. 1.1.5) mit dem Maßintervall]-∞,∞[, welcher mit jedem Instrument, das Umwälzungen zählt (z.B. Elektrizitätsmesser, Hodometer), gemessen werden kann ("Umlaufwinkel").

FREUDENTHAL bezeichnet es als schizophren, etwa nur den goniometrischen Winkel anzuerkennen, aber gleichzeitig zu wissen, daß eine halbe Drehung eines Schlüssels und eine um anderthalb nicht dasselbe bedeuten:

Womit man im täglichen Leben umgeht, wird in der reinen Mathematik "verboten". Er zieht eine historische Parallele zu den Griechen, wo man sich in der Theorie auf die natürlichen Zahlen beschränkte, aber im täglichen Leben durchaus mit Brüchen rechnete. Es ist typisch, daß die Forderung nach mehreren Winkeldefinitionen gerade dort auftaucht, wo der Anwendungsbezug der Mathematik ernstgenommen wird. In seinem Werk "Didactical phenomenology of mathematical structures" (1983) geht FREUDENTHAL über eine fachsystematische Analyse hinaus und untersucht Umweltphänomene, in denen Winkel auftreten.

Gerhard GEISE (1977) schlägt vor, im Unterricht der Zehn- bis Zwölfjährigen vier Winkeltypen zu unterscheiden, die ab Klasse 10 noch durch einen fünften Typ zu ergänzen wären:

1) "Elementarwinkel": Entspricht dem "elementargeometrischen Winkel" bei H. FREUDENTHAL (1973).
2) "Gewöhnlicher Winkel": Elementarwinkel und einer der beiden Ebenenteile, in die ein Elementarwinkel die Ebene zerlegt (Inneres). Maßintervall]0,360[
3) "Orientierter Elementarwinkel": Entspricht etwa dem "goniometrischen Winkel" bei FREUDENTHAL, wobei allerdings unklar bleibt, wie GEISE auf Restklassen mod 360 für die Winkelmaßzahlen gelangt.
4) "Orientierter Winkel": Kombination aus 2) und 3), also mit Vorgabe eines Inneren und der Orientierung. Maßintervall:]-360,360]
5) "(Abstrakter) Drehprozeß": Entspricht in etwa dem "analytischen Winkel" bei FREUDENTHAL (1973).

Die Gefahren einer theoretischen Betrachtung verschiedener Winkeldefinitionen im Unterricht sind klar ersichtlich:

- Der Unterricht darf nicht in eine Art "Winkologie" ausarten, welche mit einer unnötigen Vermehrung zu lernender Termini Hand in Hand geht. Ein solcher Aufwand wäre nur gerechtfertigt, wenn alle Winkeltypen in vielfältigsten Situationen im Unterricht behandelt werden könnten.
- Hinsichtlich einer Reflexion über die verschiedenen theoretischen Definitionen (Erwerb von Metawissen) ist sicherlich wohl erst an die Oberstufe des Gymnasiums zu denken, weil sicherlich erst hier die notwendige Einsicht in unterschiedliche Begriffsbildungen vorausgesetzt werden kann.

Am ehesten denkbar ist eine Vorgangsweise, bei welcher Schüler an verschiedensten Situationen aus der Umwelt verschiedene Vorstellungen von Winkel erwerben können. Im Zuge (lokaler) theoretischer Betrachtungen könnte überlegt werden, welche Vorstellung man - z.B. im Zuge der Vorbereitung zu einem Beweis - "klarer" festlegen (definieren) möchte.

1.2.3 Enge Sicht von Begriffsbildung

In den meisten Abhandlungen zum Winkelbegriff wird bei der Unterscheidung verschiedener Zugänge zum Winkel nicht von verschiedenen Winkeldefinitionen, sondern von verschiedenen Winkelbegriffen gesprochen (BECKER, FREUDENTHAL, HOLLAND).

Vor allem bei HOLLAND (1971) und BECKER (1980) stehen fachsystematische Überlegungen im Vordergrund, während Überlegungen zum Anwendungs- und Umweltbezug und solchen über die Rolle des Schülers bei der Begriffsbildung weitgehend fehlen.

Es hat den Anschein, als sollte mit einem methodisch ausgefeilten Zugang - in welchem eine entsprechend ausgewählte Definition im Mittelpunkt steht - der Winkelbegriff in seinem ganzen Netzwerk von Beziehungen erfaßt werden. Aufgrund der engen Bindung an vorgegebene Hintergrundtheorien erhalten die entsprechenden Definitionen ein solches Gewicht, daß bereits sie als Begriff verstanden werden. Dieses Verständnis von "Begriff" ist aus mehreren Hinsichten bedenklich:

1) Geht man von gängigem Explikationen des Wortes "Begriff" aus (vgl. SCHMIDT 1983, BUTH 1983) in denen Inhalt und Umfang, logischer Kern und assoziatives Umfeld u.ä. unterschieden werden, so bedeutet die oben dargestellte Sichtweise eine Einschränkung auf jene Aspekte von Begriffsbildung, die den Inhalt bzw. den logischen Kern des Begriffes betreffen.

2) Aber selbst der Inhalt bzw. der logische Kern eines Begriffes können durch eine einzige Definition nicht abgedeckt werden. In diese Richtung argumentiert FREUDENTHAL, wenn er davon spricht, daß zumindest drei "Winkelbegriffe" von didaktischer Bedeutung sind (elementar-geometrischer Winkel, goniometrischer Winkel, analytischer Winkel).
Es ist hier insofern nicht ganz abwegig, von verschiedenen Begriffen zu sprechen als diese traditionell ganz unterschiedlich gewachsene Zugänge repräsentieren:

Der euklidische Weg (EUKLID und HILBERT) mit dem elementar-geometrischen Winkel, der abbildungsgeometrische Weg mit dem zum Begriff der Drehung passenden goniometrischen Winkel und die trigonometrische Beschreibung geometrischer Sachverhalte unter Beiziehung des analytischen Winkels.

3) Besonders inadäquat gestaltet sich die Verwendung von "Begriff", wenn man sich auf eine Hintergrundtheorie beschränkt. Vor allem bei HOLLAND und BECKER geschieht dies im Hinblick auf den abbildungsgeometrischen Weg zur systematischen Kongruenzgeometrie.

Dies geht soweit, daß Definitionen, die sich fast ausschließlich nur durch ihre äußere Form unterscheiden, als unterschiedliche Begriffe gesehen werden: Winkel als Vereinigungsmenge zweier Halbstrahlen ("Winkelbegriff A" bzw. "Nr. 6"), Winkel als ungeordnetes Paar zweier Halbstrahlen ("Winkelbegriff B" bzw. "Nr. 3") und Winkel als das kleinere Winkelfeld zwischen zwei Halbstrahlen ("Winkelbegriff C" bzw. "Nr. 7"). Ähnliches gilt auch für den Winkel als geordnetes Paar zweier Halbstrahlen ("Winkelbegriff D" bzw. "Nr. 4") und den Winkel als orientiertes Winkelfeld zwischen zwei Halbstrahlen ("Winkelbegriff E" bzw. "Nr. 8"). Zwar gibt es geringe fachsystematische Feinheiten, die letztendlich gewisse Unterschiede zutage treten lassen, dennoch kann man bestenfalls von unterschiedlichen Definitionen sprechen.

4) Dieses enge Verständnis von Begriff und Begriffsbildung (-entwicklung), hat zur Konsequenz, daß zwei ganz wesentliche Aspekte nicht entsprechend berücksichtigt werden (vgl. DÖRFLER 1985):
- Der epistemologische Aspekt (Beziehungen des Begriffes zu außermathematischen Objekten)
- Der psychosoziale Aspekt (Beziehungen des Lernenden zum Begriff).
Es besteht die Gefahr, "Begriffserwerb" als bloßes Übernehmen fertiger Produkte zu sehen, etwa im Sinne des käuflichen Erwerbes von Konsumgütern.

5) Wie eng "Begriffserwerb" verstanden werden kann, zeigt u.a. folgendes Beispiel recht deutlich: Arno MITSCHKA (1982, S. 34) sieht im Winkelbegriff deshalb *"ein besonderes Problem, weil in ihm mehrere Interpretationsmöglichkeiten stecken, die der begrifflichen Klarheit wegen unterschieden werden sollten"*. Er meint, daß die Schüler im Unterricht jeweils jenen *"Aspekt des Winkels (Winkelfigur, Winkelfeld, Winkelgröße, orientierter Winkel)"* nennen können müßten, um den es sich gerade handelt.

MITSCHKA verwendet "Interpretationsmöglichkeiten" und "Aspekte" synonym und sieht in ihnen das Wesentliche des Winkelbegriffes repräsentiert. Er übersieht offenbar, daß terminologische und definitorische Klarheit in einem engen fachsystematischen Kontext noch keineswegs Klarheit im Sinne einer umfassenderen Begriffsbildung bedeuten muß: Mit der Unterscheidung von Winkelfigur und Winkelfeld löst man sicherlich keine Anwendungsaufgaben, sondern läuft eher Gefahr, die Geometrie aus der Sicht der Schüler an den Rande der Haarspalterei zu führen.

MITSCHKA versucht die Situation insofern zu bereinigen, als er für die verschiedenen "Aspekte" keine eigenen Termini und Zeichen einzuführen gedenkt (wie er es an einigen Schulbüchern bemängelt), um (zunächst) nur die Buchstaben alpha, beta, gamma usw. zu verwenden.

Wenn man jene didaktischen Probleme betrachtet, die MITSCHKA in seiner "Sachanalyse" des Winkelbegriffes sieht, so wird deutlich, daß für ihn Sprachregelungen und Bezeichnungsweisen die bestimmenden Probleme zu sein scheinen:

"a) Wie wird der Unterricht mit der vielschichtigen Bedeutung des Winkelbegriffs fertig, zumal generell vereinbarte Sprachregelungen noch nicht vorliegen? Wird zwischen dem ortsfesten Winkel und der Winkelgröße unterschieden?

b) Wird der Winkel als Winkelfeld (also statisch) oder als Maß einer Drehung (dynamisch) stärker akzentuiert oder an den Anfang gestellt?

c) Wie weit behandelt man bei dem orientierten Winkel die doppelte Orientierungsmöglichkeit?

d) Wie wird die Winkelbezeichnung geregelt - zur Unterstützung der begrifflichen Differenzierung oder nicht?" (MITSCHKA 1982, S. 35)

Die vielschichtige Bedeutung des Winkelbegriffes wird verkannt. Fragen der Theoriebildung und der Einbeziehung der Umwelt werden als indirekt über bezeichnungstechnisch-methodische Überlegungen lösbar gedacht.

1.3 ZUR MATHEMATISIERUNG ANSCHAULICHER VORSTELLUNGEN ALS ANPASSUNG AN EINE HINTERGRUNDTHEORIE

Reinhard STREHL (1983, S. 189) stellt nach einer Untersuchung mehrerer Schulbücher der Bundesrepublik Deutschland fest, *"daß vielfach die anschaulichen Vorstellungen von Winkel, die dem Schüler meist schon vertraut sind, von der mathematischen Theorie her verfälscht werden" (S. 129)*. Er stellt die Orientierung an Hintergrundtheorien nicht in Frage, sondern schätzt das geäußerte Mißverhältnis als methodisches Problem ein. Deshalb ortet er die "Fehler" bei den Zugängen der Schulbücher und beim Aufbau der Hintergrundtheorien. Solche Fehler schreibt er vor allem einer undifferenzierten und verengten Betrachtung des Winkelbegriffes durch entsprechende definitorische Festlegungen zu (z.b. Gleichsetzung von Winkel und Winkelfeld bzw. Festlegung auf eine Orientierung). *"Widersprüche zur anschaulichen Vorstellung"* sieht er u.a. auch in der von G. CHOQUET aufgestellten Hintergrundtheorie (vgl. 4.6), wo bei einer Verdoppelung eines Winkels sich dessen Orientierung umkehrt, sowie in der Hintergrundtheorie von HOLLAND (1974), wo bei der Messung eines um eine Achse gespiegelten Winkels Erst- und Zweitschenkel zu vertauschen sind. Es fällt auf, daß "anschauliche Vorstellung" bei STREHL relativ eng aufgefaßt wird, nämlich als bloße (Teil-) Visualisierung mathematischer Begriffe. STREHL schlägt eine Mathematisierung des Winkelbegriffes vor, in der er sowohl versucht, solche "Widersprüche" zu anschaulichen Vorstellungen zu vermeiden, als auch die bruchlose Einfügbarkeit in den üblichen Aufbau einer Hintergrundtheorie zu gewährleisten.

Er geht davon aus, daß es (nur) drei "anschauliche Grundvorstellungen" gibt, die mit dem Begriff Winkel verbunden werden, nämlich den Winkel als (ungeordnetes) Paar zweier Strahlen, den Winkel als Winkelfeld und den Winkel im Zusammenhang mit der Vorstellung von einer Drehung.

Diese drei "Vorstellungen" werden in STREHL's Zugang zum Winkelbegriff in mathematisierter Form schrittweise eingebaut und lassen so eine Verknüpfung von drei Definitionen entstehen:

1) Zunächst wird der euklidische Winkel als ungeordnetes Paar zweier Strahlen [g_A, h_A] definiert (S. 143). (Abb.)

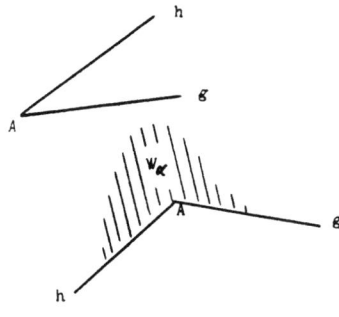

2) In einem zweiten Schritt wird der Winkel mit einem Winkelfeld W_α kombiniert (S. 144). (Abb.)

3) Der dritte Schritt beinhaltet schließlich den Übergang vom ungeordneten Strahlenpaar [g_A,h_A] zum geordneten Paar (g_A,h_A), wodurch man mit dem System ((g_A,h_A), W_α) einen Winkel erhält, der beide Orientierungen zuläßt. STREHL sieht darin den sich drehenden Strahl repräsentiert, der genau das entsprechende Winkelfeld W_α überstreicht (S. 144). (Abb.)

STREHL konstatiert selbst, daß eine solche Theorie des Winkels kompliziert und unter rein mathematischen Gesichtspunkten wenig elegant erscheint. Den großen didaktischen Vorteil sieht er jedoch in der vollen *"Übereinstimmung mit der anschaulichen Vorstellung"* bei gleichzeitiger bruchloser Einfügung in den üblichen Aufbau der ebenen Geometrie.

Die Suche vieler Geometriedidaktiker nach einer möglichst günstigen Definition des Winkels gipfelt hier im Aufstellen einer mehrstufigen Definitionskette, die den Anspruch erhebt, einen glatten Weg von anschaulichen Vorstellungen (von Kindern) zu einer axiomatischen Theorie zu leisten. Die Fragwürdigkeit dieses Vorgehens sei an einigen wesentlichen Aspekten dargestellt:

- Es ist anzunehmen, daß der Schüler diesen Weg bei der Definition des Winkels nicht in entsprechender Weise verstehen kann. Es wird bestenfalls der Eindruck entstehen, daß man nun genau wisse, was mit "Winkel" gemeint sei, weil eine sehr ausführliche terminologische Abgrenzung vorgenommen wird. Schon allein die Definition des Winkels als geordnetes oder ungeordnetes Paar ist eine für zwölfjährige Schüler wohl sehr schwer zu verstehende Festlegung. Noch unverständlicher muß einem Schüler z.B. die Forderung erscheinen, einen Zollstock als ungeordnetes Paar zu interpretieren, also den Sinn einer solchen Mathematisierung einzusehen. Es geht nämlich nicht um eine Art von Mathematisierung, wie sie in der Didaktik üblicherweise verstanden wird: Als Prozeß, der von Problemen in Sachsituationen ausgeht, bei welchem Modelle gebildet werden, und Theoriebildung "rund um das Problem" erfolgt.
Beim Vorschlag von STREHL ist das Ziel der "Mathematisierung" durch die Orientierung an einem bestimmten axiomatischen Aufbau in wesentlichen Zügen vorbestimmt, ihre Triebfeder liegt nicht in der Lösung eines Problemes durch den Schüler, sondern in einer ihm nicht zugänglichen globalen Ordnung der Geometrie.

- Die dreistufige Definition ist ein Kompromiß zwischen anschaulichen und innermathematischen Ansprüchen und weist eine eigenartige Paradoxie auf: Im Rahmen
eines axiomatischen Aufbaues erweist sich eine Winkeldefinition als durchaus
hinreichend. Eine Erweiterung um weitere Definitionen ist somit weitgehend
"mathematischer Luxus". Geht es aber um anschauliche Vorstellungen von Winkel,
so kann eine Vielzahl an Intuitionen, Modellen, Handlungen bedeutend sein. Deren
Fassung in abstrakten Definitionen schafft jedoch unmittelbar keine neuen anschaulichen Vorstellungen vom Begriff. Daraus ist klar ersichtlich, daß sich die
Motivationen zum Axiomatisieren und zum Erwerb von anschaulichen Vorstellungen
von Begriffen nicht decken: Theorien werden nicht deshalb gebildet, um anschauliche Vorstellungen zu formalisieren und anschauliche Vorstellungen werden nicht
deshalb gebildet, um daraus Theorien zu formen. Eine derartige Vermittlung des
Verhältnisses von anschaulichen Vorstellungen und Theoriebildung könnte ein
völlig falsches Bild von der Mathematik erzeugen.

- Die Tatsache, daß in den unterschiedlichen Schulbüchern unterschiedlichste
Definitionen zum Winkelbegriff verwendet werden, veranlaßt STREHL zur Feststellung, daß sich zumindest einige Schulbuchautoren offenbar *nicht an den
anschaulichen Vorstellungen orientieren*". Als exemplarische Begründung führt er
an, daß es ziemlich unwahrscheinlich sei, daß Kinder zweier verschiedener Bundes-
länder einen unterschiedlichen Winkelbegriff mitbrächten. Es liegt auch hier
wieder jener Fall von Vermischung von Begriff und Definition vor, welcher schon
in 1.3 besprochen wurde. Zwar wird erkannt, daß eine Definition nicht ausreicht,
um den Begriff zu beschreiben, es wird aber angenommen, daß es die (drei)
anschaulichen Vorstellungen von Winkel gibt, zu denen nur drei entsprechende
Definitionen konstruiert werden müssen.

- STREHL hebt hervor, daß es sich bei der Bildung des Begriffes "Winkel" um eine
Begriffsbildung durch Synthese handelt. Er sieht "Strahlenpaar", "Winkelfeld" und
"Drehung" als selbständige Elemente an, die in einer Synthese zusammengefaßt
werden müssen, um die Komplexität des Winkelbegriffes zu beschreiben. Die
Möglichkeit eines Abstraktions- und Verallgemeinerungsprozesses zum Winkelbegriff wird ausdrücklich negiert. Er übersieht offenbar, daß die drei "selbständigen Elemente" mehr Bezugspunkte zueinander haben, als es vom rein Wahrnehmungsmäßigen her scheint. Zwar werden linienhafte Figuren, flächenhafte
Figuren und Drehungen andersartig wahrgenommen, das Allgemeine, das Abstrakte
liegt aber in der Beziehung von je zwei Halbgeraden (mit gemeinsamem Anfangspunkt) zueinander.

Ob diese Beziehung als Paar oder als Abbildung (hier geht es auch um Paare) formuliert wird, ist beinahe ausschließlich "Definitionssache". Natürlich legen bestimmte Definitionen bestimmte Bereiche für Winkelgrößen (Winkelmaßintervalle) fest. Daß dies aber keine besonderen Schwierigkeiten bedeuten muß, hat schon EUKLID vor zwei Jahrtausenden gezeigt: Seine Winkeldefinition (Neigung zweier Linien zueinander) ließ nur Winkel kleiner als zwei "Rechte" zu, was ihn aber nicht davon abhielt, z.b. auch den Peripheriewinkelsatz (allerdings mit Fallunterscheidungen) zu beweisen. Die Frage nach dem Erst- und Zweitschenkel bzw. nach der Orientierung betrifft nicht das Wesen des Winkelbegriffes, sondern dies sind notwendige Hilfsmittel, um die Eindeutigkeit von Winkeln (bzw. Größen bis 360°) zu garantieren. Daß in der Mathematik "linksherum" gedreht wird, ist eine reine Konvention, daß man überhaupt auf Orientierungen zurückgreift, ist eine rein technische Entscheidung, die kein genuin neues Wesensmerkmal des Winkels in sich birgt. Genauso verhält es sich mit der Frage, ob man die Figur als linienhafte oder flächenhafte Punktmenge definiert. Das Wesentliche (Verallgemeinerbare) des Winkels liegt nicht im Anfärben irgendwelcher Flächen, im Gegenteil, es kann sogar die Gefahr der Ablenkung bestehen, weil unwesentliche Merkmale besonders hervorgehoben werden.

- Weitere Bedenken treten auf, wenn man den Winkelbegriff von STREHL im Zusammenhang mit dem Prozeß der Veranschaulichung näher beleuchtet. Wäre der stufig aufgebaute Winkelbegriff in seiner formalen Struktur (der geschulte Mathematiker ortet darin Begriffe wie z.B. "geordnetes Paar" oder "Quotientengruppe") für den Schüler eine "klare Sache", so wäre eine Veranschaulichung nicht wichtig, bestenfalls für jene Schüler, die ausgesprochen "visuelle Typen" sind. Da man aber den (12jährigen) Schülern eine solche abstrakte Sicht nicht zumuten kann, bietet man ihnen eine Veranschaulichung an, die für den abstrakten Begriff stehen soll. Der Didaktiker vermag nun die Veranschaulichung als Zwischenglied zwischen konkreten Situationen und formaler Theorie zu sehen, wobei die Veranschaulichung diese gewissermaßen auf einfacherer Ebene repräsentiert. Da der Schüler diese Dreistufigkeit in Unkenntis der Hintergrundtheorie nicht erkennen kann, sieht er die Veranschaulichung bereits als "theoretischen" Begriff (was in gewisser Hinsicht natürlich stimmt). Es ist jedoch äußerst selten, daß Veranschaulichungen genau den theoretischen Begriff wiedergeben.
Beispiele dazu sind vor allem in der Geometrie schnell gefunden: Es sei hier nur auf die Unterschiede zwischen "Kongruenzabbildung" und "kinematischer Bewegung" (vgl. BENDER 1978, S. 17) sowie auf "Winkel als Paar zweier Strahlen" und "Winkel als Figur (Teilmenge der Zeichenebene)" hingewiesen.

Der Didaktiker macht diese Unterschiede und kann seine Aufmerksamkeit auf die Gemeinsamkeiten lenken. Er weiß, wofür diese Veranschaulichung steht, und weiß, worauf er achten muß. Der Schüler weiß keines von beiden. Hinzu kommt noch eine weitere Groteske: Die Veranschaulichungen (z.b. kinematische Bewegungen) liegen den Schülern wesentlich näher (nachvollziehbare konkrete Handlungen), und das Aufgeben dieser Vorstellungen erscheint in Unkenntnis des Zieles (Ordnung der Geometrie durch Gruppen) wohl unmotiviert und schwierig. Ziemlich sicher spielt dabei auch eine große Rolle, daß viele theoretische Begriffe (z.b. Drehung) eine umgangssprachliche Entsprechung haben, die aber meist nur mit der Veranschaulichung des Begriffes adäquat korrelieren. Der prinzipiellen Schwierigkeit, aus Veranschaulichungen auf den dahinter steckenden formalen Begriff zu schließen, wobei die Umgangssprache oft auf "falsche Spuren" lenkt, wird nicht selten mit Maßnahmen wie "Üben" oder "Gewöhnen" begegnet. Hier scheint man sich zusehr um die kosmetische Korrektur der <u>Folgen</u> zu kümmern, als den tatsächlichen <u>Ursachen</u> auf den Grund zu gehen.

Dieses Denken spiegelt sich etwa in folgender Bemerkung STREHL's recht deutlich wieder:

"In bezug auf das Langzeitgedächtnis schlagen bei jüngeren Schülern die mit einem Wort verbundenen umgangssprachlichen Bedeutungen gegenüber den Begriffsspezialisierungen des Mathematikunterrichts immer wieder durch, so daß es notwendig sein dürfte, den Schüler in einem langen Prozeß der Beschäftigung mit Mathematik allmählich daran zu gewöhnen, bei mathematischen Begriffen konsequent nach der jeweiligen Definition zu fragen, die sich eben nicht immer mit den anschaulichen Vorstellungen und den umgangssprachlichen Wortbedeutungen decken muß." (STREHL 1983, S. 132)

Diese Schwierigkeiten würden viel seltener auftreten, wenn die Schüler den Sinn und die Notwendigkeit der Bildung der entsprechenden theoretischen Begriffe einsehen könnten und nicht an das Nachvollziehen einer "fernen Hintergrundtheorie" gebunden wären.

- Die von STREHL postulierten anschaulichen Grundvorstellungen vom Winkel sollen zwei Bereiche abdecken, deren Übereinstimmung unausgesprochen angenommen wird:

Zum einen geht es um anschauliche Vorstellungen von Kindern, zum anderen um formale Möglichkeiten, Winkel innerhalb eines axiomatischen Aufbaues zu definieren. Daß der Zusammenhang keineswegs trivial ist und erst hier die eigentlich didaktischen Probleme angesiedelt sind, soll folgendes Beispiel illustrieren:

Es wird ein Stück Torte ausge-
schnitten (Abb.). Eine Veranschaulichung kann z.B. durch
zwei Linien, ein Winkelfeld
(Kreissektor) oder durch eine
Drehung des Messers geleistet
werden.

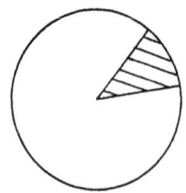

Selbstverständlich geht es bei allen dreien um dieselbe Idee, eine Sichtweise, die sicherlich auch alle Schüler teilen. Umso überraschender muß es für die Schüler sein, wenn (genau) diese drei Möglichkeiten als "selbständige Elemente" betrachtet und definiert werden. Es werden neue Bezeichnungen eingeführt, Differenzierungen vorgenommen, für deren Sinn (in der Situation) keine ausreichende Erklärung besteht. Schließlich erfolgt noch die skizzierte dreistufige Synthese zu einem komplexen Ganzen, welches nun den Winkelbegriff repräsentieren soll. Für den Schüler muß dieser Vorgang wohl völlig unverständlich erscheinen: Den innermathematischen Hintergrund kann er nicht verstehen und damit wohl noch weniger dessen Verknüpfung mit anwendungs- und umweltbezogenen Sachverhalten.

Zusammenfassend kann folgendes Resümee gezogen werden: Der Vorschlag von STREHL entspricht einem methodisch ausgefeilten Versuch, einen Zugang zum Winkelbegriff zu konstruieren, der sowohl anschaulichen Vorstellungen der Schüler genügen als auch Hintergrundtheorie-Konformität aufweisen soll. Um das "objektive" (vom Lernenden unbeeinflußte) Ziel eines glatten theoretischen Aufbaues mit subjektiven Vorstellungen in Einklang zu bringen, wird aus der Vielfalt an Vorstellungen, Intuitionen usw. eine Menge von drei Grundvorstellungen "heraus-objektiviert", die ab sofort als "objektive" Stellvertreter der individuellen und kreativen Vorstellungen der Kinder betrachtet werden.

Die Kritik an diesem Vorgehen kann so zusammengefaßt werden: Die Bildung des Begriffes "Winkel" wird vor allem unter einem <u>hintergrundtheoretischen Aspekt</u> gesehen: Es geht primär um die Beziehungen des Winkelbegriffes zu innermathematischen Objekten innerhalb der entsprechenden Hintergrundtheorie. Zwei wesentliche Aspekte der Begriffsbildung werden zuwenig ernstgenommen bzw. zu leichtfertig "umobjektiviert":

Die Beziehungen des Begriffes zu außermathematischen Objekten (epistemologischer Aspekt) und die Beziehungen des Lernenden zum Begriff (psychosozialer Aspekt) (vgl. DÖRFLER 1985). Es geht, plakativ formuliert, nicht primär um die aktive Auseinandersetzung des Schülers mit dem Begriff "Winkel" zur Strukturierung geometrischer Probleme (der Umwelt, der innermathematischen Theoriebildung), sondern um den Nachvollzug dessen, was der Winkel innerhalb einer entsprechenden Hintergrundtheorie bedeuten soll.

Das Paradoxe an der Situation ist aber die Tatsache, daß die Motivation zur Orientierung an den Hintergrundtheorien (wohl wegen deren verständnismäßigen Unerreichbarkeit durch den 12jährigen Schüler) nicht direkt durch innermathematische Problemstellungen versucht wird, sondern über anschauliche Bezüge zu Umweltsituationen, die dem Schüler vertraut sind. Überspitzt formuliert bedeutet ein solcher Geometrieunterricht "listiges Schmackhaftmachen" (mit "schauspielerischen" Fähigkeiten) seitens des Lehrers, der Schüler ist dazu verbannt, über das, von (großen) Mathematikern inszenierte "Stück" eine Prüfung abzulegen, ohne vorher jemals aktiv "mitgespielt" zu haben.

1.4 VORSTELLUNGEN UND FEHLVORSTELLUNGEN - KRITIK EINER EINSTELLUNG

Aus dem Jahr 1981 stammt die Dissertation "Children's understanding of angle at the primary/secondary transfer stage" von Gillian Susan CLOSE. Ziel der Arbeit ist das Herausarbeiten von Schwierigkeiten und Fehlvorstellungen, die Kinder im Alter von etwa 11 bis 12 Jahren beim Winkel bzw. bei der Winkelmessung haben.

Den Schwerunkt der Dissertation bilden zwei methodisch unterschiedlich angelegte Testserien, wovon die erste vor allem auf schriftlichen Tests und die zweite auf Interviews von Schülern aufbaut.

In einem ersten Schritt hatten 18 durchschnittlich 11 Jahre alte Schüler (die zu dieser Zeit knapp vor Beendigung der primary school standen, um später voraussichtlich die secondary school zu besuchen) einen Fragebogen zu beantworten, der 12 Fragen zum Arbeiten mit Winkeln beinhaltete. Anschließend wurden alle 18 Schüler interviewt und einige der Interview-Transkripte zur Analyse herangezogen.

Als Ergebnisse entstanden Vorschläge zur Verbesserung der Einführung des Winkels und der Behandlung der Winkelmessung in der primary school, sowie je ein modifizierter Test zur Untersuchung des Verständnisses bei Kindern von Winkel bzw. von der Winkelmessung.

Die zweite Testserie wurde mit fünf Schulklassen durchgeführt, die sich im ersten Jahr der secondary school befanden. In einer der Klassen (1G) wurde ganz zu Beginn jenes Schuljahres nochmals eine Einheit zur Winkelmessung unterrichtet, die etwa der üblichen Vorgangsweise in der primary school entsprach (die restlichen 4 Klassen seien fortan mit der Bezeichnung 1 BELP geführt). Sowohl beim Winkel-Test (er bestand aus 7 Fragen) als auch beim Winkelmessungs-Test (er bestand aus 3 Fragen) kam CLOSE zum Ergebnis, daß die Klasse 1G deutlich besser abschnitt, und daß deren Schüler ein wesentlich tieferes Verständnis von Winkel entwickelt hätten.

Beim Winkelmessungs-Test wurde dieser und zwei weitere Klassen zur Messung von Winkeln nicht - wie gewohnt ein Halbkreiswinkelmesser zur Verfügung gestellt, sondern ein Vollkreiswinkelmesser mit einem bewegbaren Zeiger (vgl. Abb. nächste Seite). Es wurde nachgewiesen (Test von Hypothesen mit der Chi-Quadrat-Methode), daß jene Klassen, die mit dem Vollkreiswinkelmesser arbeiten durften (obwohl nur wenige einen solchen vorher kannten), wesentlich besser abschnitten als jene mit dem Halbkreiswinkelmesser.

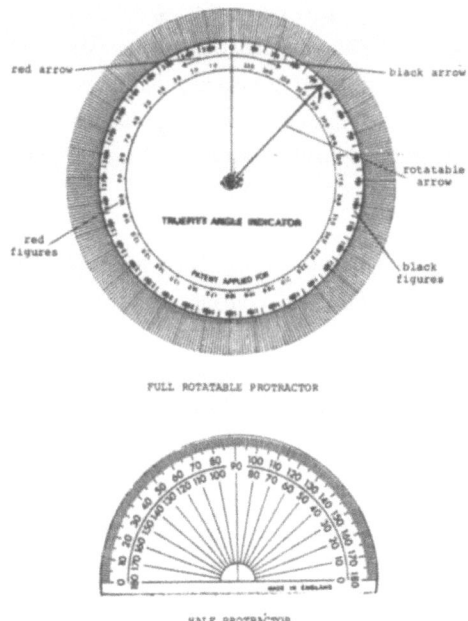

FULL ROTATABLE PROTRACTOR

HALF PROTRACTOR

Auch an diese zweite Testserie wurden wieder Einzelinterviews mit Schülern angeschlossen.

Sowohl die erste als auch die zweite Testserie führten zu interessanten, z.T. aber auch kritisch zu betrachtenden Ergebnissen:

1. Viele Schüler hatten Schwierigkeiten, "schief" gelegene rechte Winkel als solche zu erkennen. Im Winkel-Test wurde z.B. folgende Frage gestellt (S. 119):
   Item 6: Which angle is bigger or are they about the same size? (Abb.)

(e)   (f)

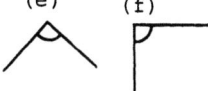

(alle vier Winkelscheitel waren gleich lang gezeichnet)

Weniger als die Hälfte der Schüler von 1BELP gab an, daß diese beiden Winkel ungefähr dieselbe Größe hätten. Natürlich steckt in der Bezeichnung "ungefähr" eine gewisse "Unschärfe", weil nicht klärbar ist, wie weit die Schüler etwas als ungefähr gleich (oder doch schon als verschieden) einschätzen.

45

Ein Schüler war der Meinung, daß ein rechter Winkel immer auf der rechten Seite zu liegen hätte. Ein weiterer Schüler konnte rechte Winkel nur dann als solche erkennen, wenn sie in einer Zeichnung durch zwei Strahlen dargestellt waren. Selbst als er auf die "Ecken" eines Papierblattes aufmerksam gemacht wurde, konnte er diese nicht als rechte Winkel erkennen. Für diesen Schüler war der Winkel anscheinend nur als "Strahlenfigur" präsent.

2. Sehr viele Schüler konnten erhabene Winkel (zwischen 180° und 360°) als solche nicht erkennen, wobei die Erfolge bei Winkeln zwischen 180° und 270° geringer waren als bei Winkeln über 270°.
   In einer zweiten Testserie wurde u.a. folgende Frage gestellt (S. 108):
   Item 2: Which is the largest of these angles?

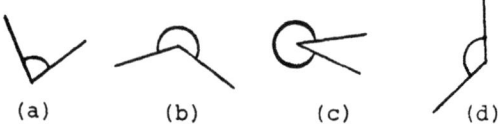

(a)   (b)   (c)   (d)

(Schenkellängen und Kreisradien wurden jeweils gleich groß gewählt)

Betrachtet man jene vier Klassen, die keiner zusätzlichen Lerneinheit zum Winkelbegriff unterzogen wurden (1BELP), so sieht das Ergebnis folgendermaßen aus: Nur knapp mehr als die Hälfte der Schüler gab die richtige Antwort (c), etwa ein Drittel antwortete mit (d).
CLOSE interpretiert die große Anzahl an (d)-Antworten als Hinweis auf ein statisches Winkelverständnis (als "Spitzigkeit" im Scheitel), welches sich zwar bei spitzen und stumpfen Winkeln erfolgreich anwenden läßt, nicht aber bei erhabenen Winkeln (S. 33). Obwohl sehr viele Schüler angaben, vor den Tests niemals etwas mit erhabenen Winkeln zu tun gehabt zu haben (z.B. BIMAL, S. 50), betrachtet CLOSE solche Antworten als Ausdruck der Unfähigkeit, diese neuen Typen von Winkeln in das neue Schema zu adaptieren. Es ist unklar, was sie unter diesem "neuen Schema" versteht. Sicher ist, daß sich dahinter die Vorstellung verbirgt, daß der Winkelbegriff nur in einer einzigen Art und Weise gesehen werden kann: Von den fünf von ihr zur Auswahl angebotenen Winkeldefinitionen (S. 128) erkennt sie nur eine als "richtig" an, nämlich *"The amount of turn from one line to the other",* also Winkel als Maß einer Drehung. Durch das Einzeichnen der roten Winkelbögen, glaubt die Autorin den Kindern diese Sichtweise von Winkel klar machen zu können.

Für einen Schüler, der in etwa den Winkelbegriff Hilbert's als Grundlage seiner anschaulichen Vorstellung von Winkel hätte, gäbe es bei dieser Testaufgabe zwei richtige Ergebnisse, nämlich (b) und (d), da es Winkel über 180° in diesem Modell nicht gibt (bzw. nur ein richtiges Ergebnis, da aus dieser Sicht (d) marginal größer ist als (b)). Der rote Bogen könnte von einem solchen Schüler folgendermaßen gesehen werden: Jener gibt zwar die Entstehung der Figur wieder, für die Größe des Winkels ist aber nur die Figur selbst ausschlaggebend. Möglicherweise wußten aber manche Schüler gar nicht, was der Bogen zu bedeuten hatte. So ist es überhaupt nicht verwunderlich, daß ein Drittel der Schüler (d) als Lösung angab. Was aber noch bedeutender ist: Die Lösung ist nach dieser Interpretation völlig richtig! Diese Schüler haben keinen Fehler gemacht, sondern nur nicht jene Winkeldefinition verwendet, welche von ihnen (unausgesprochen) erwartet wurde.

Daß dennoch etwa die Hälfte der Schüler (c) als Lösung angab, könnte sowohl an der suggestiven Wirkung der roten Bögen liegen (die Radien waren alle gleich groß gewählt und die Vergleichbarkeit damit unmittelbar gegeben) als auch an der Tatsache, daß die Schüler diese Art des Umganges mit Winkeln schon kannten.

Aus diesen Gründen ist eine Einteilung der Schülerantworten in "richtig" oder "falsch" nicht akzeptabel. Es könnte nur überprüft werden, wie gut die Schüler das von ihnen Gelernte wiedergeben können. Dazu müßten aber Informationen darüber vorliegen, wie die Einführung des Winkelbegriffes bei den einzelnen Schülern ausgesehen hat.

3. Als einer der Hauptergebnisse ihrer Arbeit bezeichnet CLOSE die Entdeckung, daß die Schüler durch den Einsatz des Vollkreiswinkelmessers (als Alternative zum Halbkreiswinkelmesser) nicht nur bessere Fähigkeiten im Winkelmessen entwickelten, sondern insgesamt ihr Verständnis vom Winkelbegriff erhöht wurde. Dieses Ergebnis ist insofern nicht verwunderlich, als der Vollkreiswinkelmesser genau zu ihrer implizit erwarteten Winkeldefinition paßt: Dies betrifft sowohl die mögliche Messung bis 360° als auch den beweglichen Zeiger, der den Drehvorgang in dynamischer Weise veranschaulicht. Ein Halbkreiswinkelmesser (i.w.S. auch das Geodreieck) hat den natürlichen Nachteil, nur bis 180° zu messen, dafür können auch gerade Linien (insbesondere auch Winkelschenkel) gezogen werden. Es ist aber sicher richtig, daß ein Vollkreiswinkelmesser der oben beschriebenen Art bei der Einführung des Winkelbegriffes eine wertvolle Ergänzung darstellen kann, vor allem dann, wenn es um die Erarbeitung des Drehungsaspektes geht.

4. Interessant sind Beobachtungen bezüglich der Frage, welche Eigenschaften die Schüler als für die Größe von Winkeln bedeutend ansehen. So zeigte sich, daß viele Schüler

- die Länge der Winkelschenkel,
- die Bogenlänge (ungeachtet der Radiengröße),
- die Lage des Winkels am Zeichenblatt

als entscheidende Merkmale ansahen, welche die Größe von Winkeln beeinflussen bzw. festlegen.

Dazu einige Ergebnisse aus der zweiten Testserie (Klassen 1BELP):

Item 6: Which angle is <u>bigger</u> or are they about the same size? (Abb.)

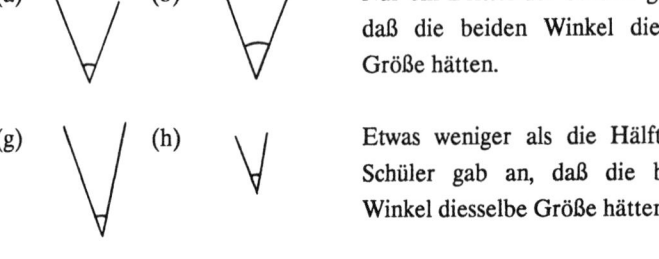

(a) (b) Nur ein Drittel der Schüler gab an, daß die beiden Winkel dieselbe Größe hätten.

(g) (h) Etwas weniger als die Hälfte der Schüler gab an, daß die beiden Winkel dieselbe Größe hätten.

(o) (p) Nur knapp mehr als die Hälfte der Schüler gab an, daß die beiden Winkel dieselbe Größe hätten.

5. Die Ergebnisse von CLOSE zeigen auch, daß viele Schüler Schwierigkeiten im richtigen Umgehen mit beiden Winkelmesserarten haben. Dabei wurden vor allem folgende Probleme entdeckt:

- Ablesen von der falschen Meßskala, insbesondere falsches Interpretieren, wie etwa beobachtet bei VANDANA (S. 55), die 154° als 166 las, also 6° dazuzählte, anstelle diese wegzuzählen.
- Besonders beim Halbkreiswinkelmesser treten Schwierigkeiten auf, ihn richtig anzulegen. Dabei wurde auch die Tendenz festgestellt, diesen (mit der geraden Linie) in horizontaler Lage zu bewahren.
- CLOSE weist auch darauf hin, daß einige Schüler den Zusammenhang zwischen "intuitiver Winkelgröße" und Winkelmessung (mit dem Winkelmesser) nicht richtig verstanden bzw. nicht sicher waren, ob die Winkelgrade unabhängige Einheiten der Winkelmessung darstellen (S. 62). Oder anders formuliert: Manche Schüler sahen Winkelmessung als eine (handwerkliche) Fertigkeit an, die sie unabhängig vom Begriff des Winkels anwenden können.

Als Beleg führt CLOSE u.a. die verschiedenen Meßergebnisse von SCHAUN an, der ein und denselben Winkel einmal mit 315° (Vollkreiswinkelmesser) und das andere Mal mit 140° (Halbkreiswinkelmesser) angab, daß ihm die Unterschiedlichkeit der Ergebnisse aber erst bewußt gemacht werden mußte. Es ist jedoch durchaus denkbar, daß sich dieser Schüler vor der Aufgabe sah, zwei verschiedene Definitionen von Winkel anzuwenden, wobei er jeder Winkelmesserart eine bestimmte Vorstellung von Winkel zuordnete. Aus dieser Sicht wären seine Antworten gut und richtig.

6. Auffallend sind einige Vorstellungen, in denen störende Wechselwirkungen zwischen der Umgangssprache und der geometrischen Fachsprache zu entdecken sind:
    - Die schon erwähnte Fixierung mancher Schüler auf das "Rechtsliegen" des "rechten" Winkels.
    - Auch der Begriff "volle Umdrehung" kann zu Mißverständnissen führen: Diese kann nicht nur als Drehung um 360°, sondern auch als Drehung um 180° interpretiert werden - und zwar in dem Sinne, daß man sich bei einer Drehung um 180° "ganz umgedreht" hat und somit mit dem Gesicht in die umgekehrte Richtung blickt.

7. CLOSE stellt auch fest, daß beim Schätzen von Winkelgrößen größte Schwierigkeiten auftreten. Hinweise dazu liefern die Antworten zur Frage 9 des ersten Testdurchganges (S. 39):
    Item 9: About how many degrees are there in each of these angles? (Abb.)

Richtig:	45	78	158	267	343
Toleriert:	40-50	70-85	150-170	260-280	330-355
Antworten (bei	6	2	1	2	1
18 Schülern)	(33%)	(11%)	(6%)	(11%)	(6%)
Antworten zweier ausgewählter Schüler					
KERRY	50	60	90	90	30
PERRY	70	80	300	330	350

8. Die Frage 7 im "secondary test" hatte folgendes Untersuchungsziel:

"The objective was to test if angle was perceived as a rotation and to elicit the concepts of angle most commonly prossessed." (S. 129)

Den Schülern wurden fünf Alternativen als Antwort angeboten:

"Which ONE of these is the best way to describe an angle between two lines?"

(a) The amount of space between the lines.

(b) The distance between the lines.

(c) The length of the lines.

(d) The amount of turn form one line to the other.

(e) The direction the point faces.

Wie schon in 2) angedeutet, wertete CLOSE allein die Antwort (d) als richtig.

Obwohl die Klasse 1G zu Beginn des Schuljahres nochmals eine Unterrichtseinheit zur Winkelmessung konsumiert hatte, in welcher Drehungen eine bedeutende Rolle spielten, gab nur etwa die Hälfte der Klasse die von CLOSE erwartete Antwort (d). Fast ein Drittel der Schüler griff auf die Vorstellung eines Winkelfeldes zurück. In den Klassen 1BELP sah der Sachverhalt noch krasser aus: Nur knapp ein Drittel der Schüler antwortete mit (d), etwa ein Viertel sah (b) als beste Möglichkeit an.

Die konkrete Aufteilung sah so aus:

	(a)	(b)	(c)	(d)	(e)	keine Antwort
1BELP	11	22	4	28	9	13
(87 Schüler)						

Die Autorin erwähnt, daß die Antwortmöglichkeit (b) für jene Schüler gedacht war, die Winkel als Abstand zwischen den beiden Schenkelenden verstehen. Es ist allerdings sehr fragwürdig, ob die Schüler unter diesem Abstand (*"distance between the lines"*) überhaupt jene Verbindungslinie meinen und nicht schon ein allgemeineres Verständnis von Winkelgröße besitzen, ohne jedoch das entsprechende Vokabular verfügbar zu haben.

Die Untersuchungen von PIAGET und dessen Mitarbeitern (vgl. 5.1 und 5.2) lassen eher die zweite Variante als plausibel erscheinen. Gestützt wird diese Annahme auch durch die geringe Anzahl an (c)-Antworten, die etwa den selben Verständnisfehler beinhalten, wie die Vorstellung von Winkel als Länge der Verbindungslinie zwischen den beiden Schenkelenden: Wären diese beiden "Fehler" von etwa gleicher "Qualität", so würde das Nennverhältnis mit 22:4 wohl nicht so deutlich ausfallen.

Aus dieser Sicht stellt (b) genauso wie (a) eine durchaus akzeptable Antwortmöglichkeit der Schüler dar, ist also keinesfalls als "falsche" Vorstellung von Winkel zu klassifizieren. Es fällt auch auf, daß es mehr Schüler gab, die (a) oder (b) antworteten als jene, die (d) als richtig bezeichneten. Auch die relativ hohe Anzahl an (e)-Antworten läßt vermuten, daß es sich nicht nur um den Irrtum handelt, daß die Lage der Winkelfigur ein bestimmendes Merkmal des Winkels ist, wie CLOSE dies unterstellt. Möglicherweise denken Schüler hier an einen Richtungsunterschied o.ä.

Aus diesen Bemerkungen geht klar hervor, daß die angewandte Untersuchungsmethode einige Probleme in sich birgt:
- Den Schülern werden nur wenige Alternativen vorgegeben, wobei deren Formulierung eine Einschätzung der Schülerantworten schwierig macht.
- Die Untersuchung spricht nur einer der vielen Vorstellungen von Winkel Richtigkeit zu, während alle anderen als "falsch" klassifiziert oder als nicht denkbar angesehen werden.
- Daß die Klasse 1G "besser" abschneidet als die Klassen 1BELP, ist wohl kaum einer vertieften Diskussion über die Natur des Winkelbegriffes zuzuschreiben (vgl. CLOSE S. 129), sondern stellt eher eine Beeinflussung der Untersuchung zugunsten einer einzigen Antwortmöglichkeit dar.
- Überhaupt scheint in diesem Zusammenhang ein quantitativer Test mit vorgegebenen Antwortmöglichkeiten nicht angemessen zu sein, da die Interpretationsunsicherheit keine wesentlichen Rückschlüsse auf die Vorstellungen der Kinder erwarten läßt.

Susan CLOSE hat auch mit einigen befragten Schülern zusätzlich Interviews durchgeführt, wobei im wesentlichen auf die Testfragen nochmals eingegangen wurde. Leider konnte in der Arbeit nur die Analyse zweier Transkripte wiedergegeben werden. Eine der beiden ist hinsichtlich der Frage 7 (Vorstellung von Winkel) sehr interessant, weshalb sie ansatzweise wiedergegeben sei:
Es handelt sich um das Interview mit MARIANA, die von CLOSE als ruheloses, aber überdurchschnittliches intelligentes Mädchen beschrieben wird:
"When shown her answer of (e) to item 7 she laughs and says 'it's wrong' and in her attempt to make a better selection says 'It's the amount of space out of the line so not (b) or (c). It is space outside lines. It's the points. It's direction, no it isn't. That one is wrong. It's this one'. She finally points to (d) assertively. It became clear that she had initially selected (e) as it included the word 'point' and she knew that sharpness of the point was an important criterion." (S. 177)

Für die Vorstellung *"space outside lines"* fand CLOSE keine Erklärung und hat im Interview an dieser Stelle auch leider nicht "nachgebohrt". Daß MARIAMA nur stückweise auf die "richtige" Antwort kam, sieht CLOSE darin begründet, daß ihr die anderen Alternativen beim genaueren Betrachten als nicht akzeptabel erschienen und (d) erst durch das Lesen plötzlich als korrekte Lösung erkannt wurde.

Ausgehend vom Versuch, dem Gedankengang der Schülerin genauer zu folgen, scheint auch folgende Interpretation plausibel zu sein: MARIAMA hatte im bisherigen Unterricht noch keine Winkel über 180° kennengelernt und die Größe von Winkeln hing für sie von der Spitzheit des Winkels im Scheitel ab. Nach ihrer Vorstellung hatte jede Winkelfigur eine eindeutige Größe. Durch das Interview tauchte plötzlich ein für sie neues Phänomen auf, nämlich der rot eingezeichnete Kreisbogen bei jeder Winkelfigur. Die erste Verwirrung zeigte sich sofort bei Frage 2 des "secondary test" (S. 108):

Item 2: Which is the largest of these angles? (Abb.)

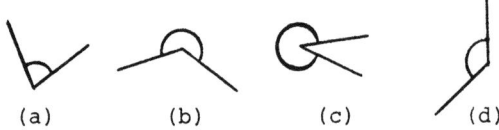

Sie gab (d) an und strich (c) überhaupt aus. "Spitzheit des Winkels" und "Länge des Bogens" trafen hier als konkurrierende Konzepte aufeinander, sie verharrte aber in ihrem alten Denkschema. Im Interview gab sie dazu folgenden Kommentar ab: *"I was going to say (c) because that's got the biggest loop but I said (d) because it has the bigger inside loop!"* (S. 174)

An dieser Stelle wird eigentlich ganz klar, was MARIAMA mit "inside" meint: Sie versteht darunter jenes Winkelfeld, welches den spitzen Winkel repräsentiert (Abb.).

Ein "Outside" hat es für sie (bei ihrer Vorstellung von Winkel) noch nicht gegeben.

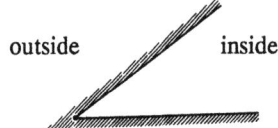

Diese Begriffsbildung wurde erst durch das Auftreten der Kreisbögen notwendig. MARIAMA erkannte natürlich, daß im Test nun etwas anderes verlangt wurde, als sie bisher gelernt hatte, doch den Sinn und die Struktur des "neuen" Winkelverständnisses konnte sie (natürlich) noch nicht verstehen. Sie versuchte, sich auf die neue Situation einzustellen, verfiel aber öfters in ihr ursprüngliches Denkschema, was aber stets als "falsch" gewertet wurde.

Bei der Wahl einer passenden Erklärung für den Winkelbegriff (vgl. Punkt (8)) griff sie beim Test zunächst auf (e) zurück. Als ihr beim Interview ihre Antwort vorgehalten wurde, begann sie zu lachen und suchte nach anderen Antworten. Leider wurde an dieser Stelle nicht nach dem Grund des Nennens von (a) gefragt. (a), (b) und (c) kamen als richtige Antworten wohl nicht mehr in Frage, da sich diese im Verlaufe des Interviews als unpassende Erklärungsmuster herausgestellt hatten: Sie alle berücksichtigten nicht die Möglichkeit, daß der Winkel *"space outside lines"* sein kann. So mußte - wohl mangels anderer Alternativen - die Wahl eindeutig auf (d) fallen, welche für MARIAMA recht gut zu den roten Kreisbögen zu passen schien.

An dieser Stelle dürfte ihr klar geworden sein, was sie ab nun unter Winkel zu verstehen hätte, nämlich die Größe einer Drehung. Sie dürfte aber nicht erfaßt haben, daß eigentlich beide Vorstellungen richtig sind und entsprechende Analoga in mathematischen Definitionen besitzen.

So ist es in diesem Interview nur gelungen, die Schülerin auf eine bestimmte Winkeldefinition umzutrimmen und die daher auftretenden Schwierigkeiten darzustellen.

Daher ging es eigentlich auch gar nicht um "Children's understanding of angle", sondern um die Beseitigung von "Fehlvorstellungen" von Kindern von Winkel, gemessen an einer bestimmten mathematischen Sichtweise des Begriffes.

Dieses kategorienhafte Denken in "Fehlvorstellungen" oder "richtigen Vorstellungen" ist aber letztendlich nicht haltbar: Zunächst kann man nur von Vorstellungen von Kindern ausgehen und sie als ernstzunehmende Rahmenbedingungen in didaktische Überlegungen einbeziehen. "Richtig" und "falsch" sind erst dann sinnvoll, wenn man das Wissen der Schüler im Hinblick auf ein bestimmtes (mathematisches) Niveau mißt, welches man bei den Schülern aufgrund eines vorher initiierten Lernprozesses zu erreichen gedenkt.

Vor allem aber geht es darum, "Lernen" als positive Weiterentwicklung des eigenen Wissens und nicht als Aufarbeitung von "Defiziten" zu sehen.

2. DER WINKELBEGRIFF IN DEN SCHULBÜCHERN DER 6. SCHULSTUFE

Geht es um didaktische Analysen schulmathematischer Inhalte, so wird zumeist ein besonders kritisches Auge auf die Schulbücher geworfen. Diese erhalten dabei äußerst selten ein gutes Zeugnis ausgestellt, auch im Falle des Winkelbegriffes ist diese Tendenz recht deutlich zu bemerken.

In besonders kritischer Form äußert sich Gerhard HOLLAND in seinem Vortrag "Zum Winkelbegriff in der Elementargeometrie" auf der 4. Bundestagung in Köln 1970 unter Hinweis auf die verschiedenen möglichen Winkeldefinitionen im Geometrieunterricht:

"... Auch gibt es unter den neueren Lehrbüchern der Geometrie nicht _zwei_, in denen die Frage in gleicher Weise entschieden wird. Leider muß hinzugefügt werden, daß es bisher kaum _ein_ Lehrbuch gibt, in dem der Winkelbegriff in sachlich einwandfreier Weise eingeführt, und zugleich auch später konsequent durchgehalten wird." (HOLLAND 1971, S. 105)

HOLLAND bringt damit aber auch zum Ausdruck, daß er die Probleme vor allem aus fachlicher Seite sieht.

Arno MITSCHKA geht in seiner "Didaktik der Geometrie in der Sekundarstufe I" (1982) nicht weniger kritisch mit Schulbüchern um. Er deckt an einigen von ihnen Fehler und Fragwürdigkeiten auf (S. 35/36). Auch er konstatiert, daß die Schulbücher ganz unterschiedliche Wege gehen, wobei sich manche in _"seltsamen Definitionen und Aussagen"_ verfangen. Der Großteil seiner Kritikpunkte betrifft ebenfalls rein innermathematische Überlegungen.

Während MITSCHKA in der breiten Streuung der methodischen Verarbeitung eine Widerspiegelung der didaktischen Schwierigkeiten mit dem Winkelbegriff sieht, deutet Rolf STREHL (1983, vgl. 1.3) diese Vielfalt als Beweis für die Inadäquatheit bestimmter Zugänge in Schulbüchern. Seiner Meinung nach bringen alle Schüler denselben Winkelbegriff in die Schule mit, weshalb sehr unterschiedliche Zugänge auf eine Nichtorientierung an den anschaulichen Vorstellungen von Kindern bei zumindest einigen Schulbuchautoren schließen lassen. Die in den Schulbüchern auftretenden Probleme faßt STREHL in drei Punkten zusammen (1983, S. 136):

- _Einzelaspekte des Winkelbegriffes werden isoliert und verabsolutiert (z.B. durch die Gleichsetzung von Winkel und Winkelfeld)._

- *Durch definitorische Festlegungen wird der Winkelbegriff verengt (z.B. durch die Festlegung auf eine Orientierung oder die Beschränkung auf nicht-überstumpfe Winkel).*
- *Die Drehung steht im Vordergrund, entgegen den aufgezeigten "Grundvorstellungen" (vgl. 1.3), bei denen die gestalthaften Merkmale des Winkels vorherrschen ("Paar zweier Strahlen" und "Winkelfeld").*

Sowohl bei STREHL als auch bei HOLLAND klingt durch, daß es so etwas wie klar vorgezeichnete Wege zur unterrichtlichen Gestaltung von Abbildern axiomatischer Theorien gäbe, wobei nur mehr die geeigneten Definitionen und methodischen Feinheiten zu finden wären.

Der Glaube an einen optimalen Zugang zum Winkelbegriff wird auch nicht durch den Umstand vermindert, daß sie kein Schulbuch finden, welches ihren hohen Anforderungen entspricht. Der Bezug zur Umwelt wird anscheinend als so trivial angesehen, daß er in ihren kritischen Betrachtungen über die Schulbücher beinahe keine Rolle spielt.

Im folgenden werden zehn Unterrichtswerke der 6. Schulstufe aus der Bundesrepublik Deutschland bzw. fünf aus Österreich hinsichtlich deren Behandlung des Winkelbegriffes untersucht. Die Tatsache, daß die Schulbücher aus dem Entstehungszeitraum 1975 - 1982 gewählt wurden, hat zwei Ursachen:
- Die Kritik an der didaktischen Diskussion um den Winkelbegriff (vgl. Kapitel 1.2) mit der Betrachtung, wie dort Schulbücher eingeschätzt werden, bezieht sich vorwiegend auf diesen Zeitraum.
- Ich habe selbst die Absicht, ein Lehrbuch für die österreichische Unterstufe zu schreiben, weshalb aus taktischen Gründen eine Kritik an den neueren Unterrichtswerken (neuer Lehrplan) vermieden wird.

Diese Vorgangsweise hat also die günstige Begleiterscheinung, daß die betrachteten Schulbücher der beiden Länder aus demselben Zeitraum stammen. Weiters wird ein Weg von den Ursprüngen einer didaktischen Hintergrundtheorie zu deren schulpraktischer Umsetzung in ein Schulbuch kritisch beleutet.

Alle diese Betrachtungen und die obengenannte Kritik an den Schulbüchern werden schließlich als Anlaß zu Überlegungen genommen, ob die Schwierigkeiten mit dem Winkelbegriff nicht viel tiefgreifender sind, als es die oben beschriebene Kritik an den Zugängen der Schulbücher vermuten läßt. Vor allem die Polarität Hintergrundtheorie-Umweltbezug wird dabei eine zentrale Rolle einnehmen.

INHALTSVERZEICHNIS VON KAPITEL 2:

2.1 ZUGÄNGE ZUM WINKELBEGRIFF IN ZEHN SCHULBÜCHERN DER BUNDESREPUBLIK DEUTSCHLAND

Die folgenden Betrachtungen zielen auf keine umfassende Analyse der einzelnen Schulbücher ab, sondern sind als Versuch zu sehen, kritische Stellen bewußt zu machen, und darüber zu reflektieren. Sehr oft werden spezielle Kritikpunkte nur an einem Werk illustriert, betreffen aber durchaus auch andere Schulbücher.

1) Die Welt der Zahl 6 (OEHL/PALZKILL 1981)

Winkel und Winkelmessung werden in äußerst knapper Form auf vier Seiten (inklusive Aufgaben) abgehandelt. Es wird keine explizite Definition des Winkels formuliert und lediglich festgestellt, daß ein Winkel durch Drehung einer Halbgeraden um einen Anfangspunkt entsteht. Bei den zwei einführenden Beispielen (ein Gärtner bepflanzt ein rundes Beet bzw. Schüler zeichnen an der Tafel einen Winkel) entstehen die Winkel jeweils durch Linksdrehung, es wird jedoch kein Hinweis darauf gemacht, noch werden irgendwelche Drehpfeile eingezeichnet.

In einer weiteren Aufgabe werden die Winkel plötzlich unausgesprochen orientiert (mit Erst- und Zweitschenkel), während bei der Aufgabe zur Betrachtung von Winkeln in der Umwelt (z.B. Pendel, Zirkel) die Orientierung keine Rolle spielt. Bei der Einführung des Winkelmaßes vergißt man wiederum die Entstehung des Winkels durch eine Drehung und behandelt ihn als linienhafte Figur mit Kreisbogen ohne Pfeil, wobei nur Winkel unter 180° betrachtet werden.

In einer Übungsaufgabe - *"Welche Winkel überstreicht der Zeiger?"* (einer Uhr)- treten schließlich unkommentiert Winkel in Form von Winkelfeldern (auch überstumpfe) auf, wohl um zu verschleiern, daß die Entstehung diesmal durch eine Rechtsdrehung passiert. Fragwürdig ist auch folgende "Anwendungsaufgabe" (S. 21):
"Der Wind kommt von Nordost. Er dreht auf Nordwest. Wie groß ist der 'Windsprung'?" *(Abb.)*
Die erwartete Antwort lautet wohl 90°, in der Annahme, daß sich der Wind auf kürzestem Wege über Nord dreht. Natürlich könnte etwa auch die Lösung 270° als akzeptabel anerkannt werden. Die Idee der kürzesten Drehung ohne Orientierung ließe - ähnlich wie bei der Winkeldefinition HILBERT's - aber nur Winkel bis 180° zu.

2)   Gamma 6 (HAYEN/VOLLRATH/WEIDIG 1977)

Auch in diesem Werk werden Winkel und Winkelmessung eher knapp (5 Seiten) behandelt, wobei die Einführung der Drehung vorangeht. Die vorbereitenden Beispiele zur Definition des Winkels entsprechen einem nichtorientierten Winkelfeld:

a)   *"Herr Eilig fährt mit seinem Auto auf der Bundesstraße. In welchem Bereich darf sich die Tachonadel bewegen?"*

b)   *"Die Lichtstrahlen des Leuchtturmes überstreichen ein Gebiet. Von welchen Schiffen ist das Leuchtfeuer zu sehen?"*

Dennoch fällt die Definition des Winkels - ohne auf das Vorhergehende Bezug zu nehmen - orientiert aus (mit Drehpfeil nach links):
"Durch die Drehung einer Halbgeraden g um ihren Anfangspunkt S bis zur Halbgeraden h wird ein Gebiet überstrichen, das wir den Winkel zwischen g und h nennen." (S. 81)
In den einzigen Anwendungsaufgaben zum Winkel (Bewegung eines Flugzeuges bzw. Schiffes) wird aber dann der Kurs ohne Bedenken wieder nach links und rechts geändert.

3)   Mathematik 6 (HAHN/DZEWAS 1978)

Insgesamt 7 Seiten verwenden die Autoren für das Kapitel "Winkel". Die anschaulichen Einführungsbeispiele (Zeiger einer Uhr, Reflexion an einem Spiegel, Begrenzungsstrahlen eines Lichtkegels) lassen einen nichtorientierten Winkel ohne Auszeichnung eines Erstschenkels erwarten. Die Definition ist gerade gegenläufig, wobei man zusätzlich noch den Terminus "Winkelfeld" einführt:
"Zwei Strahlen s_1 und s_2 mit gemeinsamem Anfangspunkt S teilen die Ebene in zwei Gebiete. Es entstehen zwei Winkel. Wir bezeichnen sie mit Winkel (s_1,s_2) und Winkel (s_2,s_1). Kurzschreibweise: $\angle(s_1,s_2)$, $\angle(s_2,s_1)$. Du siehst: $\angle(s_1,s_2) \neq \angle(s_2,s_1)$. Die zu den Winkeln gehörenden Gebiete heißen Winkelfelder."
Die Orientierung erfolgt unausgesprochen linksherum, was allerdings durch einen Kreisbogen mit Pfeil zeichnerisch angedeutet wird. Neben der Größe eines Winkels (Vergleich durch Übereinanderlegen) wird noch der Terminus "Winkelbetrag" gebraucht und auch bezeichnungsmäßig z.B. mit W(ß) festgelegt.

Um die Linksorientierung völlig durch-
halten zu können, muß z.b. bei den
Innenwinkeln eines Dreieckes (Abb.)
genau aufgepaßt werden: Der Winkel γ
ist ∢(ACB) und nicht ∢(BCA).

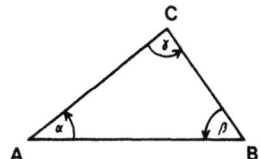

Dies hat aber bei der Ermittlung der Winkelbeträge zur Folge, daß das Geodreieck immer am Erstschenkel angelegt werden soll, was in vielen Fällen (siehe oben) umständlich ist. Dieses "Bis-zum-Schluß-Durchhalten" beinhaltet auch die Konsequenz, daß keine Anwendungsaufgaben gestellt werden.

Das einzige Beispiel mit "verkleidetem Sachbezug" fällt dementsprechend gekünstelt aus (S. 40): *"Bestimme die Winkelbeträge der beiden Winkel, die die Zeiger einer Uhr bilden". (Abb.)*

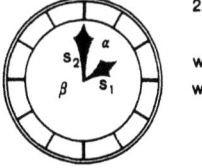

2.00 Uhr

$w(\alpha) = 60°$
$w(\beta) = 300°$

Das Beispiel muß dem Schüler aus mehreren Gründen fragwürdig erscheinen:

- Im Gegensatz zum Einführungsbeispiel bilden die Zeiger einer Uhr nun plötzlich zwei Winkel (im ersteren Fall war der Intuition entsprechend der kleinere Winkel gemeint).
- Die Orientierung erfolgt entgegen dem Uhrzeigersinn, obwohl die Uhr der Inbegriff desselben ist.
- Durch die in den vorhergehenden Beispielen gezeichneten gekrümmten Pfeile wird eine Drehbewegung des Erstschenkels zum Zweitschenkel gedanklich vorgegeben (wenngleich in diesem Schulbuch bei der darauffolgenden Behandlung der Drehung nur auf Anfangs- und Endstellung, nicht aber auf eine Drehbewegung zurückgegriffen wird). Der "Erst-Uhrzeiger" dreht sich zum "Zweit-Uhrzeiger", wobei sich dieser in der Realität aber ebenfalls weiterbewegt. Insofern kann das (Bewegung verkörpernde) Uhrmodell Ursache von Mißverständnissen sein, wenn man es mit einer Winkeldefinition in Verbindung bringt, in welcher es im Prinzip nur um die Bewegung eines Schenkels geht bzw. gar nur um die Anfangs- und Endstellung eines Schenkels.
- Es ergibt sich eine ungünstige Überlagerung von Winkelmessung (bis 360°) und Zeitmessung (ganz R_o^+, da es auf die Anzahl von Drehungen des Stundenzeigers ankommt).
- Schließlich ist das Beispiel völlig praxisfremd: Wen interessiert schon der Winkel zwischen zwei Uhrzeigern?

Zusammenfassend kann dieser Aufgabentyp - er kommt in ähnlicher Weise auch in vielen anderen Schulbüchern vor - so kritisiert werden:

a) Zu dieser Definition des Winkels paßt das Uhrmodell nicht.
b) Die Aufgabe hat keinen sinnvollen Anwendungscharakter, sondern geht eher in Richtung der Einübung theoretischer Betrachtungen.
c) Es entsteht ein unrichtiges Bild der Mathematik, als eine völlig einfache Umweltsituation in maniert-unverständlicher Weise mathematisiert wird: Unterscheidung und Bezeichnung der Zeiger mit s_1 und s_2, der Winkel mit α und β und deren Größen mit $m(\alpha)$ und $m(\beta)$.

4) Mathematik (KAHLE/LÖRCHER 1981)

In diesem Buch werden Winkel und Winkelmessung auf 6 Seiten behandelt. Die Definition des Winkels gestaltet sich als im Gegenuhrzeigersinn orientiertes Winkelfeld (Abb.):

"Die Halberade g_1 wird um ihren Anfangspunkt S im Gegenuhrzeigersinne gedreht, bis sie die Stellung der Halbgeraden g_2 erreicht. Den dabei überstrichenen Teil der Ebene nennen wir den Winkel *zwischen g_1 und g_2 . g_1 und g_2 sind die* Schenkel *des Winkels. Der Punkt S ist der* Scheitel *des Winkels."*

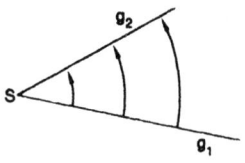

"Man kennzeichnet einen Winkel auch durch einen Bogen vom ersten Schenkel zum zweiten und durch einen griechischen Buchstaben: Der Winkel zwischen g_1 und g_2 ist α." (S. 29) (Abb.)

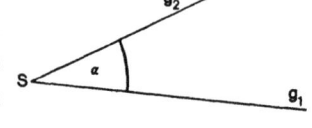

Bevor diese Definition ausgesprochen wird, werden zwei räumliche Veranschaulichungen betrachtet:

- Das Aufschlagen eines Buches (im Gegenuhrzeigersinn): *"Zwischen alter und neuer Stellung des Buchdeckels liegt ein Winkel"* (eigentlich ist es ein Zylinderausschnitt).
- Das Öffnen eines Schrankens bei einer Parkhauseinfahrt.

60

Beide Beispiele sind eigentlich keine guten Stellvertreter für ebene orientierte Winkelfelder, da nur vorgestellte Felder vorliegen, und die Orientierung - je nachdem, ob man die Situation von vorne oder von hinten betrachtet - "links" oder "rechts" sein kann.

Zumindest sind diese beiden Beispiele kein hinreichendes Argument, den Winkel als linksorientiertes Winkelfeld zu definieren. Wenn dies dem Schüler dennoch so suggeriert wird, so kann leicht ein zu naives Bild von Mathematik entstehen. Der Grund für eine solche Wahl der Winkeldefinition liegt nämlich nicht in Anwendungsbezügen, sondern allein in theorieinternen Überlegungen.

Die einzigen drei Sachaufgaben sind äußerst bedenklich (S. 33):

- *"Wie groß ist der Winkel, den der kleine Zeiger einer Uhr mit dem großen Zeiger bildet? a) Um 3 Uhr, 6 Uhr, 12 Uhr. b) Um 1 Uhr, 2 Uhr, 4 Uhr, 5 Uhr. (Von den beiden möglichen Winkeln zwischen großem und kleinem Zeiger ist hier immer der kleinere gemeint)."*

  Bisher gab es immer nur einen möglichen Winkel, da Erstschenkel und Linksorientierung vorgegeben waren. Der Schüler muß nun selbst erraten, welche Konvention er nun fallen lassen kann. Schon allein die Notwendigkeit des obigen (in Klammern gesetzten) Satzes zeigt die Unangemessenheit der Winkeldefinition in diesem Fall.

- Von der Formulierung her bedenklich ist ein (im Prinzip recht nettes) Beispiel, in welchem von einer (scheinbaren) Drehung der Sonne um die Erde gesprochen wird. Es ist sicherlich machbar, den Text so zu formulieren, daß der Schüler gleich erkennt, daß es eigentlich um eine Drehung der Erde um die eigene Achse geht.

  Hier könnte ein sinnvoller Themenkreis "Winkel und Erde" angeschlagen werden: Geographische Länge, geographische Breite, Winkel als "Koordinaten" auf der Kugel, Sonnenstand, Ermittlung von Erdradius bzw. Entfernung Erde - Sonne (historische Betrachtung), usw.

  Natürlich ginge es hier um ganz andere Sachen als um linksorientierte Winkelfelder!

- Von geringerem praktischen Interesse ist sicherlich folgende eingekleidete Aufgabe (Abb):

"Ein Buch ist 4 cm dick, der Deckel ist 19
cm breit. Ermittle durch Zeichnung mit
Hilfe des Zirkels: Wie groß ist der Winkel,
den der Deckel beim Aufschlagen des
Buches überstreicht?" (S. 33)

Als gefährlich würde ich diese Aufgabe nur dann ansehen, wenn sie dem Schüler
als Beleg für die Anwendbarkeit des Winkelbegriffes (im weiteren Sinne der
Mathematik) verkauft werden würde.

5) Mathematikbuch 6 (SCHMITT/WOHLFAHRT 1983):

Dieses stark auf Einüben ausgerichtete Buch behandelt Winkel und Winkelmessung
auf acht Seiten, wovon allein zwei für das zeichnerische Addieren und Subtrahieren
von Winkeln verwendet werden. Die Einführung des Winkelbegriffes passiert eher in
umgangssprachlicher Form: Zwei Halbgeraden zusammen mit ihrem Anfangspunkt
werden Winkel genannt. Im Kapitel "Flächenhafte Punktmengen" wird der Terminus
"Winkelfeld" eingeführt:
"Die Menge aller Punkte zwischen den Schenkeln
eines Winkels heißt Winkelfeld α." (S. 88)
Die Bezeichnung "zwischen" ist aber in diesem Fall irreführend, da nur dann
entscheidbar ist, welches Gebiet gemeint ist, wenn man die Entstehung des Winkels
kennt oder bei der Definition des Winkels die Auszeichnung eines der beiden Gebiete
inkludiert.
Die Winkelmessung wird weder in Bildern noch in Worten eingeführt - die Schüler
erhalten gleich die Aufgabe, bestimmte Winkel (z.B. ß = 340°) zu zeichnen. Für
Schüler sicherlich unverständlich ist folgender Satz:
"Die Menge aller Punkte auf den Schenkeln bezeichnet man ebenso wie das Maß des
Winkels mit α." (S. 88)
Es werden keine Aufgaben mit Umweltbezug gestellt.

6) Mathematik, Denken und Rechnen 6 (NEUBERT/WÖLPERT 1978)

Winkel und Winkelmessung werden auf fünf Seiten abgehandelt. An einer
Sachsituation (Radarschirm) wird zunächst erklärt, daß die Ausgangslage und die
Endlage des Radarstrahles einen Winkel bestimmen. Es wird nicht klar, ob damit die
Auszeichnung eines Erstschenkels bzw. eine Orientierung inkludiert sein soll.

62

Eine zweite Sachsituation zeigt eine Kreuzung von Eisenbahnschienen. Dieses Beispiel kann als Veranschaulichung eines Winkels zwischen zwei Geraden gesehen werden.

Die Aufforderung, durch Drehen verschiedene Winkel herzustellen und diese anzufärben, deutet hingegen in Richtung eines orientierten Winkelfeldes.

Der eingerahmte Kasten, in welchem die Klärung erfolgen soll, was unter "Winkel" zu verstehen sei, beinhaltet folgenden Text (S. 50):
"Wenn man eine Halbgerade um ihren Anfangspunkt dreht, entsteht ein Winkel. Der Drehpunkt heißt Scheitel des Winkels. Die Halbgeraden a und b gehören zum Winkel, sie heißen Schenkel." (Abb.)

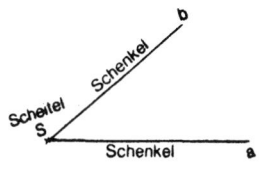

Die Zeichnung neben dem Kasten zeigt nur den Scheitel S mit den beiden Schenkeln, unterschieden durch die Buchstaben a bzw. b. Daraus geht nicht hervor, ob mit a und b eine Reihenfolge der Schenkel gemeint ist, und ob eine bestimmte Drehrichtung vorliegen soll. Es fällt auf, daß von dem, was die Autoren erreichen wollen, wenig explizit verbalisiert wird. Für den Großteil der Erklärungsarbeit erhält der Lehrer keine Unterstützung.

In den darauffolgenden Übungsbeispielen treten nur Winkel unter 180° auf. Inmitten der rein theoretischen und bezeichnungstechnischen Aufgaben findet sich isoliert auch ein Beispiel mit Sachbezug: Es ist eine Fußballszene vor einem Tor abgebildet, bei der es um die Frage geht, wer den günstigsten Schußwinkel zum Tor für sich in Anspruch nehmen kann:

"Peter zu Heinz: 'Udo mußte mir den Ball abspielen. Ich hatte den günstigsten Winkel zum Tor'. Heinz widerspricht ihm. Wer hat recht?
Winkel kann man der Größe nach vergleichen. Die Größe des Winkels α ist kleiner als die Größe des Winkels β. Kurzschreibweise $\alpha < \beta$."

Dieses Beispiel kann auf Schüler vor allem deshalb recht motivierend wirken, weil sie dabei an Situationen denken können, die ihnen in ähnlicher Form schon begegnet sind, und für die sie ein Problembewußtsein mitbringen. Allerdings müssen sie dabei wesentliche Rahmenbedingungen "vergessen", die in der Praxis von größter Bedeutung sind:

- Wer ist von einem Verteidiger gedeckt? Wer steht (eher) "frei"?
- Wie gut schießen die einzelnen Spieler?
- Ist überhaupt ein Paß zum Mitspieler ratsam? (Gefahr eines Abspielfehlers, ein anderer Spieler kommt dazwischen, Abseits, ...)

Ziel der Aufgabe sollte es sein, auch auf diese Fragen einzugehen, um zu verdeutlichen, daß die Reduzierung der Frage, wer die günstigste Schußposition hat, zur Frage, wer den größten Schußwinkel hat, ein stark vereinfachtes Modell der Realsituation mit sich bringt. Ein Verzicht auf eine entsprechende Reflexion könnte den Eindruck erwecken, daß man mit mathematischen Mitteln die Situation völlig in den Griff bekommt. Die mathematische Lösung bezieht sich aber nicht unmittelbar auf die Sachsituation, sondern auf das vereinfachte Modell der Sachsituation. Diese wiederum ist eigentlich nur der Aufhänger für die entsprechende theoretische Fragestellung im Unterricht. Wenn dies für den Schüler nicht transparent wird, kann eine völlig falsche Einschätzung von Mathematik entstehen.

Bei der Einführung des Winkelmaßes wird - wohl um Winkel bis 360° zuzulassen- auf die Entstehung von Winkeln durch Linksdrehungen hingewiesen, wobei hier erstmals gerichtete Kreisbögen (Drehpfeile) verwendet werden. Es fällt auf, daß beinahe nach jeder Aufgabe eine Veränderung der Vorstellung von Winkel erforderlich ist, und daß dieser ständige Sichtwechsel unausgesprochen erwartet wird. Außer den schon erwähnten Realitätsbezügen werden keine weiteren derartigen Aufgaben gestellt.

7) Mathematik heute 6 (ATHEN/GRIESEL 1978):

Für Winkel und Winkelmessung werden insgesamt sechs Seiten verwendet, nachdem bereits vorher die Drehung sowie die Messung von Drehbeträgen eingeführt wurden. Es werden Rechts- und Linksdrehungen unterschieden, und anhand von Gradskalen Drehbeträge in Grad gemessen, wobei damit eine Operatordenkweise verknüpft ist:

"Die Schreibweise 2 $\overset{R5}{\text{---}}$> 7 bedeutet: Der Anfangszustand 2 wird durch die Rechtsdrehung mit dem Betrag 5 in den Endzustand 7 überführt.
Die Schreibweise 2 $\overset{L8}{\text{---}}$> 6 bedeutet: Der Anfangszustand 2 wird durch die Linksdrehung mit dem Betrag 8 in den Endzustand 6 überführt." (S. 31)

Zur Einübung der Operatordenk- und Bezeichnungsweise werden zahlreiche Aufgaben gestellt. Auch Beispiele mit Kursänderungen von Schiffen werden nach diesem Muster gelöst.

Bei der Einführung des Winkels wird die Orientierung ohne Angabe von Gründen auf links eingeschränkt. Neben der entsprechenden Abbildung (Abb.) steht in einem Kasten folgender Text (S. 39):

"Das von der Halbgeraden a bei der Linksdrehung überstrichene Gebiet heißt <u>*Winkel*</u> *mit dem* <u>*Erstschenkel*</u> *a und dem* <u>*Zweitschenkel*</u> *b.*

Wir bezeichnen den Winkel mit ⊀ab (gelesen: Winkel ab). Der Punkt S heißt <u>*Scheitel*</u> *des Winkels."*

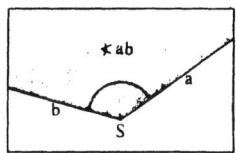

Zusätzlich wird der Schüler auf den Bezug zur Punktmenge hingewiesen:

"Beachte: Wie jede geometrische Figur ist auch ⊀ab eine Punktmenge. Die begrenzenden Schenkel a und b gehören ebenfalls zu ⊀ab."

Die Definition des Winkels (als linksorientiertes Winkelfeld) wird konsequent eingehalten, bei vielen Aufgaben geht es um Vereinigung und Durchschnitt von Punktmengen, also um eine Einübung der Bezeichnungsweise (von Winkel) und des Mengenkalküles. Auch bei der Winkelmessung werden stets Winkelfelder betrachtet, die Aufgaben bleiben weiterhin innermathematisch orientiert. Dazu zwei Belege:

- Der Zusammenhang zwischen den verschiedenen Maßen der Winkel ⊀ab und ⊀ba wird mit w(ba) = 360° - w(ab) explizit angegeben.
- Im Anschluß an die obige Formel wird u.a. folgende Aufgabe gestellt:

  "Welche der Aussagen ist wahr, welche falsch?

  a) Wenn ⊀ab ein spitzer Winkel ist, dann ist ⊀ba ein überstumpfer Winkel.

  b) Wenn ⊀ab ein überstupfer Winkel ist, dann ist ⊀ba ein spitzer Winkel.

  c) Wenn ⊀ab ein rechter Winkel ist, dann ist auch ⊀ba ein rechter Winkel.

  d) Wenn ⊀ab ein gestreckter Winkel ist, dann ist auch ⊀ba ein gestreckter Winkel."

Sachbezogene Aufgaben sind sehr dünn gestreut und stellen meist einfach eingekleidete Rechen- und Zeichenaufgaben dar:

- *"Eine runde Torte wird in 8 gleich große Teile zerschnitten. Wie groß ist der Winkel an der Spitze der Tortenstücke?"*

- *"Der Scheinwerfer eines Leuchtturmes benötigt für eine volle Umdrehung 30 s. Wie groß ist der Winkel, der von dem Lichtbündel des Scheinwerfers in 1 s [2 s, 3 s, 4 s] überstrichen wird?"*
  (Der Leuchtturm dürfte sich nur nach links drehen)
- *"In einer Klasse von 20 Schülern sind 8 Jungen und 12 Mädchen. Zeichne ein Kreisdiagramm."*

8) Mathematisches Arbeitsbuch 6 (TRÄGER/UNGER 1975)

Für Winkel und Winkelmessung werden in diesem Schulbuch etwas mehr als sechs Seiten verwendet, daran schließen sich noch die Kapitel "Winkelkonstruktionen", "Nebenwinkel und Scheitelwinkel" und "Kreisdiagramme" an. Der Winkel wird auf sehr eigenwillige Weise eingeführt:

"Dreht sich eine Halbgerade um ihren Anfangspunkt, so entsteht ein Winkel. Ein Winkel ist der Richtungsunterschied zweier Halbgeraden. Den gemeinsamen Anfangspunkt nennt man Scheitel, die beiden Halbgeraden die Schenkel des Winkels. Sie zerlegen die Ebene in zwei Gebiete." (S. 196)

Arno MITSCHKA (1982, S. 35) klassifiziert diese Definition als "fragwürdig", da sie zur Konsequenz hätte, daß konkrete Winkel gleicher Größe (nach üblicher Terminologie) nicht unterscheidbar wären. Er selbst sieht den Winkel als Figur, welcher erst in einem zweiten Schritt eine Größe zugeordnet werden kann. Er interpretiert die Verwendung des Terminus "Richtungsunterschied" als Versuch, Winkel sofort als Größe einzuführen, was natürlich obige Konsequenz zur Folge hätte. Um diese innermathematische Feinheit dürfte es den beiden Schulbuchautoren gar nicht gehen und vor allem auch nicht um das Ansinnen, den Winkel als Figur einzuführen. Der Terminus "Richtungsunterschied" ist sicherlich als Versuch zu sehen, verbal zu beschreiben, was das Wesen des Winkels ausmacht, ohne eine formale Definiton zu liefern.

Die Autoren versäumen aber die Chance, den Beziehungsaspekt des Winkels stärker in den Vordergrund zu stellen und verfallen sehr bald in traditionelle Aufgabentypen. Mit Ausnahme zweier Aufgaben (Kursänderung eines Flugzeuges, Winkel zwischen zwei Uhrzeigern) treten keine weiteren Aufgaben mit Sachbezug auf.

9) Plus 6 (SCHÖNBECK/SCHUPP 1982)

Vor dem Winkelbegriff wird der Begriff der Drehung eingeführt, wobei Rechts- und Linksdrehungen betrachtet werden. Anschließend folgen auch gleich einige Aufgaben, die in den meisten Schulbüchern direkt unter das Kapitel "Winkel" fallen: Kursänderung eines Bootes, Drehung der Windrichtung, sowie folgendes "Uhrbeispiel" (S. 71) (Abb.):

"Um 10.30 Uhr schließen der große und der kleine Zeiger einer Uhr einen Kreisteil von 135° ein. Warum?"

Bei dieser Fragestellung fällt auf: Man darf sich nur den Minutenzeiger als (nach links) drehbar vorstellen, um auf 135° zu kommen. Da dies aber nicht dem Uhrenmodell entspricht, ist diese Aufgabe mit der Frage nach dem eingeschlossenen Kreisteil zweier Strahlen (Zeiger) eher ein getarntes Beispiel zur Winkelmessung.

Der Winkel wird schließlich in knapper Form als nichtorientiertes Winkelfeld eingeführt:
"Dreht sich ein Strahl um seinen Anfangspunkt, so entsteht ein Winkel ... Jeder Winkel wird von zwei Strahlen begrenzt. Sie geben Anfangs- und Endlage des gedrehten Strahles an. ... Ein Kreisbogen gibt an, welches Gebiet gemeint ist."
An dieser Definition fällt ein Umstand, der im Prinzip auch andere Schulbücher betrifft, besonders stark auf: Es könnte bei den Schülern der Eindruck entstehen, daß ein Winkel nur durch eine Drehung (einer Halbgeraden) entstehen kann. Da Beispiele, bei denen diese Vorstellung nicht zutrifft (z.B. Straßenkreuzung) meist peinlichst vermieden werden und Beispiele mit Drehungen (Richtungsänderung: Wind, Schiffe, Flugzeuge, ...) dominieren, kann dieser Eindruck noch weiter genährt werden. Kurz: Um einen Begriff theoretisch in eine bestimmte Richtung zu lenken, werden "hinderliche" Anwendungen bewußt ausgeklammert.

Interessant ist die folgende didaktische Entscheidung: Erst nachdem das Winkelmaß eingeführt und bereits einige Aufgaben zum Zeichnen und Messen von Winkeln gestellt werden, wird der Größenvergleich von Winkeln problematisiert.

Im Kapitel, bei welchem es rein um Winkel und Winkelmessung geht (2 Seiten) werden keine sachbezogenen Aufgaben gestellt.

Begrüßenswert ist folgende Vereinbarung, die bei der darauffolgenden systematischen Behandlung der Drehung explizit ausgesprochen wird:

"Du weißt, daß man Linksdrehungen (Drehungen gegen den Uhrzeigersinn) und Rechtsdrehungen (Drehungen im Uhrzeigersinn) unterscheiden muß. Bequemer ist es, wenn man nur mit Links- oder nur mit Rechtsdrehungen arbeitet. In der Mathematik ist es üblich, Linksdrehungen zu nehmen."

Der Schüler wird diese Zeilen ohne Lehrerkommentar nicht ganz verstehen können, aber es sind offene Worte, die nichts verschleiern und ein tiefergehendes Gespräch anregen können.

10) Welt der Mathematik 6 (GRIESEL/SPROCKHOFF 1979)

Vor der Einführung von Winkel und Winkelmessung werden der Kreis und die Drehung durchgenommen. Dabei werden Links- und Rechtsdrehungen unterschieden, in Operatorschreib- und Denkweise behandelt und mit dem Geodreieck zeichnerisch eingeübt. Als Beispiele aus der Umwelt werden die Kursänderungen eines Schiffes, die Drehungen einer Windfahne sowie die Umdrehungen zweier (aufeinander abgestimmter) Zahnräder betrachtet. Danach erfolgt die Einführung des Winkels als (links-) orientiertes Winkelfeld. Neben der entsprechenden Abbildung (Abb.) steht folgender Text:

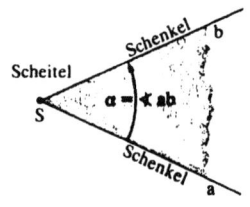

"Die Halbgerade a wird <u>links herum</u> gedreht, bis sie mit der Halbgeraden b zusammenfällt. Das überstrichene Gebiet heißt <u>Winkel</u>. Wir schreiben: ⊀ab.

Der Punkt S heißt <u>Scheitel</u> des Winkels. Die Halbgeraden a und b heißen <u>Schenkel</u> des Winkels. Winkel bezeichnet man auch mit griechischen Buchstaben: α (alpha), β (beta), γ (gamma), δ (delta)."

Der Grund für die Beschränkung auf "links" wird nicht erwähnt, der Unterschied zwischen ⊀ab und ⊀ba deutlich herausgearbeitet.

Im letzten Teil der auf drei Seiten dargebotenen Einführung von Winkel und Winkelmessung geht es um "Winkel in der Umwelt". Alle drei Beispiele haben mit einem linksorientierten Winkelfeld nicht viel zu tun. (Was natürlich über die Interessantheit der Aufgaben an sich nichts aussagen muß):

-   Einschußwinkel bei einem Elfmeter beim Fußball bzw. Siebenmeter beim Handball.
-   Winkel an der Spitze eines Tortenstückes (die Torte wurde in acht gleich große Teile geteilt).
-   Drehung des Scheinwerfers eines Leuchtturmes.

Gerade die beiden "Strafstoßbeispiele" zeigen wieder, wie ironisch sich die Beziehung theoretische Definition - praktische Aufgabe gestalten kann: Für den Schüler muß es so aussehen, als ob die Mathematik immer nur ein Standardmodell hat, welches allen Situationen aufgedrängt werden kann. Der Schüler sieht weder einen Zusammenhang zwischen Mathematik und Anwendung (Mathematisierung, Modellbildung), noch kann er erkennen, wieso die Mathematiker gerade auf diese oder jene Definition gekommen sind.

2.2 ZUGÄNGE ZUM WINKELBEGRIFF IN FÜNF ÖSTERREICHISCHEN SCHULBÜCHERN

Die österreichischen Schulbücher unterscheiden sich von jenen der Bundesrepublik Deutschland durch folgende allgemein auffallende Tatsachen:

- Sie haben insgesamt einen im Schnitt etwa um ein Drittel höheren Seitenumfang.
- Die verwendete Seitenanzahl für Winkel und Winkelmessung ist gegenüber der Bundesrepublik (im Schnitt ca. 6 Seiten) etwa doppelt so hoch.
- Mit Ausnahme eines Buches sind alle Lehrbücher nur mit einer zusätzlichen Farbe ausgestattet.

Die Lehrbücher zum neuen österreichischen Unterstufenlehrplan 1985ff (welcher eine gewisse Neuorientierung der Geometrieinhalte ergab, vgl. BÜRGER u.a. 1985) wurden aus - schon in der Einleitung zu Kapitel 2 erwähnten Gründen (Vergleich zur didaktischen Diskussion in der BRD, geplante Entwicklung eines eigenen Schulbuches zum neuen Lehrplan) - nicht berücksichtigt.

1) Mathematik 6 (NORDMEIER 1977)

In den Kapiteln "Durchschnitt von Mengen" und "Vereinigung von Mengen" erfolgt die Einführung des Winkelfeldes:

"Der Durchschnitt zweier Halbebenen mit einander schneidenden Rändern ist ein Winkelfeld. Das Winkelfeld ist von zwei Halbgeraden begrenzt."

Dann wird festgehalten, daß auch die Vereinigungsmenge von Halbebenen mit einander schneidenden Rändern ein Winkelfeld ist.

Wesentlich später erfolgt die Einführung des Winkels als Figur, welche aus zwei Strahlen (Schenkeln) besteht. Es wird ein Erstschenkel ausgezeichnet, die Reihenfolge geht gegen den Uhrzeigersinn, also links herum. Diese Vorschrift muß auch bei der Angabe von Innenwinkeln von Dreiecken und beim Messen und Zeichnen von Winkeln eingehalten werden, obwohl sich dadurch oft gewisse Umständlichkeiten ergeben (vgl. die Argumentation im Lehrbuch HAHN/DZEWAS). Besonderen Wert legt man auf das Rechnen mit Winkelmaßen (Umrechnung in Minuten und Sekunden), die Konstruktion einfacher Winkel mit Zirkel und Lineal sowie das Übertragen von Winkeln. Es wird kein einziges sachbezogenes Beispiel betrachtet, auch nicht bei der Einführung des Winkels.

2) M 6 (AMSTLER/GIERLINGER u.a. 1981)

Wie beim Schulbuch "Mathematik" (Nordmeier) wird auch hier festgehalten, daß man Winkelfelder entweder als Durchschnitt oder als Vereinigung von Halbebenen darstellen kann.

Weiters wird festgestellt, daß durch zwei Halbgeraden mit einem gemeinsamen Anfangspunkt zwei Winkelfelder entstehen, wobei schließlich "Winkel" als sprachliche Kurzform für "Winkelfeld" verwendet wird. Der Winkel ist nicht orientiert, die Gleichheit von $\sphericalangle(g,h)$ und $\sphericalangle(h,g)$ wird explizit festgehalten. Die Unterscheidung zwischen einem Winkel und dessen Maß soll dem Schüler in folgender Weise klar gemacht werden:

"Beachte den Unterschied: Ein Winkel (= Winkelfeld) ist eine Punktmenge, das Maß ist eine Größe (Maßzahl 40 mit Maßeinheit Grad). Mit α = 40 meinen wir ein Winkelfeld (= Punktmenge), dessen Maß 40 ist." (S. 26)

Während keine einzige sachbezogene Aufgabe vorgesehen ist, werden theoretisch-terminologische Belange überausführlich behandelt. Dazu einige Zitate aus rot unterlegten Kästen:

- *"Übertragene Winkel haben gleiches Maß, Winkel mit gleichem Maß nennt man kongruente Winkel."*
- *Dem Vereinigen von Winkelfeldern, die den Scheitel und einen Schenkel gemeinsam haben und sich nicht überdecken, entspricht das Addieren ihrer Winkelmaße."*
- *"Dem Bilden der Ergänzung von β in Bezug auf α entspricht das Subtrahieren ihrer Winkelmaße, $\alpha - \beta = \gamma$."*
- *"Dem mehrfachen Aneinanderreihen von kongruenten Winkelfeldern entspricht das Multiplizieren des Winkelmaßes mit einer natürlichen Zahl."*

Neben den Termini zur Einteilung der Winkel (spitz, recht, stumpf, gestreckt, erhaben, voll) kommen noch weitere Vokabel auf die Schüler zu, nämlich "Supplementäre Winkel", "Parallelwinkel" und "Normalwinkel".

Abschluß und "Höhepunkt" des Kapitels "Winkel" sind die Feststellungen, daß sowohl Parallelwinkel als auch Normalwinkel entweder kongruent oder supplementär sind.
In diesem Zugang überwiegt das Einlernen von mathematischen Vokabeln, ein Herstellen zu Sachbezügen wird nicht geleistet bzw. kann in dieser Form auch nicht geleistet werden.

3) Mathematik 2 (FLODERER/PIFFL/MACHINEK 1981)

Die erste Bekanntschaft mit dem Winkelbegriff machen die Schüler in diesem Schulbuch (das Kapitel "Winkel" umfaßt 14 Seiten) durch folgende Aufgabe:

"Befestige zwei Pappendeckelstreifen (Fig. 39a) mit einer Klammer (Fig. 39b) so aneinander, daß sie um einen Punkt (den <u>Scheitel</u> S) drehbar sind! Halte den Streifen (<u>Schenkel</u>) a fest und drehe den Streifen (Schenkel) b nach links (Fig. 29c)! Du erhälst verschieden große <u>Winkel</u>." (S. 48) (Abb.a,b,c)

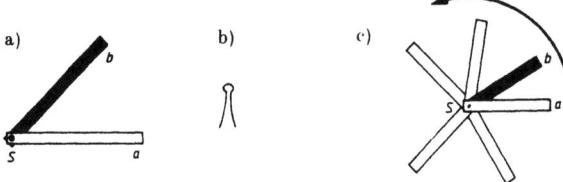

So erscheint der Winkel als Figur, die durch Drehung eines Zweitschenkels nach links entsteht.

Der Winkel wird aber schließlich nicht als Figur o.ä. definiert, sondern als *"Maß für eine Drehung"*. Diese Definition soll durch Fachsituationen erläutert werden, was aber letztendlich nicht geleistet wird: Abgebildet sind eine Armbanduhr, ein Wecker und eine Turmuhr, jeweils mit gleicher Uhrzeit. Es wird festgestellt, daß die Zeiger der Uhren zwar verschieden lang sind, daß erstere aber dennoch denselben Winkel bilden. Aufgrund der Tatsache, daß es bei diesem Beispiel im Prinzip weder einen Erstschenkel gibt, noch eine bestimmte Orientierung (eher noch im Uhrzeigersinn), sind eigentlich jeweils zwei Winkel dargestellt.

Da jedoch nur von <u>einem</u> Winkel gesprochen wird, entsteht der Eindruck, daß immer nur der "kleinere" Winkel als Antwort erwartet wird. Somit steht das statische Uhrenbeispiel in völligem Gegensatz zur Vorstellung einer (Links-) Drehung. Mißverständlich ist auch die Fußnote zur Aussage, daß zur Bezeichnung der Winkel griechische Buchstaben verwendet werden:

"In diesem Buch wird in der Schreibweise nicht zwischen der Bezeichnung und der Größe des Winkels unterschieden." (S. 48)

Es geht nicht um den Unterschied "Bezeichnungsweise" - "Winkelgröße", sondern um die Tatsache, daß hier Winkel und Winkelgröße (im üblichen Sinn) begrifflich zusammenfallen, daß also gar nicht mehr von einer "Winkelgröße" gesprochen werden darf. Dadurch entfällt natürlich auch eine eventuelle Unterscheidung der Bezeichnungsweisen, wie z.B. ß und m(ß).

72

Bei den gestellten Aufgaben müssen stets (links-) orientierte Kreisbögen angegeben sein, damit die Eindeutigkeit des Winkels gegeben ist. Obwohl es meist nur um die Einübung von Bezeichnungs- und Schreibweisen geht, wird versucht, den Aufgaben eine sachbezogene Etikette zu verleihen. Ein Beispiel (S. 49):

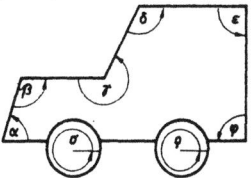

"Zu welcher Winkelart gehören die in Fig. 43 bezeichneten Winkel? Sprich die Bezeichnungen korrekt aus!" (Abb.)

Wenn man bedenkt, daß in der Praxis (Autoindustrie) Winkel sicherlich nicht nur "linksherum" gemessen werden, so sollte man ausdrücklich betonen, daß die Form der obigen Figur nur aus ästhetischen Gründen gewählt wurde, aber keinen Anspruch auf Praxisnähe o.ä. stellt.

Andererseits passiert es immer wieder, daß eine durchaus praxisnahe Aufgabe - wie etwa die folgende - völlig im Gegensatz zur Einführung des Winkelbegriffes steht: Es geht um eine Kursänderung eines Schiffes von N über O nach SW. Diese Aufgabe könnte nach obigem Verständnis von Winkel eigentlich gar nicht betrachtet werden, da es sich um eine Rechtsdrehung handelt.

4) Mathematik Arbeitsbuch 2 (LAUB/HRUBY 1975):

In diesem Lehrbuch wird der Winkel in zwei voneinander getrennten Teilen behandelt. Im ersten Teil (16 Seiten) geht es um die Einführung von Winkel und Winkelmessung, um das Umwandeln von und das Rechnen mit Winkelmaßen und um das Messen, Zeichnen, Übertragen, Addieren und Subtrahieren von Winkeln. Der zweite Teil (9 Seiten) behandelt die Begriffe: "Scheitelwinkel", "Komplementäre Winkel" und "Normalwinkel."
Bei der Einführung des Winkels wird zunächst nur festgestellt, wie ein Winkel entstehen kann, wobei die Drehung eines Strahles b_0 dargestellt wird, der sich zu Beginn mit einem Strahl a deckt (S. 160). (Abb.)

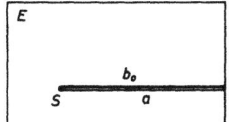 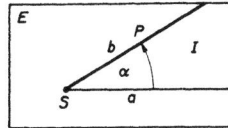

73

Nun wird gesagt, daß die beiden Strahlen a und b miteinander einen Winkel einschließen. Das Winkelfeld wird als jene Punktmenge bezeichnet, die der Strahl b_o bei der Drehung überstreicht. Sowohl Rechts- als auch Linksdrehungen werden zugelassen, es wird kein Schenkel ausgezeichnet (S. 160). (Abb.)

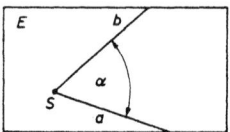

Ein Winkel soll also als Figur verstanden werden, die aus zwei Strahlen mit gemeinsamem Anfangspunkt besteht, mit gleichzeitiger Auszeichnung eines der beiden Winkelfelder (z.B. durch Angabe des Drehpfeiles).

Gleich die erste Aufgabe läßt die Konsequenz dieser Auffassung von Winkel klar erkennen:

g)

"Gib die Art des Winkels an, den die Zeiger einer Uhr bilden." (S. 161) (Abb.)

w.

Ohne die Angabe des Drehpfeiles (welchen man ja auf keiner Uhr vorfindet) wäre die natürliche Antwort "rechter Winkel". So ergibt sich hier aber ein "erhabener Winkel" (vgl. auch die Kritik am Schulbuch von HAHN/DZEWAS).

Ganz wird die dargestellte Einführung des Winkels nicht durchgehalten, wenn man z.B. die Aufgabe betrachtet, in welcher nach dem Winkel zwischen den Richtungen N und NO gefragt wird (S. 164): Hier wird - im Gegensatz zum obigen Uhrenbeispiel - stillschweigend vorausgesetzt, daß der kleinere Winkel zu nehmen ist. In der gleichen Aufgabe wird auch nach dem Winkel zwischen N und WNW gefragt, wobei der zusätzliche Hinweis erfolgt, über Osten zu zählen.

Weitere Sachbezüge sind in diesem Schulbuch dünn gesät, während das Umwandeln von und das Rechnen mit Winkelmaßen in großzügigster Weise behandelt wird. Ebenso verhält es sich mit dem Übertragen, Addieren und Subtrahieren von Winkeln.

5) Mathematik in unserer Welt 2 (FLICK 1980)

Der Anspruch dieses Buches ist es, eine möglichst schülernahe und umweltbezogene Schulmathematik aufzubauen, von der Orientierung an einer bestimmten Hintergrundtheorie ist man weit entfernt.

Dem Kapitel "Wir zeichnen, benennen, übertragen und berechnen Winkel" werden insgesamt 30 Seiten gewidmet. Gleich zu Beginn fällt auf, daß nirgends festgehalten wird, wie ein Winkel entsteht bzw. was ein Winkel ist. Es sind lediglich Winkelfelder und Kreissektoren abgebildet, wobei aber deren Größenvergleich (ohne Erwähnung dieser Termini) verlangt wird.

Zwar wird bei der Winkelmessung darauf hingewiesen, daß ein voller Winkel 360° hat, jedoch wird in keiner Aufgabe ein Winkel über 180° dargestellt bzw. in einer Zeichnung verlangt.

Deshalb ist folgende Aufgabe umso erstaunlicher:
In einer Tabelle (16 x 16-Matrix) sollen die Winkel zwischen allen üblichen Himmelsrichtungen (N, NNW, NW, WNN, W, ...) eingetragen werden, wobei alle Drehrichtungen positiv ausgeführt zu denken sind. Um ein möglichst schönes Zahlenbild zu erhalten (man erhält ein Zahlenschema, welches an die Gruppentafel der Gruppe $(Z_{16}, +)$ erinnert), nimmt man in Kauf, daß unausgesprochen ein neues Winkelmodell zugrunde gelegt wird, welches für diesen geographischen Sachverhalt zudem etwas unüblich erscheint (nur Drehungen nach links). Während der Winkel zwischen Ost und Nord 90° beträgt, wird jener zwischen Nord und Ost mit 270° angegeben. Es handelt sich also um ein Winkelmodell mit ausgezeichnetem Erstschenkel und einer Orientierung im mathematisch positiven Sinn.

Als eine geographisch relevante Anwendung des Winkelbegriffes wird beschrieben und erläutert, wie man bei Sonnenschein nur mit Hilfe einer Analoguhr die Südrichtung ermitteln kann.

Ohne Beweis und zunächst nur als staunenswertes Phänomen des Zusammenhanges von Kreis und Winkel werden der Satz des Thales und der Peripheriewinkelsatz angeführt. Durch Messen wird die Richtigkeit der Sätze als ziemlich wahrscheinlich "bestätigt", bezüglich eines exakteren Beweises wird auf das nächste Schuljahr verwiesen.

Einen reinen Einübungscharakter haben das Umwandeln von und das Rechnen mit Winkelmaßen, sowie das Übertragen, Addieren und Subtrahieren von Winkeln.

Dieses Buch zeigt zwar Ansätze zu einer umweltbezogenen Behandlung des Winkelbegriffes, allerdings tritt dort, wo rein innermathematisch motivierte Überlegungen angestellt werden, ein deutlicher Bruch zum umweltbezogenen Ansatz auf.

2.3 URSPRÜNGE UND UMSETZUNG EINER DIDAKTISCHEN HINTERGRUNDTHEORIE

Die Idee dieses Unterkapitels besteht darin, einen in der Literatur nachvollziehbaren Weg von formaler Axiomatik (reiner Elementargeometrie) über (didaktische) Hintergrundtheorien und methodisch-didaktische Überlegungen bis hin zur Umsetzung in einen Schulbuchtext zu verfolgen.

Für dieses Vorhaben sei auf konkretester Stufe das Schulbuch von SCHRÖDER/UCHTMANN "Einfühung in die Mathematik 6" (1975) herangezogen, für welches Hans-Günther BIGALKE den Geometrieteil geschrieben hat.
Als Stufe darüber bietet sich das Standardwerk "Zur Didaktik der Mathematik der Klassen 5 und 6" von BIGALKE/HASEMANN (1978) an. Die darin beschriebene Hintergrundtheorie zur Elementargeometrie ist in großen Zügen dem Werk "Geometrie. Eine Einführung für Studenten und Lehrer" (vgl. 4.5) von Günter EWALD (1971) entnommen, weshalb diese elementare Darstellung als weitere Stufe auf den "Rückweg" zur axiomatischen Darstellung betrachtet wird.
Das Werk von EWALD ist wesentlich beeinflußt vom "Aufbau der Geometrie aus dem Spiegelungsbegriff" (Erstausgabe 1959) von Friedrich BACHMANN, dem Ursprung des nun genauer zu beleuchtenden Weges.

An dieser Stelle sei deutlich festgehalten, daß eine solche Verbindung von einem Schulbuch zu einem mathematischen Werk in keiner Weise als Regelfall gesehen werden kann. Andererseits bietet sich in diesem besonderen Fall eine derartige Untersuchung geradezu an.

Didaktische Hintergrundtheorien (wie etwa jene von BIGALKE/HASEMANN 1978) werden mit dem Anspruch aufgestellt, den Unterricht am axiomatischen Aufbau der Mathematik zu orientieren. Es ist dies der Versuch, die Schulmathematik in gewisser Hinsicht als Abbild der Fachwissenschaft zu formen. Andererseits werden vermehrt Anwendungs- und Umweltbezug gefordert. Derzeit scheinen viele Didaktiker die Auffassung zu vertreten, daß ein Mittelweg zwischen diesen "Extremen" in folgender spezifischer Weise möglich ist: Man orientiert sich an (didaktischen) Hintergrundtheorien, möchte aber zugleich auch anwendungs- und umweltbezogen vorgehen.
Wie schwierig sich diese "Doppelaufgabe" gestaltet, hat die Analyse der Schulbücher wohl eindrucksvoll gezeigt.

77

Anhand des zu betrachtenden Weges von der Axiomatik zum Schulbuchtext (Schülertext) sollen vor allem drei Aspekte in den Vordergrund gestellt werden:

- Verdünnung mathematischer Theorie: Welcher Verlust an mathematischen Ideen ergibt sich während des langen Weges?
- Motivation der Schüler zur Theorie. Mit welchen Mitteln versucht man, die Theorie anschaulich und motivierend zu gestalten?
- Umweltbezug: Wie versucht man, Anwendungs- und Umweltbezüge ins Spiel zu bringen bzw. diese mit der Theorie zu kombinieren?

Im folgenden geht es also nicht um das Vorhaben, einen bestimmten Schulbuchtext zu kritisieren, sondern um den Versuch, in exemplarischer Weise die Fragwürdigkeit des Anspruches, gleichzeitig theoretisch-axiomatisch und anwendungs- und umwelt- bezogen vorgehen zu können, noch klarer herauszuarbeiten.

A) Die Spiegelungsgeometrie von BACHMANN

Der "reine Geometer" Friedrich BACHMANN betreibt metrische Geometrie in abstrakten Gruppen (vgl. 4.5). Die "Punkte" bzw. "Geraden" sind bei BACHMANN Punktspiegelungen bzw. Geradenspiegelungen, mit denen einfach gerechnet und damit auch elegant bewiesen werden kann. Den Beginn der Theorie bilden Axiome über involutorische Gruppenelemente, der Aufbau ist rein innermathematisch begründet und hat (natürlich) für Laien (auch für Schüler) zunächst gar nichts mit dem zu tun, was sie unter Geometrie verstehen. In Gesprächen mit Mathematik- lehrern konnte ich auch erfahren, daß nur ganz wenige überhaupt etwas von der Spiegelungsgeometrie wissen. Die letzten beiden Sätze sind reine Feststellungen und beinhalten in keiner Weise Andeutungen auf irgendwelche Kritikpunkte.

B) Spiegelungsgeometrie für den Unterricht

In seiner Einführung in die Geometrie für Lehrer und Studenten versucht Günther EWALD (1971), die BACHMANN'schen Gedanken für den Geometrieunterricht nutz- bar zu machen. Seine Vorstellung vom Geometrieunterricht kann man an folgender Passage gut erkennen:

"Der gruppentheoretische Standpunkt wurde zuerst 1872 von Felix KLEIN in seinem 'Erlanger Programm' dargelegt. Obwohl die Kleinschen Ideen der Forschung viele Anregungen gebracht haben, dauerte es fast hundert Jahre, bis das Erlanger Programm die Stelle fand, für die es eigentlich gedacht war, nämlich den Geometrieunterricht. Was die Stärke der klassischen euklidischen Geometrie ausmachte, war ihre logische Strenge, zweitausend Jahre lang bildete sie einen stabilisierenden Faktor im Schulunterricht und hielt man an ihr fest. Jedoch ist der dynamische gruppentheoretische Zugang zur Geometrie logisch ebenso streng wie der euklidische. Wir werden Euklid besser gerecht, wenn wir seine Grundlagen in dieser Weise weiterentwickeln, als wenn wir uns sklavisch an die "Elemente" halten. Im folgenden wird das "Erlanger Programm" sich als roter Faden durch die verschiedenen Kapitel hindurchziehen, auch wenn nicht alle geometrischen Betrachtungen ihm unterzuordnen sind." (EWALD 1971, S. 5/6)

EWALD beginnt in seinem Aufbau nicht gruppentheoretisch (vgl. 4.5), sondern stellt die Inzidenzaxiome an den Anfang, gefolgt von Axiomen des Senkrechtstehens, den Spiegelungsaxiomen und dem Parallelenaxiom.

Geleitet ist dieser Aufbau von der Idee, eine Geometrie zu entwickeln, die eine gewisse Nähe zur geometrischen Anschauung in unserem natürlichen Anschauungsraum besitzt:

"Bedeutet das, daß die Geometrie unabhängig von unserer anschaulichen Erfahrung der Natur und der technischen Welt ist? Dies ist nicht der Fall. Wir könnten zwar willkürlich Postulate über Punkte und Geraden aufstellen und die Gesamtheit der Folgerungen aus diesen Postulaten 'Geometrie' nennen. Diese Geometrie wäre jedoch von geringem Wert. Die Quelle unserer Postulate und auch unser Leitfaden zur Entdeckung geometrischer Sätze ist die geometrische Anschauung, die aus der Erfahrung stammt. Die geometrischen Sätze jedoch sind Folgerungen aus diesen Postulaten." (EWALD 1971, S. 10)

Das gruppentheoretische Rechnen mit Punkten und Geraden spielt auch in diesem Aufbau eine zentrale Rolle, wenngleich die involutorischen Abbildungen nicht wie bei BACHMANN zu Beginn axiomatisch gefordert werden, sondern aufgrund der vorhergehenden Axiome definierbar sind (ß involutorisch $< = > $ ß^2 = I und ß $\neq$ I). Mit Hilfe des "Rechnens mit Spiegelungen" gelingt schließlich auch die Klassifikation der Bewegungen (vgl. 4.5).

C) Eine didaktisch orientierte Hintergrundtheorie für den Lehrer

Eine solche Hintergrundtheorie für den Geometrieunterricht geben Hans-Günther BIGALKE und Klaus HASEMANN in ihrer "Didaktik der Mathematik in den Klassen 5 und 6" (Band 2, 1978) an. Sie übernehmen dabei das Axiomensystem von EWALD und ändern es nur an einigen unwesentlichen Stellen ab.
BIGALKE/HASEMANN stellen jedoch fest, daß eine systematische Behandlung der Geometrie - im Sinne eines Aufbaues der Geometrie aus dem Spiegelungsbegriff - im propädeutischen Geometrieunterricht nicht in Frage kommt.
Was vom Aufbau EWALD's im wesentlichen weggelassen wird, ist das Rechnen mit Spiegelungen, also der gruppentheoretische Kalkül. Der Winkel wird (mittels Rechts- und Linksfahnen) als flächige Punktmenge definiert, die Behandlung der Winkelmessung erfolgt über den Aufbau eines Größenbereiches der Winkel (vgl. 1.1.4).

BIGALKE/HASEMANN (1978) beschränken sich jedoch nicht allein auf die Darstellung eines axiomatischen Aufbaues, sondern ergänzen diese theoretischen "Grundlagen" durch *"didaktische Bemerkungen"*, um *"den für einen Lehrer erforderlichen Einblick und Überblick zu vermitteln"* (Band 2, S. 115).

Im Kapitel "Drehen und Winkel" werden bezüglich des Winkelbegriffes folgende Aussagen getroffen:

- Im propädeutischen Geometrieunterricht empfehlen die Autoren, den Winkel als Punktmenge aufzufassen und - entgegen dem in 1.1.4 dargestellten Aufbau - in engem Zusammenhang mit Drehungen einzuführen.
- Durch Vorgabe eines Umlaufsinnes (beim Fortschreiten auf dem Kreis soll der Mittelpunkt "links" liegen) wird der Winkel zwischen zwei Halbgeraden a und b (∢ ab) eindeutig festgelegt (Abb.):

"Anschaulich betrachtet ist ∢ab der Teil der Ebene, der beim Drehen einer Halbgeraden a bis zur Halbgeraden b im mathematisch positiven Sinne um den gemeinsamen Anfangspunkt überstrichen wird." (S. 234)

Zu dieser Definition sollen die Schüler auch durch die Betrachtung einer Stoppuhr geführt werden, deren einziger Zeiger in einer Zeitspanne einen gewissen Teil des Ziffernblattes (natürlich im Uhrzeigersinn) überstreicht (S. 234). (Abb.)

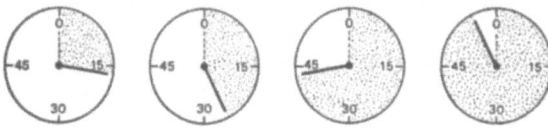

Gleich darauf folgt die Übersetzung dieses Sachverhaltes in die Sprache der Geometrie, also die Mathematisierung (S. 234) (Abb.):

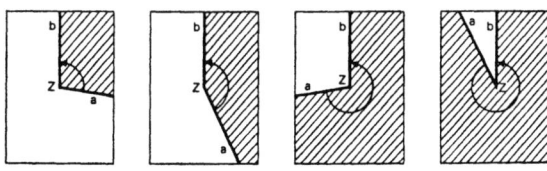

"Das jeweils schraffierte Gebiet zusammen mit den beiden Halbgeraden wird "Winkel" genannt: durch Drehen der Halbgeraden a um Z in der angegebenen Richtung wird das schraffierte Gebiet überstrichen. Wir bezeichnen es jeweils mit ∢ab."

Die Gegenüberstellung einer Rechtsdrehung (Stoppuhr) und der Orientierung nach links soll den Schülern die Festlegung der Drehrichtung bewußt machen:
"Sie ist eine Verabredung, an die die Schüler duch viele Übungen gewöhnt werden müssen."
Dazu zwei Beispiele (S. 235), bei denen die Schüler aufpassen müssen, nicht in die Falle zu tappen:

(a) Innenwinkel eines   (b) Spiegelung eines Winkels an einer
     Viereckes (Abb.)   Achse (Abb.)

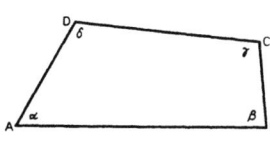
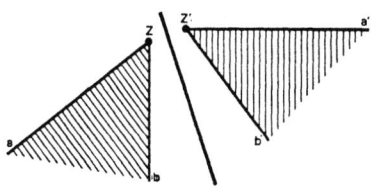

$\alpha = \sphericalangle BAD \qquad \gamma = \sphericalangle DCB$

$\beta = \sphericalangle CBA \qquad \delta = \sphericalangle ADC$

Dem Winkel ∢ab wird der Winkel ∢b'a' zugeordnet.

81

- Zwei Winkel werden als gleich groß bezeichnet, wenn sie deckungsgleich sind. Winkel und Winkelgröße werden in Sprach- und Schreibweise voneinander unterschieden (ß bzw. w(ß)).

- BIGLAKE/HASEMANN schlagen auch vor, die Zweckmäßigkeit der getroffenen Winkeldefinition für die Geometrie der Ebene mit den Schülern zu diskutieren, vor allem auch was die Addition von Winkelgrößen (stets unter 360°) betrifft. Es soll herausgearbeitet werden, daß es für die Technik zweckmäßiger ist, auch Winkel über 360° zuzulassen, was für die Geometrie der Ebene z.T. unbrauchbar wäre.

An dieser Stelle seien die anfangs erwähnten drei Aspekte wieder in Erinnerung gerufen:

(a) Verdünnung der mathematischen Theorie.

BIGALKE/HASEMANN übernehmen das Axiomensystem von EWALD, welches sich ganz deutlich an der Spiegelungsgeometrie von BACHMANN orientiert, müssen aber genau die zentrale Idee des Aufbaues - nämlich den gruppentheoretischen Kalkül- aufgeben, weil die Schüler diese Begriffswelt wohl nicht verstehen können. Es entsteht eine eigenständige "Zielgeometrie" - als eine Geometrie, die dem propädeutischen Geometrieunterricht der 5. und 6. Schulstufe als Hintergrundtheorie dienen soll.

(b) Motivation zur Theorie

Nach BIGALKE/HASEMANN (1978) geht es im propädeutischen Geometrieunter- richt darum, den Sprung zwischen der "Wirklichkeitsgeometrie" und der "mathematischen Geometrie" möglichst gering zu halten, d.h. den Übergang von einem konkreten, anschaulichen, wirklichkeitsbezogenen Vorgehen zu dem mehr theoretisch orientierten Geometrieunterricht kontinuierlich zu gestalten:
"Der Schüler darf nicht den Eindruck gewinnen, daß er zweierlei Geometrie lernt. Vielmehr ist die Präzisierung des Vorgehens, des Denkens und der Sprache im Sinne wiederholter Windungen einer Curriculum-Spirale zu sehen. Im Idealfall merkt der Schüler diesen Übergang gar nicht." (S. 192)

In diesem Zitat stellt sich die Idee eines reibungslosen Überganges von der "Wirklichkeitsgeometrie" zur "mathematischen Geometrie" selbst in Frage:

- Der Schüler merkt gar nicht, daß er mathematische Theorie betreibt, sie wird ihm (durch anschauliche Beispiele) mundgerecht unterschoben. Nicht Anwendungsbezug steht im Vordergrund der Beispiele, sondern deren (fraglicher) Beitrag zur Erreichung der "Zielgeometrie".

- Es liegt auch eine falsche Interpretation des Spiralprinzipes (vgl. 3.4) zugrunde: Dieses hat nur einen Sinn, wenn bei jeder jeweils folgenden Windung eine Reflexionsphase inkludiert ist, in welcher man sich bewußt wird, daß man sich nun auf einer höheren Abstaktionsstufe befindet. Wenn man die Übergänge nicht merkt, so liegt ein Mangel an Überblick vor.

 Wenn im Geometrieunterricht der Unterstufe eine systematische Behandlung der Geometrie Sinn haben soll, dann sollte der Schüler auch merken, daß es sich um zwei unterschiedliche Sichtweisen von Geometrie (Umweltbezug bzw. Axiomatik) handelt. Wenn man dies für unmöglich hält, so müßte man konsequent sein und auf den axiomatischen Aspekt verzichten und ihn nicht irgendwie unverstanden durch eine Hintertür einführen.

- Aber selbst schon die Vermutung, daß es einen kontinuierlichen Weg von der "Wirklichkeitsgeometrie" zur "mathematischen Geometrie" gibt, ist mehr als fraglich. Beide haben unterschiedliche Wurzeln und unterschiedliche Ziele: Im einen Fall geht es um die Lösung praktischer Probleme, im anderen Fall um die theoretische Fundierung eines axiomatischen Denkgebäudes (ohne Bezugnahme auf irgendwelche Evidenzen). Der Winkelbegriff zeigt dies sehr eindrucksvoll.

In praktischen Belangen ist meist nur die Größe von Winkeln interessant, bzw. wie man mit Winkeln operiert. Die Frage, was ein Winkel ist, bzw. welche Möglichkeiten an Definitionen sich im Rahmen eines axiomatischen Aufbaues ergeben, sind dabei nicht von Belang.

Daß ein Winkel z.B. eine flächige Punktmenge "zwischen" einem geordneten Paar von Strahlen ist, hat zwar theoretisch-definitorischen Wert, erklärt aber in praktischer Hinsicht wenig. Damit für den Schüler eine solche Definition einen Sinn erhalten kann, müßte ihm der theoretisch-definitorische Wert zumindest ein wenig klar (gemacht) werden.

Da dies nicht möglich erscheint, wird weiter vereinfacht:

"Bei der Definition des Winkelbegriffs haben wir ein anschauliches Verständnis einer Drehung einer Halbgeraden um ihren Anfangspunkt vorausgesetzt. Bei einem systematischen Aufbau der Geometrie wäre ein solches Vorgehen natürlich höchst unbefriedigend. Dagegen ist dieser Weg innerhalb des propädeutischen Geometrieunterrichts geradezu 'natürlich'. Kein Schüler wird aufgrund dieses Vorgehens Schwierigkeiten haben." (BIGALKE/HASEMANN 1978, S. 238/239)

Der Schüler hat insofern keine Schwierigkeiten, als diese anschauliche Einführung leicht faßbar ist. Warum sie aber gerade so erfolgt (weil sie am besten zur Hintergrundtheorie paßt) und was ihm diese Definition an zusätzlichem Wissen bringt (außer daß er eine Definition auswendig lernt), dürfte ihm nicht unbedingt klar werden.

Als "Kompromiß" zwischen Anschaulichkeit und "Zielgeometrie" wird der Winkel als jenes Gebiet bezeichnet, welches sich durch (Links-) Drehung des Erstschenkels zum Zweitschenkel ergibt, ein Kompromiß, den der Schüler niemals einsehen kann, weil er die Zielgeometrie nicht kennt. Was im Schüler vorerst einmal erzeugt werden müßte, wäre das Bedürfnis, einen Begriff überhaupt einmal genauer definieren zu wollen.

Der Schüler sollte einsehen können, daß es notwendig ist, die "umgangssprachliche Formulierung" eines Begriffes exakter zu fassen. Dazu sind Problemsituationen notwendig, die bereits ein gewisses Maß an Metadiskussion erfordern. Spätestens beim Beweisen einer Behauptung wird eine solche Ebene anzustreben sein. Dann geht es aber auch nicht mehr um anschauliche Phänomene, sondern um exaktes Schlußfolgern in einem (lokalen) Bereich eines mathematischen Begriffsnetzes.
Die Winkelsumme im Dreieck oder der Satz des Thales drängen sich hierfür geradezu auf.

(c)　Umweltbezug

Auf den wenigen Seiten der "didaktischen Bemerkungen" findet sich außer dem "Stoppuhrbeispiel" kein konkreter Hinweis auf Umweltbezüge des Winkelbegriffes.

D) Ein Schulbuch mit einem Kommentar für den Lehrer

Aus den Schulbüchern, in denen Hans-Günter BIGALKE (zumindest) für den Geometrieteil verantwortlich zeichnet, wurde das Unterrichtswerk von SCHRÖDER/UCHTMANN (Hrsg.)(1975) ausgewählt. Zu diesem Schulbuch gibt es auch einen Lehrerband (1979). Das Unterrichtswerk "Einführung in die Mathematik", mit H.G. BIGALKE als Herausgeber, ist sehr ähnlich aufgebaut, die Aufbereitung wirkt etwas gelockerter.

Das Kapitel "Drehen und Winkel" von "Einführung in die Mathematik 6" beginnt mit dem oben schon erwähnten Stoppuhr-Beispiel und mündet in folgende Definition des Winkels:
"Ein Winkel ist diejenige Punktmenge der Ebene, die beim Drehen einer Halbgeraden um ihren Anfangspunkt überstrichen wird. Dabei zählen die Punkte der beiden begrenzenden Halbgeraden mit zu dem Winkel."

Es wird festgestellt, daß die Schnittmenge zweier Halbebenen einen Winkel ergibt und es wird der Unterschied zwischen einem Winkel und dessen Größe herausgearbeitet. Nach der Einführung des Winkelmaßes erfolgt die Aufzählung der verschiedenen Winkelarten (spitzer Winkel, ...).

Die drei einzigen Beispiele mit Umweltbezug passen nicht so recht in den üblichen (theorieorientierten) Aufbau:

- Es wird nach dem jeweils kleineren der beiden Winkel gefragt, den die Uhrzeiger einer Uhr zu bestimmten Zeiten bilden. Definitionsgemäß sind der Winkel zwischen Stundenzeiger und Minutenzeiger bzw. Minutenzeiger und Stundenzeiger nicht gleich (was man intuitiv erwarten würde), sondern ergänzen einander auf 360°.
- Ähnlich ist es beim Winkel zwischen zwei Richtungen (Windrose): Der kleinere Winkel muß nicht die tatsächliche Richtungsveränderung angeben (z.B. Drehung des Windes), außerdem sind laut Definition Rechtsdrehungen ausgeschlossen, was praktisch völlig irreal ist.
- Auch bei der Richtungsänderung einer Straße ist die Sachsituation wesentlich komplexer. Beim Abbiegen muß man sich sicherlich nicht immer nach links wenden. Nicht nur in Deutschland und Österreich muß man Autobahnen stets nach "rechts" verlassen, die kürzere Variante nach "links" ist aus verkehrstechnischen Gründen schlecht möglich.

Der Lehrerband enthält insgesamt 23 Lernziele zum Winkelbegriff, die mit Hilfe des Buches angestrebt werden sollen. Sie betreffen das richtige Bezeichnen von Winkeln (Symbolik und Termini), das Einüben der Mengenschreibweise, das Vergleichen, Zeichnen, Schätzen, Messen und Auftragen von Winkeln. Aus dieser Einübung von Fertigkeiten ragt lediglich das Lernziel "Textaufgaben lösen können, in denen Winkelgrößen an Uhren oder an Windrosen o.ä. zu berechnen sind" heraus, welches durch oben erfolgte Kritik schon besprochen wurde.

Am Ende eines Weges von der axiomatischen Theorie zu einem konkreten Schulbuchtext seien resümierend nochmals die anfangs erwähnten Aspekte angesprochen:

(a) Verdünnung der mathematischen Theorie

Die didaktische Hintergrundtheorie gibt zwar eine "vollwertige" Geometrie der Ebene wieder, ist aber bereits von einigen zentralen Ideen des ursprünglichen Aufbaus gesäubert. Da auch die vorliegende Hintergrundtheorie noch als unzumutbar für Schüler der Orientierungsstufe gesehen wird, werden die Begriffe weiter vereinfacht. Dies geschieht durch vermehrten Einbezug von anschaulichen Vorstellungen, die sehr oft der Hintergrundtheorie entgegenlaufen. So wird z.B. die Drehung eines Winkelschenkels durch konkrete Bewegungen veranschaulicht, während die Drehung als Begriff der Hintergrundtheorie schließlich gerade nicht als Bewegung, sondern als Abbildung der Ebene auf sich gesehen werden soll.

(b) Motivation zur Theorie

Da der Schüler die Hintergründe aus der mathematischen Theorie nicht kennt und die für ihn zu lernenden Begriffe aber aus diesem Bereich entstammen, kann er dem roten Faden der Begriffs- und Theoriebildung nie aktiv folgen, sondern ist auf geschicktes Führen des Lehrers mit lokal angesetzten Veranschaulichungen angewiesen. Der Schüler weiß nicht, warum die Achsenspiegelung ein so zentraler Begriff ist. Auch wenn er lernen würde, daß sich jede Kongruenzabbildung als Produkt maximal dreier Achsenspiegelungen darstellen läßt, würde er nicht viel an Einsicht gewinnen. Es fehlt ihm an dem, was der Mathematiker beim Erstellen eines Axiomensytems hat: Problembewußtsein zur Theoriebildung. Ist dieses nicht vorhanden, dann gibt es keine echte Motivation des Schülers zur Theorie, er sieht vielleicht ein, daß eine bestimmte Definition akzeptabel erscheint, aber warum man diese gerade so gewählt hat, bleibt für ihn unerklärlich.

(c) Umweltbezug

Zwar führt man keine systematische Behandlung des Stoffgebietes im Sinne der Hintergrundtheorie durch und bereitet die Begriffe durch Veranschaulichungen auf, doch die Nähe zum stringenten theoretischen Aufbau erweist sich als so stark, daß Umweltbezüge keinen gebührenden Platz finden bzw. aufgrund der engen Begrifflichkeit z.T. in Frage gestellt werden.

Der "Balanceakt" zwischen "Wirklichkeitsgeometrie" und "mathematischer Geometrie" (vgl. BIGLAKE/HASEMANN 1978, S. 192) läßt den Unterricht zwischen zwei Sesseln sitzen: Die mathematische Theorie ist so vereinfacht, daß sie sich von den axiomatischen Wurzeln sehr weit weg befindet und der Schüler diese nicht einmal mehr erahnen kann.

Andererseits ist die "verdünnte Theorie" so stringent, daß sie anwendungsfremd wirkt. Die völlige Orientierung des Geometrieuunterrichtes der Unterstufe (Sekundarstufe I) an einer Hintergrundtheorie birgt anscheinend die Gefahr in sich, daß die Schüler weder ein theoretisches noch ein praktisches Verständnis (im Sinne von Anwendungs- und Umweltbezug) von Geometrie erwerben.

2.4 ZUSAMMENFASSUNG UND DIDAKTISCHE IMPLIKATIONEN

Dieses abschließende Unterkapitel soll einige Aspekte zusammenfassend besprechen, die bei der Betrachtung der Schulbücher hinsichtlich des Winkelbegriffes deutlich geworden sind. Dabei wird es vor allem um Konsequenzen gehen, die im Nachvollzug einer Hintergrundtheorie zu sehen sind.

2.4.1 Umweltbezug als Anhängsel von Theorie

Die meisten Schulbücher zeigen bei der Behandlung des Winkelbegriffes folgende Vorgangsweise: Im Vordergrund steht die Definition des Winkels, sehr oft hervorgehoben durch einen färbigen Kasten. Danach erfolgen weitere theoretische Betrachtungen und Aufgaben zu deren Einübung.

Aufgaben mit Sachbezug sind allgemein dünn gestreut und kommen hauptsächlich an zwei markanten Stellen vor:

a) Ganz am Anfang im Sinne einer propädeutischen Einführung des Winkelbegriffes, wobei hier sehr oft Bilder von Sachsituationen betrachtet werden.

b) Ganz am Schluß als Beispiele, die auch die außermathematische Relevanz des Begriffes zeigen sollen (in drei der fünfzehn Bücher kommen allerdings überhaupt keine sachbezogenen Aufgaben vor).

c) Es wird zwar z.T. versucht, interessante Beispiele aufzustellen (Drehung der Erde, Schußwinkel im Sport, Kursänderung von Schiffen und Flugzeugen, Drehen der Windrichtung), doch die Anwendung des Winkelbegriffes bei diesen Aufgaben steht sehr oft im Widerspruch zur vorhergehenden Definition.

Die Inadäquatheit einer einzigen Definition zur Vielfalt der möglichen Anwendungen wird vermutlich zum Anlaß genommen, die Zahl der Anwendungen klein zu halten. Dabei wird getrachtet, die Widersprüche nicht allzu deutlich werden zu lassen: In jenen Zugängen, in welchen mit einem orientierten Winkel gearbeitet wird, vermeidet man zumeist Beispiele, die mit Drehungen wenig zu tun haben: Winkel bei Straßenkreuzungen, Geländesteigungen u.ä. Von einigen Autoren werden auch solche "Stilbrüche" zugelassen.

Das prinzipielle Bemühen um den Gleichklang von Theorie und Anwendung äußert sich sehr oft auch bei der Auswahl der propädeutischen Einführungsbeispiele: Es werden solche Sachsituationen bildlich dargestellt, die einen glatten Übergang zur gewünschten Definition garantieren.

Um einen Winkel als linksorientiert einführen zu können, wird ein Beispiel mit einem sich nach "links oben" öffnenden Schranken gezeigt. "Nicht passende" Anwendungssitutationen werden also im Prinzip vermieden und dafür möglichst "definitionskonforme" Sachsituationen betrachtet. Der Vorrang der Theorie gegenüber dem Umweltbezug ist deutlich sichtbar. Manchmal werden sachbezogene Aufgaben geradezu maniert "zurechtgestutzt": Die Zeiger einer Uhr werden mit s_1 und s_2 bezeichnet, die entsprechenden Winkelfelder mit α und β. Gefragt sind die beiden Winkelbeträge $W(\alpha)$ und $W(\beta)$.

Abgesehen davon, daß der Winkel zwischen zwei Zeigern nicht interessiert, ist diese Aufgabe ein Beispiel für eine Vergewaltigung von Sachsituationen zum Zwecke des Einübens rein innermathematischer Sachverhalte. Es liegt keinerlei ernsthafte Motivation vor, dieses Beispiel zu theoretischen Betrachtungsweisen heranzuziehen.

Es wäre grundweg falsch, aus den bisherigen Betrachtungen den Schluß zu ziehen, daß die Schulbuchautoren eben nicht die richtigen Beispiele gefunden hätten. Das Problem liegt tiefer: Es geht um eine adäquate Auseinandersetzung mit dem Verhältnis von Theoriebildung und Umweltbezug (Anwendung). Beide haben - gerade was den Winkelberiff betrifft - ganz unterschiedliche Rahmenbedingungen: Während der orientierte Winkel vor allem als jene Definition (und Sichtweise) zu sehen ist, die eine entsprechende Verknüpfung der Begriffe Winkel und Drehung im Rahmen der Abbildungsgeometrie erlaubt, liegt das Interesse bezüglich der Anwendungen vor allem im Bereich der Winkelmessung, wobei der Winkel in unterschiedlichsten Verkörperungen auftreten kann, die keineswegs auf linksorientierte Winkel beschränkt sind. Es muß erkannt werden, daß diesen beiden Seiten des Winkels unterschiedliche Interessenslagen zugrunde liegen, die nicht in einfacher Weise verknüpfbar sind. Es ist ein sinnloses Unterfangen, Sachsituationen zu suchen, die abbildungsgeometrisch motivierte Begriffsbildungen erklären sollen. Die selbe Argumentation gilt natürlich auch für die andere Richtung. In beiden Fällen gilt es, spezifische Probleme zu betrachten, die entsprechend einsichtige Begriffsbildungen aus der Sicht des Schülers als notwendig erscheinen lassen. Eine Vermischung erscheint bei einem ersten Hinsehen als verführerisch, gestaltet sich aber bei genauerem Betrachten als inadäquat.

2.4.2 Der Winkel als Figur

In den meisten Schulbüchern wird der Winkel als Figur eingeführt, die durch Drehung eines Strahles um seinen Anfangspunkt entsteht. Dann wird das Augenmerk auf die Bestandteile des Winkels (Scheitel, Schenkel) gelenkt. Sofern unter Winkel nicht gleich jene Fläche verstanden wird, die beim Drehen des Strahles überstrichen wird, kommt es meist zusätzlich zur Einführung des Terminus "Winkelfeld". Der Hinweis, daß etwas durch eine Drehung entstehen kann, ist allerdings kein hinreichendes Hinarbeiten auf ein Verständnis des Winkels als Beziehung (vgl. 7.4). Im Vordergrund stehen eher Feststellungen, daß Durchschnitts- und Vereinigungs-mengen von Halbebenen Winkelfelder bilden, daß der Winkel als Teilmenge der Ebene gesehen wird, also als linienhafte bzw. flächenhafte Punktmenge (oft auch mit Gebiet bezeichnet).

Alle diese Bezeichnungen, die vor allem unter dem Gesichtspunkt der Einübung der Mengensprechweise zu sehen sind, sagen aber wenig über wesentliche Eigenschaften des Winkelbegriffes aus: Weder die Idee des "linearen Verjüngens", noch die Idee des "Abweichens von einer vorgegebenen Richtung" (vgl. 7.2) werden in den Büchern behandelt. Nur ansatzweise wird vom Winkel als Richtungsunterschied gesprochen, zumeist bleibt aber diese Betrachtungsweise auf Standardaufgaben wie "Drehen der Windrichtung" o.ä. beschränkt.

Während also im ohnehin eng angelegten Anwendungsbereich wenigstens in geringem Ausmaße auf grundlegende Eigenschaften des Winkels eingegangen wird, dominiert im theoretischen Block das Einüben der gelernten Definition. So wird etwa gelehrt, daß beim orientierten Winkel $\angle(s_1,s_2) \neq \angle(s_1,s_2)$ bzw. w(ba) = 360° - w(ab) gilt, und daß beim Messen der Winkel in einem Dreieck das Geodreieck nur auf eine ganz bestimmte Weise angelegt werden darf (vgl. HAHN/DZEWAS).

In keinem der Schulbücher wird der Winkel direkt als (un-)geordnetes Paar oder als Drehung definiert, wohl aus der berechtigten Überlegung heraus, daß die Schüler eine solche Definiton ohnehin nicht verstehen könnten. Es wird eher verkannt, daß die formalen Definitionen den Winkel als Beziehung beschreiben, und die Ein-schränkung auf die Sicht von Winkel als Figur jener Intention eigentlich nicht entspricht. Mit dem Definieren des Winkels als Teilmenge der Ebene (u.ä.) mit Bezeichnungen wie $\angle(s_1,s_2)$ oder w(ab) wird ein Eindruck theoretischer Fundiertheit erweckt, der auf Kosten beziehungsreicherer Anschaulichkeit geht. Es ist überhaupt auffällig, daß tendenziell alles vermieden wird, was außerhalb innermathematischer Überlegungen liegt.

Dazu zwei Beispiele:
- Bei der Definition des Winkels werden die Schenkel als (unendliche) Strahlen gesehen. Daß in der Umwelt (und damit auch in den Heften usw.) nur endlich lange Schenkel auftreten, wird nicht thematisiert. Der häufige Fehler von Schülern, daß sie die Größe von Winkeln nach der Länge der Schenkel beurteilen, wird aufgrund der engen Bindung an die Hintergrundtheorie gar nicht ins Kalkül gezogen.
- Die meisten Winkel werden in Standardlage (d.h. Erstschenkel parallel zum "unteren" Buchrand) gezeichnet, ein reflektiertes Abweichen von solchen bevorzugten Lagen (z.B. der Horizontalen), wird nicht vorgenommen.

Beide Situationen könnten dazu herangezogen werden, den Beziehungsaspekt des Winkels (vgl. Kapitel 7) stärker zu betonen und sich vom rein Figurativen deutlicher zu entfernen.

Dasselbe Bild zeigt sich im Bereich konkreten Handelns. Zwar wird meist auf die Entstehung des Winkels als Drehung hingewiesen, konkrete Tätigkeiten der Schüler werden aber sehr selten angesprochen, sieht man von Konstruktionen mit Geodreieck und Zirkel ab.

2.4.3 Fehlen einer Reflexionsebene

Wie schon angedeutet, stehen die Definitionen, Bezeichnungsweisen und Symbole in keiner Relation zum Lernprozeß, der bei den Schülern initiiert werden soll. Die Schüler lernen z.B. zwar, daß der Winkel (links-) orientiert ist (mit notwendiger Auszeichnung eines Erstschenkels), sie erfahren aber nicht, aus welchen (theoretischen) Gründen dies gemacht wird. Z.T. werden vordergründig Sachsituationen betrachtet (Öffnen eines Schrankens), um die jeweilige Definition vorzubereiten. In einigen Unterrichtswerken werden die Winkel unausgesprochen und unkommentiert orientiert, (etwa in OEHL/PALZKILL, HAHN/DZEWAS), in einigen wird explizit darauf hingewiesen, daß es um Drehungen im Gegenuhrzeigersinn geht, aber keine Begründung geliefert (z.B. KAHLE/LÖRCHER, FLODERER/PIFFL/MACHINEK). Eine Ausnahme bildet das Werk von SCHÖNBECK/SCHUPP, in welchem darauf hingewiesen wird, daß es in der Mathematik üblich ist, Linksdrehungen zu nehmen. Zwar wird der Schüler diese Worte erst dann verstehen, wenn er in eine Situation gestellt wird, in der es um die Frage der Eindeutigkeit geht, dennoch ist ein solcher erster Schritt nur zu begrüßen.

Auch die Notwendigkeit der Auszeichnung eines Erstschenkels beim orientierten Winkel wird den Schülern nicht explizit erläutert und wird durch die Einführungsbeispiele mit Winkeln in "Standardlagen" (der "horizontale Schenkel" wird implizit zum Erstschenkel) beinahe völlig verschleiert. Möglicherweise geschieht dieses Verborgenhalten von (Hintergrund-) Informationen bewußt, um den ohnehin deutlichen Widerspruch zur Sachsituation (es geht oft gar nicht um Erstschenkel und bestimmte Orientierungen) möglichst klein zu halten.

Überhaupt wird der Unterschied zwischen theoretischen Anliegen und sachbezogenen Interessen nicht thematisiert und eine künstliche Verbindung konstruiert, die sich bei genauerer Analyse als untragbar erweist.

Ein Paradebeispiel dafür ist wohl das oft gewählte "Uhrenbeispiel", bei welchem es um den Winkel zwischen zwei Zeigern geht (vgl. vor allem HAHN/DZEWAS). Abgesehen von der schon erwähnten Tatsache, daß die Frage völlig praxisirrelevant ist, muß beim Schüler der Eindruck entstehen, daß eben in der Mathematik "die Uhren anders laufen". Es entsteht ein völlig unreflektiertes Verständnis vom Verhältnis der Theorie zur Anwendung der Mathematik. Es ist mehr als fraglich, ob die Verabredung über die Festlegung der Drehrichtung dadurch gefestigt werden kann, daß die Schüler an sie *"durch viele Übungen gewöhnt werden"*. (BIGALKE/HASEMANN 1978, S. 235, vgl. auch 2.3)

Ein Hauptproblem liegt in der Tatsache, daß sich die Autoren auf eine einzige Definition des Winkels beschränken. Dem Phänomen, daß diese nur zu einem geringen Anwendungsspektrum paßt, wird mit einer Verringerung der Beispiele mit Sachbezug entgegengetreten. Statt der Pluralität an Anwendungen mit einem Netz von Vorstellungen von Winkel zu begegnen, beharrt man auf der Singularität und Monopolstellung einer Definition und degradiert den Anwendungsbereich zu einem Anhängsel der Theorie.

Im Vordergrund steht der Nachvollzug einer Hintergrundtheorie, welcher dem Schüler gerade durch jene Methoden (Einbezug von Umweltsituationen) einsichtig gemacht werden soll, die dem Ziel der Theoriebildung beinahe diametral entgegengesetzt sind. Das Verharren an einer einzigen Definition ist insofern auch ungenetisch, als die Mathematik in ihrer Entstehung Beziehungsvielfalt repräsentiert und erst bei einer schriftlichen Darstellung der Theorie (mit der Tendenz nach Knappheit und Eleganz) ihre ursprünlichen Wege verdeckt und nach Glattheit strebt.

Ein genetischer Mathematikunterricht sollte bedeuten, daß man den Schüler nicht als Konsumenten einer fertigen Mathematik sieht (im Gewande einer bestimmten Hintergrundtheorie), sondern vielmehr als (Mit-) Produzenten einer werdenden Mathematik (vgl. Kapitel 8).

2.4.4 Oberflächliche Behandlung der Winkelmessung

In allen Schulbüchern wird der Umgang mit dem Geodreieck besprochen (Anlegen und Ablesen bzw. Zeichnen von Winkeln) und es werden entsprechende Meß- und Zeichenaufgaben gestellt. Was meines Erachtens jedoch gänzlich fehlt, ist die Erklärung, wie man auf die Skalierungen am Geodreieck kommt.

Es wird allgemein festgehalten, daß der 360ste Teil des Vollwinkels als Einheit genommen wird, doch könnte es durchaus passieren, daß Schüler die geradlinige Skala des Geodreieckes als Ursprungskala der Winkelmessung annehmen. Es müßte verstärkt herausgearbeitet werden, daß diese Art der Winkelmessung mit der Teilung des Kreises eng zusammenhängt und daß es - im Gegensatz zur Längenmessung- keine geradlinig-lineare Winkelskala am Geodreieck gibt.

In keinem der Schulbücher wird dieser Umstand angesprochen, noch wird über die Unterschiede zwischen dem Messen von Streckenlängen und Winkelgrößen reflektiert.

In den meisten Schulbüchern spitzt sich das Winkelmessen auf das Geodreieck zu. Dieses ist als vielseitige Zeichenhilfe unentbehrlich, dennoch ist es günstig, auch andere Mittel zu beprechen.

Eine Möglichkeit wird im Werk von FLICK angedeutet, wo den Schülern die Aufgabe gestellt wird, die Skala eines Vollkreiswinkelmessers zu vervollständigen (wobei die Einteilung aller Vielfachen von 5° von 0° bis 90° vorgegeben ist).

Eine konsequente Fortsetzung einer solchen Vorgangsweise wäre die Konstruktion eines eigenen Vollkreiswinkelmessers durch die Schüler. Diese Herstellungsarbeit hätte den Vorteil, daß Schüler das Beziehungsschema des (Vollkreis-) Winkelmessers in konkret handelnder Weise reflektieren könnten.

In keinem der Schulbücher wird die Möglichkeit des Messens von Winkeln ohne Zuhilfenahme einer Unterteilung des Kreises (am Geodreieck, Winkelmesser) besprochen.

Denkbar wären (offene) Aufgaben folgender Natur:

a) Übertragen von Winkeln nur mit Verwendung des Geodreieckes (aber ohne Winkelskala).

b) Der Versuch, dabei mit möglichst wenig Messungen auszukommen.

c) Der Versuch, die Größe des Winkels durch eine Zahl auszudrücken.

Damit könnte auf das Beschreiben der Winkelgrößen durch eine Verhältniszahl entsprechender Seitenlängen (Vorform trigonometrischer Funktionen) hingearbeitet werden. Der Vorteil läge vor allem in einem weitreichenderen Verständnis von Winkelmessung, welches nicht mehr allein auf die Unterteilung des Kreises beschränkt wäre.

Fast in keinem der Lehrbücher wird auf die Frage eingegangen, warum für die Größe des Vollkreises gerade die Zahl 360 gewählt wurde. So sollte z.B. durchaus herausgearbeitet werden, daß das "Rechtwinkeligsein" eine geometrische Eigenschaft darstellt, während die Angabe der Größe des rechten Winkels mit 90° die Folge einer Entscheidung ist, die gänzlich außerhalb geometrischer Überlegungen anzusiedlen ist (Astronomie).

In vielen Schulbüchern ist die Vermischung von Winkel und Winkelmessung so stark, daß der Schüler den Eindruck haben muß, daß die Betrachtung eines Winkels unabdingbar mit der Angabe einer Maßzahl verbunden ist. Die Bedeutung der Winkelmessung ist vor allem im Bereich der Anwendungen zu suchen, während die Definition des Winkels ein Thema geometrischer Theoriebildung darstellt. Im Unterricht sollten beide Aspekte zum Tragen kommen, allerdings in einem reflektierten Verhältnis zueinander.

2.4.5 Subkulturen

Betrachtet man die Anzahl der Termini, die Schüler im Zusammenhang mit dem Winkelbegriff in ihrem Schulbuch vorfinden, so zeigen sich in einigen Werken manierierte Tendenzen, die vor allem bei den österreichischen Schulbüchern deutlich ausgeprägt sind. Als Beispiel sei das Werk von LAUB/HRUBY (1975) hervorgehoben. Im Buch für die 6. Schulstufe werden bei der Behandlung des Winkelbegriffes insgesamt 33 Termini eingeführt:

Winkel	Winkelmessung(-messer)	Winkelsumme
Winkelschenkel	winkeltreu	Außenwinkel
Winkelscheitel	Winkelmaß	Innenwinkel
Winkelfeld	Zentriwinkel	eingeschlossener Winkel
spitzer Winkel	Steigungswinkel	anliegender Winkel
rechter Winkel	Höhenwinkel	Winkelsymmetrale
stumpfer Winkel	Böschungswinkel	Scheitelwinkel
gestreckter Winkel	Senkungswinkel	Komplementäre Winkel
erhabener Winkel	Erhebungswinkel	Supplementäre Winkel
voller Winkel	Normalwinkel	Nebenwinkel
Größe des Winkels	Parallelwinkel	Basiswinkel

Es ist kritisch zu hinterfragen, ob eine solche Ansammmlung von Vokabeln dem Geometrieunterricht förderlich ist. Noch gefährlicher sind aber die möglichen Konsequenzen, die sich aus diesem Vokabellernen ergeben können: Es werden Aufgaben gestellt, die keinen anderen Zweck erfüllen, als die gelernten Termini einzuüben.

Es entstehen Aufgabenklassen, die reinen Selbstzweckcharakter besitzen bzw. unnötiges Lernen auf Vorrat zum Ziel haben. Z.B.: In nebenstehender Figur (Abb.) sollen die zu α, (β, ...) gleich großen bzw. supplementären Parallelwinkel angegeben werden. (LAUB/HRUBY 1975, S. 215)

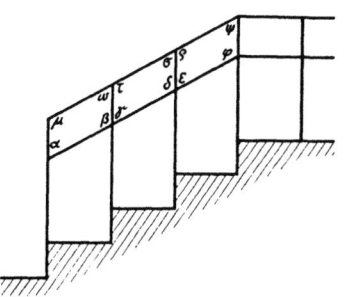

Tendenziell werden in den Schulbüchern auf Kosten interessanter Anwendungsaufgaben leicht abprüfbare Routineaufgaben gestellt, welche sich sehr oft zu ganzen Aufgabenklassen verselbständigen. Einige Beispiele von Aufgabenklassen aus dem Schulbuch von LAUB/HRUBY:
- Erkennen der Winkelart (spitzer Winkel, ...) : 20 Teilaufgaben.
- Umwandeln und Rechnen mit Winkelmaßen (z.B.: 3° 46' 48" = 13608"): 127 Teilaufgaben.
- Übertragen, Subtrahieren und Addieren von Winkeln (z.B.: geg. ϵ, ω, ψ; konstruiere $2\epsilon + 3\omega - 2\psi$): 25 Teilaufgaben
- Konstruktion von Winkeln ohne Verwendung des Winkelmessers (z.B.: 75°, 37 1/2°, 97 1/2°, 337 1/2°): 33 Teilaufgaben.
Der Terminus "Winkologie" drängt sich auf!

3. TENDENZEN EINER "TRENNENDEN" UND "REDUZIERENDEN" GEOMETRIEDIDAKTIK

Die Betrachtung der Behandlung des Winkelbegriffes in der didaktischen Literatur (vgl. Kapitel 1, Kapitel 2) läßt erkennen, daß didaktische Analysen oftmals von einer einseitigen Sicht gekennzeichnet sind. Die in diesem Kapitel zusammengefaßten Aspekte der Kritik sind zugleich als Ausgangspunkte für eine umfassendere Diskussion des Winkelbegriffes zu sehen, welche in Abschnitt II durchgeführt werden soll.

Weiters wird versucht, bestimmte Tendenzen zu "Trennungs- und Reduktionshaltungen" in der didaktischen Diskussion (nicht auf den Winkelbegriff beschränkt) aufzuzeigen, wenngleich es natürlich nicht darum gehen kann, eine pauschale Beurteilung vorzunehmen. Eine solche wäre aufgrund der Pluralität an verschiedenartigsten Ideen, Zugängen und Sichtweisen, die in der Didaktik der Geometrie zur Diskussion stehen, geradezu absurd. Nichts desto weniger gibt (gab) es immer wieder Diskussions- und Entwicklungslinien, denen man die Attribute "trennend" bzw. "reduzierend" (im Gegensatz zu "integrierend") zuweisen könnte. Es wird die These aufgestellt, daß zumindest vier Trennungs- und Reduktionshaltungen mehr oder weniger deutlich sichtbar sind.

Eine erste solche Haltung betrifft Tendenzen, Fragen des Lernprozesses und jene des Faches (des "Stoffes", der "Sache") zu isolieren, eine weitere betrifft jene des Unterordnens des Umweltbezuges unter die Theoriebildung. Im Rahmen des Vorhabens, "theoretisch" vorzugehen, gibt es deutliche Tendenzen, sich an einem bestimmten axiomatischen Aufbau zu orientieren. Eine weitere zu hinterfragende Haltung betrifft die Trennung in einen systematischen Unterricht und einen vorangestellten, propädeutischen Unterricht.

Diese Betrachtungen sind wiederum als Ausgangspunkt von Überlegungen zu sehen, jene Trennungs- und Reduktionshaltungen zugunsten einer integrativen Sicht von Geometrie ("lebendige Geometrie") zu überwinden (Abschnitt III).

INHALTSVERZEICHNIS VON KAPITEL 3:

3.1 KRITISCHE ANMERKUNGEN ZU ANALYSEN DES WINKELBEGRIFFES IN DER DIDAKTISCHEN LITERATUR

Betrachtet man die Behandlung des Winkelbegriffes in der didaktischen Literatur, so stellt man fest, daß - obwohl meist von didaktischen Analysen gesprochen wird- das Hauptaugenmerk mit wenigen Ausnahmen auf die rein innermathematische Ebene beschränkt ist. So wird z.b. diskutiert, ob die Winkelmessung anhand von Winkelmaßaxiomen oder über die Konstruktion von Größenbereichen eingeführt werden soll.

Die in 1.1 knapp wiedergegebene Vielfalt an diskutierten Definitionen und Zugängen zeugt von einem außerordentlichen Engagement der Geometriedidaktik in dieser Frage. Die Analyse der Argumente für bzw. gegen bestimmte Definitionen läßt eine deutlich auf das Fachsystematische hin orientierte Tendenz erkennen: Die "Güte" von Definitionen und Zugängen wird an innermathematischen Vorzügen gemessen. Es wird nach einer "möglichst günstigen" Definition des Winkels gesucht, wobei sich "möglichst günstig" auf eine adäquate "Einpassung" in eine vorgegebene (didaktische) Hintergrundtheorie bezieht. Diese stellt einen vollständigen (abbildungsgeometrischen) axiomatischen Aufbau dar, welcher der Geometrie der Sekundarstufe I ein *"tragendes Gerüst"* (HOLLAND 1971) verleihen soll. In einem solchen Verständnis "stört" jede weitere Vorstellung von Winkel, die einzige Definition nimmt gewissermaßen die Rolle des Begriffes ein.

Vor allem die Kritik an den Schulbüchern zeigt die Enggleisigkeit der didaktischen Diskussion. Es wird nach "fachlichen Ungereimtheiten" gesucht, während die Probleme in anderen Bereichen wesentlich offenkundiger und schwerwiegender wären: In den Schulbüchern mangelt es an anwendungs- und umweltbezogenen Problemstellungen bzw. Aufgaben zum Winkelbegriff, die wenigen tatsächlich betrachteten Beispiele stehen z.T. in krassem Widerspruch zur gewählten Festlegung (Definition) des Winkels. Zudem wird der Winkel fast ausschließlich als Figur erklärt, während die Sicht des Winkels als (verallgemeinerbare) Beziehung vernachlässigt wird.

Eine solche, vor allem in Richtung einer wahrnehmbar-figurativen Sicht des Winkels gehende Vorstellung, wird mitunter auch in der didaktischen Diskussion vertreten.

So verweist STREHL (1983) darauf, daß das Wesen des Winkels primär durch gestalthafte Grundvorstellungen gekennzeichnet sei, wobei die Vorstellungen vom Paar zweier Strahlen und vom Winkelfeld als zentraler angesehen werden, als der Zusammenhang mit der Drehung.

BECKER (1980) betont die gestalthafte Bedeutung des Winkelfeldes, indem er auf die Schwierigkeit hinweist, aus Figuren, die aus Linien bestehen, Teilfiguren herauzulesen, die Winkel darstellen.

Das Mißverständnis liegt vermutlich darin, daß die Definition des Winkels als geordnetes oder ungeordnetes Paar (oder als entsprechendes Winkelfeld) als Mathematisierung einer Figur angesehen wird und nicht als Formalisierung einer Beziehung.

Jede geometrische Tätigkeit (z.B. Konstruieren, Definieren, Beweisen) beinhaltet aber nichts anderes als das Herstellen und Aufdecken von Beziehungen zwischen Begriffen (die ihrerseits selbst wieder Beziehungen darstellen).

CLOSE (1982) nimmt unterschiedliche Zugänge zur Geometrie zum Anlaß, bei der Einführung des Winkels von dynamischen und statischen Definitionen (bzw. Aspekten) zu sprechen. So sieht sie z.B. die Definition von CHOQUET (vgl. 4.6) als dynamisch an (Winkel als Drehung), jene von HILBERT (vgl. 4.3) jedoch als statisch (Winkel als geordnetes Paar zweier Strahlen). Diese Unterscheidung ist schon deshalb nicht zielführend, da beide Definitionen Ausdruck einer Formalisierung von Beziehungen darstellen. Eine Drehung (im abbildungsgeometrischen Sinne) ist eine Abbildung der Ebene auf sich, wobei jedem Strahl (als Teilmenge der Ebene), der seinen Anfangspunkt im Drehzentrum besitzt, wiederum ein Strahl durch das Drehzentrum zugeordnet wird. (Teil-)Urbild und Bild bilden damit ein geordnetes Paar, welches wiederum als Beziehung zwischen den zwei Strahlen aufgefaßt werden kann.

Die mißverständliche Auffassung der Drehung (als Abbildung) als etwas Dynamisches liegt wohl darin, daß unsere umgangssprachliche Verwendung des Wortes "Drehung" einen Bewegungsvorgang zum Ursprung hat. Diese kinematische Auffassung von Drehung ist aber etwas anderes als die Sichtweise der Drehung als eine geometrische Abbildung der Ebene auf sich.

Wenn in der didaktischen Literatur vom Drehungsaspekt des Winkels die Rede ist, dann meist mit dem Hinweis, daß der Winkel (als Figur) durch eine Drehung eines Strahles erzeugt gedacht werden kann. Im Vordergrund steht aber nicht das Herstellen der Beziehung durch die Drehung, sondern das Endprodukt, nämlich die Figur.

Insgesamt lassen sich die angeführten Beispiele so interpretieren, daß dem relationalen Aspekt des Winkelbegriffes zuwenig Bedeutung geschenkt wird. Erst durch das Aufdecken und Bewußtmachen von Beziehungen kann der Sprung von einem rein empirischen zu einem theoretischen Begriff (DÖRFLER 1984b) geschafft werden. Im Unterricht zählt z.b. nicht, ob die Winkelmessung in der Hintergrundtheorie über Winkelmaßaxiome oder die Konstruktion von Größenbereichen eingeführt wird, sondern ob die Schüler das Wesen der Meß-Handlungen verstehen können. In den Schulbüchern wird zwar erklärt, wie man mit dem Geodreieck Winkel mißt, es wird jedoch nicht herausgearbeitet, warum man damit Winkel messen kann. Aber gerade darin liegt die Idee des Winkelmessens verborgen und mit ihr jene Handlungen, die notwendig sind, um das Beziehungssystem "Winkelmesser" herzustellen. Daraus ist auch ersichtlich, daß Beziehungen und Handlungen eng miteinander verflochten sind (vgl. DÖRFLER 1984a) - ein Umstand, dem in der didaktischen Diskussion bisher reichlich wenig Beachtung geschenkt wurde.

Möglicherweise hängt dies damit zusammen, daß der Begriff "operativ" etwas einseitig gesehen wird, vor allem wenn Bezüge zu PIAGET hergestellt werden. Einerseits werden seine Werke oft als Proargument für die Abbildungsgeometrie verwendet (z.b. *"Verwandschaft zwischen den Strukturen der psychischen, operativen Prozesse und der mathematischen Abbildungen"*, PALZKILL/SCHWIRTZ 1971, S. 47), obwohl die Vermutung eines solchen Zusammenhanges schon allein deshalb kritisch betrachtet werden muß, weil PIAGET gerade das Erlanger Programm als Vorbild für seine psychologische Theorie der Entwicklung des Raumbegriffes beim Kinde nimmt. Andererseits wird auf die operative Bedeutung der Drehung bei der Entstehung der Winkelfigur hingewiesen, obwohl in der Beschreibung der individuellen Genese des Winkelbegriffes bei PIAGET (vgl. Kapitel 5) der Bezug zur Drehung gänzlich fehlt.

Etwas klärungsbedürftig gestaltet sich auch die Aussage von BENDER/SCHREIBER (1985), daß der Winkelbegriff einer operativen Begriffsbildung (im Sinne des "Prinzips der operativen Begriffsbildung", vgl. 7.2) wenig zugänglich sei, worauf in 7.4 näher eingegangen wird.

Interessant ist in diesem Zusammenhang auch die Tatsache, daß die Bedeutung des Winkels im Rahmen von LOGO noch wenig Eingang in die didaktische Diskussion um den Winkelbegriff gefunden hat (vgl. 7.3).

Überraschend ist weiters, daß zur Analyse des Winkelbegriffes wenig auf empirische Untersuchungen zurückgegriffen wird. Gerade STREHL (1983), der ansatzweise in diese Richtung geht, sieht die Versuche PIAGET's, die sich auf den Winkelbegriff beziehen, als nicht das Wesen des Winkelbegriffes betreffende Untersuchungen. Man kann jedoch der Auffasung sein, daß das Problem der Koordinierung mehrerer Messungen zur Erfassung von Lagebeziehungen in der Ebene sehr wohl das Phänomen des Winkels (als ein In-Beziehung-Setzen verschiedener Richtungen) betrifft.

Ein anderes Mißverständnis ergibt sich im Rahmen der empirischen Untersuchung des Verständnisses von 11 bis 12jährigen Kindern von Winkel durch die englische Didaktikerin CLOSE (1982, vgl. 1.4): Sie qualifiziert durchaus vernünftige und kreative Antworten von Kindern als falsch ab, weil sie unbewußt deren Vorstellung von Winkel mit jener Definition vergleicht, die sie als Leitvorstellung von Winkel der Untersuchung zugrunde legt.

Wenig Bezug wird in der didaktischen Diskussion auch auf die historische Genese des Winkelbegriffes genommen, zusehr scheint der Blick auf moderne - den "letzten Stand" wiedergebende - mathematische Errungenschaften (axiomatischer Aufbau) fixiert zu sein.

Überhaupt sind Betrachtungen, die fernab eines innermathematischen Kalküles angestellt werden, äußerst selten. Eine Ausnahme bildet FREUDENTHAL (tw. 1973, vor allem 1983), der einige interessante phänomenologische Aspekte des Winkelbegriffes beleuchtet. Allerdings sind auch hier - wie in vielen anderen didaktischen Arbeiten - keine Schritte in Richtung einer systematischen Umsetzung der Ideen in konkrete Unterrichtssequenzen angedeutet.

STREHL (1983) führt einige Bemerkungen zur umgangssprachlichen Bedeutung und zur Etymologie des Wortes "Winkel" an (althochdeutsch "winchan" = sich seitwärts bewegen, schwanken; sprachliche Wurzel "ueng" = gebogen sein; der Name "Winkler" mit der Bezeichnung für einen Kaufmann, der seinen Laden an der Ecke hat) und verweist auch auf Bezüge zum Litauischen (Winkel im Zusammenhang mit "Umwege machen") und zum Norwegischen ("vinke" = Winde, Kurbel).

Insgesamt ergibt sich ein Bild, das eine umfangreichere didaktische Analyse des Winkelbegriffes als sinnvoll und notwendig erscheinen läßt. Der Abschnitt II der vorliegenden Arbeit wird aus diesen Gründen der Betrachtung verschiedenster Aspekte des Winkelbegriffes gewidmet sein.

3.2 "TRENNUNGS- UND REDUKTIONSHALTUNGEN" IN DER GEOMETRIEDIDAKTIK

Im folgenden werden die vier angedeuteten Trennungs- und Reduktionshaltungen, nämlich Trennung Lernender-Fach, Umweltbezug als (listiges) Schmackhaftmachen von Theorie, Orientierung an einem bestimmten axiomatischen Aufbau und Trennung propädeutischer Unterricht-systematischer Unterricht einzeln diskutiert.

Die gewählte Reihenfolge entspricht keinem hierarchischen Verlauf und keiner in der didaktischen Diskussion festzustellenden Entscheidungsstruktur, wenngleich eine gewisse (geheime) "Logik des Trennens bzw. Reduzierens" nicht völlig auszuschließen ist. Stark überzeichnet könnte eine solche so aussehen: Man stellt den "Stoff" in den Vordergrund, "reinigt" diesen vom "Alltagsgewäsch", präsentiert ihn dann ("so wie es sich für einen guten Mathematiker gehört") mit "global-systematischem Hintergrund", aber nicht ohne die "Sache" vorher in "propädeutischer Form" schmackhaft zu machen. Vor allem was den Nachvollzug von axiomatischen Hintergrundtheorien im Unterricht betrifft, dürften mehrere der genannten Haltungen zum Tragen kommen.

Natürlich betreffen die angesprochenen Kritikpunkte keineswegs die gesamte didaktische Diskussion. Vor allem in letzter Zeit gibt es vermehrt Entwicklungslinien in der (Mathematik-) Didaktik, die solchen Trennungs- und Reduktionshaltungen entgegensteuern.

3.2.1 Trennung Lernender-Fach

Tendenzen, die in diese Richtung gehen, seien anhand zweier Literaturstellen belegt.

In seinem Werk "Geometrieunterricht" entwickelt Gerhard BECKER (1980, S. 124) zwei Kriterien zur Differenzierung von Lehrgängen für den Geometrieunterricht:

Unterscheidung 1: Lehrgänge, die primär auf Inhalte zentriert sind ("gegenstandszentriert") und Lehrgänge, die primär auf den Lernenden zentriert sind ("subjektzentriert").

Unterscheidung 2: Lehrgänge, bei denen ein vorgestelltes oder erstrebtes Ziel am Anfang der Überlegungen steht ("analysierend-zergliedernd") und Lehrgänge, bei denen vom Vorhandenen ausgegangen wird ("synthetisierend-aufbauend").

Es entsteht schließlich folgende Lehrgangsformen-Übersichtstabelle:

	analysierend-zergliedernd	*synthetisierend-aufbauend*
gegenstandszentriert	*fachsystematisch-orientierter Lehrgang*	*problemorientierter Lehrgang*
subjektzentriert	*qualifikations-orientierter Lehrgang*	*entwicklungspsychologisch orientierter Lehrgang*

Das zweite Differenzierungskriterium ist wohl besonders hinterfragungswürdig, da es wohl keinen guten Geometrieunterricht geben kann, bei welchem kein angestrebtes Ziel am Anfang der Überlegungen steht und bei welchem nicht von Vorhandenem ausgegangen wird.

Das erste Differenzierungskriterium scheint zunächst klarer, aber gerade deshalb umso "gefährlicher" zu sein. Daß jeder Lehrgang mit bestimmten Zielvorstellungen verknüpft sein soll, ist wohl selbstredend. BECKER (1980, S. 133) führt aber als darüber hinaus gehendes Merkmal qualifikationsorientierter Lehrgänge an, daß *"in erkennbarer Weise das Aufbauprinzip des Lehrganges durch Fähigkeiten, Fertigkeiten, Einstellungen oder allgemein ein System von Qualifikationen bestimmt ist, die über 'Wissen' und 'Verstehen' hinausgehen".*
BECKER hält fest, daß solche Konzepte über programmatische Entwürfe nicht wesentlich hinausgekommen seien, u.a. weil ihre Realisierung sich als außerordentlich schwierig erwiesen hat.
Wie sollte ein solcher Lehrgang überhaupt aussehen? Am Anfang stünden festgelegte Qualifikationen (z.B. im Sinne der "Bewältigung von Lebenssituationen" bei Saul ROBINSOHN), Verhaltensziele und allgemeine Lernziele. Zu diesen müßten passende mathematische Theorien gefunden werden. Etwa ein Kapitel "kritisches Denken" mit Überschlagsrechnungen, der Exponentialfunktion und dem Testen von Hypothesen, oder "Selbständigkeit" mit dem Umformen komplizierter Bruchtermgleichungen, dem Basteln eines Würfels und der Methode der partiellen Integration?
Dabei geht man wohl von der Fiktion aus, daß man jedem Lernziel sehr einfach ganz bestimmte Inhalte (die durchaus nicht nur mathematischer Natur sein müssen) zuordnen kann.

Selbst wenn dies gelänge, bestünde noch das Problem der Anordnung und Vernetzung solcher Inhalte, vor allem in der Mathematik, welcher ein nicht unbeträchtlich "aufbauender" Charakter innewohnt. (Natürlich ist es möglich, den Fächerkanon überhaupt - und damit auch Teilgebiete von Fächern wie die Geometrie - in Frage zu stellen. Diese Diskussion kann jedoch hier nicht geführt werden.)

Der Terminus "subjektzentriert" (als Gegenpol zu "gegenstandszentriert") verleitet zur Annahme, daß man einen Lehrgang zu einem Fach vom Individuum her vorbestimmen könnte, Qualifikationen und Ziele würden dazu eine Mittlerrolle einnehmen. Jeder Lehrgang, der den Anspruch erheben will, fachliche Ziele zu verfolgen, wird nicht umhin können, in irgendeiner Form fachsystematische Überlegungen einzubeziehen. Das schließt Ordnungsprinzipien wie das "Lokale Ordnen" oder die "Themenkreismethode" natürlich mit ein. Der springende Punkt dabei ist, ob die zugrundegelegte Systematik im Nachvollziehen einer "präfabrizierten Axiomatik" (FREUDENTHAL 1963), also einem Abbilden einer globalen Ordnung eines Faches auf den Schulunterricht besteht, oder nicht.
Es geht darum, daß der Schüler die Chance besitzt, die Systematik als sinnvoll erkennen zu können, sinnvoll nicht nur im Hinblick auf innermathematische Zusammenhänge!

In seinem Beitrag "Zur Diskussion um die Abbildungsgeometrie" geht es Horst STRUVE (1984) um eine Widerlegung der von Peter BENDER (1982) im Beitrag "Abbildungsgeometrie in der didaktischen Diskussion" gemachten Aussagen.
Die Argumentationslinie von STRUVE verläuft so:

- Die Abbildungsgeometrie ist keine (didaktische) Hintergrundtheorie, sondern ein didaktisches Programm, eine Konzeption für den Geometrieunterricht. (Auf diese Ausage wird in 3.2.3 Bezug genommen.)
- *"Bei der Beurteilung solch einer Konzeption sollte man zwischen Aussagen unterscheiden, die sich auf den Gegenstand, die 'Sache', und solchen, die sich auf den Lernenden, den Schüler beziehen."* (STRUVE 1984, S. 69)
- Die Hintergrundtheorie bestimmt den zu vermittelnden Gegenstandsbereich, für den Lern- und Vermittlungsprozeß sind die psychologischen Theorien-sie bestimmen die Unterrichtsführung - von Bedeutung.
- Es ist keine globale Aussage über "die Abbildungsgeometrie" als didaktische Konzeption möglich. (Anm. d. Verf.: Damit aber auch keine befürwortende Aussage, aber gerade solche haben zu deren Durchbruch verholfen.)

- BENDER's Aussage - *"Abbildungsgeometrie auch auf gymnasialem Niveau kann nicht Zielgeometrie in der Sekundarstufe I sein"* ist sachlich nicht zu begründen.

Ein großer Teil des Beitrages von STRUVE bezieht sich dabei auf "Probleme des Lern- und Vermittlungsprozesses". Er hebt die Bedeutung kognitiver Fähigkeiten und Fertigkeiten hervor (die auch BENDER an keiner Stelle bestreitet), skizziert die sogenannte "frame-system-theory" von MINSKY, in der eine Präzisierung des Begriffes der Raumanschauung versucht wird. Weil sich diese als sehr komplex herausstellt, vermutet STRUVE, daß sie bei anderen kognitiven Fähigkeiten nicht weniger komplex verlaufen würde.

Da BENDER solche allgemeine Theorien über Lernprozesse (Vermittlungsprozesse, Begriffsbildungsprozesse) in seiner Argumentation nicht verwendet hat, ist seine Beurteilung aus der Sicht von STRUVE als *"zu wenig problembewußt und damit dem Gegenstand unangemessen"* zu betrachten.

Ich kann dieser Argumentation nicht folgen. STRUVE unterliegt (ähnlich wie BECKER) m.E. der Fehlvorstellung, daß eine strikte Trennung in Fragen der "Sache" und jenen des "lernenden Individuums" erfolgen kann. Vor allem ist nicht zu erwarten, daß ein Exkurs über Lernprozesse die didaktische Diskussion über die Sinnhaftigkeit der Abbildungsgeometrie für den Unterricht entscheiden kann (was aber in keiner Weise die Bedeutung von Untersuchungen bzw. Theoriebildungen zu Lernprozessen in Frage stellt). Die Sinndimension ist jedoch gerade in der Beziehung des Lernenden zum Fach zu diskutieren. Das hat BENDER aus meiner Sicht auch in ernsthafter Weise versucht.

Die Tendenz, Trennungslinien zwischen dem Lernenden und dem Fach zu ziehen, läßt sich unter anderem auch bei Untersuchungen über Vorstellungen von Kindern orten, wo oft von sogenannten "falschen" Vorstellungen von Schülern oder von "Schülerfehlern" die Rede ist (vgl. 1.4).

Bei schriftlichen Befragungen oder mündlichen Interviews besteht immer die Gefahr, die Antworten der Schüler an einer bestimmten Denkstruktur (Definition, Theorie, u.ä.) zu messen. So kann es passieren, daß Schülern, die sich durchaus etwas Vernünftiges vorstellen, ein Fehler zugeschrieben wird.

Ein typisches Beispiel:

Der Lehrer zeichnet nebenstehende Figur (Abb.) an die Tafel und erklärt, daß es sich um einen rechten Winkel handle. Danach wird "überprüft", ob die Schüler den Begriff verstanden hätten: Der Lehrer zeichnet eine weitere Figur (Abb.) an die Tafel und fragt, um welchen Winkel es sich handle. Mögliche Antwort: "Ein linker Winkel". Natürlich ist diese Antwort vernünftig und zudem kreativ. Die Tatsache, daß sie nicht in das übliche Schema paßt, kann nicht als Fehler des Schülers interpretiert werden.

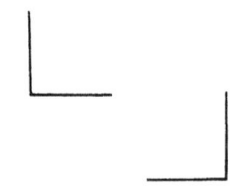

Die Gefahr, die sich an diesem Beispiel offenbart, liegt im Versuch, das Denken und Tun des Lernenden an dem zu messen, was im Fach als "üblicher" (als "kürzester", "elegantester", "ästhetischster", "zur vorgegebenen Struktur passendster" u.ä.) Weg beschritten werden würde. Im weitesten Sinne könnte man von der Forderung sprechen, die Gedanken der Schüler mehr ernst und die Ergebnisse fertiger Mathematik weniger ernst zu nehmen.

Die Polarität Gegenstandszentrierung - Subjektzentrierung gibt keine adäquate didaktische Diskussionslinie wieder, Gegenstand und Lernender sind unter einem dualistischen (komplementären) Aspekt zu sehen. Erst die Vernetzung schafft Raum für Fragen, welche den Sinn, die Qualifikationen oder die Ziele betreffen.

Im Geometrieunterricht geht es nicht allein um die Geometrie und nicht allein um den Schüler, sondern um eine konstruktive Auseinandersetzung des Schülers mit Themenstellungen, die man mit geometrischen Mitteln beschreiben und vielleicht auch lösen kann. Von besonderer Bedeutung ist dabei auch, daß im Unterricht diese Auseinandersetzung immer wieder zum Thema gemacht wird.

Es geht also um "Schüler und Geometrie". Dieses Bild scheint recht gut zum Titel eines Buches zu passen, welches Roland FISCHER und Günther MALLE als eine "Einführung in didaktisches Denken und Handeln" geschrieben haben: "Mensch und Mathematik" (1985).
Auch hier wird das Verhältnis Mensch-Mathematik in den Vordergrund gestellt, mit besonderer Betonung einer aktiven und reflektierenden Weiterentwicklung dieser Beziehung:

"Wir sind allerdings der Auffassung, daß es im Mathematikunterricht nicht (nur) um Mathematik im engeren Sinn gehen sollte, also um Begriffe, Verfahren, Sätze, Beweise etc. Wir meinen, daß im Zentrum eines jeden Unterrichts das Verhältnis von Mensch und Wissen stehen sollte, aktualisiert durch das Verhältnis des jeweiligen Lernenden zum Wissen. Man kann sagen, daß Unterricht immer so gemeint war und auch immer so gelaufen ist - man kann ja nichts lernen, ohne gleichzeitig über das Verhältnis zu diesem Wissen zu lernen, mehr oder minder bewußt. Wir meinen aber, daß heute besondere Veranlassung besteht, im Unterricht außer Wissensaneignung zu betreiben auch das Verhältnis zum Wissen bewußt zu entwickeln." (FISCHER/MALLE 1985, S. 7)

Von dieser Position aus ist es auch nicht mehr weit, eine "neue Definition" von Didaktik in die Diskussion einzubringen:
"Didaktik der Mathematik ist für uns die Beschäftigung mit dem Verhältnis zwischen der Mathematik einerseits und dem Menschen, der Gesellschaft andererseits. Sie umfaßt alle Fragen der Kommunikation über die Mathematik und in der Mathematik." (FISCHER/MALLE 1985, S. 8)

Wenn man - wie in dieser Arbeit versucht wird - eine solche Sicht von Didaktik anstrebt, so ist die Trennung Lernender-Fach nicht aufrecht zu erhalten, weil es gerade um das Verhältnis der beiden zueinander geht.

3.2.2 Umweltbezug als (listiges) Schmackhaftmachen von Theorie

Die Analyse von Schulbüchern (vgl. Kapitel 2) zeigt, daß Aufgaben mit Umweltbezug i.a. in sehr geringer Anzahl angeboten werden und hauptsächlich an zwei markanten Stellen auftreten: Am Anfang und am Ende, gewissermaßen als "Vorspiel" und "Nachspiel" zur eigentlichen Sache, dem theoretischen "Stoff" (meist komprimiert dargestellt in farbigen Kästen). Es wird also der Motivationsgehalt von Umweltbezügen dazu benützt, um Theorie schmackhaft zu machen bzw. diese im Nachhinein einzuüben.
Die wenigen Aufgaben mit Umweltbezug werden der "mathematischen Stoff-entwicklung" auf den Leib geschnitten, sie haben nicht den Charakter von echten Ausgangspunkten für theoretische Fragestellungen. Umweltbezug wird als nachgeordnetes Feld geometrischer Tätigkeiten gesehen, das vom Feld der reinen Theoriebildung fein säuberlich getrennt werden muß.

Dieses Mißverhältnis von Theoriebildung und Umweltbezug kann zu zahlreichen Fehlvorstellungen und Mißverständnissen in den Köpfen der Schüler führen, wie in Kapitel 6 noch näher ausgeführt werden wird.

Es besteht eine deutliche Kluft zwischen dem, was in den Schulbüchern an konkreten Vorschlägen vorliegt, und dem, was in der didaktischen Diskussion auf allgemeinerer Ebene diskutiert wird. Es ist bezeichnend, daß ein eigenes MU-Heft mit dem Titel "Umwelterschließung im Geometrieunterricht" (MU 24/5, 1978) geschrieben wurde.

In der Einführung zu diesem Heft werden von Heinrich WINTER ausreichend viele Begründungen für einen Umweltbezug angeführt:

- *Die Erfahrungswirklichkeit regt geometrische Fragestellungen an.*
- *Der Wirklichkeitsbezug spricht die Intuition des Schülers stärker an als ein 'sich selbst genügender Geometrieunterricht'. Die Intuition ist notwendig für einen Geometrieunterricht, der Interesse wecken, Kreativität hervorrufen, auf Allgemeinbildung abzielen, Sinnzusammenhänge stiften und Erkenntnisse dauerhaft sichern soll.*
- *Der Schüler kann die praktische Nutzbarkeit der Geometrie erfahren. Das trägt auch zur allgemeinen Berufsqualifikation bei.*
- *Die Einbeziehung der Realität zwingt zur Reaktivierung und Neuordnung vorhandenen Wissens, welches somit an Beweglichkeit und Verfügbarkeit gewinnt.*
- *Der Wirklichkeitsbezug sichert eine stärkere Konzentration auf gehaltvolle Inhalte.*

Etwa im selben Zeitraum wurde von verschiedenen Autoren (vgl. HOLLAND 1979, 1982 bzw. VOLLRATH 1981) zur Diskussion gestellt, verschiedene Aspekte der Geometrie zu beachten, etwa (HOLLAND 1982):

- Geometrie als Lehre vom Anschauungsraum
- Geometrie als axiomatisierbare Theorie
- Geometrie als Vorrat mathematischer Strukturen
- Geometrie als Übungsfeld für Problemlösen

Was in der didaktischen Diskussion meines Erachtens fehlt, ist eine Umsetzung (Konkretisierung) solcher Vorstellungen in unterrichtsnahe Sequenzen.

Anhand zweier Vorschläge aus der didaktischen Diskussion um den Geometrieunterricht, die in Richtung eines integrativen Verständnisses von Theoriebildung und Umweltbezug gehen, sei die grundlegende Problematik einer solchen Integration aufgezeigt.

Peter BENDER und Alfred SCHREIBER formulieren in MU 24/5 (1978) das "Prinzip der operativen Begriffsbildung" (vgl. 7.2). Dieses soll dem allgemeinen Lernziel entsprechen, daß der Geometrieunterricht den Schüler befähigen soll, *"den wirklichen Raum zu strukturieren und die Nutzbarkeit dieser Struktur zu erforschen"*. Es ist als durchgängiges didaktisches Programm von der Primarstufe (Situationen, Phänomene) über die Sekundarstufe I (Begriffe, Anwendungen) bis zur Sekundarstufe II (Beweise, Rechtfertigungen) gedacht.

Ich teile nicht die Befürchtungen von Lothar PROFKE (1983), der die Realisierung des "Prinzips der operativen Begriffsbildung" deshalb i.a. nicht als leicht ansieht, weil manche Beispiele (für Zweck- und Funktionsanalysen) komplex sind, gründliche Sachkenntnisse erforderlich sind und die Einordnung in die derzeitigen Lehrpläne schwierig erscheint.

Meine Befürchtungen gehen eher in die Richtung, daß kein Konzept so weit tragen kann, daß sich der gesamte Geometrieunterricht adäquat daran orientieren läßt. Vor allem sollten so wichtige Aspekte, wie die des Anwendens und des Beweisens auf allen Schulstufen anzutreffen sein (und nicht schwerpunktmäßig beschränkt auf Sekundarstufe I bzw. Sekundarstufe II). Zudem ist offensichtlich, daß nicht alle geometrischen Begriffe und Sätze im Rahmen einer operativen Genese entsprechend entwickelbar sind, was BENDER/SCHREIBER (1985) vor allem auch bezüglich des Winkelbegriffes betonen.

Das "Prinzip der operativen Begriffsbildung" liefert eine neue Dimension von Geometrieunterricht, der es noch mehr Beachtung zu schenken gilt. Dennoch muß klar sein, daß dieses Prinzip nicht für alle Aspekte der Geometrie stehen kann. Bedenklich erschiene mir in diesem Zusammenhang das Ansinnen, für den Unterricht ein (operativ deutbares) Axiomensystem (z.B. jenes von Hugo DINGLER) als Hintergrundtheorie zurechtzulegen. Ich hielte dies für eine oberflächliche Vermischung verschiedener Aspekte der Geometrie, u.a. was den Punkt betrifft, berechtigte operative Anliegen durch das Erstellen eines Axiomensystems argumentativ zu stützen bzw. gar zu legitimieren. Was hier dahintersteckt, ist das stillschweigende Anerkennen der Vorherrschaft axiomatischen Vorgehens im Unterricht und die Unterordnung bzw. Anpassung anderer Anliegen an das Erstere.

Das Verständnis einer operativen Genese der Geometrie prägt eine bedeutende Sichtweise von Geometrieunterricht und hat es nicht nötig, mit einer axiomatischen Fundierung etikettiert zu werden.

Besonders fragwürdig erscheint mir der Versuch, Umwelterschließung in ein mathematisches Korsett integrieren zu wollen. Eine Tendenz in diese Richtung ist meines Erachtens beim Versuch von Reinhard STREHL (1983, vgl. 1.3) zu sehen, der bei der Behandlung des Winkelbegriffes im Unterricht folgende Vorgangsweise vorschlägt: Es soll von sogenannten "anschaulichen Grundvorstellungen" des Winkelbegriffes ausgegangen werden, um diese schrittweise so zu mathematisieren, daß ein komplexer Winkelbegriff entsteht, der sich auch bruchlos in den üblichen Aufbau der ebenen Geometrie (genauer: in bezug auf die Wahl einer entsprechenden mathematischen Hintergrundtheorie) einfügen läßt.

STREHL stellt selbst fest, daß wir immer wieder Gefahr laufen, von vorgegebenen mathematischen Theorien auszugehen und den Schüler zu Begriffsbildungen zu nötigen, die mit seinen anschaulichen Vorstellungen nicht in Einklang zu bringen sind. Dem kann man uneingeschränkt zustimmen. Kritischer stehe ich den Konsequenzen gegenüber, die nach STREHL dann bedeutend werden, wenn dieser Einklang nicht gegeben ist.

Er schlägt nämlich vor, die Konsequenzen vor allem auch in bezug auf die Wahl der mathematischen Hintergrundtheorie zu sehen. Mit anderen Worten: Im Vordergrund steht der Nachvollzug einer Hintergrundtheorie; und es ist Aufgabe der Didaktik, eine solche derart zu finden, daß sie auch zu den anschaulichen Vorstellungen der Schüler paßt. Dabei wird von der Voraussetzung ausgegangen, daß sich Aspekte des Strukturbildens und Axiomatisierens mit jenen des Konstruierens von Umwelt und des Anwendens kongenial und glatt verbinden lassen.

Daß diese Annahme äußerst hinterfragenswert ist, sieht man z.B. beim Winkelbegriff sehr eindrucksvoll: Während in theoretischen Belangen das Winkelmaß eine marginale Rolle einnimmt (vgl. Kapitel 4, vor allem 4.6), ist im Bereich der Anwendungen gerade das Messen von zentraler Bedeutung.

So läßt sich auch historisch belegen, daß die BABYLONIER bereits Winkel gemessen haben, ohne eine explizite mathematische Definition zu verwenden. Erst bei den GRIECHEN (vgl. 4.1 und 4.2) stellte sich im Zuge von Beweisansätzen die Frage nach einer expliziten Definition. Dem Messen bzw. dem Definieren und Beweisen liegen andere Entstehungs- und Interessenszusammenhänge zugrunde. Es geht eben um verschiedene Sichtweisen, verschiedene Aspekte von Geometrie.

Dabei kann aber das Messen nicht nur als "Vorspiel" bzw. "Nachspiel" der Behandlung des Winkelbegriffes gesehen werden, sondern als wesentlicher Bestandteil der Begriffsbildung.

Es geht dann nicht darum, Axiome des Winkelmessens aufzustellen, sondern Meßvorgänge in praxisrelevanten Situationen zu beschreiben und zu untersuchen. Auch eine Frage, wie etwa "Wie bastelt man einen eigenen Winkelmesser?", kann einen Ausgangspunkt für theoretische Überlegungen darstellen.

In seinem Werk "Elementargeometrie und Wirklichkeit" (1987) wählt Erich Wittmann als tragende Fundamente seiner "inhaltlich-anschaulichen" Einführung in die Elementargeometrie sinnvolle Kontexte und Sachzusammenhänge, sodaß auf einen axiomatischen Rahmen verzichtet werden kann. Er versucht insofern "gemischt" vorzugehen, als er eine Übersetzung von realen Beziehungen in mathematische Sprache (und umgekehrt) anstrebt. Die Problematik dieses Vorgehens liegt meiner Meinung nach nicht primär darin, zu weit oder zu wenig weit zu gehen (WITTMANN S. VII), sondern darin, dem Schüler eine Art Isomorphie von Wirklichkeit und Geometrie (Mathematik) zu vermitteln, die es in dieser Form nicht gibt. Natürlich gibt es Fragestellungen, in denen zwischen den beiden Bereichen sinnvolle Beziehungen auftreten (WITTMANN zeigt etliche solcher Themenbereiche auf), aber es gibt auch Fragestellungen, die genuin theoretisch-axiomatisch bzw. genuin praktisch-umweltbezogen sind.

Es scheint geboten zu sein, im Unterricht eine komplexere Sicht von Trennung und Verbindung von Umweltbezug und Theoriebildung zu vermitteln. Wie eine solche Vernetzung von "Umwelt" und "Theoriewelt" vorstellbar ist, soll in Kapitel 8 skizziert und in Kapitel 9 realisiert werden.

3.2.3 Orientierung an einem bestimmten axiomatischen Aufbau

Die didaktische Diskussion um den Geometrieunterricht in der Sekundarstufe I ist geprägt durch die Frage, ob man eher den "abbildungsgeometrischen Weg" oder eher den "klassisch-euklidischen Weg" beschreiten soll.

Vereinfacht dargestellt prägen drei Positionen die Diskussion:

- Der "klassisch-euklidische Weg" ist überholt, dem "abbildungsgeometrischen Weg" ist der Vorzug zu geben. Hauptargumente: Globale Ordnung (Struktur), operatives Vorgehen (Bewegungen).

- Beide Wege haben ihre Vorteile (wobei als Parameter für die Einschätzung zumeist die Einfachheit von Beweisen herangezogen wird), es werden Mischvarianten (Kompromisse) herangezogen.
- Der "abbildungsgeometrische Weg" ist für die Sekundarstufe I nicht zielführend, ein operativ-genetisches Vorgehen wäre vorzuziehen (mit Bezug auf ein operativ deutbares Axiomensystem, vgl. 3.2.2, 7.2).

Ganz selten wird hinterfragt, ob es überhaupt zielführend ist, Axiomensysteme als Gliederungskriterien für den Aufbau des Unterrichts in der Sekundarstufe I zu wählen. Es wird anscheinend teilweise als selbstverständlich erachtet, daß der Geometrieunterricht ein durchgehendes Rückgrat im Hintergrund besitzen soll- gewissermaßen als Abbild der auch sonst hierarchisch aufgefaßten Strukturierung der Mathematik: Der Begriff der Hintergrundtheorie schiebt sich in den Vordergrund.

Gerhard HOLLAND (1974) versteht unter einer Hintergrundtheorie für den Geometrieunterricht der Sekundarstufe I eine lückenlose axiomatische Darstellung der euklidischen Geometrie der Ebene, die unter didaktischen Gesichtspunkten konzipiert ist.

Gerhard BECKER (1977) beschreibt Hintergrundtheorie als *"die mathematisch vollständige und hinsichtlich der Strenge und Präzision homogene Darstellung eines inhaltlichen Bereiches".*

Es geht also primär um die axiomatische Darstellung einer mathematischen Theorie, wobei *"Lückenlosigkeit", "mathematischer Vollständigkeit"* sowie *"Strenge und Präzision"* eine große Bedeutung zukommt.
Es entstanden zahlreiche "didaktisch orientierte Axiomensysteme", wie etwa jene von KIRSCH (1972), HOLLAND (1974) und BIGALKE/HASEMANN (1978).

Arnold KIRSCH (1972) sieht sein "didaktisch orientiertes Axiomensystem der Elementargeometrie" als Gegenposition zur Meinung von DIEUDONNE, der jegliches geometrisches Tun im Unterricht, welches vor dem Vektorraum liegt, als "Empirie" - und damit als nicht zur Mathematik gehörend - bezeichnet und es dem Lehrer überläßt, wie er sich hier (ohne nötiges fachliches Hintergrundwissen) "durch- wurstelt".
KIRSCH greift diese Provokation auf und verfolgt mit seinem Axiomensystem (vgl. 1.1.5) das Ziel, daß sich der Lehrer an diesem Aufbau orientieren kann:

"Er soll das Axiomensystem unter dem Tisch haben, ohne es in allen Einzelheiten mit den Schülern zu behandeln." (S. 139)

Aus diesen Bemerkungen kann man zwei Dinge herauslesen:

- Man macht sich Sorgen um das nötige fachliche Hintergrundwissen der Lehrer. Und dies sicherlich mit dem Hintergrund, daß es im Lehramtsstudium keine verpflichtenden Elementargeometrie-Lehrveranstaltungen (vergleichbar mit Analysis, Lineare Algebra, Statistik) gibt. Eine Möglichkeit, dem entgegen zu wirken, wird darin gesehen, Bücher für Lehrer und Studenten anzubieten (z.b. EWALD 1971 oder HOLLAND 1974), die fachsystematische Darstellungen (mit "didaktischen" Kommentaren) zum Inhalt haben.
- Man hat gewisse Bedenken, die Schüler alle Einzelheiten des axiomatischen Aufbaues mitvollziehen zu lassen. Es werden vorbeugende Maßnahmen, wie etwa "Ersetzung strenger Begründungen durch Plausibilitätsüberlegungen", "Auslassen von Passagen", die "anschaulich selbstverständlich" sind und "Ersetzung strenger Definitionen durch Übernahme umgangssprachlicher oder intuitiver Verwendungsweisen der Begriffe" (vgl. BECKER 1977) gesetzt.

Eine Erweiterung des Verständnisses von "Hintergrundtheorie" nimmt Hans-Joachim VOLLRATH (1979) vor, wenn er vorschlägt, unter einer Hintergrundtheorie (einer Unterrichtssequenz oder eines Lehrganges) den gesamten zugrundeliegenden Gegenstandsbereich mit seinen Begriffen, Aussagen, inneren Zusammenhängen und Methoden und Darstellungsmöglichkeiten (S. 82/83) zu verstehen. VOLLRATH betont, daß es in der Geometrie darum geht, sich nicht <u>auf eine Axiomatik festzulegen</u>, sondern gerade die verschiedenen Möglichkeiten zu betrachten. Dieser Vorschlag bricht einerseits mit dem Ansinnen, dem Geometrieunterricht nur <u>einen</u> axiomatischen Aufbau zugrunde zu legen, behält aber die Einschätzung bei, daß Theoriebildung vor allem im Zusammenhang mit Axiomensystemen zu sehen sei. Der Vorschlag ist insofern äußerst anspruchsvoll, als eine Reflexion über verschiedene axiomatische Aufbauten noch wesentlich schwieriger ist, als ein Nachvollzug eines bestimmten axiomatischen Aufbaues.

Eine weitere Modifizierung des Verständnisses von "Hintergrundtheorie" schlägt Horst STRUVE (1984) vor. Er nimmt dabei auf VOLLRATH Bezug, geht aber insofern über ihn hinaus, als er zur Hintergrundtheorie einer Unterrichtskonzeption auch die Ziele und Vorstellungen zugehörig sieht, die mit der Entwicklung des Gegenstandsbereiches verbunden sind.

113

Völlig unverständlich erscheint mir aber die Feststellung, daß beispielsweise die projektive Geometrie und die Spiegelungsgeometrie als mathematische Theorien und das Erlanger Programm als Ordnungsprinzip Hintergrundtheorien der "Abbildungsgeometrie" seien. Jedenfalls sieht er die Abbildungsgeometrie selbst nicht als Hintergrundtheorie an, sondern als didaktisches Programm, wobei die Begründung in folgenden Zeilen zu stecken scheint:

"Die psychologischen Theorien, die die Unterrichtsführung bestimmen, gehören nicht zur Hintergrundtheorie. Während die letztere den zu vermittelnden Gegenstandsbereich bestimmt, sind die ersteren für den Lern- und Vermittlungsprozeß von Bedeutung."

Dahinter liegt wohl der kritisch zu hinterfragende Anspruch verborgen, daß die Abbildungsgeometrie die Frage des Lern- und Vermittlungsprozesses bereits mitklärt. Wenn das Ziel der Abbildungsgeometrie lautet, den Geometrieunterricht *"auf den Begriff der Abbildung zu gründen"* (STRUVE, S. 70), so ist dies wohl ein didaktisches Programm, aber eben eines, welches Fragen der Anwendung, des Umweltbezuges u.ä. dem Primat innermathematischer Strukturen opfert. Insofern ist die Abbildungs-geometrie etwas, das vor allem auf die Entwicklung eines (inner-) mathematischen Gegenstandsbereiches abzielt. Sie stellt zwar keine abgegrenzte mathematische Theorie dar, wie eben die projektive Geometrie oder die Spiegelungsgeometrie, aber sie steht für bestimmte innermathematische Strukturierungen und kann meines Erachtens bestenfalls als didaktisch orientierte Hintergrundtheorie bezeichnet werden. Auch der Hinweis, eventuell nur "Vorformen" des Abbildungsbegriffes zu behandeln, zeigt die didaktische Denkrichtung: Die "Vorform" wird eben als "Vor"-Form zum "eigentlichen" Begriff gesehen, welcher ständig im "Hintergrund" mitgedacht wird.

Auch in Arbeiten, die sich gar nicht mit der Erstellung von Hintergrundtheorien beschäftigen, wird auf solche bei Begriffsanalysen u.ä. Bezug genommen. In diese Richtung geht das Vorhaben von Rolf STREHL (vgl. 1.3), den Winkelbegriff so zu einer Kette von Definitionen zu verbinden, daß sich dieser bruchlos in eine entsprechende Hintergrundtheorie einfügen läßt.

Im folgenden wird versucht, die Konsequenzen einer Orientierung des (Geometrie-) Unterrichts an axiomatischen Systemen zu diskutieren. Die Argumente sind auf unterschiedlichsten Ebenen angesiedelt:

114

- Mathematik als fertiges Produkt einer globalen Ordnungstätigkeit

Axiomensysteme sind streng hierarchisierte Endprodukte einer mathematischen Tätigkeit, die das Augenmerk auf die ordnende Gesamtschau eines Gebietes legt. Es ist zu bezweifeln, ob Schüler eine Einsicht in solch globale Fragen erfahren können. Ein Verständnis für das Erstellen von Axiomensystemen kann meines Erachtens erst dann auftreten, wenn Schüler selbst in die Situation versetzt werden, Axiome aufzustellen. Dies kann auch in kleineren Bereichen erfolgen, z. B. im Sinne des "lokalen Ordnens" (FREUDENTHAL).

- Mathematik als isolierte Disziplin

Ein Nachvollzug von Axiomensystemen bedeutet ein Strukturieren des - unter vielen Aspekten zu sehenden (vgl. 3.2.2) - Mathematikunterrichts unter einem sehr speziellen Gesichtspunkt. Umweltbezug, Anwendungen, Genese von Theorieentwicklungen, Pluralität von Zugängen, sind Dinge, die letztlich "quer" liegen und bestenfalls dazu mißbraucht werden, um innermathematische Fragestellungen zu motivieren.

- Mathematikunterricht als Prozeß fachlicher Verdünnung

Weil nur ein Bruchteil der Idee des axiomatischen Aufbaues dem Schüler transparent gemacht werden kann, wird stets versucht, "Vereinfachungen" vorzunehmen. Am Beispiel der Mengenlehre ging dies z.B. so weit, daß im wesentlichen nur Vokabel gelernt wurden, während die grundlegende Idee der Mengenlehre für die Köpfe der Kinder wohl im Verborgenen geblieben ist. Es entsteht die Gefahr, verdünnte Mathematik zu produzieren, nur um das "fachliche Gesicht" zu wahren.

- Der Lehrer als Abbildner

Der Lehrer hat die Funktion, axiomatische Strukturen des Faches in möglichst störungsfreier Form in die Köpfe der Schüler abzubilden. Der Lernprozeß gestaltet sich als geschicktes Lenken seitens des Lehrers in Richtung der vorgegebenen Bahnen. Das Bewußtsein, nicht die rechte Motivation für das geben zu können, was die globale Ausrichtung eigentlich bewirken will, läßt oft die Vorgangsweise entstehen, fremdbestimmte Motivationsstrategien (Einbezug von Umwelt) einzusetzen - kurz, ein "listiges Schmackhaftmachen" trockener Theorieabfolgen zu betreiben.

- Der Schüler als Konsument

  Der Schüler hat die Rolle des Nachvollziehenden, d.h. von jemandem, der gar nicht recht erkennen kann, welcher globalen Ordnung er gerade folgt. Er hat eventuell die Chance, einzelne Schritte (vor allem im Nachhinein) als originell und richtig einzusehen, es fehlt aber ein nötiger Vorausblick. Der Schüler hat wenig Möglichkeiten, selbst als Produzent und kleiner Forscher tätig zu sein - es wurde schon alles genial vorgedacht.

- Sozialisation zur Unmündigkeit

  Die hierarchisierte, fertige Darstellung der Mathematik wirkt als unnahbare Autorität, der man als Schüler im Prinzip machtlos gegenüber steht. Die Frage nach dem Sinn (axiomatischer Systeme, mathematischer Begriffsbildungen, Modellbildungen) wird beinahe zwangsläufig unterdrückt. Damit wird auch eine gewisse Unmündigkeit im Umgang mit Wissenschaft (u.a. Nicht-Erkennen von Freiheiten) anerzogen.

Ein wesentlicher Punkt bei der Diskussion um Theoriebildung im Unterricht besteht darin, diese nicht allein als Nachvollzug axiomatischer Theorien zu verstehen, sondern als einen Prozeß, der im Umkreis verschiedenster Aspekte von Geometrie ablaufen kann. Dies darf nicht so interpretiert werden, daß der Unterricht keinen systematischen Hintergrund haben kann/soll , es geht jedoch darum, ein erweitertes Verständnis von "systematisch" zu erlangen.

Systematisch ist nicht nur der Nachvollzug einer bestimmten axiomatischen Theorie, der Nachvollzug einer bestimmten historischen Entwicklung oder der Nachvollzug einer postulierten psychologischen Entwicklung. Systematisch in bezug auf den Unterricht ist in einem weiteren Sinne alles, was eine Vernetzung von zielgerichteten Handlungen des Lernenden zu bestimmten Lern- und Themenbereichen leistet und mit entsprechenden (allgemeinen) Lernzielen umschrieben werden kann. Unterschiedliche Ansätze in diese Richtung zeigen BENDER/SCHREIBER (1985) und WITTMANN (1987).

3.2.4 Trennung propädeutischer Unterricht - systematischer Unterricht (Betrachtungen zum sogenannten "Spiralprinzip")

Für die Klassen 5 und 6 hat es sich eingebürgert, von einem "propädeutischen Geometrieunterricht" (bzw. "einführenden Geometrieunterricht" u.ä.) zu sprechen. Dieser hat z.B. nach SCHWARTZE (1984, S. 86) die Aufgabe, *"auf die systematische Phase des Geometrieunterrichtes vorzubereiten"*. Mit dieser Zielvorgabe werden implizit zwei Entscheidungen getroffen:

1) Die systematische Behandlung der Kongruenzgeometrie - es soll vor allem Abbildungsgeometrie betrieben werden - wird als bedeutendes Ziel angesehen. Hinweise auf andere Aspekte des Geometrieunterrichts (als auf jenen der Geometrie als axiomatisierbare Theorie) fehlen.

2) Weil man nicht gleich mit einer Systematik beginnen kann/will - diese aber dennoch für erstrebenswert ansieht - wird eine propädeutische Phase vorgeschoben, die das Ziel hat, die erst später "richtig" systematisch zu behandelnden geometrischen Begriffe und Einsichten auf einer konkret-anschaulichen Stufe (vor-) zu vermitteln.

Kurz: Der propädeutische Geometrieunterricht hat "Zubringerfunktion" für die systematische Behandlung der Kongruenzgeometrie. Dieses Vorlern-Modell wird oft mit dem sogenannten "Spiralprinzip" in Verbindung gebracht (etwa SCHWARTZE 1984, S. 85), meist mit Verweis auf den amerikanischen Psychologen Jerome S. BRUNER und dessen Werk "Der Prozeß der Erziehung".

Das genaue Studium dieses Werkes (1976, 4. Auflage) zeigt, daß die Idee einer Lernspirale bei BRUNER ganz andere Wurzeln hat, als es die didaktische Formulierung des "Spiralprinzips" bei Erich WITTMANN in seinem Werk "Grundfragen des Mathematikunterrichts" (1978) - mit Verweis auf BRUNER - vermuten läßt.

"The process of education" ist die Zusammenfassung der Ergebnisse einer internationalen Tagung in Woods Hole (USA) im Jahre 1959, die sich mit Themen der Curriculumforschung beschäftigt hat. Das vom Vorsitzenden BRUNER verfaßte Werk wurde 1970 erstmals ins Deutsche übersetzt.

Das Fazit der Forderungen von BRUNER kann etwas vergröbert so formuliert werden: Ziel des Unterrichts ist es, *"den Schülern ein Verständnis der Grundstruktur des jeweiligen Unterrichtsgegenstandes zu vermitteln"* (BRUNER 1976, S. 25). Speziell für den Mathematikunterricht gilt es, daß die Schüler *"den ganzen formalen Apparat"* (S. 26) begreifen lernen. Bereits in der Grundschule sollte man beginnen, sich an dieser Struktur zu orientieren (z.b. Herleiten von "Prinzipien der Topologie" in der vierten Klasse). Für das Verfassen von Curricula müssen die *"besten Köpfe"* herangezogen werden, was die Mathematik betrifft, müssen es Experten sein, welche imstande sind, *"die Grundlagen der Mathematik zu beurteilen und zu verstehen"* (S. 32). Es wird auch die Meinung von Bärbel INHELDER geteilt, wonach man die Struktur eines Unterrichtsgegenstandes besser in *"seiner eigentlich logischen oder axiomatischen Anordnung lehrt statt in der Reihenfolge seiner historischen Entwicklung"* (S. 53). BRUNER stellt die Hypothese auf, daß die der Struktur entsprechenden fundamentalen Ideen auf jeder Altersstufe vermittelt werden können.

Vor dem Hintergrund der Beeinflussung durch PIAGET'sches Gedankengut ist diese Hypothese so interpretierbar: BRUNER übernimmt die Auffassung, daß die "Grundstrukturen" (der BOURBAKI'schen Strukturmathematik) schon sehr früh in der Entwicklung des Kindes ausgebildet werden. Da die Mathematik mittels dieser Grundstrukturen aufgebaut gesehen werden kann, ist auf jeder Altersstufe in bestimmter Weise die jeweilige Struktur als (mehr oder weniger gut entwickeltes) Wissensgut vorhanden.

Dies läßt folgende didaktische Hypothese plausibel erscheinen:
Genauso wie der Psychologe BRUNER die Disziplin Mathematik durch eine sehr einseitige Brille gesehen hat, besteht für die ("von der Mathematik kommenden") Mathematikdidaktiker die Gefahr, seine Vermutungen und Ideen wiederum unter einer sehr einseitigen Brille zu sehen.
Anders formuliert: Gerade weil BRUNER von einer strukturmathematisch-axiomatischen Betrachtung des Mathematikunterrichts ausgeht, darf man sich nicht wundern, wenn seine Aussagen (ebenso wie jene von PIAGET) zur Stützung einer strukturmathematisch-axiomatisch (und damit sicherlich innermathematisch) orientierten Betrachtung des Mathematikunterrichts herangezogen werden können.

Im Geometrieunterricht der Sekundarstufe I wird keine "echte" Strukturmathematik betrieben, weil die wohl berechtigterweise breite Ablehnungsfront gegen eine (propädeutische) Lineare Algebra in dieser Alterstufe zu groß war. Somit war der Weg - für die nicht so radikale Änderungen erfordernde - Abbildungsgeometrie frei und diese hat sich nicht zuletzt aufgrund ihrer "strukturnahen" Begriffe wie z.b. "Abbildung", "Gruppe" u.ä. - so zügig durchgesetzt.

Die von BRUNER ausgesprochenen Ideen waren Wegbegleiter der "New math", die von Amerika aus auch den deutschsprachigen Raum im Rahmen der "Neuen Mathematik" nachhaltig beeinflußte.

Das Überbetonen der Strukturen wurde inzwischen längst als "überholt" erkannt, die "Mengenspielereien" in der Primarstufe haben drastisch vor Augen geführt, daß es sich dabei nicht um die adäquate Behandlung einer (innermathematischen) fundamentalen Idee handelt, sondern bestenfalls um das Umgehen mit Vokabeln (z.B. Menge), deren höherer Sinn von Schülern ohnehin nicht erkannt werden kann.

Es ist ein Verdienst von Erich WITTMANN, die Idee einer Curriculumspirale in einem allgemeineren didaktischen Prinzip ("Spiralprinzip") zu formulieren:
"Es empfiehlt sich nicht, die Erlernung eines Gegenstandes aufzuschieben, bis in einem Zug eine endgültig-abschließende Klärung erfolgen kann. Vielmehr sollte die Behandlung gerade der wesentlichen Punkte bereits auf früheren Stufen in entsprechend einfacher Form eingeleitet werden." (WITTMANN 1987, S. 7)

Was Wittmann unter einer praktischen Verwirklichung des Spiralprinzips versteht, kann der Leser seines Werkes "Grundfragen des Mathematikunterrichts" bei dessen Aufbau selbst mitvollziehen: Ziel ist das Unterrichten auf einer systematischen Basis. Da jedoch ein Einstieg auf dieser Ebene als zu schwierig erachtet wird, beginnt das Werk mit einer einfachen Darstellung der wesentlichen Komponenten des Mathematikunterrichts, die als Grundlage für das Unterrichten auf einer intuitiven Basis dient.

WITTMANN geht daher in zwei Punkten wesentlich über BRUNER hinaus:

- Das Durchlaufen der Spirale wird nicht notwendigerweise als jahrelanger Prozeß (über verschiedene Altersstufen) gesehen. Besonders wenn man den Aufbau seines Werkes betrachtet, so ist das Durchlaufen der Spirale in einem relativ kurzem Abstand sicherlich als günstig anzusehen. Ganz allgemein bietet ein zeitlich näheres Zusammenliegen der Spiralwindungen eine bessere Möglichkeit zur Reflexion.

- Die Grundideen sind - was ebenfalls der Aufbau seines Buches zeigt - nicht auf innermathematische Strukturen beschränkt. Was das Fach Mathematik betrifft, sieht er als Grundideen in erster Linie solche an, *"welche eine ökonomische Beschreibung und Erklärung von Sachverhalten und Zusammenhängen in der Wirklichkeit und auch innerhalb der Mathematik erlauben"*.

Es geht also vor allem um die Frage, welche "Struktur" der Geometrie zugemessen wird. Wenn das Ziel darin besteht, ab dem 7. Schuljahr eine - auf dem Abbildungsbegriff aufbauende - systematische Behandlung der Kongruenzgeometrie vorzunehmen, so wird "Struktur" mit "mathematischer Struktur" gleichgesetzt, wobei vor allem dem Begriff der (geometrischen) Abbildung der Charakter einer fundamentalen Idee zugeschrieben wird. Der Bezug zur Wirklichkeit - und damit ein zentraler Aspekt des Geometrieunterrichts - wird damit hintangestellt: *"Geometrische Abbildungen sind keine adäquaten Beschreibungen realer Bewegungen oder gar Handlungen (etwa: feststellen, ob ein Schrank in ein Zimmer paßt), es fehlt ihnen völlig die immer wieder unterstellte Dynamik ..."* (BENDER/SCHREIBER 1985, S. 203)

Um es noch drastischer zu formulieren: Geometrische Abbildungen sind nicht geeignet, zur geometrischen Strukturierung der Wirklichkeit beizutragen, sie stellen bestenfalls ein geeignetes Werkzeug dar, um eine spezielle mathematische Theorie elegant strukturieren zu helfen. Es ist zudem mehr als fraglich, ob letzterer Aspekt (etwa "globale Ordnung der Geometrie") im Unterricht der Sekundarstufe I in adäquater Form vermittelbar ist.

Selbstverständllich ließe sich das Argument hervorholen, daß nämlich die "systematische Behandlung der Kongruenz- (und Ähnlichkeits-) Geometrie" nur eine untere Spirale der darauffolgenden "universitären Behandlung" der Geometrie sei, die zumindest bis zum Erlanger Programm und etwa zu den Grundlagen der Spiegelungsgeometrie führen sollte.

All dies verschärft jedoch nur die Frage nach der Rechtfertigung dafür, alles an dem zu orientieren, was gerade den jeweiligen Standard der Fachdisziplin ausmacht. Vor allem dann, wenn alles Vorhergehende nur als eine Art Propädeutik gesehen wird, welche letztendlich auf sich immer mehr entfremdende Eigenwelten vorbereiten soll. Wenn schon der Bezug zur Realität geschmäht wird, dann sollte im Unterricht zumindest das vermittelt werden können, was die Idee dieser Eigenwelten ausmacht.

Es ist zu befürchten, daß dem Begriff der Abbildung (der ja auf dem Begriff der Menge aufbaut) ein ähnliches Los beschieden sein dürfte, wie dem Begriff der Menge: Der Sinn der Begriffsbildung wird nicht erkannt, es werden Vokabeln gelernt.

Besonders kraß zeigt sich dies bei der propädeutischen Behandlung der Abbildungs-geometrie, der sogenannten "Abbildungspropädeutik" (SCHWARTZE 1984, S. 93ff.) in den Schulstufen 5 und 6.

Als Vorteile der "Abbildungspropädeutik" führt SCHWARTZE folgende Argumente an:

- Der Symmetriebegriff kann klar erfaßt werden.
(Dieses Erfassen kann auch ohne das Hochstilisieren von Punkt- und Achsen-symmetrie zu Punkt- und Achsenspiegelungen (als geometrische Abbildungen) erreicht werden. Die Einführung dieser beiden Begriffe bringt keine neuen Einsichten, muß daher als eher willkürlich - und in gewisser Hinsicht als entfremdend und sinnlos - aufgefaßt werden.)

- Es werden die Definitionen von Abbildungen in Form von Konstruktionsvorschriften gelernt.
(Die Konstruktionsvorschriften werden als wesentliche Vorstufe zur Definition der Abbildungen betrachtet, da diese Definitionen bei der späteren systematischen Behandlung der Kongruenzgeometrie unentbehrliche Beweishilfsmittel darstellen sollen. Natürlich ist dies den Schülern nicht bewußt, es wäre aber die ehrliche Antwort auf die Frage, wozu sie die Konstruktionsvorschriften lernen. Außerdem ist es mehr als fraglich, ob das, was die Schüler tun - nämlich Figuren spiegeln, verdrehen und verschieben - eine adäquate Ausgangsbasis dafür liefert, den geometrischen Abbildungsbegriff zu erwerben. Die Aussagen von BENDER (1982) gehen eindeutig in die gegenläufige Richtung. Das Bezugnehmen auf das Spiral-prinzip - eine frühzeitige Einführung der Abbildungen über Konstruktionen wird als günstig erachtet - erledigt nicht die Frage nach dem Sinn des Tuns der Schüler.)

- Es werden anwendbare Kenntnisse und Fertigkeiten vermittelt.
(Daß bei der "Abbildungspropädeutik Gelegenheit zum Konstruieren und zur Einübung in den Gebrauch der Zeichengeräte" besteht, steht außer Zweifel. Es ist jedoch zu befürchten, daß sich das oben angesprochene "Anwenden" ausschließlich auf die Tatsache bezieht, daß man sich bei der systematischen Behandlung wieder an die Konstruktionsvorgänge erinnert.)

Diesen als positiv angeführten Argumenten stellt SCHWARTZE selbst noch kritische Argumente gegenüber:

- Eine von ihm im Journal für Mathematikdidaktik 1983 publizierte Untersuchung der in Lehrplänen und Unterrichtswerken angestrebten Ziele läßt erkennen, daß mit der propädeutischen Behandlung der Kongruenzabbildungen teilweise zu hohe Erwartungen verbunden werden. Er stellt fest, daß sich in deren Rahmen vergleichsweise wenig problemhaltige Aufgaben stellen lassen, wobei aber gerade Problembewußtsein als eine Voraussetzung für Lernen durch Einsicht zu sehen ist. Als Beispiel für eine solche problemhaltige Situation sieht SCHWARTZE folgende Aufgabe: Aus der Herstellung einer achsensymmetrischen Figur durch einen Faltvorgang ist die entsprechende Zeichenvorschrift herzuleiten.

   Es ist zuzustimmen, daß es sich um eine problemhaltige Situation handelt, nur ist nicht einzusehen, wieso man das Problem, ein symmetrisches Bild zu erzeugen, letztendlich zum Problem "hochstilisieren" will, eine Abbildung einer Ebene auf sich zu betrachten.

- SCHWARTZE bemerkt richtig, daß dem Schüler der Zweck des "Abbildens" noch nicht einsichtig sein kann. Die Gründe sieht er darin, daß die Eigenschaften der Kongruenzabbildungen auf dieser Stufe noch nicht als Problem erscheinen. Die Lösung liegt für ihn darin, eine verfrühte Thematisierung des abstrakten Abbildungsbegriffes zu vermeiden und *"die Ziele vorwiegend im Erwerb notwendiger Kenntnisse und Fertigkeiten zu sehen, die konstruktiv anzuwenden sind und später auch auf begrifflicher Ebene wirksam werden."* (S. 94)

Das Fazit dieser Betrachtungen ist ernüchternd: Es können nur "niedere" Ziele angestrebt werden, die grundlegenden Ideen können nur unreflektiert und unbewußt erahnt werden, wobei jedoch ein impliziter Transfer erwartet wird:
"... Die Schüler machen unreflektiert von der Geradentreue der Abbildung Gebrauch. (SCHWARTZE 1984, S. 92)
... Die Schüler machen zumindest unbewußt Erfahrungen mit Abbildungen, und es ist denkbar, daß ihnen dies den Zugang zum abstrakten Abbildungsbegriff erleichtert."
(S. 94)

Damit entpuppt sich die "Abbildungspropädeutik" als Vorratslernen auf die systematische Behandlung der Kongruenzabbildungen mit geringen Anteilen an Sinngebungen für die Schüler. Statt eigenständig Probleme lösen zu lernen, wird versucht, das für den Schüler nicht einsichtige (Meta-) Problem zu lösen, gute Startbedingungen für spätere mathematische Tätigkeiten zu erwirken.

Hinzu kommt noch, daß diese Propädeutik auf eine Systematik vorbereitet, die rein innermathematisch und anwendungsfremd ist und es fraglich erscheint, ob auf der nächsten Stufe den Schülern einsichtig gemacht werden kann, wozu Abbildungen betrachtet werden. In diesem Zusammenhang sei nochmals auf die Analyse von BENDER (1982) verwiesen, der der Abbildungsgeometrie die Rolle einer Zielgeometrie für die Sekundarstufe I abspricht.

Das Problem sitzt aber noch tiefer: Es geht gar nicht allein um die Abbildungsgeometrie, sondern allgemein um die Frage, ob es einen Sinn hat, etwas propädeutisch vorzubereiten, das auf einer "niedrigeren" Stufe keine eigenständige Problemstellung für den Schüler bedeutet und zudem auf "höherer" Stufe nur den Gesichtspunkt der Mathematik als axiomatische Theorie zum Ziele hat.

Ich bin mir sicher, daß es eigentlich um das Verständnis von Didaktik geht, um die Befreiung der Schulmathematik vom Primat der Fachmathematik. Die Schulmathematik soll kein "verdünnter" Ableger der Mathematik sein, in der - in methodisch geschickter Weise - den Schülern listig getarnte Theorien schmackhaft gemacht werden sollen. Es sollte wohl darum gehen, Situationen zu schaffen, aus deren Problemgehalt heraus einsichtig wird, daß bestimmte Begriffe und Theorien zu bilden (Mathematisierungen vorzunehmen, Vermutungen anzustellen, Definitionen und Beweise zu überlegen, ..) sind.

Im Zusammenhang mit propädeutischen Einführungen wird immer die Frage zu stellen sein, ob der Verweis auf das "Spiralprinzip" (als didaktische Methode) dazu legitimieren kann, mathematische Inhalte und Theorien in langfristigen Lernprozessen immer wieder zum Thema werden zu lassen, wenn die Sinnhaftigkeit - die Einsicht in die (grundlegende) Idee eines Begriffes/einer Theorie - erst in späteren Stufen zum Tragen kommt. Sicherlich inadäquat ist es, die Konzeption des Geometrieunterrichts in der Sekundarstufe I so zu gestalten, daß ein Übergang von einem konkreten, wirklichkeitsbezogenen Vorgehen ("Wirklichkeitsgeometrie") in den Klassen 5 und 6 zu einem systematisch-theoretischen Unterricht ("mathematische Theorie") geleistet werden soll, wobei der Schüler *"im Idealfall diesen Übergang gar nicht merkt"* (BIGALKE/HASEMANN 1978, S. 192).

Genau darum soll es aber gehen: Der Schüler soll erkennen können, aus welchem Grund (Beschreiben einer Umweltsituation, Erlernen heuristischer Strategien, Aufbau einer Theorie, u.ä.) Geometrie betrieben wird.

In Weiterentwicklung der Gedanken von WITTMANN könnte einem "neuen Spiralprinzip" folgende didaktische Bedeutung zugemessen werden: Wenn die Idee eines Begriffes/einer Theorie bereits - von altersgemäß einsichtigen Problemstellungen ausgehend - auf einer intuitiven Ebene erfaßt werden kann, dann lohnt es sich zu überlegen, die Erlernung des Begriffes/der Theorie auf mehreren Ebenen unterschiedlichen Allgemeinheitsgrades (unterschiedlicher Höhe der "Gegenstandslogik" u.ä.) zu betrachten und die Übergänge zwischen den Ebenen zu Reflexionen zu nutzen. Besondere Bedeutung kommt dem Prozeß der Reflexion zu - und zwar unter dem Aspekt der Weiterentwicklung der bewußten Auseinandersetzung des Schülers mit der Geometrie.

Abschnitt II:

Reflexionen über historisch - fachliche,

psychologisch - individuelle und epistemologisch -

operative Aspekte des Winkelbegriffes.

4. BETRACHTUNGEN ZUR HISTORISCH-FACHLICHEN GENESE DES WINKELBEGRIFFES

In diesem Kapitel soll der historisch-fachliche Hintergrund des Winkelbegriffes betrachtet werden. Aus der Vielzahl von Werken zum Aufbau der elementaren Geometrie wurden fünf Standardwerke ausgewählt: Die "Elemente" von EUKLID (etwa 300 v. Chr.), die Grundlagen der Geometrie von David Hilbert (1899), die "Elementarmathematik vom höheren Standpunkt aus" von Felix KLEIN (1925), der "Aufbau der Geometrie aus dem Spiegelungsbegriff" von Friedrich BACHMANN (1959) und die "Neue Elementargeometrie" von Gustave CHOQUET (1969). Abschließend und zusammenfassend wird versucht, einige allgemeine Aspekte der historisch-fachlichen Genese des Winkelbegriffes herauszulösen, die als Ausgangspunkte für eine vertiefte didaktische Auseinandersetzung mit dem Begriff zu sehen sind.

INHALTSVERZEICHNIS VON KAPITEL 4:

4.1 DER WINKELBEGRIFF VOR EUKLID

Seit der Verfügbarkeit von Schriftsprachen sind die geometrischen Leistungen hochstehender Kulturvölker der mathematikgeschichtlichen Betrachtung zugänglich: Vor allem praktische Meßaufgaben aus den Bereichen Baukunst, Handwerk, Landvermessung und Astronomie prägen die Geometrie der vorgriechischen Mathematik.

Bereits in der Konstruktion der Pyramiden von GIZEH (2900 v. Chr.) läßt sich der hohe Stand der elementargeometrischen Kenntnisse der alten ÄGYPTER ablesen. Hervorzuheben ist vor allem die Genauigkeit, mit der rechte Winkel konkretisiert wurden: Der relative Meßfehler soll nach MAINZER (1980, S. 19) nur 1:27 000 betragen.

Noch höher einzuschätzen sind die Leistungen der BABYLONIER, die ihren ägyptischen Zeitgenossen in Arithmetik, Algebra und Geometrie deutlich überlegen waren. Hinweise dazu liefern ca. 300 Keilschrifttafeln, deren älteste aus der Zeit der SUMERER (etwa 2100 v. Chr.) stammen. Was die babylonische Geometrie besonders auszeichnet, ist die Kenntnis des pythagoräischen Lehrsatzes. Mit Hilfe dieses Satzes vermochten die BABYLONIER auch die Diagonale eines gleichschenkeligen Trapezes mit den Seiten a,b,c zu bestimmen (MAINZER 1980, S. 23) (Abb.):

Offenbar ist $h^2 = a^2 - \left(\dfrac{c-b}{2}\right)^2$ und

$d^2 = h^2 + \left(c - \dfrac{c-b}{2}\right)^2$, also $d^2 = a^2 + bc$.

Interessant ist hier die Tatsache, daß dieser "Trapezsatz" $d^2 = a^2 + bc$ "unserem" Cosinussatz der ebenen Trigonometrie gleichgesetzt werden kann: Aus $\dfrac{c-b}{2} = a \cdot \cos\alpha$ kann man $b = c - 2a\cos\alpha$ berechnen, in $d^2 = a^2 + bc$ einsetzen und man erhält schließlich $d^2 = a^2 + c^2 - 2ac\cos\alpha$.

Es fällt auf, daß die BABYLONIER mit dieser Methode nicht auf das Betrachten von Winkeln angewiesen waren. Oskar BECKER (1975, S. 27) stellt fest, daß sie auch keinen explizit herausgearbeiteten Winkelbegriff hatten.
Implizit war er natürlich insofern vorhanden, als der Richtungsunterschied von geraden Linien betrachtet und auch quantifiziert wurde.

Die für ihre "algebraische Ausrichtung" bekannten babylonischen Mathematiker nahmen jedoch nicht die Kreisteilung als Methode zur Größenbestimmung des Richtungsunterschiedes (also zur Messung des "Winkels"), sondern sie stellten Vorformen heutiger trigonometrischer Wertetabellen auf, z. B. solche für quadrierte Tangenswerte oder quadrierte Sekanswerte in rechtwinkeligen Dreiecken. Hinweise auf das *"Lieblingsthema der tabellenbegeisterten Babylonier"* (MAINZER) - nämlich die Trigonometrie - liefern Tafeln aus der Zeit 1900 - 1600 v. Chr.

Der ägyptischen und babylonischen Geometrie gemeinsam ist der Begriff der Steigung, Neigung oder Böschung (vgl. BECKER 1975, S. 19/20): Es handelt sich um den Rücksprung (gemessen in Handbreiten) etwa eines Walles in der Höhe einer Elle, um "das Aufgezehrte", also um den in Anspruch genommenen Raum. Aus praktischer Sicht reicht dieses Verständnis aus und entspricht etwa unserem heutigen Begriff von der Steigung einer Straße. Allerdings kann man Steigungen nicht so addieren wie Winkel, der Satz von der Winkelsumme im Dreieck gehört auch nicht zum Bestand der vorgriechischen Geometrie.

Besonderes Interesse schenkten die BABYLONIER der Astronomie. Nach Oskar BECKER (1975) maßen die Astronomen die Winkel am Himmel in "Ellen" und "Zoll", also als (Bogen-)Längen auf der Sphäre, wobei der Beobachter stets als Mittelpunkt des scheinbaren Himmelsgewölbes (Winkelscheitel) angenommen wurde.

Eine weitere Art, mit der die BABYLONIER astronomische Messungen vornahmen, spricht Gillian Susan CLOSE (1982, S. 12) an, indem sie auf das Werk "Mathematics for the million" von Lancelot HOGBEN (1967) verweist: Der rechte Winkel wurde als Einheit zur Messung von Drehungen von Himmelskörpern, zur Berechnung von Winkeln bei der Errichtung von Gebäuden u.s.w. verwendet, wobei sowohl Vielfache als auch einfache Bruchteile angegeben wurden. Da in der Astronomie kurze Beobachtungszeiten (von der Erde gering aussehende Drehungen) von Bedeutung sind, traten oftmals sehr kleine Brüche auf. Eine kleinere Einheit als der rechte Winkel wäre erforderlich gewesen.

Tatsächlich entwickelten die BABYLONIER etwa 2000 v. Chr. ein Stellenwertsystem mit der Basis 60, wobei sie sowohl ganze Zahlen als auch Brüche betrachteten. Trotz dieser parallel verlaufenden Entwicklung gibt es keine Berichte über babylonische Untersuchungen oder Berechnungen, bei denen die Unterteilung des Kreises in 360 Teile vorkommmt. Die Auszeichnung der Zahl 360 dürfte von der Kalenderrechnung her stammen: Der Tierkreis wurde in 12 Teile (Monate) unterteilt, diese wiederum in je 30 Teile.

Das babylonische Jahr bestand zunächst aus 360 Tagen, erst später wurden fünf Festtage hinzugefügt. Diese Unterteilung des Tierkreises scheint aber nicht auf die allgemeine Figur des Kreises übertragen worden zu sein. Genau diese Anwendung wird den frühen Geometern CHINA's zugeschrieben (vgl. CLOSE 1982, S. 12), die den Kreis in 365 Teile unterteilten, was wiederum auf die Abstammung der Kreisteilung von der Kalenderrechnung hindeutet.

Etwas plakativ könnte man den Sachverhalt so zusammenfassen: Die BABYLONIER haben Winkel gemessen (Erstellung trigonometrischer Tabellen bzw. Ermittlung von Vielfachen und Teilen des rechten Winkels), ohne den Winkel als allgemeines Objekt in den Blickpunkt geometrischer Betrachtungen zu rücken, weshalb auch keine eigene Namensgebung notwendig wurde. Die vorgriechische Geometrie kannte also noch keinen theoretischen Winkelbegriff, es fehlte das "Werkzeug" z. B. für den Satz von der Winkelsumme im Dreieck.

Mit den Anfängen der griechischen Geometrie bei THALES und den PYTHAGO-REERN erhält die Geometrie eine neue Stoßrichtung: An die Stelle rezeptartiger Musteraufgaben treten Beweise von allgemeinen Sätzen, die "Rechenregel" $a^2 + b^2 = c^2$ wird zum "Lehrsatz des Pythagoras", die Geometrie allgemein zur beweisenden Wissenschaft. *"Trotzdem wäre es eine wissenschaftsgeschichtliche Fehleinschätzung, die beweisende axiomatische Geometrie der Griechen als 'fortschrittliche Überwindung' der babylonischen 'Rechenkunst' einzustufen. Der algorithmisch-rechnende Charakter, der in der babylonischen Arithmetik bereits auf hohem Niveau zum Ausdruck kommt, hat sich gerade in der Neuzeit als zentraler Aspekt der Mathematik erwiesen."* (MAINZER 1980, S. 26)

THALES von Milet (624 - 547 v. Chr.) war einer der sieben Weisen aus vorattischer Zeit und wird manchmal als erster griechischer Geometer bezeichnet.

Folgende Lehrsätze werden ihm zugeschrieben:

(1)   *"Ein Kreis wird durch den Durchmesser in zwei gleich große Hälften geteilt."*

(2)   *"Die Basiswinkel eines gleichschenkeligen Dreieckes sind gleich."*

(3)   *"Die gegenüberliegenden Winkel sich schneidender Geraden sind gleich."*

(4)   *"Stimmen zwei Dreiecke in zwei entsprechenden Winkeln und einer Seite überein, so stimmen sie in jeder Beziehung überein."* (Ein "Kongruenzsatz")

(5)   *"Dreiecke im Halbkreis haben rechte Winkel an der Spitze."* (Der "Satz des Thales")

(6)   *"Die Winkelsumme im Dreieck beträgt zwei Rechte."*

Alle diese Sätze sind später von EUKLID systematisch in seinen "Elementen" eingebaut worden.

Es fällt auf, daß fünf der oben genannten Sätze Aussagen über Winkel beinhalten, der Terminus "Winkel" wird also hier schon systematisch verwendet. Das Neue an der "thalischen" Zeit war das Betrachten von Winkeln in gezeichneten Dreiecken, der rechte Winkel wurde als Maßeinheit verwendet. Daß der Winkelbegriff dieser Zeit stark gegenständlich-figurativ geprägt war, kann auch historisch belegt werden: O. BECKER (1975) verweist auf eine überlieferte Nachricht, nach der man den Satz über die Winkelsumme im Dreieck gesondert für das gleichseitige, das gleichschenkelige, das rechtwinkelige und schließlich für das allgemeine Dreieck bewiesen hätte.

Schon auf Fibeln aus dem 8. Jh. v. Chr. und auf babylonischen Mosaikfußböden fand man aus Kreisen und Sechsecken bestehende Muster (Abb.). Das dem Kreis eingeschriebene reguläre Sechseck ist auch schon auf einer Keilschrifttafel mathematischen Inhaltes eingeritzt.

Bei solchen Figuren *"sind die drei Ecken (Winkel) eines gleichseitigen Dreieckes offenbar völlig gleichgestaltete Figurenteile und können daher ohne weiteres addiert werden, wie alle gleichen Dinge."*
(BECKER 1975, S. 28)

Über konkrete Beweisideen zum Satz über die Winkelsumme gibt es jedoch nur plausible Vermutungen. Dazu gehört auch die Annahme, daß THALES den Satz zunächst für den Spezialfall rechtwinkeliger Dreiecke gefunden hat:

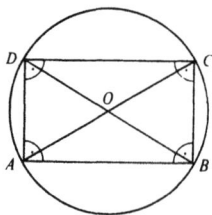

Wenn nämlich das Rechteck ABCD (Abb.) eine Winkelsumme von 4 Rechten besitzt und eine Diagonale das Rechteck in zwei in allen Stücken übereinstimmende rechtwinkelige Dreiecke teilt, dann wird auch die Winkelsumme in jeweils zwei Rechte halbiert.

Sicher ist, daß die Beweise noch nicht so streng, wie man es später bei EUKLID sehen wird, geführt werden.

Der Einfall zum allgemeinen Fall mag THALES vielleicht durch die Betrachtung von Zickzackmustern (Abb.) der damaligen Vasenmalereien nahegelegt worden sein. Der Beweis kann etwa so geführt werden (MAINZER 1980, S. 28) (Abb.):

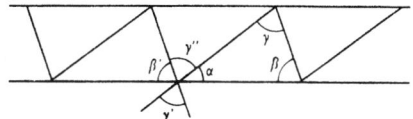

Da nämlich $\gamma = \gamma'$ und $\gamma' = \gamma''$ (2), so ist $\gamma = \gamma''$.

Dann folgt wegen $\beta = \beta'$ und $\gamma = \gamma''$ sofort

$\alpha + \beta + \gamma = \alpha + \beta' + \gamma'' = 2$ Rechte.

Dieser mühevolle Weg zum allgemeinen Satz beweist, daß es mit dem Winkelbegriff durchaus Probleme gab, die zumindest anfangs auch daran lagen, daß man "ungleiche" Dinge zusammenfassen (addieren) mußte. Der Winkel mußte also erst als allgemeine Figur erkannt werden:

"Die Schwierigkeit, die es zu überwinden galt, lag in der Herausarbeitung des Winkelbegriffs selbst." (O. BECKER 1975, S. 27)

Es war vor allem PLATON (427 - 347 v. Chr.), der dem Kreis und der Geraden (und damit Zirkel und Lineal) in der Geometrie eine besondere Rolle zusprach. Für ihn ist der Kreis der Inbegriff der Symmetrie - jeder der unendlich vielen Durchmesser stellt eine Spiegelungsgerade dar. Diese symmetrische Vollkommenheit, die kein 'wirklicher' Kreis besitzt, ist für PLATON nur der geometrische Ausdruck der idealen Gesetze, welche dem Universum zugrunde liegen.

"Die vollkommenen und unveränderlichen Gesetze, die allem Seienden zugrunde liegen, sind nach platonischer Auffassung Gegenstand der Philosophie. Es ist daher nicht verwunderlich, daß die Mathematik und insbesondere die Geometrie als Denktraining und beste Vorbereitung zur Beschäftigung mit Philosophie angesehen wurde. 'Keiner in Geometrie Unkundiger habe Zutritt', soll kurz und bündig über dem Eingang von PLATON'S Athener Akademie gestanden haben." (MAINZER 1980, S. 41/42)

Neben der "Quadratur des Kreises" (Konstruktion eines Quadrates mit dem Flächeninhalt eines vorgegebenen Kreises) und dem "Delischen Problem" (Würfelverdopplung) entstand aus der Beschränkung auf Zirkel und Lineal das dritte berühmte Problem, nämlich das der "Winkeldreiteilung".

131

Mittels der Galois-Theorie (Evariste GALOIS, 1811 - 1832) kann man nachweisen, daß die Winkeldreiteilung mit Zirkel und Lineal nicht durchführbar ist. Ein allgemeiner Satz besagt sogar: Genau dann gibt es ein allgemeines Verfahren zur n-Teilung von Winkeln mit Zirkel und Lineal, wenn n eine Potenz von 2 ist. Natürlich ist die n-Teilung spezieller Winkel möglich, was etwa die Konstruierbarkeit zahlreicher regulärer n-Ecke beweist. Eine klare Aussage diesbezüglich liefert hier der Satz von Gauß (Carl Friedrich GAUSS, 1777 - 1855): Ein reguläres n-Eck ist genau dann konstruierbar, wenn $\mathcal{G}$(n) eine Potenz von 2 ist (wobei $\mathcal{G}$ die Euler'sche Funktion ist).

Um die Winkeldreiteilung dennoch geometrisch zu bewältigen, schufen die Griechen bestimmten Bewegungsvorgängen entsprechende Kurven, wie etwa die "Konchoiden" von NIKODEMES, die "Quadratrix" und die "Trisektrix" des HIPPIAS von Elis oder die Spirale des ARCHIMEDES (ca. 225 v. Chr.).

Als konkretes Beispiel sei die "Quadratrix" des HIPPIAS (Abb.) näher betrachtet, der folgende mechanische Erzeugungsvorschrift zugrunde liegt:

In einem Quadrat ABCD dreht sich ein Viertel-kreis mit Radius AB gleichmäßig von B nach D um A. Gleichzeitig bewegt sich eine Strecke B'C' von BC aus parallel zu BC gleichmäßig auf AD zu. Die Schnittpunkte des gleichmäßig drehenden Radius AB mit der in derselben Zeit sich nach unten bewegenden Strecke bilden den Ort der neuen Kurve. (MAINZER 1980, S. 34)

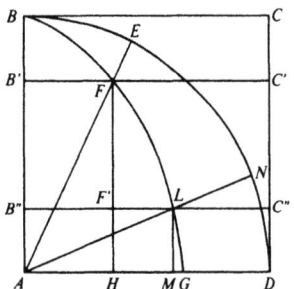

Bestimmt ist die Bahn der Kurve durch die Proportionengleichung
∢ BAD : ∢ EAD = Bogen BED : Bogen ED = AB : FH.

HIPPIUS von Elis hat die Kurve wahrscheinlich zunächst zur Winkeldreiteilung, also als "Trisektrix" verwendet. Der Beweis ist recht einfach:
Sei nämlich ∢ EAD der zu drittelnde Winkel. Vom Schnittpunkt F der "Trisektrix" mit B'C' und dem Winkelschenkel AE fälle man das Lot FH auf AG und drittle FH in F'. Die Parallele zu B'C' durch F' schneidet BA in B", die Trisextrix in L und CD in C". Die Streckenverlängerung von AL schneidet die Kurve BED in N (vgl. Abb. 2.16). Nach Definition der Kurve ist ∢ NAD : ∢ EAD = LM : FH = F'H : FH, also ∢ EAN : ∢ NAD = FF' : F'H = 2 : 1. Natürlich eignet sich die Trisextrix für jede Winkelteilung, die auf FH entsprechend abgetragen werden kann. (MAINZER, S. 37)

Andere griechische Geometer bewiesen später, daß mit dieser Kurve auch die Quadratur des Kreises gelingt, also jede Kreisfläche in ein flächeninhaltsgleiches Quadrat umgewandelt werden kann.

Interessant ist hier zu vermerken, daß im Beweis keine Teilung irgendwelcher Strecken angestrebt, sondern die Idee realisiert wird, den Bogen in drei gleich lange Abschnitte zu teilen.

Abschließend seien in knapper Form nochmals jene Leistungen der Geometrie der GRIECHEN bis etwa 300 v. Chr. hervorgehoben, die sie gegenüber jener der ÄGYPTER und BABYLONIER auszeichnet: Die Geometrie wurde zu einer beweisenden Wissenschaft emporgehoben. Das Streben nach allgemeinen Aussagen über Figuren führte auch zur Herausarbeitung des Winkelbegriffes, welche mit dem Beweis des Satzes von der Winkelsumme im Dreieck einen Höhepunkt erreichte. Ab dem 4. Jahrhundert vor Christi Geburt sind auch explizite Definitionsversuche für den Winkel überliefert. Als Beispiel sei an dieser Stelle nur ARISTOTELES (4. Jh. v. Chr.) angeführt, der den Winkel als "Knick" einer einzigen (geraden) Linie definierte, also als eine Qualität betrachtete (vgl. 4.2).

4.2 DIE "ELEMENTE" DES EUKLID

Dieses 13-bändige Lehrbuch - entstanden um ca. 300 v. Chr. - ist eine systematische Zusammenstellung des damaligen Wissens über Geometrie in einem axiomatischen System.
Für viele Jahrhunderte waren die "Elemente" nicht nur Vorbild deduktiver Theorieentwicklung, sondern sie wurden auch als Schulbuch für den ersten Unterricht in Geometrie verwendet. Dies geschah wohl mangels anderer adäquater Darstellungen, denn die "Elemente" waren eigentlich *"auf die Studenten der alexandrinischen Universität, nicht auf Knaben"* (EUKLID 1962, S. 416) zugeschnitten.
Schulische Verwendungszwecke stellen sicherlich einen Hauptgrund dar, warum dieses Werk neben der Bibel das meistgelesene Buch in den vergangenen 2000 Jahren war (COXETER 1963, S. 214).

Die Schüler EUKLID's betrieben Mathematik nicht zum Selbstzweck, sondern um dadurch eine logische Schulung zu erfahren und ihr Verständnis der Philosophie zu erweitern. *"Charakteristisch für die Tendenz der 'Elemente' ist die Tatsache, daß EUKLID alle praktischen Anwendungen der Geometrie gänzlich beseite geschoben hat, um die logischen Zusammenhänge herauszuarbeiten und ein in sich geschlossenes System aufzustellen. Wir können also wirklich nicht behaupten, daß die euklidischen Elemente ein typisches Werk der griechischen Mathematik seien. Wir müssen vielmehr erkennen, daß sie ein ganz bestimmtes Ziel haben, nämlich zu philosophischem Denken zu erziehen, genauer: zum Philosophieren im Sinne Platons."* (PICKER 1971, S. 58)

Nach MAINZER (1980, S. 42) sind die "Elemente" des EUKLID beispielhaft für die platonische Beeinflussung der Mathematik. Die "Elemente" verhalfen der Geometrie zu ihrer lange beibehaltenen Position, das Musterbeispiel für die Wissenschaft schlechthin zu sein. Erst Ende des 19. Jahrhunderts - vor allem unter David HILBERT - erkannte man (unter dem Gesichtspunkt "moderner" formaler Axiomatik) die "Mängel" der Axiomatik EUKLID's:
So etwa der Umgang mit Grundbegriffen (EUKLID versuchte in seinen "Definitionen" solche zu erklären, z. B. *"Ein Punkt ist, was keine Teile hat"*) oder auch der Einsatz anschaulicher Argumentationen (ohne Rückbezug auf entsprechende Axiome, welche etwa seinen "Postulaten" gleichzusetzen sind).
"Axiome" waren bei EUKLID allgemeine Grundsätze des Rechnens mit Größen, z. B. *"Was demselben gleich ist, ist auch untereinander gleich"*.

Bei jeder Kritik des Werkes von EUKLID muß die Unsicherheit des Textes mitbedacht werden: Der erste Euklid-Kommentator, nämlich PROKLOS Diadochos, lebte von 410 - 485 n. Chr., also 700 Jahre nach EUKLID.

Es gibt zahlreiche Übersetzungen, die sich z. T. an wesentlichen Stellen unterscheiden. Dazu Felix KLEIN in seiner "Elementarmathematik vom höheren Standpunkte aus" (1968, Bd. 2, S. 212): *"Man muß sich nur klar darüber werden, daß das, was durch solche philologische Arbeit gewonnen werden kann, im besten Falle der wahrscheinlichste Text ist, der aber wohl nicht der wahre Originaltext sein dürfte. ... Auf der Höhe der heutigen philologischen Wissenschaft steht nach allgemeiner Ansicht Heibergs Text, ..."*

Die im folgenden verwendete Literaturquelle zu den Elementen des EUKLID ist die deutsche Übersetzung von Clemens THAER (EUKLID. Die Elemente. 1962), welcher für die Übersetzung aus dem Griechischen ins Deutsche den von Johan Ludwig HEIBERG 1883/88 herausgegebenen Text zugrunde legte.

Zunächst ein grober Überblick über den Inhalt der Elemente:

Buch 1 - 4:   Geometrische Grundgebilde
Buch 5:   Proportionenlehre
Buch 6:   Ähnliche Figuren
Buch 7 - 9:   Ganze Zahlen (z. T. in geometrischer Form)
Buch 10:   Kommensurabilität-Irrationalität
Buch 11:   Grundbegriffe der Stereometrie
Buch 12:   Exhaustion - Volumina von Körpern
Buch 13:   Reguläre Körper

(Den 13 Büchern von EUKLID wurden später noch zwei weitere angefügt, die wie Buch 13 die regulären Körper zum Inhalt haben.)

Für eine Analyse des Winkelbegriffes sind vor allem die ersten drei Bücher von Bedeutung. Im folgenden werden die - im Hinblick auf den Winkelbegriff-wichtigsten Definitionen, Postulate und Axiome wiedergegeben und ausführlich besprochen.

Am Anfang des ersten Buches stellt EUKLID seine Definitionen, Postulate und Axiome auf.

Definitionen

THAER stellt fest, daß diese logisch nicht auf der Höhe des übrigen Werkes stünden: *"Euklid will höchstens abgrenzen, was an sich bereits existiert. Aber auch dies tut er meist nur so, daß er die Anschauung schon voraussetzt, bloß einzelne Merkmale hervorhebt, wie in Definition 1 vom Punkt die Unteilbarkeit. Wer nicht weiß, was ein Punkt ist, wird es aus Euklids Definition nicht lernen." (THAER in EUKLID 1962, S. 417)*

Ausgewählte Beispiele von den 35 Definitionen:

1. *Ein Punkt ist, was keine Teile hat.*

4. *Eine gerade Linie (Strecke) ist eine solche, die zu den Punkten auf ihr gleichmäßig liegt.*

8. *Ein ebener Winkel ist die Neigung zweier Linien in einer Ebene gegeneinander, die einander treffen, ohne einander gerade fortzusetzen.*

9. *Wenn die den Winkel umfassenden Linien gerade sind, heißt der Winkel geradlinig.*

10. *Wenn eine gerade Linie, auf eine gerade Linie gestellt, einander gleiche Nebenwinkel bildet, dann ist jeder der beiden gleichen Winkel ein Rechter; und die stehende gerade Linie heißt senkrecht zu (Lot auf) der, auf der sie steht.*

11. *Stumpf ist ein Winkel, wenn er größer als ein Rechter ist.*

12. *Spitz, wenn kleiner als ein Rechter.*

Postulate und Axiome

Die Grenze zwischen diesen beiden fließt, schon im Altertum haben Umstellungen stattgefunden. THAER (S. 419) sieht folgenden Zusammenhang:

"In der Hauptsache ist ein Postulat (Aitema, Forderung) ein speziell geometrischer Grundsatz, der die Möglichkeit einer Konstruktion, die Existenz eines Gebildes sicherstellen soll; ein Axiom (für wahr Gehaltenes) - der überlieferte EUKLID-Text selber hat den weniger gebräuchlichen Ausdruck 'koine ennoia' (allgemein Eingesehenes) - ist ein allgemein logischer Grundsatz, den kein Vernünftiger, auch wenn er von Geometrie nichts weiß, bestreitet."

Die Postulate und Axiome seien vollständig wiedergegeben:

<u>Postulate.</u> Gefordert soll sein:

1. *Daß man von jedem Punkt nach jedem Punkt die Strecke ziehen kann,*
2. *Daß man eine begrenzte gerade Linie zusammenhängend gerade verlängern kann,*
3. *Daß man mit jedem Mittelpunkt und Abstand den Kreis zeichnen kann,*
4.* *Daß alle rechten Winkel einander gleich sind,*
5.* *Und daß, wenn eine gerade Linie beim Schnitt mit zwei geraden Linien bewirkt, daß innen auf derselben Seite entstehende Winkel zusammen kleiner als zwei Rechte werden, dann die zwei geraden Linien bei Verlängerung ins Unendliche sich treffen auf der Seite, auf der die Winkel liegen, die zusammen kleiner als zwei Rechte sind.*

4* und 5* werden von THAER als Axiome 10 bzw. 11 geführt (siehe Bemerkung im obigen Text zu Postulaten und Axiomen).

<u>Axiome</u>

1. *Was demselben gleich ist, ist auch einander gleich.*
2. *Wenn Gleichem Gleiches hinzugefügt wird, sind die Ganzen gleich.*
3. *Wenn von Gleichem Gleiches weggenommen wird, sind die Reste gleich.*
4.* *(Wenn Ungleichem Gleiches hinzugefügt wird, sind die Ganzen ungleich.)*
5.* *(Die Doppelten von demselben sind einander gleich.)*
6.* *(Die Halben von demselben sind einander gleich.)*
7. *Was einander deckt ist einander gleich.*
8. *Das Ganze ist größer als der Teil.*
9.* *(Zwei Strecken umfassen keinen Flächenraum.)*

Die Axiome 4*, 5*, 6* und 9* enthalten Texte, die eingeklammert sind: Mit ihnen will THAER andeuten, daß diese Stellen aus philologischen oder mathematischen Gründen verdächtig sind.

Hinsichtlich des Winkelbegriffes sind folgende Beobachtungen darstellenswert:

1) Logisch gesehen ist die Definition 8 des Winkels eine Tautologie, der Terminus "Neigung" klärt nichts und bezieht sich eindeutig auf die Anschauung des Lesers. Letzteres trifft auch auf den Begriff "Nebenwinkel" zu, welcher gänzlich ohne Erklärung eingeführt wird.
EUKLID verwendet den allgemeinen Terminus "Linien", wobei zunächst auch krummlinige zugelassen sind.
Der gewöhnliche geradlinige Winkel bezieht sich offensichtlich nur auf Paare endlicher gerader Linien (Strecken) mit einem gemeinsamen Endpunkt, um die Unterscheidbarkeit von Nebenwinkeln zu garantieren.

2) Die Analyse der "Elemente" zeigt, daß EUKLID mit seiner Definition keine enge Beschreibung von "Winkel" vornimmt und dieser zumindest in drei Vorstellungsvarianten auftritt:
   a. Sowohl die Zeichnungen, als auch die Tatsache, daß er Nullwinkel und gestreckte Winkel ausschließt, weisen darauf hin, daß der Winkel vor allem auch als linienhafte Figur verstanden wird: Nullwinkel und gestreckte Winkel repräsentieren nicht die anschaulich-qualitative Eigenschaft, eine Neigung zweier Linien zueinander darzustellen.
   b. In Definition 9 spricht EUKLID von *die den Winkel umfassenden Linien*, was anschaulich eher einem Flächenmodell eines Winkels (Winkelfeld) entspräche.
   c. Im weiteren Aufbau des Werkes verwendet EUKLID den Winkel eher als eine Art Quantität (Größe), mit welcher man operieren kann: Winkel werden verglichen, addiert, subtrahiert und halbiert.

Im Gegensatz zu ARISTOTELES (vgl. 4.1) ist also der Winkel keine lediglich anschaulich qualitative Figur mehr, sondern enthält bereits Ansätze einer Sicht als (quantitative) Beziehung, die zwischen zwei Linien gelten soll.
Daß aber EUKLID noch stark im Figurativen verhaftet ist, beweist u. a. die Tatsache, daß zwar mit Winkeln operiert wird, daß aber keine "Richtlinien" (Axiome, Postulate) bestehen, wie man Winkel miteinander vergleicht. Nur die Gleichheit wird axiomatisch festgelegt. (*"Was einander deckt, ist einander gleich"*), die Entscheidung über "kleiner" oder "größer" wird der Anschauung des Lesers überlassen, der entsprechende Figuren (Zeichnungen) richtig interpretieren muß.

Eine ähnliche Einschätzung stammt aus der Betrachtung der griechischen Kunst, die W.M. IVENS in seinem Werk "Art and Geometry" (1964) u. a. zu folgender Feststellung veranlaßt: *"Die Griechen waren blind gegenüber Beziehungen"* *(zitiert nach Rolf STRUVE 1984, S. 349)*. Als Beleg dafür führt er z. B. an, daß Bauwerke nicht nach einem Gesamtkonzept errichtet werden, sondern daß die einzelnen Teile an völlig willkürlich gewählten Orten - wo eben gerade Platz war - situiert wurden. Ein anderes Beispiel bezieht sich auf gemalte Darstellungen von Boxkämpfen, bei welchen jeder Boxer für sich in einer gewissen Kampfhaltung festgehalten ist, während zwischen den Haltungen der beiden Boxer keinerlei Beziehung besteht.

3) Der rechte Winkel ist dadurch ausgezeichnet, daß "einander gleiche" Nebenwinkel entstehen, wenn man einen der beiden Schenkel über den gemeinsamen Anfangspunkt hinaus verlängert. Er ist eine Art Einheitsgröße, weitere Unterteilungen werden nicht quantifiziert (etwa halber rechter Winkel). Winkel, die kleiner als rechte sind, werden als spitz bezeichnet, jene die größer sind, werden stumpf genannt.

4) Winkel sind bei EUKLID stets kleiner als zwei Rechte. Dennoch werden Winkel über diese Grenze hinaus addiert. Winkel und Nebenwinkel sind z. B. *"zusammen zwei Rechten gleich"* (Erstes Buch, § 13), ergeben also insgesamt keinen Winkel im ursprünglichen Sinne mehr. Beim Beweis dieses Satzes wird übrigens auch "ohne Berechtigung" das Assoziativgesetz bei der Addition der Winkel verwendet. Durch den Umstand, daß EUKLID keine Winkel vorsieht, die größer als zwei Rechte sind, treten vor allem beim Beweisen von Sätzen kleinere Schwierigkeiten auf: Als Beispiel sei der Satz *"Im Kreise ist der Mittelpunktswinkel doppelt so groß wie der Umfangswinkel, wenn die Winkel über demselben Bogen stehen."* ("Zentri- winkel = doppelter Peripheriewinkel", drittes Buch, § 20, S. 61) betrachtet. (Abb.)

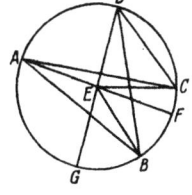

Der Satz gilt für stumpfe Umfangswinkel nicht, da es den angehörigen Mittelpunktswinkel nicht gibt (er wäre größer als zwei Rechte).

5) Interessant ist auch, daß EUKLID im ersten Buch § 2 mit der Forderung *"An einem gegebenen Punkte eine einer gegebenen Strecke gleiche Strecke hinzulegen"* die Existenz gleicher Strecken an beliebiger Stelle sichert, während er dies für allgemeine Winkel nicht fordert.

6) Ein tiefergehendes Problem zeigt der sogenannte 1. Kongruenzsatz (SWS-Satz), der bei EUKLID so lautet:

"Wenn in zwei Dreiecken zwei Seiten entsprechend gleich sind und die von den gleichen Strecken umfaßten Winkel einander gleich, dann muß in ihnen auch die Grundlinie der Grundlinie gleich sein, das Dreieck muß dem Dreieck gleich sein, und die übrigen Winkel müssen den übrigen Winkeln entsprechend gleich sein, nämlich immer die, denen gleiche Seiten gegenüberliegen." *(Erstes Buch, § 4)*

Zu Analysezwecken sei der vollständige Beweis des Satzes wiedergegeben (EUKLID 1962, S. 5/6):

A B C, D E F seien zwei Dreiecke, in denen zwei Seiten *A B, A C* zwei Seiten *D E, D F* entsprechend gleich sind, nämlich *A B = D E* und *A C = D F*, ferner $\angle$ *B A C* = $\angle$ *E D F*. Ich behaupte, daß auch Grdl. *B C* = Grdl. *E F*, ferner $\triangle$ *A B C* = $\triangle$ *D E F* und die übrigen Winkel den übrigen Winkeln entsprechend gleich sein müssen, immer die, denen gleiche Seiten gegenüberliegen, *A B C = D E F* und *A C B = D F E*.

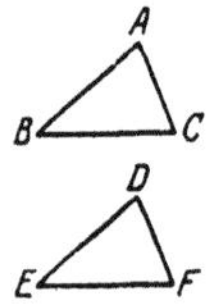

Fig. 4.

Deckt man nämlich $\triangle$ *A B C* auf $\triangle$ *D E F* und legt dabei Punkt *A* auf Punkt *D* sowie die gerade Linie *A B* auf *D E*, so muß auch Punkt *B E* decken, weil *A B = D E*; da so *A B D E* deckt, muß auch die gerade Linie *A C D F* decken, weil $\angle$ *B A C* = *E D F*; daher muß auch Punkt *C* Punkt *F* decken, weil gleichfalls *A C = D F*. *B* deckte aber *E*; folglich muß die Grundlinie *B C* die Grundlinie *E F* decken [denn würde, während *B E* und *C F* deckt, die Grundlinie *B C E F* nicht decken, so würden zwei Strecken einen Flächenraum umfassen; das ist aber unmöglich (Ax. 9). Also muß die Grundlinie *B C E F* decken] und ihr gleich sein (Ax. 7); folglich muß auch das ganze Dreieck *A B C* das ganze Dreieck *D E F* decken und ihm gleich sein, auch müssen die übrigen Winkel die übrigen Winkel decken und ihnen gleich sein, *A B C = D E F* und *A C B* = *D F E*.

Wenn also in zwei Dreiecken zwei Seiten zwei Seiten entsprechend gleich sind und die von den gleichen Strecken umfaßten Winkel einander gleich, dann muß in ihnen auch die Grundlinie der Grundlinie gleich sein, das Dreieck muß dem Dreieck gleich sein, und die übrigen Winkel müssen den übrigen Winkeln entsprechend gleich sein, nämlich immer die, denen gleiche Winkel gegenüberliegen — dies hatte man beweisen sollen.

Hier wird der Winkel BAC über der Strecke DF abgetragen. Was allerdings unter diesem Vorgang zu verstehen ist (EUKLID spricht nur von "decken"), bleibt ungeklärt. Ebenso bleibt unklar, warum die Strecke BC bei diesem Vorgang geradlinig bleibt. Dahinter steckt die Existenz von Bewegungen, welche die Form und Größe von Figuren nicht verändern.

Sein Äquivalent für kongruent, *"gleich und ähnlich"*, führt EUKLID erst im sechsten Buch ein.

7) Aus oben genanntem § 4 kann man auch herauslesen, was EUKLID anschaulich unter Gleichheit von Winkeln versteht, nämlich die Möglichkeit, die beiden entsprechenden Schenkelpaare zur Deckung zu bringen. (Axiom 7: *"Was einander deckt, ist einander gleich."*)
Dies bedeutet aber, daß bei seiner Einführung des Winkelbegriffes die Existenz von Bewegungen stillschweigend vorausgesetzt wird.

Im ersten Buch von EUKLID gibt es nur zwei Beweise, bei denen eine starre Figur als Ganzes bewegt wird (bei den Kongruenzsätzen § 4 und § 8), was offenbar auf eine Abneigung gegen diese Art der Beweisführung schließen läßt. Mit gutem Grund, *"da eine vollständige Aussprache der zu ihrer Sicherung notwendigen Voraussetzungen zeigen würde, daß er den wesentlichen Inhalt des zu beweisenden Satzes wie David Hilbert, Grundlagen der Geometrie, Leipzig 1899, unter die Postulate aufnehmen müßte". (THAER in EUKLID 1962, S. 422)*

Den tieferen historischen Hintergrund für EUKLID's "Bewegungsfreie" Geometrie deutet MAINZER (1980, S. 47) so:
"Ziel EUKLID's war es aber, seine Konstruktionen nur mit den vorausgesetzten Postulaten und Axiomen deduktiv zu rechtfertigen ohne Voraussetzung eines Bewegungsbegriffs, der nach platonischer Auffassung dem Bereich der 'Materie' angehört und in der 'idealen' Geometrie unzulässig ist."

8) Große Verwirrung stiftet anscheinend das vierte Postulat EUKLID's *"Daß alle rechten Winkel einander gleich sind"*. Dazu MAINZER (1980, S. 47):
"Untersucht man das Verhältnis des 1. Kongruenzsatzes zum 4. Postulat über rechte Winkel, so ist mathematisch auch nicht einzusehen, warum die Kongruenz der rechten Winkel vorausgesetzt wird, während sie mit dem 1. Kongruenzsatz (wie später bei Hilbert) beweisbar wird."

In seinen "Anmerkungen" zu den Postulaten EUKLID's schreibt THAER (EUKLID 1962, S. 419):
"Postulat 4 hätte nach einer von Zeuthen aufgestellten, später allerdings geänderten Ansicht den Zweck, die Eindeutigkeit der Streckenverlängerung (unbestimmter Länge) zu sichern. Nimmt man dies nicht an, so ist die Einordnung dieses Satzes unter die Postulate schwer zu rechtfertigen, Proklus führt einen Deckungsbeweis. Vermutlich wird die Tatsache, daß der rechte Winkel durch seine Unveränderlichkeit sich als Maß eignet, hier festgelegt als Vorbereitung auf das folgende Postulat."
(Das nächste Postulat ist das "Parallelenpostulat".)

Sehr ausführlich nimmt Felix KLEIN (1969, S. 214) zur Problematik des vierten Postulates Stellung:

"Es ist viel darüber gestritten worden, wie dieses Postulat zu verstehen ist und wie es überhaupt an seine Stelle kommt; dabei spielt die große Frage hinein, ob Euklid den Bewegungsbegriff benutzt oder nicht. Stellt man den Begriff der Bewegung der Figuren als starrer Körper konsequent an die Spitze, wie wir das bei unserem ersten Aufbau der Geometrie taten, so ergibt sich ... dieses Postulat als notwendige logische Folge, und es wäre daher - wenn anders Euklid diese Auffassung hat - hier durchaus unnötig. Nun ist aber in allen diesen grundlegenden Sätzen Euklids von Bewegungen sonst nicht explizit die Rede, so daß manche Erklärer annehmen, dieses vierte Postulat sollte geradezu zur Einführung der Bewegungsidee dienen - allerdings, wie man dann wohl zugeben muß, in unvollkommener Form.

Demgegenüber meinen wohl die meisten Euklidkommentatoren, daß eine der wesentlichen Tendenzen Euklids gerade sei, gemäß gewissen philosphischen Erwägungen ... den Bewegungsbegriff prinzipiell aus der Geometrie fernzuhalten. Alsdann müßte aber der abstrakte Begriff der Kongruenz an der Spitze stehen- wie bei unserem zweiten Aufbau -, und wiederum hätte dieses vierte Postulat als Grundlage für die Lehre von der Kongruenz zu gelten. Dabei entsteht freilich die Frage, warum nicht auch über die Kongruenz von Strecken analoge Angaben gemacht werden."

Es sei nun versucht, eine weitere Hypothese bezüglich dieses Postulates aufzustellen: Das vierte Postulat *"Daß alle rechten Winkel einander gleich sind"* kann auch als Forderung EUKLID's verstanden werden, daß sich alle rechten Winkel (durch eine Bewegung) zur Deckung bringen lassen. (Axiom 7: *"Was einander deckt, ist einander gleich."*)

Interpretiert man um diesen Sachverhalt anschaulich dynamisch, so sichert er so etwas wie die Existenz von Bewegungen, welche die Geradlinigkeit und das Senkrechtstehen beibehalten, die Übertragbarkeit von Strecken wird durch Postulat 2 und Satz § 2 gesichert.

Möglicherweise steckt dahinter auch die Vorstellung, daß ein rechter Winkel vorgegebene Figuren wie eine Art Koordinatensystem starr fixiert, sodaß nach dem "zur Deckung bringen" des rechten Winkels auch die Figur wieder in "gleicher Form und Größe" vorliegt.

Warum könnte für diese Überlegung gerade der rechte Winkel so bedeutend sein? Zur "Festlegung" einer Ebene braucht man 3 Punkte (z. B. O, A, B), oder anders gesehen einen Winkel.

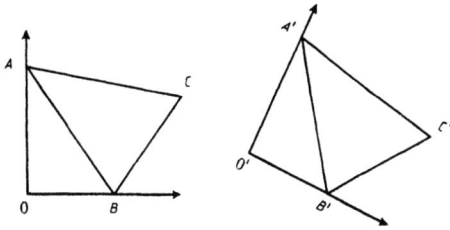

Da der rechte Winkel eine "natürliche Einheit" darstellt, ist ein Zurückgreifen auf ihn beinahe plausibel.

Wäre diese These wahr, so könnte man daraus ableiten, daß EUKLID bei der Verwendung des Ausdruckes "zur Deckung bringen" bewußt war, daß er so etwas wie eine Existenz von Bewegungen (die Figuren starr lassen) benötigt.

So gesehen verliert das vierte Postulat seinen anscheinend statischen Charakter und wird zu einer wesentlichen Voraussetzung für den Vorgang des "Deckens".

Wenngleich diese These recht plausibel erscheint, so sei doch festgestellt, daß sich in EUKLID's Text keine direkte Bestätigung finden läßt.

EUKLID verwendet Postulat 4 erstmals in Satz 15 (*"Zwei gerade Linien bilden, wenn sie einander schneiden, Scheitelwinkel, die einander gleich sind"*) und zieht (vereinfacht und formalisiert) folgenden Schluß:

α ist ein Rechter, ß ist ein Rechter, daher gilt α = ß.

An der Stelle, wo EUKLID nach meiner These das vierte Postulat anführen müßte (in § 4 beim ersten Kongruenzsatz), fehlt ein solcher Bezug.

In beinahe dieselbe Kerbe schlägt aber Felix KLEIN (1968, S. 182):

"Sein tatsächlicher Inhalt aber ist mit dem in den letzten Ausführungen Enthaltenen identisch: daß man gleiche Winkel, die durch Drehungen an verschiedenen Punkten definiert sind, durch Bewegungen zur Deckung bringen kann, d. h. eben, daß sie kongruent sind."

Eine etwas andere Auffassung vertritt Bernold PICKER (1971, S. 57/58), der den Sachverhalt mehr von der philosophischen Seite betrachtet:

"Felix Klein selbst weist darauf hin, daß Euklid eigentlich inkonsequent wäre, wenn er im Beweis des ersten Kongruenzsatzes die Existenz von Bewegungen voraussetzen wollte, die Gestalt und Abmessungen der geometrischen Figuren nicht ändern, nachdem er sich bei zwei anderen Beweisen vorher kunstvoll bemüht hat, ohne Verwendung des Bewegungsbegriffes auszukommen.

Ich meine daher, daß im Beweis des 1. Kongruenzsatzes weiter nichts als eine Lücke vorliegt und daß Euklid die Absicht hatte, durch das vierte Axiom die Kongruenz als spezielle Art des logischen Begriffs der Gleichheit zu erklären. Damit würde zugleich verständlich, warum dieser Satz innerhalb der logischen Axiome angeführt ist.

Nur das entspricht dem philosophischen Anliegen Euklids. Wenn die Geometrie zur Anschauung der ewigen und unveränderlichen Ideen führen soll, so kann sie das nur, wenn sie sich von der Erscheinungswelt sowohl durch ihre Unveränderlichkeit als auch durch ihre Statik abhebt. Von ihrer Aufgabe her durfte die Geometrie nicht Bewegungsgeometrie sein!"

9) Wie schon unter Punkt 2) angedeutet, ist der Winkelbegriff EUKLID's (laut Definition 8) keineswegs auf geradlinige Winkel beschränkt. Ein konkretes Beispiel liefert § 16 des dritten Buches:

"Eine rechtwinkelig zum Kreisdurchmesser vom Endpunkt aus gezogene gerade Linie muß außerhalb des Kreises fallen, und in den Zwischenraum der geraden Linie und des Bogens läßt sich keine weitere gerade Linie nebenhineinziehen; der Winkel des Halbkreises ist größer als jeder spitze geradlinige Winkel, der Restwinkel kleiner."

Der letzte Teil des Satzes enthält eine Aussage über den Winkel zwischen einer geraden Linie und einem Halbkreis. (S. 58) (Abb.)

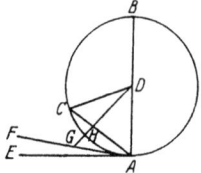

Der Winkel zwischen BA und dem Bogen BCA ist größer als der Winkel BAF. (Bezeichnungsweise nach THAER)

Der Größenvergleich zwischen dem hornförmigen Winkel BCA und dem geradlinigen Winkel wird wie folgt vollzogen: Die beiden Winkel haben die gerade Linie BA mit dem Anfangspunkt A gemeinsam. Beim Annähern der beiden freien Schenkel bleibt beim Zuschreiten auf A die Linie FA schließlich unterhalb der Linie BCA. Daher ist der hornförmige Winkel größer als der geradlinige Winkel BAF.

EUKLID zeigt in § 16 allgemein, daß dies für jedes beliebige F oberhalb der geraden Linie EA gilt (Auszeichnung der Tangente EA). Der Vollständigkeit halber sei erwähnt, daß vor allem zur Zeit von PAPPOS (um 400 n. Chr.) und PROKLOS (um 450 n. Chr.) die Lehre der hornförmigen Winkel zu einem heiß diskutierten Thema wurde. Eine genauere Darstellung findet man bei KLEIN (1968, S. 220 - 224) und bei MAINZER (1980, S. 48 - 50).

10) Felix KLEIN (1968) macht in seiner ausführlichen Kritik der Elemente des EUKLID besonders auf das Fehlen der Zwischenaxiome (vgl. 4.3) aufmerksam: Es handelt sich bei allen geometrischen Größen (Strecken, Winkel, Flächen, u.s.w.) um absolute Größen, die kein Vorzeichen besitzen. Die Folge davon ist, daß zum Beweis allgemeingültiger Sätze stets Fallunterscheidungen getroffen werden müssen.

Zusammenfassend kann man feststellen, daß der Winkel bei EUKLID schon als Beziehung ("Neigung zweier Linien gegeneinander") verstanden wird, wenngleich diese noch keine formalen Züge aufweist (wie etwa viel später bei HILBERT), sondern noch stark im Figurativen verhaftet ist.

Demnach lassen sich bereits einige wesentliche Operationen, wie die des Vergleichens, Addierens, Subtrahierens und Halbierens durchführen. Der rechte Winkel wird als natürliche Einheit verwendet.

Das Problem der Winkelmessung wird in den "Elementen" nicht behandelt. Dies hängt sicherlich auch mit der Tatsache zusammen, daß es nicht gelang (gelingen konnte), Winkel (mit Zirkel und Lineal) in beliebige Teile zu teilen.

Die Teilung war somit bestenfalls näherungsweise konstruierbar, was aber der platonischen Auffassung vom Ideal der rein logischen Beherrschung der Geometrie widersprechen mußte.

Diese Einstellung hemmte sicherlich auch die Suche nach einer kleineren Einheit der Winkelmessung.

Die GRIECHEN waren die ersten, die systematische Studien astronomischer Daten betrieben, wobei sie anfänglich ihre Resultate (wie die BABYLONIER) in Vielfachen und Teilen des rechten Winkels ausdrückten.

HIPPARCHOS von Nikaea (180 - 145 v. Chr.), der "Vater der Trigonometrie", war der erste, der Tafeln mit Sehnen- und Bogenlängen für verschiedene Winkel aufstellte, und dabei von der Unterteilung des Kreises in 360 Teile ausging. (Vgl. CLOSE 1982)

Präzis errechnete astronomische und trigonometrische Tabellen gehen auf den großen Astronomen PTOLEMAIOS (85 - 165 n. Chr.) zurück, die er vor allem in seinem Werk "Almagest" (ca. 150 n. Chr.) zusammenstellte. Astronomen verwendeten seine Tabellen mit Sehnenlängen von Kreisbögen (mit Winkeln von $\frac{1}{2}°$ bis 180° für alle $\frac{1}{2}°$) über mehr als 1000 Jahre. PTOLEMAIOS unterteilte ein Grad in 60 'partes minutae primae' und jede dieser in 60 'partes minutae secundae', woraus sich die Termini Minuten und Sekunden ableiteten. Zum Aufstellen seiner Tafeln entwickelte er die Additions- und Subtraktionstheorema für Sinus und Cosinus, sowie die Formel für den Sinus halber Winkel: $\sin\frac{\alpha}{2} = \pm\sqrt{\frac{1-\cos\alpha}{2}}$

Allerdings waren die Bezeichnungen 'sinus' und 'cosinus' erst bei den ARABERN in Gebrauch. Außerdem verstand man sie damals noch nicht als (Winkel-) Funktionen, sondern als Bezeichnungen für Sehnen- und Kreisbogenverhältnisse.

Insgesamt gesehen, brachte die griechische Mathematik wesentliche Fortschritte in der Entwicklung des Verständnisses von Winkel und Winkelmessung:

Schon ab dem 4. Jahrhundert vor Christi Geburt sind explizite Definitionsversuche für den Winkel überliefert. Die griechischen Philosophen dachten über das Wesen des Winkels nach und diskutierten darüber, ob man diesen als Qualität, Quantität oder als Relation sehen sollte.

So definierte etwa ARISTOTELES (384 - 322 v. Chr.) den Winkel als "Knick" (Abbrechen) einer einzigen (geraden) Linie, APOLONIUS von Perge (262 - 190 v. Chr.) bezeichnet ihn als "Zusammenziehung" (Schließung) einer Fläche (bzw. Körper) in einem Punkt unter einer "gebrochenen" Linie (bzw. Fläche).
Beide Definitionen sind dadurch gekennzeichnet, daß sie keine (quantifizierbaren) Beziehungen, sondern der reinen Anschauung entnommene Qualitäten (wie etwa Kälte und Wärme) darstellen.

Andere Philosophen, wie z. B. PLUTARCH (45 - 125 n. Chr.), sahen den Winkel als Maß des Auseinanderstrebens zweier gerader Linien in einem Punkt - als eine Form von Distanz, also als Quantität.

EUKLID (ca. 300 v. Chr.) definierte Winkel als Neigung zweier Linien, sah ihn also als Relation, wenngleich aus seinen "Elementen" ebenso klar hervorgeht, daß er sie als Größen (Quantitäten) verstand.

PROKLOS (410 - 485 n. Chr.) stellte fest, daß der Winkel jeden dieser 3 Aspekte beinhalten muß:

"... *So bedarf denn auch der Winkel unbedingt der mit der Größe gegebenen Quantität, bedarf aber auch der Qualität, vermöge deren er gewissermaßen eine eigene Form und Seinsgestalt hat, und bedarf endlich auch der Beziehung der ihn begrenzenden Linien oder der ihn einschließenden Ebenen. Erst die Summe von allen ist der Winkel und nicht ein einziger von diesen Faktoren ist teilbar und läßt Gleichheit und Ungleichheit zu, vermöge reiner Quantität, kann aber nicht gezwungen werden, den Begriff der homogenen Größen in sich aufzunehmen, weil er auch eine eigene Qualität besitzt, vermöge deren häufig die einen Winkel mit anderen nicht zu vergleichen sind, noch auch nur einen einzigen Winkel zu bilden, wenn die Neigung auch nur eine ist, da auch das zwischen den sich zuneigenden Linien liegende Quantum sein Wesen ausmacht." (aus O. BECKER 1975, S. 49)*

Es war das Verdienst der griechischen Mathematik, über das Wesen des Winkels zu reflektieren und ihn als selbständigen Begriff in die Theorie der damaligen Geometrie einzubauen.

In der Winkelmessung gab es im wesentlichen zwei bedeutende Neuerungen. Erstens die Übertragung der Einteilung des Tierkreises auf den allgemeinen Kreis zur Messung von Winkeln, sowie die Unterteilung der (neu gewonnenen) Grade in Minuten und Sekunden. Zweitens die Entwicklung bedeutender Formeln (z. B. das Additionstheorem für den Sinus) zur Erstellung von präzis errechneten astronomischen und trigonometrischen Tabellen.

4.3 DIE "GRUNDLAGEN DER GEOMETRIE" VON DAVID HILBERT

Während in EUKLID's Elementen die Geometrie noch im Ontologischen verhaftet ist, wirft David HILBERT (1862 - 1943) - unter konsequenter Anwendung der Grundsätze moderner Axiomatik - alle "Anschauung" über Bord. In seinen "Grundlagen der Geometrie" (1899) schuf er das erste vollständige Axiomensystem der Geometrie.

Der Paragraph 1 seines Werkes - "Die Elemente der Geometrie und die 5 Axiomengruppen" - sei hier unverkürzt wiedergegeben:

§1. Die Elemente der Geometrie und die fünf Axiomgruppen.

Erklärung: Wir denken drei verschiedene Systeme von Dingen: die Dinge des ersten Systems nennen wir Punkte und bezeichnen sie mit A, B, C, ...; die Dinge des zweiten Systems nennen wir Geraden und bezeichnen sie mit a, b, c, ...; die Dinge des dritten Systems nennen wir Ebenen und bezeichnen sie mit α, β, γ, ...; die Punkte heißen auch die Elemente der linearen Geometrie, und die Punkte, Geraden und Ebenen heißen die Elemente der räumlichen Geometrie oder des Raumes.

Wir denken die Punkte, Geraden, Ebenen in gewissen gegenseitigen Beziehungen und bezeichnen diese Beziehungen durch Worte wie "liegen", "zwischen", "kongruent"; die genaue und für mathematische Zwecke vollständige Beschreibung dieser Beziehungen erfolgt durch die Axiome der Geometrie.

Die Axiome der Geometrie können wir in fünf Gruppen teilen; jede einzelne dieser Gruppen drückt gewisse zusammengehörige Grundtatsachen unserer Anschauung aus.

Wir benennen diese Gruppen von Axiomen in folgender Weise:

I	*1-8.*	*Axiome der Verknüpfung*
II	*1-4.*	*Axiome der Anordnung,*
III	*1-5.*	*Axiome der Kongruenz,*
IV		*Axiom der Parallelen,*
V	*1-2.*	*Axiome der Stetigkeit.*

Dieser und alle folgenden Belege zu diesem Werk stammen aus HILBERT (1977, 12. Auflage der 1899 erschienenen Erstfassung).

Im folgenden soll nun untersucht werden, an welcher Stelle und in welcher Ausprägung der Begriff des Winkels in seinen 5 Axiomengruppen auftritt.

I. DIE VERKNÜPFUNGSAXIOME (INZIDENZAXIOME)

Axiom I.1: Zu zwei Punkten A, B gibt es stets eine Gerade a, die mit jedem der beiden Punkte A, B zusammengehört. (Bei HILBERT sind stets verschiedene Punkte gemeint.)

Axiom I.2: Zu zwei Punkten A, B gibt es nicht mehr als eine Gerade, die mit jedem der beiden Punkte A, B zusammengehört.

Axiom I.3: Auf jeder Geraden gibt es stets wenigstens zwei Punkte. Es gibt wenigstens drei Punkte, die nicht auf einer Geraden liegen.

Eine Folgerung aus diesen Axiomen (bei HILBERT "Satz I") ist z. B.: *"Zwei Geraden einer Ebene haben einen oder keinen Punkt gemeinsam."*

Die Axiome I.4 - I.8 der Gruppe I werden hier nicht angeführt, da sie der räumlichen Geometrie zugehörig sind.

II. ANORDNUNGSAXIOME

Sie garantieren erst die Existenz von mehr als drei Punkten bzw. Geraden in einer Ebene:

Axiom II.1: Wenn ein Punkt B zwischen einem Punkt A und einem Punkt C liegt, so sind A, B, C drei verschiedene Punkte einer Geraden, und B liegt dann auch zwischen C und A.

Axiom II.2: Zu zwei Punkten A und C gibt es stets wenigstens einen Punkt B auf der Geraden AC, sodaß C zwischen A und B liegt.

Axiom II.3: Unter irgend drei Punkten einer Geraden gibt es nicht mehr als einen, der zwischen den beiden anderen liegt.

Axiom II.4: Es seien A, B, C drei nicht in gerader Linie gelegene Punkte und a eine Gerade in der Ebene ABC, die keinen der Punkte A, B, C trifft: wenn dann die Gerade a durch einen Punkt der Strecke AB geht, so geht sie gewiß auch durch einen Punkt der Strecke AC oder durch einen Punkt der Strecke BC. (S. 5) (Abb.)

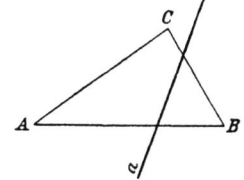

II.4 wird heute unter der Bezeichnung "Axiom von PASCH" (1843 - 1930) geführt.

Eine Folgerung aus den bisherigen Axiomen ist z. B. der "Satz 7" bei HILBERT:
"Zwischen irgend zwei Punkten einer Geraden gibt es stets unendlich viele Punkte."
Außerdem können die Begriffe "Strecke", "Strahl", sowie die Beziehungen "innerhalb"
und "außerhalb" einer Strecke, "auf der selben Seite" bzw. "auf verschiedenen
Seiten" einer Geraden (und damit auch der Begriff der Halbebene) definiert werden.

III. KONGRUENZAXIOME

Die Axiome III.1 bis III.3 beziehen sich auf die Kongruenz von Strecken, III.4 auf
die <u>Kongruenz von Winkeln</u>, III.5 auf beide gemeinsam.

Axiom III.1:   *Wenn A, B zwei Punkte auf einer Geraden a und ferner A' ein Punkt*
               auf derselben oder einer anderen Geraden a' ist, so kann man auf
               einer gegebenen Seite der Geraden a' von A' stets einen Punkt B'
               finden, sodaß die Strecke AB der Strecke A'B' kongruent oder gleich
               ist, in Zeichen: $AB \equiv A'B'$.
               (Dieses Axiom fordert die Möglichkeit der Streckenabtragung. Ihre
               Eindeutigkeit wird später bewiesen.)

Axiom III.2:   *Wenn eine Strecke A'B' und eine Strecke A"B" derselben Strecke AB*
               kongruent sind, so ist auch die Strecke A'B' der Strecke A"B"
               kongruent, oder kurz: wenn zwei Strecken einer dritten kongruent
               sind, so sind sie untereinander kongruent.

Aus III.1 und III.2 folgt, daß die "Streckenkongruenz" eine Äquivalenzrelation ist.

Axiom III.3:   *Es seien AB und BC zwei Strecken ohne gemeinsame Punkte auf der*
               Geraden a und ferner A'B' und B'C' zwei Strecken auf derselben oder
               einer anderen Geraden a', ebenfalls ohne gemeinsame Punkte; wenn
               dann $AB \equiv A'B'$ und $BC \equiv B'C'$ ist, so ist auch stets $AC \equiv A'C'$.
               (Forderung der Addierbarkeit von Strecken.)

Im Anschluß an Axiom III.3 definiert HILBERT den Begriff Winkel (S. 13):
Erklärung: Es sei α eine beliebige Ebene, und h,k seien irgend zwei verschiedene
von einem Punkt 0 ausgehende Halbstrahlen in α , die verschiedenen Geraden
angehören. Das System dieser beiden Halbstrahlen h,k nennen wir einen Winkel und
bezeichnen denselben mit $\sphericalangle$ (h,k) oder mit $\sphericalangle$ (k,h). Die Halbstrahlen h,k heißen
Schenkel des Winkels, und der Punkt 0 heißt der Scheitel des Winkels.

Daraus ist ersichtlich, daß sich HILBERT für "nicht-orientierte" Winkel entscheidet, wobei Nullwinkel, gestreckte Winkel und überstumpfe Winkel von dieser Definition ausgeschlossen sind.

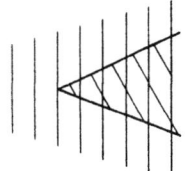

Mit Hilfe der Anordnungsaxiome (und Folgesätze) kann man zeigen, daß ein Winkel die Ebene in 2 Gebiete einteilt. (Abb.)

a) Das doppelt schraffierte Innere (ohne h und k)

b) Die restlichen Punkte der Ebene (mit h und k) bilden das Äußere.

Nach dieser Definition lassen sich einige einfache Folgerungen ziehen:

- Eine Strecke, welche zwei Punkte des Inneren verbindet, verläuft stets ganz im Inneren.
- Liegen die Endpunkte H und K einer Strecke auf h bzw. k, so liegen die Punkte der Strecke (dazu gehören die Endpunkte nach HILBERTs Definition nicht) im Inneren.
- Ein Halbstrahl, welcher von 0 ausgeht, verläuft entweder ganz im Inneren oder ganz im Äußeren.
- Ein von 0 ausgehender und im Inneren verlaufender Halbstrahl trifft einen Punkt der Strecke HK.
- Ist A ein Punkt des einen und B ein Punkt des anderen Gebietes, so geht jeder Streckenzug, der A und B verbindet, entweder durch 0 oder hat mit h oder k wenigstens einen Punkt gemein.

Der Kongruenzbegriff bei Winkeln wird durch Axiom III.4 beschrieben, wo die Möglichkeit des "Abtragens" (Antragens) eines Winkels nach einer gegebenen Seite an einen gegebenen Halbstrahl gefordert wird. Im Gegensatz zum Abtragen von Strecken (Axiom III.1) wird beim Abtragen der Winkel die Eindeutigkeit im Axiom selbst gefordert, die Eindeutigkeit des Streckenabtragens wird später bewiesen.

Axiom II.4:   *Es sei ein Winkel $\angle(h,k)$ in einer Ebene α und eine Gerade a' in einer Ebene α' sowie eine bestimmte Seite von a' in α' gegeben. Es bedeute h' einen Halbstrahl der Geraden a', der vom Punkt $0'$ ausgeht: dann gibt es in der Ebene α' einen und nur einen Halbstrahl* *k', so daß der Winkel ∢(h,k) kongruent oder gleich dem Winkel ∢(h',k') ist und zugleich alle inneren Punkte des Winkels ∢(h',k') auf der gegebenen Seite von a' liegen, in Zeichen: ∢(h,k) ≡ ∢(h',k'). Jeder Winkel ist sich selbst kongruent, d. h. es ist stets ∢(h,k) ≡ ∢(h,k).*

Axiom III.5 verbindet die "Streckenaxiome" III.1 - III.3 und das "Winkelaxiom" III.4 miteinander. Als Beleg dafür sei nach Axiom III.5 die Eindeutigkeit der Streckenabtragung als unmittelbare Folgerung angeführt:

Axiom III.5:   Wenn für zwei Dreiecke ABC und A'B'C' die Kongruenzen AB ≡ A'B', AC ≡ A'C', ∢BAC ≡ ∢B'A'C' gelten, so ist auch stets die Kongruenz ∢ABC ≡ ∢A'B'C' erfüllt.

Beweis der Eindeutigkeit der Streckenabtragung (S. 15) (Abb.):
Angenommen die Strecke AB sei auf einem von A' ausgehenden Halbstrahl auf zwei Weisen, bis B' und B" abgetragen.

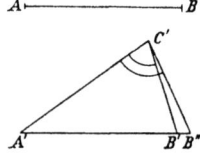

Dann wählen wir einen Punkt C' außerhalb der Geraden A'B' und erhalten die Kongruenzen A'B' ≡ A'B", A'C' ≡ A'C', ∢B'A'C' ≡ ∢B"A'C', also nach Axiom III.5 ∢A'C'B' ≡ ∢A'C'B", im Widerspruch zu der in Axiom III.4 geforderten Eindeutigkeit der Winkelantragung.

Nach den Kongruenzaxiomen folgt bei HILBERT ein langes Kapitel über Folgerungen aus diesen 5 Axiomen.

Zunächst werden noch drei Begriffe definiert:

Als <u>Nebenwinkel</u> werden zwei Winkel bezeichnet, die den Scheitel und einen Schenkel gemeinsam haben, und deren nicht gemeinsame Schenkel eine gerade Linie bilden.
<u>Scheitelwinkel</u> werden zwei Winkel mit gemeinsamem Scheitel genannt, deren Schenkel je eine Gerade bilden.
Ein <u>rechter Winkel</u> ist ein Winkel, welcher einem seiner Nebenwinkel kongruent ist.

Danach kann bewiesen werden, daß im gleichschenkeligen Dreieck die Basiswinkel kongruent sind. Die Definition der Kongruenz von Dreiecken wird auf die Kongruenz aller entsprechenden Seiten und Winkel zurückgeführt. Daraufhin können eine Menge von Sätzen bewiesen werden:

- Die Kongruenzsätze für Dreiecke
- Satz über die Kongruenz der Scheitelwinkel
- Satz über die Kongruenz aller rechten Winkel
- Satz über die Existenz und Eindeutigkeit von Streckenmittelpunkten und Winkelhalbierenden

Ein besonderes Augenmerk sei noch auf den Größenvergleich von Winkeln gelegt, welcher gänzlich ohne Einführung eines Winkelmaßes vollzogen wird. Dazu beweist HILBERT folgenden Satz (Satz 20, S. 22) (Abb.):

Es seien irgend zwei Winkel ⊰(h,k) und
⊰(h',l') vorgelegt. Wenn dann das
Abtragen von ⊰(h,k) an h' nach der
Seite von l' einen inneren Halbstrahl k'
liefert, so liefert das Antragen von
⊰(h',l') an h nach der Seite von k einen
äußeren Halbstrahl l, und umgekehrt.

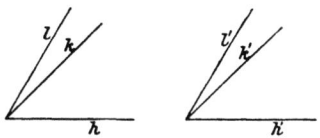

Wenn die in Satz 20 beschriebene Antragung von ⊰(h,k) einen inneren Halbstrahl k'
von ⊰(h',l') liefert, so sagen wir: ⊰(h,k) ist kleiner als ⊰(h',l'), in Zeichen: ⊰(h,k) <
⊰(h',l'); wenn sie einen äußeren Halbstrahl liefert, so sagen wir: ⊰(h,k) ist größer
als ⊰(h',l'), in Zeichen: ⊰(h,k) > ⊰(h',l').

Daraus folgt unmittelbar die Transitivität des Größenvergleiches von Winkeln.
Daran anschließend beweist HILBERT den Satz *"Alle rechten Winkel sind einander gleich"* und weist darauf hin, daß EUKLID diesen Satz seiner Meinung nach zu Unrecht unter die Axiome - bei EUKLID als Postulate geführt - gestellt hat (vgl. 4.2).

IV. AXIOM DER PARALLELEN

Axiom VI: *Es sei a eine beliebige Gerade und A ein Punkt außerhalb a: dann*
gibt es in der durch a und A bestimmten Ebene höchstens eine
Gerade, die durch A läuft und a nicht schneidet.

Zwei in einer Ebene liegende und einander nicht schneidende Geraden werden parallel genannt.

Eine bekannte Folgerung liefert Satz 31 (S. 29): *Die Winkel eines Dreieckes machen zusammen zwei Rechte aus.*
Weitere Folgesätze betreffen den Kreis, z. B. die Konstruierbarkeit des Umkreises, den Peripheriewinkelsatz u.s.w.

V. AXIOME DER STETIGKEIT

Axiom V.1: *(Axiom des Messens oder Archimedisches Axiom): Sind AB und CD irgendwelche Strecken, so gibt es eine Anzahl n derart, daß das n-malige Hintereinander - Abtragen der Strecke CD von A aus auf den durch B gehenden Halbstrahl über den Punkt B hinausführt.*

Axiom V.2: *(Axiom der linearen Vollständigkeit): Das System der Punkte einer Geraden mit seinen Anordnungs- und Kongruenzbeziehungen ist keiner solchen Erweiterung fähig, bei welcher die zwischen den vorigen Elementen bestehenden Beziehungen sowie auch die aus den Axiomen I-III folgenden Grundeigenschaften der linearen Anordnung und Kongruenz, und V.1 erhalten bleiben.*
Dazu HILBERT's Erklärung: *"Gemeint sind mit den Grundeigenschaften die in den Axiomen II.1-3 und im Satz 5 formulierten Anordnungseigenschaften sowie die in den Axiomen III.1-3 formulierten Kongruenzeigenschaften nebst der Eindeutigkeit der Streckenabtragung. Gemeint ist ferner, daß bei der Erweiterung des Punktesystems die Anordnungs- und Kongruenzbeziehungen auf den erweiterten Punktbereich ausgedehnt werden."*

Eine weitreichende Folgerung spricht HILBERT in folgendem Satz aus:
Satz der Vollständigkeit (Satz 20). Die Elemente (d. h. die Punkte, Geraden und Ebenen) der Geometrie bilden ein System, das bei Aufrechterhaltung der Verknüpfungs- und Anordnungsaxiome, der Kongruenzaxiome und des Archimedischen Axioms, also erst recht bei Aufrechterhaltung sämtlicher Axiome keiner Erweiterung durch Punkte, Geraden und Ebenen mehr fähig ist.

Abschließend stellt HILBERT im ersten Kapitel fest:

"Das Vollständigkeitsaxiom ist nicht eine Folge des Archimedischen Axioms. In der Tat reicht das Archimedische Axiom allein nicht aus, um mit Benutzung der Axiome I-IV unsere Geometrie als identisch mit der gewöhnlichen analytischen "Cartesischen" Geometrie nachzuweisen (...). Dagegen gelingt es unter Hinzunahme des Vollständigkeitsaxioms - obwohl dieses Axiom unmittelbar keine Aussage über den Begriff der Kongruenz enthält - , die Existenz der einem Dedekindschen Schnitte entsprechenden Grenze und den Bolzanoschen Satz vom Vorhandensein der Verdichtungsstellen nachzuweisen, womit dann unsere Geometrie sich als identisch mit der Cartesischen Geometrie erweist." (S. 32/33)

Rückblickend seien im Hinblick auf den Winkelbegriff noch einige Bemerkungen angefügt:

1) Der Begriff des Winkels wird bei HILBERT als wesentlicher Bestandteil der Kongruenzaxiome III.4 und III.5 unmittelbar vor deren Formulierung eingeführt.

2) Der Vergleich von Winkeln kann erst nach den Kongruenzaxiomen erfolgen, ein Winkelmaß (wie auch ein Streckenmaß) wird nicht eingeführt.

3) Was für den Aufbau der Geometrie bei HILBERT die Axiome V.1 und V.2 sind, sind beim Aufbau der Zahlenbereiche beinahe analog das Archimedische Axiom (bzw. als Satz) und das Axiom (bzw. der Satz) von der Intervallschachtelung (vgl. SCHWARTZE 1984, S. 23). Die Aussagen der Axiome V.1 und V.2 zusammen liefern nichts anderes als eine bijektive Abbildung zwischen der Menge der reellen Zahlen und den Punkten einer Geraden.

4) HILBERT läßt in seinem Aufbau nur Winkel ß mit 0° < ß < 180° (in unserer Terminologie) zu. Den Winkelsummensatz formuliert er deshalb eher vorsichtig: *"Die Winkel eines Dreiecks machen zusammen zwei Rechte aus"*, denn einen Winkel mit 180° gibt es nicht.

Die Vorgangsweise, daß man Winkel nur bis 180° zuläßt, diese aber darüber hinaus addiert, ist als völlig unproblematisch anzusehen. Dazu ein Beispiel:
Gegeben seien zwei Winkel ∢(a,b) und ∢(b,c) mit je 120°. Trägt man die Winkel aneinander an, so entsteht nach HILBERT der Winkel ∢(a,c) (mit einer Größe von 120°). (Abb.)

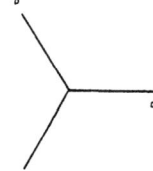

Dennoch ist hier kein "Fehler" im System zu konstatieren. Bei der Winkelsumme handelt es sich um eine "algebraisch" erzeugte Größe ("2 Rechte"), die unabhängig von der Tatsache zu sehen ist, daß das "geometrische" Aneinander-Abtragen der Winkel letztendlich gar keinen Winkel im HILBERT'schen Sinne gibt (er schließt "gestreckte Winkel" bewußt aus).

5) Im Vergleich zum Winkelbegriff bei EUKLID ergeben sich folgende wesentliche Veränderungen:

- Im Sinne formaler Axiomatik (mit dem "Über-Bord-Werfen" sämtlicher Evidenz) definiert HILBERT den Winkel als <u>System</u> zweier Halbgeraden, wobei stets die Beziehungen zwischen den implizit definierten Grundbegriffen (Punkt, Gerade, ...) bzw. den davon abgeleiteten Begriffen (wie etwa Halbgerade) im Vordergrund stehen und keinesfalls etwa der Winkel als Figur.

- Durch die Einführung von Kongruenzaxiomen gelingt der Größenvergleich von Winkeln. Eine Voraussetzung dazu ist auch die Definition des Winkels mittels Strahlen. Würde der Winkel wie bei EUKLID nur von endlichen geraden Linien gebildet werden, so könnte die Gleichheit von Winkeln nicht mittels Kongruenz erklärt werden. Zwar gilt auch in den "Elementen" der Grundsatz *"Was einander deckt ist einander gleich"* (Axiom 7), aber die Umkehrung dessen wird nicht explizit ausgesprochen. Im Falle der Winkel ist es bei EUKLID wohl der Anschauung des Lesers überlassen, die Gleichheit von Winkeln auch dort zu konstatieren, wo die entsprechenden Schenkel zwar nicht gleichlang sind, sich aber zumindest teilweise überlagern lassen. (Abb.)

Durch die Definition des Winkels mittels Halbgeraden (Strahlen) werden diese Schwierigkeiten elegant umgangen.

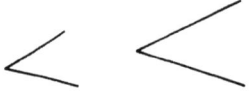

156

4.4   DIE "GRUNDLAGEN DER GEOMETRIE" VON FELIX KLEIN

Ausgangspunkt einer weiteren Auseinandersetzung mit dem Winkelbegriff sei das Standardwerk "Elementarmathematik von höherem Standpunkte aus" von Felix KLEIN (1849 - 1925).

Von den drei Bänden dieses Werkes ist der zweite Band allein der Geometrie gewidmet. Dieser erschien erstmals 1908, die im folgenden verwendeten Zitate beziehen sich auf den Nachdruck 1968 der dritten Auflage von 1925. Im dritten Teil dieses Werkes werden die "Grundlagen der Geometrie" behandelt, wo ein "Aufbau der ebenen Geometrie unter Voranstellung der Bewegungen" dargelegt wird. Bevor darauf näher eingegangen wird, sei kurz der historische und fachmathematische Hintergrund des Schaffens von Felix KLEIN beleuchtet.

Das 19. Jahrhundert brachte der Geometrie eine stürmische Entwicklung, es entstanden verschiedenste, auseinanderstrebende Theorien (vor allem auch die projektive Geometrie). Felix KLEIN erkannte, daß sich der für die Algebra so bedeutend gewordene Gruppenbegriff für eine Ordnung der verschiedenen "Geometrien" nützen ließe. Dieses Leitprinzip stellt den Grundpfeiler seines "Erlanger Programmes" dar, welches nach seiner Antrittsvorlesung von 1872 in Erlangen benannt ist.

Eine zentrale Rolle spielen dabei die "geometrischen Transformationen" (Abbildungen des Raumes auf sich), die KLEIN als nichts anderes als eine "Verallgemeinerung des einfachen Funktionsbegriffes" ansieht (KLEIN 1968, S. 74).
Dabei wird untersucht, welche Eigenschaften (der geometrischen Gebilde) bei den jeweiligen Transformationen invariant bleiben. Die Transformationen lassen sich zu Gruppen zusammenfassen, wobei jede Gruppe durch eine bestimmte Menge an Invarianten charakterisiert ist. So lassen etwa die projektiven und affinen Transformationen die Winkelgröße i. a. nicht invariant, wohl aber die Ähnlichkeitstransformationen und damit auch die "Bewegungen".

Umseitig ist eine vereinfachte Darstellung der Transformationsgruppen (mit ihren Untergruppen) und den zugehörigen Invarianten (jeweils in Klammer angeführt) wiedergegeben:

Geometrie:	Transformationen:	Invarianten:
Projektive Geometrie	Projektive Transformationen	Geradlinigkeit, Inzidenz von Punkt und Gerade, Doppelverhältnis von vier Punkten.
Affine Geometrie	Affine Transformationen	Parallelität, Teilverhältnis dreier Punkte
Ähnlichkeits- geometrie	Ähnlichkeitstransformationen	Winkelgröße, Verhältnis von Streckenlängen
Kongruenz- geometrie	Bewegungen	Streckenlänge

KLEIN beschreibt die Transformationen durch Transformationsgleichungen, geht also streng analytisch vor.

Während HILBERT's rein synthetischer Aufbau der Geometrie einen gewissen Abschluß der "klassischen" Entwicklung der Elementargeometrie bedeutete (im Mittelpunkt standen die Kongruenzaxiome), rückte mit KLEIN (er stellte Bewegungsaxiome auf) immer mehr der "Abbildungsgedanke" in den Vordergrund.

Doch nun genauer zum Aufbau der ebenen Geometrie von KLEIN unter "Voranstellung der Bewegungen": Als Grundbegriffe nimmt er Punkt und Gerade an und setzt Axiome über deren Verknüpfung (Inzidenz), Anordnung und Stetigkeit voraus. Bevor er zu seinem eigentlichen Ziel, dem *"System der ebenen analytischen Geometrie"* gelangt, muß er noch eine Reihe von Axiomen aufstellen, in denen er die Eigenschaften der "Bewegungen" formuliert. Er orientiert sich dabei *"natürlich an der anschaulichen Vorstellung von einer Bewegung, die wir von unseren Erfahrungen mit starren Körpern her haben."* (KLEIN 1968, S. 175)

1. Es wird die Existenz einer Gruppe von gewissen Kollineationen (geradenerhaltender Abbildungen) gefordert, die schließlich Bewegungen genannt werden und folgende Eigenschaften aufweisen:

"Es seien irgend 2 beliebige Punkte A, A' gegeben und je eine Halbgerade a von A aus, a' von A' aus; dann soll es stets eine und nur eine Bewegung geben, die den Punkt A in A' und gleichzeitig den Strahl a in a' überführt - Figuren die durch eine Bewegung ineinander übergehen, nennen wir kongruent." (S. 175)

2. Danach erfolgt die Einführung der Verschiebung:

"Es gibt nämlich genau eine Bewegung, die einen Punkt A in einen beliebig gegebenen A' und gleichzeitig die Gerade von A nach A' (mit dieser Richtung) in sich selbst überführt; eine solche Bewegung nennen wir Verschiebung (Translation) oder deutlicher Parallelverschiebung. Wir fordern nun, daß jede solche Verschiebung überhaupt die Verbindungsgerade je zweier in ihr sich entsprechender Punkte B, B' (unter Erhaltung ihrer Richtung) in sich überführt, und ferner - und das ist das Wesentliche -, daß alle ... Verschiebungen der Ebene eine Untergruppe der Bewegungsgruppe bilden." (S. 175)

Die Parallelität von Geraden kann als abgeleiteter Begriff gewonnen werden: Zwei Geraden sind (genau dann) zueinander parallel, wenn sie durch dieselbe Verschiebung jeweils in sich übergeführt werden. Daraus folgt auch, daß zu einer gegebenen Geraden durch jeden Punkt stets genau eine Parallele existiert und daß solche (nicht zusammenfallende) Geraden einander nicht schneiden. Bei diesem Aufbau der Geometrie erübrigt sich also ein besonderes Parallelenaxiom.

3. Weiters fordert KLEIN in einem Axiom, daß zwei beliebige Verschiebungen miteinander vertauschbar seien, also die Kommutativität der Hintereinanderausführung von Translationen.

4. Da KLEIN möglichst schnell zur analytischen Geometrie vorstoßen möchte, aber noch auf keinen rechten Winkel zurückgreifen kann, führt er allgemeine Parallelkoordinaten ein (S. 177) (Abb.):

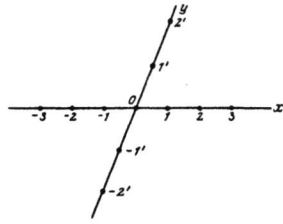

Um sicherzustellen, daß es zu jedem rationalen Abszissenwert x (bzw. Ordinatenwert y) einen Punkt gibt, benötigt er das sogenannte "Zwischenaxiom" für die Ebene. Dieses sagt aus, daß eine Gerade, die durch eine Seite eines Dreieckes in das Dreieck hineintritt, durch eine andere wieder heraustreten muß (siehe Anordnungsaxiom II.4 bei HILBERT - "Axiom von Pasch").

159

5. Um aber wirklich zu allen Punkten zu gelangen, fordert KLEIN ein Stetigkeitsaxiom:

"Es soll unendlich viele weitere Punkte der x-Achse bzw. Verschiebungen dieser Achse in sich geben, die zu den rationalen Punkten in genau den gleichen Beziehungen der Aufeinanderfolge und Stetigkeit stehen, wie die irrationalen zu den rationalen Zahlen." (S. 178)

6. Jede Verschiebung der Ebene entlang der x-Achse kann man nun durch eine einfache Gleichung charakterisieren: $x' = x + a$, ebenso für die y-Achse: $y' = y + b$.

Insgesamt ist damit die Gesamtheit der Punkte der Ebene auf die Gesamtheit der Zahlenpaare (a, b) eindeutig abgebildet.

Schließlich läßt sich folgern, daß sämtliche Geraden durch ("lineare") Gleichungen der Form $ax + by + c = 0$ dargestellt werden können.

7. Als nächstes steuert KLEIN auf die metrischen Begriffe des <u>Winkels</u> zweier Geraden und der <u>Entfernung</u> zweier Punkte zu. Zur Definition des Winkels benötigt er den Begriff der Drehung (um einen Anfangspunkt 0): Eine Bewegung ist genau dann eine Drehung, wenn sie einen Halbstrahl a durch 0 in irgendeinen anderen Halbstrahl a' durch 0 überführt. Bei kontinuierlicher Drehung eines Strahles a um 0 erzeugt jeder Punkt von a schließlich eine geschlossene Bahnkurve, welche Kreis mit Mittelpunkt 0 genannt wird.

8. Etwas schwierig zu interpretieren ist die Einführung des Winkels:

"... daß wir schließlich dazu kommen, jeder Drehung eine reelle Zahl, den Winkel dieser Drehung, zuzuordnen; dabei tritt auch jede reelle Zahl als Drehwinkel auf. Als neues Moment erscheint natürlich die Periodizität der Drehung, und es liegt nahe, gerade die volle Drehung, die einen Strahl wieder in sich überführt, als Einheit zu wählen. Man nimmt aber herkömmlicherweise zur Einheit die Vierteldrehung, die viermal wiederholt die volle Drehung gibt, und deren Winkel man einen Rechten R nennt; jede Drehung wird dann durch ihren Winkel ω . R gemessen, wo ω jede beliebige Zahl sein kann, die man aber der Periodizität wegen auf die Werte von 0 bis 4 beschränken darf." (S. 181) (Abb.)

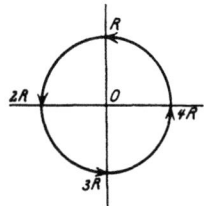

a) Zunächst fällt auf, daß nur das Winkelmaß eingeführt wird, eine "figurative" Entsprechung (z. B. Winkel als Winkelfeld) fehlt.

b) Jede Drehung wird durch "ihren" Winkel ω. R gemessen, wobei ω beliebig aus R (also selbstverständlich auch negativ) sein kann. Dies deutet darauf hin, daß KLEIN an orientierte Winkel denkt, was auch die obige Abbildung zu belegen scheint: Die Pfeile zeichnen die mathematisch positive Richtung (entgegen Uhrzeigensinn) aus. Für $\omega > 4$ treten Winkel über 360° auf, ein Drehwinkel von $\omega = 10$.R (900°) entspricht z. B. einer positiv orientierten, zweieinhalbfachen Volldrehung.

c) Solche Drehungen über die Volldrehung hinaus sind zwar anschaulich leicht faßbar, stimmen aber mit der Abbildungs-Definition der Drehungen nicht überein. Per Definition gibt es nur eine Drehung, die einen Halbstrahl a durch 0 in irgendeinen anderen Halbstrahl a' durch 0 überführt. Nach unserer heutigen Auffassung von Abbildung sind dabei die "Zwischenlagen" (hier jene des Halbstrahles) gar nicht Inhalt der Betrachtung, sondern eher die Bilder bestimmter Urbilder (und umgekehrt). KLEIN dagegen scheint sich auf eine dynamische Sichtweise der Transformationen zu verlegen. Er spricht von Bahnkurven, deutet Orientierungspfeile an und kommt dann natürlich auch leicht zu "negativen" bzw. "übervollen" Drehungen (damit zu beliebigen Winkeln) und hat dabei reale "Bewegungen" im Sinn.

d) Daß KLEIN die in c) angesprochene Problematik sieht, beweist seine Bemerkung, daß man ω "*der Periodizität wegen auf die Werte 0 bis 4 beschränken darf*". Ich möchte dies nun so interpretieren: Werden z. B. zwei Drehungen mit den Winkeln 2R bzw. 3R hintereinander ausgeführt, so wird sich nach KLEIN ein Winkel von 5R ergeben (dynamische Deutung), während man sich bezüglich der Ebene (der statischen Zeichnung) auf die eindeutige Angabe von R beschränken darf.

9. Mit Hilfe der Translation kann man den Winkel von Drehungen an beliebigen Punkten definieren.

10. Um die Entfernung zweier beliebiger Punkte zu definieren, benötigt man die Drehung: Jede beliebige Entfernung auf der x-Achse kann man durch Drehung um 0 auf jede beliebige Gerade durch 0 übertragen werden. Zusammen mit der Möglichkeit des Verschiebens ist somit die Übertragung beliebiger Entfernungen auf beliebige Geraden gewährleistet.

11. Erst nach Einführung des rechten Winkels kann KLEIN zu rechtwinkeligen Koordinaten übergehen. Jetzt wiederum vermag er für die Drehung um einen rechten Winkel (entgegen Uhrzeigersinn) die genaue Form der Gleichung anzugeben:

$$\begin{cases} x' = -y \\ y' = x \end{cases} \quad \begin{bmatrix} \text{x-Achse} \dashrightarrow & \text{y-Achse} \\ \text{y-Achse} \dashrightarrow & \text{x-Achse} \end{bmatrix}$$

Drehung um 2R: Drehung um 3R:

$x' = -x$ $x' = y$

$y' = -y$ $y' = -x$

Die Drehung um 5R entspricht in dieser rein analytischen Darstellung natürlich genau jener um R.

Aus dieser Rechnung wird nun endgültig klar, daß die Winkelgrößen (orientiert entgegen der Uhrzeigerrichtung) zwischen 0 und 4R liegen. Die obigen Gleichungen sind "reine" Abbildungsgleichungen, geben also keine dynamische Bewegung wieder, sondern nur die Bilder eines "allgemeinen" Punktes.

12. Die Herleitung der Drehungsformel für beliebige Winkel gestaltet sich zu einer rein analytischen Aufgabe, wobei die komplexen Zahlen ins Spiel kommen. Als analytische Darstellung der Drehung der Ebene um 0 durch den Winkel ω.R erhält man schließlich: $x' + iy' = i^{\omega}(x + iy)$.

Durch Benutzung der Eulerschen Formel $e^{iz} = \cos z + i \sin z$ (Leonhard EULER, 1707 - 1783) - welche die Kenntnis der Exponentialfunktion e^z und der trigonometrischen Funktionen voraussetzt - erhält man als allgemeine Formel der Drehung:

$$\begin{cases} x' = \cos\omega \cdot x - \sin\omega \cdot y \\ y' = \sin\omega \cdot x + \cos\omega \cdot y. \end{cases}$$

wobei hier allerdings R nicht mehr als Einheit, sondern als Winkel $\frac{\pi}{2}$ auftritt (die neue "natürliche" Einheit ist 2π).

13. Neben der Berechnung anderer analytischer Formeln gibt KLEIN auch jene für den Winkel ω irgend zweier Geraden mit den Gleichungen

$\alpha_1 x + \beta_1 y + \delta_1 = 0, \ \alpha_2 x + \beta_2 y + \delta_2 = 0$ an:

$$\sin\omega = \frac{\alpha_1\beta_2 - \alpha_2\beta_1}{\sqrt{\alpha_1^2 + \beta_1^2}\sqrt{\alpha_2^2 + \beta_2^2}} \qquad \cos\omega = \frac{\alpha_1\alpha_2 + \beta_1\beta_2}{\sqrt{\alpha_1^2 + \beta_1^2}\sqrt{\alpha_2^2 + \beta_2^2}}$$

14. Nach der Präsentation seines "Aufbaus der ebenen Geometrie unter Voranstellung der Bewegungen" schlägt KLEIN einen zweiten Aufbau der ebenen Geometrie vor, in welchem der *"Begriff der Bewegung gerade konsequent vermieden"* wird. Im wesentlichen handelt es sich ziemlich genau um den Aufbau HILBERT's, mit den Axiomen der Verknüpfung, Axiomen der Anordnung, Axiomen der Stetigkeit, sowie Axiomen darüber, daß *"sich Strecke und Winkel bekannter Weise durch Zahlen messen lassen"* und schließlich der erste Kongruenzsatz, welcher die Axiome über die Bewegungsgruppe ersetzen soll.

Ohne an dieser Stelle einen Hinweis auf HILBERT zu tätigen, erläutert KLEIN den weiteren Aufbau der Geometrie: Nach dem pythagoräischen Lehrsatz folgen die trigonometrischen Funktionen und *"von da aus kommt man schließlich zu demselben analytischen Apparat wie vorhin" (S. 189).*

Rückblickend seien nochmals die wesentlichsten Gesichtspunkte hinsichtlich des Winkelbegriffes herausgegriffen:

1) Bei Felix KLEIN taucht der Winkelbegriff nicht als notwendige Voraussetzung für irgendwelche Axiome auf, wie etwa bei HILBERT für die Kongruenzaxiome.

2) Der Winkel wird nur als Winkelmaß definiert, genauer gesagt als Winkel einer Drehbewegung, wobei man den rechten Winkel als Einheit wählt.

3) Der Winkel ist orientiert und nimmt Werte zwischen 0° und 360° an. KLEIN scheint Drehungen auch als echte Bewegungen zu interpretieren und läßt hierbei den Winkel alle reellen Zahlen annehmen.

4) Nach Einführung des rechtwinkeligen Koordinatensystems - als Voraussetzung war der rechte Winkel notwendig - kommt der Apparat der analytischen Geometrie (KLEIN's Ziel) sofort zur Wirkung: Die Drehung der Ebene um 0 wird durch eine Gleichung dargestellt, wenig später folgt die Formel für den Winkel zwischen zwei Geraden.

5) Im Aufbau von KLEIN spielt der Begriff der Drehung jene Rolle, die der Winkelbegriff bei HILBERT einnimmt: Durch beide wird eine (Lage-) Beziehung zwischen zwei Halbgeraden (Strahlen) hergestellt. Im Gegensatz zu modernen Axiomatiken der Abbildungsgeometrie verbindet KLEIN die Drehung noch mit der *"anschaulichen Vorstellung von einer Bewegung"*. (Wenn also in der didaktischen Diskussion von der Idee des "Erlanger Programmes" gesprochen wird, so ist mitzudenken, daß Abbildungen für KLEIN stets mit der Vorstellung von Bewegungen verbunden waren.)

4.5 DER "AUFBAU DER GEOMETRIE AUS DEM SPIEGELUNGSBEGRIFF" VON FRIEDRICH BACHMANN

Wurde mit HILBERT's Grundlagen der Geometrie ein Abschluß der klassischen Entwicklung der Elementargeometrie erzielt, so ging es - geprägt durch die Ideen des Erlanger Programmes von Felix KLEIN (Ordnung der Geometrie nach Abbildungs- gruppen) - bald darum, einen synthetischen Aufbau der Kongruenzgeometrie mit Hilfe von Axiomen über Kongruenzabbildungen (anstelle von Kongruenzaxiomen) zu erreichen. Zum Teil lassen sich hier auch die "Grundlagen der Geometrie" von KLEIN einordnen, wenngleich er sehr schnell auf die analytische Darstellung überwechselt. Die Untersuchungen von KLEIN sind aber nicht grundlagentheoretisch, da bei ihm weder die Geometrie noch ihre Grupppen axiomatisch charakterisiert werden.

Das erste Axiomensystem für die euklidische Geometrie mit der Bewegung anstelle der Kongruenz als Grundbegriff liefert F. SCHUR (1909) in seinen "Grundlagen der Geometrie".
Die erstmalige Verwendung der Spiegelung als Grundbegriff geht auf H. WILLERS (1922) zurück, die weitere Ausformung erfolgt im bedeutenden Werk "Elementare Geometrie" von W. SCHWAN (1929).
Die "Spiegelungsgeometrie" hat ihre Wurzeln z. T. darin, daß man durch sie die Geometrie auch anordnungs- und stetigkeitsfrei entwickeln kann. Ebenfalls neu an der Spiegelungsgeometrie war, daß sie das Rechnen mit Abbildungen als Elemente der Bewegungsgruppe als Beweisverfahren zuläßt. Zu den bedeutendsten Vertretern werden J. HJELMSLEV und F. BACHMANN gezählt, in deren Arbeiten die Geometrie mit rein gruppentheoretischen Methoden entwickelt wird.

Als Standardwerk der Spiegelungsgeometrie gilt der "Aufbau der Geometrie aus dem Spiegelungsbegriff" von Friedrich BACHMANN (1973 zweite Auflage, Erstfassung 1959), worauf im folgenden Bezug genommen wird.
Als Motivation zu einem gruppentheoretischen Aufbau der Geometrie dient die Tatsache, daß den Punkten bzw. Geraden der gewohnten euklidischen Ebene in eineindeutiger Weise die Spiegelungen an den Punkten bzw. Spiegelungen an den Geraden entsprechen, also involutorische Elemente ($\beta = \beta^{-1}$, $\beta \neq 1$) der Bewegungs- gruppe.
Geometrische Beziehungen wie die Inzidenz von Punkten und Geraden und die Orthogonalität von Geraden lassen sich damit durch gruppentheoretische Relationen zwischen den zugehörigen Spiegelungen wiedergeben.

Einige Beispiele von geometrischen Beziehungen, welche als Aussagen in der Bewegungsgruppe formuliert werden können (BACHMANN 1973, S. 12):

1) $Ab = bA$ — A, b sind inzident
2) $ab = ba$ und $a \neq b$ — a, b sind senkrecht
3) $ab = dc$ — a) a, b, c, d gehen durch einen Punkt und der gerichtete Winkel von a, b ist gleich dem gerichteten Winkel von d, c
   b) a, b, c, d sind parallel und der gerichtete Abstand von a, b ist gleich dem gerichteten Abstand von d, c
4) $ab = bc$ — b ist eine Mittellinie von a, c, insbesondere eine Winkelhalbierende, wenn a, c sich schneiden
5) $Ab = dC$ — es gibt eine Gerade, mit der A, C inzidieren und auf der b, d senkrecht stehen, und der gerichtete Abstand von A, b ist gleich dem gerichteten Abstand von d, C
6) $Ab = bC$ — b ist Mittelsenkrechte von A, C (falls $A = C$: b inzidiert mit diesem Punkt)
7) $aB = Dc$ — es gibt eine Gerade, auf der a, c senkrecht stehen und mit der B, D inzidieren, und der gerichtete Abstand von a, B ist gleich dem gerichteten Abstand von D, c
8) $aB = Bc$ — a, c sind parallel, und B ist bei $a \neq c$ ein Punkt der Mittellinie von a, c und bei $a = c$ ein Punkt von a, c
9) $AB = DC$ — A, B ist parallelgleich mit D, C (falls A, B, C nicht kollinear sind: A, B, C, D ist ein Parallelogramm)
10) $AB = BC$ — B ist Mittelpunkt von A, C

Wie sich ein geometrischer Satz gruppentheoretisch deuten und beweisen läßt, sei kurz demonstriert (S. 13):

Satz: Ist $P_1 P_2$ parallelgleich zu $Q_1 Q_2$, und $P_2 P_3$ parallelgleich zu $Q_2 Q_3$, so ist $P_1 P_3$ parallelgleich zu $Q_1 Q_3$. *(Abb.)*

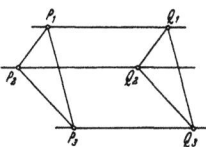

Gruppentheoretische Formulierung des Satzes:

Aus $P_1 P_2 = Q_1 Q_2$ und $P_2 P_3 = Q_2 Q_3$ folgt $P_1 P_3 = Q_1 Q_3$.

Beweis: $P_1 P_2 = Q_1 Q_2$, $P_2 P_3 = Q_2 Q_3$; daher gilt $P_1 P_2 P_2 P_3 = Q_1 Q_2 Q_2 Q_3$ und daraus folgt $P_1 P_3 = Q_1 Q_3$.

Die Möglichkeit, geometrische Beziehungen in gruppentheoretische Aussagen und geometrische Sätze in Sätze über Spiegelungen zu übersetzen, motiviert dazu, die Spiegelungen zum Gegenstand geometrischer Betrachtung zu machen und in der Bewegungsgruppe "Geometrie der Spiegelungen" zu betreiben.

Mit den Spiegelungen, die als neue "Punkte" und "Geraden" aufgefaßt werden können, kann man aber (gruppentheoretisch) einfach rechnen und gewinnt dadurch ein methodisches Hilfsmittel für das Beweisen geometrischer Sätze.

Diesen Gedanken verfolgt Friedrich BACHMANN beim Aufbau der ebenen metrischen Geometrie. Er beginnt abstrakt gruppentheoretisch und postuliert als Axiome einige Gesetze über involutorische Gruppenelemente und betrachtet die aus involutorischen Elementen erzeugten Gruppen, in denen diese Gesetze gelten.

Bevor die Axiome aufgestellt werden, betrachtet BACHMANN Grundrelationen bezüglich der involutorischen Elemente einer Gruppe (S. 32/33):

1. Involutorische Elemente einer Gruppe. Grundrelationen. In einer Gruppe nennen wir die Elemente von der Ordnung 2 *involutorisch*. Ein Element σ heißt also involutorisch, wenn $\sigma^2 = 1$ und $\sigma \neq 1$ ist. Hiermit ist gleichwertig: Es ist $\sigma = \sigma^{-1}$ und $\sigma \neq 1$. Mit $\alpha, \beta, \gamma, \ldots$ bezeichnen wir beliebige Gruppenelemente, mit $\varrho, \sigma, \tau, \ldots$ involutorische Gruppenelemente. Ständig verwendete Regeln sind: Das Inverse eines Produktes von involutorischen Elementen erhält man, indem man die Reihenfolge der Faktoren umkehrt: $(\sigma_1 \sigma_2 \ldots \sigma_n)^{-1} = \sigma_n \ldots \sigma_2 \sigma_1$; transformiert man ein involutorisches Element mit einem beliebigen Gruppenelement, so entsteht wieder ein involutorisches Element: $\sigma^\alpha = \alpha^{-1} \sigma \alpha$ ist stets involutorisch.

Beim Studium aus involutorischen Elementen erzeugbarer Gruppen werden wir unser Augenmerk auf die Frage richten, wann ein Produkt involutorischer Elemente selbst involutorisch ist, insbesondere wann ein Produkt von zwei oder drei involutorischen Elementen involutorisch ist. Daher werden die Relationen

(1) $\varrho \sigma$ ist involutorisch

und

(2) $\varrho \sigma \tau$ ist involutorisch

eine wichtige Rolle spielen.

Für die Relation (1) *schreiben wir abkürzend* $\varrho \mid \sigma$. Die Aussage „$\varrho_1 \mid \sigma$ und $\varrho_2 \mid \sigma$" kürzen wir durch $\varrho_1, \varrho_2 \mid \sigma$ ab, die Aussage „$\varrho_1 \mid \sigma_1$ und $\varrho_2 \mid \sigma_1$ und $\varrho_1 \mid \sigma_2$ und $\varrho_2 \mid \sigma_2$" durch $\varrho_1, \varrho_2 \mid \sigma_1, \sigma_2$, usf.

Einige einfache formale Eigenschaften der Relationen (1) und (2) sind: (1) ist mit jeder der folgenden Bedingungen gleichwertig

(1') $\varrho \sigma = \sigma \varrho$ und $\varrho \neq \sigma$,

(1'') $\varrho^\sigma = \varrho$ und $\varrho \neq \sigma$,

(1''') $\sigma^\varrho = \sigma$ und $\varrho \neq \sigma$.

Die Relation (1) ist demnach symmetrisch und irreflexiv. Die drei-
stellige Relation (2) ist *reflexiv* in dem Sinne, daß sie stets gilt, wenn
ϱ, σ, τ nicht alle verschieden sind; ist z. B. $\tau = \varrho$, so ist $\varrho \sigma \tau = \sigma^\varrho$ involutorisch. Ferner ist sie *symmetrisch* in folgendem Sinne: Gilt die Relation
(2) für ϱ, σ, τ, so gilt sie auch für jede Permutation von ϱ, σ, τ. Denn
ist $\varrho \sigma \tau$ involutorisch, so sind auch die Transformierten $(\varrho \sigma \tau)^\varrho = \sigma \tau \varrho$ und
$(\varrho \sigma \tau)^\tau = \tau \varrho \sigma$ involutorisch; da jedes involutorische Produkt seinem In-
versen gleich ist, sind dann auch $\tau \sigma \varrho, \varrho \tau \sigma, \sigma \varrho \tau$ involutorisch.

Besteht für drei involutorische Elemente $\varrho_1, \varrho_2, \sigma$ die Relation

(3) $\varrho_1, \varrho_2 \,|\, \sigma$,

so nennen wir σ eine *Verbindung* von ϱ_1, ϱ_2. Wenn es zu zwei involutorischen Elementen ϱ_1, ϱ_2 ein involutorisches Element σ gibt, so daß
(3) gilt, so nennen wir ϱ_1, ϱ_2 *verbindbar*; andernfalls *unverbindbar*. Gilt
$\varrho_1, \varrho_2, \varrho_3 \,|\, \sigma$, so nennen wir σ eine Verbindung von $\varrho_1, \varrho_2, \varrho_3$; usf.

Ein spezielles Beispiel für das Bestehen der Relation (3) ist: Gilt
$\varrho_1 \,|\, \varrho_2$, so ist das Produkt $\varrho_1 \varrho_2$ eine Verbindung von ϱ_1, ϱ_2.

Als nächstes postuliert BACHMANN fünf Axiome, wobei er von einer Gruppe G
ausgeht, die ein invariantes Erzeugendensystem E mit ausschließlich involutorischen
Elementen besitzt. (Eine Menge von Gruppenelementen M heißt invariant, wenn bei
Transformation mit beliebigen Gruppenelementen Elemente aus M wieder in solche
übergehen.)

Schreibt man die Elemente von E mit kleinen lateinischen Buchstaben und die
involutorischen Elemente - welche als Produkt von zwei Elementen aus E darstellbar
sind (Elemente der Form ab mit a|b) - mit großen lateinischen Buchstaben, so
lauten die Axiome wie folgt (S. 33):

Axiom 1. *Zu P,Q gibt es stets ein g mit P,Q | g.*
Axiom 2. *Aus P,Q | g,h folgt P = Q oder g = h.*
Axiom 3. *Gilt a,b,c | P, so gibt es ein d, so daß abc = d ist.*
Axiom 4. *Gilt a,b,c | g, so gibt es ein d, so daß abc = d ist.*
Axiom D. *Es gibt g,h,j derart, daß g | h und weder j | g noch j | h*
          noch j | gh gilt.

Jedes Paar (G,E), welches dem Axiomensystem genügt, nennt man eine
"Bewegungsgruppe". Die Elemente von E werden Geradenspiegelungen genannt, die
als Produkt zweier Elemente aus E darstellbaren involutorischen Elemente aus G
Punktspiegelungen, und alle Elemente von G Bewegungen. Alle diese Bewegungen
sind zunächst Elemente einer abstrakten Gruppe und nicht Abbildungen eines
Gegenstandsbereiches. Die durch das Axiomensystem gegebene Theorie nennt man
"ebene metrische Geometrie". Um zu betonen, daß sie gemeinsames Fundament der
speziellen ebenen metrischen Geometrien (euklidische, hyperbolische, elliptische) ist,
bezeichnet sie Friedrich BACHMANN nach der Wortprägung von Johann BOLYAI
(1802 - 1860) als "ebene absolute Geometrie". Das vorliegende Axiomensystem ist
eine reduzierte Fassung eines von Arnold SCHMIDT vorgeschlagenen Axiomensystems.

167

Der abstrakten Gruppe G und dem Erzeugendensystem E wird in kanonischer Weise eine geometrische Struktur zugeordnet, die <u>Gruppenebene</u> zu G,E.

Die Elemente von E nennt man Geraden, die involutorischen Gruppenelemente, welche sich als Produkt zweier Elemente aus E darstellen lassen, werden Punkte der Gruppenebene genannt.

Zwei Geraden a,b nennt man zueinander senkrecht, wenn a|b gilt, wofür man nun auch a⊥b schreibt. Man nennt einen Punkt A inzident mit der Geraden b, wenn A∈b gilt, wofür man nun auch AIb oder bIA schreibt.

Unmittelbare Folgerungen aus dem Axiomensystem sind etwa die Existenz und Eindeutigkeit von Senkrechten oder die Aussage, daß keine Gerade zu allen anderen senkrecht steht.

Das Im-Büschel-Liegen dreier Geraden a,b,c wird durch die Forderung, daß abc eine Gerade ist, definiert.

Eine bedeutende Folgerung, die recht bald beweisbar wird, ist der sogenannte Reduktionssatz: *Jedes Produkt einer geraden Anzahl von Geraden ist gleich einem Produkt ab, jedes Produkt einer ungeraden Anzahl von Geraden ist gleich einem Produkt aB (und auch gleich einem Produkt Ab).*

Wieviel Folgerungen aus dem relativ kleinen Axiomensystem schon ableitbar sind, zeigen die folgenden wohlbekannten Sätze:
Mittelsenkrechtensatz, Höhensatz, Winkelhalbierendensatz, Seitenhalbierendensatz, sowie der *Satz von Pappus-Brianchon (Realfall) (S.72):*

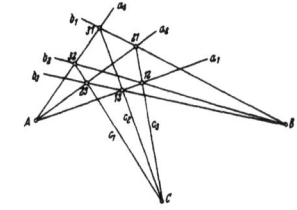

Gegeben ist ein einfaches Sechsseit samt Diagonalen.
Gehören die Seiten abwechselnd einem von zwei
Büscheln an, von denen wenigstens eines eigentlich
ist, so gilt: Gehören zwei von den Diagonalen einem
eigentlichen Büschel an, so gehört auch die dritte
Diagonale diesem Büschel an. (Abb.)

In einem eigenen Paragraphen zeigt BACHMANN, daß jede metrische Ebene in eine sogenannte projektiv-metrische Ebene eingebettet werden kann. Schließlich kann auch bewiesen werden, daß sich die Bewegungsgruppen metrischer Ebenen als Untergruppen von Bewegungsgruppen projektiv-metrischer Ebenen darstellen lassen (Haupt-Theorem).

In eigenen Kapiteln werden die euklidische, hyperbolische und elliptische Geometrie, die im Rahmen der ebenen absoluten Geometrie durch Zusatzaxiome definiert werden, nochmals für sich behandelt.

168

Im folgenden sei nur kurz der euklidische Fall herausgegriffen, in welchem zwei Zusatzaxiome postuliert werden:

Rechtseitaxiom R*. Aus a,b $\perp$ c und a$\lfloor$d folgt b$\lfloor$d.

Verbindbarkeitsaxiom V*. Zu je zwei Geraden a,b gibt es stets einen Punkt C mit a,bIC oder eine Gerade c mit a,b $\perp$ c.

Eine unmittelbare Folgerung ist das Axiom $\sim$ P (Negation des Axioms vom Polardreiseit) *"Es gibt keine drei paarweise senkrechten Geraden".*

Schließlich ist nun auch die Parallelität zweier Geraden a,b definierbar:

a#b < = > a und b haben ein Lot gemeinsam.

Um die Möglichkeiten des Beweisens zu beleuchten, die ein Aufbau der euklidischen Geometrie aus dem Spiegelungsbegriff bietet, führt BACHMANN sechs verschiedene Beweise des Satzes von Pappus-Pascal (*"Liegen die Ecken eines einfachen Sechsecks abwechselnd auf zwei Geraden, so liegen die Schnittpunkte der Gegenseiten auf einer Geraden."*).

Abschließend stellt BACHMANN die euklidischen Bewegungsgruppen als Bewegungsgruppen euklidischer Koordinatenebenen dar.

Der Winkelbegriff kommt in der ebenen metrischen Geometrie nicht vor, an gewissen Stellen wird aus Gründen der Vergleichbarkeit mit Sätzen der gewöhnlichen euklidischen Geometrie von Winkelhalbierenden gesprochen.

Der Winkelhalbierendensatz kann allein aus den Axiomen 1-4 und Axiom D gefolgert werden:

Liegen a,b,c nicht im Büschel, ist $c^u = b$, $b^w = a$, und liegt v mit c, a und u,w im Büschel, so ist c^v = a . (S. 67) (Abb.)

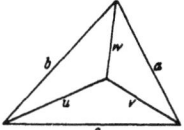

Sieht man den Satz genauer an, so fällt auf, daß die Existenz der Geraden (= Geradenspiegelung) vorgegeben und nicht abgeleitet wird. Tatsächlich ist die Existenz einer Winkelhalbierenden zu zwei vorgegebenen Geraden nicht aus den Axiomen ableitbar.

BACHMANN zeigt, daß deren Existenz mit der freien Beweglichkeit zusammenhängt. Freie Beweglichkeit kann durch die Forderung definiert werden, daß jedes Paar Punkt-Gerade in jedes inzidente Paar Punkt-Gerade durch eine Bewegung übergeführt werden kann.

Gleichwertig dazu ist die Definition, daß eine Bewegungsgruppe G,E genau dann freie Beweglichkeit besitzt, wenn jedes geordnete Paar orthogonaler Geraden in jedes geordnete Paar orthogonaler Geraden durch eine Bewegung übergeführt werden kann.

BACHMANN beweist allgemein, daß freie Beweglichkeit mit jeder der drei folgenden Forderungen gleichwertig ist:

1) *Alle Punkte sind ineinander beweglich, und die Geraden sind ineinander beweglich;*

2) *Je zwei Punkte haben einen Mittelpunkt, und je zwei sich schneidende Geraden haben eine Winkelhalbierende (Alle Strecken und Winkel sind halbierbar);*

3) *Jede gerade Bewegung, welche eine Fixgerade oder einen Fixpunkt besitzt, ist Quadrat.*

Eine interessante Ergänzung zum Aufbau der ebenen metrischen Geometrie nach Friedrich BACHMANN stellt das Werk "Geometrie. Eine Einführung für Studenten und Lehrer" (1974) von Günther EWALD dar. Sein Axiomensystem kann man als Versuch ansehen, die BACHMANN'schen Gedanken für den Geometrieunterricht zu nutzen, ohne sofort mit gruppentheoretischen Aussagen zu beginnen.

BIGALKE/HASEMANN (1978) übernehmen dieses Axiomensystem und ändern es nur an einigen unwesentliche Stellen im Hinblick auf die in den Klassen 5 und 6 behandelte Geometrie ab. Sie bezeichnen ihren Aufbau schließlich als didaktisch orientierte Hintergrundtheorie für den Lehrer. Auch bei ihnen spielen Geradenspiegelungen eine wesentliche Rolle, allerdings geht es keineswegs um die Formulierung geometrischer Beziehungen und Sätze in der Bewegungsgruppe, also niemals um das Rechnen mit Spiegelungen. Dennoch sehen sie die Bedeutung der Geradenspiegelung in ihrem Aufbau als so groß an, daß sie von einem "Aufbau der Geometrie aus dem Spiegelungsbegriff" sprechen.

In groben Zügen soll nun der Aufbau der gewöhnlichen euklidischen Geometrie im oben zitierten Werk von EWALD dargestellt werden.

Es beginnt mit drei Inzidenzaxiomen und drei Axiomen des Senkrechtstehens:

Axiom I.1:   *Zu zwei verschiedenen Punkten gibt es eine eindeutig bestimmte Gerade, auf der beide Punkte liegen.*

Axiom I.2:   *Auf jeder Geraden gibt es mindestens drei verschiedene Punkte.*

Axiom I.3:   *Es gibt drei Punkte, die nicht gemeinsam auf einer Geraden liegen.*

Axiom S.1   Für jedes Paar von Geraden a,b gilt: Wenn a zu b senkrecht ist, so ist b zu a senkrecht.

Axiom S.2   Wenn P ein beliebiger Punkt und a eine beliebige Gerade ist, so gibt es eine Gerade b durch P, derart daß $a \perp b$. Liegt P auf a, so ist b eindeutig bestimmt.

Axiom S.3   Wenn $a \perp b$, dann schneiden sich a und b in einem einzigen Punkt.

Dann wird definiert, was eine Spiegelung S_a an einer Geraden a sein soll; nämlich eine eineindeutige Abbildung der Ebene auf sich mit folgenden 4 Eigenschaften:

(1) Geraden werden auf Geraden abgebildet.

(2) Senkrechtstehen bleibt erhalten.

(3) Jeder Punkt von a bleibt fest.

(4) Nicht alle Punkte bleiben fest.

Es folgen zwei Bewegungsaxiome, die für die eineindeutige Beziehung zwischen Geraden a und Spiegelungen S_a und für das "Involutorischsein" von Spiegelungen verantwortlich zeichnen:

Axiom B.1   Jede Gerade ist die Achse einer und nur einer Spiegelung.

Axiom B.2   Wenn S_a den Punkt P auf den Punkt P' abbildet, dann bildet sie auch P' auf P ab.

Darauf folgen zwei Bewegungsaxiome, welche ein Bindeglied zwischen Spiegelungen und Drehungen (Ergebnis zweier hintereinander ausgeführter Spiegelungen, deren Geraden sich in einem Punkt schneiden) bzw. ein Bindeglied zwischen Spiegelungen und Translationen (Ergebnis zweier hintereinander ausgeführter Spiegelungen, deren Geraden zu einer dritten Geraden senkrecht stehen) darstellen:

Axiom B.3   Wenn a' das Bild von a unter einer Drehung um das Zentrum R auf a ist, dann gibt es eine Spiegelung S_a an einer Geraden b durch R, die punktweise genauso auf a' abbildet wie die gegebene Drehung.

Axiom B.4   Wenn a' das Bild von a unter einer Translation längs einer zu a senkrechten Geraden t ist, dann gibt es eine Spiegelung S_b mit b senkrecht zu t, welche a punktweise genauso auf a' abbildet wie die vorliegende Translation.

Mit diesen Axiomen I.1 - I.3, S.1 - S.3 und B.1 - B.4 ist die metrische Ebene (vgl. BACHMANN) festgelegt.

Schließlich zeigt EWALD, daß die Menge der Bewegungen (endliche Produkte von Spiegelungen) einer metrischen Ebene mit dem Hintereinanderausführen als Verknüpfung eine Gruppe bilden und kommt nun - während BACHMANN abstrakt damit beginnt - zum Rechnen mit Spiegelungen. So beweist er damit etwa den ersten Satz von den drei Spiegelungen (Wenn R auf a,b,c liegt, dann gibt es eine Gerade d durch R, so daß $S_aS_bS_c = S_d$ gilt) oder den Satz über die Winkelhalbierenden im Dreieck.

Erst danach wird die Punktspiegelung H_P definiert (als Drehung S_uS_v, wobei u und und v in P aufeinander senkrecht stehen), und die eineindeutige Zuordnung von Punkten P und Punktspiegelungen H_P bewiesen.

Schließlich gelingt es, alle geometrischen Beziehungen (vor allem Inzidenz und Senkrechtstehen) in gruppentheoretische Relationen innerhalb der Bewegungsgruppe zu übersetzen, womit das Rechnen mit "Punkten" und "Geraden" beginnen kann und auch zu einer befriedigenden Klassifikation der Bewegungen führt.

EWALD verfolgt nun die gemeinsame Grundlage euklidischer und hyperbolischer Ebenen (elliptische Ebenen werden durch die Einführung von Ordnungsaxiomen sehr bald ausgeschlossen) und postuliert zunächst das Axiom der Freien Beweglichkeit (welches später aus dem "Stetigkeitsaxiom" DS abgeleitet werden könnte):

Axiom FB: *Je zwei Geraden mit einem gemeinsamen Punkt oder einer gemeinsamen Senkrechten können durch eine Spiegelung aufeinander abgebildet werden.*

Danach werden die Ordnungsaxiome eingeführt, die zum Großteil auf Ideen von Moritz PASCH (1843 - 1930) zurückgehen und die schon David HILBERT in ähnlicher Form verwendet hat (für die Relation "B liegt zwischen A und C" verwendet EWALD die Kurzschreibweise [ABC]):

Axiom 0.1.   *[ABC] impliziert [CBA]*

Axiom 0.2.   *Wenn A,C verschiedene Punkte sind, dann gibt es Punkte B,D, so daß [ABC] und [BCD]*

Axiom 0.3.   *Wenn A,B,C kollinear sind, dann [ABC] oder [BAC] oder [ACB]*

Axiom 0.4.   *A,B,C seien nicht kollinear, und a gehe nicht durch einen dieser Punkte, wenn a die Strecke (AB) schneidet, dann schneidet a auch (AC) oder (BC). (Axiom von PASCH, vgl. 4.3)*

Axiom 0.5.   *Für jede Spiegelung S_a gilt: wenn [ABC], dann [(A)S_a(B)S_a(C)S_a].* (Spiegelungen - und damit alle Bewegungen - erhalten die "Zwischenrelation".)

172

Nun ist beweisbar, daß man Strecken (in eindeutiger Weise) abtragen kann und daß die Relation "kongruent" eine Äquivalenzrelation auf der Menge aller Strecken ist.

Als Winkel werden (ungeordnete) Paare aus Strahlen r und s mit gemeinsamem Anfangspunkt A definiert und man schreibt dafür $\sphericalangle$(r,s) oder $\sphericalangle$(s,r). Sind r und s verschieden, wird $\sphericalangle$(r,s) als eigentlicher Winkel bezeichnet, für den Fall, daß r und s einander gegenüberliegen, spricht man wie üblich von einem gestreckten Winkel. Zwei Winkel $\sphericalangle$(r,s) und $\sphericalangle$(r',s') werden kongruent genannt, wenn es eine Bewegung gibt, die r auf r' und s auf s' abbildet (wofür man $\sphericalangle$(r,s) $\equiv$ $\sphericalangle$(r',s') schreibt). Somit ist beweisbar, daß man Winkel übertragen kann. Weiters kann man rechte Winkel definieren und zeigen, daß je zwei rechte Winkel kongruent sind (man denke an die Spekulation um diese Aussage bei EUKLID).

Als bedeutendes Ergebnis fallen die Kongruenzsätze für Dreiecke ab. In rechtwinkeligen Dreiecken kann man in üblicher Bedeutung von Katheten und Hypotenusen sprechen und da eine geordnete Ebene nicht elliptisch ist (zwei beliebige Geraden schneiden einander), hat ein rechtwinkeliges Dreieck nur einen einzigen rechten Winkel und eine einzige Hypotenuse.

Schließlich werden für Strecken und eigentliche Winkel je eine Kleinerrelation erklärt:
- (PQ) kleiner als (P'Q'), wenn es einen Punkt R' auf (P'Q') gibt, so daß (PQ) $\equiv$ (P'R')
- $\sphericalangle$(r,s) kleiner als $\sphericalangle$(r',s'), wenn r durch eine Bewegung so auf r' abgebildet werden kann, daß das Bild von s unter dieser Bewegung im Inneren von $\sphericalangle$(r',s') liegt. Zusätzlich wird definiert, daß eigentliche Winkel immer kleiner als gestreckte Winkel sind.

Die Kleinerrelation zwischen Strecken bzw. Winkeln bleibt bei Bewegungen erhalten. Um zu garantieren, daß es auf Geraden keine "Lücken" gibt, fehlt noch ein Stetigkeitsaxiom:

Axiom DS (Dedekindscher Schnitt): Wenn man Punkte einer Geraden in zwei nichtleere punktfremde Teilmengen aufteilt, so daß keine von ihnen einen Punkt enthält, der zwischen zwei Punkten der anderen Menge liegt, dann gibt es genau einen Punkt auf der Geraden, der nicht zwischen zwei Punkten einer der beiden Teilmengen liegt.

Man nennt eine geordnete euklidische oder hyperbolische metrische Ebene, die Axiom DS erfüllt, eine gewöhnliche euklidische bzw. hyperbolische Ebene, je nachdem ob man das "Parallelenaxiom" Euk oder das Axiom Hyp postuliert:

Axiom Euk. *Zu jeder gegebenen Geraden a und einem nicht auf a liegenden Punkt P gibt es eine eindeutige bestimmte Gerade durch P, (euklidische) Parallele zu a genannt, die a nicht schneidet.*

Axiom Hyp. *Zu einer gegebenen Geraden a und einem nicht auf a liegenden Punkt P gibt es genau zwei verschiedene Geraden durch P, "(hyperbolische) Parallelen", die weder einen Punkt noch eine Senkrechte mit a gemein haben.*

Abschließend seien nochmals die bedeutendsten Aspekte hinsichtlich des Winkelbegriffes angesprochen:

- In der ebenen metrischen Geometrie kommt der Winkelbegriff überhaupt nicht vor. Dennoch sind bereits einige bekannte Sätze, wie z. B. der sogenannte "Winkelhalbierendensatz", beweisbar.
- Die Existenz von "Winkelhalbierenden" wird erst durch das Axiom der freien Beweglichkeit gesichert.
- Erst durch das Postulieren von Ordnungsaxiomen wird die Definition des Winkels und in weiterer Folge der Größenvergleich verschiedener Winkel ermöglicht (vgl. die Vorgangsweise bei EWALD).
- Erst mit dem "Stetigkeitsaxiom" wird jede Gerade zu einem "Modell einer reellen Zahlengeraden", wodurch das Messen von Strecken und Winkeln eingeführt werden kann (vgl. EWALD).
- Der Winkel wird wie bei HILBERT als Beziehung zwischen zwei Halbgeraden verstanden, der Größenvergleich gelingt (im Gegensatz zu den Kongruenzaxiomen bei HILBERT) mittels Bewegungen.

4.6 "NEUE ELEMENTARGEOMETRIE" VON GUSTAVE CHOQUET

Zu den neueren Werken zur axiomatischen Begründung der Elementargeometrie zählt dieses 1969 herausgegebene Buch des französischen Mathematikers Gustave CHOQUET. Der Aufbau dieses didaktisch orientierten Werkes (die Adressaten sind Lehrer an höheren Schulen) geht von "anschaulichen" Axiomen aus, läßt aber - der Strömung des Bourbakismus folgend - bald die zugrundeliegende algebraische Struktur der Ebene hervortreten. Der Zug zur linearen Algebra ist zwar unverkennbar, CHOQUET sucht aber einen Kompromiß zwischen der für Schüler notwendigen Anschaulichkeit und den "denkökonomischen" Vorteilen der Strukturmathematik: *"EUKLID gründete seine ebene Geometrie auf die Kongruenz von Dreiecken. Dreiundzwanzig Jahrhunderte später definieren die Mathematiker die Ebene als einen affinen mit einem skalaren Produkt versehenen zweidimensionalen Raum. Ich habe gedacht, daß unsere Schüler eine Darstellung der Geometrie brauchen, die wie bei EUKLID von der sinnlich wahrnehmbaren Welt ausgeht, es ihnen aber erlaubt, recht bald die passenden und fruchtbaren Hilfsmittel der Algebra zu benutzen."* (aus dem Vorwort von CHOQUET)

Zunächst sei die grobe Gliederung des Aufbaues von CHOQUET wiedergegeben:

I.   Inzidenz- und Ordnungsaxiome
II. Axiome der affinen Struktur
III. Axiome der metrischen Struktur
IV. Isometrie. Ähnlichkeitsabbildungen.
     Spiegelungen einer Menge
V.   Die Winkel
VI. Orientierung
VII. Trigonometrie
VIII. Der Kreis
IX. Der Raum
X.   Anhang

Hinsichtlich des Winkelbegriffes sind nur die Kapitel I-VII von größerer Bedeutung. Sie seien im folgenden inhaltlich gestrafft wiedergegeben:

I. Inzidenz und Ordnungsaxiome

Nur aus Gründen einer vereinfachten Darstellung stellt CHOQUET ein Axiom 0 an den Anfang:

Axiom 0. Die Ebene enthält wenigstens zwei Geraden, und jede Gerade enthält wenigstens zwei Punkte. (Dieses Axiom ergibt sich später aus den Axiomen IIIa und IVa.)

Nach der Definition der Parallelität von Geraden folgen die beiden Inzidenzaxiome:

Axiom Ia. Für jedes Paar (x,y) verschiedener Punkte von ∏ (der Ebene) gibt es eine und nur eine Gerade, die x und y enthält.

Axiom Ib. Durch jeden Punkt x gibt es zu jeder Geraden G eine und nur eine Parallele.

Als wesentliche Folgebegriffe werden bereits jene der Parallelprojektion und der Achsensysteme eingeführt.

Danach wird im ersten Ordnungsaxiom auf Geraden eine totale Ordnung gefordert:

Axiom IIa. Jeder Geraden G sind zwei Ordnungsstrukturen zugeordnet, die einander entgegengesetzt sind.

Im zweiten Ordnungsaxiom werden die Ordnungen verschiedener Geraden zueinander in Beziehung gesetzt (Übertragungsaxiom) (S. 11):

Axiom IIb. Für jedes Paar (A,B) paralleler Geraden und für alle Punkte a, b, a', b', für die a, a' ∈ A und b, b' ∈ B ist, schneidet jede Parallele zu diesen Geraden, die [a,b] schneidet, auch [a', b']. (Abb.)

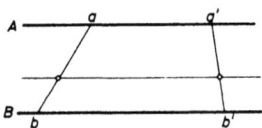

II. Axiome der affinen Struktur

Axiom IIIa.   Affine Struktur jeder Geraden. Der Ebene ∏ wird eine Abbildung d von ∏ × ∏ in R⁺, Distanz, Abstand oder Entfernung genannt, mit folgenden Eigenschaften zugeordnet:

1. $d(y,x) = d(x,y)$ für alle x,y ∈ ∏

2. Für jede orientierte Gerade G, jedes x ∈ G und jede Zahl l > 0 gibt es auf G einen einzigen Punkt y, so daß $x \leq y$ und $d(x,y) = l$.

3. $(x \in [a,b]) ==> (d(a,x) + d(x,b) = d(a,b))$

Eine Folgerung aus diesem Axiom ist die Isomorphie zwischen R und den zentrierten (orientierten, mit Ursprung versehenen) Geraden der Ebene. In einem zweiten Axiom (Übertragungsaxiom) wird die Beziehung zwischen den affinen Strukturen verschiedener Geraden hergestellt (S. 20):

Axiom IIIb.   *Für jedes Paar (A,B) von parallelen Geraden und für alle Punkte a,* *b, a', b', für die a, a' ε A und b, b' ε B, verläuft die Parallele durch* *den Mittelpunkt von (a,b) auch durch den Mittelpunkt von (a',b').* *(Abb.)*

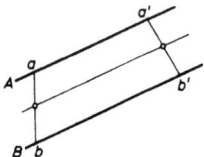

Obwohl in Axiom IIIa eine Distanz eingeführt wurde (zur vereinfachten Einführung der affinen Struktur der Geraden), besitzt die durch die bisherigen Axiome definierte Ebene keine wirklich metrische Struktur:

Die "Geraden"-Metriken sind durch IIIb nicht übertragen worden, lediglich die affine Eigenschaft des "Mittelpunktseins".

Auf der (mit Ursprung 0 versehenen) zentrierten Ebene (Π, 0) wird nun mit Hilfe des Parallelogramms eine Addition erklärt:

"Unter Addition auf (Π, 0) verstehen wir die innere auf Π durch (x,y) --> xTy *definierte Operation, die den Punkt z von Π ergibt, für den (0,x,z,y) ein* *Parallelogramm ist."*

Dadurch wird (Π, 0) zu einer kommutativen Gruppe, deren echte Untergruppen genau die Geraden durch 0 (neutrales Element) sind. Die Translationen von (Π, 0) - d. h. die Transformationen von Π der Form x -> x + a - bilden eine Gruppe und diese ist ihrerseits isomorph zu (Π, 0),ebenso wie alle Gruppen (Π, a).

Da jede zentrierte Gerade bereits die Struktur eines Vektorraumes besitzt (sogar Isomorphie zu R) läßt sich leicht eine Abbildung R x (Π, 0) --> (Π, 0) definieren (Zahlenmultiplikation), die schließlich (Π, 0) zu einem Vektorraum auf R der Dimension 2 macht.

Die affinen Unterräume der Dimension 1 sind genau die Geraden von (Π, 0).

Die Dilatationen (Transformationen der Form x -> kx + a) von Π bilden eine nicht kommutative Gruppe. Dilatationen lassen sich als Produkt einer zentrischen Streckung (x -> kx) und einer Translation (x -> x + a) darstellen und sind genau jene Transformationen, welche die Parallelität erhalten.

III. Axiome der metrischen Struktur

Vermöge der Begriffe des "Senkrechtstehens" und der "Orthogonalprojektion" gelingt es, die Metriken der verschiedenen Geraden von Π miteinander zu verknüpfen:

Axiom IVa. Das Senkrechtstehen (Zeichen $\perp$) ist eine binäre Relation auf der Menge der Geraden von Π mit folgenden Eigenschaften:

(1) $(A \perp B)$ < = = > $(B \perp A)$ (Symmetrie der Relation)

(2) $(A \perp B)$ = = > $(A$ und B sind nicht parallel)

(3) Zu jeder Geraden A gibt es mindestens eine Gerade B, so daß $A \perp B$ ist.

(4) Für jedes Paar (A,B) mit $(A \perp B)$ gilt die Äquivalenz $(B \# B')$ < = = > $(A \perp B')$

Bevor mit Axiom IVb (Axiom der Symmetrie) die Distanzen ins Spiel gebracht werden, wird auf den Terminus "Projektionsmaßstab" hingearbeitet (S. 43):
Als Orthogonalprojektion auf G wird die Parallelprojektion auf G bezeichnet, die senkrecht zu G erfolgt. Es seien A_1, A_2 zwei Halbgeraden mit dem Ursprung 0, die so auf den orientierten Geraden G_1, G_2 liegen, daß $A_1 \geq 0$ und $A_2 \geq 0$. Für jedes $x \in G_1$ bezeichne $0x$ das algebraische Maß von $(0,x)$ auf der orientierten Geraden G_1; entsprechend für G_2 ($0x$ = d(0,x) oder -d(0,x), je nachdem $0 \leq x$ oder $x \geq 0$). Es sei die Orthogonalprojektion auf G_1 und a der Punkt von A_2, für den $0a$ = 1 ist. Man weiß, daß für jedes $\lambda \in R$ $\varphi(\lambda a) = \lambda \varphi(a)$ gilt. Da jedes $x \in G_2$ von der Form λa ist, so ist das für x = 0 definierte Verhältnis $0\varphi(x) : 0x$ konstant und gleich $0\varphi(a)$.

Als "Projektionsmaßstab" von A_2 auf A_1 kann somit der Skalar $c(A_1,A_2) := 0\varphi(a)$ definiert werden, der nichts anderes als eine Art "Vorläufer des Cosinus" ist.

Axiom IVb. Für jedes Paar von Halbgeraden mit demselben Ursprung gilt
$$c(A_1,A_2) = c(A_2,A_1)$$

Nach der Einführung einer Norm $||x||$:= d(0,x) folgt jene des Skalarproduktes von Vektoren in $(\Pi, 0)$ $x.y := ||x|| \cdot ||y|| \cdot c(X,Y)$, wobei x.y = 0, falls $x \vee y = 0$.
Weitere Folgerungen betreffen einfache metrische Eigenschaften bei Parallelogrammen und Dreiecken, u. a. auch die "Dreiecksungleichung".

IV. Isometrien. Ähnlichkeitsabbildungen. Spiegelungen einer Menge

Neben der bereits bekannten Tatsache, daß Translationen Isometrien (Transformation, die Distanzen invariant lassen) sind, wird dies nun auch für Achsenspiegelungen und Punktspiegelungen bewiesen. Weiters gilt:

a) Jede Isometrie läßt sich als Produkt von höchstens drei Achsenspiegelungen darstellen.

b) Die Menge J_0 der Isometrien von Π, die einen festen Punkt 0 festlassen, bilden eine Gruppe.

c) Die Menge R_0 der Drehungen um 0 (Produkt zweier Achsenspiegelungen durch 0) bilden eine kommutative Untergruppe von J_0.

d) Die Menge J^+ der paarigen Isometrien (Produkt einer geraden Anzahl von Achsenspiegelungen) ist eine Untergruppe von J. J^+ besteht aus Translationen und Drehungen. Zusammen mit den unpaarigen Isometrien J^- bilden sie eine Zerlegung von J.

In weiterer Folge behandelt CHOQUET die Ähnlichkeitsabbildungen, dann die Spiegelungen einer Menge.

V. Die Winkel

Eine wenig anschauliche und algebraisch recht anspruchsvolle Definition des Winkels könnte nun folgendes Aussehen haben:
Die Menge T der Translationen ist eine Untergruppe der Gruppe J^+ der paarigen Isometrien. Da T sogar ein Normalleiter von J^+ ist, kann man die (mit der induzierten Verknüpfung versehenen) Quotientengruppe J^+/T bilden.
Bezeichnet f die paarige Isometrie, die eine Halbgerade A in die Halbgerade B transformiert, so kann das kanonische Bild von f als Winkel (A,B) bezeichnet werden. Die Winkel sind dabei nichts anderes als die Linksnebenklassen σ T (wobei $\sigma \in J^+$), die aus paarigen Isometrien bestehen, welche sich nur um Translationen "unterscheiden". Da paarige Isometrien entweder Drehungen oder Translationen (σ T ist dann gleich T) sind, kommt diese Definition des Winkels einer Identifikation mit Drehungen gleich (an welche alle möglichen Verschiebungen "angehängt" werden, um den Winkel "ortsungebunden" festzulegen).
CHOQUET deutet obigen Weg zwar kurz als eine besonders elegante algebraische Möglichkeit an, schlägt aber selbst eine "leichter faßbare" Definition des Winkels vor, in welcher er die Winkel direkt mit Drehungen um den Punkt 0 identifiziert:

Definition: *Für irgendeinen Punkt 0 ∈ Π bezeichnet man jede Drehung um 0 als Winkel mit dem Scheitel 0. Bei jedem Paar (A_1, A_2) von Halbgeraden mit dem Ursprung 0 bezeichnet man als Winkel dieses Paares die Drehung um 0, die A_1 in A_2 überführt, geschrieben $\sphericalangle A_1 A_2$ oder $\widehat{A_1 A_2}$.*

Somit bilden die Winkel (wie die Drehungen um 0) eine kommutative Gruppe.

Um Winkel mit verschiedenen Scheiteln (z. B. a und b) vergleichen zu können, müssen Translationen $I_{a,b}$ benützt werden, welche die Scheitel a und b ineinander überführen. Die Translation $I_{a,b}$ ist ein Isomorphismus zwischen den zentrierten Ebenen (Π, a) und (Π, b), der vektorielle und metrische Struktur überträgt und auch transitiv in dem Sinne ist, daß für alle a,b,c ∈ Π $I_{c,a} = I_{c,b} \circ I_{b,c}$ gilt. Insgesamt ergibt sich eine Isomorphie, die jeden Winkel mit dem Scheitel a mit dem entsprechenden Winkel mit dem Scheitel b identifiziert. Sind A_1 und A_2 zwei Halbgeraden mit dem Ursprung a, so führt der Isomorphismus $I_{a,b}$ die Halbgerade A_1 (bzw. A_2) in die zu ihr parallele Halbgerade B_1 (bzw. B_2) über und es ergibt sich $\sphericalangle A_1 A_2 = \sphericalangle B_1 B_2$.

Dies rechtfertigt die folgende, nur vom Ursprung 0 abhängige Definition:
In der zentrierten Ebene $(\Pi, 0)$ bezeichnen wir als Winkel des Paares (D_1, D_2) von Halbgeraden mit irgendeinem Ursprung den Winkel mit dem Scheitel 0 von Halbgeraden D_1', D_2', die durch 0 parallel zu D_1 bzw. D_2 verlaufen. Wir schreiben $\sphericalangle D_1 D_2$. Mit A bezeichnen wir die additive Gruppe der Winkel. Besondere Bezeichnungen erhalten das neutrale Element 0 als "Nullwinkel" ($\sphericalangle D_1 D_2 = 0 \iff D_1 = D_2$) sowie der der Punktspiegelung an 0 zugeordnete Winkel ist als "gestreckter Winkel" ($\sphericalangle D_1 D_2 = \overline{\omega} \iff D_1$ und D_2 einander entgegengesetzt), wobei $\overline{\omega} = -\overline{\omega}$ bzw. $\overline{\omega} + \overline{\omega} = 0$ gilt).

Eine bedeutende Folgerung liefert die Formel von Chasles:
Für jede endliche Folge $(D_1, D_2 ..., D_n)$ von Halbgeraden mit dem Ursprung 0 gilt die Gleichung $\sphericalangle D_1 D_n = \sphericalangle D_1 D_2 + \sphericalangle D_2 D_3 + ... + \sphericalangle D_{n-1} D_n$, also insbesondere auch $\sphericalangle AB = - \sphericalangle BA$, denn $\sphericalangle AB + \sphericalangle BA = \sphericalangle AA = 0$).

Sie läßt sich auf den Fall mit beliebigen Ursprungspunkten verallgemeinern.

Mit Hilfe der Formel von Chasles leitet CHOQUET zwei Sätze ab:
a) Die Summe der Außenwinkel jedes ebenen geschlossenen Polygons ist 0.
b) Die Summe der Innenwinkel jedes ebenen geschlossenen Polygons ist 0 oder $\overline{\omega}$, je nachdem, ob die Anzahl seiner Ecken gerade oder ungerade ist.

Anschließend werden rein algebraisch noch einige Folgerungen über die Teilung von Winkeln gezogen:

a) Für jeden Winkel ß hat die Gleichung 2x = ß genau 2 Lösungen, ihre Differenz ist $\bar{\omega}$.

b) Für den Fall ß = 0 lauten die Lösungen 0 und $\bar{\omega}$.

c) Im Fall ß = $\bar{\omega}$ nennt man beide Lösungen x_1, x_2 "rechte Winkel" (wobei $x_1 = -x_2$ gilt).

d) Allgemeine Gleichungen der Form nx = ß (n ∈ Z) können noch nicht betrachtet werden, da das Winkelmaß noch nicht eingeführt wurde.

VI. Orientierung

Mit Hilfe der paarigen Isometrien werden die Orientierung von Teilmengen von Π und jene von Paaren von Halbgeraden definiert.

Genauer betrachtet sei die Orientierung innerhalb der Menge E der Paare (A,B) von Halbgeraden von Π , welche nicht in einer gemeinsamen Geraden liegen und denselben Ursprung haben (S. 92) (Abb.):

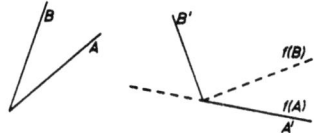

Man nennt die Paare (A,B) und (A',B') gleichorientiert, wenn bei einer paarigen Isometrie, welche A in A' (also f(A)) überführt, die Halbgeraden B' und f(B) auf derselben Seite der Trägergeraden von A' liegen. Diese Relation ergibt eine (zwei Klassen bildende) Äquivalenzrelation, wobei beliebig eine der beiden Orientierungen als "positive" ausgewählt werden kann.

Die Orientierung der Winkel wird auf jene der Paare von Halbgeraden zurückgeführt: Zwei Winkel β und β' (beide von 0 und $\bar{\omega}$ verschieden) nennt man gleichorientiert, wenn zwei vom selben Ursprung ausgehenden Paare von Halbgeraden (A,B) und (A',B') gilt, so daß bei ∢AB = β und ∢A'B = β' (A,B) und (A',B') dieselbe Orientierung haben.

Paarige Isometrien wie Drehungen und Translationen lassen die Orientierung von Paaren von Halbgeraden bzw. die Orientierung von Winkeln gleich, während unpaarige Isometrien (z. B. Spiegelungen) diese umdrehen.

VII. Trigonometrie

Zunächst werden cosß und sinß als Koordinaten von f(a) in Bezug auf die orthogonale Basis (a,b) von (Π, 0) eingeführt, wobei f die Drehung um 0 mit dem Winkel ß ist. Wie schon früher angedeutet, gilt nun, daß für jedes Paar von Halbgeraden desselben Ursprungs cos(A,B) gleich dem Projektionsmaßstab c(A,B) ist. Nach der Ableitung der Additionstheoreme für Sinus und Cosinus, folgt die recht komplizierte Herleitung des Winkelmaßes.

Das Winkelmaß kann man nicht wie sonst bei anderen Maßen üblich als Abbildung m: E -> R$^+$ mit m $(X_1 \cup X_2)$ = m (x_1) + m (X_2) definieren, da man die Summe zweier Winkel nicht als Vereinigungsmenge von zwei Mengen interpretieren kann. Der "direkte" Weg, das gesuchte Maß als Abbildung der Gruppe A der Winkel in die Gruppe R zu definieren, klappt ebenfalls nicht:

Ausgehend von der Gleichung f(ß+ß') = f(ß) + f(ß') könnte man für den rechten Winkel δ die Gleichung f(δ) = 0 folgern (4f(δ) = f(4δ) = f(0) = 0), was die Untragbarkeit einer solchen Definition verdeutlicht.

Mit einer Abbildung von R nach A (also genau umgekehrt) gelingt aber schließlich eine adäquate Definition (S. 102):

Definition: *Als Winkelmaß bezeichnet man jede stetige Abbildung φ von R auf die additive Gruppe A der Winkel, so daß für alle x,y ∈ R die Beziehung (1) φ(x + y) = φ(x) + φ(y) gilt.*

Es gibt mehrere Beweise über die Existenz solcher Abbildungen, CHOQUET skizziert einen unter Verwendung der Konvergenz der Reihe $\sum\limits_{0}^{\infty} \frac{z^n}{n!}$, der Ableitung von Reihen und der Entwicklung der arctan-Reihe.

Um eine intuitive Vorstellung der obigen Definition zu entwickeln, schlägt CHOQUET vor, ein konkretes Modell der Gruppe A zu entwickeln: Es sei C_r der Kreis um 0 mit dem Radius r und w ein beliebiger Punkt auf C_r . Ferner sei φ(ß) für jeden Winkel ß der Punkt von C_r , für den ⅄ ω0x = ß ist. Die eineindeutige Abbildung ß -> φ(ß) von A auf C_r definiert auf dem Kreis eine Struktur einer Gruppe, die in bezug auf den Isomorphismus φ isomorph zu A ist, wobei ihr neutrales Element ω ist. Das Winkelmaß ist nichts anderes   als die mathematische Form des Aufwickelns eines Fadens (Repräsentant von R) auf C_r derart, daß der Ursprung von R auf den Ursprung ω von C_r abgebildet wird. (S. 101/102). (Vgl. Abb. nächste Seite)

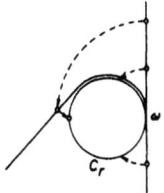

Diese Operation ist in zweierlei Hinsicht nicht eindeutig: Der Radius r ist beliebig wählbar, der Faden kann auf zwei Arten orientiert werden.

Für ein Winkelmaß φ kann allgemein nachgewiesen werden, daß es eine Zahl a > 0 - genannt die Periode von φ - gibt, für welche für jedes x ϵ R und jedes n ϵ Z gilt:

$$\varphi(x + na) = \varphi(x) + \varphi(na) = \varphi(x)$$

Hat man in Π eine orthogonale Basis als Achsenkreuz gewählt, so bezeichnet man als positives Maß, wenn $\varphi(\frac{a}{4})$ der positive rechte Winkel ist. Da man für jede Zahl b > 0 ein positives Maß ψ der Periode b konstruieren kann (ψ : R -> A mit x -> $\varphi(\frac{a}{b}x)$), kann durch die Wahl von a = 360 (bzw. a = 2π) das Maß auch in "Grad" (bzw. "Bogenmaß") gemessen werden.

Als Maß eines Winkels β_0 werden nun alle Lösungen der Gleichung $\varphi(x) = \beta_0$ bezeichnet (sie haben alle die Form $x = x_0 + n \cdot a$ mit n ϵ Z), als Hauptmaß jene Lösung aus dem Intervall [0,a[.

CHOQUET führt schließlich noch den Begriff des Zahlenwertes eines Winkels ein, der einem Winkel β_0 und seinem entgegengesetzt orientierten Winkel $-\beta_0$ den gleichen positiven Wert (zwischen 0 und π) zuordnet:

Definition: Es sei φ ein Winkelmaß in Radiant. Als Zahlenwert von α (in Radiant) definiert man für jeden Winkel α die positive Zahl $p(\alpha)$, für die $p(\alpha) = \inf|x|$ (für die x mit $\varphi(x) = \alpha$).

Einige Folgerungen:

a) $p(\beta) = p(-\beta)$

b) $p(\beta + \beta') < p(\beta) + p(\beta')$

c) Setzt man für alle β, β' ϵ A $d(\beta,\beta'):= p(\beta' - \beta)$, so erhält man eine "Winkeldistanz" d, welche sich auch auf eine Distanz auf der Menge der Richtungen von Halbgeraden übertragen läßt:

$d(A,B):= p(\ast AB)$.

d) Jeder Winkel $\neq \bar{\omega}$ ist durch seinen Zahlenwert und seine Orientierung eindeutig bestimmt. Dies deutet auch die Möglichkeit an, den Winkel ausgehend von Zahlenwert und Orientierung zu untersuchen.

Rückblickend seien auch zum Werk von CHOQUET einige Anmerkungen hintangefügt:

1) Der Winkelbegriff wird relativ spät eingeführt, die affine Struktur von Π, der Satz des Pythagoras, die Theorie der Ähnlichkeitsabbildungen wird begründet, ohne Winkel oder kongruente Dreiecke zu verwenden.

2) Ein Charakteristikum des von CHOQUET eingeführten Winkelbegriffes liegt in der Einfachheit der Winkeladdition (als Komposition von Drehungen mit Gruppenstruktur). Ein Winkel $\sphericalangle AB$ und sein "Komplement" $\sphericalangle BA$ sind zwar algebraisch als zueinander inverse Elemente ($\sphericalangle BA = -\sphericalangle AB$) ausgezeichnet, ihre Unterscheidung (was nun Winkel und was Komplement ist) wird nicht festgelegt. Anschaulich kann man dies so interpretieren, daß für die "Drehrichtung" prinzipiell zwei verschiedene Modelle (entgegen oder im Uhrzeigersinn) offengelassen werden.

3) Das Winkelmaß wird erst spät eingeführt, dennoch kann bereits sehr früh die Winkelsumme eines Dreieckes (bzw. Viereckes) mit $\bar\omega$ (bzw. 0) angegeben werden. Nach Einführung des Maßes und des Zahlenwertes eines Winkels wird im Satz von der Winkelsumme im Dreieck nachgewiesen, daß die Summe der Zahlenwerte der drei Winkel gleich π ist.

4) Vor Einführung des Winkelmaßes ist weder ein Größenvergleich von Winkeln noch eine n-Teilung von Winkeln (Lösen der Gleichung $nx = \beta$) möglich.

5) Die Orientierung der Winkel läßt sich anschaulich (Modell "entgegen Uhrzeigersinn") so interpretieren (Abb.): Zwei Winkel $\sphericalangle AB$ und $\sphericalangle A'B'$ (durch eine paarige Isometrie kann A' immer über A "gelegt" gedacht werden) sind gleichorientiert, wenn beide Halbgeraden B, B' "vor" (bzw. "nach") der Verlängerung von A zu liegen kommen, also beide kleiner als " π " (das Maß ist

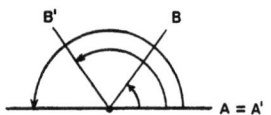

ja noch nicht eingeführt), oder größer als " π " sind. Sind r_1 und r_2 die beiden rechten Winkel (es gilt $r_1 + r_2 = 0$ sowie $r_1 - r_2 = \bar\omega$) so gilt: $3r_2 = r_1$ als auch $3r_1 = r_2$, wobei r_1 und r_2 verschiedene Orientierung besitzen.

Somit kann sich bei der Vervielfachung von Winkeln die Orientierung ändern. Bei jeder Winkelhalbierung erhält man übrigens stets zwei verschieden orientierte Winkel als Ergebnis.

6) Die Einführung des Winkelmaßes gestaltet sich als mathematisch anspruchsvoll, wobei nach Ansicht von CHOQUET dem Winkelmaß zuviel Bedeutung zugemessen wird: *"Man kann sogar beinahe die ganze Geometrie entwickeln, ohne jemals vom "Winkelmaß" zu sprechen, das ein wesentliches Hilfsmittel in der Analysis und in der angewandten Mathematik ist, das aber in der Geometrie oft nur aus Bequemlichkeit verwendet wird und manchmal auch eine Quelle von Fehlern darstellt." (S. 80)*

7) Ähnlich wie bei Felix KLEIN nimmt auch in der "Elementargeometrie" von Gustave CHOQUET die Drehung jene Rolle ein, die z. B. im Aufbau bei David HILBERT der Winkel innehat: In beiden ersteren Fällen stellt die Drehung eine formale Beziehung zwischen zwei Halbgeraden (mit gemeinsamem Anfangspunkt) her, so wie es der Winkel bei HILBERT macht, wodurch die Kongruenzgeometrie erst ermöglicht wird.

4.7 RESÜMIERENDE BETRACHTUNGEN ZUR HISTORISCH-FACHLICHEN GENESE DES WINKELBEGRIFFES

Zunächst soll die Frage nach der Verwendung des Winkelbegriffes in den verschiedenen axiomatischen Aufbauten der Elementargeometrie resümierend behandelt werden.

Daß der Winkelbegriff nicht notwendigerweise eine zentrale Rolle spielen muß, lehrt etwa die absolute Geometrie (siehe Spiegelungsgeometrie von Friedrich BACHMANN in 4.5), in welcher ohne Einführung des Winkelbegriffes bereits fundamentale Sätze abgeleitet werden können.
Ähnliches zeigt auch die "Neue Elementargeometrie" von Gustave CHOQUET, in welcher der Winkelbegriff relativ spät eingeführt wird: Die affine Struktur der Ebene, der Satz des Pythagoras und die Theorie der Ähnlichkeitsabbildungen werden ohne Verwendung von Winkeln (und kongruenten Dreiecken) begründet.
Auch Felix KLEIN benötigt in seinen "Grundlagen der Geometrie" den Winkelbegriff zum Aufbau seines Axiomensystems nicht und definiert den Winkel schließlich nur als Winkelmaß einer Drehbewegung, wobei der rechte Winkel als Einheitsgröße gewählt wird.

Alle drei eben genannten Zugänge zur Elementargeometrie haben eine bedeutsame Gemeinsamkeit: Der theoretische Aufbau wird ganz wesentlich von der Idee von Bewegungen bzw. von Abbildungen getragen. Bevor der Winkel definiert wird, kommt es zur Einführung des Begriffes der Drehung. Während KLEIN den Winkel als Maß für eine Drehung definiert, identifiziert CHOQUET Winkel und Drehung (um einen festen Punkt der Ebene), um schließlich in Gruppen rechnen zu können.

Anders als in diesen bewegungs- bzw. abbildungsgeometrischen Zugängen zur Geometrie sieht es in den klassischen kongruenzgeometrischen Aufbauten der Elementargeometrie bei EUKLID und HILBERT aus: Um Axiome für die Kongruenz (von Dreiecken) aufstellen zu können, benötigt man die Kongruenz "fundamentaler Bestandteile" von Dreiecken. Hierzu bieten sich zwei Dinge geradezu an (Abb.):

a) Die Kongruenz
   von Strecken

b) Die Kongruenz der
   "Ecken" von Dreiecken

186

Die Bedeutung des Winkelbegriffes in der klassischen Kongruenzgeometrie kann man auch auf einem Gebiet mit etwas anders gelagerter Thematik erkennen:

Betrachtet man das enge Feld der geometrischen Konstruktionsaufgaben, so hat es immer wieder Versuche gegeben, mit möglichst wenigen Hilfsmitteln (z. B. Zirkel und Lineal bei den Griechen), möglichst viele Konstruktionen durchführen zu können.

Angeregt durch die Arbeit von Jacob STEINER hat Roland STOWASSER (1982) eine Fundgrube an "Forschungsmöglichkeiten" für interessierte Schüler und Lehrer entdeckt: In einem Vortrag in Klagenfurt, in welchem er u. a. über das Problemfeld "geometrische Konstruktionen" sprach, stellte er als Hilfsmittel zur Konstruktion den "Winkelhaken" vor.

Gefragt ist dabei nach Konstruktionen mit einem etwa aus Pappdeckel ausgeschnittenen (festen) Winkel mit unendlich langen Schenkeln als alleinigem Zeichenwerkzeug. Konstruktionen nach Vorschrift sind endliche Ketten aus zwei Grundkonstruktionen:

a) Durch zwei gegebene Punkte eine Gerade legen

b) Einen neuen Punkt markieren durch Einpassen des Winkelhakens zwischen zwei gegebene Punkte (aus STOWASSER 1982, S. 40)

Das von STOWASSER präsentierte Ergebnis ist überraschend: Der Winkelhaken ist als Konstruktionsmittel völlig äquivalent zu den traditionellen Konstruktionsmitteln Zirkel und Lineal.

Anders formuliert: Jede Konstruktion, die mit Zirkel und Lineal ausführbar ist (also auch z. B. das Aufsuchen von Schnittpunkten einer Geraden mit einem Kreis), ist auch mit dem Winkelhaken durchführbar und umgekehrt.

Dieses Ergebnis läßt nochmals die große Bedeutung des Winkelbegriffes für den Aufbau der Euklidischen Geometrie ohne Verwendung von Abbildungen erahnen: Erst mit dem "Knick" der Geraden zum Winkel entsteht aus dem eindimensionalen Gebilde eine Art (linear unabhängiges) Vektorenpaar, welches die ganze Ebene aufspannt und damit eine (euklidische) ebene Geometrie erst ermöglicht.

Der Winkelbegriff nimmt in der klassischen Kongruenzgeometrie jenen Stellenwert ein, den der Drehungsbegriff in der Abbildungsgeometrie innehat. Die beiden Begriffe sind in den Arbeiten von Felix KLEIN (vgl. 4.4) und Gustave CHOQUET (vgl. 4.6) eng miteinander verflochten: Während KLEIN den Winkel nur als Maß einer Drehbewegung einführt, identifiziert CHOQUET den Winkel gleich mit einer Drehung. Diese Gemeinsamkeit ist keine Zufälligkeit, sondern ist Ausdruck dessen, daß die Begriffe Winkel und Drehung eine gemeinsame fundamentale Idee besitzen: Bei beiden geht es darum, eine formale Beziehung zwischen verschiedenen Richtungen (repräsentiert durch Strahlen mit einem gemeinsamen Anfangspunkt) auszudrücken.

Beide Begriffe gewährleisten die wesentliche Eigenschaft, Teilmengen der Ebene (Figuren) mit Hilfe bestimmter Operationen an anderen Stellen wieder zu "fixieren", um damit der Geometrie "Beweglichkeit" zu verleihen. In einem Fall geschieht dies durch das Abtragen von Strecken und Winkeln. Im anderen Fall kann dies z. B. durch eine Komposition einer Translation mit einer Drehung durchgeführt werden.

In einigen didaktischen Abhandlungen zum Winkelbegriff werden diese unterschiedlichen Zugänge zur Geometrie zum Anlaß genommen, bei der theoretischen Einführung des Winkels von dynamischen bzw. statischen Definitionen (oder Aspekten des Winkels) zu sprechen. So etwa bezeichnet CLOSE (1982, S. 10) die Winkeldefinition von CHOQUET als dynamisch und jene von HILBERT als statisch. Diese Unterscheidung ist m. E. nicht zielführend, da dieses Gegensatzpaar nicht die tatsächlichen Unterschiedlichkeiten ausdrückt. Außerdem kann sie insofern Anlaß zu irreführenden didaktischen Spekulationen sein, als aus dem Attribut "dynamisch" oft vorschnell auf "Handlungsorientierung", "operatives Vorgehen" u. ä. geschlossen wird. Die Unterschiedlichkeit der beiden Definitionen liegt in der unterschiedlichen Wahl der zur Definition benötigten Begriffe.

Bei HILBERT ist ein Winkel ein (ungeordnetes) Paar von Strahlen (bzw. als Winkelfeld eine Teilmenge der Ebene), bei CHOQUET eine paarige Isometrie der Ebene, die zwei Strahlen ineinander überführt, also eine Abbildung der Ebene auf sich. Beide Definitionen sind zunächst weder als statisch noch als dynamisch anzusehen. Sowohl Paare und Teilmengen als auch Zuordnungen (als unendliche Mengen von geordneten Paaren) tragen von ihrem definitorischen Gehalt her keine Dynamik in sich.

Da unsere umgangssprachliche Verwendung des Wortes Drehung einen Bewegungsvorgang als Ursprung hat, wird in die rein formale Definition der Drehung oft eine Dynamik hineininterpretiert.

Der Interpretationsfehler liegt also darin, daß Winkel und Winkelfeld nach der Definition HILBERT's zu einer Figur, die Drehung CHOQUET's jedoch zum Resultat einer kinematischen Bewegung "vereinfacht" werden. Daß diese Vereinfachungen den Kern der ursprünglichen Definition nicht mehr enthalten, ja zum Teil sogar völlig verändern, sieht man am besten am Begriff der Drehung: Die Drehbewegung ist keine Abbildung im mathematischen Sinne mehr. Auch geht es nicht nur um die Abbildung von a auf f(a), sondern es geht um die Abbildung der ganzen Ebene auf sich. Weitere Argumente in diese Richtung liefert Peter BENDER (1982). Wie sehr oft, scheint die umgangssprachliche Bedeutung eines Wortes (hier "Drehung") eine fixierende Rolle zu spielen: Würde man die betreffende mathematische Abbildung nicht "Drehung", sondern etwa "Rotation", oder gar "Winkel" nennen - diese definitorische Freiheit hat man immer - , so würde der Sachverhalt ganz anders aussehen. Die Wahl fiel wohl deshalb auf Drehung, weil gewisse Ähnlichkeiten mit der umgangssprachlichen Verwendung existieren, was aber keineswegs bedeuten darf, daß man einen mathematischen Begriff mit dessen gleichnamigem Umweltbegriff gleichsetzt.

Es ist meines Erachtens grundweg falsch, die Definition des Winkels bei HILBERT als Beschreibung einer Figur zu sehen: Ein ungeordnetes Paar stellt wie eine Abbildung eine Möglichkeit dar, formale Beziehungen darzustellen.

Möglicherweise scheint auch hier z. T. ein verbales Mißverständnis vorzuliegen: Zwar formalisiert HILBERT in gewisser Hinsicht den traditionell euklidischen Zugang zur Elementargeometrie (im Gegensatz zu "modernen" abbildungsgeometrischen Zugängen), seine Geometrie mit jener EUKLID's gleichzusetzen, wäre aber eine Vorgangsweise, welche eine fast 2000 Jahre lange Entwicklung mit sich ständig ändernden Auffassungen von der Grundlegung mathematischer Theorien verleugnen würde.

Die Entwicklung des Winkelbegriffes im Zuge der Geschichte läßt sich vereinfacht an vier markanten Bezugspunkten verdeutlichen:

1)	Thales	Winkel als anschauliche Figur. Erstmalige Herausarbeitung des Winkelbegriffes selbst.	Winkel als Mittel, anschauliche Beweise zu führen (welche einzelne Figuren betreffen).

2)	Euklid	Winkel als "Neigung" zweier Linien (Relation, Größe). Reflexion über das Wesen des Winkels.	Winkel als Mittel, Beziehungen zwischen Figuren zu beschreiben (z. B. Kongruenz von Dreiecken)
3)	Hilbert	Winkel als ungeordnetes Paar (formale Beziehung).	Winkel als formales Theorieelement zur Darstellung von Beziehungen innerhalb eines axiomatischen Gesamtsystems.
4)	Choquet (u. a.)	Winkel als Drehung (Abbildung), oder zumindest in enger Verbindung damit.	Winkel als Gruppenelement, mit welchem formale (Rechen-) Operationen durchgeführt werden können (Algebraisierung).

Einen ähnlichen historischen Werdegang konstatiert Horst STRUVE (1984) bei der Betrachtung der "Genesis des geometrischen Abbildungsbegriffes". Er stellt fest, daß man in der Geschichte der Geometrie folgende Schwerpunkte des Interesses unterscheiden kann:

(1)	Einzelne Figuren	Lehrsätze über geometrische Figuren (Thalessatz)
(2)	Klassen von Figuren	Verwandtschaften von Figuren (Kongruenz, Ähnlichkeit)
(3)	Einzelne Verwandtschaften (Zuordnungen)	Relationen, in denen Figuren stehen können (Fixpunktsätze)
(4)	Klassen von Zuordnungen (Abbildungen)	Gruppen von Transformationen bzw. Abbildungen (Erlanger Programm)

Die Parallelität der beiden geschichtlichen Betrachtungen unterstreicht einmal sehr die Tatsache, daß eben bestimmte Interessenslagen (mit entsprechenden theoretischen Denkgebäuden) unterschiedliche Begriffsverständnisse (inkl. Definitionen) zur Folge haben.

Aus didaktischer Sicht ergeben sich einige zentrale Fragen, die letztendlich auch für die globale und die lokale Organisation des Unterrichts (stets bezogen auf Schüler der Sekundarstufe I) von Bedeutung sind:

- Welches Bild haben Schüler vom Winkelbegriff? Gibt es Parallelen zur historischen Entwicklung?

- Wie beeinflußt der Mathematikunterricht die Weiterentwicklung des "vorschulischen" Winkelbegriffes beim Kinde?

- Ist die jeweils historisch letzte "moderne" innermathematische Interessenslage (hier: "Klassen von Zuordnungen") bereits eine Vorgabe für das didaktische Interesse, welches man mit der Sekundarstufe I verbinden sollte?

- Inwieweit sind die nicht-innermathematisch gelagerten Interessenslagen (vor allem Anwendungs- und Umweltbezug) mit den "modernen" innermathematischen Interessenslagen zu vereinbaren?

- Welchen didaktischen Stellenwert soll die fachlich-historische Entwicklung (auch "Interessenslagen" entwickeln sich) von Begriffen einnehmen?

Natürlich wird die vorliegende Arbeit zu diesen Fragen vorwiegend nur Teilantworten liefern können. Entsprechende Bezüge zu psychologisch-individuellen Genesen werden herzustellen sein.

Während Winkel und Winkelmessung in der didaktischen Diskussion meist als untrennbare Einheit gesehen werden (und die Winkelmessung meist nach der Definition des Winkels behandelt wird), lehren Geschichte und Theorie des Winkels genau das Gegenteil (was natürlich noch kein didaktisches Prädjudiz sein muß):

Lange bevor dem Begriff "Winkel" das theoretisch-philosophische Interesse der Griechen zuteil wurde und dieser eigens mit Namen versehen und mit "Definition" erklärt wurde, waren bereits Phänomene, Dinge gemessen worden, die wir heute nach entsprechender Abstraktion bzw. Idealisierung als "Winkel" bezeichnen würden: Die Ägypter und Babylonier verwendeten den Begriff der Steigung (Neigung, Böschung) als Maß für die Abweichungen von der Horizontalen und entwickelten später sogar Vorformen trigonometrischer Tabellen zur Quantifizierung von Richtungsunterschieden. Die Ägypter konnten den rechten Winkel bereits mit erstaunlicher Genauigkeit realisieren, die Babylonier verwendeten ihn als Einheit zur Messung von Drehungen (Astronomie). Alle diese Messungen entsprangen praktischen Bedürfnissen. So hoch die praktische Bedeutung der Winkelmessung sein mag, so gering ist ihr Stellenwert in der geometrischen Theorie.

So stellt etwa CHOQUET fest (vgl. 4.6), daß das Winkelmaß in der Geometrie oft nur aus Bequemlichkeit eingeführt wird und sich beinahe die ganze Geometrie ohne diesen Begriff entwickeln ließe. Dies gilt z. B. auch für den Satz, daß die Summe der Innenwinkel eines Dreieckes zwei Rechte ergibt.

Interessant ist auch, daß seit den Anfängen der Winkelmessung diese sowohl über die Berechnung von Seitenverhältnissen (Winkelfunktionen) als auch über die Teilung des Kreises erfolgte. Didaktisch ergibt sich daraus die Überlegung, die Winkelmessung in der Schule nicht allein auf die Teilung des Kreises zu fixieren.

Daß der Winkel als selbständiger Begriff erstmals bei den Griechen systematisch verwendet wurde, hängt wohl mit einer geänderten Interessenslage zusammen: Während die Mathematik der Ägypter und Babylonier vor allem praxisbezogen war, kam bei den Griechen erstmals ein fundiertes theoretisches Interesse auf, das mit einem philosophischen Hinterfragen der Existenz von Dingen einher ging.

Nicht mehr die veränderliche sichtbare Welt stand im Mittelpunkt der Betrachtung, sondern die unveränderliche und ewig bestehende Welt der ideellen mathematischen Gebilde, insbesondere auch die idealen Gegenstände der Geometrie (vgl. STRUVE 1984). Der Winkel als Inbegriff der Loslösung von der Eindimensionalität (Vorherrschen einer einzigen Richtung) zur zweidimensionalen Ebene wurde dabei zu einem zentralen Begriff.

Diese Idee - nämlich "Winkel als erzeugendes Element der Ebene" - sollte auch im Unterricht vermittelt werden, was u. a. auch eine Vorschau auf die Betrachtung des affinen Raumes liefert, in welchem eine Ebene durch einen Punkt und zwei Geraden (mit unterschiedlichen Richtungsvektoren) aufgespannt wird.

Insgesamt sieht man, daß die Bedeutung von Winkel und Winkelmessung jeweils an den jeweiligen Interessenslagen und Bedürfnissen zu messen ist. Es geht stets um die Frage, worüber man kommunizieren will. Geht es im Unterricht um (geometrische) Theoriebildung, dann ist es sinnvoll und notwendig, Begriffe wie "Winkel" (exakt) zu definieren und formale Beziehungen zwischen Begriffen aufzustellen. Gegenstand der Kommunikation ist dabei die Vermittlung (bewiesener) Aussagen über allgemeine Sachverhalte, wie z. B. die Winkelsumme im Dreieck. Anders verhält es sich bei der Betrachtung von Umweltsituationen, die von Winkeln handeln: es steht meist die Weitergabe von Winkelgrößen im Vordergrund - das Messen von Winkeln ist <u>das</u> adäquate Mittel einer konkreten Kommunikation. Hier stellt sich allerdings die Frage, ob es auf dieser Ebene der Kommunikation (z. B.: "der Winkel ß mißt 53°") überhaupt nötig ist, auf eine Definition von Winkel hinzuarbeiten.

Ich sehe an dieser Stelle eine deutliche Parallele zur Algebra in der Sekundarstufe I: Auch in der Algebra hat es erst einen Sinn, vom konkreten Zählen und Rechnen zur Betrachtung von Halbgruppen, Gruppen u. ä. überzugehen, wenn man eine systematische Ordnung im Sinne hat, bei der es z. B. um die Frage geht, welche "Rechenregeln" für allgemeine Verknüpfungen von Bedeutung sein könnten. Niemand denkt ernsthaft daran, dem Schüler etwa die Zahl 53 als konkretes Beispiel eines Elementes aus der kommutativen Halbgruppe der natürlichen Zahlen zu erklären, um dessen Fähigkeiten beim Zählen, Rechnen und Schätzen zu verbessern.

Auch bezüglich der Behandlung des Winkelbegriffes in der Schule scheint es nicht adäquat zu sein, mit der Definition von Winkel zu beginnen und mit der Messung von Winkeln zu enden. Hans FREUDENTHAL würde in diesem Zusammenhang wohl von einer "anti-didaktischen Inversion" sprechen. (Vgl. FREUDENTHAL 1985, S. X)

5. REFLEXIONEN ÜBER UNTERSUCHUNGEN VON JEAN PIAGET UND MITARBEITERN ZUM WINKELBEGRIFF

In diesem Kapitel geht es um eine Auseinandersetzung mit zwei Arbeiten von Jean PIAGET (1896 - 1980) und Mitarbeitern, die sich auf Vorstellungen von Kindern von Winkel beziehen: "Die Entwicklung des räumlichen Denkens beim Kinde" von Jean PIAGET und Bärbel INHELDER, sowie "Die natürliche Geometrie des Kindes" von Jean PIAGET, Bärbel INHELDER und Alina SZEMINSKA. Abschließend wird versucht, einige didaktische Implikationen im Hinblick auf die Behandlung des Winkelbegriffes im Geometrieunterricht der Unterstufe herauszuarbeiten.

Zur besseren Einordnung der Ergebnisse seien einige Bemerkungen vorangestellt, die sich auf das Gesamtwerk von PIAGET beziehen:

1. Die empirischen Untersuchungen von PIAGET und dessen Mitarbeitern liegen über 40 Jahre zurück (die französische Originalausgabe der beiden Bücher erschien 1948 in Paris) und sind insofern nicht repräsentativ, als nur Kinder aus der näheren Umgebung von Genf befragt wurden. Es wird heute mitunter heftige Kritik an der Untersuchungsmethode geübt, z. T. ist man bei ähnlichen Untersuchungen zu anderen Ergebnissen gelangt, wobei vor allem die Altersaussagen nach unten revidiert wurden. Im folgenden seien die Altersangaben dennoch ohne weiteren Kommentar wiedergegeben, da es hier nicht um fundierte entwicklungspsychologische Aussagen, sondern lediglich um eine grobe Orientierung über die von PIAGET dargestellten Entwicklungen beim Kinde geht.

2. PIAGET geht davon aus, daß die spontane Entwicklung der Begriffe beim Kinde mit dem strukturellen Aufbau der Mathematik nah verwandt ist. Wie sehr er bemüht ist, BOURBAKI'sches Gedankengut auf die individuelle Genese von Begriffen zu übertragen, läßt sich u. a. mit folgendem Zitat belegen:
"Der Geometrieunterricht würde sehr viel gewinnen, wenn er sich an die spontane Entwicklung der Begriffe anpaßte. Das gilt umso mehr deshalb, weil - man ahnt es bereits - diese Entwicklung mit der Konstruktion der Mathematik viel näher ist als die meisten sogenannten 'elementaren' Lehrbücher. Es ist gesagt worden, man müßte die Kantorsche Mengenlehre in der Grundschule unterrichten. Unserer Meinung nach gilt beinahe dasselbe für die Elemente der Topologie". (S. 15/16)

Sehr deutlich wird der Versuch, eine Entsprechung der Genese menschlicher Erkenntnis und mathematischer Strukturen zu konstruieren, auch aus dem Hinweis von PIAGET/INHELDER sichtbar, die projektiven und euklidischen Strukturen (sie seien komplexer als die topologischen Strukturen und würden auch später gebildet) würden das Beibehalten von Geraden, Winkeln, Kurven, Entfernungen usw. sowie (weiterer) gewisser festgelegter Beziehungen implizieren, "die bei allen Transformationen erhalten bleiben": Die Autoren beziehen sich hier eindeutig auf das Erlanger Programm von Felix KLEIN (1872), in welchem Abbildungen zu Gruppen zusammengefaßt werden, wobei jeder Abbildungsgruppe bestimmte Invarianten (z. B. Winkelgröße) zugehören. In weiterer Folge sprechen PIAGET/INHELDER von der Koordinierung der Blickwinkel zu einem Gesamtsystem, was einer "Gruppierung" (man beachte die Nähe zur Algebra) der perspektivischen Transformationen entsprechen soll.

3. Während die Vorgangsweise, einen Zusammenhang zwischen der Strukturmathematik und der Bildung von Begriffen bei Individuen zu konstruieren, noch durchaus legitim erscheinen kann, so ist eine einfache Übertragung auf didaktische Konsequenzen als sehr bedenklich anzusehen, da nicht untersucht wurde, inwieweit sich die Genese von Begriffen bei Individuen (die faktisch stattfindet und überprüfbar ist) auf eine "gute" didaktische Genese im Unterricht übertragen läßt. Eine ausführliche Erörterung dieses Problems nehmen Peter BENDER und Alfred SCHREIBER (1985, S. 245 ff.) vor, die jedoch vor allem im Hinblick auf eine operative Genese der Geometrie gerichtet ist.

Trotz der erwähnten Bedenken, bleibt die Arbeit von PIAGET und seinen Mitarbeitern eine der wenigen Untersuchungen, die sich sehr ausführlich mit der Entwicklung des Winkelbegriffes beim Kinde beschäftigen. Eine ähnlich intensive Untersuchung würde den Rahmen dieser Arbeit sprengen, es sei aber auf die umfangmäßig eher klein angelegte Studie über die Vorstellungen von Winkel bei 12 bis 13jährigen Kindern in Kapitel 6 verwiesen.

4. Ungeachtet der Frage, ob man den globalen entwicklungspsychologischen Theorien PIAGET's (Äquilibrationstheorie und Stufentheorie) folgen will, liefern dessen Werke zahlreiche Erkenntnisse, die vor allem in didaktischen Arbeiten, die Begriffsentwicklung im weiteren Sinne zum Gegenstand haben, nicht einfach übergangen werden können.

INHALTSVERZEICHNIS VON KAPITEL 5:

5.1 "DIE ENTWICKLUNG DES RÄUMLICHEN DENKENS BEIM KINDE" (J. PIAGET UND B. INHELDER) - BEZÜGE ZUM WINKELBEGRIFF

Das Werk "Die Entwicklung des räumlichen Denkens beim Kinde" (1971) von Jean PIAGET und Bärbel INHELDER erschien erstmals 1948 in Paris in der französischen Originalausgabe "La représentation de l'espace chez l'enfant". Die Autoren zeigen, *"wie sich aus der ersten Geometrie des Kindes, der Topologie, eine elementare Geometrie der projektiven, affinen und der Ähnlichkeitsoperationen entwickelt und wie alle diese zur euklidischen Geometrie führen".* (PIAGET/INHELDER 1971, S. 11) Unter anderem geht es auch um die Bildung des Begriffes Winkel und um dessen Verknüpfung mit dem Begriff der Ähnlichkeit.

Ein erster, wenn auch rein namensmäßiger Bezug zum Winkel ergibt sich bei der Entwicklung des projektiven Raumes beim Kinde, der nach PIAGET/INHELDER psychologisch gesehen dann beginnt, *"... wenn der Gegenstand oder seine Figur nicht mehr einfach in sich selbst betrachtet werden wie auf dem Gebiet der rein topologischen Relationen, sondern bezüglilch eines 'Blickwinkels': Blickwinkel der Person als solcher (in diesem Falle kommt eine perspektivische Beziehung ins Spiel) oder Blickwinkel anderer Gegenstände, auf die der erste projiziert ist. So setzen die projektiven Relationen von Anfang an eine Koordinierung zwischen unterschiedenen räumlichen Gegenständen voraus, im Gegensatz zur inneren Analyse der topologischen Relationen, die jedem für sich betrachteten Gegenstand eigen sind."* (PIAGET/INHELDER 1972, S. 188)

Das systematische Auftreten der Perspektive im spontanen Zeichnen des Kindes ("visueller Realismus") beginnt nach PIAGET/INHELDER im Alter von ca. 9 Jahren. In diesem Alter stellen *"die Kinder Formveränderungen genau dar und liefern beim Zeichnen auch adäquate quantitative Transformationen."* (S. 211)

Als Beispiel führen die Autoren die Zeichnung eines Kindes an, in der Eisenbahnschienen und lotrecht stehende Stangen dargestellt sind (S. 210) (Abb.):

Die Schienen schneiden einander, die Höhe der Stangen nimmt systematisch ab.

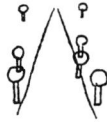

Im Vergleich dazu die Zeichnung eines 1 - 2 Jahre jüngeren Kindes (S. 210) (Abb.):

Die Schienen werden schon in Form von
Fluchtlinien gezeichnet, allerdings ohne
regelmäßige Verkleinerung der Schwellen.

Bedeutendere Aussagen zur Entwicklung des Winkelbegriffes beim Kinde werden aber erst im dritten Teil des Werkes von PIAGET/INHELDER angesprochen, wo der Schwerpunkt auf den Koordinierungen zwischen Gegenständen ("Geometrie der Gegenstände" = "projektive Geometrie", S. 291) liegt. Da sich PIAGET konsequent am Aufbau des Erlanger Programmes orientiert, fehlen beim Übergang von der projektiven Geometrie zur euklidischen Geometrie noch die affinen Transformationen und Ähnlichkeitstransformationen: *"Aber ehe wir zu dieser Gesamtstrukturierung des euklidischen Raumes gelangen, die in den Koordinatensystemen besteht, müssen wir ... noch andere Koordinierungen untersuchen, die nicht so komplex sind und einen Übergang zwischen den projektiven und metrischen Begriffen bilden: die Parallelität und die Proportion (und Ähnlichkeiten). Beide sind wesentlich für die Konstruktion des Raumes beim Kinde und äußern sich u. a. in der spontanen Entwicklung des Zeichnens."* (S. 351)

Wie schon der Titel des Kapitels "Die affinen Transformationen des Rhombus und die Beibehaltung der Parallelen" andeutet, kommen die Autoren zum Schluß, daß der Begriff der Parallelität als "operatorische Invarianz" von Handlungen mit dem Rhombus (Öffnen und Schließen einer "Nürnberger Schere", Abb.) (S. 353) zu sehen ist, wobei diese Handlungen in engem Denkzusammenhang mit dem Erlanger Programm als "affine Transformationen" bezeichnet werden.

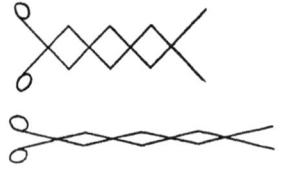

Es wird kein Zweifel darüber gehegt, *"daß zwischen der Beibehaltung des parallelen Charakters der Rhombusseiten, der Konstruktion der schrägen Geraden und der Konstruktion der Parallelität zweier beliebiger Geraden eine enge Korrelation besteht"* (S. 369). Die Gemeinsamkeit besteht in der Idee der Beibehaltung einer Richtung, wodurch die Begriffe "Gerade" und "Parallele" den Beginn einer Koordinierung der Richtungen einleiten (deren Vollendung durch die Konstruktion von Koordinatensystemen erreicht wird).

Als Konsequenz ergibt sich auch die Vorstellung, daß der Begriff der Parallelität den Kindern zugänglich ist, sobald sie die operatorische Vorstellung von der Geraden (Methode des Peilens) selbst besitzen, also etwa ab 7 Jahren. Sowohl der Begriff der Geraden als auch der Begriff der Parallelität werden auf der Vorstellungsebene herausgebildet und sind keineswegs das direkte Ergebnis vorheriger Errungenschaften der (reinen) Wahrnehmung.

Nach der Behandlung der Affinitäten (Beibehalten der Parallelität) steuern die Autoren auf die "Gruppe der Ähnlichkeiten" zu, in der sowohl die Parallelität von Geraden, als auch die Winkel beibehalten werden. Aus diesem Grund wird auch sehr bald ein Zusammenhang zwischen der Parallelität und dem Winkel konstruiert: *"Wie soll man sich überhaupt ausdrücken, um den Begriff Parallelität verständlich zu machen? Man kann wirklich nur fragen, ob die Linien 'gleich schräg' sind, denn jeglicher Appell an die Gleichheit des Abstandes setzt viel komplexere Begriffe sowie Maße voraus, die übrigens ihrerseits wieder die Parallelität voraussetzen (nämlich diejenige der Linien, die senkrecht zu denen verlaufen, von denen es festzustellen gilt, daß sie selbst parallel sind; daher der Zirkel bei den Definitionen der Parallelität mittels der Gleichheit des Abstandes). Wenn man aber sagt, zwei Geraden seien gleich 'schräg', so wirft man damit zugleich die Begriffe Gerade und Neigung bzw. Richtung im Raume auf. Wir haben in Kapitel VI gesehen, wie spät die Vorstellung von der Geraden beginnt. Was den Begriff Neigung anbetrifft, so handelt es sich entweder um ein Winkelmaß, oder die Vp muß ein Verfahren finden, um die Richtungsidentität festzustellen. Daß die Parallelität sich zur gleichen Zeit wie der Begriff Winkel herausbildet, ist natürlich, denn zwei Geraden bilden miteinander einen Winkel, sobald sie nicht mehr parallel laufen; im nächsten Kapitel werden wir die psychologische Verwandtschaft dieser komplementären Begriffe sehen. Aber gerade aus dieser Komplementarität geht hervor, daß der Begriff Winkel dem Begriff Parallelität nicht vorausgehen und auch nicht als Maß für die gemeinsame Neigung zweier schräger Linien dienen kann. Es bleibt also nur die Identität der Richtung, aber man bemerkt dann sofort, daß der Begriff einer Richtung im Raume den Ausgangspunkt der Koordinatensysteme selbst bildet; wie komplex die Herausbildung der Koordinatensysteme ist und wie langsam sie vor sich geht, werden wir in Kapitel XIII feststellen."* (S. 366/367)

Im Kapitel "Die Ähnlichkeiten und Proportionen" untersuchen PIAGET/INHELDER unter anderem, wie das Kind *"die Ähnlichkeit zweier ineinander eingeschachtelter Dreiecke nach der Parallelität ihrer Seiten erkennt und wie es von dieser Parallelität der Seiten zur Gleichheit der Winkel vorwärts schreitet."* (S. 371/372)

Um die Entdeckung der Ähnlichkeit von Dreiecken zu analysieren, werden den Kindern zwei Aufgaben gestellt, die es gestatten sollen, zwischen dem Erkennen der Parallelität und den Begriffen der Gleichheit oder Ungleichheit von Winkeln Beziehungen herzustellen und die Übergänge zu verfolgen.

Im ersten Fall sollten Kinder Paare ähnlicher bzw. unähnlicher Dreiecke analysieren oder zeichnen (z.b. sollten die Kinder zu einem vorgegebenen Dreieck ein ähnliches Dreieck zeichnen, das dieses Modell einschachtelt).

Im zweiten Fall sollten die Kinder Dreiecke nach Familien klassifizieren: Sie erhielten jeweils mehrere Dreiecke aus fester Pappe, die sie durch beliebige Handhabung (Überdecken usw.) vergleichen sollten.

Die Autoren werten die Ergebnisse als verblüffend: *"Das Kind gelangt mit beiden Methoden im gleichen Alter (durchschnittlich ab 7½ Jahren) zur Entdeckung der Parallelität der Seiten (mit Verfahren I) und zur Entdeckung der Winkelgleichheit (mit Verfahren II), also in beiden Fällen zum Abstrahieren von der Seitenlänge, die kleinere Kinder ständig täuscht ..." (S. 378)*

Die Kinder entdecken also, daß die Winkel unabhängig von den Seitenlängen gleich groß sein können. Ab etwa 9 Jahren konnte bei der ersten Methode beobachtet werden, daß bereits in einfachen Ähnlichkeitsverhältnissen (z. B. 1 : 2) gedacht wurde. Bei der zweiten Methode erkannten die Kinder dieses Alters die Gleichsetzung zur Feststellung der Ähnlichkeit in Verbindung mit der Beachtung der Parallelität von Seiten. Im Alter von 11 bis 12 Jahren gelingt die Herstellung der Proportionalität der Seiten.

Die Beobachtungen von PIAGET/INHELDER legen also nahe, daß die Erarbeitung des Begriffes der Ähnlichkeit beim Kinde durch drei nacheinander entstehende Stützpfeiler geprägt wird (Abb.):

ca. 7 - 9 Jahre   ca. 9 - 11 Jahre   ca. ab 11 Jahren

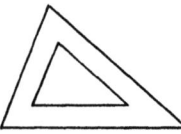
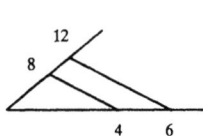
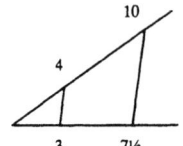

Feststellen der Ähnlich-   Feststellen der Ähnlich-   Generalisierung der
keit durch Parallel-   keit durch Gleich-   Proportionalität
setzung der Dreiecks-   setzung der Winkel,   auf komplizierte
seiten   Erkennen einfacher   Brüche
                             Proportionen

Beide Untersuchungsmethoden liefern einige weitere interessante Aspekte zum Winkelbegriff:

Bei der ersten Methode hatten die Kinder keine Möglichkeit, Dreiecke übereinander zu legen. Darin liegt wohl auch der Grund, daß sie - im Gegensatz zu jenen, die mit der zweiten Methode befragt wurden - in ihren Äußerungen nicht ausdrücklich auf den Winkel anspielten und die Ähnlichkeit der Dreiecke vor allem anhand der Parallelität der Seiten feststellten. Die Autoren nehmen aber an, daß die Kinder (ab 7½ Jahren) die Gleichheit der Winkel an der Parallelität der Schenkel erkennen: *"Genauer gesagt, sie sprechen nicht davon, weil diese Begriffe für sie eins sind; wenn man sie dagegen mittels des Abdeckverfahrens befragt (Verfahren II), bringen sie auch die Öffnung dieser Schenkel zur Sprache." (S. 386)* Die Parallelität von Geraden wird von Kindern dieses Alters fast nie durch die Gleichheit des Abstandes, sondern beinahe durchgängig durch die Gleichheit der Richtung charakterisiert: *"Die richtige Richtung beibehalten"* oder *"wenn die Linien gleich laufen"*. Die Gründe liegen für PIAGET/INHELDER darin, daß das Maß der Abstandsgleichheit die Parallelität voraussetzt und Abstand zudem ein metrischer Begriff ist, der im Vergleich zum affinen Begriff der Parallelität später gebildet wird. Die einzigen Versuchspersonen, die spontan den Winkel ins Spiel brachten (ohne diesen Terminus zu verwenden), drückten sich so aus: Damit man zwei ähnliche Dreiecke erhält, *"muß es genauso dünn sein* (= der Abstand zwischen den Seiten) *und genauso schräg"* (LOR, 8 Jahre, S. 392). Die Kinder messen aber nicht den Abstand, sondern stellen lediglich die Parallelität fest.

Bei der zweiten Methode wurde das Feststellen der Parallelität der Seiten von einem anderen Ähnlichkeitsnachweis in den Hintergrund gedrängt: Bereits ab etwa 6½ Jahren sprachen Kinder von der größeren oder der geringeren *"Dicke"* (*"Breite"*) der Dreiecke. Dieses zweite Kriterium bezieht sich nicht mehr auf zwei Dreiecksseiten als solche, sondern auf ihren Abstand voneinander und führt daher zur Betrachtung des Winkels selbst.

Ab etwa 7½ Jahren sprachen die Kinder nicht nur von den *"Ecken"* des Dreieckes, sondern versuchten auszudrücken, daß die Ähnlichkeit der übereinander gelegten Dreiecke durch eine einmehrdeutige Zuordnung (z. B. Verhältnis Höhe des Dreieckes zur Basis) charakterisiert wird (S. 402/403):

- STAN (7½ Jahre) gelangte zum gleichzeitigen Vergleich der jeweiligen *"drei Ecken"* der Paare ähnlicher Dreiecke und eben dadurch zu einer Formulierung, eines der beiden sei *"kleiner, aber von gleicher Form"*, wie das andere.

- VUI (8 Jahre) legte ein nicht passendes Dreieck (es ist zum vorgegebenen Dreieck nicht ähnlich) mit den Worten *"weil es gleich hoch ist, aber breiter"* weg. Daraus geht auch hervor, daß er Ähnlichkeit bereits als Beziehung zwischen Längen erkannte.

- SCHE (9 Jahre) verwendete die Ausdrücke *"gleich spitz"*, *"gleich schräg"* und *"der Abstand muß erhalten bleiben"*, wobei er vor allem mit letzterer Aussage ein In-Beziehung-Setzen verschiedener Längen andeutete.

Ab etwa 9 Jahren sahen die Kinder die Gleichheit der Winkel und die Parallelität von Seiten als System von Merkmalen, welches die Ähnlichkeit charakterisiert. DOB (10½ Jahre) sprach sogar deutlich den Satz aus, daß zwei Dreiecke ähnlich sind, wenn sie einen gleichen Winkel haben und wenn die diesem Winkel gegenüberliegenden Seiten parallel verlaufen (Abb.):
"Man braucht einen gleichen Winkel und einen gleichen Streifen." (S. 406)

Einige Kinder entdeckten, daß man zur Feststellung der Ähnlichkeit zweier Dreiecke nur zwei Winkel zu vergleichen braucht, weil der dritte "auf jeden Fall gleich" (S. 406) ist.

Die Kinder ab etwa 11 Jahren konnten einfache Figuren (Dreiecke, Rechtecke) vergrößern, indem sie die Idee der Proportionalität anwandten. So errechnete etwa AND (12 Jahre), daß es zu einem vorgegebenen Rechteck mit Länge 5 cm und Breite 3 cm ein ähnliches Rechteck mit der Länge 12 cm und die Breite 7,2 cm geben muß, wobei er folgende Rechnungen durchführte:

$$12 : 5 = 2,4 \qquad 3 \times 2,4 = 7,2$$

Als Resümee zur Untersuchung der Ähnlichkeiten kann ein Zitat aus dem späteren Werk "Die natürliche Geometrie des Kindes" (PIAGET/INHELDER/SZEMINSKA 1974, S. 253) herangezogen werden, in welchem festgestellt wird, *"daß ein Winkel kein im voraus gegebener Gegenstand ist und auch kein durch Abstrahieren aus den festen Körpern oder aus der physikalischen Wirklichkeit als solcher entnommenes Merkmal. Ein Winkel ist vielmehr ein System von Relationen, die durch das ständige Sich-voneinander-Entfernen zweier Geraden von einem Schnittpunkt aus bestimmt sind. Eben diese durch das stufenweise Sich-Entfernen entstandenen Relationen bilden die soeben besprochenen einmehrdeutigen Zuordnungen."*

Mit der Betrachtung der Ähnlichkeiten sind die wesentlichsten Bezüge zum Winkelbegriff im Werk "Die Entwicklung des räumlichen Denkens beim Kinde" beschrieben. Die Ähnlichkeiten nehmen aber in der Entwicklung des räumlichen Denkens beim Kinde nach PIAGET lediglich eine Übergangslage ein, die in der Konstruktion des euklidischen Raumes ihre Vollendung findet. Während der projektive Raum durch eine Gesamtkoordinierung der Blickwinkel konstruiert wird, bildet sich später auch eine Koordinierung der Gegenstände heraus: *"Diese Koordinierung der Gegenstände, die die Beibehaltung der Entfernungen sowie die Erarbeitung des Begriffes Verlagerung (bzw. kongruente Transformationen der Figuren des Raumes) voraussetzt, führt zur Konstruktion von Bezugssystemen oder Koordinaten."* (S. 435)

Die euklidischen Relationen sind vor allem Beziehungen zwischen den Gegenständen (und Figuren), wobei sie diesen in einem (mit Koordinaten) strukturierten Gesamtsystem ihren Platz zuweisen.

Die Autoren kommen zum Ergebnis, daß die Kinder mit etwa 9 Jahren die Konstruktion der Vertikalen und Horizontalen als mögliche Koordinatenachsen vollenden. Kinder bis zu diesem Alter (7 bis 8 Jahre) nehmen zwar die Vertikale und die Horizontale bevorzugt wahr, beziehen sich aber beim Beurteilen der Neigung anderer Geraden nicht auf einen solchen Rahmen. Typisch für die Tatsache, daß 7 bis 8jährige Kinder noch nicht in einem koordinierten Gesamtsystem denken, sind Zeichnungen mit Häusern, die orthogonal zu Hängen stehen, oder Kamine, die mit dem Dach einen rechten Winkel bilden.

Erst ab etwa 11 bis 12 Jahren sind die Kinder zum gleichzeitigen Beurteilen der Positionen und der Abstände (von Gegenständen, Figuren) fähig, wobei sie eigene Koordinatensysteme konstruieren, unabhängig von den physikalischen Richtungen "waagrecht" und "lotrecht". In jedem Alter leichter fällt jedoch das Einschätzen von Parallelen, wenn es sich um die Vertikale oder die Horizontale handelt.

5.2 "DIE NATÜRLICHE GEOMETRIE DES KINDES" (J. PIAGET, B. INHELDER UND A. SZEMINSKA) - BEZÜGE ZUR WINKELMESSUNG

Das Werk "Die natürliche Geometrie des Kindes" (1974) von Jean PIAGET, Bärbel INHELDER und Alina SZEMINSKA erschien erstmals 1948 in Paris in der französischen Originalausgabe "La géometrie spontanée de l'enfant". Im früheren Werk "Die Entwicklung des räumlichen Denkens beim Kinde" wurde gezeigt, wie sich aus der ersten Geometrie des Kindes, der Topologie, eine elementare Geometrie der projektiven, affinen und der Ähnlichkeitsproportionen entwickelt und wie alle diese zur euklidischen Geometrie weiterführen.

Die "natürliche Geometrie des Kindes" ist insofern die logische Fortsetzung, als es nun um die Probleme der euklidischen Geometrie geht: Um den Erwerb von Begriffen und Operationen wie denjenigen der Distanz und der Längenmessung, der Winkelmessung, der Konstruktion und Verwendung von Koordinatensystemen und die Erhaltung und Messung von Flächen und Räumen. Während es also in 5.1 um den Winkelbegriff im allgemeinen ging, steht hier vor allem der Aspekt des Messens von Winkeln im Vordergrund.

Der Terminus "natürlich" im Titel dieses Werkes ist eine Übersetzung des Wortes "spontanée", wobei PIAGET unter Spontaneität zweierlei versteht: Zunächst bedeutet dies *"die Tatsache, daß kindliche Aktivität von innen heraus geschieht, daß sie von der Umwelt nicht 'gemacht' werden kann"* (AEBLI im Vorwort zu PIAGET/INHELDER/SZEMINSKA 1974, S. 12). Die Spontaneität läßt das Kind *"die Zusammenhänge seiner Umwelt entdecken und führt es dazu, schrittweise die Beziehungen zu konstruieren, bzw. vorstellungsmäßig zu rekonstruieren, welche seine Handlungen strukturieren"* (wie oben, S. 12). Ein zweites Verständnis von Spontaneität drückt aus, daß *"sich die Geometrie des Kindes und alle übrigen fundamentalen Einsichten seines geistigen Lebens in der ungeleiteten Interaktion des Kindes mit seiner physikalischen Umwelt und mit seinen Altersgenossen entwickle und daß die in seinen Werken beschriebenen Versuche die Ergebnisse der so verstandenen spontanen Aktivität aufdecken"* (wie oben, S. 12).

Hans AEBLI stellt diesen zweiten Aspekt von Spontaneität in Frage, indem er auf das Vorwissen der Schüler (Schule, Gesellschaft, Erziehung, Kultur) und die Strukturierung der Interviewsituation (Lenkung des Interviews, Art des strukturierten Materials, Versuchsleiter als Repräsentant der jeweiligen Gesellschaft) hinweist (wie oben, S. 13).

"Die natürliche Geometrie des Kindes" geht - wie auch die anderen Werke von PIAGET - von der Grundhaltung aus, daß geometrische Vorstellungen nicht einfach die Erfahrung der äußeren Wirklichkeit abbilden oder wiederspiegeln, sondern daß die geometrischen Begriffe und Operationen in einem Prozeß der aktiven Konstruktion entstehen und sich entwickeln, wobei die einmal aufgebauten gedanklichen Elemente schrittweise in die nächstfolgenden aufgenommen und integriert werden.

Interessante Ergebnisse liefert gleich das Einführungskapitel, in welchem die Autoren die Vorstellung von 4 bis 10jährigen Kindern im Hinblick auf deren Wiedergabe von Wegen (die ihnen bekannt sind, z. B. jener von zu Hause zur Schule) untersuchen. Den Kindern waren viele Bezugspunkte dieser Wege vertraut (Gebäude, Plätze, Brücken, Fluß, ...) und es wurde geprüft, inwieweit sich die Kinder in diesem Bezugssystem in Gedanken flexibel bewegen, sich also "Verlagerungen" vorstellen konnten.

Im Alter von etwa 4 bis 7 Jahren besteht noch ein ziemlich großer Abstand zwischen Handeln und Vorstellung: *"Das Kind kann sich zwar beim Handeln praktisch orientieren und folglich sogar die Relationen zwischen den aus nächster Nähe betrachteten Bezugsgegenständen in gewissem Maße antizipieren, aber es kann ihre allgemeine Anordnung noch nicht in einer Gesamtkoordinierung rekonstruieren und begnügt sich mit einer mehr oder minder zusammenhanglosen Nebeneinanderstellung."* (PIAGET/INHELDER/SZEMINSKA 1974, S. 22)

Die Kinder dieses Alters konnten sich zwar an einzelnen Paaren von Elementen (also einfacher Relationen zwischen Bezugspunkten) orientieren, scheiterten aber zumeist schon an der Synthese zweier Relationen.

Sogar jene Kinder bis etwa 7 Jahren, die einen ziemlich richtigen Plan der Schulgebäude und der umliegenden Häuser konstruieren konnten, wurden durch eine Drehung des Modells vor ein unlösbares Problem gestellt. Verlagerung wird bis dahin nur als Aktivität verstanden, bei der man den (eigenen) Platz wechselt, um einen bestimmten Zielpunkt zu erreichen. Die Verlagerung wird als subjektiver Platzwechsel erlebt und noch nicht als Lageveränderung im Raum - als Veränderung innerhalb eines objektiven Gesamtsystems - verstanden. Dieser Egozentrismus bedeutet auch, daß etwa die Verlagerung von zu Hause zur Schule und die umgekehrte Verlagerung als unabhängige Wege verstanden werden, die aufgrund der unterschiedlichen (vorgestellten) Gehrichtung einen ganz anderen Erlebnischarakter (auch mit ganz anderem Zielpunkt) aufweisen.

Ein erster Fortschritt wird vollzogen, wenn die verschiedenen Zielpunkte mit den Ausgangspunkten zu Kettengliedern verbunden werden, welche die ursprüngliche Anschauung der Bewegung gliedern und diese an gewisse Bezugsobjekte zu binden beginnen. Gerade die durch dieses In-Beziehung-Setzen der Ausgangs- und der Zielpunkte skizzierte beginnende Koordinierung führt schließlich zur Betrachtung des Weges selbst.

Erst im Alter von etwa 7 Jahren, wenn die Wege als Intervalle aufgefaßt werden, siegt die Dezentrierung (in Bezug zum zurückgelegten Weg) über den Egozentrismus: *"Sie situiert die Person als einen von vielen beweglichen Gegenständen in einen unbeweglichen Rahmen aus Standorten: Dieser Rahmen bildet den Beginn des objektiven Raumes unter einem euklidischen Aspekt." (S. 41)*

Die Entwicklung des (Längen-)Maßes fügt sich in den Rahmen dieser fortschreitenden Dezentrierung ein: *"Solange jedoch die Gegenstände direkt an die Wahrnehmungszentrierungen der Person assimiliert sind, solange der Raum noch egozentrisch ist, weil ihm koordinierte Bezüge fehlen, so lange ist das Maß unmöglich durchzuführen oder auch nur zu konzipieren." (S. 42)*

Dabei verstehen die Autoren das (räumliche) Messen als eine Bewegung, die darin besteht, daß der messende Gegenstand auf den zu messenden gelegt und so oft abgetragen wird, wie der als Einheit gewählte Teil im abzuschätzenden Ganzen enthalten ist. Ein fertig konstruiertes Metermaß z. B. ist daher nur ein Kondensat bereits durchgeführter Operationen, weshalb die Autoren eine Untersuchung, wie sich das Kind eines Metermaßes bedient, so lange als uninteressant bezeichnen, als man nicht festgestellt hat, wie das Kind selbst seine Metermaße konstruiert, seien sie auch grob, unvollkommen und nur für einen sehr kurzen Gebrauch bestimmt.

Das spontane Messen des Kindes (bezieht sich nur auf das Messen von Strecken) läuft nach den Ergebnissen von PIAGET und dessen Mitarbeitern in folgenden Stadien ab:

Bis zum Alter von ca. 4 Jahren werden zwei zu vergleichende Höhen (von Gegenständen) nur durch direkten Wahrnehmungsvergleich zueinander in Beziehung gesetzt. Erst ab diesem Alter spielen Verlagerungen der Gegenstände eine Rolle, wobei zunächst die Gegenstände einander genähert werden ("manuelle Übertragung"), dann wird auch der eigene Körper (z. B. der Arm) bemüht, um Vergleiche durchzuführen ("körperliche Übertragung" oder "Imitation des Gegenstandes").

Etwa im Alter von 6 Jahren gelangt das Kind zur Entdeckung eines unabhängigen Mittelgliedes, wobei dieses zunächst nur eine gleich große Kopie eines der Gegenstände darstellt. Schließlich werden auch größere und dann kleinere Mittelelemente verwendet, wodurch sich auch das mehrmalige Abtragen (zugleich Teilung des zu messenden Objekts) als wesentliche Handlung ergibt. Mit etwa 8 Jahren gelingt die Herausbildung des Maßes durch ständiges Wiederholen einer beliebigen Einheit. Die Autoren sehen durch die Synthese von Teilung (Wahl einer Einheit) und Verlagerung (Abtragen dieser Einheit) die Vollendung des Maßes erreicht. Auch die Ausbildung des Messens zeigt also eine Entwicklung von einem räumlichen Egozentrismus (zuerst wird nur visuell verglichen), der zunehmend dezentriert wird (Einsatz äußerer Mittelglieder), hin bis zu einer objektiven Koordinierung (stetige Wiederholung der Einheit).

Als äußerst interessant erweist sich das Ergebnis, daß das Kind den Begriff "Länge" (lineare Größe in einem "ausgefüllten") etwas früher bildet als den Begriff "Abstand" (lineare Größen in einem "leeren Raum"):
Fast alle Kinder bis zum Alter von 6 Jahren glauben noch, daß sich der Abstand zwischen zwei Objekten (z. B. zwei Bäumen) veränderte, wenn man etwas dazwischen einfügt.

Erst ab dem Alter von 7 Jahren wird die Symmetrie der Abstandsrelation erkannt, also erst zu einer Zeit, wo auch der Begriff der Geraden konstruiert wird. Die Autoren kommen weiters zum Ergebnis, daß die eben beschriebene Herausbildung des eindimensionalen Maßes mit beinahe völlig zeitlicher Übereinstimmung von der Herausbildung des zweidimensionalen Maßes begleitet wird.

Eine der zentralen Testaufgaben zur Untersuchung der spontanen Reaktionen beim Messen in zwei Dimensionen hatte folgendes Aussehen (S. 191):
Auf einem Tisch wurden zwei weiße, rechteckige, unlinierte Papierbogen (S1, S2) gleicher Dimension diametral aufgelegt (Abb.):

In S1 ist in Rot ein Punkt P_1 eingezeichnet, der ungefähr in der Mitte zwischen dem Mittelpunkt des Rechteckes und seiner rechten oberen Ecke liegt.

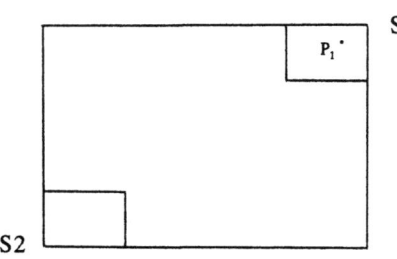

Die Kinder wurden aufgefordert, auf S2 einen roten Punkt P2 zu zeichnen, der sich genau an der gleichen Stelle auf S2 befindet wie P1 auf S1, so daß sich die Punkte decken, wenn man S2 auf S1 legt.

Kinder bis zum Alter von 4 bis 4½ Jahren verließen sich allein auf ihr Augenmaß. Erst Kinder ab 6½ bis 7 Jahren begannen zu messen, aber sie begnügten sich mit einer einzigen Messung: Meist legten sie das Lineal von einer Ecke des Rechteckes oder von einem anderen auffälligen Punkt aus schräg auf dem Papierbogen. Sobald die Kinder merkten, daß man die Neigung des Lineals während der Übertragung nicht genau beibehalten kann (mit ca. 8 Jahren), erkannten sie auch, daß man zwei Maße in verschiedene Richtungen braucht. Trotzdem wurde noch manchmal die Meinung geäußert, daß ein einziges Maß von Rechts wegen genügen müsse, so als hätte man nur widerwillig zwei verwendet.

Die einzige zeitliche "Verspätung" zum eindimensionalen Messen ergab sich bei der Vollendung des zweidimensionalen Messens: Erst Kinder im Alter von 9 bis 9½ Jahren erachteten es von Anfang an für notwendig, in zwei Dimensionen zu messen, wobei hierfür die Koordinierung der Maße beinahe ausnahmslos in rechtwinkeliger Form (Idee des cartesischen Koordinatensystems) gewählt wurde (Abb.):

Eine ähnliche Entwicklung sehen PIAGET und seine Mitarbeiter beim Messen von Winkeln. Den Kindern wurde eine Zeichnung mit zwei supplementären Winkeln ADC und DCB vorgestellt (Abb.), worauf sie aufgefordert wurden, diese Zeichnung genau nachzubilden.

Während des Zeichnens selbst durften sie diese Modellzeichnung nicht ansehen, aber zwischen den Zeichenversuchen konnte (beliebig oft) nachgemessen und überprüft werden. Kinder bis zum Alter von etwa 6 Jahren begnügten sich mit einer Reproduktion nach Augenmaß. Erst Kinder höheren Alters begannen die Strecken AD und DB zu messen, die Neigung der Strecke CD wurde jedoch noch nicht einbezogen. Mit der Messung der Strecke CD wurde auch versucht, die Neigung dieser Linie möglichst beizubehalten.

Auf die Idee, die Neigung der Linie CD durch Messungen zu erhalten, kamen die Kinder nach Meinung der Autoren deshalb nicht, *"weil sie in der Modellfigur nicht ein System von Winkeln sehen, sondern lediglich eine schräge Linie, deren Ende auf einen gegebenen Punkt einer horizontalen Linie trifft".* (S. 221) Erst mit etwa 9 Jahren wurden die Abstände AC und CB gemessen und somit der Punkt C bestimmt.

Befragungen von 10jährigen Kindern (von den Autoren bereits dem Stadium der formalen Operationen zugeordnet) ergaben, daß diese mit immer deutlich werdender Vorliebe nicht mehr beliebige Öffnungen AC und CB der Winkel ADC und CDB maßen, sondern die Senkrechte auf AB durch den Punkt C. Das Messen der "Normalöffnung" des Winkels ist ein erster Schritt zur Beschreibung von Winkelgrößen durch Seitenverhältnisse. Was hier natürlich noch fehlt, ist das In-Beziehung-Setzen der beiden gemessenen Strecken (Quotient der Längen), weshalb auf dieser Stufe erst von einer qualitativen Koordinierung gesprochen werden kann.

Das Messen der "Normalöffnung" wurde als bevorzugte Methode zum Übertragen von Winkeln verwendet und z. T. explizit als "praktischer" als andere Möglichkeiten beurteilt (vgl. das Interview mit ROL, S. 224). Für die Autoren besteht zwischen dem Messen der Winkel und der Bestimmung eines Punktes auf einer Fläche (Koordinaten) eine enge Verwandtschaft, vor allem wird bei beiden zweidimensional gemessen.

Während jedoch die Bestimmung eines Punktes in einem cartesischen Koordinatensystem eineindeutig ist, sind beim Winkel unendlich viele Punkte möglich (sie liegen alle auf einem Strahl), weshalb es sich hier um eine einmehrdeutige Zuordnung ("Koordinationsstruktur") handelt.

Daß die Kinder diese beiden "Koordinierungsarten" adäquat miteinander koordinieren konnten, wird durch die Tatsache bestätigt, daß sie die Summe der Innenwinkel eines Dreieckes als konstant erachteten. Sie erkannten sogar, daß die Summe zwangsläufig immer zwei rechte Winkel ergeben muß und daß es zur Schließung einer Figur, deren Winkel diese Summe übersteigen, eine vierte Seite und vier Winkel braucht, die zusammen gleich vier rechten Winkeln sind.

Ein solches Abschätzen und Addieren von Winkeln mit einem so allgemeinen Ergebnis wie die Konstanz der Summe der Innenwinkel im Dreieck wäre unerklärlich, wenn das Handeln allein darin bestünde, *"daß man fertige Gegenstände handhabe und ihnen durch einfaches Abstrahieren Merkmale entnähme, die schließlich operatorisch komponiert würden." (252/253)*

Daß die Konstruktion des relationalen Winkelbegriffes neben der Existenz eines physikalischen Raumes mit der Ausbildung eines geometrischen Raumes untrennbar verbunden ist, gestaltet sich als eine zentrale Aussage des Werkes "Die natürliche Geometrie des Kindes":

"Die Möglichkeit, Dreiecke zu konstruieren und die drei Winkel derselben zu einem Halbkreis zusammenzulegen, zeigt die Existenz eines physikalischen Raumes, der durch die Interaktion zwischen makroskopischen Körpern entstanden ist, sowie die eines geometrischen Raumes, der an die Handlungen der Konstruktion und Vereinigung der Winkel gebunden ist. Ein solcher physikalischer Raum ist zwar anfänglich noch nicht vom Raum des Handelns differenziert, aber der letztere spielt dennoch von Anfang an eine Rolle. Er entsteht nicht durch die Eigenschaften des Gegenstandes als solcher, der auf den Maßstab dieses Handelns bezogen ist, sondern er resultiert aus der Assimilierung des Gegenstandes an die Schemata der Aktivität." (S. 254)

5.3 REFLEXIONEN ZUR HISTORISCHEN UND ZUR INDIVIDUELLEN GENESE DES WINKELBEGRIFFES, DIDAKTISCHE IMPLIKATIONEN

Vergleicht man die Ergebnisse der Untersuchungen von PIAGET und dessen Mitarbeitern zum Winkelbegriff mit der historischen Genese dieses Begriffes, so ergeben sich in einigen Punkten Übereinstimmungen, in anderen deutliche Gegensätze. Im folgenden wird versucht, ausgehend von den Vergleichen, einige didaktische Implikationen zu entwickeln.

5.3.1 Winkel als Beziehung

In 4.7 wurde dargestellt, wie sich im Verlaufe der Geschichte die Sichtweise des Winkels vom bloß Figurativen hin zu einer relationalen Sicht entwickelt hat. Ganz ähnlich verläuft die von PIAGET beschriebene Begriffsentwicklung beim Kinde: Etwa ab dem Alter von 7 Jahren wird die Sicht des Winkels als Figur ("Ecke") durch das In-Beziehung-Setzen von entsprechenden Seiten (Schenkeln) abgelöst, welches aber genau die Vorstellung des Winkels als Beziehungssystem vorbereitet. Dieses In-Beziehung-Setzen erfolgt vor allem durch direktes Übereinanderlegen mit gleichzeitiger Prüfung auf exakte Deckung bzw. Parallelität.

Diese beiden Kriterien entwickeln sich sodann (nach PIAGET ab etwa 9 Jahren) zu jenem System von Eigenschaften, welches die Ähnlichkeit bzw. den Winkel charakterisiert. Das Kind wird fähig, eine Figur u. a. als Beziehungssystem von Winkeln zu sehen: So entdecken z. B. Kinder, daß zur Ähnlichkeit zweier Dreiecke nur zwei gleiche Winkel nötig sind.

Schließlich gelingt den Kindern (nach PIAGET ab etwa 11 Jahren) eine Quantifizierung dieser Beziehungen: Figuren werden (ähnlich) vergrößert, indem die Idee der Proportionalität angewandt wird, wobei sie den gesuchten Vergrößerungsfaktor (Maßstab) selbst zu ermitteln vermögen.

Im Unterricht sollte dies zur Konsequenz haben, daß bewußt auf ein Aufgeben einer allein figurativen Sichtweise des Winkels hin zu einer Sicht des Winkels als Beziehung gearbeitet wird. Es ist vor allem die Idee des Winkels, die der Geometrie ihre "Beweglichkeit" verleiht - und zwar in dem Sinne - daß Figuren durch die Kongruenz von Strecken und Winkeln übertragen werden können.

5.3.2 "Spitzheit" - Eine prägende Vorstellung

Betrachtet man die Aussagen der von PIAGET und Mitarbeitern interviewten Kinder, die den Terminus Winkel noch nicht kannten, dieses "Phänomen" aber dennoch verbal zum Ausdruck brachten (Kinder bis etwa 9 Jahre), so trifft man auf Aussagen wie etwa *"genauso dünn"*, *"Beine gleich weit auseinander"*, *"geringere Dicke"*, *"gleichschräg"* oder *"etwas spitzer"*. Sie deuten auf ein Verständnis von Winkel hin, welches nur Größen unter 180° zuläßt.

Der individuellen Genese durchaus ähnelnd, beginnt auch die historische Genese des Winkelbegriffes mit Vorstellungen, die an die "Spitzheit" zweier gerader Linien erinnert (Winkelgröße unter 180°):
- Die BABYLONIER kannten den Begriff der Neigung (einer Linie zur Horizontalen).
- APOLLONIUS sah den Winkel als *"Knick"*.
- EUKLID definierte den Winkel explizit als *"Neigung zweier Linien gegeneinander"*.
- HILBERT definierte den Winkel als ungeordnetes Paar zweier Halbgeraden (mit gemeinsamen Anfangspunkt).

Die Beobachtungen zur individuellen und historischen Genese verstärkend, gibt es auch Argumente für die "Eingesessenheit" der Vorstellung des Winkels als "Spitzheit", die ganz einfachen Überlegungen über den alltäglichen Umgang mit Winkeln entstammen:
- In den meisten Umweltsituationen treten Winkel auf, bei denen von vornherein nur Größen unter 180° gesehen werden können: z. B. Winkel zwischen gegrätschten Beinen, Neigung einer Straße, Blickwinkel.
- In Situationen, in denen es prinzipiell zwei Interpretationsmöglichkeiten gibt, wird sehr oft die kleinere Größe gewählt. Auch in nebenstehender Figur (Abb.) wird zumeist ein rechter Winkel gesehen.
Es scheint so etwas wie ein Streben der Wahrnehmung nach Minimalität (und damit auch Eindeutigkeit) zu geben.

Wie schwer sich neu zu bildende Vorstellungen gegenüber älteren, "eingesesseneren" Vorstellungen von einem Begriff durchzusetzen vermögen, zeigt die kritische Betrachtung der Ergebnisse von Susan CLOSE (vgl. 1.4).

Sie unterstellt in ihren Untersuchungen implizit, daß der Winkel (bzw. dessen Größe) nur als Ausmaß der linksorientierten Drehung eines ersten Schenkels zum zweiten hin gesehen werden kann.

Antworten von Schülern, die nicht dieses Denkschema benützen, werden demnach als "falsch" klassifiziert. Von den fünf untersuchten Klassen (Alter etwa 11 Jahre) wurde eine der Klassen ausgewählt, um mit dieser unmittelbar vor dem Test nochmals eine Einheit zum Winkelbegriff durchzunehmen, wobei der Zusammenhang mit der Drehung deutlich hervorgestrichen wurde.

Bei der Beantwortung der folgenden Aufgabe gab dennoch die Hälfte der Klasse (48%) an, daß die beiden Winkel (annähernd) gleich groß wären:

Item 6:   *Which angle is bigger or are they about the same size?*

(i)
(j)

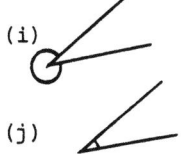

Der längere Bogen sollte auf die richtige Lösung (i) hinweisen (bei jedem Paar von Winkeln waren die Bögen rot gezeichnet).

Ähnlich waren die Ergebnisse bei der nächsten Aufgabe, wo ein Drittel der Klasse (33%) den akzeptierten Bereich nicht traf und die meisten davon (19%) den Winkel als zwischen 60° und 100° liegend angaben - und dies, obwohl der rote Kreisbogen auf die "gelernte" Vorstellung von Winkel deutlich hinweisen sollte:

Item 5:   *About how many degrees are there in each of these angles?*

(d)

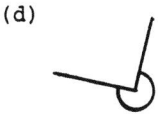

Die exakte Anwort wäre 267 gewesen, akzeptiert wurde der gesamte Bereich 260 - 280 (also auch 270, was genau die Ergänzung zum rechten Winkel wäre).

Diese Ergebnisse zeigen, daß die Auffassung der Winkelgröße als "Spitzheit" einen festen Platz im Denken der Kinder besitzt und auch durch massive Einwirkung nicht so einfach eliminiert werden kann. Daraus ergeben sich zumindest zwei didaktische Implikationen (deren Übertragung auch auf andere Begriffe überlegt werden könnte):

- Die Schüler bringen zum Winkelbegriff Vorerfahrungen mit, die bei der Konzeption des Unterrichts berücksichtigt werde müssen. Die Vorstellungen der Schüler dürfen nicht einfach durch (explizite oder implizite) Definitionen unausgesprochen "ersetzt" werden.

213

- Im Falle der Vorstellung von Winkel als "geordnetem Paar zweier Halbstrahlen" sollte bewußt darauf hingearbeitet werden, daß der Bogen (mit Pfeil) als Auszeichnung eines der beiden entstehenden Ebenenteile gesehen werden und auch durch ein Schraffieren des entsprechenden Ebenenteiles (orientiertes Winkelfeld) ersetzt werden kann. Vielleicht wäre es in diesem Falle sogar günstiger, zunächst (bei einer ersten Einführung des Winkelbegriffes) bewußt nur auf die Vorstellung von Winkel als "Winkelfeld" (evtl. nur durch einen Bogen visualisiert) hinzuarbeiten, um die Frage der Orientierung zunächst auszuschalten.

5.3.3   Bewußtes Loslösen von egozentrischen Sichtweisen

PIAGET kommt in seinen Untersuchungen (vgl. 5.2) zum Ergebnis, daß die Herausbildung des Längenmaßes eine Entwicklung beinhaltet, die zunächst von reinen Wahrnehmungsvergleichen (z. B. von zu vergleichenden Längen von Gegenständen) ausgeht, dann Vergleiche unter Mithilfe des eigenen Körpers (z. B. des Armes) enthält, wobei diese Mittelglieder in einem nächsten Schritt subjektfrei werden (als Vergleichshilfsmittel wird z. B. ein anderer Gegenstand gewählt) und schließlich in das Erkennen einer beliebigen Einheit münden, mit der durch wiederholtes Abtragen Messungen - und damit auch objektivierte Vergleiche - vorgenommen werden können.
PIAGET spricht diese Fähigkeit Kindern ab dem Alter von etwa 8 Jahren (konkret operatives Stadium) zu und bezeichnet den stattfindenden Prozeß als "fortschreitende Dezentrierung" des anfänglich "egozentrischen Raumes" zu einem objektiven, koordinierten Raum.

Ohne einen solchen Prozeß auch bei der Entwicklung des Messens von Winkeln zu verfolgen, stellt PIAGET fest, daß Kinder ab etwa 10 Jahren den Winkel als System von Relationen verstünden, wobei er sich vor allem auf die Tatsache beruft, daß Kinder dieses Alters die Winkelsumme im Dreieck als zwangsläufig konstant erachten.

Betrachtet man dementgegen die Untersuchungen von Susan CLOSE (vgl. 1.4), so kommt man zum Schluß, daß sich einige der darin festgestellten Schwierigkeiten dem Phänomen "mangelnde Dezentrierung von egozentrischen Sichtweisen" zuordnen lassen.

Einige besonders auffallende Schwierigkeiten seien angesprochen:

- Ein Schüler äußerte die Meinung, daß ein rechter Winkel "rechts" liegen müsse. "Rechts" und "links" ("linker" Winkel!) sind keine geometrischen Begriffe, sondern entsprechen einer egozentrischen Sichtweise.

- Die Tatsache, daß weniger als die Hälfte der etwa 11jährigen Schüler zwei rechte Winkel verschiedener Lage (wovon einer keinen zum Blattrand parallelen Schenkel hatte) als annähernd gleich groß ansah, ist nur eine Fortsetzung dieser Egozentrizität: Ein Winkel, dessen Lage zum Betrachter verändert wird, verändert auch seine Größe. Daß die Winkelgröße bei Lageveränderung als nicht invariant gesehen wird, deutet aber auch daraufhin, daß der Winkel noch nicht als unabhängiges Beziehungssystem gesehen wird.

- Ein Teil der Schwierigkeiten hat sicherlich damit zu tun, daß die von der Natur vorgegebene Auszeichnung von "waagrecht" und "senkrecht" Menschen auf diese vorgegebenen Richtungen fixieren läßt. So ist es auch nicht verwunderlich, daß Vorformen des Winkelbegriffes bei den ÄGYPTERN und BABYLONIERN auf Abweichungen von der Horizontalen zurückgehen (vgl. 4.1). Auch die Tatsache, daß die BABYLONIER bei ihren Messungen der Bogenlänge an der Himmelsphäre sich selbst (die Erde) als Mittelpunkt eines entsprechenden Kreises dachten, deutet auf eine gewisse egozentrische Sicht hin. Allgemeiner könnte man den Übergang vom geozentrischen zum heliozentrischen Weltbild als Dezentrierung von dieser egozentrischen Sichtweise interpretieren.

Didaktische Überlegungen müssen vor allem auf zwei Ebenen ernsthaft in Angriff genommen werden:

Erstens geht es um die Frage, wie man im Geometrieunterricht ein bewußtes und reflektiertes Loslösen von physikalischen Begriffen erreicht. Ein solcher Loslöseprozeß läßt sich sicherlich nur dann initiieren, wenn physikalische Phänomene (Situationen aus unserer Umwelt) im Unterricht zum Ausgangspunkt von geometrischen Überlegungen genommen werden.

Zweitens geht es auch um die Frage, inwieweit die von Menschen selbst konstruierte "rechtwinkelige" Welt (der Gegenstände) eine Rolle spielt: Man denke hier vor allem an die den Geometrieunterricht begleitenden Hilfsmittel, wie etwa Zeichenblatt (Heft) und Geodreieck. Sie werden beim Konstruieren meist in eine solche Lage gebracht, daß eine Seite parallel zu uns verläuft. Es soll im Kapitel 6 u. a. auch untersucht werden, ob solche Situationen das geometrische Denken und Handeln der Schüler beeinflussen.

5.3.4 "Verwandtschaft" von Winkel und Ähnlichkeit

Sowohl die historisch-fachliche, als auch die psychologisch-individuelle Genese des Winkelbegriffes zeigen, daß diese beiden Begriffe eng miteinander verknüpft sind. Bei PIAGET paßt dies insofern mit seiner von der Strukturmathematik geprägten Vorstellung von der Entwicklung von Begriffen zusammen, als der Winkel bei Ähnlichkeitstransformationen invariant bleibt (Bezüge zum Erlanger Programm von Felix KLEIN). Beim Kind wird der Begriff der Ähnlichkeit gleichzeitig mit jenem des Winkels gebildet, die Entwicklung der Begriffe "parallel" (affine Invariante) bzw. bzw. "Abstand" und "Drehung" (euklidische Invariante) geschieht früher bzw. später als jener von "Ähnlichkeit" und "Winkel".

Auch die historische Entwicklung des Winkelbegriffes zeigt deutliche Bezüge zum Begriff der Ähnlichkeit und zwar über das Betrachten von Seitenverhältnissen.
Schon bei den BABYLONIERN und ÄGYPTERN - die noch keinen selbständigen Begriff von Winkel hatten - läßt sich dieser Bezug feststellen:
- Die ÄGYPTER und BABYLONIER gaben die Neigung von geraden Linien zur Horizontalen (z. B. bei einem Wall, vgl. 4.1) mit jener Horizontallänge an, die genau der Erreichung einer fixen Höhe (1 Elle) entspricht. Dies ist im Wesentlichen eine Vorform unseres heutigen Cotangens.
- Die BABYLONIER stellten ganze Wertetabellen für Seitenverhältnisse ($\tan^2$, $\sec^2$) in rechtwinkeligen Dreiecken auf.
Mit der Entwicklung der Trigonometrie erfuhr der Zusammenhang zwischen "Winkel" und "Ähnlichkeit" natürlich eine weitere Verstärkung.

Im Unterricht wird diesem Aspekt meist erst dann Beachtung geschenkt, wenn trigonometrische Probleme betrachtet werden. Die Begriffe "Winkel", "Ähnlichkeit" (Proportionen), "Lineare Funktion" (inkl. Steigung) und "Sinus, Tangens, ..." werden hintereinander - sehr oft ohne bewußte Bezüge herzustellen - abgehandelt. Mit der Betrachtung von Phänomenen der Ähnlichkeit wird meist gewartet, bis die Ähnlichkeitsabbildungen bzw. die Strahlensätze in den Vordergrund gestellt werden. Dementgegen böte sich z. B. bei der Betrachtung von Straßensteigungen(gefällen) eine gute Gelegenheit, zwei unterschiedliche Möglichkeiten der Angabe des "Auseinanderklaffens zweier Richtungen", also zwei unterschiedliche Methoden des Messens von Winkeln (Teilung des Kreises bzw. Betrachtung von Seitenverhältnissen) zu behandeln.

Weiters sollte man bedenken, daß z. B. verschieden große Winkelmesser (mit verschieden großen Kreisen, an denen die Skalierung angebracht ist) genau deshalb dieselben Meßergebnisse liefern, weil alle Kreise zueinander ähnlich sind. Auch daraus kann man ableiten, daß eine sinnstiftende Behandlung der Funktionsweise eines Winkelmessers nicht ohne gewisse Überlegungen zum Phänomen der Ähnlichkeit ablaufen soll.

5.3.5 "Verwandtschaft" von Winkel und Drehung

In der Geschichte des Winkelbegriffes traten immer wieder Verbindungen zum Begriff der Drehung auf, sowohl im Sinne einer realen Bewegung als auch im Sinne einer Abbildung (der Ebene auf sich):

So maßen die Astronomen der BABYLONIER Drehungen von Himmelskörpern auf dem scheinbaren Himmelsgewölbe, angegeben als (Bogen-)Längen oder als Vielfache bzw. einfache Bruchteile des rechten Winkels.

Bei Felix KLEIN (vgl. 4.4) werden Drehung und Winkel in engem Zusammenhang betrachtet, bei Gustave CHOQUET (vgl. 4.6) werden diese beiden Begriffe sogar miteinander identifiziert. Beide können als Basis der "Beweglichkeit" der Geometrie in dem Sinne verstanden werden, als mit ihnen die Möglichkeit geschaffen wird, Figuren zu übertragen (zu bewegen), wobei der Winkel bei einem euklidisch-geometrischen Zugang zur Geometrie ein bedeutender Bestandteil der Kongruenz von Dreiecken ist, während er bei einem abbildungsgeometrischen Zugang als Invariante von Ähnlichkeitsabbildungen bedeutend in Erscheinung tritt.

Im Falle der Verbindung von Winkel und Drehung gibt es einen deutlichen Unterschied zu den Ergebnissen von PIAGET und Mitarbeitern, wobei das dortige Fehlen eines Bezuges zur Drehung vor allem an der Art der Aufgabenstellungen für die Kinder liegen dürfte: Um zu untersuchen, wie sich die Fähigkeit des Messens von Winkeln bei Kindern entwickelt, wurden diese aufgefordert, eine Zeichnung, die zwei komplementäre Winkel ADC und CBD darstellt (Abb.), auf einem anderen Blatt nachzubilden.

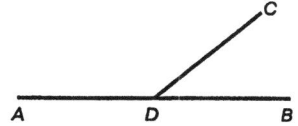

Den Kindern wurde u. a. wohl auch ein Zirkel (kommentarlos) zur Verfügung gestellt, doch sind keine Interviews beschrieben, in denen ein Kind davon Gebrauch gemacht hätte: Die beschriebenen Versuchspersonen konzentrierten sich wohl aufgrund der geradlinigen Teile der Figur auf die Messung gerader Linien, was ihnen wenig Probleme bereitete. Da es bloß um die Konstruktion einer gleichen Winkelfigur ging und keineswegs um einen Größenvergleich verschiedener Winkel oder gar um die Frage, um welchen Faktor ein Winkel größer sei als ein anderer, genügte dieses Meßverfahren vollkommen.

Explizite Untersuchungen zum Größenvergleich von Winkeln wurden von PIAGET und dessen Mitarbeitern nicht durchgeführt, es ist aber anzunehmen, daß dabei der Begriff des Kreises (bzw. der Drehung) eine wesentliche Rolle spielen würde: Es ginge nicht mehr um das Verhältnis von Seiten, sondern um das Verhältnis der Bögen zum Radius. (Der Begriff des Radianten wurde übrigens erst 1873 von Thomas MUIR und James T. THOMSON eingeführt, vgl. CLOSE 1982, S. 15).
Kreissektoren mit gleichen Radianten sind zueinander ähnlich, womit sich wieder die Verknüpfung mit dem Begriff der Ähnlichkeit ergibt. Daß die Forderung der Deckungsgleichheit (Kongruenz) von Winkeln eine zwar hinreichende, aber nicht notwendige Voraussetzung zum Gleich-groß-Sein von Winkeln darstellt, ist unmittelbar einsichtig (Abb.):

Eine solche Forderung wäre nämlich genau jene nach der Kongruenz von Dreiecken. Daß in der geschichtlichen Entwicklung der Geometrie (allerdings sehr spät) dennoch ein enger Zusammenhang zwischen dem Winkel und einer Kongruenz-abbildung - nämlich der Drehung - konstruiert werden konnte, hängt mit einem "Kunstgriff" theoretischer Natur zusammen: Das Verlängern der Winkelschenkel ins Unendliche (die Schenkel werden zu Strahlen) hat zur Folge, daß Ähnlichkeit und Kongruenz dieser Teilmengen äquivalent werden.

Mathematisch gesehen gewinnt man damit ein einfaches Kriterium zur Gleichheit von Winkeln, aus didaktischer Sicht ergibt sich daraus ein Problem: In der Realität kommen nur endliche Winkelfiguren vor und es fällt schwer, den Schülern zu erklären, warum man die Schenkel ins Unendliche verlängert. (Etwas einfacher gestaltet sich diese Frage bei der Geraden.)

In den Schulbüchern (vgl. Kapitel 2) wird diese Schwierigkeit sehr oft so gelöst, daß man den Winkel einfach stillschweigend mit Strahlen definiert (wohl nur, um die mathematische "Form" zu bewahren) und gleichzeitig hofft, daß der Schüler daran keinen Anstoß nimmt, da er doch schier unendlich lange Strahlen kennt (Sonnenstrahlen). Daß dies nicht der Sinn mathematischer Begriffsbildung im Unterricht sein kann, ist wohl allgemeiner Konsens.

Bei der Behandlung des Winkelbegriffes einen Bezug zu konkreten Drehungen herzustellen, scheint eine Forderung zu sein, der allein schon aufgrund der vielen Situationen in unserer Umwelt (der Vorerfahrungen der Kinder) deutliches Gewicht verliehen wird.

5.3.6 Die Bedeutung des Winkelmessens

Auch was den Zusammenhang von Winkel und Winkelmessung betrifft, gibt es Gegensätzlichkeiten zwischen der historischen Entwicklung des Winkelbegriffes und den Untersuchungen von PIAGET und dessen Mitarbeitern. Während die historische Entwicklung das Problem des Messens von Winkeln als auslösendes Moment - gewissermaßen als Geburtsstunde des Umgehens mit Winkeln - enthält, legen die von der strukturmathematisch orientierten Konzeption PIAGET's geprägten Untersuchungsergebnisse zur Entwicklung von (mathematischen) Begriffen einen zeitlich entgegengesetzten Ablauf nahe: Es wird festgestellt, daß die Fähigkeit des Messens von Winkeln (einhergehend mit der Konstruktion der Kongruenzabbildungen) später einsetzt als die Konstruktion des Winkelbegriffes (der gleichzeitig mit dem Begriff der Ähnlichkeit gebildet wird).

Die Trennung der Entwicklung von Winkel und Winkelmessung bei PIAGET scheint folgende Hintergründe zu haben:

- Es wurde verabsäumt, den Kindern zur Untersuchung der Entwicklung der Winkelmessung Aufgaben zu stellen, in denen sich die Teilung des Kreises anbieten würde. Anstelle dessen wurden solche Aufgaben gestellt, die ein Betrachten von Seitenverhältnissen nahelegen. Dieses Vorgehen wurde sicherlich durch den Umstand gefördert, die Winkelmessung als zweidimensionale Messung - im Gegensatz zur eindimensionalen Messung von Strecken - zu charakterisieren und damit Bezüge zur Konstruktion von Koordinatensystemen (vgl. 5.2) herzustellen.

- Das Betrachten von Seitenverhältnissen benötigt als Grundlage natürlich das Messen von Strecken, also etwa die Angabe von Streckenlängen in cm. Im Hinblick auf die so einfach zu konstruierende Unterteilung des Kreises ist dies ein "Umweg", der den Winkel von seiner Nähe zum Begriff der Ähnlichkeit (Winkel als Invariante bei Ähnlichkeitsabbildungen) abrückt - ein Unterfangen, welches dem Konzept von PIAGET eigentlich fern liegen müßte.

- Daß PIAGET und dessen Mitarbeiter hier einem Mangel in der Konzeption der Interviewaufgaben aufgesessen sind, wird auch durch die Tatsache unterstützt, daß bei der Untersuchung der Entwicklung der Streckenmessung auf die große Bedeutung der Konstruktion eines Lineals seitens des Lernenden (Herstellungshandlungen) hingewiesen wird, während etwa von einem Winkelmesser keine Rede ist. Als Konsequenz ergibt sich dadurch auch ein Fehlen eines Vergleiches zwischen der Messung von Strecken und jener von Winkeln (Fragen der zu wählenden Einheit und des möglichen Vorliegens einer "größten" Größe).

Analog zur Messung von Strecken scheint es auch bei der Messung von Winkeln ratsam zu sein, eine Konstruktion eines (einfachen) Winkelmessers im Unterricht anzustreben, um die Schüler bei der Errichtung desselben die "erzeugenden" Handlungen des Messens kennenlernen zu lassen. Auch die Rekonstruktion des Zweckes eines Winkelmessers - z. B. des Geodreieckes - ist eine (Denk-)Tätigkeit, die zum besseren Verständnis des Winkelmessens beitragen kann. Das alleinige Umgehen mit dem Winkelmesser ist zwar auch eine Handlung, sie würde jedoch die Tatsache übergehen, daß der Winkelmesser ein Kondensat bereits durchgeführter Handlungen ist (vgl. die Aussagen von PIAGET und Mitarbeitern bezüglich des Metermaßes, 1974, S. 43), also die wesentlichen Handlungen bereits in der Konstruktion des Winkelmessers enthalten sind. In diesem Zusammenhang sollte auch auf die Frage der Wahl von Einheiten und die historische Bedeutung der Zahl 360 eingegangen werden.

5.3.7 Verschiedene Vorstellungen von Winkel

In 5.3.2 wurde bereits festgestellt, daß sowohl in den Untersuchungen von PIAGET, als auch in der historischen Entwicklung des Winkelbegriffes der Vorstellung von Winkel als "Spitzheit" eine bedeutende Rolle zukommt. Während jedoch im Laufe der Geschichte eine Vielzahl an Vorstellungen von Winkel herausgearbeitet (und z. T. in Definitionen eingearbeitet) worden sind, fehlen in den Untersuchungen von PIAGET solche Bezugnahmen auf die Vielfalt des Winkelbegriffes.

Im Unterricht dürfte es aber gerade darauf ankommen, bewußt herauszuarbeiten, daß es verschiedenste Vorstellungen von Winkel gibt und daß diese auch in unterschiedlichsten Umweltsituationen Anwendung finden. (vgl. 9.2)

6. EINE EMPIRISCHE STUDIE ÜBER VORSTELLUNGEN VON WINKEL BEI 12 BIS 13 JÄHRIGEN SCHÜLER(INNE)N

Die Untersuchungen von Jean PIAGET und dessen Mitarbeitern (vgl. Kapitel 5) beziehen sich auf die "natürliche" Geometrie des Kindes, d. h. auf jene Lernprozesse (Begriffsentwicklungen), die von PIAGET als unabhängig von schulischem Lernen stattfindend gesehen werden. Die empirische Studie von CLOSE (vgl. 1.4) befaßt sich vor allem mit Fehlvorstellungen von Winkel bei 11 bis 12jährigen Schülern, wobei jedoch vieles nur deshalb als "Fehler" klassifiziert wurde, weil es nicht einer ganz bestimmten Vorstellung von Winkel entsprach.

Die vorliegende empirische Studie setzt sich das Ziel, das in den oben erwähnten Arbeiten geprägte Bild von den Vorstellungen der Kinder von Winkel zu ergänzen und zu erweitern, wobei folgende Rahmenbedingungen gesetzt wurden:

- Es wurden Schülerinnen und Schüler der 7. Schulstufe an allgemeinbildenden höheren Schulen (AHS) in Österreich befragt. Die 12 bis 13 Jahre alten Kinder hatten den Winkelbegriff bereits in der 6. Schulstufe kennengelernt und konnten somit bereits auf schulische Erfahrungen mit diesen Begriff zurückgreifen.
- Im Vordergrund stand nicht das Feststellen von Fehlvorstellungen (im Hinblick auf bestimmte theoretische Sichtweisen), sondern das Herausarbeiten der individuellen Sichtweisen der Kinder von Winkel mit allen ihren Vorstellungen, Assoziationen und Schwierigkeiten.
- Es sollte auch untersucht werden, welches Verhältnis zwischen den vorschulischen Vorstellungen der Kinder von Winkel und deren Erfahrungen mit der (theoretischen) Einführung im Unterricht besteht.

Die Untersuchung umfaßte vier Phasen:

1. Entwicklung eines Testfragebogens für eine Schulklasse, Auswertung.

2. Schriftliche Befragung dreier Schulklassen anhand eines modifizierten Fragebogens, Auswertung.

3. Interview mit einem Schüler und einer Schülerin, Auswertung.

4. Zusammenfassung der Ergebnisse, Herausarbeiten didaktischer Konsequenzen.

INHALTSVERZEICHNIS VON KAPITEL 6:

223

6.1   ERGEBNISSE DER TESTBEFRAGUNG

Das Ziel dieser ersten schriftlichen Befragung bestand im Testen eines Fragebogens, der in einem zweiten Durchgang an drei Schulklassen Verwendung finden sollte. Die Testbefragung wurde zu Beginn des Schuljahres 1985/86 an einer 3. Klasse AHS in Klagenfurt mit 33 Schülerinnen und Schülern durchgeführt. Die Beantwortung der Fragebögen erfolgte am Beginn einer Unterrichtsstunde und wurde zeitlich mit etwa 10 Minuten begrenzt. Auch die Lehrperson hatte zwei Fragen zu beantworten. Auf diese wird im Rahmen der Besprechung der Schülerantworten eingegangen werden.

Der Schülerfragebogen hatte folgendes Aussehen:

1.   *Welcher der zehn angeführten Begriffe ist für Dich am schwierigsten, welcher am zweitschwierigsten usw. ? Ordne die Begriffe nach ihrer Schwierigkeit und vergib Ränge von 1 bis 10, wobei 1 "am leichtesten", 2 "am zweitleichtesten", ... und 10 "am schwierigsten" bedeutet!*
Schreibe die ausgewählten Ziffern in den Kreis neben dem Begriff!

Begriff	Rang
1 Bruchzahl	○
2 Geradenspiegelung	○
3 Größter gemeinsamer Teiler	○
4 Mittelwert	○
5 Parallelogramm	○
6 Primzahl	○
7 Umfang	○
8 Variable	○
9 Winkel	○
10 Zylinder	○

2.   *Was versteht man unter einem Winkel?*
Erkläre diesen Begriff mit eigenen Worten und mache auch eine Zeichnung!
(Zur Beantwortung dieser Frage stand den Schülern unter dem Text genügend viel Platz zur Verfügung.)

3.   *Kennst Du Situationen, wo Winkel auftreten? Nenne möglichst viele solcher Situationen und fertige dazu auch Skizzen an!*
(Auch hier stand den Schülern genügend viel Platz zur Verfügung.)

6.1.1 Rangreihung einiger mathematischer Begriffe nach deren Schwierigkeitsgrad aus der Sicht von Schüler(inne)n

Im Vordergrund stand die Frage, wie die Schüler den Schwierigkeitsgrad des Winkels im Vergleich mit anderen mathematischen Begriffen einschätzen. Es wurden zehn Begriffe aus der 5. und 6. Schulstufe gewählt, wobei versucht wurde, möglichst verschiedenartige Begriffe zu erhalten und geometrische Begriffe vermehrt zu berücksichtigen: Fünf geometrische Begriffe (Geradenspiegelung, Parallelogramm, Umfang, Winkel und Zylinder), vier Begriffe aus dem Bereich Arithmetik/Algebra (Bruchzahl, größter gemeinsamer Teiler, Primzahl und Variable), sowie ein Begriff aus der Statistik (Mittelwert) - sie wurden insgesamt alphabetisch geordnet - sollten in eine Rangreihung nach zunehmendem Schwierigkeitsgrad gebracht werden.

Insgesamt sind die Ergebnisse hinsichtlich dieser Frage sehr vorsichtig zu interpretieren:

- Die Reihung gibt nur den subjektiven Eindruck der Schüler wieder - ohne Angabe von Gründen für Schwierigkeiten usw., z. T. sind solche den Schülern gar nicht bewußt.
- Die Begriffe sind nicht so einfach miteinander vergleichbar, da deren Begriffsinhalte und Begriffsumfänge z. T. ganz unterschiedlich strukturiert sind. Hinzu kommen noch eventuell sehr unterschiedlich ausgeprägte Vorerfahrungen der Schüler (Umwelt, Unterricht).
- Schließlich ist (kann) nicht klarer formuliert worden (werden), was die Schüler unter Schwierigkeiten zu verstehen hätten. "Schwierigkeit" kann daher nur als vage, intuitive Größe betrachtet werden.

Zum Zwecke einer überblickbaren Zusammenschau wurden einige "vorsichtige" Berechnungen durchgeführt. Dazu wurden folgende Daten herangezogen:

- Zunächst wurde für jeden Begriff jene Anzahl an Nennungen erfaßt, die insgesamt auf die Ränge 1, 2 und 3 fiel: Die Anzahl dieser "Leicht"-Nennungen wurde als "L" bezeichnet.

- Analog für die Ränge 8, 9 und 10. Mit "S" wurde die Anzahl der "Schwierig"-Nennungen bezeichnet.

Die Differenz aus "Leicht"-Nennungen und "Schwierig"-Nennungen (L-S) lieferte für jeden Begriff ein grobes Maß für dessen "Schwierigkeitsgrad" nach Einschätzung der gesamten Schulklasse: Den hohen positiven Werten entsprachen also "leichte" Begriffe, den hohen negativen Werten entsprachen "schwierige" Begriffe.

Es ergab sich folgendes Bild (Reihung nach "Leichtigkeit"):

Rang	Begriff	L-S	weibl.	männl.
1.	Umfang	18	10	8
2.	Bruchzahl	14	5	9
3.	Primzahl	10	6	4
4.	Gr. gem. Teiler	6	-3	9
5.	Geradenspiegelung	4	4	0
6.	Winkel	0	0	0
7.	Parallelogramm	-1	4	-5
8.	Mittelwert	-9	-4	-5
9.	Variable	-15	-9	-6
10.	Zylinder	-27	-13	-14

Es zeigt sich, daß

- ... der "leichteste" und der "schwierigste "Begriff aus der Geometrie stammen. Der Umfang wird wohl deshalb als so leicht eingestuft, weil er schon seit der Volksschule bekannt ist. Der "Zylinder" war den Schülern vorher nicht bekannt, die Lehrperson erklärte den Begriff vor dem Test daher kurz. Der Eindruck, daß "Zylinder" etwas "Neues" (Ungewohntes) sei, bewog anscheinend viele Schüler, diesen als besonders "schwierig" einzustufen.
- ... die restlichen drei geometrischen Begriffe (Geradenspiegelung, Winkel und Parallelogramm) im Mittelfeld liegen. Mehr als die Hälfte der Rangreihungen zum "Winkel" fiel auf die Plätze 4, 5, 6 und 7, ca. jeweils ein Fünftel auf die Kategorien "leicht" bzw. "schwer", es ergab sich beim Winkel also eine große Streuung.
- ... daß bis auf zwei Ausnahmen die Reihung von den 16 Schülerinnen und den 17 Schülern im Schnitt etwa gleich erstellt wurde. Aus der Norm fallen nur die Reihungen von "größter gemeinsamer Teiler" (bei den Knaben besser) und "Parallelogramm" (bei den Mädchen besser). Überhaupt schätzten die Mädchen die geometrischen Begriffe als "leichter" ein als die Knaben (Summe der geometrischen L-S - Werte: +5 gegenüber -11).

Die Frage nach der Verallgemeinerbarkeit dieses Phänomens wäre interessant, kann aber in dieser Arbeit nicht geleistet werden.

- ... jene Begriffe, die durch Fremdwörter beschrieben sind (Parallelogramm, Variable, Zylinder), im untersten Bereich der Tabelle zu finden sind.

- Auch die (weibliche) Lehrperson sollte diese zehn Begriffe - unabhängig von den Ergebnissen der Schüler - in eine Reihung bringen und zwar hinsichtlich der Schwierigkeiten, die Unterstufenschüler mit diesen Begriffen ihrer Meinung nach haben. Es ist interessant zu bemerken, daß die Reihung der Lehrperson der durchschnittlichen Reihung der Klasse tendenziell weitgehend entsprach: Keine Einschätzung eines Begriffes zeigte eine (Rang-) Differenz von mehr als drei Plätzen.

Zusammenfassend kann zu dieser ersten Frage nach dem - aus der Sicht der Schüler gesehenen - "Schwierigkeitsgrad" zehn ausgewählter Begriffe festgestellt werden: Der Winkelbegriff scheint für die Schüler im Schnitt weder ein besonders "leichter" Begriff zu sein, noch wird er allgemein als "schwierig" klassifiziert, er liegt - ganz salopp formuliert - im "ganz normalen Durchschnitt" (zumindest was die hier ausgewählten Begriffe betrifft).

Offen blieb natürlich die Frage nach den Gründen der jeweiligen Reihung, besonders nach der Art der Schwierigkeiten und deren Ausmaß.

Diese Aspekte wurden beim modifizierten Fragebogen stärker betont:

Es wurden mit dem Winkel nur mehr jene zwei geometrischen Begriffe vorgegeben, die in der Reihung (unmittelbar) vor bzw. nach dem Winkel lagen, nämlich die Geradenspiegelung und das Parallelogramm, wobei beim Winkel speziell nach der Art der Schwierigkeiten gefragt wurde (vgl. 6.2).

6.1.2 "Was ist ein Winkel?" - Vorstellungen von Schüler(inne)n

Die Intention dieser Frage lag im ersten Aufspüren von Vorstellungen von Winkel, welche die durchschnittlich 12 bis 13jährigen Schüler in der Auseinandersetzung mit ihrer Umwelt bzw. in den vorangehenden Schuljahren (5. und 6. Schulstufe) im Unterricht gebildet hatten. Die Lehrperson gab an, daß der Begriff des Winkelfeldes als *"flächenhafte Punktmenge"* im 5. Schuljahr und der Winkel selbst (*"ein 'Winkel' wird von zwei Strahlen = Schenkel gebildet, die einen gemeinsamen Anfangspunkt = Scheitel haben"*) im 6. Schuljahr behandelt wurden. In beiden Einführungen überwog also die Sichtweise des Winkels als Figur.

Eine quantitative Auswertung der Schülerantworten war nicht vorgesehen und wäre aus mehreren Gründen auch keinesfalls sinnvoll gewesen:

- Die Formulierung der Frage "Was versteht man unter einem Winkel?" ist für Schüler in dieser Form sicherlich ungewohnt. Daher kann aus dem Fall, daß ein Schüler keinen expliziten Erklärungsversuch angab, nicht unmittelbar geschlossen werden, daß ein mangelndes Verständnis von "Winkel" vorliegt.
- Die individuell unterschiedliche Ausdrucksfähigkeit der Schüler stellt eine unberechenbare Schranke dar.

Die Analyse der Schülerantworten (33) ergab vier Kategorien von Erklärungsversuchen:

(0) Kein expliziter Erklärungsversuch
(Nur Aufzählungen von Winkelarten, Vorkommen, sonstige Details)
(1) Erklärungsversuch nicht verständlich
(Inhalt unklar bzw. nicht sinnvoll)
(2) Winkel als Figur
(Ecke, Zwischenraum, aus Linien bestehend)
(3) Winkel als Größe
(Abstand, Steigung, Neigung, Entfernung)

Einige typische Beispiele aus den vier Kategorien:

(0) Kein expliziter Erklärungsversuch
- *"Es gibt verschiedene Winkel, z. B. spitzer Winkel; rechter Winkel; stumpfer Winkel; erhabener Winkel; ..."*
- *"Es gibt verschieden große Winkel. Die Winkel werden in Grad angegeben. Man kann Winkel halbieren."*
- *"Es gibt verschiedene Arten von Winkel."*

(1) Erklärungsversuch nicht verständlich
- *"Unter einem Winkel versteht man meistens, wieviel Grad das Rechteck haben soll."*
- *"Unter einem Winkel versteht man eine mit verschiedenen Winkeln schiefe Ebene. Ein Winkel kann spitz, stumpf, voll sein."*

(2)   Winkel als Figur

- *"Ein Winkel sind zwei Geraden a, b, die zu einem bestimmten Punkt zusammenlaufen."*
- *"Ein Winkel besteht aus zwei Schenkeln, welche einen gemeinsamen Ausgangspunkt haben."*
- *"Ein Winkel ist jener Zwischenraum, der zwischen zwei Seiten oder Sehnen ist."*

(3)   Winkel als Größe

- *"Unter einem Winkel verstehe ich den Abstand zweier Geraden, die einen gemeinsamen Schnittpunkt haben."*
- *"Ein Winkel ist eine bestimmte Steigung, z. B. bei einer Straße. Durch einen Winkel sieht man, wieviele Grade man braucht."*
- *"Ein Winkel ist die Entfernung zweier Seiten, die in einem Punkt zusammenlaufen."*

Bezüglich der Antworten zur Kategorie "Winkel als Größe" geht weder aus den schriftlichen Antworten, noch aus den Zeichnungen klar hervor, was mit "Abstand", "Entfernung", u.s.w. gemeint ist. Nur ein Schüler verweist explizit auf die Abstandmessung am Kreisbogen: *"Als Winkel versteht man den Abstand zweier Geraden, die sich auf einem Kreisbogen schneiden."* Es sei auch festgehalten, daß kein Schüler den Winkel als ein Maß für eine Drehung bezeichnete, es trat überhaupt kein Bezug zu Drehungen auf.

Die Aufteilung der Schülerantworten auf die einzelnen Kategorien gestaltete sich folgendermaßen (Tab.):

Kategorie	(0)	(1)	(2)	(3)
Schüler	Kein expliziter Erklärungsversuch	Erklärungsversuch unverständlich	Winkel als Figur	Winkel als Größe
16 Mädchen	5	2	6	3
17 Knaben	2	2	9	4
Gesamte Klasse (33 Schüler)	7	4	15	7

Diese Daten sind insofern kritisch zu betrachten, als etwa die Antwort eines Schülers, die der Kategorie (0) oder (1) zugeordnet wurde, noch keineswegs bedeutet, daß dieser Schüler keiner besseren Erklärung fähig wäre (z. B. in einer Interviewsituation, in welcher der Schüler mehr Gelegenheiten hätte, sich entsprechend auszudrücken). Die Antworten der Schüler sind vielmehr als spontane (schriftliche) Äußerungen zu sehen, welche Rückmeldungen darüber liefern, was den Schülern zum Winkelbegriff in kurzer Zeit als Wichtigstes einfällt.

Es fällt auf, daß die Knaben insgesamt etwas "besser" abschnitten: Weniger als ein Viertel der Knaben, aber fast die Hälfte der Mädchen gaben Antworten, die den Kategorien (0) oder (1) zuzuordnen sind. Aufgrund der schon erwähnten Einschränkung der Aussagekraft (und der geringen Schüleranzahl) dieser Kategorisierung kann aus dieser geschlechtsspezifischen Betrachtung bestenfalls eine Hypothese formuliert werden, die man in einer eigenen Studie näher zu untersuchen hätte.
Etwa ein Fünftel der Schüler beschrieb den Winkel als eine Größe. Fast die Hälfte der Schüler konnte Aspekte nennen, die auf eine erste Analyse der Winkelfigur (Angabe der Bestandteile) hinweist.

6.1.3 Situationen, in denen Winkel auftreten

Die dritte Frage des Testfragebogens galt der Erkundung, in welcher Form Schüler den Winkel in ihrer Umwelt wiederfinden. Da in der Formulierung der Frage das Wort "Umwelt bzw. "Alltag" fehlte, führten viele Schüler nur innermathematische Beispiele (Figuren) an. Aus dem Versäumnis wurde ein interessantes Experiment:

Schüler (Anzahl der Umweltbeispiele)	Keines	1 - 3	mehr als 3
Mädchen (16)	11	3	2
Knaben (17)	5	7	5
Gesamt (33)	16	10	7

Die Ergebnisse zeigen deutlich, daß sich die Knaben durch das im Prinzip neutrale Wort "Situationen" eher veranlaßt sahen, Umweltsituationen (vor allem technische Bereiche) einzubeziehen, als Mädchen. Übrigens gab jeder Schüler zumindest eine geometrische Figur an, die meisten konstruierten sogar eine Vielzahl von diesen und zeichneten darin Winkel ein.

Umweltsituationen mit Winkel, die von Schülern genannt wurden:

Mädchen: Tischplatte, Tischkante, Türstock, Hausbau, Hammer, Nagel, Sonnenstrahlen, Filmkamera, Wohnraum, Uhr, Straßensteigung, Zeichenblatt.

Knaben: Hausbau (90° bei Mauern), Hausdach, Zirkel, Lot, Straßensteigung, schiefe Ebene, Bleistift, Raketengeschoß, Parkettboden, Zimmerecke, Geodreieck, Hausdach, Buchstabe, Lot, Bleistiftspitze, Sonneneinstrahlung, Kreuz, Schere, Keil, Wohnraum, Möbelstück, Bild, Heft, Tisch, Kreuzung, Hochhaus, Tafel, Fenster, Leiter, Brücke, Hammer.
(Die meisten dieser Beispiele wurden allein von drei Knaben genannt - es gab insgesamt zahlreiche Mehrfachnennungen.)

Wie aus der Aufzählung ersichtlich ist, beziehen sich sehr viele Nennungen auf den rechten Winkel. Weiters fällt auf, daß einzelne Schüler geradezu Experten für Anwendungssituationen sind (Hausbau). Im Unterricht sollten solche Vorerfahrungen in hohem Maße ausgenützt werden.

Für den zweiten Fragebogen schien es geboten, die Bezeichnung "Situationen" auf "Situationen aus dem Alltag" zu erweitern, was vielleicht verständlicher ist als "Situationen aus Deiner Umwelt".

6.2 ERGEBNISSE DER SCHRIFTLICHEN HAUPTBEFRAGUNG

Die Hauptbefragung wurde zu Beginn des Schuljahres 1985/86 an drei 3. Klassen AHS (7. Schulstufe) durchgeführt, wobei zwei Klassen aus St. Veit/Glan (zwei Lehrpersonen) und eine Klasse aus Salzburg Stadt ausgewählt wurden. Im wesentlichen wurden zwei Ziele angesteuert:
- Entwickeln von weiteren Aussagen über Vorstellungen und Probleme von bzw. mit dem Winkelbegriff.
- Erstellen offener Fragen und Vermutungen als Ausgangsbasis für Interviews mit einzelnen Schülern.

Der Schülerfragebogen hatte folgenden (modifizierten) Wortlaut:

1. Welcher der drei angeführten Begriffe ist für Dich am schwierigsten, welcher am zweitschwierigsten usw. Ordne die Begriffe nach ihrer Schwierigkeit und vergib Ränge von 1 bis 3, wobei 1 "am leichtesten", 2 "mittel" und 3 "am schwierigsten" bedeutet! Schreibe die ausgewählten Ziffern in den Kreis neben den Begriff!

Begriff	*Rang*
1 Geradenspiegelung	◯
2 Parallelogramm	◯
3 Winkel	◯

Was findest Du am Winkel leicht, was findest Du an ihm schwierig?
(Die ersten beiden Begriffe wurden deshalb gewählt, weil sie in der Testbefragung als ziemlich "gleich schwierig" wie der Winkelbegriff eingeschätzt wurden. Daraus ergibt sich evtl. die Möglichkeit, aus dem Vergleich der Begriffe einige Schwierigkeiten mit dem Winkel zu erfragen.)

2. Was versteht man unter einem Winkel? Erkläre diesen Begriff mit eigenen Worten und mache auch eine Zeichnung!

3. Kennst Du Situationen aus dem Alltag, wo Winkel auftreten? Nenne möglichst viele solcher Situationen und fertige dazu auch Skizzen an!
(Unter allen Textstellen stand den Schülern genügend viel Platz für Antworten und Zeichnungen zur Verfügung.)

Die Beantwortung der Fragebögen erfolgte während des Unterrichts und wurde zeitlich mit etwa 10 Minuten begrenzt. Die drei Lehrer erhielten ebenfalls einen Fragebogen, der sich zum Großteil auf die Einschätzung der Schwierigkeiten der Schüler mit den Winkelbegriff bezog. Die Aussagen der Lehrer werden an jeweils passender Stelle angeführt. Zur Unterscheidung der drei untersuchten Klassen wurden die Kurzbezeichnungen "alpha", "my" und "omega" gewählt. Die Intentionen und Ergebnisse zu den einzelnen Fragen werden in den folgenden Unterkapiteln 6.2.1, 6.2.2 und 6.2.3 dargestellt.

6.2.1 Schwierigkeiten mit dem Winkelbegriff

Im Rahmen der ersten Frage hatten die Schüler zunächst die Begriffe "Geradenspiegelung", "Parallelogramm" und "Winkel" nach ihrer Schwierigkeit zu reihen. (Rang 1 = "am leichtesten", Rang 2 = "mittel", Rang 3 = "am schwierigsten") Damit sollten zwei Teilziele angestrebt werden:
- Grobe Einschätzung der Schwierigkeit des Winkelbegriffes gegenüber den anderen beiden Begriffen.
- Bewußtmachen einiger Aspekte, die bei der Aufzählung von leichten bzw. schwierigen Dingen beim Winkelbegriff helfen sollten.

Das Ergebnis läßt sich tabellarisch so festhalten (Tab.):

Klasse (Schüleranzahl)	Geradenspiegelung	Parallelogramm	Winkel	
	(Anzahl der 1-er Ränge minus Anzahl der 3-er Ränge)			
alpha (33)	+ 21	- 12	- 7	(Hier gaben zwei Schüler Doppelränge an.)
my (31)	+ 23	- 12	- 11	
omega (30)	+ 14	- 5	- 9	
alpha bis omega (94)	+ 58	- 29	- 27	

233

Als leichtester der drei zur Auswahl stehenden Begriffe wurde mit großem Abstand und überraschend gleichmäßiger Verteilung auf alle drei Klassen der Begriff der Geradenspiegelung gereiht. Etwa in gleichem Ausmaß schwieriger als die Geradenspiegelung wurden die Begriffe "Parallelogramm" und "Winkel" beurteilt, (obwohl diese - nach Zusatzbemerkungen einiger Kinder - ebenfalls "leicht" seien). Diese Reihenfolge Parallelogramm - Winkel/Geradenspiegelung stimmt auch mit jener Reihung dieser Begriffe überein, welche die Schüler der Testbefragung aufgestellt hatten.

Die zweite Teilfrage sollte erheben, was die Schüler am Winkelbegriff als leicht bzw. als schwierig erachten: *"Was findest Du am Winkel leicht, was findest Du an ihm schwierig?"* Eine solche Fragestellung kann natürlich nicht den Anspruch erheben, zu klären, welche Schwierigkeiten Schüler mit dem Winkelbegriff tatsächlich haben. Es geht hier mehr um die Einschätzung der Schwierigkeiten durch die Kinder selbst. Schon allein aufgrund der eingeschränkten sprachlichen Ausdrucksfähigkeit der Schüler und der subjektiv so unterschiedlich zu wertenden Klassifizierungen "leicht" und "schwierig" ist nur eine vorsichtige Einschätzung der Ergebnisse angebracht.
Die Mehrzahl der Schüler gab an, nur geringe bzw. gar keine Schwierigkeiten mit dem "Winkel" zu haben, z. B: *"Für mich ist der Winkel leicht. Eigentlich gibt es für mich nichts schweres am Winkel."* Die häufigsten Rückmeldungen über eigene Schwierigkeiten lassen sich in drei Kategorien zusammenfassen (Reihung nach absoluter Häufigkeit der Nennungen in allen drei Klassen):

- Konstruieren von Winkeln
  (vor allem mit dem Zirkel)   23 Nennungen (24 %)
- Geodreieck: Anlegen und
  Messen (Orientierung)   13 Nennungen (14 %)
- Verwirrung durch zuviele
  Termini   9 Nennungen (10 %)

a) Konstruieren von Winkeln mit dem Zirkel

Die Schwierigkeit, mit dem Zirkel bestimmte Winkel (30°, 45°, 60°, 90°, 120°, ..) zu konstruieren, wird von Schülern aller drei Klassen angesprochen. Vor allem in jener Klasse, wo der Lehrer vermehrt Zirkelkonstruktionen durchführen ließ, wurde der unterschiedliche Schwierigkeitsgrad des Zeichnens mit dem Geodreieck und der Konstruktion mit dem Zirkel angeführt.

Dazu einige Schüleräußerungen:

"Ihn (den Winkel, Anm. d. Verf.) *mit dem Winkelmesser zeichnen, ist leicht. Ihn mit dem Zirkel konstruieren, ist schwer."*

"Ich weiß nicht, wie er (der Lehrer, Anm. d. Verf.)*, mit dem Zirkel konstruiert. Ich finde den Winkel dann leicht, wenn ich ihn mit dem Winkelmesser konstruieren kann."*

"Die Konstruktion ist schwieriger, die Messung leichter."

Das Konstruieren "besonderer" Winkel sowie das Abtragen, Addieren und Subtrahieren scheint in der österreichischen Unterstufe ein fester Bestandteil des Geometrieunterrichts zu sein. Fast in allen Lehrbüchern (vgl. Kapitel 2) gibt es zu diesen Themen ausführliche Kapitel, wodurch sich z. T. eigene "Aufgabenklassen" ausgebildet haben.

Da der Umgang mit Zirkel und "gewöhnlichem" Lineal immer mehr an praktischer Bedeutung verliert (modernste Zeichenhilfen, Computergraphik, Berechnungen anstelle von Konstruktionen mit Hilfe Trigonometrie/Analytischer Geometrie/Linearer Algebra), müssen solche traditionellen Aufgaben hinterfragt werden, zumal sie keinen wesentlichen Beitrag zu einem vertieften Verständnis des Winkelbegriffes leisten. Die Konstruktion eines Winkels von 150° gestaltet sich eher als Rechenaufgabe, bei der es darum geht, durch Winkeladditionen, Winkelsubtraktionen oder Winkelhalbierungen auf 150° zu kommen (z. B.: 150° = 90° + 60° oder 150° = (360° - 60°) / 2).

Dies geht auch aus folgender Schüler-äußerung klar hervor: *"Wie man 60° konstruiert, ist leicht, und das Zeichnen ist auch leicht, bloß das Ausrechnen ist schwer!!"* Vor allem wird man Schülern schwer klarmachen können, warum man nicht gleich mit dem Winkelmesser 150° aufträgt, was vom Arbeitsaufwand her wesentlich günstiger wäre. Hier könnte etwas Zeit für andere geometrische Tätigkeiten eingespart werden.

Ein Schüler gab an, Schwierigkeiten bei der Konstruktion von Winkeln mit dem Zirkel zu haben, wenn jene über 180° aufweisen.

Es gab noch weitere Rückmeldungen darüber, daß man Winkel über 180° schwer fände:

"Winkel, die unter 180° sind, finde ich leicht, Winkel über 180° schwer."

"Einen Winkel über 180° zu zeichnen, ist schwer."

"Der Winkel ist schwierig, wenn er über 180° hinaus geht, sonst ist er leicht."

Allerdings ist aus diesen Antworten nicht ersichtlich, ob sie sich auf das Konstruieren mit dem Zirkel beziehen.

b) Geodreieck: Anlegen, Messen und Orientieren

Ein häufig auftretendes Problem ist anscheinend das richtige Anlegen des Geodreieckes:

"Ich vergesse immer, wo ich anlegen muß."

"Es ist schwieriger, das Geodreieck in die richtige Stellung zu bringen."

"Ich weiß nicht, wie ich das Lineal anlegen soll."

Die Schwierigkeiten treten vor allem dann auf, wenn das Geodreieck schräg anzulegen ist.

Welche weiteren grundlegenden Schwierigkeiten Schüler mit dem Messen von Winkeln haben können, zeigen die folgenden Schüleräußerungen:

"Unterscheidung zwischen z. B. 140° und 40° beim Lineal ..."

"Daß man die Zahl genau findet - z. B. wenn man 120 sucht und darunter eine andere Zahl ist."

"Das Zahlensuchen finde ich nicht so gut, auf dem Dreieck stehen so viele! (durcheinander!)"

Hier wird wohl die Tatsache angesprochen, daß jedes Geodreieck zwei gegenläufige Winkelskalen besitzt und die Schüler oft nicht wissen, welche sie benützen sollen.

Ihre Schwierigkeiten mit der Orientierung von Winkeln äußern die Schüler der Klasse my folgendermaßen:

"Immer gegen den Uhrzeiger der Pfeil ist auch nicht immer leicht." (Gleiches äußert er über das Messen.)

"Am Winkel finde ich schwierig, von welcher Seite man die Zahl z. B. + 58° zählen soll."

"Am Winkel finde ich mich nur dann zurecht, wenn + oder - angegeben sind. Da ich sonst nicht weiß, in welche Richtung ich drehen oder sonst etwas mit dem Winkel zu tun habe."

Alle drei Schüleräußerungen lassen die Vermutung aufkommen, daß die Fixierung auf die Orientierung gegen den Uhrzeiger als unmotiviert und als Schwierigkeit empfunden wird. Sie erkennen die definitorische Freiheit der Orientierungswahl natürlich nicht und scheinen im Hinweis, daß man in der Mathematik "nach links dreht", eine bedeutende Eigenschaft des Winkels verkörpert zu sehen.

Wie schon vorhin erwähnt, gaben einige Schüler an, mit Winkel über 180° Probleme zu haben. Es geht jedoch aus den Antworten nicht hervor, ob sich diese auf das Umgehen mit dem Geodreieck beziehen.

c) Verwirrung durch zuviele Termini

Einige Schüleräußerungen:

"Am Winkel sind die verschiedenen Winkelbezeichnungen schwierig, wie z. B. stumpfer Winkel, spitzer Winkel, u.s.w. ..."
"... schwer, die Art des Winkels zu erkennen." (spitz, stumpf,...)
"Schwer: Bestimmung (supplementär u.s.w.)."
"Wenn man herausfinden muß, ob er ein gestreckter oder anderer Winkel ist, ist es schwer."

Es gab eine beträchtliche Anzahl von Schülern, die lediglich in der Vielzahl an Namen, die in Verbindung mit dem Winkelbegriff auftreten, eine Schwierigkeit sahen und diesen ansonsten als einen eher leichten Begriff einschätzten.

6.2.2   Was verstehen Schüler unter einem Winkel?

Die schon in 6.1.2 verwendete Kategorisierung der Schülerantworten in

(0) Kein expliziter Erklärungsversuch
(1) Erklärungsversuch nicht verständlich
(2) Winkel als Figur
(3) Winkel als Größe

zeigte bei der Hauptbefragung (94 Mädchen und Knaben) folgende Ergebnisse:

- In allen drei Klassen entfiel knapp mehr als ein Viertel der Antworten auf die Kategorie "Winkel als Größe", was in etwa mit den Ergebnissen der Testbefragung übereinstimmt.

- Der in der Testbefragung festgestellte Unterschied (Anteil an (2)-er und (3)-er Kategorien) zwischen den Antworten der Mädchen und Knaben hat sich hier nicht bestätigt, es ist sogar eine leichte Umkehrung des Ergebnisses zugunsten der Mädchen festzustellen. Ein direkter Vergleich ist aber schon insofern nicht angebracht, als bei der Testbefragung eine weibliche Lehrperson, bei der Hauptbefragung jedoch drei männliche Lehrpersonen die betreffenden Klassen unterrichteten.

- Typische Unterschiede zwischen den einzelnen Klassen ergaben sich vor allem in der spezifischen Form der Erklärungsversuche.

Die folgenden Betrachtungen konzentrieren sich primär auf die erwähnten charakteristischen Unterschiede zwischen den Klassen, wobei als Hintergrundinformationen auch die Antworten der drei Lehrer (zur Frage nach ihrer Einführung des Winkelbegriffes sowie nach dessen Schwierigkeiten) beigezogen werden. Die zwei wichtigsten der drei Fragen, welche die Lehrer auf einem Fragebogen zu beantworten hatten, trugen folgenden Wortlaut:

- *"Skizzieren Sie bitte in wenigen Sätzen (evtl. Zeichnungen), wie Sie Ihren Schülern den Begriff Winkel erklären. (Was ist ein Winkel? evtl. Beispiele ...)"*

- *"Nennen Sie bitte Schwierigkeiten, die Sie bei der Einführung des Winkelbegriffes sehen!"*

<u>Klasse alpha:</u>

Der Lehrer führte an, im vorangegangenen Schuljahr (6. Schulstufe) den Winkel als *"Maß für die Abweichung von einer vorgegebenen Richtung"* eingeführt und dabei als Beispiele etwa eine Straßenabzweigung, eine Windrose, u. ä. angegeben zu haben. Die Winkelmessung wurde im Gegenuhrzeigersinn eingeführt. Der Lehrer sah die Schwierigkeiten der Schüler beim Winkelbegriff vor allem in folgenden Bereichen:
- Manuelles Arbeiten mit dem Zirkel und dem Lineal.
- Schwierigkeiten beim Auftragen von Winkeln im Dreieck (Orientierung): Der "linke" Basiswinkel bereitet zunächst keine Schwierigkeiten, beim Auftragen des "rechten" Basiswinkels gibt es Probleme, da nun auf der gegensinnig orientierten Skala des Geodreieckes nachgesehen werden muß.

Der Lehrer war der Überzeugung, daß die Schüler aufgrund ihrer Umwelterfahrung ein adäquates Verständnis für Horizontales und Vertikales (und damit für den rechten Winkel) mitbrachten, daß aber Winkel = 90° in ihrer Umwelt ansonsten eher selten auftreten würden. Einerseits kann dieses Bezugnehmen auf physikalische Begriffe wie "horizontal" und "vertikal" für die Schüler eine anschauliche Bereicherung bedeuten, andererseits ist es aber auch möglich, daß aufgrund der Dominanz dieses Bezuges der Winkelbegriff nicht in erwarteter Allgemeinheit gebildet wird.

Letzteres zeigen die folgenden Schülerantworten:

- *"Unter einem Winkel verstehe ich: z. B., wenn man ein Brett am Boden legt ..."*
- *"Ein Winkel ist die Bezeichnung für Dinge, die nicht gerade, sondern schräg zum Boden stehen."*

(Der Schüler verwechselt offenbar "gerade" mit "horizontal". Zugleich wird deutlich, daß dieses Verständnis von Winkel nur Winkel mit einem zur unteren Blattseite parallel gelegenen Schenkel zuläßt.)

- *"Ein Winkel besteht aus einer Strecke a und einer Strecke b. Der darunter eingeschlossene Winkel ergibt bei dieser Skizze 40°."*

(Neben der mißbräuchlichen Verwendung des Begriffes "Strecke" fällt hier vor allem der Terminus "darunter" auf. Er legt die Vermutung nahe, daß auch dieser Schüler physikalische und geometrische Begriffe miteinander vermengt.)

- *"Er gibt in der Zeichnung oder auch so die Richtung an."* Dazu fertigte der Schüler folgende Skizze (Abb.) an:

(Wenn man "Winkel als Richtung versteht, so müßte ein Schenkel durch eine besondere Lage bereits vorgegeben sein, was dieser Schüler mittels der "Horizontalen" (besser: der Parallelen zum unteren Blattrand) wohl implizit annimmt.

Im Rahmen der Frage "Was versteht man unter einem Winkel?" sollten die Schüler auch einen Winkel zeichnen: Von den 32 Zeichnungen aus dieser Klasse waren nur vier, bei denen kein Schenkel "horizontal" lag!

Mehr als die Hälfte aller Zeichnungen zeigten besondere Winkel (30°, 45°, 60°, 90°, 120°, ..), davon allein knapp die Hälfte rechte Winkel.

Diese hohe Rate an besonderen, also allein mit Zirkel und Lineal zu konstruierenden Winkeln ist sicherlich auf den hohen Stellenwert zurückzuführen, welchen der Lehrer diesen Konstruktionen beimaß.

So ist es auch nicht verwunderlich, daß im Gegensatz zu den anderen beiden Klassen etwa die Hälfte der Schüler dieser Klasse Schwierigkeiten bei der Konstruktion von Winkeln mit Zirkel und Lineal artikulierten. Das In-den-Vordergrund-Stellen (bestimmter) besonderer Winkel scheint für viele Schüler die Konsequenz zu besitzen, vor allem in den "besonderen" Winkeln den Winkelbegriff verkörpert zu sehen. Das Hervorheben "besonderer" Winkel und das Verhaftetsein an der Horizontalen scheinen die Ausbildung eines allgemeineren Winkelbegriffes zu behindern.

Die Tatsache, daß die Schüler dieser Klasse nie eine "explizite" Definition von Winkel kennengelernt hatten, spiegelte sich in einer weiten Palette von Erklärungsversuchen wieder. Insofern sind die Antworten m. E. als ziemlich unbeeinflußte und selbstformulierte Erklärungen von "Winkel" anzusehen. Typisch dafür ist z. B. folgende Schülerantwort: *"Unter einem Winkel verstehe ich eine Ecke, die größer und kleiner wird."* Dieser Schüler schien den Winkel als eine Art variable Figur zu sehen.

Etwa ein Drittel aller Schülererklärungen kann der Kategorie "Winkel als Größe" zugeordnet werden. Die Erklärungen enthalten Begriffe wie "Abstand", "Distanz" oder "Entfernung", eine knappe Auswahl davon sei an dieser Stelle wiedergegeben:

- *"Unter einem Winkel versteht man zwei Strecken, die eine bestimmte Anzahl von Graden voneinander enfernt sind."*
- *"Ein Winkel ist der Abstand zwischen zwei 'Strahlen' mit demselben Anfangspunkt, aber die in verschiedene Richtungen zeigen."*
  (Nach dieser Formulierung sind natürlich "Nullwinkel" oder "Vollwinkel" von der Betrachtung ausgeschlossen.)

Klasse my:

Im Fragebogen gab der Lehrer an, den Winkel auf zwei Arten eingeführt zu haben:

- *"Winkelfeld (statische Einführung)"*
- *"Ein feststehender und ein rotierender Zeiger im Gegenuhrzeigersinn (dynamische Einführung)"*

240

Im Gegensatz zur Klasse alpha traten beinahe keine Fixierungen auf die Horizontale auf. Es liegt die Vermutung nahe, daß das Rotieren des Zeigers ein allgemeineres (lageunabhängiges) Verständnis des Winkels mit sich brachte. Durch die Belegung des Winkelfeldes mit einem eigenen Namen - der eben "Winkelfeld" und nicht "Winkel" lautete - wurde vor allem der Herstellung des Winkels durch den rotierenden Zeiger Aufmerksamkeit geschenkt. Fast alle Schüler, die den Winkel als Größe charakterisierten, verwendeten in ihrer Erklärung den Terminus "Abstand". Den Winkel sahen sie also wohl als "Ergebnis der Zeigerbewegung" (Drehung), als verbleibenden Abstand zwischen den Linien.

In der Tatsache, daß die Winkelmessung im Gegenuhrzeigersinn eingeführt worden ist, sah der Lehrer auch eine der Hauptschwierigkeiten mit dem Winkelbegriff begründet. Einige Schülerantworten entsprachen genau dieser Einschätzung, wobei unterschiedlichste Aspekte genannt wurden:

- Schwierigkeiten mit dem Gegenuhrzeigersinn, z. B. *"Am Winkel finde ich schwierig, von welcher Seite man die Zahl z. B. + 58° zählen soll."*
- Schwierigkeiten mit Winkeln über 180°, z. B. *"Ich finde den Winkel recht schwierig, wenn er über 180° ist, sonst ist er recht leicht."* (Bei der Erklärung von "Winkel" bezeichnete er diesen als Abstand zweier Strecken und zeichnete einen spitzen Winkel mit einem gebogenen Pfeil im Gegenuhrzeigersinn.)

Daß vielen Schülern nicht bewußt ist, daß die Festlegung auf eine Drehrichtung innermathematisch bedeutend ist, um Eindeutigkeit zu erzielen, und daß die Festlegung auf den Gegenuhrzeigersinn willkürlich ist, zeigte sich bei den "Situationen aus dem Alltag", die sie im Zusammenhang mit dem Winkel nannten. So gibt es einige Zeichnungen mit orientierten Pfeilen, wo die Orientierungen gar keinen Sinn haben (Abb.):

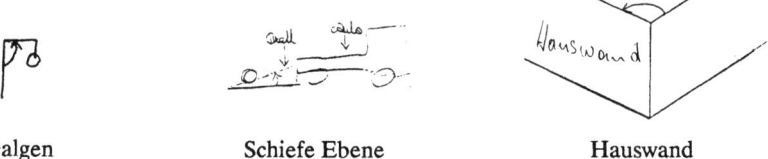

Galgen   Schiefe Ebene   Hauswand

Am auffälligsten ist die Skizze eines
Schülers von einem Geodreieck (Abb.):

Der Winkel an der Spitze wurde mit 270° bewertet. Der Schüler erkannte wahrscheinlich seine "Freiheit" nicht, den linken Schenkel als Erstschenkel zu wählen (bzw. den orientierten Winkel überhaupt nicht zu verwenden): Es liegt die Vermutung nahe, daß der rechte Schenkel der "Standardlage" eines ersten Winkelschenkels näher liegt und dieser deshalb als Erstschenkel genommen wird. Die "Macht" des Gelernten ist so groß, daß er die Winkelgröße an der Spitze des Geodreieckes nicht - wie rein anschaulich völlig naheliegend - mit 90° bewertet, sondern vermutlich vom "rechten" Geodreiecksschenkel ausgeht, da sich dieser nahe der Standardlage (Strahl genau nach "rechts" weisend) befindet.

Wie leicht Schüler die Orientierung verwechseln, demonstriert derselbe Schüler in einer Skizze von einem Zirkel (Abb.). Diese Verwechslung wird z. T. dadurch herausgefordert, daß in gewissen Lagen "von rechts nach links" tatsächlich eine Bewegung im Gegenuhrzeigersinn ("mathematisch links") bedeutet.

Klasse omega:

In der schriftlichen Rückmeldung über seinen Zugang zur Einführung des Winkelbegriffes in der Schule führte der Lehrer das folgende dreistufige Konzept an:

- *Quadrat mit seinen rechten Winkeln, das Zeichnen von solchen wurde geübt, ohne den Begriff 'Winkel' extra zu beschreiben (Umgehung durch die Begriffe 'senkrecht' und 'lotrecht').*

- *Aus dem Quadrat wird ein Rhombus (▢ → ◇). Deute ich als Bewegung: Quadrat ist durch 4 Holzleisten verbunden, es kann daher beliebig 'verzerrt' sein.*

- *Winkel: Wir brauchen ein Maß für die 'Größe des Winkels'.*

Bei diesen Ausführungen fallen drei Aspekte auf:

- Die "Umgehung" des rechten Winkels durch "horizontal" und "vertikal" gelingt insofern nicht vollständig, als "schiefliegende" rechte Winkel ausgeklammert bleiben. Der allgemeine Fall wurde im Unterricht sicherlich angesprochen, was zahlreiche Beispiele von "schiefliegenden" rechten Winkeln in den Aufzählungen zu "Situationen aus dem Alltag" beweisen. Daß Schüler aber ganz am physikalischen Gedankenmodell verhaftet bleiben können, wurde an folgender Schülerantwort zur Frage "Was versteht man unter einem Winkel?" deutlich: *"Zwei Geraden, wobei die eine waagrecht und die andere senkrecht steht (bei 90°)."*

- Bei der "Verzerrung" des Quadrates zum Rhombus können nur Winkel zwischen 0° und 180° auftreten, Winkel über 180° sind nach diesem Handlungsmodell ausgeschlossen, es treten auch keine Orientierungsfragen auf. Weiters wird durch die "Standardlage" von Quadrat und Rhombus suggeriert, daß der Winkel (auf den es hier ankommt) einen zur Blattunterseite parallel gelegenen Schenkel haben muß.
Nicht überraschend ist damit zusammenhängend die hohe Anzahl von Schülern, die den Winkel als "Neigung" erklärten. Dazu ein Beispiel:
"Die Neigung von zwei aufeinanderhängenden Strecken" (Man beachte den physikalischen Terminus "hängend"!) Sechs der sieben Schüler, die Winkel als "Neigung" beschrieben, zeichneten eine Winkelfigur, bei welcher ein Schenkel zur unteren Blattbegrenzung parallel lag.

- Auffallend ist der hohe Anteil an Schülerantworten, die sich der Kategorie "Winkel als Figur" zuordnen lassen: Mehr als die Hälfte aller Schüler lieferten Erklärungen wie etwa: *"Ein Winkel besteht aus zwei Linien, die sich schneiden."* Es ist durchaus denkbar, daß es dabei einen Bezug zur "Verzerrung" des Quadrates zum Rhombus gibt: Hier wurde eine Figur gedanklich durch eine Bewegung in eine andere Figur übergeführt, die Bestandteile der Figur blieben dieselben. Vermutlich ist die verstärkte Hinwendung zum Figurativen mit ein Grund, warum wesentlich mehr Schüler den Winkel als Figur sahen, denn als Größe.

An dieser Stelle stellte sich die Frage, ob jene Schüler "Neigung" überhaupt im Sinne einer Größe verstanden haben oder nicht viel eher als qualitative Beschreibung eines Phänomens wie etwa "Abzweigung" oder "Knick" (wobei ein Schenkel "horizontal" liegt).

Bei genauerem Betrachten der Schülerantworten scheint aber die ursprüngliche Annahme, daß mit "Neigung" eine Quantifizierung inkludiert ist, eher plausibel zu sein. Vor allem zwei Erklärungen stellen einen deutlichen Beleg dafür dar: *"In was für einer Neigung die eine Strecke die andere schneidet.",* bzw. *"Die Neigung zweier Linien, in Grad angegeben."*

Im Gegensatz zu den Klassen alpha und my führten wesentlich mehr Schüler dieser Klasse Schwierigkeiten beim Ablesen und Messen mit dem Winkelmesser an. Dies hängt auch sicherlich mit der Tatsache zusammen, daß Orientierungsfragen nicht behandelt wurden.

6.2.3 Situationen aus dem Alltag, in denen Winkel auftreten

Im folgenden wird auf eine Differenzierung zwischen den einzelnen Klassen verzichtet, weil einerseits die Länge der zur Verfügung stehenden Zeit für das Nennen von Beispielen unterschiedlich war und es andererseits auch individuell sehr verschiedene Herangehensweisen der Schüler an die Aufgabe gab. Manche Schüler kannten viele Beispiele, gaben aber keine Zeichnungen an, andere machten genaue Skizzen und konnten deshalb nur wenige Beispiele anführen. Oder: Manche Schüler gaben viele Beispiele mit rechten Winkeln oder mit geometrischen Figuren an, während andere nach Situationen mit nicht-rechten Winkeln suchten.

Die meisten Beispiele der Schüler betrafen den rechten Winkel, der aber in dieser Studie den eher nicht so interessanten Teil ausmacht und deshalb nicht näher betrachtet wird. Ebenso unberücksichtigt sollen hier auch Beispiele von geometrischen Figuren und Körpern bleiben. Die verbleibenden Beispiele können sieben verschiedenen "Unweltbereichen" zugeordnet werden, (wobei jedoch die Zuteilung manchmal keineswegs eindeutig ist).

Untenstehend sind alle Beispiele angeführt, wobei bei einer größeren Anzahl an Schülernennungen diese in Klammer angeführt ist:

Haushalt und Einrichtung:	Schere (18), Uhr (16), Wasserhahn, Eierschneider, Eierpresse, Nagelzwicker, Brillenbügel, Tortenstück.
Haus und Hausbau:	Fenster- oder Türöffnung (27), Hausdach (16), Zange (7), Hammer, Axt, Keil, Leiter an der Wand, Hausantenne, Drehung einer Tür oder eines Fensterflügels (6).

Sport und Spiel:	Klappmesser (6), Arm oder Bein angewinkelt (6), Grätsche, Winkel zwischen Beinen, Langlaufen, Kniebeuge, Hockeyschläger, Fahrradpedal-Drehung, Sprungbrett, Schwimmbad.
Schule und Lernen:	Zirkel (22), Zeichendreieck (20), Aufklappen von Heft, Buch, u. ä. (7), gekippte OH-Projektionswand, gekippte Schultafel, Schreibwinkel, Schrägstellung eines Bleistiftes beim Schreiben, Radiergummi, Buchstaben, Ziffern, Strichmanderl.
Auto und Verkehr:	Straßensteigung (4), Straßensteigung-Verkehrsschild, Verkehrsschild, Straßenkreuzung, Autofenster, Öffnen der Autotür, Straßenbahn-Kontaktbügel.
Technik und Physik:	Schiefe Ebene (8), schräge Laderampe beim LKW, Winkelhebel, Seilwinde, Briefwaage, Scharnier, kreisfömige Meßskala.
Mensch und Natur:	Bergrelief, Sonnenstrahlen-Einfallswinkel, geknickte Stecken, Astverzweigung.

Aus obiger Tabelle sind einzelne Aspekte wert, hervorgehoben zu werden:

- Die meisten Beispiele (inkl. Mehrfachnennungen) betreffen Situationen, bei denen Drehungen vollzogen werden:
Öffnen von Türen, Fenstern, Scheren, Zangen, Klappmessern, Zirkeln, Büchern, Zeigern, Armen, Beinen, Hebeln und Tafeln.
Bei fast allen diesen Beispielen ist der Drehbereich sehr eingeschränkt, nur bei wenigen reicht er bis 180°.
Die meisten der Beispiele, in denen keine Drehungen auftreten, betreffen Winkel, die einen horizontalen oder vertikalen Schenkel (zumindest fiktiv) besitzen:
Schiefe Ebene, schräge Laderampe, Straßensteigung, Bergrelief, Leiter, Hausdach (mit Ausnahme des "Giebelwinkels").
Bei diesen Beispielen sind Winkel meist sogar auf den Bereich von 0° bis 90° beschränkt.

6.3 ERGEBNISSE ZWEIER SCHÜLERINTERVIEWS

Wie schon angedeutet, lag ein Ziel der schriftlichen Befragung darin, anhand der Schülerantworten offene Fragen zum Verständnis des Winkelbegriffes zu orten. In einzelnen Interviews mit Schülern sollte versucht werden, einige dieser Fragen zu klären. Mit einem Schüler und einer Schülerin der Klasse "alpha" (7. Schulstufe) also jener Klasse, in welcher die Schülerantworten die größte Bandbreite an Vorstellungen von Winkel ergeben hatten, wurde je ein Einzelinterview mit etwa 25 Minuten Dauer durchgeführt. Diese Interviews wurden am Ende des Schuljahres 1985/86, also etwa 8 Monate nach der schriftlichen Befragung durchgeführt, wobei die Klasse zur Hälfte des Schuljahres einen anderen Mathematiklehrer erhalten hatte. Dem Lehrplan der 7. Schulstufe entsprechend, wurde der Winkelbegriff als solcher nicht mehr in den Mittelpunkt von Betrachtungen gestellt, was auch die Schüler vor den Interviews bestätigten. Ein nennenswerter Bezug zum Winkel ergab sich bei der Behandlung der Drehung (im Gegenuhrzeigersinn), wo es um Bestimmung und Messung des Drehwinkels (als orientiertem Winkel) ging.

6.3.1 Ein Leitfaden für die Interviews

Als Basis für die Interviews wurde ein Fragenkatalog entwickelt, der jedoch nur zur Orientierung des Interviewers dienen sollte. Die folgenden Fragen bzw. Aufgaben entsprechen also weder dem zeitlichen Ablauf der Interviews, noch geben sie den tatsächlich gewählten Wortlaut der Fragen bzw. Aufgaben wieder. Sie sind Ausdruck jener offenen Fragen, die sich im Zuge der schriftlichen Befragung ergeben haben und bilden insofern den roten Faden der Interviews:

1) "Was findest Du am Winkelbegriff leicht, was schwierig?"
   Diese Frage wurde schon im Rahmen der schriftlichen Befragung gestellt und sollte sowohl dem Aufbau einer lockeren Interviewatmosphäre dienlich sein, als auch erste Ansatzpunkte liefern, welche Beziehung der Schüler zum Winkel hat.

2) "Was verstehst Du unter einem Winkel?" (Evtl.: "Was verstehst Du unter 'Entfernung'?")
   Auch diese Frage wurde schon im Rahmen der schriftlichen Befragung gestellt. Im Interview sollte aber bei Unklarheiten "nachgebohrt" werden. So hatten Zusatzfragen die Aufgabe, zu klären, was Schüler unter "Neigung", "Abstand", "Größe" o. ä. eines Winkels verstehen.

3) "Zeichne den größtmöglichen Winkel, den Du Dir vorstellen kannst? / Gibt es Winkel über 200°? / Gibt es Winkel über 400°?"
Diese Fragen sind als Fortsetzung zu Frage 2) zu sehen und sollten erheben, welche Winkelgrößen aus der Sicht der Schüler überhaupt denkbar sind, und sollten Anhaltspunkte dafür liefern, wie Schüler Winkel messen.

4) "Wie würdest Du selbst einen Winkelmesser konstruieren?"
Es ging um die Frage, ob Schüler wissen, wie man zur Winkelskala eines Geodreieckes (o. ä.) kommt, und ob Schüler überhaupt wissen, daß es um die Unterteilung der Kreislinie geht.

5) "Was bedeutet 1 Grad (1°)?"
Es sollte geklärt werden, ob Schüler wissen, daß 1° eine (mögliche) Einheit der Winkelmessung darstellt, und wie man gerade auf die Zahl 360 kommt.

6) "Muß man Winkel in eine bestimmte Richtung messen?"
Es ging um die Frage, inwieweit Fragen nach der Orientierung, nach Erst- oder Zweitschenkeln bei der Winkelmessung für die Schüler eine Rolle spielen.

7) "Müssen die Schenkel eines Winkels eine bestimmte Lage haben?"
Die Frage leitete sich insofern direkt aus der Erfahrung mit der schriftlichen Befragung ab, als bei dieser viele Schüler auf einen "horizontalen" Schenkel fixiert waren.

8) "Warum macht man bei Winkeln oft einen Kreisbogen?"
Es ging um die Frage, ob Schüler erkennen, daß der Kreisbogen (evtl. mit Orientierung) eine Möglichkeit darstellt, einen der beiden Winkel auszuzeichnen und damit Eindeutigkeit zu garantieren.

9) "Gib zu den folgenden vier Sätzen einen kurzen Kommentar!"
- Winkel ist eine Figur, die aus zwei Strahlen besteht.
- Winkel ist der Abstand zwischen zwei Strahlen.
- Winkel ist jene Größe, um die ein Strahl gedreht werden muß, um zu einem zweiten Strahl zu gelangen.
- Winkel ist die Fläche zwischen zwei Strahlen.

Die erwarteten Kommentare sollten klären helfen, ob die Schüler verschiedene Vorstellungen (und welche) nebeneinander akzeptieren.

10) "Vergleiche folgende Winkel nach ihrer Größe!"

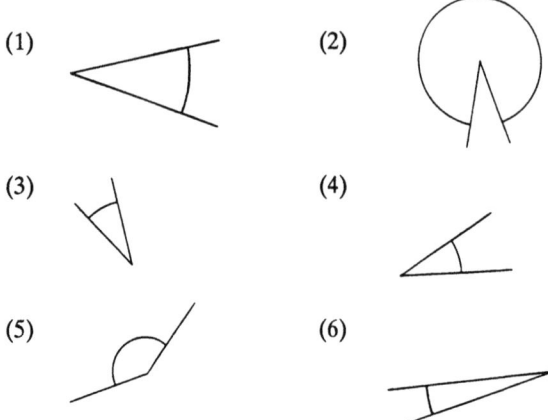

(1)   (2)

(3)   (4)

(5)   (6)

Die Winkel (1), (3) und (4) sind (nach einer bestimmten Vorstellung von Winkel) gleich groß, deren Zeichnungen unterscheiden sich jedoch durch Länge der Schenkel bzw. Größe der Kreisradien. Es sollte also erhoben werden, ob sich die Schüler durch bestimmte Merkmale einer Winkelzeichnung "beirren" lassen. Weiters könnte bei diesem Größenvergleich von Winkeln nochmals deutlich werden, welches "individuelle Winkelkonzept" ein Schüler benützt.

Geplant waren Einzelinterviews mit vier Schülern, die unterschiedlich gute Mathematiknoten haben. Aufrund der unerwarteten Länge der ersten beiden Interviews (29 bzw. 25 Minuten) und der großen Fülle an gewonnenen Daten, wurde die Befragung an dieser Stelle abgebrochen.

Die Ergebnisse dieses Unterkapitels beziehen sich daher auf folgende zwei Interviews:

A) Interview mit einem dreizehnjährigen Knaben (Pseudonym "beta"), der die 6. Schulstufe mit einem "Genügend" aus Mathematik abgeschlossen hatte und zu den schlechtesten Mathematikschülern der Klasse zählte.

B) Interview mit einem dreizehnjährigen Mädchen (Pseudonym "chi"), die in Mathematik sehr gute Leistungen erbrachte und zu den Besten der Klasse zählte.

Die Analyse der beiden Interviews wurde auf zwei unterschiedlichen Ebenen vorgenommen:

Ebene 1: Versuch einer Darstellung, wie das individuelle Verständnis der beiden Schüler hinsichtlich des Winkelbegriffes aussieht.

Ebene 2: Versuch einer Analyse der beiden Interviews nach Gemeinsamkeiten und Unterschieden, nach allgemeineren Aspekten von Schwierigkeiten im Zusammenhang mit dem Winkelbegriff.

Die beiden Interviews wurden vom Verfasser dieser Arbeit selbst durchgeführt, vollständig transkribiert und sind in dieser Form im Anhang 1 der Arbeit wiedergegeben. Die Transkripte sind mit den tatsächlichen Interviewverläufen beinahe wortident, nur in wenigen Passagen wurden evtl. zu Mißverständnissen verleitende dialekt- und umgangssprachliche Ausdrücke und Floskeln in sinn-beibehaltender Weise leicht abgeändert. Das zugrundegelegte Transkriptionsschema ist ebenfalls im Anhang der Arbeit beschrieben. Da dieses Transkript noch sehr viel an sprachlichem Ballast enthält (abgebrochene Sätze ohne essentiellen Sinn, unnötige Wiederholungen, unwichtige Nebensätze, umgangssprachliche Redewendungen, ...), wurden für die Wiedergabe der wesentlichen Interviewpassagen sinnbeibehaltende, "sprachbereinigte" Zitate konstruiert, die aber stets mit dem im Anhang angeführten Transkript verglichen werden können. Um eine bessere Interpretation zu ermöglichen, sind auch die Zeichnungen der Schüler "idealisiert" wiedergegeben.

Die folgenden Darstellungen der Sichtweisen und Vorstellungen der beiden Schüler von Winkel orientieren sich nicht unmittelbar an den als roter Faden angegebenen zehn Interviewfragen, sondern versuchen eher, ein komplexes, vernetztes Bild des Verständnisses der beiden Schüler von Winkel zu zeichnen.

6.3.2 Das Interview mit dem Schüler "beta"

Der Schüler machte im Interview einen äußerlich sehr lustigen und lockeren Eindruck, welcher sich auch in seiner Einstellung zur Mathematik in ähnlicher Weise offenbarte. Er zeigte die Tendenz, Schwierigkeiten zu verschleiern, was sich sehr gut an jener Stelle nachvollziehen läßt, wo er für die Konstruktion von 45° mit Zirkel und Lineal ein gänzlich falsches Schema verwendete, aber die Unrichtigkeit seiner Konstruktionen trotz dezidiertem Hinweis nur als Ungenauigkeit hinstellte. Schon seine Antwort auf die Frage "Was findest Du am Winkel leicht, was findest Du an ihm schwierig?" (schriftliche Befragung) war charakteristisch gewesen: *"Nichts, was ist am Winkel schwierig??"*

Tatsächlich schien für ihn bezüglich des Winkelbegriffes "alles klar" zu sein, nur paßten seine Vorstellungen sehr oft nicht mit den in der Mathematik üblichen Konventionen und Modellen zusammen. Am besten zeigt sich dieses Mißverhältnis in folgendem Dialog (Anhang, S. 465):

> I: *Muß man eigentlich Winkel in eine bestimmte Richtung messen?*
>
> S: *Sicher, wenn ein rechter Winkel gegeben ist, dann muß ich einen rechten zeichnen und wenn ein linker gegeben ist, einen linken.*
>
> I: *Zeichne einen rechten Winkel und einen linken Winkel!*

Der Schüler fertigte daraufhin folgende Skizzen (Abb.) an:

"rechter Winkel"   "linker Winkel"

Der Interviewer hat es in diesem Zusammenhang verabsäumt, nach der Größe der beiden Winkel zu fragen. Aus anderen Zusammenhängen läßt sich jedoch mit großer Plausibilität schließen, daß er beide Winkel mit 90° angegeben hätte - und zwar mit der Begründung, daß *"der Pfeil immer hinauf und nie hinunter"* gehen müsse (vgl. Anhang, S. 475), möglicherweise begleitet von folgender Skizze:

Folgende Situationen lassen diese Behauptung als schlüssig erscheinen:

1) Der Winkel Nr. 2 der Frage (10) des Leitfadens für die Interviews (Abb.) wurde nicht als größter der sechs Winkel angesehen, obwohl dessen Bogenlänge den größten Anteil an den jeweiligen Kreisumfängen ausmacht. (Der Winkel wurde vermutlich mit ca. 45° eingeschätzt, weil der kleinere Kreissektor durch einen Pfeil nach oben - siehe strichlierter Pfeil - angedeutet werden kann.)

2) Der Interviewer zeichnete im Verlaufe des Interviews (Anhang, S. 475/476) einen Winkel, welcher - aus der Sicht des Schülers gesehen - am Blatt folgende Lage einnahm (Abb.):

250

Der Schüler zeichnete folgenden "hinauf"-gehenden Pfeil (Abb.) ein und schätzte den Winkel mit etwa 60° ein (schlechte Schätzung).

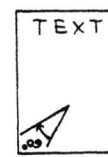

Der dem Schüler gegenübersitzende Interviewer schrieb, ohne das Blatt zu drehen, 60° hin. (Abb.)

Der Schüler drehte nun das Blatt um 180°, wohl um sich am Schriftzug 60° zu orientieren. (Abb.)

Der Schüler korrigierte die vorhin getätigte Äußerung und zeichnete einen zweiten Pfeil ein, der wieder "hinauf" ging und 60° repräsentieren sollte. (Abb.)

3) Der Schüler stellte zu nebenstehender Zeichnung des Interviewers (Abb.) sofort fest, daß der linke der beiden Winkel kleiner sei. (Anhang, S. 477)

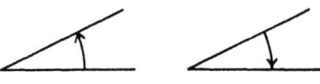

Dies ist als konsequente Fortsetzung der Idee zu verstehen, daß Winkel nur "hinauf" gemessen werden dürfen und im rechten Fall eben nur der lange Weg "anders herum" genommen werden darf.

Die Gründe für ein solches Verständnis der Winkelmessung werden bei genauerem Betrachten der im Unterricht üblichen Aufgaben zum Winkelbegriff ebenfalls recht plausibel:

- Vor allem bei den ersten Beispielen zum Winkel und zur Winkelmessung werden Winkel oft in der "Standardlage" vorgezeigt, d. h. so, daß ein Schenkel parallel zum unteren Blattrand (bzw. zur Tafel) liegt und - vom Schüler aus gesehen - nach rechts verläuft.

Diese Schenkel werden dann auch automatisch (oft unausgesprochen) als Erstschenkel angenommen. Der zweite Schenkel geht dann in den meisten Fällen nach oben, weil die Winkel unter 180° liegen. (Abb.)

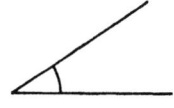

251

- Während bis zu diesem Zeitpunkt der im Unterricht forcierte "Gegenuhrzeigersinn" und die Intuition "hinaufmessen" übereinstimmen, passiert etwa beim Messen der Basiswinkel und im "Standarddreieck" ein erster "Bruch".

Der Winkel α bereitet keine Schwierigkeit, doch β muß jetzt mit der anderen Skala gemessen werden. (Abb.)

Eigentlich stellt sich die Sache noch wesentlich komplizierter dar (Abb.): Konsequenterweise müßte auch β im Gegenuhrzeigersinn gemessen werden, wobei der Schenkel b_2 nicht den Erst- sondern den Zweitschenkel bilden sollte.

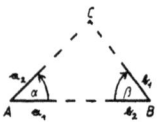

Zur Vereinfachung vertauscht man aber sowohl Erst- und Zweitschenkel als auch die Meßrichtung, wodurch sich wiederum die richtige Größenangabe ergibt. Dieser komplizierte theoretische Sachverhalt wird den Schülern meist nicht bewußt (gemacht). Was jedoch hängen bleibt, ist die gewonnene Erfahrung, daß sowohl bei α als auch bei β "nach oben" gemessen wird. Daß man zur Messung der Winkel eines Dreieckes keinen orientierten Winkel bräuchte, bleibt ebenso im Verborgenen, wie die Tatsache, daß dieses vereinfachte Schema allgemein nur bei Dreiecken angewendet werden kann, weil hier alle Winkel unter 180° liegen.

Der Schüler war stets bestrebt, den Pfeil des Kreisbogens "nach oben" zu richten und entsprechend "nach oben" zu messen. Er erkannte nicht, daß zur Festlegung eines orientierten Winkels die Angabe eines Erstschenkels notwendig ist. Einen solchen gewann er implizit und unbewußt dadurch, indem er einfach vom weiter "unten" liegenden Schenkel ausging.

Die Grenzen dieses Winkelschemas zeigten sich dann, als von Winkeln geredet wurde, die größer als 180° waren (Anhang, S. 463):

I: Gibt es eigentlich Winkel über 200°? (Der Interviewer wollte 180° bewußt vermeiden.)

S: (Eher unsicher) *Ja.*

I: (Daher nochmals) *Gibt es so etwas?*

S: Es gibt, ja. (Er deutet in der Luft einen Winkel an, den der Interviewer aber nicht genau erkennt.)

(Etwas später:)

I: Skizziere einfach mit der Hand einen Winkel über 180°!

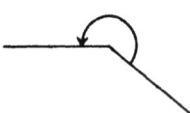

S: (Skizziert einen Winkel, siehe Abb.)

I: Wieviel hat dieser Winkel nach deiner Schätzung ungefähr?

S: Der hat ... 200 ... 220 (Es wären etwa 240°.) (I. schreibt, ohne das Blatt zu drehen, so 220 hin, daß es der Schüler "aufrecht" lesen kann.)

Dieser Dialog ruft unmittelbar folgende Frage hervor:
Wieso maß der Schüler (von ihm aus gesehen) nach
rechts oben (durchgehender Bogen, vgl. Abb.) und
nicht nach links oben (gestrichelter Bogen)?

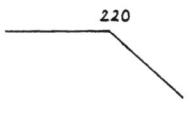

Beide Varianten gehen vom "unteren" Schenkel aus, sind also laut Schema zunächst durchaus denkbar. Der "obere" (!) Bogen hat aber gewisse "Vorzüge": Sein nach "unten" weisender Schenkel nimmt eine Lage ein, die an den "Standard-Erstschenkel" (nach "rechts" verlaufend) denken läßt: Von diesem wird üblicherweise immer nach "oben" gemessen - warum dann nicht auch von einem Schenkel, der in dessen Nähe liegt, der zudem noch ein weiteres Stück nach "oben" (punktstrichliert) miterfaßt! Diese "obere" Variante erhält auch dadurch ihre Plausibilität, daß es Winkel über 180° geben "muß", weil er eben gelernt hat, daß es solche gibt.

Eine Konsequenz des "Nach-oben-Messens" ist natürlich
die, daß Winkel - aus verschiedenen Lagen gesehen-
verschiedene Größen besitzen können. Im oben
erwähnten Beispiel wies der Schüler dem Winkel (Abb.)
etwa eine Größe von 220° zu.

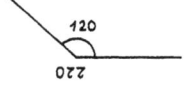

Der Interviewer, der dem Schüler während des Interviews gegenübersaß, zeichnete in dem ihm näher liegenden Ebenenteil einen Bogen ein, drehte das Blatt um
180°, und schrieb spiegelverkehrt - für den Schüler
"normal" lesbar - 120 dazu (Abb., Text siehe Anhang,
S. 464) und behauptete gleichzeitig, daß der Winkel nur
120° betrage. Der Schüler erwiderte:

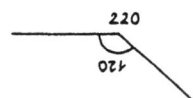

S: Ja sicher, von so gesehen sind es 120° ... (dreht
das Blatt wieder zurück) *während es von so gesehen 220° sind.* (Abb.)

Aus der Interviewsituation - vor allem dem zweimaligen Drehen des Blattes - geht ziemlich klar hervor, daß der Schüler die Äußerung *'von so gesehen''* auf veränderte Lagen des Blattes zu seiner Person bezieht und nicht auf eine alternative Sicht der Situation - etwa im Sinne der Betrachtung eines Komplementärwinkels.

In vielen Äußerungen des Schülers trat zutage, daß es ihm darum ging, auch zu beachten, von wo aus man die jeweilige Zeichnung betrachtet. Im Prinzip wurde aber das Blatt immer in eine solche Position gebracht, daß entsprechende Texte, Buchstaben oder Ziffern aufrecht zu lesen waren. Veränderungen der Bezugsbasis veränderten auch die Einschätzung der Größe von Winkeln.

Interessantes bot der Vergleich der Winkel (2) und (3) (Abb.) in der Frage 10) des Leitfadens für das Interview (vgl. 6.3.1):

Beide Darstellungen haben gleiche Schenkellängen und gleich große Radien. Die beiden Winkel ergeben zusammen 360°, können also gedanklich genau zu einem Vollkreis ergänzt werden. Die beiden Winkel sah der Schüler als etwa gleich groß an (einmal wertete er Nr. 2 als größer, ein zweites Mal die Nr. 3, beide aber zwischen Nr. 5 - dem größten Winkel und Nr. 6 - dem kleinsten Winkel liegend. Die Länge des Bogens (bei gleichem Radius) schien ihn gar nicht zu kümmern, sondern eher wieder nur die Messung in seinem Schema (in untenstehender Abb. dargestellt durch strichlierte Pfeile):

Die Tatsache, daß der Schüler die unterschiedlichen Bogenlängen von (2) und (3) gänzlich ignorierte, veranlaßte den Interviewer zu folgenden Fragen:

I: *Aber wieso macht man diese Linien* (zeigt auf die Bögen) *eigentlich?* (Etwas suggestiv:) *Damit zeigt man doch an, welchen Winkel man meint, nicht?*

S: *Ja.*

I: (Zeigt auf die "leere Öffnung" bei (2)) *Wenn ich diesen Strich* (gemeint wäre ein Bogen) *gezeichnet hätte, dann wäre das* (zeigt auf den "Komplementärwinkel" von (2)) *gemeint gewesen. Wird durch den Kreisbogen nicht klar, welcher Winkel gemeint ist?*

S: *Nein.*

I: *Kann man trotzdem noch immer entscheiden, in welche Richtung man sich das denkt?*

S: *Ja.*

I: *Also könnte zum Beispiel dieser* (zeigt auf (6)) *größer sein als dieser* ((5))*?* (Schüler bejaht) *Oder als dieser* ((4))*?* (Schüler bejaht) *Es ist noch immer alles drin?*

S: *Ich meine, es kommt darauf an, wo man schaut.*

I: *Wie könnte man es als Lehrer so machen, daß dem Schüler klar wird, welcher* (Winkel) *gemeint ist?* (Legt in den Mund:) *Welches Merkmal könnte man noch hinzufügen?*

S: *Ja, den Pfeil.*

Der Pfeil hat jedoch bei diesem Schüler eine ganz andere Funktion, als etwa im theoretischen Sinne bei einem orientierten Winkel:

Der Pfeil verläuft nicht immer im Gegenuhrzeigersinn (sondern vorwiegend "nach oben") und geht nicht von einem vorher festzulegenden Erstschenkel aus, sondern von einem Schenkel, der sich bei bestimmter Lage des Blattes als "unterer Schenkel" erweist. Dieser Pfeil ist also genauso lageabhängig wie die gesamte Figur und dient nur zur Untermauerung des vorher schon festgelegten Winkels.

Winkel, die durch Drehung eines Strahles nach unten entstehen ("Pfeil nach unten", Abb.) sind nach Einschätzung des Schülers unmöglich (... "das ist dann ein Blödsinn ... das ist dann kein Winkel", vgl. Anhang, S. 468), ebenso wie Winkel, bei denen die beiden Strahlen zusammenfallen (0° und 360°).

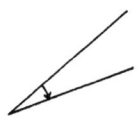

In einem anderen, schon erwähnten Zusammenhang (vgl. die erste Abb. bei 3) auf Seite 51) akzeptierte der Schüler wohl eine Zeichnung mit einem nach "unten" weisenden Pfeil, der Winkel wurde jedoch "anders herum" gemessen.

Möglicherweise lag die Nicht-Ablehnung dieses Winkels sogar nur darin, daß der Interviewer den Winkel vorgegeben und auch als solchen bezeichnet hatte.

Die meisten Winkel, die der Schüler während des Interviews zeichnete, hatten einen zum Blattrand parallelen Schenkel. Auf die Frage, ob dies so sein müsse, gab der Schüler zur Antwort, daß man Winkel auch anders zeichnen "dürfe", daß dies aber *"nicht so schön"* sei. Dann zeigte er auf einen Winkel, in welchem ein Schenkel parallel zum Blattrand war und sagte. *"Es ist schon besser, wenn man so zeichnet."* (Anhang, S. 465) Dieses Verhaftetsein auf die "Standardlage" ist ein weiterer Beleg dafür, daß die Geometrie des Schülers noch stark mit physikalischen ("ungeometrischen") Begriffen durchsetzt ist.

Die "Standardlage" als Ausdruck der Ausrichtung auf "Waagrechtes" bzw. "Senkrechtes", weist ebenso wie die Bezeichnungen "nach oben" und "nach unten" bzw. "links" und "rechts" auf eine gewisse egozentrische Sicht (vgl. 5.3) der Geometrie hin, die der Kongruenzgeometrie fremd ist: Winkeln werden - aus verschiedenen Richtungen gesehen - verschiedene Größen zugesprochen, ganz im Gegensatz zum Beibehalten der Kongruenz von Figuren bei Bewegungen (beschreibbar durch Kongruenzabbildungen). Oder noch allgemeiner formuliert: Die (synthetische) Kongruenzgeometrie enthält gar keine verschiedenen Blickrichtungen (Sicht aus verschiedenen Positionen), genau davon gilt es nämlich zu abstrahieren.
Während der Schüler Winkel aus verschiedenen Positionen als verschieden groß einschätzte, waren für ihn die Längen der Schenkel bzw. die Größen der Bogenradien keine Parameter, die die Größe eines Winkels verändern könnten.

Was verstand dieser Schüler überhaupt unter einem Winkel? Er bezeichnete ihn als den *"Abstand zwischen zwei Linien, die sich auf einem Punkt treffen."* In einem anderen Zusammenhang deutete er auf die Skala des Geodreieckes, bei welcher auch die Winkelgrade eingezeichnet sind und stellte fest: *"Diese Abstände hier ..* (zeigt auf die Skala) *.. die Winkel sind doch richtig eingezeichnet, ..."* (Anhang, S. 459)

"Winkel" ist für den Schüler primär eine Größe, welche angibt, wie weit zwei Schenkel *"auseinander gehen"*. Daß der Schüler stark im Figurativen verhaftet ist und "Winkel" eher nicht als allgemeine Beziehung zwischen zwei Richtungen begreift, kann vor allem aus der Tatsache geschlossen werden, daß er der Lage der Zeichnungen eine große Bedeutung zumaß.

Die Vorstellung von Winkel als "Abstand" läge sehr nahe an der Auffassung, daß Winkel maximal 180° haben könnten. Die Begründung, mit welcher der Schüler in der Frage 10) des Leitfadens für das Interview den Winkel (2) kleiner einschätzte als den Winkel (5) (Abb.), geht in diese Richtung (Anhang, S. 473):

S: Weil dieser (zeigt auf (2)) *nicht so einen großen Winkel hat, weil die zwei Schenkel nicht so weit auseinander gehen wie bei diesem* (5).

Der Schüler hatte aber im Unterricht gelernt, daß Winkel im Gegenuhrzeigersinn gemessen werden und mehr als 180° haben können. Schon beim Messen der Innenwinkel eines Dreieckes (speziell bei alpha und beta eines Dreieckes in "Standardlage") wurde jedoch dieses Schema aufgegeben: Man maß auf zwei gegenläufigen Skalen des Geodreieckes (Aufhebung des "Gegenuhrzeigerschemas"), wobei die einzige Gemeinsamkeit darin bestand, daß "nach oben" gemessen wurde. Diese Vorstellung von Winkelmessen vermengte sich mit dem Winkelverständnis als Abstand zweier Linien zu einer nicht immer ganz durchschaubaren Intuition:

Als oberstes Prinzip schien zu gelten, daß nach "oben" gemessen werden muß. Dies ging solange gut, als er sich Pfeile denken konnte, die wirklich nur "nach oben" gingen (Abb.a), und nicht auch Anteile vorfand, die "nach unten" wiesen (Abb.b, Anteile "nach unten" mit durchgezogener Linie). Im Prinzip wäre (bei Abb.a) auch folgender "Meßpfeil", (Abb.c) denkbar: Dieser hätte die gleiche Differenz aus Bogenlänge "nach oben" und Bogenlänge "nach unten" (dies läßt sich auf alle Winkel verallgemeinern), doch der Anteil der Bogenlänge "nach oben" an der Gesamtbogenlänge ist in Abb.a wesentlich höher (alpha = 45°, Abb.a: Anteil 100 %, Abb.c: 4/7 von 100 %). Man könnte auch den Pfeil in Abb.b umdrehen (Abb.d) und behaupten, daß auch dieser Pfeil "nach oben" geht (wenngleich rechnerisch eine negative Differenz entstehen würde).

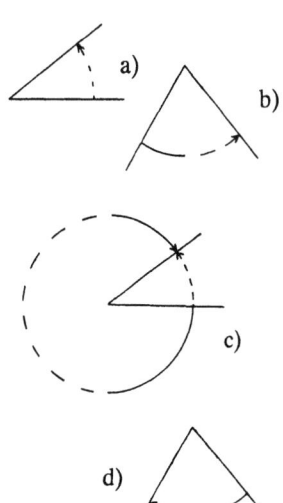

Möglicherweise spielen solche Überlegungen - sicherlich reduziert auf einfache optische Eindrücke - eine bedeutende Rolle, vor allem bei der Entscheidung, ob der kürzere oder der längere Pfeil "nach oben" gewählt werden soll. Man kann allgemein nachweisen, daß stets der kürzere Pfeil den größeren Anteil besitzt. (An dieser Stelle wurde der Autor vom mathematischen "Fieber" gefangen, der Erfolg - gemeint ist der Beweis der Behauptung - ist im Anhang 2 wiedergegeben.)

Wenn sich also bei jeder Winkelfigur die kürzere Pfeilvariante als optisch "besser" anbietet, so kann dies für den Schüler mit ein Grund sein, die Winkelgröße als unter 180° liegend anzunehmen.

Als Beispiel sei wiederum der Winkel (2) in Frage 10) des Leitfadens für das Interview angeführt (Abb.): Obwohl der eingezeichnete Bogen einen größeren Winkel andeutet, schätzte der Schüler diesen als spitzen Winkel ein.

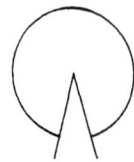

Das Schema des "Nach-oben-Messens" mit der Tendenz, Winkel unter 180° zu bevorzugen, wurde lediglich in zwei Situationen aufgegeben. Beiden ging die Forderung voraus, einen Winkel über 180° zu zeichnen. Dadurch wurde der Schüler eindringlich an die Tatsache erinnert, daß im Unterricht auch Winkel über 180° behandelt wurden. In beiden Fällen zeichnete der Schüler einen Winkel bei welchem ein Schenkel parallel zum unteren Blattrand verlief, also einen Winkel in "Standardlage".

Der erste Fall (Winkel mit 220°) wurde schon auf den Seiten 253/254 ausführlich besprochen. Betrachtenswert ist aber auch der zweite Fall, in welchem der Schüler einen möglichst großen Winkel darstellen sollte. Dazu fertigte er folgende Zeichnung (Abb.) an:

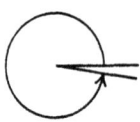

Im Unterschied zum Winkel (2) in Frage 10) des Leitfadens hatte der Schüler hier die Wahl der Schenkel und zeichnete einen davon erwartungsgemäß nach rechts, der damit auch implizit zum Erstschenkel wurde. Um einen Winkel knapp unter 360° erreichen zu können, zeichnete er einen langen Pfeil ein, welcher der Messung am Geodreieck entsprechend - zunächst nach oben verläuft und im letzten Abschnitt wiederum nach oben zeigt.

Im Falle der "Standardlage" geriet also die ursprüngliche Intuition gegenüber der Macht des Gelernten ins Hintertreffen, wenngleich damit (wie man sieht) keinesfalls gesagt ist, daß die Messung im Gegenuhrzeigersinn in adäquater Weise verstanden wurde. Im Falle einer "allgemeinen Lage" wurde jedoch das Schema des "Nach-oben-Messens" durchgehend beibehalten.

Für den Schüler war es selbstverständlich, daß jeder Winkelzeichnung (ob mit oder ohne Bogen bzw. Pfeil) nur ein Winkel (mit bestimmter Größe, mit festgelegter Gradanzahl) zugeordnet werden kann. Aufgrund des schon oben beschriebenen 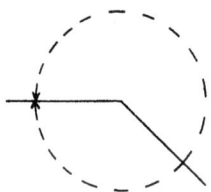 Schemas sah er stets eine der beiden prinzipiell möglichen Varianten (Abb.) als die (einer bestimmten Blickrichtung entsprechende) Variante an. (Vgl. Abbildung und Text S. 253/254)

Auf die Äußerung des Interviewers, daß eigentlich immer zwei Winkel möglich seien, mit der anschließenden Frage, welchen der beiden der Schüler stets wähle, folgte die (Verwunderung ausdrückende) Gegenfrage *"Kann ich mir das aussuchen?"*. Der Sachverhalt wurde schließlich insofern "geklärt", als der Schüler dabei blieb, daß es aus einer Blickrichtung nur einen Winkel gäbe, daß sich aber durch Drehung des Blattes um 180° (also mit Blick von der gegenüberliegenden Seite) genau der Ergänzungswinkel auf 360° ergeben könnte. (Vgl. Anhang, S. 464)

Erst bei der genaueren Analyse des Transkriptes wurde dem Interviewer bewußt, welche Vorstellungen sich hinter obiger Frage verbergen: Der Schüler sieht Winkel als etwas, mit dem man "rechnen" (Anhang, S. 457) kann. Bevor ein Winkel gezeichnet wird, muß daher schon feststehen, welche Größe (in Grad) er besitzt. Daraus folgt auch unmittelbar, daß jeder Winkelzeichnung nur eine Winkelgröße entsprechen kann. Diese Vorstellung stimmt auch mit der Äußerung des Schülers überein, daß er Winkel als "Abstand" sieht.

Insgesamt wird damit auch die Fortsetzung des oben erwähnten Auszuges aus dem Interview verständlich (Anhang, S. 464):

S: *.. Kann ich mir das aussuchen?*
I: *Das ist die Frage, kannst Du Dir das aussuchen oder ist das schon vorher bestimmt?*
S: *Da muß ja wohl stehen, wieviel Grad das sind.*

"Winkel" (als Größe) und "Winkelzeichnung" (wofür der Schüler natürlich auch das Wort Winkel verwendete) stehen also für den Schüler in einer sehr undurchsichtigen Beziehung. Die Größenangabe des Winkels in Grad wird als wesentliche Charakterisierung des Winkels gesehen, der geringe geometrische Gehalt des Begriffs wird durch Arithmetisches verdrängt.

Diese Tendenz wird durch unterrichtliche Geschehnisse genährt, die vor allem in der österreichischen Unterstufe eine "gute" Tradition zu haben scheinen:

- Es wird früh und ausführlich begonnen, besondere Winkel mit Zirkel und Lineal konstruieren zu lassen ("Konstruiere einen Winkel mit 60°, 150°, ...").
- Es wird früh auf das Rechnen mit Winkeln Wert gelegt (z. B.: Berechne 41° 07' 13" minus 25° 19' 35" !).
- Die Winkelsumme im Dreieck wird nicht mit zwei rechten Winkeln angegeben, sondern mit 180° (alpha + beta + gamma = 180°).

Es ist sehr fraglich, ob dieses verfrühte Einsetzen der "Arithmetisierung" der Bildung des Winkelbegriffes förderlich ist:
Es wird der Ursprung der geometrischen Idee übergangen, die Beziehung zwischen zwei Richtungen zu betrachten. Daß eine solche durch eine Unterteilung des Kreises in 360° quantifiziert werden kann, sollte erst in einem bewußten Lernprozeß erarbeitet werden.

Der Schüler sprach in keiner Situation die Möglichkeit an, die Größe eines Winkels an einem Kreis zu messen. Er hatte auch keine Idee, wie man 1° (zumindest andeutungsweise oder näherungsweise) zeichnerisch erhalten könnte. Daß ein Vollkreis 360° hat, betrachtete er als etwas Unumstößliches, erkannte also keinesfalls die Beliebigkeit der Wahl einer Einheit. Er bezeichnete zwar 1° als eine Einheit, meinte damit doch nur, daß man Winkel "durch irgendetwas Benennen" müsse. Er scheiterte an der Aufgabe, einen Winkelmesser (ein Geodreieck) mit einfachen Mitteln (Zirkel und Lineal) selbst herzustellen, sogar die Konstruktion von 45° mißlang.

Der Schüler beschrieb zwar Winkel als "Abstand", konnte aber nicht artikulieren, wie man diesen Abstand messen könnte.

Der Interviewer zeichnete in einem Winkel einen geradlinigen Pfeil von einem Schenkel zum anderen, (Abb., vgl. Anhang, S. 465) und provozierte:

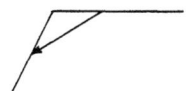

> *I: Also, da kann ich mit dem Lineal abmessen* (Interviewer zeichnet den Pfeil), *und schauen, wieviel das ist* (Schüler unterbricht).
> *S: Nein, nein, das nicht.*
> *I: Aber warum sagst Du dann Abstand dazu?*
> *S:* (Denkt lange angestrengt nach, sagt aber nichts.)
> *I: Ist es gefühlsmäßig doch irgend ein Abstand?*
> *S:* (Sofortige Antwort:) *Ja sicher ist es ein Abstand. Die beiden Linien sind doch verbunden und das, von dieser Linie zu dieser - dieser Abstand.*

Der Schüler lehnte zwar das Messen eines Winkels mit einem Lineal strikt ab, der Zusammenhang der Winkelmessung mit dem Kreis scheint ihm aber nicht bewußt gewesen zu sein.

Schon mehrmals wurde festgehalten, daß die Geometrie dieses Schülers sehr stark von physikalischen Aspekten geprägt ist und weit von dem entfernt ist, was üblicherweise unter Geometrie (als Theorie) verstanden wird. Dazu zwei weitere Belege:

- Der Schüler lehnte den Satz "Winkel ist eine Figur, die aus zwei Strahlen besteht" (entspricht einem Teil der Frage 9) des Interviewleitfadens) mit der Begründung ab, daß ein Strahl doch keinen Endpunkt hätte. (Anhang, S. 466)
Diese Argumentation geht in die Richtung, nur geometrische Ojekte (Begriffe) zu akzeptieren, die ganz auf das Zeichenblatt hinaufgehen. Einen Winkel mit Strahlen konnte er sich nur so vorstellen, daß z. B. die Sonne der Scheitel ist (was natürlich mit einer geometrischen Figur am Zeichenblatt nichts mehr zu tun hat).

- In einigen Passagen (Anhang, S. 464, S. 467) fiel auf, daß der Schüler die Phrase verwendete, daß sich Linien <u>auf</u> einem Punkt treffen. Dahinter verbirgt sich möglicherweise folgendes Denkmodell: Wenn eine Linie bereits in der Ebene liegt und diese mit einer anderen zusammentrifft, so kann dies nur so geschehen, daß die zweite Linie am Kreuzungspunkt "über" der ersten Linie liegt.

6.3.3 Das Interview mit der Schülerin "chi"

Die Aussage des früheren Mathematiklehrers, daß das Verhältnis der Schülerin zur Mathematik von Lernwillen und Freude gekennzeichnet sei, bestätigte sich im Verlaufe des Interviews zur Gänze. Es war offenkundig, daß ihr das Gefragtwerden und Antwortgeben Spaß machte und sie mit Engagement bei der Sache war. An einigen Stellen verfolgte der Interviewer die Strategie, die Schülerin über bestimmte Probleme (die sie z. T. gar nicht als solche empfand, oder z. T. nur nicht artikulieren konnte) indirekt zu befragen, z. B.: Die Schülerin sollte angeben, welche Schwierigkeiten sie zu bestimmten Sachverhalten bei anderen Schülern vermutet, kennt, bzw. wie sie es ihnen so erklären könnte, damit auch diese imstande sind, die Sache zu verstehen. Auch hier gab sich die Schülerin sehr kooperativ und versetzte sich bereitwillig in die Lage ihrer (hypothetisch angenommenen) schlechteren Mitschüler(innen). Die Strategie erwies sich als sehr ergiebig, da sich auf diese Weise einige prägnante - weil "Schülermund-gerechte" - Aussagen ergaben.

Auf die Frage, was sie am Winkelbegriff leicht und was schwierig fände, gab sie - wie schon viele andere Schüler in der schriftlichen Befragung - an, daß es mit dem Geodreieck wesentlich einfacher sei, Winkel zu zeichnen (konstruieren), als mit dem Zirkel: Mit Letzterem werde es dann etwas komplizierter, wenn man *"den Zirkel mehrfach einspannen"* (siehe Anhang, S. 478) muß, wie etwa bei 105°. Ihre Aussage, daß sie im Unterricht *"fast alles mit dem Zirkel konstruiert"* hatte, läßt wiederum auf einen sehr intensiven Einsatz des Zirkels beim Zeichnen von Winkeln schließen. (Vgl. 6.3.2)

Alle (bis auf einen) Winkel, welche die Schülerin während des Interviews selbst zeichnete, wurden so angefertigt, daß ein Schenkel parallel zum unteren Blattrand und von ihr aus gesehen nach rechts verlief, wobei sie stets darauf achtete, daß *"das Blatt gerade liegt".* (Anhang, S. 491) Bei Winkeln, die der Interviewer in "schräger Lage" einzeichnete, wurde das jeweilige Blatt so hergelegt, daß eben wieder eine Gerade auf die rechte Seite hingeht. (Anhang, S. 491)
Die Schülerin schlug vor, daß beim Zeichnen eines Winkels zum Scheitel ein Buchstabe (z. B. M) hingeschrieben werden soll, um die richtige Lage des Blattes zu kennzeichnen: *"... Das M schaut dann zu demjenigen hin, der das zeichnet ... und man weiß dann, daß das Blatt gerade liegt. Man kann es dann auch nicht mehr umdrehen, weil man sonst den Winkel (wieder) verkehrt sehen würde."* (Anhang, S. 491)

Das richtige In-die-Lage-Bringen sah die Schülerin vor allem deshalb als so bedeutend an, weil die Messung von Winkeln *'von rechts nach links hinauf'* (Anhang, S. 488) erfolgen muß, wie es auf der gelben Skala der Geodreiecke vorgezeichnet ist: *"... auf dieser Skala ... das fängt unten bei 10 an und dann muß man es hinübermessen"*. Der zum unteren Blattrand parallel verlaufende Strahl wurde damit auch automatisch zu jenem Schenkel des Winkels, von welchem weggemessen wurde (Erstschenkel). Die Schülerin stellte fest, daß "man den Winkel hinaufmessen" muß und kam so auch durchaus zu Winkeln über 180° (Abb.):

Den Meßvorgang beschrieb sie folgendermaßen (Anhang, S. 490): *"... und dann legt man so an (Geodreieck im Standardlage), dann merkt man, daß bis hierher 180° sind ... dann muß man von oben wieder herunter messen, wieviel von oben bis zur Geraden darunter sind ... das wären hier 42 und die zählt man dann zu den 180° dazu ... das ergibt 222."*

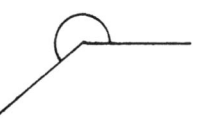

Es fällt auf, daß sie ständig Termini wie "oben", "unten", "links", "rechts" benützte, aber an keiner Stelle von einer Messung "entgegen dem Uhrzeiger" o. ä. sprach.

Auch folgender Grund läßt die Vermutung plausibel erscheinen, daß die Schülerin unter "nach links messen" keinesfalls eine Messung im Gegenuhrzeigersinn verstand: "Oben" und "unten" sind Begriffe, die sich nur auf bestimmte Blickrichtungen beziehen. Die Kombination "nach links oben" scheint darauf hinzuweisen, daß die Schülerin auch "links" nur auf ihre eigene Blickrichung bezog, während "linksorientiert" ein Begriff ist, der in der Ebene lageinvariant ist.

Bezogen auf eigene Blickrichtung: Kongruenzgeometrische Sicht:

nach "links oben"   nach "links"

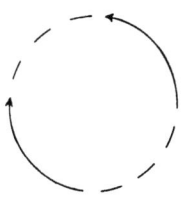   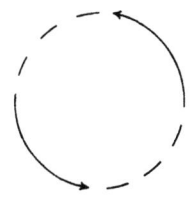

Eine ausgezeichnete Richtung, die deshalb als "links" bezeichnet wird, weil der Pfeil anschaulich immer links von der jeweiligen Tangente liegt.

nach "links oben"   nach "links"

Somit scheint ihre Hauptvorstellung von Winkel so auszusehen: Zuerst muß die Zeichnung in die richtige Lage gebracht werden, wodurch sich jener (nach rechts weisende) Schenkel ergibt, von welchem weggemessen wird. Die Messung erfolgt dann nach oben, was in diesem Fall mit der Linksorientierung übereinstimmt.

Lediglich in einer Skizze zeichnete die Schülerin den Erstschenkel nicht nach "rechts", sondern nach "links" (Abb., Anhang, S. 485), wobei sie den Bogen von "links unten" nach "rechts oben" zog.

Diese Methode, einen Winkel zu zeichnen, bezeichnete sie an späterer Stelle ausdrücklich als falsch (die Zeichnung steht "auf dem Kopf"). Das sofort hingeschriebene A scheint aber genügend Sicherheit gegeben zu haben, daß die Zeichnung richtig liegt. Zudem gibt es im Unterricht zumindest eine Situation, in welcher ebenfalls von links nach rechts gemessen wird: Beim Messen des Winkels beta, wenn sich das Dreieck in Standardlage befindet. (Vgl. das Interview mit "beta")

Lag ein Winkel nicht in seiner Standardlage vor, so kam es zu Problemen: Um zu testen, wie die Schülerin reagiert, wenn eine Zeichnung vorliegt, bei welcher im Prinzip offen ist, welcher Schenkel als Erstschenkel gewählt wird, zeichnete der Interviewer einen Winkel (Abb.), der mit der Spitze nach unten deutete. (Anhang, S. 489)

Aufgrund dieser Lage kamen im Prinzip beide Strahlen als Erstschenkel in Frage, da in beiden Fällen zur Herstellung der Standardlage (Erstschenkel nach rechts) eine Drehung des Blattes aus der Grundstellung notwendig war. (Der Interviewer saß der Schülerin genau gegenüber. Alle folgenden Abbildungen sind so dargestellt, wie sie die Schülerin während des Interviews aus ihrer Sicht sah.) (Anhang, S. 489/490)

Die Schülerin entschied sich - anscheinend ohne die Wahl zweier Möglichkeiten ins Auge zu fassen - für die Variante mit dem kleineren Winkel. (Abb.a)

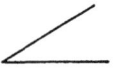

Der Interviewer machte durch eine Drehung des Blattes die Schülerin darauf aufmerksam, daß man die Figur auch anders betrachten kann. (Abb.b)

Dann drehte der Interviewer das Blatt nochmals in jene Lage, aus der die Schülerin vorher die Figur betrachtete, und zeichnete zur Visualisierung dieser Variante einen Pfeil ein. (Abb.c)

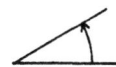

Daraufhin forderte der Interviewer die Schülerin auf, auch für die "zweite" Lage (Abb. d) etwas ähnliches zu "machen".

Die Schülerin zeichnete einen Bogen ein (Abb.e), wobei sich folgender Dialog entwickelte (Anhang, S. 490):

S: Jemand könnte wieder meinen, daß der Winkel wieder das hier wäre (bezieht sich auf den soeben eingezeichneten Bogen).

I: Ist das falsch - oder wie ist das? Tritt das öfter auf?

S: Ich weiß nicht, (lachend) mir ist das noch nie passiert.

I: Was macht derjenige falsch, der es so sieht?

S: Bei demjenigen ist es wieder so, daß er auf der linken Seite beginnt. Die Gerade geht nach links, somit hat er auch 0° auf der linken Seite und er mißt dann hinauf. Darum denkt er: bis daher (meint die Verlängerung des waagrechten Strahles nach rechts) sind es schon 180°, jetzt muß er das andere noch dazuzählen. (längere Pause). Aber ich glaube, daß man sieht, daß das Innere gemeint ist (meint die kleinere Variante) und man weiß, von was man den Winkel ausrechnen muß: Von der Distanz.

Der angeführte Interviewausschnitt deutet bereits an, daß die Schülerin Winkel als Abstand (Distanz) auffaßte, worauf jedoch erst an späterer Stelle genauer eingegangen wird. Die Vermutung, daß die Schülerin aufgrund dieses "Abstanddenkens" nur Winkel bis 180° anerkennen würde, erwies sich jedoch als falsch: Sie erklärte ausdrücklich, daß es Winkel über 180° gebe (Anhang, S. 490) und führte als Nachweis nebenstehende Zeichnung an. (Abb.)

Ein Verdrehen des Zeichenblattes, sodaß der zunächst nach unten zeigende Schenkel nach rechts weist (Abb.) wurde von ihr nicht akzeptiert, da so die Zeichnung "auf dem Kopf" stünde. (Anhang, S. 491)

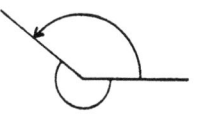

Während also bei Winkeln in Standardlage die im Unterricht gelernte Meßmethode in eindeutiger Weise sofort angewendet werden konnte, trat bei Schräglagen ein zusätzliches Problem auf: Es fiel die Orientierung an Texten und Beschriftungen weg und somit lag auch kein unmittelbar ersichtlicher Hinweis mehr darüber vor, von welchem Schenkel weggemessen werden sollte. Die Schülerin wurde sich dieser Problematik ganz am Ende des Interviews bewußt: Sie kam auf die hervorragende Idee, die Schenkel mit a und b zu bezeichnen. (Anhang, S. 497)

Bei Schräglagen schien sie jedoch ein modifiziertes Denkmodell einzuschlagen: Sie wählte den kleineren Winkel und drehte dann das Blatt so, daß schließlich wieder eine Standardlage erreicht wurde. (Abb.)

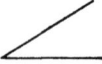

Es ist keineswegs abwegig, zu vermuten, daß die Ausgangsstellung der Frage des Interviewers ("Wie mißt man denn so einen Winkel?") die Schülerin bereits in eine vorbestimmte Denkbahn drängte: Es wird nach einem Winkel gefragt, daher kann es nur eine Antwort geben und diese bezieht sich dann naheliegenderweise auf den kleineren der beiden Winkel. Daß obige Vermutung nicht richtig ist, geht aus einer anderen Situation eindeutig hervor:

Beim Größenvergleich der sechs Winkel im Rahmen der Aufgabe 10) des Interview-leitfadens äußerte die Schülerin zwar zunächst, daß der Winkel (2) (Abb.) der größte sei, stellte aber dann dezidiert fest, daß sie *"nur ein bißchen schlecht geschaut"* habe, und daß sie der lange (Kreis-)Bogen irritiert hätte. Sie drehte das Blatt sodann in die "übliche" Standardlage (Abb.) und gab an, daß die Winkel (2) und (3) (Abb.) etwa dieselbe Größe hätten.

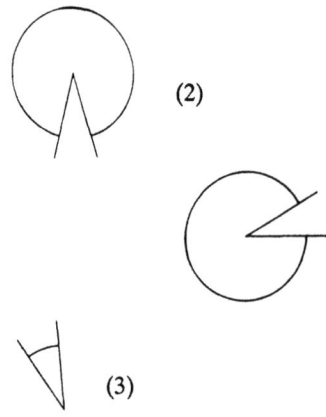

Schon an einer früheren Stelle hatte die Schülerin festgehalten, daß die Länge eines Bogens für die Größe des Winkels unerheblich sei. Auf die Frage des Interviewers, was denn am Bogen so wichtig sei, gab sie zur Antwort: *"Vielleicht ist es dann einfacher zu verstehen, wenn man so einen Bogen sieht, und dadurch weiß, daß das der Winkel ist."* (Anhang, S. 485)

266

Möglicherweise verstand sie den Bogen lediglich als Hinweis dafür, wo der Scheitel des entsprechenden Winkels zu liegen hätte - ein Hinweis, der im Prinzip nur bei komplizierteren Figuren (Abb.) nötig wäre. Nicht nur das Einzeichnen eines Kreisbogens, sogar auch das Schraffieren eines Ebenenteiles einer Winkelfigur hatte für sie keine Einwirkung auf die Beurteilung der Größe einer Figur.

Dies zeigt sich deutlich an einer Schüleräußerung, die vom Schraffieren der Ebenenteile der Winkel (2) und (3), in denen die Bögen angedeutet waren, eingeleitet wurde (Abb.):

"Da meint man vielleicht, daß der Winkel das Angefärbte ist, das wäre das gleiche wie beim Kreisbogen (meint die Bögen der Winkel (2) und (3)). *Und man meint vielleicht, daß wieder außen der Winkel ist, doch wenn man ihn so dreht, daß der Strahl wo 0° liegt, auf der rechten Seite ist und der Mittelpunkt links davon liegt, dann sieht man, daß das doch der gleiche Winkel ist* (bezieht sich auf Winkel (2) und (3)). *Aber auf dem ersten Blick sieht es fast so aus, als wäre das Angefärbte hier der Winkel. ... Deswegen muß man das Blatt auch so drehen, daß der Mittelpunkt links vom Strahl liegt und der Strahl nach rechts führt und nicht gleich am ersten Blick so ..."* (Anhang, S. 496)

Die Schülerin war völlig überzeugt, die (einzig) richtige Antwort gegeben zu haben. Obwohl ihr die Länge des Bogens von Winkel (2) durchaus auffiel, konzentrierte sie ihr Augenmerk auf den kleineren Winkel. Gründe dafür gibt es viele:

- Im Unterricht werden meist Winkel unter 180° betrachtet und fast ohne Ausnahme in der Standardlage gezeichnet und gemessen. (Abb.)

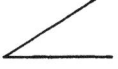

Solche oft auftretende Figuren haben dann natürlich eine große "Signalwirkung" im Wahrnehmungsbereich des Schülers (Standardrepräsentanten des Winkels).

- Auch in der Realität dominieren Winkel unter 180°. Ein Beispiel soll dabei auch
einen Bezug zur Betrachtung des Winkels (2) liefern:
Wenn man fragt, welcher Winkel nebenstehender
Tortenteil (Abb.) darstellt, so antworten sehr viele, daß es sich um einen rechten Winkel handelt.

Eine solche Erfahrung konnte ich bei einer keineswegs repräsentativen Blitz-umfrage bei einer Geburtstagsfeier im Bekanntenkreis gewinnen: Einer der An-wesenden (übrigens ein Akademiker) stellte fest, daß es ein rechter Winkel sein müsse, da auch das bisher Ausgeschnittene einen rechten Winkel darstellt und weil die beiden Teile zueinander passen müssen, hätten auch die beiden Winkel gleich zu sein.

Ähnliches tritt etwa bei Gebäuden auf. Sowohl "Innen" als auch "Außen" wird bei einander orthogonal treffenden Mauerflächen (Abb.) festgestellt, daß es sich um rechte Winkel handle. Beide Situationen geben keine "Fehler" wieder, sondern entsprechen einer bestimmten Sicht von Winkel.

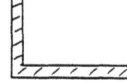

Ähnlich wie mit dem rechten Winkel dürfte es sich auch mit spitzen Winkeln verhalten. Diese Überlegungen lassen nocheinmal an jene Aussage erinnern, welche die Schülerin im Zusammenhang mit nebenstehender Zeichnung (Abb.) machte: *"Aber ich glaube, daß man sieht, daß das Innere gemeint ist, und man weiß, von was man den Winkel ausrechnen muß: von der Distanz."* (Anhang, S. 490)

- Auch in Dreiecken (Abb.) treten nur Winkel unter 180° auf, wobei man sich dabei auf die innen liegenden Winkel bezieht. Auch hier könnte man meinen, daß es klar ist, daß das Innere gemeint ist, obwohl es sich letztendlich eigentlich um eine Konvention handelt.

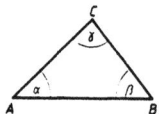

Alle diese Argumente machen plausibel, daß Winkel - abgesehen von klar definierten theoretischen Einführungsmöglichkeiten (z. B. geordnetes Paar von Halbgeraden in einer orientierten Ebene) - eher als unter 180° liegend klassifiziert werden. Dies findet sich z. T. auch in den Aussagen der schriftlich befragten Schüler und der beiden interviewten Schüler insofern wieder, als diese in vielen Fällen vom Winkel als "Abstand", "Distanz", o. ä. sprechen.

Rein von der Anschauung her ist dieser Zusammenhang auch durchaus verständlich. Betrachtet man etwa ne-benstehende Zeichnung (Abb.), so erkennt man unmit-telbar: Versteht man unter der Größe eines Winkels, "wie weit zwei Linien auseinanderstehen", dann bietet sich stets die kürzere Variante an.

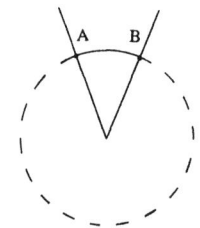

Der Abstand zwischen A und B wird durch eben diese kürzere Variante beschrieben und nicht durch den "Umweg", welcher durch den strichliert ausgeführten Bogen angedeutet wird.

Auch die Schülerin "chi" versteht Winkel als Abstand und zeigt bei Schräglagen die Tendenz, Winkel eher als unter 180° liegend einzustufen, während Winkel in Standardlagen nach theoretischem Vorbild im Gegenuhrzeigersinn ("nach oben") gemessen werden.

Es lohnt sich, das Verständnis der Schülerin von "Abstand" näher zu beleuchten. Sie definierte Winkel als *"Abstand zwischen zwei Strichen, die sich in einem bestimmten Punkt schneiden"* (oder später ... *"von zwei Strahlen, die einen gemeinsamen Mittelpunkt haben"*), konnte aber nicht genauer artikulieren, was sie damit meint.

Auf die Frage des Interviewers, ob man bei einem Winkel "auch irgendwo einen Abstand einzeichnen kann" (ähnlich wie beim Abstand zwischen den zwei Punkten A und B), zeichnete sie in eine Winkelzeichnung einen Verbindungsstrich zwischen den beiden Winkelschenkeln (Abb.a). Da ihr dieser Vorschlag selbst nicht ganz geheuer schien, bot sie eine zweite Möglichkeit an: Sie markierte am rechten Schenkel einen Strich, sodaß der linke Schenkel und der rechte Schenkel (bis zum Strich) etwa die gleiche Länge hatten (Abb.b). Dann markierte sie die Halbierungspunkte der beiden Schenkel und zeichnete eine geradlinige Verbindung (Abb.c), begleitet durch folgende Erklärung (Anhang, S. 483/484):

S: .. *Wenn ich beide 20 (mm) habe, dann teile ich diese dividiert durch zwei vielleicht, dann sind das 10 mm und diese beiden verbinde ich dann, genau die Mitte zwischen denen .. und so kann ich dann .. das ist dann der Winkel, das da dazwischen drinnen ..*

Das Normieren der beiden Schenkel auf die gleiche Länge und die anschließende Halbierung der Schenkellängen ist wohl als ein Versuch zu sehen, den Abstand als relationales Maß zu werten, da der Schülerin klar geworden sein dürfte, daß die Länge beliebiger Verbindungslinien nur absolute Werte darstellen und mit Sicherheit nicht zum Vergleich verschiedenster Winkelzeichnungen herangezogen werden können.

Um ihr zu zeigen, daß auch diese Meßmethode keine adäquate Möglichkeit darstellt, fertigte der Interviewer einen gleich großen Winkel wie in den Abbildungen a, b und c an, zwar in gleicher Lage, aber mit deutlich längeren Schenkeln (Abb.d). Gleichzeitig stellte er fest, daß die Schenkellängen 50 mm betragen würden, worauf die Schülerin sofort wieder die Halbierung auf 25 vorschlug.

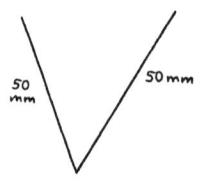

Daran anschließend entwickelte sich folgendes Gespräch (Anhang, S. 484):

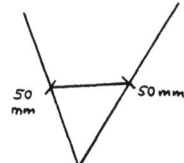

I: (Markiert jeweils den Halbierungspunkt der beiden Schenkel) *Dann habe ich hier 25 und hier 25* (zeichnet den Verbindungsstrich, siehe Abb.e) *und dann ist es dieser Abstand?*

S: Ja, der Abstand dazwischen drinnen, das ist immer der ..

I: Das ist der Winkel?

S: Das ist der Winkel, ja.

I: Welcher Winkel ist denn größer, dieser (zeigt auf Abb.c) *oder* (zeigt auf Abb.) *dieser?*

S: Die sind gleich.

I: (Deutet auf die beiden Verbindungslinien) *Aber das ist doch viel länger als das .. ist dieser Winkel daher nicht größer als dieser.*

S: Nein, es kommt nicht auf die Länge der beiden Seiten (Verbindungslinien) *an.*

I: Nicht? .. Worauf kommt es dann an? ..

S: Ja, wie man es zeichnet .. (lächelt) .. (deutet auf den linken Schenkel in Abb.) *eine Linie macht man z. B. hier herunter und dann muß man* (deutet eine Vergrößerung des Öffnungsbereiches des Winkels durch ein Nach-"unten"-Drehen des rechten Schenkels an) *die andere weiter weg, also mit einem größeren Abstand zeichnen.*

Da die Schülerin nicht genau artikulieren konnte, was sie unter Abstand versteht, ließ der Interviewer sie es so erklären, wie sie es einem noch nicht verstehenden Mitschüler erklären würde: *".. Aber wo ist hier der Abstand - ich sehe keinen."* (Anhang, S. 485)

Die Schülerin gab daraufhin zwei Erklärungsversuche (Anhang, S. 485):

- *"Der leere Raum zwischen den zwei Strichen.* (Sie zeichnete einen kleinen Bogen und schraffierte den entstehenden Kreissektor, Abb.) *der leere Raum da, daß ist der Abstand zwischen den zwei Geraden .. und das ist dann der Winkel."*

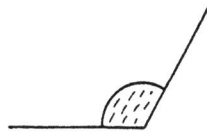

- *"Da geht man 20 mm heraus* (bezieht sich noch immer auf vorige Abbildung) *und da geht man auch 20 mm heraus .. und das verbindet man mit dem Zirkel, indem man hier ansetzt und so verbindet .. und der Bogen, der durch den Zirkelschlag entsteht, das ist dann der Winkel."*

Als der Interviewer in die letzte Figur noch einen größeren Bogen einzeichnete (Abb.), stellte die Schülerin sofort fest, daß es *"auf das Gleiche"* (Anhang, S. 485) herauskomme. Als Ausweg griff sie nochmals auf die Erklärung mit dem *"Raum zwischen den zwei Geraden"* zurück. Auf die Frage, wie weit dieser Raum gehe - der Interviewer zeichnete zwei gleich große Winkel nebeneinander (Abb.) - , deutete sie an, daß er jeweils bis zu den Schenkelenden reiche: *".. deshalb ist der Raum auch so groß wie die Linien eben sind."* (Anhang, S. 486)

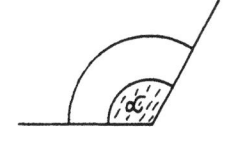

Sie erkannte beide Winkel als gleich groß und stellte auf die provokante Äußerung des Interviewers, daß der linke Winkel mit einem größeren Bogen größer als der rechte Winkel sei (Abb.), fest, daß bei einem Winkel der Bogen doch *"so eingezeichnet sein"* müßte, daß *"man richtig messen"* könne. (Anhang, S. 486)

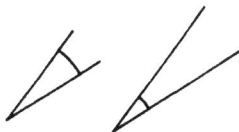

Dieser letzte Satz bezieht sich eindeutig auf die Winkelskala des Geodreieckes, welches für sie den Inbegriff des Winkelmessens darstellt. Dennoch hatte sie beim Verständnis des Aufbaues des Geodreieckes (bezogen auf Winkel) z. T. große Schwierigkeiten: Bei der Aufgabe, selbst einen Winkelmesser zu konstruieren, verzichtete sie auf den angebotenen Zirkel und arbeitete nur mit der Zentimeterleiste des Geodreieckes.

Um 45° in 45 Teile teilen zu können, führte sie im nebenstehend abgebildeter Zeichnung (Abb.) folgende Messung durch (Anhang, S. 481):

Sie legte das Geodreieck an und maß die Strecke zwischen den Grad-Ringerln von 0° und 45°. Daraufhin wollte sie diese Strecke so einteilen, daß *"die Winkel genau im (gleichen) Abstand sind"*. Die Schülerin hatte offenbar die Idee, den Winkel durch eine lineare Skala in gleiche Teile zu teilen, sicherlich beeinflußt durch die Tatsache, daß die beiden Katheten des Geodreieckes eine Winkelskala beinhalten.

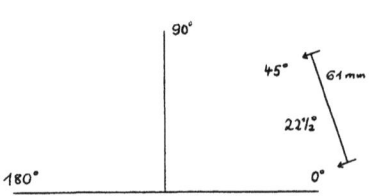

Sie dürfte also nicht verstanden haben, daß diese Skala bezüglich der Winkelgrade nicht äquidistant ist und daß sich die Skala des Geodreieckes aus der Unterteilung des Kreisbogens ergibt. Für diese Vermutung spricht nicht nur ihr Verzicht auf den ihr angebotenen Zirkel, sondern auch die Tatsache, daß sie im weiteren Verlauf des Interviews mehrmals den Winkel (verstanden als Abstand) als Streckenlänge zwischen den Schenkeln maß.

Daß die Winkelteilung mittels einer linearen Skala nicht gelingen kann, erkannte die Schülerin schließlich am mißglückten Versuch einer Dreiteilung des rechten Winkels. Eine weitere Möglichkeit, eine Skala mit allen Graden zu erhalten, fiel ihr nicht ein, vermutlich wohl deshalb, weil sie zusehr auf lineares Messen fixiert war. Die zentrale Idee des Geodreieckes (bzw. des Winkelmessens), die Kreisteilung zur Winkelmessung zu verwenden, konnte bei der Schülerin in keinerlei Ansätzen entdeckt werden.

In vielen Passagen des Interviews wurde deutlich, daß die Schülerin einen Winkel ganz selbstverständlich als endliche Zeichnung sah und somit den theoretischen Grund, weshalb man Winkel zumeist mittels Strahlen einführt ("gleich groß" als Kongruenzrelation), natürlich auch nicht kennen konnte. Als der Interviewer vorschlug, Winkel als Fläche zwischen zwei Strahlen zu verstehen (Anhang, S. 493/ 494), gab sie zu bedenken, daß Fläche in diesem Zusammenhang nicht die richtige Bezeichnung wäre, da keine abgeschlossene Fläche (wie bei einem Rechteck, wo "man das Ganze innerhalb ausrechnen" kann) vorliegt.

Sie verstand Fläche offensichtlich als Flächeninhalt und
hatte - da Flächeninhalte stets endlich sein müssen-
auch keine Möglichkeit, die Größe eines Winkels etwa
als Anteil eines unendlich großen Kreissektors an der
gesamten Ebene zu sehen (Abb.) und diese Idee vielleicht auf die Idee eines Einheitskreises zu übertragen.

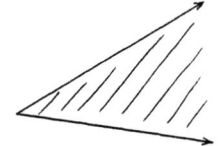

6.4 ZUSAMMENFASSUNG UND DIDAKTISCHE IMPLIKATIONEN

Vor allem die beiden ausführlichen Interviews mit dem Schüler "beta" (siehe 6.3.2) und der Schülerin "chi" (siehe 6.3.3) haben gezeigt, daß Schüler im Alter von 12 bis 13 Jahren noch deutliche Schwierigkeiten mit dem Winkelbegriff haben können. Im folgenden wird versucht, einige bedeutende Probleme näher zu beschreiben und diese auch als Hemmnisse einer Umsetzung von Hintergrundtheorien in den Unterricht zu interpretieren.

6.4.1 Das Problem der Loslösung von egozentrischen Sichtweisen

Der von PIAGET geprägte Begriff des Egozentrismus des räumlichen Denkens beim Kinde (vgl. 5.2) steht für die Erkenntnis, daß Kinder bis zum Alter von etwa 9 Jahren geneigt sind, räumliche Sachverhalte nur auf den eigenen Blickwinkel beschränkt zu sehen, und nicht fähig sind, die eigene Position im Raum als eine von vielen zu verstehen und alle möglichen Blickwinkel in einem Gesamtzusammenhang zu sehen. PIAGET vertritt die These, daß dieser Egozentrismus bis zum oben genannten Alter sukzessiv dezentriert wird und schließlich eine Gesamtkoordination aller Blickwinkel erfolgt.

So unterläßt es PIAGET, etwa beim Winkelbegriff zu untersuchen, inwieweit Lageveränderungen von Winkelfiguren Schwierigkeiten des Kindes im Umgang mit dem Winkel bedeuten können, und beschränkt sich bei seinen Experimenten auf Winkelfiguren in Standardlagen (ein Schenkel verläuft parallel zum "unteren" Blattrand).

Vor allem die beiden Interviews mit "beta" und "chi" zeigen, daß die Schüler auf diese Standardlage fixiert sind, und daß große Schwierigkeiten auftreten, wenn die Winkelfigur "schräg" am Zeichenblatt liegt. (Zu ähnlichen Ergebnissen gelangt Martin COOPER (1988) in einer empirischen Studie, in der die Schwierigkeiten von Kindern im Erkennen von rechtwinkeligen und gleichschenkeligen Dreiecken in verschiedenen Lagen untersucht werden.)

Allgemein kann man feststellen, daß das räumliche Denken der Schüler im Alter von 12 und 13 Jahren noch stark von einer egozentrischen Sichtweise mitgeprägt wird. Diese äußerte sich vor allem auf zwei Ebenen:

a) Standardlage

Die Kinder zeichneten die meisten Winkelfiguren so, daß zunächst ein Schenkel parallel zur eigenen Körperbreite verlief (welcher zudem meist nach "rechts" gerichtet war). Die Bevorzugung dieser "Standardlage" erfährt schon allein durch folgende Ursachen eine Begründung:

- Schulbücher und Schulhefte sind von rechtwinkeliger Form und werden zweck-mäßigerweise so beschrieben, daß der Schriftzug parallel zum unteren Rand verläuft. Aus Beschriftungs- und Platzspargründen werden auch Figuren fast ausnahmslos dieser "Norm" angepaßt. Da Bücher und Hefte somit meist in "Standardlage" zum eigenen Körper gebracht werden, sind auch die Zeichnungen vorwiegend "standardisiert". Dieses "Vorbild" prägt natürlich (unbewußt) das Denken und Handeln, es entsteht eine Art "Standardrepräsentant" des Winkels im Kopf des Kindes.

- Die Orientierung am Blattrand bringt natürlich auch praktische Vorteile: Parallelitäten und Orthogonalitäten können an den Rändern (die wie ein cartesisches Koordinatensystem zur Verfügung stehen) bequem ausgenützt werden. Auch der Größenvergleich von Winkeln fällt leichter, wenn alle Winkel "standardisiert" sind.

b) "Links, rechts, oben, unten"

In zahlreichen Schülerantworten wurden diese Begriffe zur Angabe von Lagen bzw. Lagebezeichnungen verwendet. In der von den Schülern verwendeten Form sind sie keine geometrischen Begriffe, weil sie eben nur von einem bestimmten Blickwinkel gesehen adäquate Aussagen liefern. Solange der Lehrer und alle Schüler im Unterricht den Winkel in "Standardlage" zeichnen, können auch keine Mißverständnisse auftreten.

Daß dieses Problem aber stets latent im Hintergrund lauert, zeigten u. a. zwei Beobachtungen:

- Für den Schüler "beta" war es selbstverständlich, daß es neben einem rechten Winkel (mit einem nach rechts verlaufenden Schenkel) auch einen linken Winkel gibt. (Vgl. 6.3.2)

- Beide interviewten Schüler hatten kein adäquates Verständnis von Links-orientierung. Sie wußten, daß man in der Standardlage vom rechten Schenkel ausgehend nach ("links") "oben" messen muß, und übertrugen dieses Denk-modell z. T. auch in Situationen, wo es zur mathematischen Orientierung im Widerspruch stand. Probleme ergaben sich immer dann, wenn die Winkelfigur am Blatt nicht in der "Standardlage" vorlag. In solchen Situationen verzichteten die Schüler auf die Orientierung an den Blattgrenzen und drehten das Blatt so, daß der Winkel wieder in einer Art "Standardlage" vor ihnen lag: Ein Schenkel mußte parallel zur Körperbreite verlaufen (als eine Art "Grundlinie"), der andere ging meist nach oben, also vom Körper weg. Diese Fixierung auf egozentrische Sichtweisen hatte oft die Konsequenz, daß ein und dieselbe Winkelzeichnung mit zwei verschiedenen Größen belegt wurde: *Es kommt darauf an, wie man das Blatt dreht".* Dies steht im deutlichen Gegensatz zur Kongruenzgeometrie, wo Figuren durch Bewegungen keiner Veränderung von Streckenlängen bzw. Winkelgrößen unterworfen sind. In der Kongruenzgeometrie geht es nicht um eine Sicht aus verschiedenen Positionen (Blickrichtungen)-genau davon gilt es nämlich zu abstrahieren.

In diesem Zusammenhang sei erwähnt, daß es bezüglich des Wortes "rechts" ("recht" u. ä.) zumindest drei Bedeutungen gibt, die sich voneinander wesentlich unter-scheiden (wenngleich im Kopf der Schüler durchaus eine "Vermischung" dieser drei auftreten kann):

1) "Rechts" - im Sinne von "von mir aus rechts".
2) "Rechts" - im Sinne von "rechts-orientiert" (im Uhrzeigersinn).
3) "Recht" - im Sinne von "rechter Winkel" (einen gestreckten Winkel "gerecht" teilen).

Wie tief die egozentrische Sicht im Denken der Kinder verwurzelt ist (sie ist ja die ursprüngliche Sicht), zeigte sich auch noch an einer interessanten Stelle im Interview mit "chi" (vgl. 6.3.3): Die in Mathematik sehr gute Schülerin fügte zum Scheitel einer Winkelfigur den Buchstaben A hinzu, um anzudeuten, daß diese Zeichnung nur aus einer bestimmten Sicht gesehen werden darf (nämlich nur aus der, aus welcher das A "aufrecht" steht). Sie schien nicht zu erkennen, daß die Lage eines Buchstabens keine Auswirkung auf die geometrischen Beziehungen haben kann.

Für den Unterricht muß all dies zur Konsequenz haben, daß eine bewußte und reflektierte Loslösung von egozentrischen Sichtweisen angestrebt wird.

Eine solche kann nur erfolgen, wenn der Schüler erkennt, das es in der Geometrie (als Theorie) nicht um die Beziehung zwischen geometrischen Figuren und dem Individuum geht, sondern um Beziehungen zwischen geometrischen Figuren, die selbst wieder als Beziehungssysteme verstanden werden müssen. Ein Winkel z. B. soll nicht nur als Ecke eines Dreieckes verstanden werden, sondern als Begriff, welcher das In-Beziehung-Setzen zweier Richtungen der Ebene als wesentliche Bedeutung hat. Ein Schritt in diese Richtung scheint der zu sein, Schülern einsichtig zu machen, daß Lageveränderungen von Winkelfiguren keine Auswirkung auf die Winkelgröße besitzen. Es wäre geradezu absurd, Kongruenzabbildungen im Unterricht zu behandeln, ohne solche Überlegungen durchgeführt zu haben.

Das Loslösen von egozentrischen Sichtweisen ist auch unter einem sozial-kommunikativen Aspekt zu sehen: Es geht nicht nur um das Einnehmen (Vertreten) von eigenen Standpunkten, sondern auch um das Hineindenken in die Lage anderer, d. h. um die Vorstellung, daß andere Menschen (aus ihrer "Sicht") eine andere subjektive Einschätzung einer Situation haben können.

Das Ziel besteht auch hier darin, eine möglichst objektive ("lageunabhängige") Sicht der Dinge zu erhalten, was natürlich voraussetzt, die einzelnen subjektiven Sichtweisen in möglichst vernetzter (koordinierter) Weise in Beziehung zu setzen. In diesem Sinne sind Egozentrismus und Egoismus verwandte Phänomene, die das Verhaftetsein auf eine singuläre und nicht systemhafte Sicht von Dingen ausdrücken. Mit dem vermehrten Aufgeben solcher Sichtweisen nimmt auch die Qualität zu, mit der ein Mensch kommunizieren kann - mit anderen Menschen, oder mit Systemen, wie etwa "Staat", "Natur" oder "Geometrie".

6.4.2 Das Problem der Loslösung von physikalischen Phänomenen

Die physikalischen Gegebenheiten unserer Erde zeichnen für jeden Standort eine besondere Richtung aus, nämlich die Richtung des Lotes. Aufgrund der geringen Richtungsunterschiede des Lotes bei geringen Distanzen, scheint es für den Beobachter nur eine senkrechte Richtung zu geben.
Ebenso verhält es sich mit dem Konstrukt einer waagrechten Ebene, die natürlich nur näherungsweise eine Fläche gleicher Erdanziehung beschreibt und ein umso schlechteres Modell unserer Umwelt darstellt, je größer der betrachtete Erdabschnitt gewählt wird.

Wird den Schülern die Relativität und Eingeschränktheit dieses Modells zur Beschreibung unserer physikalischen Umwelt nicht adäquat vermittelt (in den mathematischen Schulbüchern fehlt ein solcher Bezug meist, vgl. Kapitel 2), so können sich auch negative Voraussetzungen bei der Bildung geometrischer Begriffe ergeben: Die "Senkrechte" kann sehr leicht als universell gleichbleibende Richtung verstanden und zum Inbegriff des "Geradlinigen" erhoben werden, analoges gilt für die "Horizontale(n)".

Die Ergebnisse der Testbefragung und der Interviews zeigen, daß der Winkelbegriff der Schüler teilweise sehr stark an der Idee des Horizontalen verhaftet ist. Sehr deutlich fand sich dieses Phänomen etwa in folgender Aussage wieder: *"Ein Winkel ist die Bezeichnung für Dinge, die nicht gerade, sondern schräg zum Boden stehen."*

Als mögliche Gründe für diese Bindung an die "Waagrechte" sind denkbar:

- In vielen Umweltsituationen liegt ein Winkelschenkel (zumindest näherungsweise) waagrecht.

- An der Schultafel werden Winkel oft in "Standardlage" gezeichnet, wobei hier die Richtungen "waagrecht" und "senkrecht" noch in ihrer ursprünglichen physikalischen Bedeutung verwendet werden. Bei der Übertragung von (Winkel-) Figuren ins Heft wird jedoch diese Bezeichnungsweise übernommen, obwohl in diesem genaugenommen alle Linien "(annäherungsweise) waagrecht verlaufen. Als "neue Waagrechte" wird in diesem Fall die zum unteren Blattrand verlaufende Linie verstanden.

- Ein ähnlicher Sprachgebrauch wird auch in vielen anderen alltäglichen Situationen gepflegt, man denke nur an die Bezeichnung "waagrecht" und "senkrecht" beim Kreuzworträtsel.

Ein weiterer Aspekt betrifft die Ablehnung von geometrischen Figuren (Begriffen), die nicht zur Gänze auf das Zeichenblatt hinaufpassen. So lehnte "beta" es etwa ab (vgl. 6.3.2), den Winkel als Figur zu sehen, die aus zwei Strahlen besteht. Und zwar mit der Begründung, daß ein Strahl doch keinen Endpunkt hat. (Als Beispiel für unendlich lange Strahlen nannte er die Sonnenstrahlen.)

Derselbe Schüler stellte sich das Zusammentreffen zweier gerader Linien in einem Punkt insofern als physikalisches Phänomen vor, als er annahm, daß die beiden Punkte übereinander liegen müßten - so als hätte beim Kreuzen zweier Linien eine Linie die andere in einer Art "Brücke" räumlich zu überwinden. Ein anderer Schüler bezeichnete im Rahmen der schriftlichen Befragung den Winkel als *"Neigung von zwei übereinanderhängenden Strecken"*.

Diese Beobachtungen zeigen, daß es notwendig ist, die Unterschiedlichkeit physikalischer und geometrischer Vorstellungen bewußt zu machen und auch die Schüler darüber reflektieren zu lassen. Der Hinweis, daß die Schüler das Zeichenblatt als unendliche Punktmenge auffassen sollen, ist sicherlich zuwenig. Der Übergang zu theoretischen Begriffen muß ein Idealisierungsprozeß sein, der von den Schülern in einsichtiger Weise verstanden und aktiv mitgetragen werden kann. Es geht also um eine bewußte und reflektierte Loslösung von physikalischen Phänomenen. Dies setzt aber auch voraus, daß der physikalische Raum ernsthaft in den Unterricht einbezogen wird, d. h. Umwelterschließung im Geometrieunterricht erfolgt.

Die eben dargestellten Probleme des Einflusses physikalischer Realität und des Egozentrismus der räumlich-geometrischen Sichtweise der Schüler sind eng miteinander verbunden: Phänomene wie etwa "waagrecht" und "senkrecht" sind zwar Ausdruck von "Naturgesetzen", aber die Erhebung dieser Phänomene zu physikalisch-theoretischen Konstrukten geschieht durch den Menschen zur Beschreibung der Umwelt aus seiner Sicht.
Die Erkenntnis, daß jeder Punkt der Erdoberfläche seine eigene "Senkrechte" besitzt, ist ein Schritt zur Dezentrierung der egozentrischen Sicht der Erde. Die Annahme, daß jeder Punkt der Erde dieselbe Senkrechte hätte, würde zu einem Modell unseres Planeten führen, welches in der Geschichte der Menschheit einmal seinen festen Platz hatte, nämlich die Vorstellung der Erde als Scheibe. Auch der Übergang vom geozentrischen zum heliozentrischen Weltbild kann als historischer Prozeß der Überwindung einer egozentrischen Sichtweise verstanden werden.

6.4.3 Probleme der Winkelmessung

Hinsichtlich des Winkelbegriffes wurden die Grenzen des Verständnisses schon deutlich angesprochen, aber auch hinsichtlich der Winkelmessung gibt es einschneidende Mängel:

- An einigen Stellen des Interviews mit der sehr guten Schülerin "chi" zeigte sich, daß sie Winkelmessung als lineare Messung verstand (vgl. 6.3.3). Sie versuchte einen Winkel von 45° so in gleich große Winkel zu unterteilen, indem sie die Verbindung zweier Schenkelpunkte mit dem Lineal abmaß und gleiche Abstände wählen wollte. In einem anderen Zusammenhang wollte sie den "Abstand" zweier Schenkel so bestimmen, daß sie wiederum Schenkelpunkte (mit gleichem Abstand vom Scheitel) verband. Auch "beta" gab keinen konkreten Hinweis darauf, daß man Winkel auf dem Kreis messen könne. Er lehnte die Messung von geradlinigen Schenkelabständen zunächst ab, wenngleich er auf die Frage, ob es sich nicht doch gefühlsmäßig um einen Abstand handle, wiederum unsicher wurde: *"Ja sicher ist es ein Abstand ... die beiden Linien* (Schenkel) *sind doch verbunden und das, von der Linie zu der* (meint die gerade Verbindungsstrecke) *- dieser Abstand."*

- Sowohl "beta" als auch "chi" wußten nicht, warum sie Winkel in Graden messen. Die Bedeutung der Zahl 360 war ihnen nicht bekannt.

- Beide Schüler scheiterten an der Aufgabe, selbst einen einfachen Winkelmesser zu konstruieren, sie legten auf den Zirkel als Zeichenhilfe keinen besonderen Wert (bzw. setzten ihn völlig falsch ein) und kamen nicht auf die Idee, einen Halbkreis mit einer einfachen Skalierung zu zeichnen.

- Sowohl "beta" als auch "chi" empfanden die Messung in Grad als die einzig mögliche Angabe des "Abstandes" der Winkelschenkel voneinander.

Diese Probleme mit dem Winkelmessen dürften zu einem beträchtlichen Teil darauf zurückzuführen sein, daß das Geodreieck als einziges Winkelmeßgerät zur Verfügung steht und so gewissermaßen zum Inbegriff der Winkelmessung wird.

Dabei gilt es aber einige Aspekte zu beachten:

- Die Schüler erleben die Winkelskalen als Fertigprodukt und sehen nicht die Handlungen, die zu diesen Skalen geführt haben: Das Geodreieck wird nicht als Netz von Beziehungen verstanden, sondern als Objekt, dessen Konstruktion bzw. dessen Zweck-Rekonstruktion nicht zur Diskussion steht. Daraus resultiert sicherlich z. T. auch die Unfähigkeit der Schüler, ein - wenn auch "primitives"- Winkelmeßgerät herzustellen.

- Im Besonderen fällt auf, daß das Geodreieck nicht nur eine (Grad-äquidistante) Kreisskala für das Messen von Winkeln besitzt, sondern an den beiden Katheten auch geradlinige Winkelskalen aufweist, die natürlich nicht grad-äquidistant, also nicht linear, sind. Es sind aber gerade diese beiden Skalen (und nicht die eher im "Liniengewirr" verschwindende Kreisskala im Zentrum des Geodreieckes), die von den Schülern zur Messung von Winkeln herangezogen werden. Daß diese äußeren Skalen nicht linear sind, fällt aufgrund der vielen Teilungspunkte und der Tatsache, daß die eng benachbarten Skalierungsstrecke beinahe parallel verlaufen, gar nicht unbedingt auf.

- Die Idee, daß die äußeren Skalen nicht linear sein konnten, liegt den Schülern dieses Alters wohl deshalb sehr fern, weil sie vorwiegend in Linearitäten zu denken haben: Einfache Schluß- und Prozentrechnungen, Umrechnungen bei Größen, lineares Messen von Strecken, usw.

- Die vorgegebenen Winkelskalen (z. B. des Geodreieckes) verschleiern die Tatsache, daß es von der Streckenmessung zur Winkelmessung einen großen qualitativen Sprung gibt: Es geht nicht nur mehr um die Beziehung einer (frei wählbaren) Einheit (Einheitsstrecke) zu einer beliebigen Gesamtheit (beliebige Strecke), sondern um die Beziehung einer (implizit durch den rechten Winkel) vorgegebenen Einheit - die selbst eine Beziehung darstellt (Orthogonalität) - zu einer in der anschaulichen Ebene zumindest durch vier rechte Winkel begrenzten Gesamtheit (Vollwinkel). Kurz: Es geht nicht mehr um eindimensionales Messen als In-Beziehung-Setzen einer Einheitsstrecke zu einer Gesamtstrecke, sondern um zweidimensionales Messen als In-Beziehung-Setzen von Beziehungen.
Dies erkennt man am besten an den trigonometrischen Funktionen, wo es um Verhältnisse von Streckenlängen geht (wobei diese selbst schon Ergebnisse von Meßvorgängen darstellen).

- Auch die Messung am Kreis bedarf eigentlich des Begriffes des Radianten (Verhältnis von Bogenlänge und Radius). Da aber alle konzentrischen Kreise zueinander ähnlich sind (und damit die Kreislinien durch die vom Mittelpunkt ausgehenden Strahlen in gleicher Weise unterteilt werden), kann jeder Kreis als "Meßlinie" für Winkel genommen werden. (Dies ist gleichbedeutend damit, das die Länge der Winkelschenkel für die Größe eines Winkels unbedeutend ist.)

- Dem Konstruieren von Winkeln mit Zirkel und Lineal - als "Gegengewicht" zum Zeichnen von Winkeln mit dem Geodreieck - wird möglicherweise zuviel an Einsichtvermittlung (was die Winkelmessung betrifft) zugemutet. Das Wichtigste liegt wohl darin, daß man einen Winkel von 60° konstruieren kann und auch zu begründen vermag (worauf oft leider verzichtet wird), daß dies eigentlich auf die Konstruktion eines gleichseitigen Dreieckes zurückzuführen ist. Das Problem, einen Winkel von 165° zu konstruieren, liegt wohl weniger in der geometrischen Konstruktion, als vielmehr in der arithmetischen Überlegung, wie man auf 165° kommt.

Schüler haben also nicht nur Probleme, die mit der (qualitativen) Idee des Winkels zusammenhängen, sondern auch Probleme, welche die (quantitative) Idee des Messens von Winkeln betreffen. In dieser Situation ist es nicht verwunderlich, wenn bei den Schülern eine nicht unproblematische Vermischung dieser beiden Ideen eintritt. Sowohl die Ergebnisse der schriftlichen Befragungen als auch die Ergebnisse der beiden Schülerinterviews zeugen davon.

Dazu einige Beispiele von Schüleräußerungen:
"Unter einem Winkel versteht man zwei Strecken, die eine bestimmte Anzahl von Graden voneinander entfernt sind."
"Die Neigung zweier Linien, in Grad angegeben." (Als Antwort auf die Frage, was man unter einen Winkel versteht.)

Vor allem im Interview mit dem Schüler "beta" gab es einige Hinweise für dessen Vermischung von Winkel und Winkelmessung in Grad:
- "Beta" sieht Winkel als *"Abstand zwischen zwei Linien"*, als etwas, das man *"berechnen"* kann. Bevor ein Winkel gezeichnet wird, müsse schon feststehen, wieviel *"Grad das sind"*.
- Auf die Gradskala deutend, stellte er fest: *"Diese Abstände hier ... die Winkel sind doch richtig eingezeichnet."* (Geodreieck als Vergegenständlichung der Idee des Winkels und der Winkelmessung.)

Die Größenangabe des Winkels in Grad wird von "beta" als wesentliche Charakterisierung des Winkels gesehen. Wie bei vielen Schülern scheint bei ihm die Möglichkeit einer Arithmetisierung das genuin Geometrische zu verdrängen. Die Idee des Winkels scheint darauf reduziert zu sein, wieviel Grad er besitzt.

Oder anders formuliert: Das Wesentliche des rechten Winkels wird z. B. nicht darin gesehen, das die Schenkel aufeinander orthogonal stehen, sondern darin, das der rechte Winkel 90° mißt. (Wobei die Schüler oft nicht wissen, was ein Grad ist und weshalb zumeist in Graden gemessen wird.)

Als mögliche Ursachen für diesen Umstand sind denkbar:
- Die frühe Kenntnis und der baldige Einsatz des Geodreieckes (Winkelmesserskala in Grad).
- Beschreibung und Konstruktion "besonderer" Winkel (60°, 90°, 120°, 150°, 180°, ..).
- Es wird früh mit Winkeln gerechnet. Es wird addiert, subtrahiert, halbiert, vervielfacht und umgerechnet (in Minuten und Sekunden).
- Selbst Sachverhalte wie der Satz über die Winkelsumme im Dreieck werden in Grad beschrieben, obwohl es auch mit Vielfachen des rechten Winkels ginge.

Das Problematische einer unreflektierten Vermengung von Winkel und Winkelmessung ist die Gefahr, daß die Schüler (und z. T. auch die Lehrer) annehmen, Winkel und Winkelmessung adäquat zu verstehen, während genau das Gegenteil der Fall ist. Es geht vor allem um das Verständnis, daß das das Messen von Winkeln eine konkrete Möglichkeit darstellt, über Winkel zu kommunizieren.

Diese Überlegungen sollen nicht bedeuten, daß Winkel und Winkelmessung im Unterricht voneinander zu trennen wären. Es geht im Unterricht vor allem darum, ein differenzierteres Verständnis von beiden zu gewinnen. Nur dann kann deren Beziehung zueinander aus einer bewußteren Sicht entwickelt werden. Entsprechende didaktische Implikationen bezüglich der Winkelmessung sind direkt aus den genannten Kritikpunkten, sowie aus den Überlegungen in 5.3 (auch zum Winkel-begriff im allgemeinen) entnehmbar, weshalb erstere hier nur mehr in Stichworten wiedergegeben werden:
- Konstruktion eines eigenen Winkelmessers (Idee der Kreisteilung).
- Rekonstruktion der Funktionen (des Zweckes) des Geodreieckes.
- Betrachtung einer alternativen Art, Winkel zu messen. (Angabe von Seiten-verhältnissen)
- Reflexionen darüber, was Messen von Winkeln bedeutet (auch im Vergleich zum Messen von Strecken).
- Überlegungen zur (Nicht-) Konstruierbarkeit von Winkeln mit Zirkel und Lineal.
- Unterscheidung von Winkel, Winkelgröße und Winkelmaß (evtl. auch Winkelmaß-zahl).
- Reflexion darüber, daß man geometrische Sätze (z. B. Winkelsumme im Dreieck) ohne Winkelmaße (Gradangaben o. ä.) beweisen kann.

6.4.4 Probleme der Umsetzung von Hintergrundtheorien in den Unterricht

Solche Probleme traten besonders deutlich bei Schülern der Klassen "alpha" und "my" auf, also bei jenen Schülern, die den Winkel im Unterricht als orientierten Winkel kennengelernt hatten. Vom fachlichen Hintergrund her, wird der orientierte Winkel von folgenden Aspekten geprägt (sofern, wie im Lehrplan bisher vorgeschrieben, ein abbildungsgeometrischer Zugang zur Geometrie gewählt werden soll):

a) Der Winkelbegriff muß mit dem Begriff der Drehung im Einklang stehen, damit Drehgrößen durch Winkelgrößen beschrieben werden können. Da Drehung als Abbildung der Ebene auf sich verstanden wird, müssen die Winkelschenkel unendlich lange Linien (Strahlen) sein.

b) Es muß eine Orientierung der Ebene vorliegen.

c) Der Winkel wird als geordnetes Paar verstanden, d. h. ein Winkelschenkel muß als Erstschenkel ausgezeichnet sein (sofern Winkel nicht gleich als Drehung eingeführt wird).

Zu allen drei Aspekten waren die Vorstellungen der Schüler von den theoretischen Ideen weit entfernt:

a) Der Schüler "beta" forderte z. B. explizit, daß ein Winkelschenkel einen Endpunkt besitzen müsse. Er schien nur Dinge zu akzeptieren, die in der Umwelt eine Entsprechung besitzen. Die theoretische Notwendigkeit, die Schenkel als Strahlen sehen zu müssen, hat er sicherlich nicht erkannt.

b) Vor allem die beiden Interviews haben gezeigt, daß die Schüler den Begriff der "Linksorientierung" nicht in entsprechender Weise verstanden haben. Der Grund liegt vor allem in den schon dargestellten Problemen der Loslösung von egozentrischen Sichtweisen. "Links" wird - vereinfacht gesagt - nicht mit einer "Richtungseinbahn" auf einem Kreis (o. ä.) assoziiert, sondern eher mit dem umgangssprachlichen "links" im Sinne von "von mir aus gesehen links". Aus diesem Grund verstehen die Schüler auch sicher nicht, daß die Orientierung nach "links" eine reine Konvention ist und daher keineswegs einen Wesenszug der Mathematik darstellt. (Übrigens ist auch "Linksorientierung" in gewisser Weise eine Beziehung, die von einer bestimmten Sicht, nämlich dem Blick von "oben" auf die Ebene, abhängt. Auch darüber sollte im Unterricht reflektiert werden.)

c) Abgesehen davon, daß die Bedeutung des Begriffes "geordnetes Paar" für die Schüler sicherlich nicht leicht begreifbar ist, traten schon allein Schwierigkeiten dabei auf, die Bedeutung der Festlegung eines Erstschenkels zu erkennen. Die Fixierung auf die Waagrechte bzw. auf die Standardlage eines Winkels verschleiert die Frage nach dem Erstschenkel und damit die Tatsache, daß Orientierung und Wahl des Erstschenkels der Erlangung eines eindeutig bestimmten Winkels dienen.

Um den orientierten Winkel (im Zusammenhang mit der Drehung) als Begriff einer (abbildungsgeometrischen) Hintergrundtheorie begreifen zu können, müßten die Schüler jedoch alle drei erwähnten Aspekte in ihrem Wesen erfassen können. Dies könnte in einsichtiger Weise aber nur dann erfolgen, wenn die Schüler die globalen Zusammenhänge der Hintergrundtheorie zu begreifen fähig wären. Wenn die Schüler diese Zusammenhänge aber nicht rekonstruieren können, so können sie auch nicht verstehen, warum die Definition des Winkels auf eine ganz bestimmte Art und Weise erfolgt. Insofern ist es für die Schüler so nur möglich, die Winkeldefinition in passiver Form zu übernehmen.

Der rote Faden der Begriffsbildung orientiert sich dabei aber nicht am Problembewußtsein der Schüler, sondern hauptsächlich an der Abfolge der Hintergrundtheorie. Dies entspricht dem Nachvollzug einer fertigen Mathematik, was u. a. Hans FREUDENTHAL als ungenetisch kritisiert:

"Statt zu mathematisieren, lernt der Schüler fertige Mathematik, die er, wenn es darauf ankommt nicht anwenden kann, denn er hat ja niemals am eigenen Leibe erfahren, daß und wie man zu einem nichtmathematischen Problem die Mathematik erschafft, mit der man es meistert, daß und wie man nichtmathematischen Stoff mathematisch ordnet und einen mathematischen Stoff erneut auf höherer Stufe der mathematischen Ordnung unterwirft." (Zitiert nach WITTMANN 1978, S. 14)

Eine nichterfolgte Loslösung von physikalischen Phänomenen und eine nichterfolgte Loslösung von egozentrischen Sichtweisen stellen sich einem einsichtigen Nachvollzug einer Hintergrundtheorie durch die Schüler als schwer überwindbare Probleme in den Weg. In einem genetischen Unterricht können diese Loslösungen zum Thema gemacht werden, und als wesentliche Schritte zu einer Geometrie (als Theorie) gesehen werden, welche die Schüler in bewußter und problemorientierter Form mitkonstruieren können.

Eine reflektierte Auseinandersetzung mit mathematischen Hintergrundtheorien, die letztendlich ein Sich-Einlassen mit der Grundidee formaler Axiomatik zur Folge hat, müßte noch eine weitere Art von Loslösung bedeuten, nämlich die Loslösung von ontologischen Bindungen. Eine solche Loslösung - die natürlich die beiden anderen Loslösungen als Voraussetzung besitzt - ist wohl erst in der Oberstufe (Sekundarstufe II) denkbar.

Welche Verständnisschwierigkeiten eine nicht einsichtige Hintergrundtheorie im Denken der Schüler hervorrufen kann, zeigte sich in den Interviews mit "beta" und "chi" in eindrucksvoller Weise. Das von ihnen im Unterricht kennengelernte (aber nicht verstandene) Schema des linksorientierten Winkels vermengte sich mit ihren intuitiven Vorerfahrungen zu ganz eigenartigen "Mischmodellen" von Vorstellungen von Winkel. Die beiden "Mischmodelle" haben einige kleinere individuelle Unterschiedlichkeiten, sind aber in ihrer Gesamtausrichtung sehr ähnlich: Beide Schüler neigten dazu, nur Winkel unter 180° zu betrachten (als Maß, wie weit die Schenkel auseinander liegen können - sinngemäße Wiedergabe), wobei sie jedoch manchmal mit dem im Unterricht Gelernten - daß nämlich die Winkelgröße bis zu 360° betragen kann - in Konflikt kamen. Ohne dieser Diskrepanz bewußt zu werden, wurde in Standardlagen (Schenkel parallel zum unteren Blattrand, nach "rechts" weisend) das "Schulmodell" angewandt.

Wenn der Winkel aber "schräg" am Blatt lag, wurde dieses von "chi" meist so gedreht, daß sich der Winkel in einer solchen Standardlage zu ihr befand, daß stets der kleinere der beiden möglichen Winkel dargestellt wurde (der zweite Schenkel deutete also "nach oben", sodaß sie nach "links oben" messen konnte).
Auch "beta" wählte stets den kleineren der beiden Winkel. Er kam zu dieser Entscheidung jedoch meist durch eine etwas andere Methode: Für ihn war es wichtig, vom weiter "unten" liegenden Schenkel auszugehen und von diesem aus nach "oben" zu messen, wobei er stets die kürzere Variante wählte. Beide Schüler versuchten immer, nach "oben" zu messen, wohl weil die Messung eines linksorientierten Winkels in Standardlage nach (links) "oben" beginnen muß. Diese auf eine bestimmte Sichtweise beschränkte Eigenschaft der Linksorientierung wurde als allgemeines Prinzip übernommen.

Das Bedenkliche an der Situation ist nicht nur die Tatsache, daß die Schüler den theoretischen Begriff nicht adäquat verstanden haben, sondern vielmehr, daß ihnen ihr "Mischmodell" nicht als solches bewußt wird.

Sie sehen den Winkel als leichten Begriff, weil die Probleme wohl so schwierig sind, daß sie sie gar nicht wahr-nehmen: Selbst die sehr gute Schülerin "chi" äußerte gegen Ende des Interviews (es war kein Lerninterview), daß sie im Winkelbegriff eigentlich keine Schwierigkeiten (mehr) sieht, eventuell vielleicht beim konkreten Zeichnen eines Winkels.

Die Vermischung der Vorstellungen des in der Schule Gelernten mit den intuitiven Vorerfahrungen zeigte seine Auswirkung auch in der Betrachtung von Umwelt-situationen. Zwei Beispiele von Situationen aus dem Alltag, in denen die Schüler den Winkel dargestellt sahen, seien als Beleg angeführt (Abb., vgl. 6.2.2):

Galgen   Geodreieck

In beiden Fällen ist die Beschreibung der Situation mit einem orientierten Winkel völlig unangebracht, zeugt aber von der kritiklosen Übertragung der theoretischen Definition auf beliebige Anwendungssituationen. Vor allem das Beispiel mit dem Geodreieck läßt den tiefen Widerspruch erahnen: Obwohl der Schüler die obere Ecke des Geodreieckes sicherlich als rechten Winkel sah, deutete er mit einem Pfeil das Ergebnis 270° an, wobei er von jenem Schenkel aus nach "oben" maß, der nahe dem üblicherweise nach "rechts" weisenden Standardschenkel liegt.

Die direkte Übernahme einer Hintergrundtheorie in den Unterricht birgt - wie oben bereits angedeutet - die Gefahr in sich, daß es zu einem falschen Verständnis der Verbindung von im Schulstoff angeeigneter Theorie und von in der Praxis gewonnenen Umwelterfahrungen kommt. Das unnötige Entstehen eines scheinbaren Widerspruches zwischen Theorie und Praxis der Geometrie hat seine Wurzeln darin, daß nicht von den praktischen Vorerfahrungen der Schüler (die durch das Handeln der Schüler auch zu deren Theorie werden) ausgegangen wird und diese nicht als Ausgangspunkt für eine für Schüler einsichtige Theoriebildung genommen werden.
Wenn ein Schüler die 90° Ecke eines Geodreieckes linksorientiert messend mit 270° angibt, dann ist dies ein Ausdruck der Überzeugung, daß es zwar praktisch so nicht sein kann, aber die mathematische Theorie es eben so verlangt. Die fertige Mathematik wird als Autorität anerkannt, ohne deren Ziele auch nur annäherungs-weise zu begreifen.

Der Schüler, der die globale Struktur der Hintergrundtheorie nicht kennt, ist ihr ausgeliefert. Der Lehrer, der die Hintergrundtheorie direkt in den Unterricht übertragen will, kann bestenfalls dazu beitragen, den Schülern die Sache schmackhaft zu machen und ihnen über unsichtbare Hürden zu helfen. Das Verhältnis des Schülers zur Mathematik ist im politischen Sinne nichts anderes als jenes eines Untertanen zum Herrscher: Die Leitlinien der Theorie sind vorgegeben und möglichst getrennt nachzuvollziehen.

Der Orientierung an Hintergrundtheorien entgegengesetzt liegt der genetische Unterricht, dessen politische Dimension dem demokratischen Verständnis des gemeinsamen und aktiven Begriffsbildens entspricht. Es bleibt das erklärte Ziel, höhere und intelligentere Strukturen zu entwickeln, aber der Prozeß sollte beim mündigen Betroffenen, dem Schüler, beginnen.

Der totalitäre Anspruch, der sich hinter einer Orientierung an Hintergrundtheorien verbirgt, äußert sich auch in der Tatsache, daß bestimmte Begriffe nur mehr aus einer bestimmten Sicht gesehen werden, nämlich aus der Sicht der Hintergrundtheorie: Der Winkel wird z. B. als orientierter Winkel definiert, alle anderen Modellvorstellungen werden ignoriert. Jeder Winkel wird mit Linkspfeilen (aber nur bis 360°) ausgestattet, die praktische Relevanz in verschiedenen Situationen nicht hinterfragt. Aus der Vielzahl an verschiedenen Möglichkeiten, Winkel zu verstehen (zu definieren, zu modellieren) wird nur eine ausgewählt. Dieser Übergang von der Vielfalt zur Einfalt entspricht nicht dem Wesenszug der Mathematik, die natürlich selbst einer Genese unterliegt und in welcher Vielfalt vorherrscht.
Man ist oft geneigt, die schriftliche Darstellung einer Theorie, die natürlich zu Kürze, Prägnanz und Glattheit strebt (und insofern ein Fertigprodukt repräsentiert), als wahres Gesicht der Mathematik zu verstehen. Somit wird diese in vielen Fällen - vor allem vom Lernenden - als unantastbare, unfehlbare Macht erlebt. Dieses Gefühl fördert eigene Ohnmacht und entfaltet eine geistige Sperre, die PAPERT (1982) als *Mathematikphobie* bezeichnet.

Es kann nun insgesamt nicht darum gehen, den Nachvollzug von Hintergrundtheorien im Unterricht klippenfreier zu gestalten, sondern überhaupt eine andere Orientierung zu wählen: Gefordert wird ein Unterricht, der von Problemen ausgeht, die von den Schülern verstanden werden können, und der anhand dieser Probleme zu Theoriebildungen führt.

7. ÜBERLEGUNGEN ZUR BEDEUTUNG DES "OPERATIVEN" BEIM WINKELBEGRIFF

In der didaktischen Diskussion taucht der Begiff des "Operativen" vor allem in zwei unterschiedlichen Ausprägungen auf: Einerseits im Zusammenhang mit der genetischen Erkenntnistheorie von Jean PIAGET und des davon abgeleiteten "operativen Prinzips" und andererseits im Sinne des "Prinzips der operativen Begriffsbildung" nach Peter BENDER und Alfred SCHREIBER.

In diesem Kapitel erfolgt eine knappe Gegenüberstellung dieser beiden Sichtweisen von "operativ". Im Hinblick auf das "Prinzip der operativen Begriffsbildung" wird die Frage gestellt, inwieweit der Winkelbegriff operative Aspekte beinhaltet.

Hinsichtlich der von PIAGET und Mitarbeitern erarbeiteten Erkenntnisse zum Winkelbegriff kann auf das Kapitel 5 verwiesen werden, es wird jedoch insofern nochmals auf das von PIAGET geprägte Verständnis vom Lernen des Kindes Bezug genommen, als die Bedeutung des Winkelbegriffes in der Computersprache LOGO untersucht wird, dessen Schöpfer, Seymour PAPERT, einige Jahre Mitarbeiter von PIAGET war.

Im Anschluß an eine kurze Reflexion über die Begriffe "operativ" und "Genese" wird nach didaktischen Implikationen Ausschau gehalten.

INHALTSVERZEICHNIS VON KAPITEL 7:

7.1 "OPERATIVES PRINZIP" UND "PRINZIP DER OPERATIVEN BEGRIFFSBILDUNG - EIN PRINZIPIELLER VERGLEICH

Im folgenden soll es nicht darum gehen, die beiden Sichtweisen von "operativ" in ausführlicher Art und Weise darzulegen. Beiträge in diese Richtung liefern vor allem WITTMANN (1978, S. 53ff) und BENDER/SCHREIBER (1985, S. 245ff). An dieser Stelle soll nur eine knappe Beschreibung und Gegenüberstellung der beiden Sichtweisen erfolgen.

Bei PIAGET ist die Auffassung des "Operativen" an zwei Annahmen geknüpft:

- Die Abkunft begrifflichen Denkens von Handlungen und deren schrittweiser Verinnerlichung (zu Operationen).
- Die Organisation der Operationen zu einem flexiblen Gesamtsystem (Gruppierung).

Ihren Eingang in die Mathematikdidaktik fand PIAGET's Sichtweise durch das sogenannte "operative Prinizip", vor allem verbunden mit den Namen Hans AEBLI ("Psychologische Didaktik", 1951, dt. 1963) und H. FRICKE ("Operative Lernprinzipien im Mathematikunterricht der Grundschule", 1970).

In seinen "Grundfragen des Mathematikunterrichts" formuliert Erich WITTMANN (1978, S. 73) das "operative Prinzip" folgend:
"Es ist darauf hinzuarbeiten, daß die aus Handlungen (durch Verinnerlichung) erwachsenen Operationen sich in Gruppierungen organisieren, und daß das Verhalten von Eigenschaften, Relationen und Funktionen bei Operationen beobachtet wird gemäß der Frage: 'Was geschieht mit ..., wenn ...?'"

Daß konkrete Handlungen (Operationen) schon immer als bedeutende Mittel zum Erwerb von Wissen betrachtet wurden, beweist nicht zuletzt jenes chinesische Sprichwort, welches das englische NUFFIELD-Projekt als Motto wählte:
" I hear, and I forget - I see, and I remember - I do, and I understand."

Eine ganz spezifische Ausprägung erfährt der Begriff des "Operativen" bei Peter BENDER und Alfred SCHREIBER, die sich vor allem auf geometrische Kontexte konzentrieren: Sie vertreten die Auffassung, daß geometrische Begriffe vornehmlich im Zusammenhang mit zweckgerichteten praktischen Handlungen gebildet werden.

Geometrische Begriffe sind demnach keineswegs als bloße Nachbilder bereits vorhandener Formen zu sehen, sondern vielmehr als ideelle Vorbilder erst noch zu realisierender Formen: *"Wird ein Begriff operativ gebildet, so liegt sein Sinn, seine inhaltliche Grundlage in den Handlungen, die ihn verwirklichen, und den Zwecken, die damit erfüllt werden."* *(BENDER/SCHREIBER 1985, S. 21)*

Die beiden Didaktiker formulieren ihre Sichtweise als didaktisches Prinzip und zwar in Form des "Prinzips der operativen Begriffsbildung":
"Geometrische Begriffe sind operativ zu bilden, d. h. von bestimmten Zwecken ausgehend werden Normen zur Herstellung von Formen entwickelt, die jene Zwecke erfüllen. Die Normen, zumeist Homogenitätsforderungen, werden in Handlungsvorschriften zu ihrer exhaustiven Realisierung umgesetzt und sind damit inhaltliche Grundlage der ihnen entsprechenden Begriffe." *(BENDER/SCHREIBER 1985, S. 26)*

Bei diesem Begriffsbildungsprozeß wird ein bestimmtes <u>Schema</u> (möglicherweise oftmals) durchlaufen. Anhand des Ziegelsteines (als *"Realisat"* des Quaders) sei dieses Schema (Abb.) erläutert (BENDER 1978, S. 35):

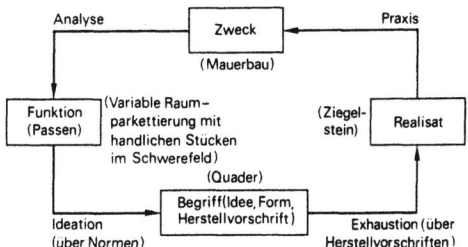

Die <u>Normen</u>, die zur Bildung geometrischer Begriffe führen, sind vorwiegend <u>Homogenitätsforderungen</u> (innere und äußere Homogenität). Es gibt nur sechs Formen, die innerlich homogen (alle Punkte der Fläche/der Linie sind ununterscheidbar) sind: Ebene, Kugel, Zylinder, Gerade, Kreis und Schraubenlinie. Nur die Ebene und die Gerade sind zudem noch äußerlich homogen (keiner der beiden Halbräume/Halbebenen ist bevorzugt).

Es gibt eigentlich nur eine allgemeine <u>geometrische Funktion</u>, nämlich das Passen (Inzidenz von Körpern in ihren Oberflächen). Das Passen kommt in drei verschiedenen Ausprägungen vor, die Erklärung sei wieder am Beispiel des Ziegelsteines vorgenommen:

Passen:

a) Eingeschränkte   Gegen die Schwerkraft; auf einer bereits gemauerten Reihe
   Beweglichkeit: muß die nächste Reihe an beliebiger Stelle begonnen werden
                       können.
b) Optimierung: Die Mauer muß lückenlos ausgefüllt werden können, und der
                       Stein muß handlich sein.
c) Messen: Die Kantenlängen müssen in geeigneten Verhältnissen
                       zueinander stehen.

SCHREIBER (1978, S. 15) sieht das Eingreifen des "Prinzips der operativen Begriffsbildung" in drei Stadien unterteilt, wobei diese Einteilung nur heuristischer Natur sein kann und sich schwerpunktmäßig auf die drei großen Schulstufen bezieht:

I.   Situationen, Phänomene (Primarstufe): Zusammenhang mit Themen des Sachunterrichts (Sport und Spiel, Haushaltsgegenstände, u.s.w.).
II. Begriffe, Anwendungen (Sekundarstufe I): Enge Beziehungen zum Werken, textilen Gestalten sowie zu Technik und Architektur.
III. Beweise, Rechtfertigungen (Sekundarstufe II): Verbindungen zu einigen mehr grundlagenbetonten physikalischen Problemen und Begriffsbildungen (aus der Kinematik, Mechanik oder Relativitätstheorie).

Für BENDER/SCHREIBER (1985, S. 207ff.) ist im Sinne des "Prinzips der operativen Begriffsbildung" von folgendem *"Programm"* auszugehen:
"Strukturierung des wirklichen Raumes und Erforschung der Nutzbarkeit dieser Struktur."

Dazu werden folgende (allgemeine) Lernziele für einen umwelterschließenden Geometrieunterricht formuliert:
a) Geometrische Sachverhalte durchschauen und sich vorstellen.
b) Den Zweck und die Zweckhaftigkeit von geometrischen Sachverhalten erkennen und beschreiben.
c) Geometrische Sachverhalte her- und darstellen sowie Darstellungsweisen ineinander übertragen.
d) Geometrische und außergeometrische Probleme (geometrisch) lösen.
e) Ein System geometrischer Begriffe bilden.
f) Ästhetische Momente der Geometrie erfahren.

Vergleicht man das "Operative Prinzip" mit dem "Prinzip der operativen Begriffsbildung", so fallen unmittelbar zwei Gemeinsamkeiten auf:
- Es geht um eine Genese
- Es geht um Handlungen (Operationen)

Es stellt sich jedoch heraus, daß die Begriffe "operativ" und "Genese" in anderen Sinnzusammenhängen verwendet werden. Es handelt sich jedoch weniger um eine Sinnkontroverse, sondern - vor allem unter einem erweiterten Verständnis von "operativ" betrachtet (vgl. 7.4) - vielmehr um eine Sinnergänzung. Im folgenden sei eine vereinfachte Gegenüberstellung - die in einigen Punkten Veränderungen gegenüber jener von BENDER/SCHREIBER (1985, S. 260) aufweist - betrachtet:

	"Prinzip der operativen Begriffsbildung"	"Operatives Prinzip"
HERKUNFT	Epistemologie (Erkenntniskritische Analyse von Wissenschaft nach Hugo DINGLER)	Psychologie (Psychologische Beschreibung der Intelligenzentwicklung nach Jean PIAGET)
WESEN	Entwicklung von Handlungsvorschriften aus Zweckanalysen, Herstellung und Gebrauch.	Erarbeiten von Handlungen, die der Entwicklung von Begriffen förderlich sind und deren Verinnerlichung zu Operationen.
EINSATZ	Bei geometrischen Begriffen, bei denen "operative Aspekte" genügend ausgeprägt sind. (Forderung nach materieller Zweckgerichtetheit.)	Bei Begriffen allgemein, besonders geeignet im Hinblick auf mathematische Strukturen.
HANDLUNGEN	Tätigkeiten, die der Lernende im Hinblick auf bestimmte Zweckanforderungen ausführt.	Tätigkeiten, die der Lernende im Hinblick auf bestimmte Lernziele ausführt.

Der Hauptunterschied zwischen den beiden Sichtweisen liegt wohl darin, daß beim "Prinzip der operativen Begriffsbildung" die Bildung von Begriffen im Zusammenhang mit der Erfüllung von materiellen Zwecken (Funktionieren von Geräten u. ä.), beim "Operativen Prinzip" jedoch im Zusammenhang mit der Erfüllung von immateriellen Lernzielen (Weiterentwicklung des Denkens) gesehen wird.

BENDER/SCHREIBER (1985) sehen einen weiteren Unterschied zwischen den beiden Sichtweisen darin, daß es im Falle des "Prinzips der operativen Begriffsbildung" um eine *"konstruktible Genese"* (interpretierend, final bestimmt) geht, im Falle des "operativen Prinzips" um eine *"faktische Genese"* (kausal bestimmt).

Sehr deutlich kommt dies bei Alfred SCHREIBER (1978, S. 13/14) zum Ausdruck:

"Von Genesen (der Begriffe, Theorien, Denkweisen etc.) ist bei Piaget fast ausnahmslos die Rede von Entwicklungsvorgängen, die sich tatsächlich abspielen: im Leben intelligenzbegabter Individuen oder in der Geschichte der Wissenschaft. Piaget redet damit über faktische Genesen. Für die Didaktik, die ja von der Lehr- und Lernbarkeit bestimmter Wissensinhalte handelt, ist dieser Begriff von Genese aber noch zu ergänzen durch den der konstruktiblen Genese. Hierunter sollen alle Entwicklungen und Darstellungen von Wissensinhalten fallen, die als möglich oder sinnvoll konstruiert werden können. Beispiele sind Lehrbuchdarstellungen, Unterrichtsstunden, Entwürfe von Lernsequenzen und dgl. mehr."

(Vgl. auch BENDER/SCHREIBER 1985, S. 251 - 261)

Bei dieser Betrachtung des Unterschiedes zwischen den beiden Auffassungen von "operativ" fällt auf, daß SCHREIBER stets von der Entwicklungspsychologie PIAGET's spricht, und gar nicht vom "operativen Prinzip". Klarerweise stimmen die Attribute "faktisch" und "kausal bestimmt" auf die von PIAGET als natürlich und unbeeinflußt verstandene individuelle Genese beim Kind zu, aber wohl nicht mehr auf eine Konzeption von Unterricht, die bestimmte "operative" Aspekte der Erkenntnisse von PIAGET und dessen Mitarbeitern (in z. T. modifizierter Form) einbezieht.

Anders formuliert: Es gilt, die Herkunft des "operativen Prinzips" nicht mit dessen Wesen bzw. dessen möglichen didaktischen Einsatz gleichzusetzen.

7.2 OPERATIVE ASPEKTE DES WINKELBEGRIFFES IM SINNE DES "PRINZIPS DER OPERATIVEN BEGRIFFSBILDUNG"

Obwohl die beiden Didaktiker Peter BENDER und Alfred SCHREIBER in ihrem Werk "Operative Genese der Geometrie" (1985) zahlreiche praktische Situationen beschreiben, in denen der Begriff des Winkels bedeutungsvoll ist, stellen sie fest, daß der Winkelbegriff im Sinne des von ihnen postulierten "Prinzips der operativen Begriffsbildung" (vgl. 7.1) einer operativen Begriffsbildung wenig zugänglich sei. Im Gegensatz zur Orthogonalität (rechter Winkel) seien beim (allgemeinen) Winkelbegriff "operative Aspekte nicht genügend ausgeprägt". (BENDER/SCHREIBER 1985, S. 81) Ein Beispiel, welches in Schulbüchern oft als "operatives Übungsfeld zur Bildung des Winkelbegriffes gesehen wird, ist das sogenannte "Uhrenbeispiel", bei welchem nach dem von zwei Zeigern eingeschlossenen Winkeln gefragt wird. Aus der Sicht des "Prinzips der operativen Begriffsbildung" liegen hier deshalb keine operativen Aspekte vor, weil Uhr und Winkel nicht notwendigerweise (im Sinne eines praktischen Erfordernisses) miteinander in Verbindung gebracht werden müssen, was Digitaluhren eindrucksvoll beweisen:

"Es ist - vom operativen Standpunkt aus - auch nicht unbedingt zu bedauern, daß z. B. Uhren mit Digitalanzeige immer mehr verbreitet sind, völlig werden die Analog-Uhren ohnehin nicht verschwinden. So wertvoll sie für die Ausbildung des Winkelbegriffes sind, die Analoganzeige ist eben nicht unabdingbar für den Zweck der Zeitmessung." (BENDER/SCHREIBER 1985, S. 35)

In erster Näherung scheinen zumindest drei Ursachen für dieses Fehlen operativer Aspekte beim Winkelbegriff verantwortlich zu sein:

1) Der Winkel ist - anschaulich betrachtet - im Prinzip keine "selbständige" Form, wie etwa das Rechteck oder der Kreis, sondern er tritt vor allem als Teil von Figuren (z. B. in Dreiecken) oder von Körpern (z. B. in Kegeln) auf. Oder anders formuliert: Er ist im Sinne des "Prinzips der operativen Begriffsbildung" keine selbständige "Form", die bestimmte Zwecke zu erfüllen hat.

2) Der Winkel nimmt im Gegensatz zu vielen Begriffen (wie etwa Rechteck oder Kreis) auch insofern keine Sonderstellung ein, weil es ihm an "herausragenden" Eigenschaften, wie etwa Orthogonalität, Parallelität, Symmetrie oder Abstandsgleichheit, fehlt. Vor allem diese treten als Endprodukte von Idealisierungsprozessen auf, da sie ihren Ursprung in praxisnahen Situationen haben, in denen entsprechende Zwecke zu erfüllen sind.

3) In gewisser Hinsicht kann man den Winkel als inhomogenes Gegenstück zur Geraden sehen: Die Gerade ist die einzige Linie, bei der sowohl deren Punkte ununterscheidbar sind (innere Homogenität), als auch die von ihr getrennten Gebiete (äußere Homogenität).

Der Winkel kann - anschaulich gesehen - als Endprodukt einer Abknickung einer Geraden (vgl. die Vorstellungen der alten Griechen von Winkel in 4.1) verstanden werden. Ein Punkt der Geraden (der Winkelscheitel) erhält damit eine besondere Auszeichnung, wodurch jedoch sowohl die innere als auch äußere Homogenität der Linie verloren gehen. Da es unendlich viele Möglichkeiten der "Stärke" des Abknickens gibt (verschiedene Winkelgrößen), wird der Winkel zu einer geometrischen Variablen, wobei nur die Sonderlagen "Gerade", "rechter Winkel" (Orthogonalität) und "Strahl" eine besondere Auszeichnung erfahren.

Da "Gerade" und "Strahl" "entartete" Winkel sind, verkörpern sie die Idee des Winkels in keiner Weise. Der rechte Winkel nimmt eine Sonderstellung ein, die von zahlreichen interessanten Eigenschaften geprägt ist:

a) Orthogonalität als geometrische Beziehung zwischen den physikalischen "Richtungen "waagrecht" und "senkrecht".

b) Beim Schnitt zweier Geraden ist der kleinere Nebenwinkel dann am größten, wenn der Schnitt rechtwinkelig ist. BENDER/SCHREIBER (1985, S. 75) nennen dies die "Extremaleigenschaft des rechten Winkels".

c) Das Lot auf eine Gerade erzeugt zwei gleich große Winkel. Winkel und Nebenwinkel sind also ununterscheidbar, was schon EUKLID zum Anlaß nahm, durch diese Forderung den rechten Winkel zu definieren. (Vgl. 4.2)

d) Das Rechteck, welches nur rechte Winkel besitzt, ist bezüglich der Funktion des Passens (z. B. bei der Anordnung von Möbeln) besonders vorteilhaft (Abb.):

In jeder Ecke des großen Rechteckes kann man jedes kleine Rechteck auf vier verschiedene Arten einpassen.

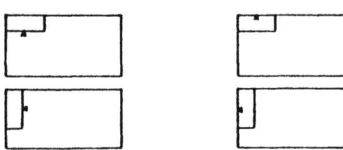

Weitere ähnliche Beispiele dazu findet man z. B. in KRAINER (1982, S. 105ff).

e) Zwei Geraden sind zueinander orthogonal, wenn für jeden Punkt auf einer der beiden Geraden die kürzeste Verbindungslinie zur anderen Geraden entlang jener Geraden verläuft, auf welcher der Punkt liegt. Der kürzeste Abstand von P zu g verläuft entlang der Orthogonalen. (Abb.)

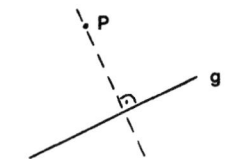

f) Die Schnittfläche zweier Parallelstreifen (Abb.) ist genau dann am kleinsten, wenn die entsprechenden Geraden aufeinander senkrecht stehen. Aus diesem Grund sind rechtwinkelig angeordnete Straßenkreuzungen ungefährlicher als schiefwinkelige.

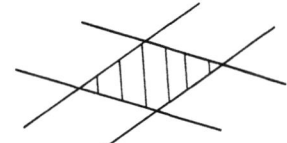

Einen weiteren Grund sehen BENDER/ SCHREIBER (1985, S. 75) darin, daß bei einem spitzen Winkel ein Auto zu weit vom Straßenrand weg gerät, während ein flacher Winkel, zur Durchfahrt mit unverminderter Geschwindigkeit verleitet. (Abb.)

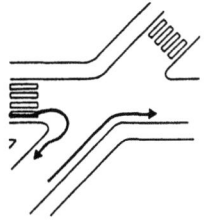

g) Eine zu f) ähnliche Situation mit kreisförmig begrenzten Schnittflächen stammt aus dem Feld "Fehler bei Konstruktionsaufgaben" (BENDER/ SCHREIBER 1985, S. 76): Wenn man die Mittelsenkrechte einer Strecke der Länge a mit Zirkel und Lineal konstruieren will, (Abb.) so ist eine Zirkelöffnung von $\frac{a\sqrt{2}}{2}$ am günstigsten. In diesem Falle schneiden die beiden Kreise einander senkrecht, ein eventueller Fehler wirkt sich am geringsten aus.

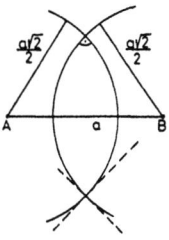

Aus den oben angeführten Eigenschaften ist klar ersichtlich, daß der rechte Winkel eine bedeutende Sonderstellung inne hat und viele Gründe für seine Bedeutung in praktischen Erfordernissen liegen.

In diesem Sinne ist er auch einer operativen Begriffsbildung zugänglich, es gibt sogar ein Verfahren zur "Urerzeugung" des rechten Winkels, das sogenannte "Dreikeileverfahren". Dieses Verfahren, welches schon 1916 von J. HJELMSLEV zur Herstellung von "Normalkeilen" erwähnt wurde, erzeugt gleichzeitig drei rechtwinkelige Keile:

"Es besteht darin, drei an der Unterseite geebnete Keile an ihren Seiten paarweise aufeinander abzuschleifen, wobei die Schleifbewegung auf einer festen (gleitfähig geschmierten) Unterlageebene geführt wird. Am Ende müssen je zwei Keile beim Zusammenschieben an den Schleifflächen zueinander passen. (Abb.)

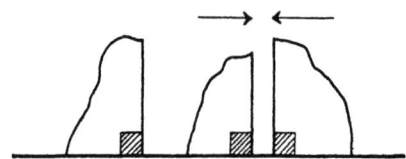

Es ist uns nicht bekannt, wieweit dieses Verfahren auch wirklich in der präzisionstechnischen Praxis verwendet wird oder überhaupt den dort üblichen Ansprüchen genügen kann. Gleichwohl dürfte es unter geeigneten Bedingungen eine Primärerzeugung von Orthogonalität gewährleisten. ... Natürlich ist man nicht auf das Dreikeileverfahren angewiesen, wenn man rechte Winkel realisieren will. Universeller (weil auch zur Herstellung beliebiger anderer Winkel brauchbar) sind solche Verfahren, die starre Körper voraussetzen und auf diesen beruhende Winkelmesser verwenden. Das Halbieren des gestreckten Winkels mit Zirkel und Lineal ist hiervon ein Sonderfall. Schleifprozesse steigern dabei (allerdings weniger unmittelbar) die Genauigkeit auch von mit solchen Verfahren hervorgebrachten Realisaten." (BENDER/SCHREIBER 1985, S. 353/354)

Obwohl BENDER und SCHREIBER feststellen, daß der (allgemeine) Winkel einer operativen Begriffsbildung wenig zugänglich ist, seien im folgenden Überlegungen angestellt, die - in einem ganz speziellem Sinne - dem Winkelbegriff doch deutliche operative Aspekte im Sinne des "Prinzips der operativen Begriffsbildung" zuschreiben.

Ein wesentlicher Aspekt des Winkelbegriffes ist jener des Messens von Winkeln. Der überwiegende Teil konkreter, praxisbezogener Kommunikation über Winkel geschieht über das Weitergeben von Meßergebnissen.

Auch von BENDER/SCHREIBER wird dem Messen eine große Bedeutung zugeschrieben, wobei sie das Messen - gemeinsam mit der eingeschränkten Beweglichkeit und der Optimierung - als Unterfall der (allgemein geometrischen) Funktion des Passens sehen. In dieser Hinsicht erlangt der Winkel dann operative Aspekte im Sinne des "Prinzips der operativen Begriffsbildung", wenn es um das Mitteilen von konkreten Größen(verhältnissen) geht. Im Vordergrund steht dann zwar nicht mehr unmittelbar der Winkel (als qualitative Idee) selbst, aber er liefert die (Kommunikations-) Basis dazu. Ähnliches gilt für die Strecke bei der Längenmessung (oder genauer: Streckenmessung).

Der Winkel kann auch als Realisierung (Verkörperung) der Idee des "linearen Verjüngens" verstanden werden, im Gegensatz zur Parallelität (zweier gerader Linien) als Realisierung eines "linearen Gleich-entfernt-Bleibens" (Abb.):

Beide Figuren haben jeweils zwei räumliche Analoga, die in vielen praktischen Situationen zweckmäßigerweise auftreten (Abb.):

a) In eckiger Version:

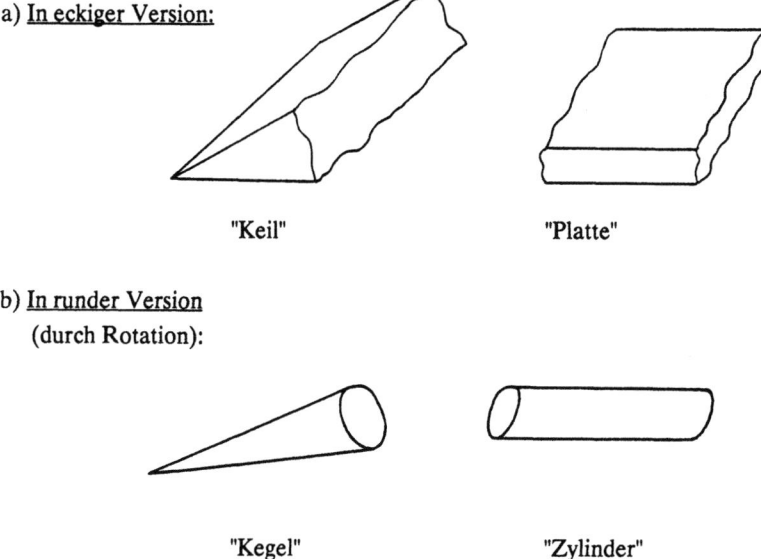

"Keil"   "Platte"

b) In runder Version
   (durch Rotation):

"Kegel"   "Zylinder"

Die beiden Versionen unterscheiden sich vor allem dadurch, daß beim Keil eine "scharfe" Kante vorliegt, während der "Kegel" nur eine Spitze aufweist. Ihre praktische Relvanz sieht man z. B. in den Gegenständen "Hacke" bzw. "Nagel" bestätigt: In beiden Fällen geht es darum, daß sich durch das lineare Verjüngen der Flächen bzw. Linien eine gleichmäßige und rationelle Kraftübertragung entlang einer Ebene bzw. einer Richtung ergeben kann (Abb.):

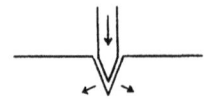

Würden die Linien zueinander parallel verlaufen ("Platte" bzw. "Zylinder"), würde das Eindringen der Klinge bzw. des Nagels deutlich erschwert oder sogar unmöglich gemacht werden.

Eine besonders interessante Anwendung des Keiles wird von Tischlern und Zimmerern praktiziert. Zum Unterkeilen von nicht ganz eben aufliegenden Teilen (Füße eines Schrankes) werden zwei Keile mit gleichgroßen Winkeln gegeneinander verkeilt (Abb.), wodurch die Parallelität zur Bodenfläche gewahrt bleibt.

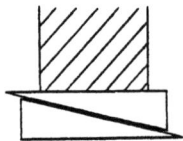

Weitere praktische Beispiele zur Idee des Verjüngens wären etwa noch die schiefe Ebene (Kugel rollt) im Gegensatz zu einer horizontalen Ebene (Kugel ruht) bzw. der Trichter im Gegensatz zur Form eines Wasserrohres mit konstantem Querschnitt.

Auch trapezförmige Körper beinhalten die Idee des "linearen Verjüngens" (Abb.), was zum Beispiel beim Bau von Dämmen u. ä. von Bedeutung ist.

Eigentlich liegt die operative Bedeutung dieser Körper (Keil-Prisma, Kegel, Trapez-Prisma) zumindest teilweise in der Idee des "linearen Verjüngens" verborgen. Der Kegel kann so z. B. als Kontinuum von Kreisscheiben gesehen werden, welche sich zu einer Spitze hin linear verjüngen. Die Form des Kegels ist in dieser Hinsicht eine Synthese aus der Idee des Kreises (z. B. des "In-sich-Verdrehens") und der Idee des Winkels (des "linearen Verjüngens").

Peter BENDER und Alfred SCHREIBER (1985) behandeln natürlich auch Formen wie "Keil", "Platte", "Kegel" oder "Zylinder", allerdings ohne dabei den Begriff "Winkel" explizit hervorzuheben.

Auch der Begriff "Rotation" (Drehung) wird im Sinne des "Prinzips der operativen Begriffsbildung" ausführlich behandelt, ohne daß ein enger Zusammenhang zwischen Rotation und Winkel stärker herausgearbeitet wird. Im folgenden seien zwei solcher Beispiele zur "Rotation" angeführt, in denen deutliche Bezüge zum Winkelbegriff auftreten.

a) Schraubenlinie

Sie ist die einzige homogene, nicht ebene Linie. *"Ihre Grundfunktion ist der Transport eines (gedachten) Zylinders entlang einer Geraden, ihre Achse, durch eine Rotation, genauer: durch eine Schraubbewegung."* (BENDER/SCHREIBER 1985, S. 98) (Abb.)

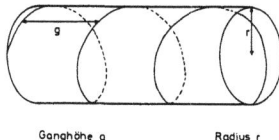

Ganghöhe g   Radius r

Die Schraubenlinie kann auch als Spur einer geraden Linie an einem Zylindermantel verstanden werden, wobei der entsprechende "Anstiegswinkel" die Ganghöhe der Schraubenlinie bestimmt.
Eine der vielen Anwendungen der Schraubenlinie (neben dem Korkenzieher, der Wendeltreppe u. ä.) ist die "Archimedische Schnecke", mit der Wasser, Sand oder Getreide gegen die Schwerkraft nach oben befördert werden können. *"Sie ist eine in einen Hohlzylinder passend eingelagerte Schraubenfläche (zusammengesetzt aus Schraubenlinien) mit stabiler Achse. Das Rohr wird schräg in das zu befördernde Gut getaucht, und durch die Rotation des Gutes an das andere Ende des Rohrs, und damit nach oben, befördert."* (S. 103) (Abb.)

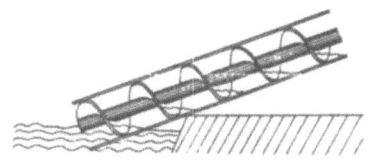

b) Schraubenmuttern und Schraubenschlüssel

BENDER/SCHREIBER gehen der Frage nach, warum Schraubenmuttern i. a. die Form eines regelmäßigen Sechseckes (bzw. Quadrates oder regelmäßigen Achteckes) besitzen. Eine der Funktionen, die eine Schraubenmutter zweckmäßigerweise erfüllen soll, besteht in folgender praktischer Forderung: Für die Drehbewegung (eigentlich handelt es sich um eine schraubenlinienförmige Bewegung) eines Schraubenschlüssels steht meist nur ein eingeschränkter Winkelraum ß zur Verfügung. Wird der Schlüssel angesetzt und die Mutter um ungefähr ß gedreht, dann sollte für die nächste Drehung an einer etwa um ß versetzten Stelle an der Mutter angreifen können.

Eine zweckmäßige Forderung bestünde also darin, den Mutternrand drehsymmetrisch von der Ordnung 360°/ß herzustellen. (BENDER/ SCHREIBER 1985, S. 112ff.) (Abb.)

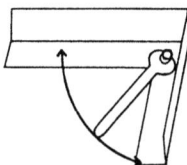

Weitere Überlegungen zur Zweckanalyse von Schraubenmutter und Schraubenschlüssel (Größe des Drehwinkels, Stabilität der Mutter, Haftreibungskräfte, ...) führen schließlich hinsichtlich der Schraubenmutter zur Form regelmäßiger Polynome mit gerader, nicht zu großer Eckenzahl, also etwa 4, 6 oder 8, und hinsichtlich des Schraubenschlüssels zu einer Öffnung, die zwei parallele Linien enthält. (S. 114) (Abb.)

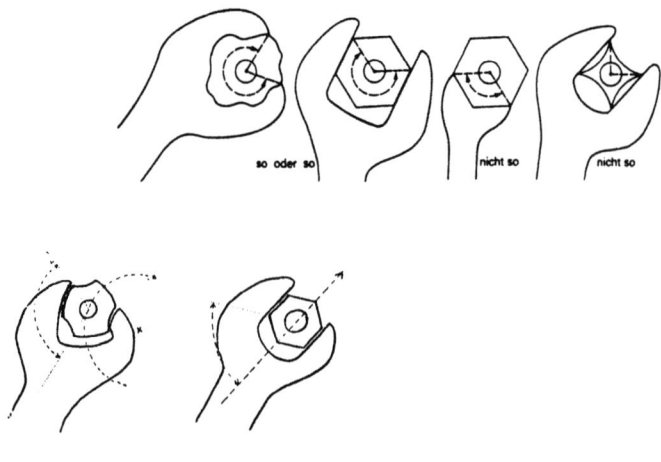

302

Der Winkel kann weiters auch als Realisierung (Verkörperung) der Idee des "geradlinigen Abweichens" von einer vorgegebenen Richtung (gewissermaßen als "Richtungsknick") verstanden werden, im Gegensatz zur Idee des "Beibehaltens einer Richtung" (verkörpert durch die Idee der geraden Linie). Diese - u. a. auch von Hans FREUDENTHAL (1983) angesprochene - Idee ist in zahlreichen konkreten Situationen von praktischer Relevanz: Etwa bei der Verlegung von Rohren, beim Navigieren von Schiffen oder beim Bau von Wohnhäusern (Dachneigung).

Die hier angesprochenen Ideen sollen als Beleg dafür gewertet werden, daß auch der (allgemeine) Winkelbegriff einer operativen Genese zugänglich ist und entsprechende Überlegungen bei einer Konzeption einer Unterrichtssequenz zum Winkelbegriff eingeplant werden sollten.

7.3 DER WINKELBEGRIFF IN DER COMPUTERSPRACHE "LOGO"

Der Name LOGO steht nicht nur für eine sich laufend erweiternde Familie von Computersprachen, sondern für eine ganz bestimmte pädagogische Vorstellung von Wissenserwerb.

Seymour PAPERT, der 5 Jahre bei Jean PIAGET in Genf gearbeitet hat, forscht seit 1964 am Massachusetts Institute of Technology (MIT) in Boston auf dem Gebiet der Artifical Intelligence (AI). Daß er sehr viel von der Grundposition PIAGET's übernahm, ist nicht zuletzt in seinem bekannten Werk "Mindstorms" (1982, deutsche Übersetzung) deutlich erkennbar. Sein Forschungsansatz orientiert sich an der Leitvorstellung, *"gleichzeitig darüber nachzudenken, wie Kinder denken und wie Computer denken könnten". (PAPERT 1982, S. 250)*

Diese Doppelgleisigkeit mündete in eine eigenwillige erkenntnistheoretische Position: *"Wir sehen Ideen aus der Computerwissenschaft nicht nur als Instrumente, um zu erklären, wie Lernen und Denken tatsächlich funktionieren, sondern auch als Instrumente des Wandels, die die Lern- und Denkweisen von Menschen verändern und möglicherweise verbessern können." (PAPERT 1982, S. 250/251)*

LOGO wurde 1967/68 von PAPERT mit dem Ziel entwickelt, nicht nur eine einfache Computersprache für Kinder zu entwerfen, sondern auch um Computer als flexible Hilfsmittel einsetzen zu können, um das Lernen, Spielen und Erforschen der Kinder zu unterstützen:

"Die von LOGO erzeugten Lernumgebungen konkretisieren die Grundvorstellung, daß mit der Verfügbarkeit leistungsfähiger Computer zum ganz persönlichen Gebrauch der Mensch tiefe Einsicht in die wesentlichen Ideen der Naturwissenschaften, der Mathematik und der wissenschaftlichen Modellbildung gewinnen kann." (ABELSON 1983, S.VII)

Mit der Idee von Lernumgebungen, die das Lernen von Kindern wesentlich beeinflussen und prägen sollen, geht jedoch PAPERT weit über PIAGET hinaus, der einen natürlichen Lernprozeß (vgl. Kapitel 5) postulierte und die Rolle von Rahmenbedingungen des Lernens (Lernmittel, Umwelt, Kulturkreis, usw.) gänzlich ignorierte.

Der "Igel" (im Englischen eigentlich mit "turtle" - also Schildkröte - bezeichnet) gehört schon seit Beginn zur Sprache LOGO. Die Igelgraphik hat sich u. a. deshalb als so erfolgreich erwiesen (und wurde auch in anderen Sprachen eingeführt), weil sie eine sehr anschauliche Art der Graphikbenutzung bietet, die dem Betrachter die Möglichkeit gibt, sich sehr bequem in das Handlungsschema des Igels hineinzudenken.

Die folgenden Ausführungen zum Winkelbegriff bei LOGO basieren auf der Übersetzung und Bearbeitung des Werkes "Logo for the Apple II" von Harold ABELSON (1982) durch Herbert LÖTHE in "Einführung in LOGO" (ABELSON 1983). Der Igel wird durch ein Dreieck (Δ) symbolisiert, dessen "Nase" (gekennzeichnete Ecke des Dreiecks) jene Richtung andeutet, in welche er nach "VORWÄRTS" zu schreiten bereit ist.

Die vier einfachsten Igelbefehle sind die folgenden:
VORWÄRTS   (VW)
RÜCKWÄRTS   (RW)
RECHTS   (RE)
LINKS   (LI)

Auf jeden dieser Befehle muß eine Eingabe erfolgen: Nach VORWÄRTS bzw. RÜCKWÄRTS wird angegeben, wie weit sich der Igel nach vorne bzw. hinten bewegen soll; nach RECHTS und LINKS wird angegeben, um wieviel Grad sich der Igel um seine Achse drehen soll. Ein gleichseitiges Dreieck mit einer nach "rechts" weisenden Spitze (Abb.) könnte folgendermaßen programmiert werden:
PR GLEICHSEITIGES DREIECK
VORWÄRTS   50
RECHTS   120
VORWÄRTS   50
RECHTS   120
VORWÄRTS   50
RECHTS   120
ENDE

Mit Hilfe des Befehles WIEDERHOLE (es müssen die Anzahl der Wiederholungen und die zu wiederholenden Befehle eingegeben werden) verkürzt sich der Text zu:
PR GLEICHSEITIGES DREIECK
WIEDERHOLE 3 [VORWÄRTS 50 RECHTS 120]
ENDE

Um verschieden große gleichseitige Dreiecke konstruieren zu können, kann man die Seitenlänge als Variable definieren:

PR GLEICHSEITIGE DREIECKE :SEITE

WIEDERHOLE 3 [VORWÄRTS :SEITE RECHTS 120]

ENDE

Dies läßt sich allgemein auf regelmäßige Vielecke ausweiten:

PR REGELMÄSSIGE VIELECKE :SEITE :ECKEN

WIEDERHOLE :ECKEN [VORWÄRTS :SEITE RECHTS (180 - 360/ :ECKEN)]

Zur Erzeugung allgemeinerer Figuren kann z. B. folgendes Programm dienen:

PR VIELECK :SEITE :WINKEL

VORWÄRTS :SEITE

RECHTS :WINKEL

VIELECK :SEITE :WINKEL

ENDE

Welche Figuren dabei entstehen können, zeigt die folgende Abbildung (Abb. aus ABELSON 1983, S. 27):

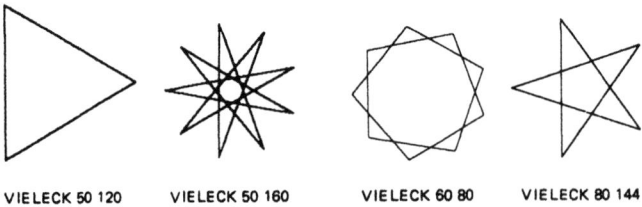

VIELECK 50 120   VIELECK 50 160   VIELECK 60 80   VIELECK 80 144

Wenn die Prozedur bereits einmal eine geschlossene Figur erreicht hat, kann dieser Vorgang einfach abgebrochen werden. Es ist aber gerade eine sehr interessante Frage, ob und unter welchen Bedingungen eine geschlossene Figur erreicht wird. Diesbezügliche Ergebnisse findet man vor allem in ABELSON/DI SESSA (1981).

Neben LINKS und RECHTS gibt es noch vier weitere Befehle, die sich auf Winkel beziehen:

KURS	Dieser Befehl bedarf keiner zusätzlichen Eingabe und meldet die momentane Blickrichtung des Igels als Dezimalzahl zwischen 0° und 360°. Dabei bedeutet 0° (wie auf der "Windrose") genau "nach oben" (Norden), die Abweichung davon wird im Uhrzeigersinn gemessen.
RICHTUNG	Dieser Abfragebefehl bedarf zweier Eingaben, nämlich der Koordinaten eines Punktes. Als Ausgabe erhält man jenen Winkel (zwischen 0° und 360°), der die notwendige Richtungsänderung von der momentanen Blickrichtung in die Richtung des gewählten Punktes angibt, wobei diese Änderung im Uhrzeigersinn gemessen wird.
AUFKURS	Dieser Befehl verlangt eine Zahl als Eingabe, die als Gradangabe gedeutet wird. Dabei bedeutet 0° wiederum "nach oben" (Norden) mit wachsender Gradgröße im Uhrzeigersinn. Der Igel dreht sich in angegebene Richtung.
AUFKURS KURS	Dieser zusammengesetzte Befehl bedarf einer Gradeingabe mit Vorzeichen. Die Eingabe +30 bedeutet z. B. eine Drehung des Igels um 30° im Uhrzeigersinn.

Dieser kurze Einblick in die Igelgeometrie sollte zeigen, welche Möglichkeiten die Sprache LOGO im Hinblick auf den Winkelbegriff bietet. Im folgenden seien einige wesentliche Aspekte hervorgehoben:

a) Der Igel verbindet die Idee des Winkels mit der Navigation, einer Aktivität, die *"ihren festen und anerkannten Platz in der außerschulischen Kultur vieler Kinder hat" (PAPERT 1982, S. 99)*. PAPERT kritisiert damit die traditionelle "Schulmathe", welche seiner Meinung nach für den "Gebrauchsaspekt der Winkelmessung in unserer Gesellschaft" systematisch blind ist.

b) Ein Vorteil der beiden Orientierungen nach LINKS und RECHTS besteht darin, daß den Kindern eine praktikable und einsichtige Angabe von Winkeln ermöglicht wird, ohne zunächst die Frage nach einer einheitlichen Orientierung zu stellen. Wenn mit Winkeln umgegangen wird, ergibt sich die Erkenntnis beinahe von selbst, daß man eigentlich mit einer Richtung auskommt. Diese Erkenntnis kann dann bei theoretischen Fragestellungen systematisch verwendet und ausgebaut werden.

c) Im Gegensatz zum Umgang mit Zirkel und Lineal bzw. mit Winkelmesser oder Geodreick bestehen für die Kinder beim Konstruieren von Winkeln mit dem Computer keine motorischen Hindernisse. Da der Computer ein schnell arbeitendes Vollzugsorgan der Ideen der Schüler darstellt, besteht für diese mehr Freiraum zum Vermuten, Probieren und Analysieren. Das Kind kann zum Forscher werden, der den Computer als flexibles Mittel benützt. Die Tätigkeit des Programmierens ist nichts anderes als der Versuch, dem Computer etwas "beizubringen". Das Denken-Lehren ist unmittelbar mit einem Nachdenken über das eigene Denken verbunden und macht Kinder zu Erkenntnistheoretikern und zu *"aktiven Baumeistern ihrer eigenen intellektuellen Strukturen".* (PAPERT 1982, S. 43, explizit auf seine bei PIAGET gewonnenen Erfahrungen bezugnehmend.)

d) Eine weitere Stärke des Winkelbegriffes bei LOGO liegt darin, daß Drehungen von Figuren in einfacher Weise vorgenommen werden können. Für ein Quadrat in "Standardlage" (Abb.) braucht man folgende Programmschritte:

PR QUADRAT STANDARDLAGE
WIEHERHOLE 4 [VORWÄRTS 50 RECHTS 90]
ENDE

Um das Quadrat in "Karolage" (Abb.) zu drehen, ist nur ein zusätzlicher Winkelbefehl nötig. Da die obige Prozedur schon "eingelernt" ist, kann sie hier bereits abgerufen werden:

PR QUADRAT KAROLAGE
RECHTS 45
QUADRAT STANDARDLAGE
ENDE

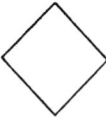

Figuren werden durch die Formulierung in Prozeduren vermehrt als Beziehungsschemata denn als einfache Objekte gesehen. Der Winkel wird lageunabhängig als Beziehung zwischen zwei Richtungen verstanden (anfängliche Blickrichtung-gewünschte Blickrichtung).
Auch die Umstände, daß man den Bildschirm nicht drehen kann (wie etwa ein Zeichenblatt), und daß man sich vor allem mit dem Igel in die Figuren hineindenken kann (und Figuren nicht nur äußerlich rein wahrnehmungsmäßig zu betrachten vermag), sind Marksteine zu einer Dezentrierung der Egozentrizität der Geometrie des Kindes. (Vgl. vor allem 4.2 und 5.3)

e) Das Zeichnen komplexer Figuren wird durch die Tatsache erleichtert, daß man lange Konstruktionswege zu kürzeren Prozeduren algorithmisieren kann. Diese können - wie schon vorhin angedeutet - etwa beim Zeichnen von Vielecken angewandt werden, wobei dem Winkel eine tragende Rolle zukommt: Einerseits zum Festlegen der Richtung einer neuen Linie (in Abweichung zur Richtung der vorher "gezeichneten" Linie), andererseits als Drehung der ganzen Figur (Befehl am Anfang des Programms).

f) Das Analogon zum Satz über die Winkelsumme im Dreieck in der euklidischen Geometrie ist bei LOGO der sogenannte "Vollständige-Igelreise-Satz". Wenn der Igel eine Reise um die Grenzen einer Fläche macht und in demselben Zustand aufhört, in dem er angefangen hat, dann ist die Summe aller Drehungen 360 Grad oder ein Vielfaches davon. PAPERT schätzt die Bedeutung dieses Satzes in drei Punkten wesentlich höher ein als jene des Satzes über die Winkelsumme im Dreieck:

- Der "vollständige-Igelreise-Reise-Satz" ist (in LOGO-Umgebungen) leistungsstärker: Das Kind kann ihn tatsächlich gebrauchen, z. B. bei der Überlegung, wie man ein gleichseitiges Dreieck konstruieren läßt.
- Er ist allgemein: Er trifft auf Quadrate und Kurven ebenso zu wie auf Dreiecke.
- Er ist verständlich: Der Beweis ist leicht zu begreifen, weil er persönlicher ist. Man kann den "Beweis" selbst "abgehen" und setzt damit mathematisches und persönliches Wissen miteinander in Bezug.

g) Kritischer als PAPERT muß man den Aspekt der Winkelmessung betrachten. Zwar kann man ihm sicherlich Glauben schenken, wenn er davon spricht, daß Schüler mit LOGO-Erfahrungen ein viel besseres Schätzungsvermögen von Winkelgrößen besitzen als die Mehrzahl von älteren Schülern ohne diese Erfahrungen. Allerdings lernen die Schüler bei LOGO etwa an keiner Stelle, was 60° bedeutet und wie man auf diese Zahl kommt. Der Schüler wird niemals in die Lage versetzt, in diese Richtung nachzudenken, denn der Computer reagiert gehorsam auf jeden Winkelbefehl. Zwar lernt der Schüler abzuschätzen, was sein Befehl beim Computer bewirkt, er weiß aber nicht, was der Computer genau macht, damit der Igel in diese und nicht in eine andere Richtung weist. Der Computer wird zu einer "black box", die nicht transparent macht, was Winkelmessung bedeutet.

Ein Grund liegt wohl auch darin, daß eine Unterteilung des Kreises gar nicht möglich erscheint, da der Kreis selbst nur näherungsweise konstruiert werden kann:

PR KREIS :SCHRITT
WIEDERHOLE [VORWÄRTS :SCHRITT RECHTS 1]
ENDE

Diese Prozedur gibt natürlich bestimmte Aspekte des Kreises wieder (vor allem die Approximation des Kreises durch n-Ecke), enthält aber nicht die wesentliche Eigenschaft, daß die Kreislinie aus allen jenen Punkten besteht, die vom Mittelpunkt denselben Abstand besitzen. Der Schnitt zweier Kreise mit anschließender Ermittlung der Schnittwinkel gestaltet sich dadurch zu einer nur approximativ lösbaren Aufgabe, während sie etwa in der analytischen Geometrie (bzw. linearen Algebra) zum leichten Standard zählt. Interessant ist in diesem Zusammenhang vor allem auch, daß bei LOGO für die Herstellung des Kreises der Winkelbegriff bereits vorausgesetzt werden muß.

Die analysierten Aspekte des Winkelbegriffes bei LOGO zeigen, daß seine Stärken vor allem im Zusammenhang mit dem Computer zu sehen sind: Keine motorischen Hindernisse, Möglichkeit der Erstellung von Prozeduren = Algorithmisierung lästiger Zeichenschritte zu einem gedanklichen Block, Möglichkeit des Hineindenkens in das lokale geometrische Geschehen durch Identifikation mit dem Handlungsbereich des Igels, Möglichkeit des Nachdenkens über das globale geometrische Geschehen am Bildschirm.

Ein Aspekt sollte im Geometrieunterricht jedoch keineswegs unterschätzt und vernachlässigt werden: Die Möglichkeit der Beschreibung von Figuren durch Algorithmen mittels Angabe von Seitenlängen und Winkelgrößen. Dies ist ein Beitrag zum Verständnis von Figuren als Beziehungsschemata und ein Loslösen von egozentrischen Sichtweisen und damit auch ein Loslösen von rein wahrnehmungsmäßigen Betrachtungen geometrischer Figuren.

Die Diskussion des Winkelbegriffes bei LOGO zeigt aber auch, daß die Auffassungen PIAGET's und PAPERT's doch weiter auseinandergehen, als man durch die Lektüre von PAPERT's Mindstorms anzunehmen geneigt ist:

- Während PIAGET die Entwicklung der Geometrie beim Kinde als natürliche Gesetzmäßigkeit betrachtet, welche einen - durch entsprechende Altersstufen geprägten - Prozeß vom konkreten zum abstrakten Denken bedeutet, sieht PAPERT die Möglichkeit des Eingreifens in diesen Prozeß - und zwar durch Schaffung geeigneter Lernumgebungen.

- Während PIAGET am Beginn der Entwicklung des Winkelbegriffes beim Kinde keinen Zusammenhang zur Drehung herstellt und sich die Operationen auf Verhältnisse von Seiten beziehen (Ähnlichkeit), steht der Winkelbegriff bei LOGO in unmittelbarem Zusammenhang mit der Drehung, wobei aber die Operation vom Computer durchgeführt und dem Schüler nicht transparent gemacht wird. Kurz: Der Winkelbegriff bei LOGO ist nur bedingt "operativ" im Sinne PIAGET's, als sich zwar der Schüler in die Ausführbarkeit der Handlungen des Igels hineindenken kann (Verinnerlichung der Reaktionen), daß aber der Schüler letztendlich nicht weiß, welcher Handlungsstruktur der Igel (wie verarbeitet er den Befehl 60°?) selbst unterworfen ist.

7.4 "OPERATIVES PRINZIP" ALS ERWEITERTER BEGRIFF, DIDAKTISCHE IMPLIKATIONEN

Aus der vergleichenden Betrachtung der unterschiedlichen Beiträge zu operativen Aspekten des Winkelbegriffes wird deutlich, daß jeder der Beiträge für sich bedeutende Aspekte der Bildung des Winkelbegriffes anspricht. Es zeigt sich jedoch, daß sich die Beiträge durch einengende Festlegungen, was unter "operativ" zu verstehen sei, z. T. so voneinander abgrenzen, daß nur von geringen Gemeinsamkeiten die Rede sein kann.

Es wird im folgenden vorgeschlagen, didaktische Bemühungen um die Nutzbarkeit einer operativen Genese eines Begriffes für den (Geometrie-) Unterricht unter einem allgemeineren Gesichtspunkt zu sehen, den Willibald DÖRFLER in einem ähnlichen Zusammenhang anspricht. Er sieht eine bedeutende Aufgabe der Mathematikdidaktik in der Erforschung der Frage, *"welche geistigen Tätigkeiten des Lernenden für die Entwicklung eines Begriffes erforderlich sind und wie diese Tätigkeiten angeregt werden können (Bedingungen der Möglichkeit zur Begriffsentwicklung)".* (DÖRFLER 1984a, S. 44)

In diesem Sinne sind alle in diesem Kapitel angesprochenen Sichtweisen als "operativ" anzusehen:
- Das "Prinzip der operativen Begriffsbildung" mit dessen Einschränkung auf materiell-zweckorientierte Handlungen.
- Das "Operative Prinzip" (in Ableitung von PIAGET'schen Ideen) mit dessen Einschränkung auf Handlungen, die zu bestimmten Operationen verinnerlichbar sind.
- Das "Operativ-algorithmische Prinzip" von LOGO-Befehlen (Begriffen) mit dessen Einschränkung auf das Umgehen mit "black boxes" (zumindest was den Winkelbegriff betrifft).

Ein weiterer Aspekt, der in der didaktischen Diskussion meines Erachtens zu wenig deutlich gesehen wird, ist die enge Verknüpfung von Handlungen (Operationen) und Beziehungen beim Erwerb von Begriffen. DÖRFLER sieht Handlungen und Beziehungen in Anlehnung an Hans AEBLI als komplementäre Aspekte von Begriffen: *"Das Ziel dieser Handlungen ist die Herstellung der Beziehung (...) und andererseits leitet dieses Ziel die Handlungen." (1984a, S. 53)*

Der wesentliche Unterschied zum "Prinzip der operativen Begriffsbildung" (BENDER/ SCHREIBER 1985, vgl. 7.1) liegt darin, daß die materielle Zweckgerichtetheit von Handlungen nicht gefordert wird. Im Vordergrund steht die Auffassung des Begriffes als Beziehung, wobei diese mit der Ausführbarkeit von entsprechenden Handlungen/ Operationen (konkret oder nur vorgestellt) ident ist: Erst das Erkennen des gleichseitigen Dreieckes als Beziehungsschema von Winkeln gleicher Größe (60°) ermöglicht eine einsichtige Konstruktion des Winkels von 60° mit Zirkel und Lineal.

Gerade in der Geometrie ist man geneigt, Begriffe als Figuren (als Gegenstände) zu begreifen. Die Gegenstände unserer Umwelt, die an geometrische Formen erinnern, sind aber stets nur mehr oder weniger gute Realisate entsprechender ideeller geometrischer Formen. Die Herstellung eines Realisats bedarf der Aufdeckung der der Form innewohnenden Beziehungen (z. B. Rechteck: Orthogonalität benachbarter Seiten). Geometrische Begriffe haben daher relationalen Charakter und stehen nicht für Gegenstände, sondern für Beziehungen (vgl. DÖRFLER 1984a). Diese Auffassung geht über AEBLI (1980/1981) hinaus, der Objektbegriffe (z. B. "Kanten" eines Quaders) und relationale Begriffe (z. B. "orthogonal auf") unterscheidet. Aber auch eine Kante ist ihrerseits ein Realisat einer geometrischen Idee, nämlich der geraden Linie, welche natürlich auch eine Beziehung darstellt (z. B. beschrieben durch die innere und äußere Homogenität der Punkte der Trägergeraden).

Inwiefern kann nun der Winkel als Beziehung gesehen werden? Welche Handlungen sind von Bedeutung?
Ein Winkel kann allgemein als Beziehung zwischen zwei Richtungen (zwei Strahlen mit gemeinsamem Anfangspunkt) gesehen werden. Dies entspricht - einer Anregung von Roland FISCHER folgend - auch der Idee, von einer "Kontinuisierung" von Richtungsunterschieden zu sprechen. Der Winkel stellt mit seinem In-Beziehung-Setzen von zwei Strahlen (mit im allgemeinen unterschiedlicher Richtung) gewissermaßen eine Verallgemeinerung der Beziehungen "gerade" (bzw. parallel) und "orthogonal" dar.

Die unterschiedliche Form, in der die Beziehung "Winkel" hergestellt wird, kann zu unterschiedlichen Vorstellungen von Winkel führen.
Mathematische Definitionen des Winkels - z. B. als "ungeordnetes Paar zweier Halbstrahlen (HILBERT) oder als "Drehung" (CHOQUET) - sind formalisierte Festlegungen von Beziehungen.

Die in inner- und außermathematischen Zusammenhängen am häufigsten auftretenden Vorstellungen sind:

- Winkel als geordnetes Paar ("Winkel mit Bogen", vgl. 9.2)
- Winkel als Winkelfeld ("Winkel mit Bogen", vgl. 9.2)
- Winkel als orientierter(s) Winkel(feld) ("Winkel mit Kreisbogenpfeil", vgl. 9.2)
- Winkel als analytischer Winkel ("Winkel mit Umdrehungspfeil", vgl. 9.2)

Jede dieser Beziehungen kann durch Meßvorgänge (die für sich wieder als In-Beziehung-Setzungen gedeutet werden können) quantifiziert werden.

Beim Winkelbegriff treten drei Ebenen von Handlungen auf:

1) Herstellen der "Systemelemente"
   Z. B.: Festlegen zweier Richtungen, in die ein Beobachter blicken soll.

2) Herstellen der "Systemrelationen"
   Z. B.: Festlegen, daß sich der Beobachter eine Richtung als erste Blickrichtung aussucht und sich dann im Uhrzeigersinn zur zweiten Blickrichtung dreht.

3) Quantifizieren der "Systemrelationen"
   Z. B.: Messen, um wieviele Winkelgrade gedreht wird.

Im folgenden sollen einige Überlegungen zu den Querverbindungen zwischen den Begriffen "Winkel", "Drehung" und "Kreis" angestellt werden. Ohne Zweifel gehört etwa die Handlung des Sich-im-Kreis-Drehens von spielenden Kindern (evtl. mit ausgestreckten Armen) zu den fundamentalen Handlungen bezüglich dieser drei Begriffe.

Aus einer abbildungsgeometrischen Sicht kann aus dem Begriff der Drehung (als bijektive Abbildung der Ebene auf sich) der Begriff des Winkels einfach abgeleitet- bzw. letzterer ersterem sogar definitorisch gleichgesetzt (vgl. 4.6) - werden. Allerdings hat dies den Nachteil, daß man damit nur eine bestimmte Vorstellung von Winkel behandelt, und zwar jene, die von innermathematischen Gesichtspunkten geprägt ist, während andere - in der Praxis öfter auftretende Vorstellungen - ausgeklammert bleiben.

Bezüglich eines Zusammenhanges mit dem Kreis gilt: Betrachtet man die Menge aller Drehungen um einen beliebigen Punkt M, so sind die Kreise (mit M als Mittelpunkt) genau jene Linien, die unter allen Drehungen bijektiv auf sich abgebildet werden.

Für den Unterricht in der Sekundarstufe I scheint eine bewegungsgeometrische Sicht ergiebiger zu sein: Jede konkrete Drehung (Drehbewegung) eines Strahles geht mit einer bestimmten Vorstellung von Winkel einher und erzeugt Teile von Kreislinien (als "Bewegungsspuren" von am Strahl liegenden Punkten). In diesem Sinne sind Drehungen als Herstellungshandlungen für die Begriffe Winkel und Kreis zu interpretieren.

Daraus jedoch abzuleiten, daß der Begriff der Drehung fundamentaler sei als die Begriffe "Winkel" und "Kreis", wäre grundlegend falsch. Von einem bestimmten Standpunkt aus, verhält es sich beinahe konträr: Um die Idee der Unterschiedlichkeit von Richtungen auszudrücken, benötigt man eigentlich keine kongruenzerhaltenden Bewegungen, oder anders formuliert: Gleich große Winkel sind auch durch Ähnlichkeiten (z. B. Angabe von Seitenverhältnissen) hinreichend bestimmt. Der Kreis ist nicht nur über den Abstand (Kongruenz) jener Randpunkte zum Mittelpunkt definierbar, es gibt auch eine Definition, die lediglich den Begriff der Orthogonalität (welche z. B. bei Ähnlichkeitsbetrachtungen erhalten bleibt) voraussetzt: Kreis als Menge aller Schnittpunkte von zueinander orthogonalen Geraden g und h, die durch zwei vorgegebene Punkte A und B gehen.

Es ist allerdings mehr als fraglich, ob solche Überlegungen bei der Behandlung des Winkelbegriffes in der Sekundarstufe I angestellt werden sollen. Zudem stellt die Drehung eine adäquate Handlung dar, den relational-operativen Charakter der Begriffe Winkel und Drehung herauszuarbeiten.

Nach dem Versuch einer Klärung der didaktischen Bedeutung von "operativ" sollen im folgenden nun auch einige Reflexionen über das Verständnis des Begriffes "Genese" angestellt werden. Peter BENDER und Alfred SCHREIBER (1985, S. 245ff) unterscheiden "faktische" Genese (Entwicklungen) und "konstruktible" Genese (Lehrgänge). Erstere kann entweder die Entwicklung einer einzelnen Person (individuelle Genese) oder aber die geschichtliche Entwicklung einer Disziplin (historische Genese) betreffen. Die beiden Formen haben aber nicht die gleiche "faktische" Qualität.

Dies soll an folgendem Beispiel erläutert werden:

Daß die projektive Geometrie historisch gesehen erst relativ spät entwickelt wurde (im Gegensatz zur beinahe schon 2000 Jahre betriebenen euklidischen Geometrie) ist wesentlich "faktischer" (sicherer), als die (durch empirische Untersuchungen begleitete) Hypothese von PIAGET, wonach in der Entwicklung des Denkens beim Kinde projektive Begriffe früher gebildet werden würden als euklidische Begriffe. Mit dieser Feststellung ist keine didaktische Bewertung intendiert. Es soll lediglich darauf hingewiesen werden, daß die historische Genese dem Einfluß menschlicher Interpretationsmöglichkeit weit weniger unterliegt als die individuelle Genese.

Eine operative Genese, wie sie BENDER/SCHREIBER im Sinne haben, weist noch deutlichere Formen von "interpretierender Freiheit" auf, zumal es sich ja um eine didaktische Konzeption von Unterricht handelt. Diese Abstufung nach steigender Interpretations- und Konstruktionsfreiheit darf jedoch nicht Anlaß dafür sein, dem Einbezug von historischen und individuellen Aspekten der Begriffsgenese in didaktische Konzeptionen von Unterricht einen geringen Stellenwert einzuräumen.

Natürlich wäre es verfehlt, didaktische Konzeptionen von Unterricht ("konstruktible" Genese) einer Zwangssynthese von historischer und individueller Genese zu unterwerfen. Dies käme einer völligen Mißinterpretation des sogenannten "genetischen Prinzips" gleich. (Vgl. WITTMANN 1978, S. 124ff, S. 138ff)

Wenn es darum geht, Mathematik und ihre Anwendungen als Einheit zu sehen, von Problemkontexten in und außerhalb der Mathematik auszugehen und dabei auch das jeweilige Vorverständnis der Lernenden einzubeziehen, dann ist nach vielfältigsten Möglichkeiten Ausschau zu halten, die zu einer adäquaten Entwicklung von Begriffen beim Schüler beitragen können.

Abschließend seien einige konkrete didaktische Implikationen angesprochen, die als operative Aspekte in die Konzeption einer Entwicklung des Winkelbegriffes im Unterricht rund um die 6. Schulstufe Eingang finden können (soferne diese nicht schon in den Kapiteln 4, 5 und 6 erörtert wurden):

- Der Winkelbegriff beinhaltet die Ideen des "linearen Verjüngens" und des "geradlinigen Abweichens" von einer vorgegebenen Richtung. Im Unterricht kann es darum gehen, solche Ideen aus entsprechenden Umweltsituationen (bzw. Gegenständen) durch Zweckanalysen zu rekonstruieren bzw. Situationen zu finden, in denen Verkörperungen dieser Ideen auftreten.

- Der Begriff des Winkels ist mit jenem der Drehung nahe verwandt. Ein Winkel kann u. a. als Inbegriff des In-Beziehung-Setzens zweier Richtungen mittels einer Drehung verstanden werden. Der Zusammenhang von operativen und relationalen Aspekten von Begriffen sollte auch im Unterricht bewußt gemacht werden. (Vgl. das Beispiel mit dem Winkel von 60° in diesem Unterkapitel.)

- Mit Hilfe von LOGO-Befehlen können Figuren (bzw. Bewegungen dieser) bequem durch Algorithmen (Programme) beschrieben werden, wobei dem Winkel eine bedeutende Rolle zukommt. Vor allem das Hineindenken in das lokale geometrische Geschehen (Identifikation mit dem Igel) und das Nachdenken über das globale geometrische Geschehen (was passiert am Bildschirm?) können eine neue Dimension von Lernen im Unterricht erzeugen. Durch das Verwenden des Computers können insofern vermehrt Freiräume für reflektierende und forschende Betrachtungen seitens der Schüler entstehen, als er als "perfekt ausführendes Organ" dem Schüler einige (oft mühevolle Tätigkeiten) abnehmen kann.

- Alle drei Ebenen von Handlungen, die zur Bildung des Winkelbegriffes von Bedeutung sind, nämlich das Herstellen der "Systemelemente", das Herstellen der "Systemrelationen" und das Quantifizieren der "Systemrelationen", sollten im Unterricht bewußt gemacht werden. In diesem Zusammenhang bietet sich die Idee an, Schüler dazu anzuhalten, bei der Bearbeitung von Aufgabenstellungen Protokolle über ihre Handlungen (vgl. DÖRFLER 1989) anzufertigen. Dies ermöglicht eine Reflexion über ihre Vorstellungen vom jeweiligen Begriff, ein Bewußtmachen der Beziehungen, die für sie das Wesen des jeweiligen Begriffes ausmachen. Zugleich sind solche Protokolle für den Lehrer wertvolle Rückmeldungen im Hinblick auf Ansatzmöglichkeiten für didaktische Konsequenzen.

Abschnitt III:

Auf der Suche nach einem integrativen Verständnis

von Geometriedidaktik. Ein Aufgabensystem zur

Konstruktion des Winkelbegriffes im Rahmen einer

lebendigen Geometrie.

8. ÜBERLEGUNGEN ZUR KONSTRUKTION DES WINKELBEGRIFFES IM RAHMEN EINER LEBENDIGEN GEOMETRIE

Zunächst werden auf einer allgemeinen Ebene Überlegungen zu einer Überwindung der in Kapitel 3 genannten Trennungs- und Reduktionshaltungen in Richtung eines integrativen Verständnisses von Geometrieunterricht angestellt. Im Vordergrund steht das Herausarbeiten von Aspekten, die das Wesen einer "lebendigen Geometrie" prägen sollen. Hinsichtlich einer Umsetzung in den Unterricht wird - gewissermaßen als Organisationsprinzip "lebendiger Geometrie" - die Konstruktion von Aufgabensystemen vorgeschlagen.

In einem zweiten Schritt wird am Beispiel des Winkelbegriffes (des Themenkreises "Winkel") die Konzeption eines Aufgabensystems erarbeitet. Eine entsprechende Konkretisierung erfolgt in Kapitel 9.

8.1 ZUM ANSATZ EINER LEBENDIGEN GEOMETRIE

Es wird eine Sichtweise von Geometrieunterricht beschrieben, welche die Konstruktion einer möglichst aspektreichen "Erfahrungswelt Geometrie" durch den Schüler in den Vordergrund stellt. Es wird das Arbeiten in drei Denkbereichen, nämlich "Geometrie als Konstruktion von Umwelt", "Geometrie als Konstruktion von Theoriewelt" und "Geometrie als Netzwerk von Umwelt und Theoriewelt" vorgeschlagen. Weiters wird auf Aspekte eingegangen, die das Wesen einer lebendigen Geometrie noch deutlicher hervorheben sollen: "Schüler als Konstrukteur", "Problemorientierung", "Anschauungsvermögen und Dreidimensionalität" und "Operative und relationale Aspekte von Begriffsbildung".

Als (inneres) Organisationsprinzip lebendiger Geometrie wird das Bearbeiten von Aufgabensystemen vorgeschlagen. Darunter wird eine sinnvolle Vernetzung von einzelnen Aufgaben zu einen System verstanden, welches einen bestimmten Themenbereich (bzw. einen Begriff) "erzeugen" soll. Dazu ist es notwendig, Aufgaben (neue) wichtige Funktionen zuzuschreiben: Aufgaben als "Bausteine" von Begriffsbildung, Aufgaben als "Lernfelder" zu bestimmten Inhalten und Zielen sowie Aufgaben als "Organisationselemente" von Unterricht.

8.1.1 Geometrieunterricht als reflektierte Weiterentwicklung der Beziehung des Schülers zur Geometrie

Konträr zu den in Kapitel 3 festgestellten Tendenzen zu Trennungs- und Reduktionshaltungen in der didaktischen Diskussion um den Geometrieunterricht soll hier eine integrative Sicht von Geometrie(unterricht) skizziert werden. Für eine "lebendige Geometrie" seien folgende Leitlinien konstituierend:

- Im Geometrieunterricht geht es nicht um das Fach "Geometrie" (die "Sache", den "Stoff"), sondern um die (Weiter-) Entwicklung einer aktiven Auseinandersetzung des Schülers mit geometrischen Fragestellungen. Vor allem der Reflexion der Beziehung des Lernenden zum Fach sollte besonderes Augenmerk geschenkt werden.
- Im Geometrieunterricht geht es um den Erwerb eines komplexen Verständnisses der Beziehung von Umweltbezug und Theoriebildung. Umweltbezug ist nicht als propädeutischer Motivationsträger ("Vorspiel") von Theoriebildung zu sehen, sondern als bedeutender Prozeß einer reflektierten Erweiterung der individuellen Erfahrungswelt.

- Im Geometrieunterricht geht es um eine möglichst aspektreiche Auseinandersetzung des Schülers mit geometrischen Fragestellungen. Der Unterricht ist daher keinesfalls entlang (nur) einer bestimmten (didaktischen) Hintergrundtheorie (z. B. Abbildungsgeometrie) organisierbar.

Zur Vertiefung dieser Gedanken sollen nun exemplarisch einige Überlegungen rund um den Winkelbegriff angestellt werden.

Schon vor dem Schuleintritt macht jedes Kind zahlreiche Erfahrungen mit dem Phänomen "Winkel": Es nimmt Winkel wahr, z. B. bei Starts und Landungen von Flugzeugen (geradliniges Abweichen von einer Richtung). Das Kind imitiert Situationen mit Winkeln, z. B. beim Grätschen von Armen und Beinen (Vergleich von Winkelgrößen); oder beim Deutlichmachen, wie groß ein erhaltenes Tortenstück war (Gleich-groß-Sein von Winkeln). Das Kind setzt sich denkend und zielgerichtet handelnd mit Situationen auseinander, in denen Winkel auftreten, z. B. bei Spielen, wo es um bestimmte Drehungen um die eigene Achse geht (Vergleich von Drehungswinkeln), oder beim Zusammenbauen von Schienen und Weichen bei Spielzeugeisenbahnen (Richtungsänderungen); das Kind diskutiert vielleicht sogar über die Größe von Schußwinkeln, etwa mit Fragen wie: "Was passiert, wenn man von weiter "links" ("vorne", o. ä.) schießt?"
Obgleich der Winkel nicht als eigenes Denkobjekt betrachtet wird, so werden doch (Denk-) Handlungen durchgeführt, in denen bedeutende Schritte einer Konstruktion des Winkelbegriffes liegen: Es werden Richtungsverschiedenheiten wahrgenommen, imitiert, selbst (z. B. durch Drehung) hergestellt und in manchen Fällen sogar Vergleiche bezüglich der Größe von Richtungsunterschieden versucht.
Es gibt also so etwas wie eine Erfahrungswelt "Winkel" des Kindes, schon (lange) bevor das Kind erstmals die Schule betritt.

Diese Erfahrungswelt kann nicht nur als bloße Ansammlung von empirischen Umwelterfahrungen gesehen werden. Zielgerichtete Handlungen (konkreter oder geistiger Natur) tragen immer bereits eine Struktur jenes Begriffes in sich, um den es in der entsprechenden Situation geht: Würde ein Kind nicht das (quantifizierbare) Muster der Verschiedenheit von Richtungen (als wesentliche Vorstellung von Winkel) erkennen, könnte es z. B. keine Tortenstücke ausschneiden (und dabei gleichzeitig Größenüberlegungen anstellen). Man kann es so ausdrücken: "Umwelt" und "Theoriewelt" sind eigentlich immer miteinander verwoben, nur wird letztere oft nicht explizit (gemacht).

Im traditionellen Verständnis von Geometrieunterricht (Schulunterricht) dreht sich das Lernen gewissermaßen um 180°: Es wird jetzt explizit der Winkelbegriff betrachtet, Bezüge zur Umwelt werden meist nur noch dazu benützt, um den Begriff (bzw. dessen Einbettung in eine vorgegebene Hintergrundtheorie) einfacher erklären zu können. Das Ziel ist ein theoretischer Begriff, mit welchem man Beweise durchführen kann, es geht um den Aufbau der "Theoriewelt Winkel".

Diese Theoriewelt hat ihre Ursprünge in der Erfahrungswelt jener Mathematiker, die nach geometrischen Axiomensystemen Ausschau gehalten und eine Einbettung der entsprechenden Begriffe in diese versucht haben. Allerdings haben die Mathematiker diese Theorien nicht ganz losgelöst von der uns umgebenden Umwelt konstruiert: Die Theorien passen nämlich auf unseren Anschauungsraum.

Im Werden mathematischer Erkenntnis hat die Verflochtenheit von "Umwelt" und "Theoriewelt" stets eine große Rolle gespielt. Auch der Winkelbegriff legt Zeugnis davon ab, daß die Ursprüge mathematischen Denkens und Handelns oftmals in praktischen Zusammenhängen der den Menschen umgebenden Umwelt zu finden ist.

Diese Verflochtenheit wird im traditionellen Verständnis von Geometrieunterricht meines Erachtens als zu einfach angesehen (Abb.):

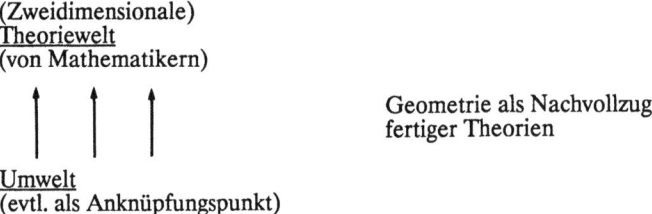

(Zweidimensionale)
Theoriewelt
(von Mathematikern)

Geometrie als Nachvollzug
fertiger Theorien

Umwelt
(evtl. als Anknüpfungspunkt)

"Lebendige Geometrie" ist als Haltung zu verstehen, einen Sichtwechsel vorzunehmen: Geometrie(unterricht) soll nicht aus der Sicht fertiger geometrischer Theorien gesehen werden (die es für den Schüler anzueignen gilt), sondern aus der Sicht der Konstruktion einer aspektreichen "Erfahrungswelt Geometrie", die sich durch eine enge Verflechtung von Umwelt und Theoriewelt auszeichnet.

Ein wesentlicher Begriff ist dabei jener der Konstruktion. Im Sinne einer lebendigen Geometrie soll Theoriebildung als persönlicher und sinnstiftender Prozeß aktiver Konstruktion verstanden werden.

(Denk-) Handlungen kommt dabei eine bedeutende Rolle zu: Sie sind die Träger der Konstruktion - und zwar in zweifacher Hinsicht: Einerseits als Herstellungselemente von Begriffen (Aufdecken von Beziehungsstrukturen), andererseits als Umwandler von "fremdem" Wissen in "eigenes" Wissen, eine Art "Denk-Assimilation".

Ich vermute, daß PIAGET mit dem Begriff der Interiorisation (Verinnerlichung) beide Prozesse gemeint hat, aber dem letzteren ("Verpersönlichung von Wissen") in der didaktischen Diskussion bisher zuwendig Augenmerk geschenkt wurde. Für eine aktive Konstruktion von Geometrie ist es notwendig, dem Schüler die Theoriebildung einsichtig zu machen; er soll stets einsehen können, wozu er die entsprechenden (Denk-) Handlungen ausführen soll, welchen Sinn sie haben und welches Ziel damit verfolgt wird.

Die Sicht der Konstruktion von Geometrie durch den Schüler hat auch Einfluß auf den Einbezug von Umwelt in den (Geometrie-) Unterricht. Zum einen geht es darum, bereits gewonnene Vorerfahrungen zu bestimmten Begriffen zu reflektieren. Zu vielen Begriffen wurden bereits (Denk-) Handlungen durchgeführt, deren Struktur (Schema) es nun bewußt zu machen gilt. Damit werden eigentlich bereits Theorieelemente des Begriffes angesprochen, wenngleich keine explizite "Theorie des Begriffes" intendiert ist.
Zum anderen geht es um das Rückbeziehen von konstruierten Theorien (Begriffen) auf die Umwelt. Beiden Aspekten ist gemeinsam, daß sie zur Strukturierung der Umwelt, zum besseren Begreifen der Umwelt, wesentlich beitragen.

Man kann sogar sagen, daß mit diesen (Denk-) Handlungen die Umwelt des Schülers konstruiert wird. Es erscheint konsequenter, von Umweltkonstruktion als von Umwelterschließung zu sprechen, da "Erschließung" stets den "Beigeschmack" hat, das Lernen des Individuums von der (besser ausgeformten) Erfahrungswelt des Lehrenden (des "Experten", des "Lern-Beobachters") aus zu betrachten, das Denken und Handeln des Lernenden daran zu messen und den Fortschritt des Lernenden als "Erschließung" der Umwelt (des Lehrenden) zu interpretieren.
Hier ergibt sich eine Parallele zum Nachvollzug fertiger Theorien: Ein solcher kann als "Erschließung von Theoriewelt" des Mathematikers (des "Experten" des Faches) gesehen werden, während "Konstruktion von Theoriewelt" einen Prozeß meint, der sich in erster Linie daran orientiert, eine reflektierte Weiterentwicklung der Beziehung des Lernenden zum Fach zu initiieren, die dieser wiederum zur Konstruktion von Umwelt nützen kann.

Im Sinne einer Konkretisierung einer lebendigen Geometrie im Unterricht sollen "Umwelt" und "Theoriewelt" zum einen eng miteinander verflochten sein, zum anderen aber in gewisser Weise doch selbständige Aspekte der "Erfahrungswelt" des Schülers darstellen.

Diese komplexe Beziehung - vereinfacht vergleichbar mit jener einer engen Partnerschaft (Bindung, aber doch individuelle Selbständigkeit) - soll anhand zweier Aufgaben rund um den Winkelbegriff näher betrachtet werden:

Aufgabe 1:	Franz und Peter bereiten sich auf eine Wandertour vor. Franz ruft Peter an, da auf seiner Wanderkarte die Almhütte nicht eingezeichnet ist, zu der sie hin wollen. Peter, dessen Karte denselben Maßstab hat, gibt Franz einige Daten an und schon weiß Franz Bescheid. Was könnte Peter gemacht haben?
Möglicher Lösungsweg:	Peter wählt in seiner Karte zwei bekannte Punkte (z. B. Berggipfel), die auch in der Karte von Franz markiert sind. Diese zwei Punkte bilden mit dem Standort der Hütte ein Dreieck. Peter mißt alle Seiten und Winkel dieses Dreieckes und gibt Franz diese Daten ebenso durch wie den Hinweis, auf welche Seite Franz das Dreieck auftragen soll.
Aufgabe 2:	Franz hat ein Dreieck gezeichnet. Peter soll das gleiche Dreieck in seinem Heft nachzeichnen, dabei aber möglichst wenig Messungen durchführen.
Möglicher Lösungsweg:	Peter mißt eine Seite und zwei Winkel. Er endeckt aber noch weitere Möglichkeiten, bei denen nur drei "Bestimmungsstücke" (Seiten, Winkel) benötigt werden.

Bei beiden Aufgaben geht es aus fachlicher Sicht um die Kongruenz von Dreiecken, die auf das Bestimmen von Streckenlängen und Winkelgrößen zurückgeführt wird. Beide Aufgaben können Lernprozesse auslösen, die zur Erweiterung (Konstruktion) von Umwelt beitragen können.

Der wesentliche Unterschied zwischen den beiden Aufgaben liegt in der Motivation für die durchzuführenden (Denk-) Handlungen:

In der ersten Aufgabe geht es um die Lösung eines praktischen Problems, in der zweiten Aufgabe um das Entwickeln einer (kleinen) "Theorie der Kongruenz von Dreiecken". Die erste Aufgabe aber sofort als Aufhänger für eine Theoriebildung zu wählen, erscheint mir als didaktisch fragwürdig: Es wird der Anschein erweckt, als würden Umweltsituationen stets unmittelbare Anlässe für mathematische Begriffs- und Theoriebildungen sein. Ungeachtet der Tatsache, daß man die Aufgabe 1 auch ganz anders lösen kann (z. B. über ein cartesisches Koordinatensystem oder über Polarkoordinaten), sei festgehalten, daß die Entwicklung des Kongruenzbegriffes wohl vor allem auf die damit verbundene Möglichkeit einer Fundierung der euklidischen Geometrie zurückgeht. Die Bedeutung der ersten Aufgabe hinsichtlich des Winkelbegriffes liegt darin, anhand von Umweltsituationen zielgerichtete Handlungen an und mit Winkeln durchzuführen und darüber zu reflektieren. Es soll bewußt werden, daß der Winkel ein (geometrisches) Mittel darstellt, um Umwelt zu konstruieren. Zunächst stehen weder das genauere Hinterfragen des Wesens des Winkels (Definition) noch das Herausarbeiten, daß man für ein Dreieck nur drei Bestimmungsstücke braucht, im Vordergrund. (Natürlich ist auch der Nebeneffekt erwünscht, daß mit den ausgeführten (Denk-) Handlungen Teile von Theorie mitgelernt werden, aber dies ist eben nur ein Nebeneffekt.)

Die Bedeutung der zweiten Aufgabe hinsichtlich des Winkelbegriffes liegt darin, ein erstes Problembewußtsein für die Frage der Kongruenz von Dreiecken zu erwecken. Damit soll "Theoriewelt" konstruiert werden und zwar in einem aktiven und einsichtigen Prozeß des Schülers. Natürlich hat die zweite Aufgabe Rückwirkungen auf die Konstruktion von "Umwelt": Der Schüler ist imstande, sein erhöhtes geometrisches Repertoire in neuen Situationen einzusetzen. Ein Problem, wie etwa jenes in Aufgabe 1, könnte insofern rationeller bewältigt werden, als man nun weiß, daß man eigentlich nur drei Bestimmungsstücke braucht. Darin zeigt sich auch die Bedeutung des Vorgehens, nach der Bildung eines theoretischen Begriffes nocheinmal auf den Bezug zur Umwelt zurückzukommen. Es kann hier nämlich eine Reflexion über das Verhältnis von Theoriewelt und Umwelt (im weiteren Sinne von Theorie und Praxis) geleistet werden. Der Blick kann dabei vor allem auch auf Modellbildungsprozesse fallen, bei denen die jeweils theoretisch schon behandelten Begriffe zur Anwendung gelangen.

Zusammenfassend ergibt sich folgendes Bild einer lebendigen Geometrie:

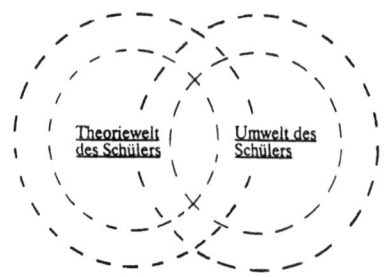

Geometrieunterricht als Konstruktion einer möglichst aspektreichen "Erfahrungswelt Geometrie" durch den Schüler. Dabei geht es um eine reflektierte Verflechtung von Umwelt und Theoriewelt, wobei diese nur aus Gründen einer didaktischen Konkretisierung zunächst getrennt betrachtet werden, auf einer höheren Stufe der Betrachtung aber wieder zusammengeführt werden.

Aus dieser Formulierung geht klar hervor, daß sich eine lebendige Geometrie an keiner bestimmten Hintergrundtheorie orientieren kann. Natürlich sind Bezugnahmen auf einen axiomatischen Aufbau notwendig, aber eher im Sinne "lokalen Ordnens" zur Konstruktion von Theoriewelt durch den Schüler. In diesem Zusammenhang bin ich sehr skeptisch, ob es sinnvoll ist, darauf aus zu sein, den Begriff der Abbildung als zentrale (inner-) mathematische Idee anzusteuern und systematisch Abbildungsgeometrie zu betreiben. Dies wäre meines Erachtens nur sinnvoll, wenn den Schülern einsichtig gemacht werden könnte, wozu sie den Begriff "Abbildung" (als Abbildung einer Ebene auf sich) lernen (konstruieren) sollen. Gegen "bewegungsgeometrische" Betrachungen - etwa im Sinne von BENDER/SCHREIBER (1985) - ist nichts einzuwenden, soferne nicht im Hintergrund wieder die Idee auftaucht, diese zu geometrischen Abbildungen "hochzustilisieren". Bezüge zur klassischen Kongruenzgeometrie (EUKLID, HILBERT) sind insofern einfacher herzustellen, als die Konstruktion der ebenen, geometrisch-klassischen Grundform, des Dreieckes, in einen einsichtigen Zusammenhang mit den "Kongruenzsätzen" gebracht werden kann.

Als Organisation des Unterrichts im Sinne einer lebendigen Geometrie bietet sich die Orientierung an Themenkreisen an. Dabei kann es um verschiedenste Themen gehen, etwa:

"Überlegungen zum Messen"
"Koordinaten"
"Die Ordnung der Vierecke"
"Geometrische Formen und deren Zwecke"
"Bewegungen"
"Wir zeichnen Dreidimensonales" (Schräg-, Grund-, Aufriß, evtl. Perspektive)
"Muß man das beweisen?"
"Erde und Himmel"
"Die Platonischen Körper"
"Winkel"

326

Man sieht, daß es keineswegs immer explizit um einen bestimmten Begriff - wie etwa dem Winkel - gehen muß. Andererseits ist es natürlich so, daß in jedem Themenkreis bestimmte Begriffe zum Thema gemacht werden. (Für fachdidaktische Analysen - wie etwa in dieser Arbeit - bietet sich die Konzentration auf einen Begriff natürlich besonders an.)

Die innere Organisation der einzelnen Themenkreise könnte - in Anlehnung an die Diskussion der beiden vorhin betrachteten Aufgaben so aussehen, daß man jedes Thema in drei unterschiedlichen Denkbereichen behandelt:

- Geometrie als Konstruktion von Umwelt
- Geometrie als Konstruktion von Theoriewelt
- Geometrie als Netzwerk von Umwelt und Theoriewelt

Die ersten beiden Denkbereiche werden zunächst aufgrund der ihnen zugrunde-liegenden unterschiedlichen Entstehungs- und Begündungsmuster voneinander getrennt, um sie aber dann in einen dritten Denkbereich in einer Art integrativ-reflektierender Betrachtung wieder zusammenzuführen.

Es handelt sich also insgesamt um ein komplexes Modell von Trennung und Ver-bindung von Umwelt und Theoriewelt. Dazu noch einige erläuternde Bemerkungen:

a) Die drei Denkbereiche sind keineswegs Ausdruck einer hierarchischen Ordnung; jeder für sich stellt ein - den anderen Denkbereichen gegenüber - gleich-berechtigtes Lernfeld mit spezifisch anderen Fragestellungen dar. Es erscheint aber natürlich, zunächst auf einer "phänomenologischen" Ebene zu verweilen, um anschließend für "fachinterne" Problemstellungen bereits eine gewisse Vor-erfahrung zu besitzen. Ganz wesentlich ist jener dritte Denkbereich, in welchem die Verbindungen zwischen den ersten beiden geknüpft werden. Als Bindeglied bieten sich die Anwendungen an, wobei vor allem der Reflexion von Modell-bildungsprozessen eine bedeutende Rolle zukommt.

b) Die drei Denkbereiche sind keineswegs Ausdruck einer altersmäßigen Stufung (wie etwa Primarstufe/Sekundarstufe I/Sekundarstufe II) oder einer Stufung innerhalb eines Schuljahres, sondern sind Ausdruck eines integrativen Bestrebens, Lernen von Geometrie stets von drei Denkbereichen aus zu initiieren.

Es geht also um eine didaktische Konzeption von Lerneinheiten, die der Konstruktion eines möglichst reflektierten Bildes der "Erfahrungswelt Geometrie" zum Ziel hat.

Anhand des Problems, rechte Winkel zu erzeugen, sei diese Frage nochmals etwas näher betrachtet: Aus theoretischer Sicht gibt hier z. B. der pythagoräische Lehrsatz hinreichend Auskunft. Seine allgemeine Aussagekraft ist überwältigend: Gilt für die drei Seiten eines beliebigen Dreiecks $a^2 + b^2 = c^2$, so ist der der Seite c gegenüberliegende Winkel ein rechter Winkel, umgekehrt gilt diese Formel in jedem beliebigen rechtwinkeligen Dreieck. Kennt man zwei Seiten, kann man stets die dritte einfach ermitteln.

Andererseits gibt es auch Situationen, in denen die Kenntnis des Satzes gar nicht notwendig ist. Neben dem Konstruieren von Streckensymmetralen oder dem Falten eines Papierblattes genügt z. B. auch die Strategie, von einem bekannten rechtwinkeligen Dreieck die Seiten zu messen und dann wieder aufzutragen. Der Hinweis, daß es mit Vielfachen der (leicht einprägbaren) Zahlen 3, 4 und 5 geht, kann durch Messung überprüft werden. Es ist gar nicht notwendig, danach zu suchen, in welcher arithmetischen Beziehung die drei Zahlen zueinander stehen oder gar, wie ein allgemeiner Satz (mit Variablen) lauten könnte.

Für die Besonderheit der Situation reicht meist die Methode des Messens. Die Frage nach einer Verallgemeinerung gehört einem anderen Denkbereich an, es geht um eine andere Fragestellung, es geht um eine andere Art von Motivation.

Entsprechend den drei vorgestellten Denkbereichen wären u. a. etwa folgende Aufgabenstellungen denkbar:

- Überprüfe in deinem Zimmer, ob in den Ecken rechte Winkel vorliegen!
- Suche weitere Tripel von natürlichen Zahlen, die (ziemlich genau) rechtwinkelige Dreiecke erzeugen.
- Kann man einen Kasten mit 2,30 m Höhe, 80 cm Breite und 1,50 m Länge in einem Raum mit 2,43 m Höhe, 4 m Länge und 3 m Breite aufstellen, ohne ihn zu zerlegen? (Die Türstocköffnung beträgt 2 m x 0,85 m.)

c) Die drei Denkbereiche sind klarerweise nicht gänzlich voneinander zu trennen, sondern überlagern einander in mancher Hinsicht. Dennoch ergeben sich idealtypische Unterschiede in der Art der Betrachtung, Bearbeitung und Denkweise:

- Der Denkbereich "Geometrie als Konstruktion von Umwelt" ist ein Bereich, in welchem Geometrie als Mittel (Werkzeug) der Beschreibung und Strukturierung von Wirklichkeit gesehen werden kann.

Wesentliche Tätigkeiten dieses Denkbereiches sind z. B. das Messen, das Zeichnen (etwa von Plänen) und das Entwickeln von verschiedenen Vorstellungen (Intuitionen) zu einem Begriff (ohne die Notwendigkeit zu sehen, den Begriff exakt zu definieren).

- Beim Denkbereich "Geometrie als Konstruktion von Theoriewelt" geht es vor allem um die Behandlung innermathematischer Fragestellungen, die auch ohne Bezug zu irgendwelchen realen Fragestellungen interessant sind. Beispiele für solche Fragestellungen: Ergeben die Winkel eines Dreieckes zusammen einen gestreckten Winkel? Wie muß man Winkel definieren, damit man einen Beweis führen kann? Welche Beziehung gibt es zwischen den Seitenlängen eines rechtwinkeligen Dreieckes? Welche Eigenschaften charakterisieren (notwendig und hinreichend) ein Rechteck? Unter welchen Gesichtspunkten kann man die Menge aller Vierecke ordnen?

- Beim Denkbereich "Geometrie als Netzwerk von Umwelt und Theoriewelt" geht es um das In-Beziehung-Setzen der beiden vorigen Bereiche, wobei man von schon gebildeten (theoretischen) Begriffen ausgehen kann. Beispiele für Fragestellungen: Wie(so) funktioniert die Setzwaage? Wieso sind Ziegelsteine quaderförmig? Wie kann man Orte auf der Erdkugel lagemäßig festlegen? Es werden also in dem Sinne Anwendungen behandelt, als mit bereits gebildeten Begriffen bewußt gehandelt wird und Reflexionen über Modell- und Begriffsbildungsprozesse angestellt werden.

d) In allen drei Denkbereichen spielen die Tätigkeiten Begründen (Beweisen), Modellbilden und Begriffsbilden eine wesentliche Rolle, allerdings unter jeweils anderem Vorzeichen:

Zunächst zum Begründen:

- Das was man üblicherweise als "beweisen" bezeichnet, passiert vor allem im Denkbereich "Geometrie als Konstruktion von Theorie".

- Aber auch im Bereich "Geometrie als Konstruktion von Umwelt" werden "Beweise" geführt: Wenn eine Messung ergibt, daß ein Zimmer nur 3 m lang ist, dann kann man keinen Kasten mit 4 m Länge hineinstellen. Oder: Eine (maßstabgerechte) Zeichnung (eine Skizze) kann jemanden überzeugen, daß ein Haus drei (und nicht vier) Zimmer hat.

- Im Denkbereich "Geometrie als Netzwerk in Umwelt und Theoriewelt" geht es z. B. um den Nachweis, daß ein bestimmter Begriff (eine Theorie) auf eine bestimmte Situation der Wirklichkeit paßt, bzw. diese Situation den Einsatz (die Bildung) des entsprechenden Begriffes (der Theorie) notwendig erscheinen läßt.

329

Dies führt zur Betrachtung des Modellbildens und des Begriffbildens:

- Im Denkbereich "Konstruktion von Umwelt" bedeutet Modellbildung vor allem die Darstellung von Wirklichkeit in einer Zeichnung (Skizze) oder in einem räumlichen Modell, begleitet von eher impliziten Beschreibungen der jeweils betrachteten Begriffe. So wird etwa ein Haus anhand seines rechteckigen Grundrisses dargestellt, wobei ein Rechteck als etwas verstanden wird, das aus vier rechten Winkeln besteht. Es ist (noch) nicht wichtig, "Rechteck" explizit zu definieren und das Beziehungsnetz an Eigenschaften (z. B. "Diagonalen sind gleich lang") deduktiv zu durchforsten.

  Im Denkbereich "Geometrie als Konstruktion von Umwelt" geht es um reale Situationen, in denen der jeweils zu betrachtende Begriff steckt. Die Vielfalt an Situationen soll zu einer didaktischen Phänomenologie des Begriffes (vgl. FREUDENTHAL 1983) beitragen. Es sollen auch Vorstellungen, die bei späteren theoretischen Betrachtungen Ausgangspunkt von Überlegungen sein können, entwickelt werden. Allerdings nicht im Sinne einer Vorbereitung der Theorie durch Umweltbezug, sondern lediglich mit dem Ziel einer Erweiterung der phänomenologischen Betrachtung des Begriffes; und dies auch nur dann, wenn der später verwendete theoretische Begriff (bzw. die Definition) eine sinnvolle Entsprechung in einer Umweltsituation besitzt.

- Im Denkbereich "Geometrie als Konstruktion von Theorie" befindet man sich direkt im mathematischen Modell. Es gilt, Begriffe durch Definitionen so zu beschreiben, daß eine "beweisfähige" Behandlung des jeweiligen Problems möglich wird. Dabei geht es insbesondere auch um die Reflexion darüber, wie der jeweilige Begriff (die Definition) zustande gekommen ist. Das Problem kann rein innermathematischen Ursprungs sein, kann aber natürlich auch die "logische" Fortsetzung einer schon vorher angerissenen Fragestellung aus dem Denkbereich "Geometrie als Konstruktion von Umwelt" sein.

- Im Denkbereich "Geometrie als Netzwerk von Umwelt und Theoriewelt" stehen die Anwendungen im Vordergrund. Jede Anwendung ist eigentlich Ausdruck einer Modellbildung: Die Ausgangssituation wird in ein mathematisches Modell übersetzt; es werden zumeist schon theoretisch eingeführte Begriffe zur Lösung des Problems im mathematischen Modell benützt, und schließlich wird die Lösung auf die Ausgangssituation rückübertragen. Jede Anwendung ist- zumindest teilweise - eine Widerspiegelung schon vorgenommener Begriffs- bildungsprozesse und eignet sich hiermit zur Reflexion über diese.

8.1.2 Erläuternde Aspekte zu einer lebendigen Geometrie

Im folgenden werden einige Aspekte besprochen, die das Wesen einer lebendigen Geometrie noch deutlicher machen sollen: "Der Schüler als Konstrukteur von Wissen", "Problemorientierung und Kreativität", "Anschauungsvermögen und Dreidimensionalität" und "Betonung operativer und relationaler Aspekte".

1) Der Schüler als Konstrukteur von Wissen

Wenn es um eine aktive Auseinandersetzung des Schülers mit geometrischen Fragestellungen - die sowohl praktischer als auch theoretischer Natur sein können - geht, so sollte Lernen als konstruktiver Prozeß verstanden werden, bei welchem der Schüler - ausgehend von seinem Vorwissen und unter aktiver Nutzung vorhandenen Wissens - für ihn neues Wissen konstruiert. Die Rolle des Schülers ist die eines Konstrukteurs (Produzenten) von Geometrie. Eine Konzeption von Unterricht, welche sich an solchen Richtlinien orientiert, wird vom Pädagogen Peter POSCH (1985, S. 281 ff) als "problemorientiertes Unterrichtsmodell" bezeichnet.

POSCH hebt folgende Aspekte hervor:
- Der Schüler wird herausgefordert, mit seinem Vorwissen gedanklich umzugehen, zu problemhaltigen Beispielen das Problem selbst zu definieren, an seiner Lösung zu arbeiten und sich selbst zu kontrollieren, selbst Fragen an den Lehrer zu formulieren und Antworten für die Problembearbeitung zu nutzen.
- Das problemorientierte Vorgehen verlangt eine Sinnstiftung der Lernsituation durch den Schüler und eine "innere" aktive Beteiligung am Lernprozeß.
- Die Person des Schülers und seine Beziehung zum Inhalt (und zum Lehrer) stehen im Vordergrund.
- Der Lehrer hat vornehmlich die Rolle eines Beraters. Er bietet den Rahmen, in dem die Schüler das Problem bearbeiten sollen.

Dieses problemorientierte Unterrichtsmodell grenzt POSCH gegenüber einem "fertigkeitsorientierten Unterrichtsmodell" und einem "wissensorientierten Unterrichtsmodell" ab, wobei beim letzteren das Anbieten von Wissen (seitens des Lehrers) im Vordergrund des Unterrichts steht und der Schüler die vorgegebenen Inhalte (etwa analog zu einem Filmstreifen) möglichst unverfälscht aufnehmen soll.

Dieses Modell faßt Lernen als Abbildungsprozeß auf; der Schüler hat vorwiegend die Rolle eines Konsumenten. Die Stärken des Modells werden in Situationen vermutet, wo es um die Vermittlung systematisch geordneten Wissens (z. B. von fertigen Theorien, Axiomatiken) geht. Wenn es jedoch um die Fähigkeit geht, Kenntnisse in neuen Situationen anzuwenden und Situation zu bewältigen, für die es keine fertigen Lösungen gibt, dürfte ein problemorientierter Unterricht besser geeignet sein.

POSCH bringt das wissensorientierte Unterrichtsmodell mit der These in Verbindung, daß das, was in einer Gesellschaft als wichtiges Kulturgut angesehen wird, an die nachfolgende Generation weitergegeben werden muß (gleichgültig, ob sie daran Interesse hat oder nicht). (Vgl. POSCH 1985, S. 293) Dieses Anpassen an bestehende Verhältnisse hat seine fachdidaktische Entsprechung im Nachvollziehen von (Hintergrund-) Theorien im Mathematikunterricht. Steht jedoch eine "werdende Mathematik", eine lebendige Geometrie im Vordergrund, so ist es sicherlich adäquater, von einem problemorientierten Unterricht auszugehen.

In einer Umfrage unter ca. 200 Wiener Hochschullehrern (FESSEL 1980) wurde nach den für die Studierfähigkeit bedeutsamsten Fähigkeiten gefragt. Dazu gehören laut dieser Umfrage:
- Die Fähigkeit zum autonomen Denken, Selbständigkeit, Initiative und Selbstkritik
- Die Fähigkeit zu methodisch schlüssigem Denken
- Konzentrationsfähigkeit
- Mut zum eigenen Urteil
- Offenheit für verschiedene Theorien
- Ausdrucksfähigkeit

Gleichzeitig heben die Befragten hervor, daß in diesen Bereichen bei den Studienanfängern die größten Mängel festgestellt wurden. Dies muß zu denken geben, da die genannten, bei Studienanfängern erwünschten Fähigkeiten weitgehend auch in den allgemeinen Zielen (Aufgaben) der österreichischen Schule zu finden sind.

Im entsprechenden Gesetzestext (§2 des österreichischen SchOG) werden u. a. folgende Ziele konkret angesprochen:
- Selbständiger Bildungserwerb
- Verantwortungsbewußtsein
- Selbständiges Urteilen
- Aufgeschlossensein für das (politische und weltanschauliche) Denken anderer
- Mitwirkung am Wirtschafts- und Kulturleben

POSCH spricht in diesem Zusammenhang von einem Widerspruch zwischen "Selbst- und Fremdbestimmung": Während die oben angeführten Erwartungen dem problem- orientierten Unterrichtsmodell den Vorzug geben (mit entsprechenden Freiräumen für Schüler und Lehrer), entspricht die Konzeption der meisten Lehrpläne (und auch der meisten Lehrbücher) eher einem wissensorientierten Unterrichtsmodell (mit einem Anbieten vorgeschriebener Inhalte bzw. Theorien). Für ein Fach oder ein Teilgebiet - wie es die Geometrie ist - können solche Überlegungen nie zur Konsequenz führen, daß man sich die Aufgabe stellt, bestimmten allgemeinen Zielen bestimmte Unterrichtsinhalte zuzuordnen. Die Unmöglichkeit einer Deduk- tion spezieller fachlicher Ziele aus allgemeinen Zielen ist wohl bereits päda- gogisch-didaktischer Konsens. Was sehr wohl zu leisten ist, ist die ständige Besinnung darauf, daß sich der Unterricht nicht von diesen allgemeinen Zielen entfremdet. Im Vordergrund des Unterrichts steht nicht die Vermittlung einer Fachdisziplin, sondern die aktive Auseinandersetzung des Schülers mit grund- legenden Ideen dieses Faches, vor allem im Hinblick auf dessen Beitrag zur Gestaltung unserer Wirklichkeit. Kurz: Es geht eben nicht um "Geometrie", sondern um "Schüler und Geometrie".

2) Problemorientierung und Kreativität

Die schon in 1) anklingende Forderung nach Problemorientierung soll nun etwas genauer erläutert werden. Mit den Begriff der "Orientierung an Problemen" können viele Assoziationen wachgerufen werden:

a) Man geht vorwiegend von Problemen (Fragestellungen) aus, die von Schülern geäußert werden.

b) Man widmet sich im Unterricht besonders den (fachlichen) Fehlern und Prob- lemen (Schwierigkeiten) der Schüler.

c) Man stellt vorwiegend Aufgaben, die Problemcharakter haben - im Gegensatz zu wenig problemhaltigen Routineaufgaben.

Alle drei Aspekte haben für den Unterricht eine gewisse Bedeutung, haben andererseits aber auch deutliche Grenzen: Man kann realistischerweise nicht davon ausgehen, daß Schüler alle interessanten Problemstellungen selbst erfinden sollen/können (a) und daß man die Konzeption von Unterricht stets vorbeugend an (möglichen) Fehlern der Schüler orientiert (b). Es muß zumindest kritisch hinterfragt werden, ob man den Unterricht nur in Kategorien von "Aufgaben" sehen kann; außerdem haben natürlich auch Routineaufgaben ihre Bedeutung (c).

Geht es jedoch speziell um eine Förderung der Problemlösefähigkeit der Schüler, so müssen im Unterricht Aufgaben (Probleme) betrachtet werden, an denen heuristische Strategien erlernt werden können. Im Hinblick auf dieses Ziel macht es auch Sinn, nach einer Defintion von "Problemaufgaben" (versus Routineaufgaben) zu suchen (vgl. HOLLAND 1982), wenngleich eine klare Aufgliederung wohl nicht möglich erscheint.

Im folgenden soll "Problemorientierung" aus einer etwas globaleren Sicht verstanden werden: Es geht darum, daß man von Fragestellungen (Themen) ausgeht, die für Schüler eine Herausforderung darstellen können.
Eine zentrale Rolle spielen die Begriffe "Einsicht", "Sinn" und "Motivation":

- Die Fragestellung muß für den Schüler einsichtig, ihre Struktur für ihn begreifbar sein (Frage nach dem "Was").
- Der Schüler muß erkennen können, daß es sich lohnt, sich mit der Fragestellung (Begriffsbildung o. ä.) zu beschäftigen (Frage nach dem "Warum").
- Der Schüler muß die Chance haben, motiviert nach der Lösung der Fragestellung suchen zu können (Frage nach dem "Wie").

Wie ein nicht-problemorientiertes Vorgehen aussieht und welche Kritikpunkte sich ergeben können, soll an folgender (in Schulbüchern oft gestellter) Aufgabe gezeigt werden:

Es wird nach dem Winkel zwischen zwei Uhrzeigern gefragt, was dazu motivieren soll, das Messen mit dem Geodreieck einzulernen. Danach werden noch einige Messungen von Winkeln im Zeichenblatt verlangt.
Es gibt hier einige Ebenen der Kritik: Es handelt sich um kein herausforderndes Problem, den Winkel zwischen zwei Uhrzeigern zu messen (Sinnfrage). Das Wesen der Winkelmessung wird einsichtiger erlebt, wenn man selbst einen Winkelmesser herstellt. Die Frage, warum das Geodreieck ein so komfortables Zeichen- und Meßgerät ist, sollte reflektiert werden. Die Beliebigkeit der Wahl der Zahl 360 bzw. die Möglichkeit, Winkelgrößen etwa auch durch die Angabe von Seitenverhältnissen anzugeben, wäre an geeigneten Fragestellungen zu problematisieren.
Es wäre auch zu thematisieren, daß die Winkelmessung vor allem von praktischen Bedürfnissen her von Bedeutung ist, während man in der Theorie im Prinzip ohne Winkelmessung auskommt.

Wie bereits erwähnt, beinhaltet die Forderung nach Problemorientierung nicht, daß der Unterricht immer darauf ausgelegt ist, daß der Schüler (in methodisch geschickter Weise) dazu gebracht wird, jedes Problem selbst zu "erfinden" und auch gleich selbst zu lösen. Problemorientierung bedeutet auch, bereits abgeschlossene Gedankengänge (Beweise, Begriffbildungen) einsichtig nachzuvollziehen, wie etwa die Bildung eines Begriffes oder die Formulierung und den Beweis eines Satzes. Auch kann es nicht darum gehen, die Idee (die Form) der geometrischen Körper wiedererfinden zu lassen. Es erscheint didaktisch naheliegender, von konkreten Gegenständen auszugehen und die mit ihrer Form zusammenhängenden Zwecke rekonstruieren zu lassen.

Problemorientierung steht jedoch im Widerspruch zum Nachvollzug einer mathematischen Hintergrundtheorie, wenn deren "Herstellungszweck" für den Schüler nicht ersichtlich wird. Da nützt es nichts, wenn dem Schüler hin und wieder lokale Einsichten geboten werden, damit er das Gefühl hat, doch einiges zu verstehen. Problemorientierung heißt daher auch, Sinnfragen der Schüler ernst zu nehmen bzw. sie sogar zu provozieren und diese zum Thema des Unterrichts zu machen.

Die Geometrie ist ein Fach, welches dazu verleitet, die Schüler unnötig viele Termini lernen zu lassen. Der Winkelbegriff stellt hierfür ein mahnendes Beispiel dar (vgl. 2.4.4). Es besteht die Gefahr, Geometrie als Vokabelerwerb zu organisieren, bei welchem auf Vorrat gelernt wird, der zudem später meist gar nicht so dringend benötigt wird. Besser ist es sicherlich, sich auf jene Termini zu beschränken, deren Verwendung - auch längerfristig - eine gewisse Bedeutung zukommt. Auch in dieser Hinsicht kann ein problemorientiertes Vorgehen "reinigend" wirken.

3) <u>Anschauungsvermögen und Dreidimensionalität</u>

Betrachtet man die Schulbücher zur Sekundarstufe I, so dominiert im Geometrieunterricht die ebene Geometrie. Eine deutliche Ausnahme bildet lediglich die Behandlung der einfachsten geometrischen Körper, aber auch hier liegt die Betonung zumeist auf der Verwendung von Formeln zur Berechnung von Oberflächen- und Rauminhalten. Es wird mehr gerechnet und (Formeln) umgeformt als räumliche Überlegungen angestellt werden.

Es ist wohl noch ein Rest sehr gewohnt gewordener Tradition (seit den "Elementen" des EUKLID), den Schülern Geometrie vor allem als Bearbeitung einer (Hintergrund-) Theorie der ebenen Geometrie zu präsentieren. Daß dabei Anschauungsvermögen und räumliches Vorstellungsvermögen im Hintergrund bleiben, ist beinahe selbstredend. Es kann nicht darum gehen, die Theorie der ebenen Geometrie durch eine Theorie der räumlichen Geometrie zu ersetzen, wohl aber darin, vermehrt räumliche Sachverhalte im Unterricht zu behandeln. Es ist eine Tatsache, daß unsere Umwelt dreidimensional ist, alle Situationen und Gegenstände dreidimensional sind. Umweltbezug muß daher auch bedeuten, die dritte Dimension nicht zu vernachlässigen.

Es gehört zu den großen Leistungen des Menschen, daß dreidimensionale Dinge mittels Idealisierungen und Projektionen in der Ebene dargestellt werden können. Das Darstellen räumlicher Sachverhalte auf dem Zeichenblatt ist eine Art von Modellbilden, dem wesentlich mehr Beachtung geschenkt werden müßte. Eine lebendige Geometrie muß das Ziel haben, diesen Forderungen gerecht zu werden und entsprechende Schwerpunktsetzungen zu pflegen.

Hierzu einige Beispiele (vgl. KRAINER 1985):

a) Vorstellen von Größenverhältnissen
- Wieviel sind 1 mm, 1 cm, 1 dm, 1 m, 10 m, 100 m, 1 km, 10 km?
  Z. B.: 1 m = Höhe einer Türschnalle, 10 km = Höhe eines Linienflugzeuges.
- Wie oben, auch für Flächeninhalte. Besonders: $1 m^2 = 1\,000\,000\,mm^2$.
  Berechnung von Kinderzimmergrößen, Grundstücksgrößen, Seegrößen, Gemeindegrößen, Oberflächen von Körpern.
- Wie oben, auch für Rauminhalte. Besonders: $1 m^3 = 1\,000\,000\,000\,mm^3$ u. ä.
  Wieviel Liter gehen in eine Badewanne (Energieverbrauch)? Wieviel Liter gehen in ein Spülbecken? - Vergleich mit dem Wasserverbrauch eines Geschirrspülers. Wieviel sind $10 m^3$ Holz? Welche Raumausmaße sind dabei notwendig?
- Schätzen von Winkelgrößen. Vergleich mit Steigungen (in %).

b) Herstellen von Körpermodellen
- Kantenmodell eines Würfels (Drähte und Styroporkugeln).
- Flächenmodell eines Würfels (Netz aus Pappe zusammenkleben).
- Vollmodell eines Würfels (Holz, Kartoffel).
- Charakterisierung von Besonderheiten: Schnitt durch einen Kegel, Darstellung von Längen- und Breitenkreisen auf einer Kugel (zur Angabe der Lage von Punkten) u. ä.

c) Rekonstruieren des Zweckes geometrischer Körper

Wieso sind Ziegel quaderförmig? Wieso haben Spielwürfel die Form von Würfeln? Wieso sind Lippenstifte zylinderförmig? Welche Gründe sind ausschlaggebend für unsere "geradlinige" und "rechtwinkelige" Welt?

d) Zeichnerisches Darstellen von Körpern (auch Skizzen)

- Grundriß, Aufriß und Schrägriß (einfacher Körper).
- Perspektive (Analyse von Photographien; Projektion auf Glasscheiben).
- Komplexere Aufgaben: Einrichtung eines Kinderzimmers, Errichtung eines Kommunikations- und Jugendzentrums für eine Gemeinde, usw.

e) Vorstellen, Weiterdenken von Linien und Flächen

- In einem Raum soll die Verbindungslinie zweier Punkte gedacht werden. Mit dem Bleistift sollen Punkte angedeutet werden, die auf dieser Linie liegen. (Kontrolle durch einen Strick.)
- In einem Raum sind 3 Punkte gegeben, die gedanklich eine Ebene aufspannen. Mit dem Bleistift sollen Punkte der Ebene angedeutet werden. (Kontrolle durch Stricke.)
- Auffinden von rechten Winkeln in einer Schrägrißzeichnung.

f) Kopfgeometrie

In Analogie zum Kopfrechnen sind z. B. folgende Aufgaben denkbar:

- Ein Spielwürfel liegt am Tisch. Zunächst ist einzuprägen, wo sich welche Augenzahl befindet. Danach werden Bewegungen (Drehungen) vorgenommen: Wo liegen nun die entsprechenden Augenzahlen?
- In einem gleichseitigen Dreieck (aus Papier) sind bereits die Halbierungspunkte der Seite eingezeichnet. Was entsteht, wenn man diese Punkte miteinander verbindet? Was entsteht, wenn man die Ecken des ursprünglichen Dreieckes jeweils über die entstandenen Verbindungslinien hochkippt?

4) Betonung operativer und relationaler Aspekte

Die Forderung nach Betonung operativer Aspekte leitet sich nicht nur aus der von PIAGET postulierten Annahme der Abkunft begrifflichen Denkens von Handlungen (vgl. 5.3) und der von BENDER und SCHREIBER geforderten operativen Genese geometrischer Begriffe ab, sondern ganz allgemein von der Frage, welche geistigen Tätigkeiten des Lernenden für die Entwicklung eines Begriffes erforderlich sind, und wie diese Tätigkeiten angeregt werden können (DÖRFLER 1984a). Es geht also vor allem um die Frage, welche Handlungen einen Begriff erzeugen bzw. herstellen. Die Ausführbarkeit einer Handlung ist als Beziehung deutbar, die den Begriff als solchen konstituiert. Handlungen und Beziehungen stehen insofern in einem engen (komplementären) Zusammenhang, als das Ziel der Handlungen die Herstellung der Beziehungen (bzw. des Begriffes) ist und andererseits dieses Ziel aber auch die Handlungen leitet.

Gerade in der Geometrie ist man geneigt, Begriffe als für Objekte (Gegenstände, Figuren) stehend zu sehen. Das Wesentliche etwa am Kreis ist aber nicht das Endprodukt "Figur", sondern die Beziehung (bzw. das Beziehungsschema), welche(s) dieser Figur zugrunde liegt. Der Begriff "Kreis" konstituiert sich durch den jeweils gleichen Abstand entsprechender Punkte einer Ebene von einem ausgezeichneten Punkt. Die Herstellung des Kreises (Bewegung einer Schnur mit Kreide bzw. eines Zirkels) ist ein wesentlicher Teil der Begriffsbildung. Begriffsbildung muß also bedeuten, operative und relationale Aspekte des Begriffes besonders hervorzuheben.

Die Betonung operativer und relationaler Gesichtspunkte einer Begriffsbildung (vgl. Kapitel 7) beschränkt sich jedoch nicht nur auf die gewöhnliche Herstellung eines Begriffes (z. B. Konstruktion eines Rechtecks), sondern kann unterschiedlichste Ebenen betreffen. Dies soll am Beispiel des Rechteckes demonstriert werden:
- Rechteck als Beziehungsschema zweier orthogonal stehender Parallelenpaare.
- Rechteck als geschlossenes Gebilde (System) mit ausschließlich rechten Winkeln.
- Rechteck als Algorithmus, z. B. in LOGO:
   2 x (VORWÄRTS : LÄNGE, LINKS : 90, VORWÄRTS : BREITE, LINKS : 90)
- Rechteck als Baustein einer einfachen Parkettierung der Ebene.
- Rechteck als "Realisat" einer Idee (einer Form) zur Erfüllung bestimmter (praktischer) Zwecke.
- Rechteck als visuelles Schema der Zuordnung zweier Merkmalsausprägungen, etwa als Stundenplan: Stunde/Tag -> Unterrichtsfach.
- Rechteck als Visualisierung eines Handlungsprozesses. (Z. B. Kreislauf des Bierflaschenkonsums, siehe Abb.)

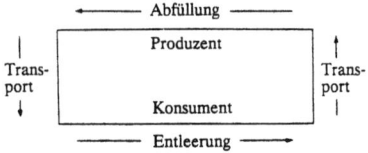

338

Wenn vom relationalen Charakter geometrischer Begiffe die Rede ist, so ist auch zu überlegen, welche Querverbindungen zu unserer "physikalischen Realität" (vgl. 6.4) existieren. Wir beschreiben unsere Umwelt u. a. mit Begriffen wie "waagrecht" und "lotrecht", die gar keine (theoretisch-) geometrischen Begriffe sind, sondern spezielle Lagen in Bezug auf unseren (individuellen) Standort auf der Erde charakterisieren. Die Beziehung waagrecht-lotrecht ist jedoch durch den geometrischen Begriff "orthogonal" beschreibbar. Während "waagrecht" und "lotrecht" für verschiedene Standorte verschiedene Lagen bedeuten und gewissermaßen nur aus einer egozentrischen Sicht verstehbar sind, stellt "orthogonal" eine vom Beobachter unabhängige, visuelle geometrische Beziehung dar.

Ähnlich ist es mit der Beziehung "links liegen": Aus individueller, egozentrischer Sicht sieht man z. B. eine Person nach "links" gehen, während eine Person auf der gegenüberliegenden Gehsteigseite die Situation aus ihrer Sicht gegenteilig beschreiben würde. Geometrische Theorie zu betreiben, muß daher auch bedeuten, diese egozentrische Sicht aufzulösen und durch eine allgemeinere zu ersetzen. Dieser Prozeß sollte im Unterricht bewußt gemacht werden. Dabei geht es um zweierlei Dinge:

Erstens ist einsichtig zu machen, was es z. B. bedeutet, etwas "links" zu orientieren (etwa die Festlegung einer "Einbahn" auf dem Kreis). Zum Zweiten ist es unbedingt erforderlich, den Sinn dieser Begriffsbildung begreiflich zu machen (z. B. Erlangen von Eindeutigkeit), d. h. den Schüler in Situationen zu bringen, in denen er die Einführung des Begriffes als Lösung eines (geometrischen) Beschreibungs-Problems motiviert sieht. Wie eine egozentrische Sicht auf eine geometrische Figur den "allgemeinen Blick" auf die Beziehungsstruktur der Figur (des Begriffes) verwehren kann, sieht man z. B. beim Quadrat: Sehr viele Menschen erkennen ein Quadrat nur in "Standardlage" (eine Seite parallel zur Körperbreite), während ein auf die "Spitze" (Sprache!) gestelltes Quadrat nicht als solches, sondern als "Karo" gesehen wird.

Ein wenig erschwerend wirkt sich hier auch die Tendenz aus, stillschweigend Geraden "horizontal", Figuren in "Standardlagen" oder Körper mit "Grundflächen" darzustellen bzw. zu bezeichnen. Kurz, es gilt vermehrt, eine Loslösung von egozentrischen Sichtweisen und physikalischen Phänomenen zu erreichen (vgl. 6.4). Ein wesentlicher Schritt in diese Richtung ist das Aufdecken der Beziehungen und Handlungen, die einem Begriff innewohnen.

8.1.3 Konstruktion von Aufgabensystemen als Organisationsprinzip lebendiger Geometrie

Aufgaben spielen im Mathematikunterricht eine bedeutende Rolle:

- Schulbücher bestehen zum Großteil aus Aufgaben (Beispielen), Aufgabensammlungen sind sehr beliebt.
- Prüfungen - vor allem Schularbeiten - werden vorwiegend über das Lösen von Aufgaben abgehandelt.
- Die Planung von Mathematikunterricht geschieht hauptsächlich über die Erstellung von Aufgaben: *"Die Aufgabenauswahl ist der Gegenstand der bewußten Entscheidungen bei der Unterrichtsplanung. Die Alternativen zwischen verschiedenen Aufgaben sind die Alternativen, die überhaupt abgewogen werden."* (BROMME 1986)

In der didaktischen Diskussion treten Aufgaben eher als implizit verwendete Hilfsmittel auf, als gelegentliche "Belege" für theoretische Überlegungen:

- Bei Diskussionen über Lernziele und Lerninhalte wird manchmal eine Ebene der Konkretisierung angestrebt, in welcher Aufgaben betrachtet werden. So wird zum Beispiel nach Aufgaben gesucht, die bestimmten Lernzielen zuordenbar sind oder die motivierte Einstiege in bestimmte neue Problembereiche leisten können. (Vgl. FISCHER/MALLE 1985, S. 278ff.)

- Im Rahmen von Begriffsbildungsüberlegungen (Analysen, Erstellung von Schemata, ...) werden immer wieder Aufgaben als Mittel herangezogen, den Fortgang (Ablauf) eines Begriffsbildungsprozesses zu beschreiben.

- Empirische Untersuchungen (z. B. zu Fähigkeiten von Schülern) laufen häufig über die Untersuchung dessen, wie Schüler (oder Erwachsene) mit bestimmten, vorgegebenen Aufgaben umgehen, welche Lösungsansätze auftreten, oder welche Fehler gemacht werden.

Aufgaben stehen also zwar recht häufig im Blickfeld didaktischer Diskussionen, aber selten explizit im Mittelpunkt.
"Aufgabenorientierung" wird zum Teil als gänzlich negativ gefärbter Terminus verwendet, der auf einen unsystematischen, perspektivenlosen Unterricht hinweist.

Diese Sicht ist beeinflußt von Gefahren und Mißbräuchen, die im Zusammenhang mit Aufgaben im Mathematikunterricht gegeben sind:

- Die Gefahr der "Monokultur" von Aufgaben ist vor allem dann latent, wenn die Bedeutung von Aufgaben mit deren (leichter) Abprüfbarkeit verwechselt wird. So können ganze Klassen von Aufgaben entstehen, die nach einem einzigen Schema gelöst und auch beurteilt werden können, aber wenig zur Weiterentwicklung eines Begriffes (einer Theorie) beitragen und somit m. E. Selbstzweckcharakter besitzen.

- Besonders verlockend ist ein "Wildwuchs" von Aufgaben: Es wird eine bunte Palette an Aufgaben angeboten, die zwar für sich eine recht nette Ansammlung von Beispielen sein kann, aber keine zielorientierte Richtlinie, kein "System" erkennen läßt, sondern lediglich ein isoliertes Nebeneinander von Aufgaben darstellt.

- Ein Problem, das im Zusammenhang mit der Analyse von Schulbüchern konstatiert wurde (vgl. Kapitel 4), ist jenes des "Fehlwuchses": Es werden Aufgaben gestellt, die nicht zum Vorangehenden (z. B. Einführung eines Begriffes) passen oder diesem sogar entgegenwirken. Vor allem bei der Orientierung an Hintergrundtheorien geraten Aufgaben schnell zu "Unkräutern", da sich Ziele wie "Theorieeinpassung" und "Umwelterschließung" nur schwer vereinbaren lassen.

Es ist die Frage zu stellen, ob nicht der Mißbrauch im Zusammenhang mit Aufgaben den Blick dafür trübt, daß Aufgaben wertvolle Elemente didaktischer Diskussionen sein können.

Es wurde bereits hervorgehoben, daß Aufgaben in der didaktischen Diskussion eher als implizite Hilfsmittel auftreten. Es wird nun zur Diskussion gestellt, Aufgaben in gezieltere, explizitere Anwendungszusammenhänge zu stellen. Ähnlich wie man Moleküle als Grundbausteine der Chemie betrachtet, kann man Aufgaben als kleinste Einheiten unterrichtlichen Denkens und Handelns sehen (vgl. von HARTEN/STEINBRING 1985) und sie als lehrreiche "Experimente" für didaktische Diskussionen interpretieren. Sie erhalten damit die Rolle einer bedeutenden Kommunikationsbasis für Reflexionen über inhaltliche Fragen des Mathematikunterrichts. Der Vorteil einer Diskussion über Aufgaben besteht vor allem darin, daß damit praktische Bezugspunkte zu realem Unterricht entstehen, die in konkrete Planungsüberlegungen seitens der Lehrer einfließen können.

In diesem Zusammenhang liegt didaktische Arbeit sehr nahe an ihrem Anwendungs-feld, die Gefahr einer "Verdünnung" fachdidaktischer Ideen ist geringer. Dahinter steckt auch eine gewisse Art von Denkökonomie: Wenn auf schulpraktischer Ebene (im Unterricht, bei der Planung des Lehrers) in Kategorien von Aufgaben gedacht und gehandelt wird, bietet es sich an, in der entsprechenden "Berufswissenschaft" in ähnlichen Kategorien zu denken und zu handeln.

Diesbezügliche Möglichkeiten sind auf unterschiedlichen Ebenen gegeben:
- Begriffsbildung: Zur Beschreibung von Begriffsbildungsprozessen könnten Aufgaben erstellt werden, die als entsprechende Prüfsteine für die zu leistenden Lernschritte herangezogen werden können. Bestimmte Aufgaben stehen dann für bestimmte Fähigkeiten und Qualifikationen, die der Lernende auf dem Weg zur adäquaten Bildung (Entwicklung) des Begriffes erlangen muß.
- Lernziele und Lerninhalte: Die didaktische Diskussion rund um Lerninhalte und Lernziele könnte von einer Erstellung von Aufgaben begleitet werden, welche die didaktischen Anliegen und Ideen in einer konkretisierenden Weise unterstützt. Bestimmte Aufgaben stehen dann für bestimmte Lernziele, die erreicht werden sollen. Erfahrungen in der Lehrerfortbildung zeigen immer wieder, daß didaktische Diskussionen dann richtig lebendig werden, wenn es um konkrete Aufgaben geht: Aufgaben erweisen sich als Diskussionsbasis, die Betroffenheit erzeugt und Anknüpfungspunkte für weitergehende didaktische Überlegungen bietet. Ein stärkerer Einbezug von Aufgaben in die didaktische Arbeit wird z. B. im neuen Lehrplan für die österreichische Unterstufe versucht. (Vgl. BENEDIKT u. a. 1985) In eigenen Kommentarheften werden nicht nur die didaktischen Leitlinien erläutert, sondern diese auch anhand konkreter Aufgaben zusätzlich illustriert.

Die vorangehenden Überlegungen weisen darauf hin, daß bei Aufgaben zumindest drei Aspekte - die natürlich z. T. miteinander verknüpft sind - eine entscheidende Rolle spielen:
- Aufgaben als "Bausteine" einer Begriffsbildung.
- Aufgaben als "Lernfelder" bestimmter Inhalte und Ziele.
- Aufgaben als "Organisationselemente" von Unterricht.

Wenn man Aufgaben als Moleküle der Didaktik betrachtet, die für Begriffsbildungen, für die Darstellung bestimmter Stoffgebiete, für die Planung von Unterricht von Bedeutung sein sollen, so muß man auch mitüberlegen, wie man die einzelnen Aufgaben miteinander verbindet.

Den schon angedeuteten Gefahren wie "Monokultur", "Wildwuchs" oder "Fehlwuchs" könnte damit entgegengetreten werden, daß man ein globales Konzept schafft, in welchem schließlich jeder Aufgabe eine bestimmte Rolle zukommt. Es geht also um die Idee, so etwas wie ein System von Aufgaben zu entwickeln, mit entsprechenden Überlegungen für Subsysteme u. ä.

In dieser Richtung geht der Ansatz von Gerd von HARTEN und Heinz STEINBRING (1985), wenn sie Aufgabensysteme im Stochastikunterricht als didaktische Konzepte zur Materialentwicklung und Lehrerfortbildung vorschlagen. Konkrete Materialien dazu gibt es für den Stochastikunterricht der Klassenstufe 5/6 in der Gesamtschule (von HARTEN/STEINBRING 1986).

Im folgenden wird keine allgemeine Explikation des Begriffes "Aufgabensystem" vorgenommen, da die Struktur des Systems stark vom Wesen des zu betrachtenden Begriffes abhängt. So verzichten auch von HARTEN/STEINBRING auf eine schärfere Begriffsabgrenzung und sehen den wichtigsten Gesichtspunkt ihres Konzeptes im Herausfinden einer Beziehungsstruktur für zusammengehörige Aufgaben. Aufgaben werden als Variable aufgefaßt, wobei sich die Variationsmöglichkeit sowohl auf fachliche, pädagogische, unterrichtstechnische und auf die Mittel der Darstellung und der Tätigkeit bezogene Aspekte bezieht. Zwischen den Aufgaben des Systems bestehen bestimmte Analogien, d. h. die Aufgaben stehen - unter einem globalen Gesichtspunkt - in gewisser Beziehung zueinander, wenngleich sie sich in lokalen Aspekten voneinander unterscheiden.

Diese Auffassung von einem Aufgabensystem scheint vor allem im Hinblick auf die Schulstochastik gut zu passen, als es hier allem vom Gegenstand her viele Variationsmöglichkeiten gibt. Von HARTEN/STEINBRING demonstrieren dies am Beispiel des "Geburtstagsproblems":

"In einem Zimmer ist eine Gesellschaft von fünf Personen versammelt. Wie groß ist die Wahrscheinlichkeit, daß mindestens zwei Personen denselben Geburtstag haben?"

Durch eine Änderung auf "Geburtsmonat" oder "Geburtswochentag" (einfache Variation) oder eine Änderung auf mindestens drei Personen (Wechsel des Modells) ergeben sich unterschiedliche Aufgaben, die aber doch eine bestimmte Analogiebeziehung aufweisen.

Während sich in der Stochastik der Aspekt des Analogen (Variation verschiedener Parameter) anbietet, ist in anderen Disziplinen nach anderen Orientierungsmustern zu suchen. Im Hinblick auf eine "lebendige Geometrie" ist durch die didaktische Konzeption der drei Denkbereiche bereits eine Art Makrostruktur vorgegeben.

Auch innerhalb dieser Denkbereiche gilt es, systematische Verästelungen zu konstruieren. Insgesamt wird vorgeschlagen, drei Ebenen von Strukturen (Makrostruktur, Mesostruktur und Mikrostruktur) für die Konstituierung von Aufgabensystemen im Geometrieunterricht zu betrachten:

1) Makrostruktur:
   Sie ist durch die Aufteilung in die drei Denkbereiche
   - "Geometrie als Konstruktion von Umwelt"
   - "Geometrie als Konstruktion von Theorie"
   - "Geometrie als Netzwerk von Umwelt und Theorie"
   bestimmt.

Innerhalb dieser Denkbereiche sollte noch überlegt werden, ob es sinnvoll ist, Aufgaben einheitlicher Thematik in größeren Sequenzen zu organisieren (etwa ab einer Größe von 10 Aufgaben). Hinsichtlich des Winkelbegriffes bieten sich z. B. folgende fünf Sequenzen an:

Sequenz 1:	Wir messen Winkel	Denkbereich "Geometrie als
Sequenz 2:	Verschiedene Situationen, verschiedene Winkel	Konstruktion von Umwelt"
Sequenz 3:	Beweisen mit Winkeln	Denkbereich "Geometrie als
Sequenz 4:	Neue Problembereiche	Konstruktion von Theoriewelt"
Sequenz 5:	Praktische Anwendungen	Denkbereich "Geometrie als Netzwerk von Umwelt und Theorie"

2) Mesostruktur
   Jede Sequenz sollte im Hinblick auf eine bestmögliche Vernetzung der einzelnen Aufgaben eine gewisse "innere Logik" besitzen. Dafür ist es wieder nötig, verschiedene Unterabschnitte einheitlicher Thematik zu gestalten und zu benennen.

Für die Sequenz "Wir messen Winkel" eines Aufgabensystems zur Konstruktion des Winkelbegriffes werden z. B. folgende vier Unterabschnitte vorgeschlagen:
a) Der Größenvergleich von Winkeln
b) Herstellen von Meßgeräten: Reflexionen zur Ausführbarkeit des Messens
c) Zweckrekonstruktion und Verwendungsmöglichkeiten des Geodreieckes
d) Eine alternative Art der Winkelmessung

3) Mikrostruktur

Der kleinste Baustein eines Aufgabensystems ist die einzelne Aufgabe. Sie steht für einen bestimmten Inhalt, für bestimmte Ziele, für einen bestimmten Aspekt eines Begriffes. Von wesentlicher Bedeutung ist die Reflexion des Lernenden über jede Aufgabe, über die jeweils gemachten Lernschritte.

Dies erleichtert nicht nur das Fortschreiten zu den nächsten Aufgaben, sondern läßt dem Lernenden auch vermehrt die Möglichkeit, das angepeilte "System" erkennen und damit den roten Faden mitvollziehen zu können. Es scheint daher ratsam zu sein, zu jeder Aufgabe eine explizite Aufforderung zur Reflexion zu formulieren.

Kein Aufgabensystem kann Anspruch auf Vollständigkeit und Eindeutigkeit erheben, gefordert ist jedoch die Suche nach möglichst "begriffserzeugenden" Aufgaben - in Analogie zum Terminus "beweiserzeugter Begriff" bei LAKATOS 1979.

Aufgabensysteme können zwar als Versuch gesehen werden, die Vernetztheit eines Begriffes / eines Themenbereiches darzustellen, sie sind aber dennoch stets mit der Einschränkung zu sehen, daß das Durchlaufen des Aufgabensystems insofern "linear" erfolgt, als nicht ständig "alle" Querverbindungen (vor allem vom Schüler nicht) betrachtet werden können und sich in konkreten Lernsituationen zunächst die Beschränkung auf einen Aspekt anbietet. Gerade aus diesem Grund kommt der Reflexion, sowie dem ständigen Versuch, Querverbindungen herzustellen, so große Bedeutung zu.

8.2 STRUKTURIERUNG EINES AUFGABENSYSTEMS ZUM WINKELBEGRIFF

Ausgehend von Ergebnissen, die in den ersten beiden Abschnitten der Arbeit präsentiert wurden und den Überlegungen zu einer lebendigen Geometrie, wird im folgenden versucht, ein Aufgabensystem zum Winkelbegriff zu konzipieren, welches sich an den drei in 8.1 beschriebenen Denkbereichen orientiert.

8.2.1 Ziele des Aufgabensystems

Es wird von der Hypothese ausgegangen, daß der Winkelbegriff derart komplex ist, daß er nicht auf wenige Standard-Begriffsbildungsschritte reduzierbar ist. Als möglicher Beleg wird letztendlich das konkrete Aufgabensystem (mit fast 70 Aufgaben) ins Auge gefaßt, bei welchem jeder Aufgabe eine bestimmte Rolle zukommt. Damit soll u. a. gezeigt werden, daß ...
- ... die Behandlung des Winkelbegriffes (eines Begriffes allgemein?) nicht auf dessen Einbettung in eine Hintergrundtheorie beschränkt werden darf.
- ... ein Begriffsbildungsprozeß beim Winkelbegriff nicht von einer (von einigen wenigen) Ausgangssituation(en) zur vollen Entfaltung des Begriffes führen kann.

Wenn man Begriffsbildung nicht allein im Hinblick auf das Axiomatisch-Theoretische betrachtet, dann scheint ein Herangehen angebracht zu sein, welches eine komplexere Sicht von Trennung und Verbindung von Umweltbezug und Theoriebildung (vgl. 8.1) beinhaltet. Sosehr eine "Didaktische Phänomenologie" von Begriffen wertvoll ist, sowenig reicht auch sie alleine aus. So liefert das Werk "Didactical Phenomenology of Mathematical Structures" (FREUDENTHAL 1973) zwar zahlreiche Anregungen zu einem weiteren Verständnis von dem, was z. B. "Winkel" bedeutet, jedoch fehlt hier sowohl eine Verbindung zu mathematischer Theoriebildung, als auch ein Hinweis auf eine Konkretisierung, wie der entsprechende Begriff im Unterricht zu behandeln wäre.

Mit dem Aufgabensystem zum Winkelbegriff werden insgesamt drei Ziele angestrebt:
- Beitrag zur didaktischen Beschreibung einer (denkmöglichen) Begriffsentwicklung von "Winkel" für Schüler der 6. Schulstufe.
- Logische Fortsetzung einer umfassenderen Analyse des Winkelbegriffes im Sinne einer konkretisierenden Synthese der phänomenologischen und theoretischen Betrachtungen.

- Aufgabensammlung für den Unterricht rund um die 6. Schulstufe, zugleich als konkrete Ausgangsbasis für Diskussionen über Lernziele und Lerninhalte im Zusammenhang mit dem Winkelbegriff.

Natürlich ist eine Orientierung an den drei eben genannten Zielen ein sehr hoch gestecktes Ansinnen, zu welchem es kein allgemein befriedigendes Ergebnis geben kann. In dieser Hinsicht sollen die folgenden Überlegungen und Konkretisierungen vor allem als Diskussionsvorschläge gewertet werden.

Die Tatsache, daß dem Winkelbegriff soviel Raum zugemessen wird und viele Aufgaben entwickelt werden, ist keinesfalls Ausdruck dafür, daß der Winkel als so zentraler Begriff gesehen wird, sodaß eine Art "Winkologie" notwendig erscheint. Es geht vielmehr darum, anhand des Winkelbegriffes zu zeigen, welche Komplexität Begriffe haben (können), was alles für den Lernenden an Fähigkeiten und Fertigkeiten erwerbbar ist, wenn man sich auf eine nicht zu enge Sichtweise der Bildung mathematischer Begriffe beschränkt.

8.2.2 Zur Grobstruktur des Aufgabensystems

Wie schon in 8.1.3 angedeutet, wird auf einer makroskopischen Ebene versucht, sich an den drei "Denkbereichen" einer lebendigen Geometrie zu orientieren: "Geometrie als Konstruktion von Umwelt", "Geometrie als Konstruktion von Theoriewelt" und "Geometrie als Netzwerk von Umwelt und Theoriewelt".

Vergleicht man diesen Strukturierungsvorschlag mit Ergebnissen der Abschnitte I und II der vorliegenden Arbeit, so ergeben sich deutliche Parallelen, zumindest was die praktische Frage der Winkelmessung und die theoretische Frage nach dem Wesen des Winkels betrifft: In der alltäglichen Praxis ergeben sich fast ausschließlich Probleme, die mit dem Messen von Winkeln verknüpft sind. Selten wird danach gefragt, was ein Winkel eigentlich ist (Definition). Die meisten Menschen messen Winkel, ohne mathematisch exakt explizieren zu können (zu müssen), was sie eigentlich messen. Auch die historische Genese des Winkelbegriffes zeigt, daß die Ursprünge bei der Winkelmessung liegen, lange bevor überhaupt der Terminus Winkel geprägt wurde. Vor allem aber auch im Hinblick auf die didaktische Planung von konkretem Unterricht (rund um die 6. Schulstufe) kommt dem Messen besondere Bedeutung zu, weil Kinder damit Umwelt ordnen und strukturieren, also eigentlich Umwelt konstruieren.

Erst in einem späteren Schritt scheint es motivierbar zu sein, nach einer Definiton von Winkel zu fragen, wobei sich dies vor allem beim Formulieren und Beweisen eines Satzes anbietet, weil sich hier die Motivation zu Exaktheit beinahe von selbst ergibt. Zum Aspekt der Konstruktion des Winkelbegriffes gehört auch, möglichst viele Facetten des Begriffes, möglichst viele Vorstellungen von ihm kennenzulernen. Dabei gilt es auch, dies an verschiedenartigsten Dingen und Phänomenen unserer Umwelt aufzuzeigen. Es wird allerdings bewußt mit einer ausführlichen Behandlung der Winkelmessung begonnen, da sie die Grundlage für eine konkrete Kommunikation über Winkel liefert, und es daher erst danach sinnvoll ist, über verschiedene Vorstellungen von Winkel zu reflektieren.

Aus dieser Sicht kann der erste Denkbereich "Geometrie als Konstruktion von Umwelt" durchaus auch als Bereich "Dinge und Phänomene" bezeichnet werden, wobei sich zur Strukturierung zwei Sequenzen unterschiedlicher Thematik anbieten:

Sequenz 1: "Wir messen Winkel"

Sequenz 2: "Verschiedene Situationen - verschiedene Winkel"

Im zweiten Denkbereich, "Geometrie als Konstruktion von Theoriewelt", soll der Winkelbegriff aus einer theoretischen Sicht beleuchtet werden. Anhand einer Vermutung (ergeben die Winkel eines Dreieckes wirklich immer genau 180°?) können Formulierung und Beweis eines Satzes motiviert werden, in dessen Zuge natürlich auch geklärt werden muß, was man exakt unter einem Winkel verstehen will (Definition).

Besondere Bedeutung kommt dem Winkel bei der Frage zu, wieviele Bestimmungsstücke man für ein Dreieck benötigt (Kongruenz). In weiterer Folge werden weitere Beweise durchführbar, wie z. B. der Satz des Thales. Dabei soll stets auf eine Reflexion über den Satz (z. B. Umkehrung) sowie über die Beweisführung (Heuristik) Wert gelegt werden. Der Winkelbegriff soll auch in anderen theoretischen Problembereichen (Fragestellungen) beleuchtet werden, wie etwa: Aneinanderfügen und Teilen von Winkeln, Ermitteln von Winkeln in verschiedensten Figuren (Nebenwinkel, Parallelwinkel, Normalwinkel, komplexere Aufgaben, ...), Winkel als Beschreibungsmittel von "Steckbriefen" von geometrischen Figuren, Winkel und Algorithmen (LOGO).

Nach diesen Überlegungen bietet sich für den zweiten Denkbereich auch die Bezeichnung "Theoretische Begriffe" an, wobei zur Strukturierung zwei Sequenzen unterschiedlicher Thematik vorgeschlagen werden:

Sequenz 3: "Beweisen mit Winkeln"

Sequenz 4: "Neue Problembereiche"

Dem dritten Denkbereich kommt die ganz wesentliche Funktion der Verbindung der ersten beiden Bereiche zu. Als Bindeglieder bieten sich die Anwendungen an, wobei vor allem Modellbilden und Reflexion eine bedeutende Rolle einnehmen. Aus diesem Grund ist dieser Denkbereich auch mit dem Titel "Anwendungen und Reflexionen" umschreibbar, wobei jedoch Reflexion als Teil der Anwendung aufgefaßt werden soll.

Als mögliche (auch für Schüler verständliche) Überschrift für eine entsprechende Sequenz von Aufgaben bietet sich an:
     Sequenz 5: "Praktische Anwendungen"

In dieser Sequenz sollen Anwendungen aus den verschiedensten Lebens- und Lernbereichen betrachtet werden: Physik, Kunst, Natur, Spiel, Sport, Freizeit, Geographie, Navigation, Vermessung, Haushalt, usw. Dabei soll es nicht nur um Situationen gehen, bei denen vorher gewonnene theoretische Erkenntnisse eingesetzt werden können, sondern z. B. auch um Fragen, in denen es um die Zweckhaftigkeit von Winkeln in bestimmten Situationen geht.

Allen fünf Sequenzen sind bestimmte Tätigkeitsfelder des Schülers zuordenbar:

Sequenz 1:	"Wir messen Winkel"	Messen und Konstruieren
Sequenz 2:	"Verschiedene Situationen -	Einnehmen neuer Sichtweisen und
	verschiedene Winkel"	Klassifizieren
Sequenz 3:	"Beweisen mit Winkeln"	Definieren und Beweisen
Sequenz 4:	"Neue Problembereiche"	Analysieren und Entwickeln
		von Theorien
Sequenz 5:	"Praktische Anwendungen"	Anwenden und Reflektieren

Die Abfolge der fünf Sequenzen soll durch eine Aufeinanderfolge von Vertiefen und Erweitern in folgendem Sinne begleitet werden:

In Sequenz 1 erfolgt - ausgehend von der Vorstellung des Winkels als ungeordnetes Paar von Strahlen mit Auszeichnung eines Ebenenteiles (wobei jedoch keine explizite Definition erfolgt) - eine vertiefte Auseinandersetzung mit der Tätigkeit des Messens. Dabei wird nicht nur die Teilung des Kreises als mögliche Strategie kennengelernt, sondern auch die Angabe von Seitenverhältnissen in rechtwinkeligen Dreiecken (Steigung u. ä.).

349

In Sequenz 2 werden Situationen betrachtet, in denen die bisher eingenommene Vorstellung von Winkel nicht adäquat erscheint und neue Vorstellungen (und damit implizit neue Definitionen) entwickelt werden. Es erfolgt damit eine Erweiterung des Bildes von "Winkel".

In Sequenz 3 liegt der Schwerpunkt der Begriffsentwicklung in einer theoretischen Vertiefung. Im Mittelpunkt steht ein theoretisches Problem (Winkelsumme im Dreieck), wobei sich nach der Entscheidung für eine in diesem Zusammenhang adäquat erscheinende Vorstellung von Winkel folgende Fragen ergeben: Wie soll die Definition von Winkel aussehen? Was heißt Gleichheit von Winkeln? Was ist die Größe eines Winkels? Was bedeutet es, Winkel (-größen) aneinander zu fügen (zu addieren)?

In Sequenz 4 erfolgt nach vorheriger Vertiefung nunmehr wieder eine Erweiterung. Es werden neue Problembereiche angerissen, in denen der Winkel als Bearbeitungsmittel von Bedeutung ist, z. B. für die Beschreibung von Figuren durch Algorithmen (LOGO) oder der Winkel zwischen zwei Ebenen.

In Sequenz 5 werden Anwendungen behandelt, bei denen sich manchmal eine Vertiefung, manchmal eine Erweiterung des Bildes von "Winkel" ergibt.

8.2.3   Zum Aufbau der einzelnen Sequenzen

Das Aufgabensystem ist auf einer didaktischen Mesoebene (vgl. 8.2) in Sequenzen unterteilt, wobei es nun darum geht, den einzelnen Sequenzen eine "innere Logik" zu geben. Ein Schritt in diese Richtung kann mit einem Gestalten von Unterabschnitten einheitlicher Thematik versucht werden.

Im folgenden sei der innere Aufbau der fünf Sequenzen in groben Umrissen wiedergegeben:

Sequenz 1: "Wir messen Winkel"
Für diese Sequenz werden vier Unterabschnitte vorgeschlagen:

a) Der Größenvergleich von Winkeln

In den Aufgaben W01 bis W03 geht es darum, jene Kriterien herauszufinden, die für den Größenvergleich von Winkeln wichtig bzw. unwichtig sind. Die Kreislinie wird als Möglichkeit herausgearbeitet, Winkel der Größe nach zu ordnen. Damit wird eine bedeutende Voraussetzung für die Ausführbarkeit des Messens geleistet.

b) Herstellen von Meßgeräten: Reflexionen zur Ausführbarkeit des Messens

In den Aufgaben W04 bis W05 werden die Unterteilung der Kreislinie, die Auswahl eines Einheitswinkels und das Ermitteln, wie oft der Einheitswinkel im zu messenden Winkel enthalten ist, als Grundbausteine der Ausführbarkeit des Messens erarbeitet. Dabei haben die Schüler die Aufgabe, selbst einfache Winkelmesser (z. B. Windrosen) herzustellen und zu verwenden. Der Herstellung von Meßgeräten wird deshalb so große Bedeutung zugemessen, weil das Verstehen des Meßvorganges in der Herstellung des Gerätes seine operative Entsprechung besitzt. Besonders deutlich wird das Prinzip der Winkelmessung in der Aufgabe W06, wo ein zu einem Viertelkreis gebogener Zollstab zur Messung von Winkeln benützt wird.

c) Zweckrekonstruktion und Verwendungsmöglichkeiten des Geodreieckes

In der Aufgabe W07 wird die Bauweise des Geodreieckes analysiert und ausgehend von einem selbstkonstruierten Vollkreiswinkelmesser ein einfaches Geodreieck selbst hergestellt. In der darauffolgenden Aufgabe W08 werden Einsatzmöglichkeiten des Geodreieckes in verschiedenen Situationen erprobt.

d) Eine alternative Art der Winkelmessung

Ausgehend von Straßenschildern, die Steigungen bzw. Gefälle in Prozenten angeben, wird in Aufgabe W09 eine weitere Möglichkeit betrachtet, Größen von Winkeln anzugeben, nämlich als Verhältnisse von Seitenlängen. Es wird besonders hervorgehoben, daß die Umrechnung von Prozent in Grad nicht linear ist. Aufgabe W10 zeigt, daß es in bestimmten Situationen notwendig ist, kleinere Winkeleinheiten zu betrachten (Minuten, Sekunden bzw. Promille).

Sequenz 2: "Verschiedene Situationen - verschiedene Winkel"

Für diese Sequenz werden folgende drei, aufeinander aufbauende Unterabschnitte vorgeschlagen:

a) Vier erzeugende Situationen

In den Aufgaben V01 - V04 wird jeweils eine Umweltsituation zum Ausgangspunkt genommen, eine bestimmte Vorstellung von Winkel bewußt zu machen. Folgende vier Vorstellungen werden - ohne sie jedoch bereits namentlich zu besetzen - herausgearbeitet: "Winkel ohne Bogen", "Winkel mit Bogen", "Winkel mit Kreisbogenpfeil" und "Winkel mit Umdrehungspfeil".

b) Systematische Betrachtungen zu den vier Vorstellungen

In der Aufgabe V05 prallen die vier Vorstellungen in einem fiktiven Dialog zweier Schüler aufeinander. Es soll herausgearbeitet werden, daß - je nach Sichtweise einer Situation - verschiedene Vorstellungen von Winkel angebracht sind. Während die Aufgabe V06 diese vier Vorstellungen erstmals explizit erwähnt, geht es in Aufgabe V07 darum, in verschiedenen Umweltsituationen zu argumentieren, welche Vorstellung gerade adäquat erscheint. In Aufgabe V08 soll demonstriert werden, daß zu ein- und derselben Situation verschiedene Sichtweisen eingenommen und damit verschiedene Vorstellungen von Winkel zum Tragen kommen können.

c) Systemerweiternde Betrachtungen

In den Aufgaben V09 - V13 werden keine neuen Vorstellungen von Winkel erarbeitet, sondern Situationen betrachtet, in denen rund um diese vier Vorstellungen neue Aspekte zu weitergehenden Überlegungen führen: In V09 wird anhand von "Rohrknien" gezeigt, daß hier der Winkel sinnvollerweise nicht als durch die beiden vorliegenden Rohrschenkel gegeben betrachtet wird, sondern durch die Abweichung von einem geraden Rohrstück. In V10 wird erörtert, daß in vielen Situationen von oft gar nicht sichtbaren Linien (z. B. Horizontale, Vertikale) ausgegangen wird, wenn es darum geht, bestimmte Winkel (z. B. Sonnenstand) zu betrachten. In V11 sollen die Schüler lernen, daß man bei der Navigation zwei verschiedene Möglichkeiten hat, Richtungsänderungen anzugeben. In V12 wird herausgearbeitet, daß man beim "Winkel mit Bogen" die Größe auch in Prozenten (statt in Graden) angeben und Winkel dabei als Anteile an der Kreisfläche verstehen kann. In V13 sollen die Schüler darüber nachdenken, was es heißt, den Winkel zwischen zwei Geraden zu betrachten.

Sequenz 3: "Beweisen mit Winkeln"

Für diese Sequenz werden folgende Unterabschnitte vorgeschlagen:

a) Der Winkel als gedachte Handlung

In der Aufgabe B01 sollen die Schüler erarbeiten, daß man zu jeder Vorstellung von Winkel eine bestimmte "Handlungsanweisung" angeben kann. Es wird auf das Vorliegen zweier (unterschiedlicher) Richtungen und deren In-Beziehungsetzen durch eine Drehbewegung hingearbeitet. Die Aufgabe B02 zielt auf eine schriftliche Charakterisierung der wesentlichen Merkmale von Winkel und Winkelmessung durch den Schüler ab.

b) Eine "beweiserzeugte" Definition von Winkel

In der Aufgabe B03 soll erfahren werden, daß man zurecht vermuten kann, daß die drei Ecken eines dreieckigen Papierblattes zusammen ziemlich genau 180° ergeben. Da aber jede Messung ungenau ist, wird man durch noch so häufiges Messen nie sicher schließen können, daß genau 180° herauskommt. Ein mathematischer ("sicherer") Beweis ist vonnöten! In der Aufgabe B04 geht es allein darum, daß vorliegende Problem in mathematischen Begriffen zu formulieren, also gewissermaßen die Voraussetzungen für einen Beweis zu schaffen! Die anstehenden Begriffserklärungen werden in einem fiktiven Schülerdialog (vgl. LAKATOS 1979) abgehandelt, welcher im Unterricht gelesen und in Gruppenarbeit diskutiert werden soll. In Aufgabe B05 sollen die Schüler den Satz über die Winkelsumme im Dreieck beweisen, wobei bestimmte Hilfen angeboten werden.

c) Weitere Reflexionen über Definieren, Beweisen und Bezeichnen

In Aufgabe B06 wird das Problem behandelt, wie eine Erweiterung des Verständnisses vom Aneinanderfügen von (zwei) Winkeln (also auch für Winkel über 180°) erreicht werden kann. Es stellt sich dabei u. a. auch die Frage, ob zwei Winkel zusammen über 360° ergeben können. Daran anknüpfend sollen in Aufgabe B07 Diskussionen über Definitionen und Bezeichnungen (Winkel, Winkelgröße, Winkelmaß, evtl. auch Winkelmaßzahl) durchgefürt werden. In Aufgabe B08 geht es um die Winkelsumme in Vielecken, wobei bereits auf die in Aufgabe B07 getroffenen Festlegungen (Definitionen, Konventionen) zurückgegriffen werden kann. Aufgabe B09 thematisiert die Annahme von Mathematikhistorikern, daß ein Vasenmuster mit gleichschenkeligen Dreiecken zur Vermutung über die Winkelsumme im Dreieck (bzw. einem Sonderfall davon) geführt haben könnte. Dies bietet Gelegenheit, über das Finden bzw. Vermuten von Sätzen zu reflektieren.

d) Der Winkel als bedeutender Begriff der Kongruenz

Ausgehend vom Problem, ein vorgegebenes Dreieck mit möglichst wenig Messungen auf einem anderen Blatt nocheinmal zu zeichnen, wird die Frage thematisiert, wieviele Bestimmungsstücke für ein Dreieck benötigt werden (Aufgabe B10). In Aufgabe B11 wird die Fragestellung insofern umgedreht, als es um die Frage geht, unter welchen Bedingungen drei beliebige Bestimmungsstücke (eindeutig) ein Dreieck ergeben.

Ein weiterer Sichtwechsel wird in Aufgabe B12 vorgenommen, bei welcher nach den Voraussetzungen gefragt wird, wann man zwei Dreiecke als kongruent bezeichnen kann.

e) Beweise und Beweismethoden

Anhand des Satzes, daß ein gleichschenkeliges Dreieck zwei gleich große Winkel hat (und umgekehrt), wird in Aufgabe B13 thematisiert, was eine "Genau-dann-Aussage" ist und wie ein indirekter Beweis funktioniert. Diese Aufgabe steht dabei exemplarisch als Möglichkeit zur Verfügung, die Schüler über das Beweisen in der Geometrie (bzw. in der Mathematik) nachdenken zu lassen. Als Folgerung aus Aufgabe B13 kann in Aufgabe B14 der Satz des Thales (bzw. auch dessen Umkehrung) bewiesen werden. Als Verallgemeinerung des Satzes von Thales wird in Aufgabe B15 der Peripheriewinkelsatz besprochen, der seinerseits als Folgerung aus dem Zentriwinkelsatz gesehen werden kann. Es geht darum, die Zusammenhänge zwischen diesen drei Sätzen zu erkennen (lokales Ordnen) und eine Konstruktion des Peripheriebogens einsichtig zu erläutern.

Sequenz 4: "Neue Problembereiche"

Für diese Sequenz werden folgende Unterabschnitte vorgeschlagen:

a) Konstruktionsprobleme

In Aufgabe P01 wird das gleichseitige Dreieck genauer betrachtet und in Aufgabe P02 insofern angewandt, als es um das Problem geht, zu zeigen, daß man den Radius auf einem Kreis genau sechsmal abschlagen kann. Damit kann man mit dem Zirkel einen Winkel von 60° (bzw. Vielfache davon) recht einfach konstruieren. In Aufgabe P03 kann gelernt werden, daß man jeden Winkel, der ein Vielfaches von 15° ist, konstruieren kann. Die Aufgabe P04 zerstört die Hoffnung, jeden Winkel mit dem Zirkel konstruieren zu können: Es wird erarbeitet, daß z. B. eine Dreiteilung eines Winkels von 20° mit Zirkel und Lineal unmöglich ist. Dabei soll wiederum hervorgehoben werden, daß die Dreiteilung der Bogensehne dieses Problem natürlich nicht löst.

b) Berechnungsprobleme

In der Aufgabe P05 werden insgesamt 18 Teilaufgaben gestellt, die jeweils folgenden Charakter haben: Es liegt eine Figur vor, in der ein (oder zwei) Winkel mit Gradangabe(n) angegeben ist (sind), sowie ein Winkel alpha, dessen Größe durch Analyse der Figur ermittelt werden soll. In Aufgabe P06 geht es darum, in einer komplexeren Figur die Größe eines Winkels alpha zu ermitteln, wobei auf die in Aufgabe P05 gelernten "Standardsituationen" zurückgegriffen werden kann.

Es soll bewußt gemacht werden, daß es bei der Lösung komplexerer mathematischer Probleme darauf ankommt, sie in eine geschlossene Kette lösbarer Einzelaufgaben zu verwandeln. Die Aufgabe P07 ist noch etwas komplexer als die Aufgabe P06, weshalb der Hinweis gegeben wird, "von vorwärts" und "von rückwärts" denkend an das Problem heranzugehen (Erwerb einer heuristischen Strategie.).

c) "Steckbrief" von Figuren

Am Beispiel des Rechteckes (Aufgabe P08) wird überlegt, welche Beschreibungsmerkmale für ein Rechteck notwendig und hinreichend sind, und welche Alternativen (und austauschbaren) "Steckbriefe" es für diese Figur gibt. Es zeigt sich, daß der Winkel bei Steckbriefen eine zentrale Rolle einnehmen kann. Daß dies nicht immer so ist, kann am Beispiel des Deltoids (Aufgabe P09) erörtert werden. Die Aufgabe P10 ist insofern eine Umkehrungsaufgabe, als hier "Steckbriefe" gegeben sind und nach den sich dahinter "verbergenden" Figuren gefragt wird. Anhand von Steckbriefen kann man u. a. auch argumentieren, warum ein Quadrat als Rechteck angesehen werden kann.

d) Winkel und Algorithmen

In der Aufgabe P11 sollen zunächst die LOGO-Befehle "vorwärts", "rückwärts", "rechts" und "links" erarbeitet werden; schließlich geht es darum, ein Programm als Befehlsfolge für ein Rechteck zu erkennen. Die Aufgabe P12 ist insofern eine Umkehraufgabe, als hier Figuren vorgegeben sind, zu denen die jeweilige Befehlsfolge gefunden werden soll. Dabei wird bei einigen Figuren schon die Idee vorbereitet, so etwas wie einen "Wiederhole-Befehl" einzuführen, was in Aufgabe P13 konkret geschieht. Insgesamt können nun für Figuren (auch n-Ecke) einfache "Programme" geschrieben werden, bei denen der Winkel (am ehesten als "Winkel mit Kreisbogenpfeil" interpretierbar) eine bedeutende Rolle spielt.

e) Winkel im Raum

Die Aufgabe P14 und P15 sollen der Tatsache Rechnung tragen, daß es Probleme gibt, bei denen es nicht einfach nur um Winkel zwischen zwei geraden Linien geht. Dabei werden der (kleinste) Winkel zwischen einem Strahl und einer Ebene sowie der (kleinste) Winkel zwischen zwei Ebenen betrachtet, wobei es neben Fragen der praktischen Ermittlung dieses Winkels auch um Fragen des Definierens und Bezeichnens geht: Wer z. B. legt fest, was der Winkel zwischen zwei Ebenen sein soll.

Sequenz 5: "Praktische Anwendungen"

Für diese Sequenz werden folgende Unterabschnitte vorgeschlagen:

a) Modellbildungsprozesse

Aufgabe A01: Ausgehend vom Problem, den Standort eines Schiffes zu bestimmen (in der Ferne werden zwei Leuchttürme erblickt), wird eine Seekarte alsHilfsmittel zur Betrachtung herangezogen, welche die reale Situation in bestimmter Weise als Modell beschreibt. Anhand der Karte kann man die Möglichkeit ersehen, durch Messung zweier Winkel (Rückübersetzt in die reale Situation: Peilen) das Dreieck "Schiff - 1. Leuchtturm - 2. Leuchtturm" (Entfernung der beiden Leuchttürme aus der Karte ablesbar) hinreichend zu bestimmen: Konstruktion des Schiffstandortes in der Seekarte (Lösung im mathematischen Modell.). Nach der Bestimmung der Entfernung von der Insel und der Berechnung der nächsten Kursrichtung erfolgt wiederum eine Rückkoppelung zur realen Situation. Die Aufgabe A02 bietet ebenfalls Gelegenheit, mit Schülern einen Modellbildungsprozeß aktiv nachzuvollziehen. Der Unterschied liegt darin, daß hier keine "Karte" vorliegt, sondern vom Schüler eine maßstabgerechte Skizze entworfen werden muß, um das Problem "Wie breit ist der Fluß?" zu lösen.

Während in den Aufgaben A01 und A02 das Modell beinahe von vornherein feststeht, geht es in Aufgabe A03 um die Frage, welches Modell gewählt werden soll: Wie quantifiziert man (z. B. über Winkelgrößen) den Terminus "lawinengefährdeter Hang"?

b) Erörterung verschiedener Situationen

Auch die Aufgaben A04 - A06 handeln im Prinzip von Modellbildungen. Es wird jedoch nicht mehr der Modellbildungsprozeß in den Vordergrund gestellt, sondern anhand dreier Situationen demonstriert, in welch vielfältiger Form der Winkelbegriff bei der Beschreibung von Situationen Verwendung finden kann. Während es in Aufgabe A04 um eine physikalische Anwendung geht (Reflexion einer Billardkugel an der Bande), behandelt die Aufgabe A05 die Frage nach dem besten Schußwinkel in verschiedenen Situationen aus einem Fußballspiel (Peripheriewinkelsatz u. ä.) und in Aufgabe A06 wird das Problem diskutiert, wie man mit Hilfe einer Uhr die Südrichtung bestimmen kann.

c) Verkörperung mathematischer Sätze in der Umwelt

Die Aufgabe A07 beginnt mit einem Spiel, welches den (schon kennengelernten) Satz des Thales verkörpert. Für die Schüler geht es also primär darum, eine reale Situation als "Anwendungsfall" eines theoretischen Sachverhaltes zu erkennen.

In Aufgabe A08 haben die Schüler u. a. die Aufgabe, selbst einen (einfachen) Neigungsmesser herzustellen. Dieser kann als Realisierung der Idee des Satzes über Normalwinkel interpretiert werden. Die im Satz bewiesene Beziehung ist also ein theoretisches Modell des Neigungsmessers ("praktisches Modell"). In Aufgabe A09 wird (als eine weitere Realisierung des Satzes über Normalwinkel) der Höhenmesser betrachtet, wobei hier der Schwerpunkt vor allem auf der Anwendung des (selbst herzustellenden) Gerätes in entsprechenden Situationen (z. B. Höhe eines Turmes) geht. Zur Lösung dieser Aufgaben ist wiederum das Anfertigen einer maßstabgerechten Skizze (mathematisches Modell der Situation) notwendig.

d) Probieren, Schätzen und Orientieren

Exemplarisch für vielerlei Möglichkeiten, zu diesem Thema Aufgabenstellungen zu konstruieren, werden hier die Aufgaben A10 - A13 zur Diskussion gestellt. In Aufgabe A10 soll der größte Blickwinkel eines Galeriebesuchers zu einem großen Gemälde zuerst durch Schätzen und dann durch Probieren eruiert werden, wobei zunächst eine adäquate maßstabgerechte Skizze der Situation angefertigt werden muß. Zusätzliche Lernmöglichkeiten bieten etwa folgende Fragen: Stimmt die Vermutung, daß man den größeren Blickwinkel hat, wenn man näher hingeht? Liegt beim größten Blickwinkel die "beste" Blickposition vor? Müßte man hier eigentlich nicht von einer "Blickwinkelpyramide" reden? In Aufgabe A11 geht es um ein Spiel, bei welchem es vor allem um das Schätzen von Winkeln, das Orientieren in einem Koordinatensystem und das Einüben des Winkelzeichnens (mit dem Geodreieck) geht. Die Aufgabe A12 zeigt, daß man zur Ortsbestimmung auf der Erdkugel (bzw. zur Orientierung auf einer Kugel allgemein) Winkelangaben verwenden kann: In dieser Hinsicht können Längen- und Breitenkreise als "Kugelkoordinaten" angesehen werden. Zur Vertiefung des Verständnisses dieses räumlichen Sachverhaltes könnten praktische Übungen (Einzeichnen von Kugelkreisen auf Luftballonen u. ä.) durchgeführt werden. Um eine ähnliche Anwendung geht es in Aufgabe A13, nämlich um die Lagebestimmung von Himmelskörpern.

e) Rekonstruktion von Zwecken

In Aufgabe A14 soll die Idee der "Verjüngung" von geraden Linien (im Gegensatz zur Idee der Parallelität) reflektiert werden. Sowohl Keile als auch Kegel sollen als räumliche Repräsentanten dieser Idee erkannt werden. In Aufgabe A15 werden grundrißgleiche Häuser mit unterschiedlichen Dachneigungen und sich daraus ergebenen Vor- und Nachteilen untersucht.

In der Aufgabe A16 geht es um die Frage, warum Bleistifte (bzw. Bleistiftspitzer) an der Spitze einen Winkel von ca. 25° bilden, und welche Nachteile z. B. bei Winkeln von 15° bzw. 35° auftreten würden. Es ist dies ein Sachverhalt, wo man durch empirische Beobachtungen (Versuche) ein Ergebnis ableitet, welches natürlich von der Zusammensetzung bestimmter Materialien abhängt. Es handelt sich also weder um die Verkörperung eines mathematischen Sachverhaltes (Satzes), noch um ein Naturgesetz.

8.2.4 Aufgaben als bedeutende Basis didaktischer Diskussionen

Eine einzelne Aufgabe kann auf einer didaktischen Mikroebene (vgl. 8.2.3) als kleinster Baustein eines Aufgabensystems gesehen werden. Zwar ist jede Aufgabe in ein bestimmtes Netz von Aufgaben eingebettet, sie kann aber dennoch für sich als Grundlage und Ausgangspunkt für didaktische Diskussionen zum jeweiligen Themenbereich (Begriff) herangezogen werden. Es genügt jedoch nicht, auf didaktischer Ebene lediglich Aufgabenstellungen (bzw. gar nur Ansätze dazu) zu formulieren, ohne deren Sinn, die angestrebten Ziele und die von den Schülern durchzuführenden Handlungen explizit anzusprechen. Ohne ein solches Bewußtmachen der dahinterliegenden "didaktischen Ideen" kann es sehr leicht passieren, daß diese auf ihrem Weg in den Unterricht einen nachteiligen "Verdünnungsprozeß" mitmachen. Um einem solchen "Übertragungsverlust didaktischer Ideen" (vgl. KRAINER 1982, S. III) entgegenzusteuern, werden im Hinblick auf die Konkretisierung eines Aufgabensystems folgende didaktische "Begleitmaßnahmen" vorgeschlagen:

a) Die Formulierung jeder Aufgabe wird so vorgenommen, daß sie von Schülern selbst gelesen und bearbeitet werden kann. Mit eingeschlossen ist jeweils eine Frage, die auf den Sinn (eine Reflexion) der Aufgabe abzielt. Meist wird dazu folgende Formulierung gewählt: "Formuliere nach Bearbeitung der Aufgabe, was man aus ihr lernen kann!" Dies erleichtert nicht nur das Fortschreiten zu den nächsten Aufgaben, sondern läßt den Schülern auch die Möglichkeit, das angepeilte "System" erkennen und damit den roten Faden mitvollziehen zu können.

b) Zu jeder Aufgabe werden (als Hinweis für den Lehrer) "mögliche Schüleraktivitäten" angeführt, um der latenten Gefahr vorzubeugen, aus den Augen zu verlieren, was der Schüler - als "Hauptbetroffener" - eigentlich tun soll. Die Schüleraktivitäten können auch als kurze Inhalts- (Tätigkeits-) Angabe jeder Aufgabe gesehen werden.

c) Zu jeder Aufgabe wird für den Lehrer eine kurze "Reflexion" angeboten, die zu einer vertieften Auseinandersetzung mit der Funktion der Aufgabe führen kann. Dabei geht es nicht nur um das Interpretieren der Ergebnisse der Aufgaben, sondern vor allem um einen Kommentar (Reflexion) zu den jeweiligen Aufgaben und deren Einbettung in größere Zusammenhänge, z. B. in die entsprechende Aufgabensequenz oder in spezifische Denk- und Vorgehensweisen in der Mathematik.

d) Eine konsequente Fortsetzung des Ansatzes, Aufgaben als Kommunikationsbasis für Reflexionen über Lehrinhalte und Lehrziele aufzufassen, muß auch bedeuten, eine Zuordnung der bei den einzelnen Aufgaben auftretenden Aktivitäten zu allgemeinen Lernzielen des Mathematikunterichts (etwa nach WINTER 1975 oder BÜRGER 1981) vorzunehmen. Für die Sequenz 1 "Wir messen Winkel" wird eine solche durch eine Bezugnahme auf einen Katalog allgemeiner Lernziele realisiert. Es wird dabei von einer Aufstellung allgemeiner Lernziele von Heinrich BÜRGER (1981) ausgegangen, die von ihm im Buch "Mensch und Mathematik" (FISCHER/ MALLE 1985) modifiziert wurde.

Dabei werden - in Anlehnung an die österreichischen Mathematiklehrpläne für Schulversuche an der Oberstufe der allgemeinbildenden höheren Schulen- folgende Lernzielblöcke unterschieden:
- Argumentieren und exaktes Arbeiten (ARG, EXA)
- Darstellen und Interpretieren von Sachverhalten (DARST, INT)
- Produktives geistiges Arbeiten (PROD)
- Kritisches Denken (KRIT)
- Anwenden von Mathematik in außermathematischen Bereichen (ANW)
- Reflektieren über Mathematik und mathematische Arbeitsweisen (REF)

In jedem dieser Lernzielblöcke werden von den Autoren 6 - 18 Lernziele spezifiziert. (Siehe Anhang 3)
In der vorliegenden Arbeit (beschränkt auf Kapitel 9.1) wird dieser Katalog für allgemeine Lernziele übernommen, wobei für den letzten Lernzielblock eine Erweiterung um (zumindest) zwei Lernziele vorgeschlagen wird:
- Erkennen, daß Namensgebungen, Festlegungen, Begriffsbildungen in der Mathematik von außermathematischen Rahmenbedingungen geprägt sein können. (REF)
- Erkennen, daß viele Gegenstände unserer Umwelt Verkörperungen geometrischer Ideen sind. (REF)

Alle diese "didaktischen Begleitmaßnahmen" bei der Erstellung eines Aufgaben-systems dürfen jedoch nicht darüber hinwegtäuschen, daß es sich um einen Versuch handelt, der einer eingehenden Diskussion bedarf, wobei jedoch die Basis für diese Diskussion durch die sowohl praktische als auch theoretische Beschreibung des Vor-habens gewissermaßen mitgeliefert wird.

Folgende Rahmenbedingungen sind in einer entsprechenden Diskussion auf jeden Fall miteinzubeziehen:

- Kein Aufgabensystem kann Anspruch auf "Vollständigkeit" o. ä. erheben. Der Ver-such, möglichst "begriffserzeugende" Aufgaben zu konstruieren, erfährt allein schon durch die Frage, was man alles zum entsprechenden Begriff zählen soll, eine Einschränkung. Jedes Aufgabensystem ist somit in einem bestimmten Sinne reduzierbar und erweiterbar.

- Der Versuch, eine möglichst enge Verbindung zwischen mathematischen Inhalten (hier dem Winkelbegriff), Aktivitäten von Schülern und allgemeinen Lernzielen anzustreben, darf niemals eine ideale Verschmelzung erwarten lassen:
  a) Kein Inhalt kann zugleich Übungsfeld für alle Lernziele sein, kein Lernziel ist durch einen Inhalt monopolisierbar.
  b) Jede Aktivität des Schülers wird einmal mehr eine inhaltliche und einmal mehr eine allgemeine Denkrichtung einschlagen.

- Aufgabensysteme enthalten keine ausgesprochenen "Übungsaufgaben". In jeder Aufgabe werden neue Aktivitäten verlangt, neue Ziele angestrebt. Dadurch, daß der zu erwerbende Begriff aus verschiedensten Facetten betrachtet wird und viel-fältige Aktivitäten durchzuführen sind, sind gewisse implizite Übungsgelegenheiten vorhanden. Es ist jedoch klar, daß für spezielle Übungsaktivitäten neue Aufgaben konstruiert werden müssen.

9. KONKRETER VORSCHLAG FÜR EIN AUFGABENSYSTEM ZUR KONSTRUKTION DES WINKELBEGRIFFES

Ausgehend vom Ansatz, sich an den drei "Denkbereichen" einer lebendigen Geometrie zu orientieren (Geometrie als Konstruktion von Umwelt, Geometrie als Konstruktion von Theorie, Geometrie als Netzwerk von Umwelt und Theoriewelt), werden für eine Konstruktion des Winkelbegriffes (für Schüler rund um die 6. Schulstufe) fünf Aufgabensequenzen unterschiedlicher Thematik mit jeweils 10 - 15 Aufgaben vorgeschlagen: "Wir messen Winkel", "Verschiedene Situationen-verschiedene Winkel", "Beweisen mit Winkeln", "Neue Problembereiche" und "Praktische Anwendungen". Zur besseren Information des Lehrers sind nach der Formulierung jeder Aufgabe "Mögliche Schüleraktivitäten", "Reflexionen" und für das Kapitel 9.1 exemplarisch auch "Allgemeine Lernziele" angefügt.

Mit dem Aufgabensystem wird versucht, den Winkelbegriff sehr ausführlich und aus verschiedensten Sichtweisen zu behandeln. Dabei werden auch allgemeinere Aspekte angesprochen, die einen gewissen exemplarischen Charakter besitzen: z. B. Reflexionen über das Bilden von mathematischen Modellen, über die Möglichkeit verschiedener Vorstellungen von einem Begriff, über das Beweisen, über das Definieren, über das Bezeichnen, über die historische Genese von Mathematik, über den Bezug von Umwelt und Theorie(welt), usw.

Es ist durchaus möglich, viele allgemeine Aspekte am Beispiel anderer Begriffe bzw. Themenbereiche zu behandeln, z. T. sicherlich schon vor der Bearbeitung des Winkelbegriffes. Zudem gibt es große Unterschiede, was die Vorerfahrungen (Vorkenntnisse) von Schülern zu verschiedenen Aufgaben betrifft. In dieser Hinsicht bestehen für den Anwender des Aufgabensystems einige Freiheiten bei der Auswahl bzw. der Intensität der Behandlung der Aufgaben bzw. Aufgabenblöcke.
Als Behelf für diese Auswahl stehen die schon erwähnten Informationen für den Lehrer (Schüleraktivitäten, Reflexionen, allgemeine Lernziele) zur Verfügung.

Es sei also festgehalten, daß keineswegs das ganze Aufgabensystem durchlaufen werden muß, sondern daß hier bewußt eine möglichst breite Basis an Aktivitäten angeboten wird. Es obliegt der didaktischen Entscheidung des Lehrers, "zielorientiert" nach entsprechenden Aufgaben Ausschau zu halten. Plakativ formuliert: Es geht nicht um das "Abhaken" von Aufgaben, sondern um das Initiieren von Aktivitäten, die den als adäquat angesehenen Zielen dienlich sind.

Eine bedeutende Frage ist jene nach den Fähigkeiten, die man von Schülern nach dem (fiktiv angenommenen) vollständigen Bearbeiten des Aufgabensystems erwarten könnte. Eine Antwort darauf soll mit einem "Handlungskatalog" versucht werden, in welchem die Fähigkeiten in Form von (Denk-) Handlungen dargestellt sind.

Ein Schüler soll folgende (Denk-) Handlungen ausführen können:

- Er soll den Winkel als geometrischen Begriff verstehen können, dessen Ursprung (Wesen) darin liegt, daß zwei gedachte Strahlen (mit gemeinsamem Anfangspunkt) mit unterschiedlichen Richtungen betrachtet werden.
- Er soll verschiedene Vorstellungen von Winkel nennen und durch (bzw. in) entsprechende(n) Situationen belegen (benennen) können.
- Er soll jene Eigenschaften von Winkelfiguren nennen können, die für das Wesen des Winkels unerheblich sind: Schenkellänge, Länge des evtl. eingezeichneten Bogens, Lage am Zeichenblatt.
- Er soll Winkel beliebiger Größen schätzen, mit Hilfe von Winkelmessern (z. B. Geodreieck) messen und zeichnen können.
- Er soll die Unterteilung der Kreislinie als bedeutende Möglichkeit der Winkelmessung erkennen und darauf aufbauend selbst einen einfachen Winkelmesser (in Kenntnis der Freiheit bei der Wahl eines Einheitswinkels) herstellen können.
- Er soll die Größe von Winkeln auch mit Hilfe von Seitenverhältnissen (aus entsprechenden rechtwinkeligen Dreiecken) angeben können.
- Er soll erklären können, was man unter einem Winkel zwischen zwei Geraden, einem Winkel zwischen einem Strahl (einer Geraden) und einer Ebene, einem Winkel zwischen zwei Ebenen versteht, bzw. wie man diese Winkel messen kann.
- Er soll den Satz über die Winkelsumme im Dreieck beweisen und anwenden können.
- Er soll zwischen einem Winkel, dessen Größe und dessen Maß (evtl. auch dessen Maßzahl) unterscheiden können.
- Er soll Dreiecke unter Angabe verschiedener Bestimmungsstückkombinationen konstruieren und den Zusammenhang zur Kongruenz von Dreiecken herstellen können.
- Er soll den Satz, daß ein Dreieck genau dann gleichschenkelig ist, wenn zwei Winkel gleich sind, beweisen und anwenden können.
- Er soll den Satz des Thales beweisen und anwenden können.
- Er soll den Peripheriewinkelsatz anwenden können.

- Er soll Winkel, deren Größe ein Vielfaches von 15° ist, mit Zirkel und Lineal konstruieren können.
- Er soll Standardprobleme, in denen es um die Errechnung von Winkel geht (einfache Berechnungsaufgaben) lösen können.
- Er soll durch Vorwärts- und Rückwärtsarbeiten in komplexeren Figuren Winkel errechnen können.
- Er soll Figuren durch "Steckbriefe" beschreiben bzw. aus jenen Figuren rekonstruieren können.
- Er soll Figuren durch LOGO-Algorithmen beschreiben bzw. aus jenen Figuren rekonstruieren können.
- Er soll zahlreiche Anwendungen des Winkelbegriffes in der Umwelt nennen und die jeweiligen Anwendungsschritte analysieren können.
- Er soll die Zweckmäßigkeit der Formen von "Kegel" und "Keil" erkennen und mit der Idee der linearen Verjüngung von geraden Linien verbinden können.

INHALTSVERZEICHNIS VON KAPITEL 9:

a) Der Größenvergleich von Winkeln

W01 Welcher Sektor hat den größten Winkel?
W02 Ordnen von Winkelgrößen mit dem Zirkel
W03 Von der Wichtigkeit der Kreislinie

b) Herstellen von Meßgeräten: Reflexionen zur Durchführbarkeit des Messens

W04 Wir basteln einen einfachen Winkelmesser
W05 Ein voller Winkel hat 360°
W06 Winkelmessen mit einem Zollstab

c) Zweckkonstruktion und Verwendungsmöglichkeiten des Geodreieckes

W07 Wieso sieht das Geodreieck so aus?
W08 Das Geodreieck als wichtiges Hilfsmittel

d) Alternative Art der Winkelmessung

W09 Eine andere Art, Winkelgrößen anzugeben
W10 Man braucht oft kleinere Maßeinheiten

W01 Welcher Sektor hat den größten Winkel?

Auf dem Arbeitsblatt A sind Kreissektoren dargestellt. Sie unterscheiden sich nicht nur durch verschieden große Kreisradien, sondern auch durch das Ausmaß, mit welchem die schraffierte Fläche geöffnet ist. Schneide die Kreissektoren aus und ordne sie nach der Größe ihrer Öffnungswinkel! Erkläre deinem Sitznachbar, wie du konkret geordnet hast!

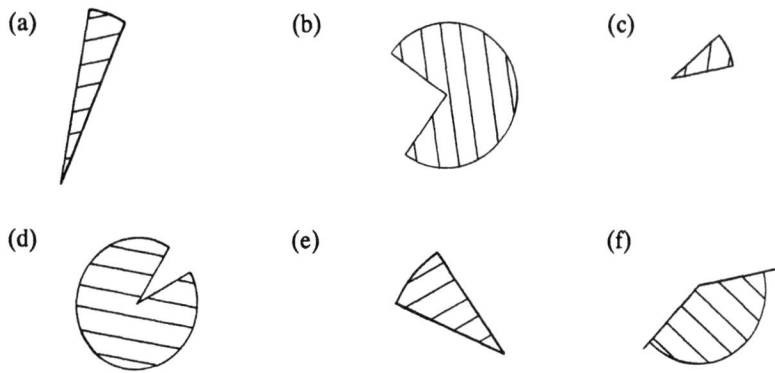

(a) (b) (c)

(d) (e) (f)

Formuliere nach Bearbeitung der Aufgabe, was man aus ihr lernen kann!

Mögliche Schülertätigkeiten:
- Übereinanderlegen der Sektoren.
- Herausarbeiten der bedeutendsten Merkmale (Eigenschaften) für den Größenvergleich der Öffnungswinkel, Diskussion mit dem Sitznachbar.

Reflexion:
- Es kommt nicht auf die Länge der Kreisradien, nicht auf die Länge der Kreisbögen und auch nicht auf die Größe der Fläche der Kreissektoren an. Es kommt nur darauf an, wie weit der Sektor geöffnet ist.

Allgemeine Lernziele:
- Herausarbeiten von charakteristischen Eigenschaften (PROD).
- Überprüfen von Eigenschaften (ARG).

W02 Ordnen von Winkelgrößen mit dem Zirkel

Es sind verschieden große Winkel gegeben. Sie sind der Größe nach zu ordnen, wobei jedoch nur der Zirkel verwendet werden darf.

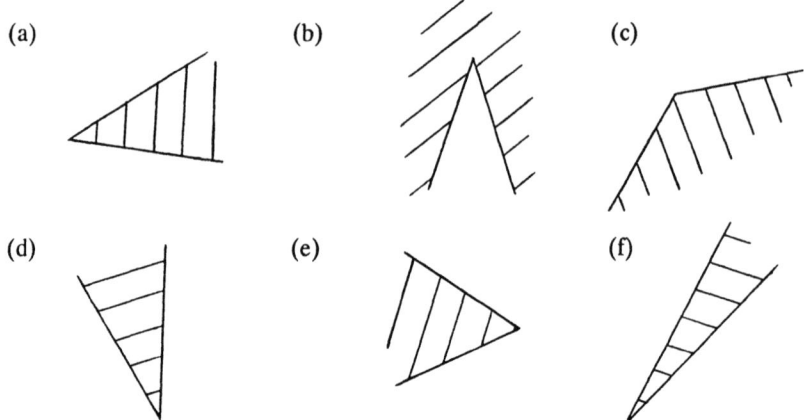

(a)　　　　　　　(b)　　　　　　　(c)

(d)　　　　　　　(e)　　　　　　　(f)

Formuliere nach Bearbeitung der Aufgabe, was man aus ihr lernen kann!

Mögliche Schülertätigkeiten:
- Abschlagen von Kreisbögen mit demselben Radius in allen Figuren (geschickterweise unter Verlängerung kürzerer Schenkel).
- Vergleich der Abstände zwischen jenen Punkten, die sich jeweils als Schnitt der zwei Winkelschenkel mit dem gezeichneten Kreisbogen ergeben.
- Nachdenken über die Hintergründe des Abschlagens mit dem Zirkel.

Reflexion:
- Die Segmentlängen eignen sich (auch bei gleichem Bogenradius) nur bedingt, um eine Abfolge der Winkelgrößen zu erhalten. (Vgl. vor allem b) und c)) Unter anderem gilt auch nicht, daß einem doppelten Winkel eine doppelte Segmentlänge entspricht.
- Zum Vergleich von Winkelgrößen kann man die Bogenlängen heranziehen. Voraussetzung ist aber, daß man einen gemeinsamen Bogenradius wählt.

Allgemeine Lernziele:
- Anwenden bekannter Verfahren in teilweise neuartigen Situationen (PROD).
- Herausarbeiten von charakteristischen Eigenschaften (PROD).
- Überprüfen von Eigenschaften (ARG).

W03 Von der Wichtigkeit der Kreislinie

Die vorangehende Aufgabe läßt sich einfacher lösen, wenn man zusätzlich eine Schere verwenden darf, um einen Kreis auszuschneiden. Welche Handlungen muß man dabei setzen? Formuliere nach gelungener Lösung, was das Wesentliche der neuen Methode ist!

Mögliche Schülertätigkeiten:
- Zum vorhin gewählten Bogenradius schneiden die Schüler aus einem Papier einen Kreis aus. Man erkennt, daß sich die Kreislinie zum Vergleich der Bogenlängen anbietet und legt daher einen fixen Punkt an der Kreislinie fest, um nacheinander die einzelnen Bogenlängen (mittels Auflegen des Kreises) zu markieren.
- Herausarbeiten der Bedeutung der Kreislinie.

Reflexion:
- Die Kreislinie bietet eine ideale Möglichkeit, Bogenlängen und damit auch Winkel ihrer Größe nach zuzuordnen. Was die gerade Linie für das Vergleichen (Messen) von Streckenlängen ist, ist die Kreislinie für das Vergleichen (Messen) von Winkelgrößen. In beiden Fällen ist es notwendig, einen fixen Ausgangspunkt auf der Linie zu wählen und die entsprechenden Lösungen nur in einer Richtung (Kreislinie als "Einbahn") aufzutragen (wobei Kreisgröße, Anfangspunkt und Richtung beliebig wählbar sind).

Allgemeine Lernziele:
- Anwenden bekannter Verfahren in teilweise neuartigen Situationen (PROD).
- Analysieren von Problemen (PROD).

W04 Wir basteln einen einfachen Winkelmesser

Falte ein Blatt Papier so, daß folgendes Faltlinienbild (Abb.) entsteht:

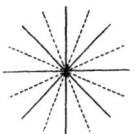

Mit diesem Linienbild hat man zugleich eine einfache Windrose (Abb.) gebastelt:

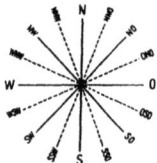

In ihr kann man die wichtigsten Himmelsrichtungen eintragen. Mit dem Linienbild kann man aber auch Winkelgrößen messen und angeben. Es liegt nahe, einfach einen Sechzehntel-Abschnitt als Einheit für das Messen zu wählen und diese z. B. 1 "Sezel" (Abkürzung für Sechzehntel) oder 1 "Rundling" zu nennen.

Wieviele Sezel mißt der folgende Winkel? (Abb.)

Miß zur Übung auch die in den Aufgaben W01 und W02 betrachteten Winkel! Was ändert sich, wenn man als Einheiten "Viertel" oder "Viesel" (Vierundsechzigstel) wählt?

Formuliere nach Bearbeitung der Aufgabe, was man aus ihr lernen kann!

Mögliche Schüleraktivitäten:

- Falten der Blätter zur Herstellung der vorgegebenen Linienbildfigur.
- Bezeichnen einer Linie mit 0 und dann fortlaufend in einer Richtung bis 16 (wobei Linie 16 wieder Linie 0 entspricht).
- Durchführen einiger Winkelmessungen (Sezel, Viertel, Viesel).
- Nachdenken darüber, was "Messen" von Winkeln bedeutet.
- Nachdenken über die Veränderungen durch die Wahl von "Vierteln" oder "Vieseln".
- Nachdenken über die Möglichkeit der Wahl von Einheiten.

Reflexion:

- Die Unterteilung der Kreislinie ist eine gute Methode, um Winkelgrößen zu messen. Man benötigt dabei keine Bogenlängen (die man ohnehin nur schwer messen könnte) und kann die Länge von Bogenradien völlig außer acht lassen.
- Winkelmessen bedeutet, daß man prüft, wie oft ein Einheitswinkel im zu messenden Winkel enthalten ist.

- Von der Größe der Einheit hängt es ab, wie genau man entsprechende Winkelgrößen angeben kann. Im Prinzip ist jede Einheit denkbar, deren (ganzzahliges) Vielfaches einen vollen Winkel ergibt.

Allgemeine Lernziele:
- Anwenden bekannter mathematischer Verfahren für außermathematische Situationen (ANW).
- Erkennen, daß für Definitionen ein Spielraum besteht, daß sie aber zweckmäßig sein sollen (REF).
- Erkennen, wie es zu neuen Begriffsbildungen kommen kann (REF).

W05 Ein voller Winkel hat 360°

In der Praxis wäre es völlig unzureichend, nur mit einer so groben Unterteilung der Kreislinie zu arbeiten, wie es etwa mit den Sezeln der Fall ist. Bei den meisten Winkelmessungen auf unserer Erde geht man von einer Teilung der Kreislinie in 360 Teile aus und nimmt den 360sten Teil als Einheit. Man nennt diese kurz "Grad" und schreibt 1°.

Ein voller Winkel hat demnach 360°.

Ein gestreckter Winkel hat 180°.

Ein rechter Winkel hat 90°.

Übrigens: "Rechter Winkel" kommt nicht von "rechts liegen" (sonst gäbe es auch linke Winkel), sondern vielmehr von "gerecht teilen" - ein gestreckter Winkel wird in zwei gleich große Teile geteilt. "Einen rechten Winkel bilden" kann auch heißen, eine Linie (z. B. eine Hauskante) ins "rechte" Lot zu bringen, d. h. die "Lotrechte" zu finden, also jene Richtung, die dann mit jeder "Waagrechten" einen rechten Winkel bildet.

Wieso ist man aber gerade auf 360 gekommen? Schon ca. 2000 Jahre vor Christi Geburt waren die in Astronomie und Astrologie interessierten Babylonier so weit, daß sie wußten, daß das Jahr etwa 360 Tage hat. Die Babylonier teilten das Jahr in 12 Abschnitte (entspricht den 12 Tierkreiszeichen) zu je 30 Teilen (Tagen).

369

Die Zahl 360 ist auch insofern eine besondere Zahl, als alle natürlichen Zahlen bis 10 mit Ausnahme von 7 in ihr ohne Rest enthalten sind. Es ist jedoch klar, daß man keineswegs zwingend an die Zahl 360 gebunden ist. Im Vermessungswesen werden z. B. Winkel in Neugrad gemessen. Dabei wird der volle Winkel in 400 gleiche Teile geteilt, ein rechter Winkel hat demnach 100 Neugrad.

Wie kann man nun aber einen Winkelmesser mit 360° selbst konstruieren?

Eine mögliche Vorgangsweise sieht so aus: Man zeichnet auf einem Kartonpapier einen Kreis (z. B. mit Radius 7 cm) und schneidet ihn aus. Dann nimmt man einen längeren Papierstreifen, den man dann genau so abschneidet, daß er gleich lang ist wie der Umfang des Kreises, also genau am Kartonkreis anliegt. Wenn es nun gelingt, den Streifen in 360 gleich lange Strecken zu unterteilen, dann hat man damit auch eine Unterteilung der Kreislinie in 360 gleich lange Bogenstücke erreicht. Wie teilt man also eine beliebige Strecke in 360 gleich lange Teile? Eigentlich ist es egal, ob man 360 Teile braucht, oder 100, oder 25 oder nur 7 - das Prinzip der Teilung ist immer gleich.

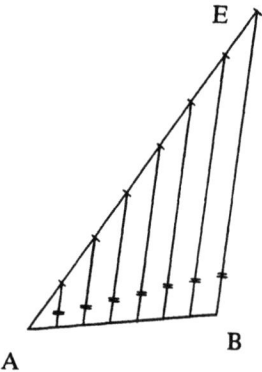

In der nebenstehenden Zeichnung (Abb.) wird dir die Unterteilung einer Strecke AB in sieben gleich lange Strecken erkärt: Man trägt auf einem beliebigen Strahl durch A sieben gleich lange Strecken auf und verbindet den Endpunkt E mit dem Punkt B. Dann zieht man durch jeden Teilungspunkt der Strecke AE eine Parallele zur Strecke BE und erhält auf der Strecke AB die gewünschten sieben gleich langen Teilstrecken.

Dieses Verfahren ist natürlich auch für 360 Teile möglich. Du solltest dir jedoch überlegen, wie du alle Teilungspunkte erhältst, ohne 360 Parallelen zeichnen zu müssen. (Ein Tip: Du brauchst z. B. nur jede zehnte Parallele zeichnen und nur einmal jene Parallelen, die zwischen zwei solchen 10-er Parallelen liegen.)

Wickelt man den Papierstreifen am Kartonkreis auf, so erhält man eine Unterteilung der Kreislinie in 360 gleich große Bogenteile. Stelle selbst einen Winkelmesser (z. B. mit Radius 7 cm) her und führe einige Winkelmessungen durch! Begründe, warum man bei Kreisen mit unterschiedlichen Radien dieselben Meßergebnisse erhält!

Eine andere Vorgangsweise sieht so aus: Man nimmt einen Streifen Karton-papier, auf welchem man 360 mal eine bestimmte Einheitslänge aufträgt. Man markiert am Streifen eine Skala von 0 bis 360 und klebt den Streifen so zusammen, daß 0 und 360 einander überdecken. Wenn es nun gelingt, dem geklebten Streifen eine Kreisform zu geben, hätte man schon einen perfekten Winkelmesser. Am besten rechnet man nun den Radius jenes Kreises aus, dessen Umfang genau die Länge des Streifens ergibt. Mit Hilfe der Formel für den Kreisumfang $U = 2r\pi$ kann man z. B. für $U = 360$ mm den Radius des Kreises bestimmen: Man erhält als Ergebnis 57,3 mm. Wenn im Unterricht genügend Zeit vorhanden ist, könntet ihr auch auf diese Art und Weise einen Winkelmesser basteln!

Formuliere nach Bearbeitung dieser Aufgabe, was man aus ihr lernen kann!

Mögliche Schüleraktivitäten:

- Nachdenken über die Entstehung des Wortes "recht" bzw. über die Bedeutung der Zahl 360 bei der Winkelmessung.
- Überlegen, wie man Strecken in gleich lange Teilstrecken zerlegt.
- Herstellen eines Winkelmessers (evtl. auf zwei Arten), Durchführen von Messungen.
- Vergleichen der beiden Herstellungsvarianten für Winkelmesser.

Reflexion:

- Jede Unterteilung des Kreises bietet die Möglichkeit, Winkel zu messen. Die Aufteilung in 360 Teile ist in den Anfängen der Zeitmessung entstanden. Würden wir auf einem Planeten leben, der sich in 100 Tagen um eine Sonne dreht, so hätte sich möglicherweise eine Winkelmessung ergeben, die von einer Unterteilung des Kreises in 100 Teile ausgeht. Dann hätten wir vielleicht auch 100 "Tage" im Jahr und 100 "Stunden" pro Tag usw.
- Um eine beliebige Unterteilung der Kreislinie zu erhalten, kann man diese zu einer Strecke aufrollen und dann entsprechend unterteilen, oder man kann eine beliebige Strecke in entsprechend viele Teile teilen und sie dann zu einem Kreis aufwickeln.
- Die Unterteilung eines Kreises schafft zugleich dieselbe Unterteilung aller anderen Kreise. Man sieht deutlich, daß es nicht auf die Bogenlängen ankommt.

- Erkennen, daß für Definitionen ein Spielraum besteht, daß sie aber zweckmäßig sein sollen (REF).
- Erkennen, daß Namensgebungen, Festlegungen, Begriffsbildungen in der Mathematik von außermathematischen Rahmenbedingungen geprägt sein können (REF).

W06 Winkelmessen mit einem Zollstab

In diesem Beispiel lernst du ein Verfahren kennen, wie man in der Praxis mit Hilfe eines Zollstabes Winkel messen kann. So etwa verwenden Zimmerer dieses Verfahren, um die Neigung eines Daches zu ermitteln!

Ausgehend von einer Linie, welche die Neigung des Daches wiedergibt, werden 57 cm waagrecht nach rechts und 57 cm lotrecht nach oben aufgetragen.

Dann nimmt man den Zollstab so, daß die rechte Hand den Anfang und die linke Hand den Zollstab bei der 90 cm Markierung festhält und legt ihn längs der schmäleren Längsseite an den beiden vorher markierten Stellen an: Es entsteht ein Viertelkreisbogen. (Abb.) Warum kann man jetzt den entsprechenden Winkel ablesen? An der Skala des Zollstabes kann man nun die Grade von 0 bis 90 ablesen!

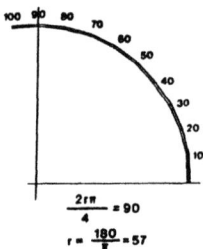

$$\frac{2 r \pi}{4} = 90$$

$$r = \frac{180}{\pi} = 57$$

Führe einige Winkelmessungen nach dieser Methode durch! Formuliere nach Bearbeitung dieser Aufgabe, was man aus ihr lernen kann!

Mögliche Schüleraktivitäten:

- Durchführen von Winkelmessungen mit der Zollstab-Methode.
- Nachdenken über die Bedeutung des Viertelkreis-Bogens des Zollstabes für das Winkelmessen.

Reflexion:

- Mit dem Zollstab kann man Winkel bis zur Größe von 90° ablesen.
- Es wird nochmals deutlich, daß man zur Winkelmessung eine lineare Skalierung an der Kreislinie benötigt.

- Das Biegen des Zollstabes zu einem Viertelkreis entspricht genau der Herstellung einer äquidistanten Unterteilung der Kreislinie (Zollstab als Modell des Winkelmessens).

Allgemeine Lernziele:
- Anwenden bekannter Verfahren in teilweise neuartigen Situationen (PROD).
- Finden von geeigneten Darstellungsformen (PROD).
- Finden von mathematischen Modellen für außermathematische Situationen (ANW).

W07 Wieso sieht das Geodreieck so aus?

Schon längst hast du bemerkt, daß es ein viel bequemeres Winkelmeßgerät gibt, nämlich das Geodreieck. (Abb.)

Bevor wir den Umgang mit diesem Gerät lernen, wollen wir seine Bauart hinsichtlich seiner Zweckmäßigkeit untersuchen: Warum hat sich die Herstellung dieses Gerätes als so nützlich erwiesen? Welche Funktionen erfüllt es?

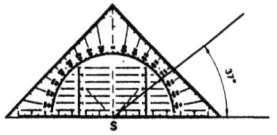

Eine wichtige Funktion für die Winkelmessung hat dabei der Halbkreis, der auch als gestreckter Winkel gesehen werden kann. Die beiden Schenkel bilden gemeinsam die Längenmaßlinie des Geodreieckes. Damit kann man im Gegensatz zu einem Vollkreiswinkelmesser auch Streckenlängen messen und gerade Linien (und damit auch Winkel) zeichnen.

Um diese Arbeit zu leisten, würde auch ein einfacher Halbkreiswinkelmesser (Abb.) genügen. Welche Vorteile bietet aber ein Geodreieck zusätzlich? Wie erhält man die Skaleneinteilung für die Winkelgrößen an den beiden kürzeren Dreieckseiten? Welcher Unterschied besteht zwischen der Skaleneinteilung an den kürzeren Dreieckseiten und dem Halbkreis? Stelle selbst ein einfaches Geodreick her!

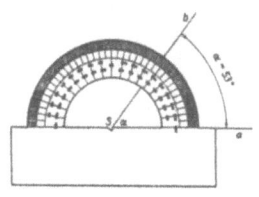

Formuliere nach Bearbeitung dieser Aufgabe, was man aus ihr lernen kann!

- Analyse der Bauweise des Geodreieckes.
- Herstellen eines einfachen Geodreieckes, wobei von einem selbstkonstruierten Vollkreiswinkelmesser (Aufgabe W05) ausgegangen wird.

Reflexion:
- Der Mensch hat das Geodreieck erdacht und konstruiert, um damit u. a. Strecken und Winkel messen zu können. Man kann Strecken und Winkel zeichnen, mit zwei Geodreiecken Linien parallel verschieben. Außerdem zeigt die besondere Form des Geodreieckes (halbes Quadrat) mit 90° und 45° Winkel, die man in vielen Situationen benötigt.
- Die Skaleneinteilung für die Winkelgrößen an den beiden kürzeren Dreiecksseiten ist nicht linear.

Allgemeine Lernziele:
- Erkennen, daß viele Gegenstände unserer Umwelt Verkörperungen geometrischer Ideen sind (REF).
- Finden von geeigneten Darstellungsformen (PROD).

W08 Das Geodreieck als wichtiges Hilfsmittel

Eine wichtige Tätigkeit, die man mit dem Geodreieck anstreben kann, ist das Zeichnen von Winkeln. Daß man damit auch Probleme lösen kann, soll am folgenden Beispiel demonstriert werden:
Bei einem sehr steilen Streckenabschnitt einer Schiabfahrt wurde gemessen, daß dieser Abschnitt 113 m lang und mit 52° geneigt ist. Wie groß ist der Höhenunterschied auf diesem Streckenabschnitt?

Man löst die Aufgabe, indem man eine maßstabgetreue Skizze der Situation entwirft (Abb.) und das Ergebnis mißt:
Skizze im Maßstab 1:1000, 1 cm = 1 m

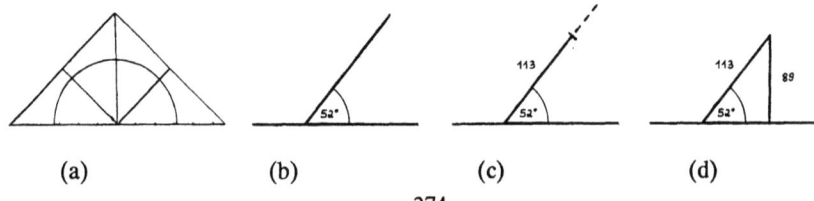

    (a)   (b)   (c)   (d)

Die Konstruktion kann man noch schneller und eleganter ausführen (Abb.):

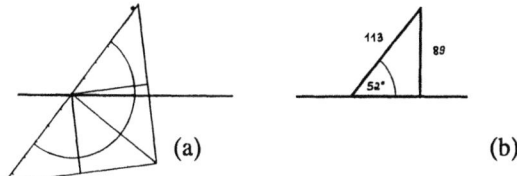

(a)   (b)

Suche selbst noch einige Aufgaben aus dem Alltag, bei denen zur Lösung das Zeichnen von Winkeln gebraucht wird! Formuliere nach Bearbeitung dieser Aufgabe, was man aus ihr lernen kann!

Mögliche Schüleraktivitäten:
- Erstellen einer maßstabgerechten Skizze.
- Suchen und Lösen von weiteren Aufgaben, z. B.: Steilheit einer Sprungschanze, Neigungswinkel des Schiefen Turmes von Pisa u. ä.

Reflexion:
- Das Geodreieck eignet sich auch gut zum Zeichnen von Winkeln.
- Das Zeichnen von Winkeln kann zur Lösung geometrisch interpretierbarer Probleme (vor allem beim maßstabgerechten Zeichnen) verwendet werden.

Allgemeine Lernziele:
- Graphisches Darstellen von Sachverhalten (DARST).
- Erkennen, daß viele Gegenstände unserer Umwelt Verkörperungen geometrischer Ideen sind (REF).

W09 Eine andere Art, Winkelgrößen anzugeben

Sicherlich bist du schon mit deinem Fahrrad oder einem Auto eine Steigung hoch oder hinunter gefahren und hast dabei ein wichtiges Verkehrszeichen (Abb.) gesehen. Das 10% Gefälle (bzw. Steigungen) - Zeichen deutet an, daß im Verlauf der Straße Gefälle (Steigungen) bis zu 10% auftreten können.

Gefälle der Straße: 10%

Man sagt, daß ein Straßenstück ein Gefälle (eine Steigung) von 10 % besitzt, wenn auf einer waagrechten Entfernung von 100 m der Höhenunterschied 10 m beträgt. (Abb.)

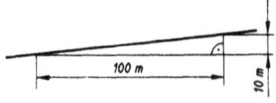

Beantworte nacheinander folgende Fragen:
- Was bedeutet 1 % Gefälle?
- Die waagrechte Länge eines Straßenstückes mit 10% Gefälle beträgt 50 m. Wie groß ist der entsprechende Höhenunterschied?
- Wieviel Grad hat ein 10%-iges Gefälle?
- Was sagst du zu folgender Überlegung:
  10 % entsprechen etwa 11°, demnach entsprechen 20 % etwa 22°!
- Bei welchem Prozentsatz erreicht das Gefälle einen Winkel von 60°?
- Wie groß ist der Winkel bei 100 %, bei 1000 % Gefälle?
- Gibt es eine größte Prozentzahl für das Gefälle?

Es kann durchaus passieren, daß unterschiedliche Streckenlängenpaare genau denselben Winkel beschreiben:

Mögliche Angaben:

senkrecht (in cm)	waagrecht (in cm)
30	60
20	40
..	30
10	..
1	..
x	..

Man sieht, daß das Verhältnis von senkrechter Streckenlänge zu waagrechter Streckenlänge stets 1:2 beträgt.
Dies erinnert an die Bruchzahl 1/2, die auch durch Brüche wie 2/4, 10/20, 15/30, 200/400, ... dargestellt werden kann.

Zeichne einen Winkel, bei welchem das Verhältnis 2:3 beträgt und gib seine Größe in Grad an!

Man kann auch die Größe eines Winkels in beliebiger Lage durch das Verhältnis zweier Seitenlängen angeben.

Verwende dabei die Begriffe "gegenüberliegende Seite" und "kürzere anliegende Seite"! Führe dies für den Winkel in nebenstehender Abbildung (Abb.) durch!

Man kann auch Winkel über 90° mit Hilfe dieser Verhältnisse angeben:

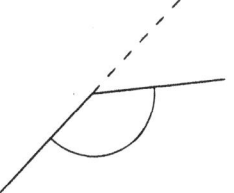

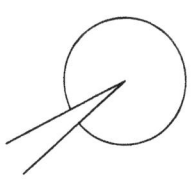

Der Ergänzungswinkel auf 180° hat das Verhältnis 1:2.

Der Überschußwinkel über 180° hat das Verhältnis 2:3.

Der Ergänzungswinkel auf 360° hat das Verhältnis 1:4.

Formuliere nach Bearbeitung dieser Aufgabe, was man aus ihr lernen kann!

Mögliche Schüleraktivitäten:

- Umrechnungen von Prozent in Grad und umgekehrt.
- Ermittlung von Streckenverhältnissen.
- Diskussion über eine neue Möglichkeit, Größen von Winkeln anzugeben (Winkel zu messen).

Reflexion:

- Neben der Unterteilung der Kreislinie gibt es noch eine zweite Möglichkeit, Winkel zu messen. Die Winkelgröße wird bei dieser Methode als Verhältis von Streckenlängen (Vorläufer des Tangens) angegeben.
- Die Umrechnung von Prozent in Grad ist nicht linear.

Allgemeine Lernziele:

- Erkennen, daß eine Realsituation durch verschiedene mathematische Modelle beschrieben werden kann, und daß ein mathematisches Modell in verschiedenen Realsituationen anwendbar ist (ANW).

Bei den Österreichischen Bundesbahnen (ÖBB) dürfen die Geleise eine Steigung (bzw. ein Gefälle) von 25‰ nicht überschreiten.

a) Was bedeutet eine Steigung von 1‰ (1 Promille)?

b) Wieviele Promille hat ein Prozent?

c) Fertige eine Zeichnung im Maßstab 1:1000 an und miß, wieviel Winkelgrade 25‰ entsprechen.

Geleise in Bahnhöfen dürfen im Österreich maximal eine Steigung (bzw. ein Gefälle) von 2,4‰ besitzen. Zeichne auch diese Steigung auf und versuche die Grade zu messen! Welche Schwierigkeiten treten auf?

Abgesehen davon, daß sich hier das Geodreieck nur mehr als sehr grobes Winkelmeßgerät verwenden läßt, sieht man auch, daß man mit der Unterteilung des Kreises in 360 Grad nicht mehr auskommt. Man geht ähnlich wie bei der Unterteilung der Stunde vor und unterteilt 1 Grad in 60 Minuten und 1 Minute wieder in 60 Sekunden. Man schreibt: $1° = 60'$, $1' = 60''$.

Die Steigung von 2,4 ‰ ergibt umgerechnet ca. 8' 15''. Dieses Ergebnis kannst du allerdings jetzt noch nicht nachprüfen!

Führe einige Umrechnungen durch:

a) $5° 27' = ...'$

b) $365' = ...° ...'$

c) $12' 48'' + 29' 33'' = ...' ...''$

d) $37' 41'' - 19' 53'' = ...' ...''$

e) $44' 47'' \times 3 = ...° ...' ...''$

f) $117° 13' : 12 = ...° ...'$

Formuliere nach Bearbeitung dieser Aufgabe, was man aus ihr lernen kann!

Mögliche Schüleraktivitäten:

- Anfertigen einer Zeichnung im Maßstab 1:000. Messen, wieviel Grad einer Steigung von 25‰ entsprechen.
- Rechnungen mit Graden, Minuten und Sekunden.
- Nachdenken darüber, weshalb es hier zur Wahl neuer Einheiten gekommen ist.

Reflexion:

- Zur Messung kleinerer Winkel benötigt man kleinere Winkelmeßeinheiten. Zwar stammt die Winkelmessung von der Zeitmessung ab, dennoch scheint die Einteilung in Minuten und Sekunden erstmals bei den Griechen aufgetreten zu sein: Zur exakten Erstellung ihrer trigonometrischen Tabellen führten sie die Unterteilung ein. Diese dürfte im Rahmen der Entwicklung von neuen Uhren übernommen worden sein.

- An dieser Stelle wäre es auch möglich, Übungen zu Umrechnungen von gemischten Angaben (Grad, Minuten, Sekunden) in Dezimalangaben (und umgekehrt) anzusetzen.

Allgemeine Lernziele:
- Erkennen, daß Namensgebungen, Festlegungen, Begriffsbildungen in der Mathematik von außermathematischen Rahmenbedingungen geprägt sein können (REF).

a) <u>Vier erzeugende Situationen</u>

V01 Wer hat die Arme weiter geöffnet?
V02 Ein Stück Draht wird gebogen
V03 Ein Schiff ändert die Richtung
V04 Was haben Uhren und Winkel gemeinsam?

b) <u>Systematische Betrachtungen zu den vier Vorstellungen</u>

V05 Gerda und Viola diskutieren über "Winkel"
V06 Vier verschiedene Vorstellungen von Winkel
V07 Verschiedene Situationen - verschiedene Winkel
V08 Es kann sein, daß ...

c) <u>Systemerweiternde Betrachtungen</u>

V09 Winkel als Abweichung von einer Richtung
V10 Wo ist der zweite Winkelschenkel?
V11 Verschiedene Angaben bei Kursänderungen
V12 Kann man Winkelgrößen in Prozent angeben?
V13 Gibt es einen Winkel zwischen zwei Geraden?

Drei Schülerinnen einer Klasse stehen im Turnsaal mit waagrecht nach vorne ausgestreckten Armen. Gleichzeitig bewegen alle drei die Arme auseinander und halten dann inne. Von oben gesehen, sieht die vereinfachte Darstellung der Situation so aus:

Man kann hier nicht entscheiden, wer die Arme am weitesten geöffnet hat, weil man nicht weiß, in welche Richtung Petra, Barbara bzw. Gerda jeweils blicken. Bei jeder Skizze treten zwei Winkel auf, man kann aber nicht erkennen, welcher gemeint ist. In der nächsten Skizze sind die Blickrichtungen der Schülerinnen eingezeichnet:

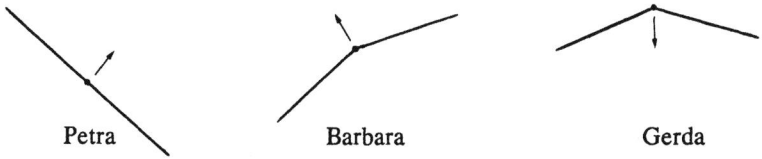

Nun ist klar, welche Winkel jeweils gemeint sind, man kann sie nun wie gewohnt durch kreisförmige Bögen kennzeichnen:

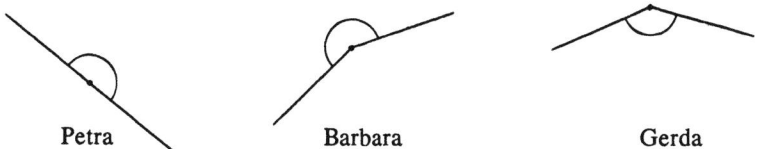

Jetzt kann man leicht bestimmen, wer die Arme am weitesten geöffnet hat. Miß zur Übung die drei Winkel. Formuliere, was man aus dieser Aufgabe lernen kann!

- Messen der drei Öffnungswinkel.
- Diskussion mit Mitschülern über den Lerngewinn, den man aus dieser Aufgabe erzielen kann.

Reflexion:
- Wenn man nur die Winkelschenkel zeichnet, ist nicht klar, welcher der beiden Winkel gemeint ist. Man braucht eine Information darüber, welcher Ebenenteil ausgezeichnet wird. In der Zeichnung kann man dann den entsprechenden Teil mit einem Bogen kennzeichnen.

V02 Ein Stück Draht wird gebogen

In der Beschreibung zum Bau eines Schiffmodells steht folgender Hinweis: "Biege das Stück Draht in der Mitte so, daß die beiden Drahtschenkel möglichst geradlinig bleiben und einen Winkel von 60° bilden!"
Besorge selbst ein Stück Draht und biege es nach dieser Anleitung! Überlege, warum man bei dieser Art von Anleitung überhaupt nur Winkelangaben bis 180° benötigt! Worin besteht der Unterschied zur vorigen Aufgabe? Formuliere abschließend, was man aus dieser Aufgabe lernen kann!

Mögliche Schüleraktivitäten:
- Biegen des Drahtstückes.
- Ausführen der Rechnungen 360° - 60° = 300° und 360° : 2 = 180°.
- Vergleichende Überlegungen im Zusammenhang mit der vorigen Aufgabe.

Reflexion:
- Bei jedem gebogenen Stück Draht treten zwei Winkel auf, die einander auf 360° ergänzen. Zur Herstellung einer bestimmten Biegung ist nur die Angabe des kleineren Winkels nötig. Jede Form kann daher durch Winkel von 0° bis 180° beschrieben werden.
- Im Gegensatz zur vorigen Aufgabe wird beim Biegen des Drahtstückes keine Ebenenhälfte ausgezeichnet. Es liegt dabei eigentlich eine andere Vorstellung von Winkel zugrunde, die man kurz mit "Winkel als geknickte Gerade" oder "Winkel ohne Bogen" bezeichnen könnte.

V03 Ein Schiff ändert die Richtung

Ein Segelschiff bewegt sich gerade in Richtung Südwest, als der Befehl ertönt: "Wendet das Schiff um 90°!" Fertige von dieser Situation eine Skizze an und erkläre, warum der Befehl unvollständig ist! Wie müßte der Befehl lauten, wenn die neue Richtung des Schiffes Südost sein soll? Formuliere nach Bearbeitung der Aufgabe, was man aus ihr lernen kann!

<u>Mögliche Schüleraktivitäten:</u>
- Anfertigen einer Skizze.
- Formulieren eines adäquaten Befehles, z. B. 90° nach "links", 90° "backbord", 90° "entgegen Uhrzeiger".
- Reflexion darüber, daß man oft zusätzlich eine Orientierungsangabe benötigt.

<u>Reflexion:</u>
- In vielen Situationen kommt es auf die Reihenfolge der Winkelschenkel an; die "Richtungsänderung" erfolgt in eine bestimmte Drehrichtung. Diese wird durch "rechts" bzw. "links" ("im Uhrzeigersinn" bzw. "entgegen Uhrzeigersinn") umschrieben.
- Den Winkel kann man sich dabei als "Winkel mit Kreisbogenpfeil" oder als "orientiertes Winkelfeld" vorstellen.

V04 Was haben Uhren und Winkel gemeinsam?

Bei einer Analoguhr wird die Zeitmessung als eine Art Winkelmessung verwirklicht. Eine Kreislinie wird in 12 Teile unterteilt und schließlich jeder von diesen wiederum in 5 Teile, sodaß insgesamt 60 kleine Kreisbogenteile entstehen. (Die "Geschwindigkeit des Sekundenzeigers wird so geregelt, daß er sich in 15 Sekunden genau um 90° nach "rechts" dreht.) Macht ein kurzes Spiel (z. B. Im-Kreis-Drehen), in welchem man die Uhr als Winkelmesser verwenden kann. Gib zunächst den jeweiligen Winkel in Sekunden an und rechne ihn dann in Grad um!
Warum ist es sinnvoll, z. B. bei einer Zeitspanne von 1 Minute und 15 Sekunden von einem "Umlaufwinkel" von 450° (und nicht bloß 90°) zu sprechen? Fertige eine Skizze an und stelle auch den Umlaufwinkel graphisch dar! Formuliere nach Bearbeitung der Aufgabe, was man aus ihr lernen kann!

Mögliche Schüleraktivitäten:
- Verwenden der Uhr als Winkelmesser.
- Anfertigen von Skizzen mit Darstellung des Umlaufwinkels mit Hilfe eines "Umdrehungspfeiles".
- Reflexion darüber, daß es Situationen gibt, bei denen Winkel mehr als eine volle Umdrehung wiedergeben müssen.

Reflexion:
- Bei Analoguhren basiert die Zeitmessung auf der Idee der Winkelmessung. Die Maßeinheiten sind nicht Grade, sondern Stunden und in weiterer Folge Minuten und Sekunden.
- Eine Analoguhr kann auch als Winkelmesser verwendet werden. In einer Sekunde legt der Sekundenzeiger einen "Weg" von 6° zurück.
- Die Unterteilung von Stunden in Minuten und Sekunden (erstmals im Rahmen der Konstruktion mechanischer Uhren im Mittelalter) ist auf die Unterteilung von Winkelgraden in Minuten und Sekunden des griechischen Mathematikers PTOLOMÄUS (2. Jh. n. Chr.) zurückzuführen. Die Teilungszahl 60 geht auf das Sexagesimalsystem der Babylonier zurück.
- Bisher wurde die Größe von Winkeln als maximal 360° angesehen. Da es aber oft nicht egal ist, wie oft sich ein bestimmter "Zeiger" dreht, ist eine Vergrößerung des "zulässigen" Gradbereiches notwendig. Dies setzt aber eine neue Vorstellung von dem, was "Winkel" bedeuten soll, voraus: Es wird die Idee des "Umlaufwinkels" geboren, den man in der Zeichnung mit einem Umdrehungspfeil andeuten kann.

V05 Gerda und Viola diskutieren über "Winkel"

Gerda zeichnet drei Figuren a, b, c und d. Viola hat die Aufgabe, diese Figuren in gleicher Weise in ihrem Heft zu zeichnen:

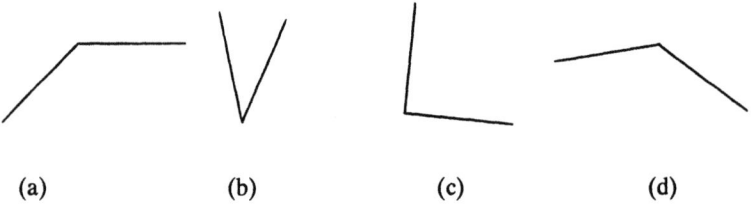

(a)   (b)   (c)   (d)

Viola: Die Figur d) muß ich nicht zeichnen, weil sie dieselbe ist, wie Figur a).

Gerda: Das hast du richtig erkannt: Die Lage der Figuren ist verschieden, aber sie stellen denselben Winkel dar.

Viola: Wieso sprichst du hier von Winkeln? Bisher haben wir bei Winkeln immer einen Bogen dazu gezeichnet. Hier sehe ich keinen Bogen!

Gerda: Du meinst wahrscheinlich, daß man bei a) zwei Möglichkeiten hat (Abb):

Viola: Ja, genau! Bei a, b, c und d fehlt eigentlich der Bogen.

Gerda: Aber dennoch kannst du diese Aufgabe bewältigen, indem du mit dem Winkelmesser Winkel mißt und im Heft zeichnest!

Viola: Ja, schon! Aber bei dieser Methode suchst du dir den kleineren der beiden Winkel aus und zeichnest so die gesuchte Figur.

Gerda: Für mich gibt es bei a) keinen kleineren und keinen größeren Winkel! Es gibt nur einen Winkel, nämlich jenen mit der Größe 120°. Zu jeder Gradzahl zwischen 0 und 180 gibt es genau eine geknickte Gerade - und das ist für mich ein Winkel. In unserem Beispiel ist bei a) ein Knick mit 120°, bei b) ein Knick mit 35°, bei c) ein Knick mit 90° und bei d) ein Knick mit 120°.

Viola: Wir beide verstehen unter Winkel etwas anderes! Nach deinem Verständnis von Winkel gibt es nur Winkel bis 180°!

Gerda: Ja, aber beide Vorstellungen von Winkel sind möglich! In der vorangehenden Aufgaben im Unterricht war es auch sinnvoll, verschiedene Vorstellungen von Winkel zuzulassen!

Viola: Ich verstehe jetzt, was du meinst: Eine Vorstellung ist die, daß man Winkel einfach als "Knick" versteht, dessen Größe man durch die Neigung der beiden Schenkel zueinander beschreiben kann. Die Messung kann natürlich mit dem Winkelmesser geschehen! (Abb.)

Gerda: Richtig! Nach deiner ersten Vorstellung von Winkel gehört zu diesem Knick noch ein Bogen hinzu. (Abb.) Jeder Knick teilt die Zeichenebene in zwei Teile. Durch den Bogen legt man fest, welche der beiden Teile man meint. Ein solcher Winkel ist ein Knick mit einer zusätzlichen Information.

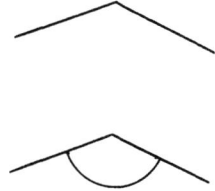

Viola: Statt den Bogen zu zeichnen, könnte man auch den entsprechenden Teil der Ebene anfärben oder schraffieren. (Abb.)

Gerda: So etwas nennt man meist Winkelfeld. Es könnte aber auch jemand sagen, daß so ein Teil einer Ebene genau das ist, was er unter Winkel versteht. Auch das ist natürlich möglich.

Viola: Jetzt beginne ich immer besser zu verstehen: Es gibt verschiedenste Möglichkeiten festzulegen, was man unter einem Winkel versteht! Ich erinnere mich nun auch an die Aufgabe mit dem Segelschiff: Hier ging es bei der Winkelangabe nicht nur um zwei Schenkel und einen Bogen, sondern auch um die Richtung dieses Bogens: Er kann nach links orientiert oder nach rechts orientiert sein.

Bei einem solchen Verständnis von Winkel (Abb.) kommt als zusätzliche Angabe noch die Orientierung hinzu! Hier ist es auch wichtig, welcher Schenkel der erste ist!

Gerda: Genau! Und wenn du an die Aufgabe mit der Uhr oder an das Versperren einer Tür durch einen Schlüssel denkst, dann wird dir noch eine andere Vorstellung von Winkel (Abb.) bewußt: Dort geht es nicht nur um die Schenkel und einen orientierten Bogen, sondern vor allem auch um den tatsächlichen Bewegungsablauf.

Diskutiere diesen Dialog in der Gruppe und formuliere, was man daraus lernen kann!

Mögliche Schüleraktivitäten:
- Lesen und anschließende Diskussion in Gruppen über den Dialog.
- Vergleich mit den Aufgaben V01 - V04.

Reflexion:
- Im Dialog werden vier unterschiedliche Vorstellungen von Winkel betrachtet. Jede von ihnen ist - je nach Sichtweise der Situation - völlig plausibel und angemessen.

V06 Vier verschiedene Vorstellungen von Winkel

Die vorangehenden Aufgaben legen es nahe, zumindest vier verschiedene Vorstellungen von Winkel zu unterscheiden:

a) Winkel als "geknickte Gerade". (Abb.)

Kurz:
"Winkel ohne (Kreis-)Bogen".

b) Winkel als Ebenenteil, der von zwei geraden Linien mit gemeinsamem Anfangspunkt begrenzt wird. Anstelle eines Bogens kann der Ebenenteil auch durch eine Schraffur angedeutet werden. (Abb.)

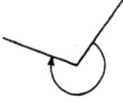

Kurz:
"Winkel mit (Kreis-) Bogen" oder "Winkelfeld".

c) Winkel als Ebenenteil, dessen "Entstehungsgeschichte" durch die Drehung eines Schenkels beschrieben werden kann. (Abb.)

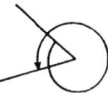

Kurz:
"Winkel mit Kreisbogenpfeil" oder "orientiertes Winkelfeld".

d) Winkel als "Umlaufwinkel". Der Winkel kann als beliebige Drehung um eine Achse gesehen werden. (Abb.)

Kurz:
"Winkel mit Umdrehungspfeil".

Überlege, welche Vorstellungen man in den Aufgaben V01 - V05 vorfindet! Wie sieht es diesbezüglich in den Aufgaben M01 - M10 aus? Formuliere abschließend, was man aus dieser Aufgabe lernen kann!

Mögliche Schüleraktivitäten:

- Zuordnung der vier Vorstellungen zu den Aufgaben V01 - V05.
- Überlegungen, welche Vorstellung(en) von Winkel in der ersten Sequenz wurde(n).

- In der ersten Sequenz ist nur die Vorstellung "Winkel mit Bogen" verwendet worden. Um zu erklären, was es bedeutet, Winkel zu messen, hat dies völlig ausgereicht.
- Als unterscheidbare Merkmale zwischen den vier Vorstellungen bieten sich folgende Fragen an: Geht es um eine echte Drehung eines Schenkels (die auch mehr als eine ganze Drehung ausmachen kann)? Ist die Reihenfolge der Schenkel von Bedeutung? Ist ein bestimmter Teil der Ebene ausgezeichnet?

V07   Verschiedene Situationen - verschiedene Winkel

Es werden hier acht verschiedene Situationen mit Winkeln beschrieben.
Fertige jeweils eine Skizze an und überlege, welche Vorstellung von Winkel jeweils am besten dazupaßt!

a) Der Lichtkegel des Nebelscheinwerfers ist breiter als jener des Abblendlichtes.

b) Franz befestigt eine Schraube. Er führt insgesamt 18 Drehbewegungen aus, wobei sich der Schraubenzieher bei jeder Drehbewegung um etwa 120° nach rechts dreht.

c) Der Bumerang von Norbert ist mehr geknickt als jener von Ernst.

d) Ein Autofahrer ist soeben in einen Kreisverkehr eingefahren. Er findet sofort die richtige Ausfahrt, welche er nach einer Kreisbogenfahrt von 270° erreicht.

e) Der Wind hat sich von Nord über West, Süd, usw. nach Nordwest gedreht.

f) Viele Vögel können ihr Maul weiter aufreißen als Krokodile!

g) Drei Statuen blicken von einem Monument aus in drei unterschiedliche Richtungen. Die Richtungsunterschiede betragen jeweils 120°.

h) Ein Flugzeug ändert seinen Kurs um 23° 17' nach links.

Formuliere nach Bearbeitung der Aufgabe, was man aus ihr lernen kann!

Mögliche Schüleraktivitäten:
- Erstellung von Skizzen zu den jeweiligen Situationen.
- Diskussion darüber, welche Vorstellung von Winkel zur jeweiligen Situation am besten paßt.

- In unterschiedlichen Situationen können unterschiedliche Vorstellungen von Winkel adäquat sein. Natürlich gibt es aber zu jeder Vorstellung eine ganze Menge unterschiedlichster Situationen, die ihr genau entsprechen.
- Eigentlich müßte man in jeder Situation, in welcher ein Winkel als wesentliches Beschreibungsmittel auftritt, klären, was unter Winkel verstanden werden soll.

V08 Es kann sein, daß ...

Sechs Freunde besichtigen einen hohen runden Turm, an welchem an der Außenseite eine Wendeltreppe nach oben führt. Barbara, Erwin, Franz und Gundi befinden sich schon auf der obersten Plattform und beobachten, wie Mary und Hans die Treppe emporsteigen.

Barbara: Mary ist jetzt schon 600° vor Hans!

Erwin: Wenn Mary stehen bleibt und Hans (nach oben gehend) noch einen Winkel von 240° zurücklegt, schauen beide in dieselbe Richtung!

Franz: Egal, ob Mary (nach unten gehend) oder Hans (nach oben gehend) einen Winkel von 240° zurücklegen, beide würden beim Gehen denselben Teil der Landschaft rund um den Turm sehen!

Gundi: Die Blickrichtungen von Hans und Mary liegen eigentlich nur 120° auseinander! Mary müßte z. B. nur einen Winkel von 120° (nach oben gehend) zurücklegen, um in dieselbe Richtung wie Hans zu blicken!

Ordne jede dieser Sichtweisen der Personen eine entsprechende Vorstellung von Winkel zu! Formuliere danach, was man aus dieser Aufgabe lernen kann!

Mögliche Schüleraktivitäten:
- Begründete Zuordnung der Sichtweisen zu den vier Vorstellungen von Winkel.
- Reflexion über "Verschiedene Situationen - verschiedene Winkel".

Reflexion:
- Es kann sein, daß zu ein und derselben Situation verschiedene Sichtweisen eingenommen werden und damit auch verschiedene Vorstellungen von Winkel zum Tragen kommen können.

Bei vielen Gelegenheiten braucht man Rohrstücke, welche die Form eines Winkels (Abb.) aufweisen. Nenne einige Beispiele! Interessant dabei ist, daß die Form des "Rohrknies" nicht durch die Größe jenes Winkels angegeben wird, der dem kleineren Ebenenteil entspricht ("Winkel ohne Bogen"). Für das folgende, idealisiert dargestellte "Knie" wird ein Winkel von 45° angegeben (Abb.):

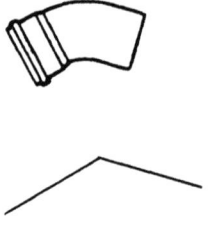

"45-er Knie"

Gib an, welcher Winkel in diesem Fall betrachtet wird! Führe Gründe an, die diese Vereinbarung sinnvoll erscheinen lassen! Wie groß ist der kleinste bzw. größte Winkel? Führe ähnliche Überlegungen bezüglich "Straßenabzweigungen" bzw. "Kurven" durch! Suche nach weiteren ähnlichen Beispielen! Formuliere nach Bearbeitung der Aufgabe, was man aus ihr lernen kann!

Mögliche Schüleraktivitäten:
- Überlegungen darüber, warum bei Rohrknien eine spezielle Vorstellung von Winkel als sinnvoll erachtet wird.
- Ähnliche Überlegungen bezüglich "Straßenabzweigungen" bzw. "Kurven" und anderen Situationen.

Reflexion:
- Bei Rohrknien u. ä. wird bei der Beschreibung ihrer Form nicht von den direkt aus der Situation erkennbaren Schenkeln ausgegangen. Dies hätte z. B. zur Folge, daß ein nur wenig gebogenes Rohr (z. B. 10°) mit einem Winkel von 170° beschrieben werden würde. Es erweist sich als sinnvoller, die Form des Rohres durch die Abweichung des einen "Rohrschenkels" von der gedachten Verlängerung des anderen "Rohrschenkels" zu beschreiben. Um den ent-sprechenden Winkel zu erhalten, muß also ein zusätzlicher Schenkel hinzugedacht werden.
- Diese Vorstellung von Winkel ist einerseits ein Hinweis darauf, daß es viele unterschiedliche Vorstellungen gibt (zumindest nicht nur die vorerst betrachteten vier), andererseits läßt sie sich nach dem Ersetzen des einen Schenkels durch dessen Verlängerung auf die Vorstellung "Winkel ohne Bogen" zurückführen.

- Interessant ist auch folgender Zusammenhang: Bringt man die Normalen zu den "Rohrschenkeln" zum Schnitt, so entsteht ein Winkel, der genau die Größe des "Abweichungswinkels" beschreibt. (Normalwinkelsatz)

V10 Wo ist der zweite Winkelschenkel?

In manchen Situationen geht es um Winkel, bei denen eigentlich nur ein Schenkel unmittelbar sichtbar ist, wie z. B. bei einer Straßensteigung. (Abb.)

Wodurch ist der andere Winkelschenkel automatisch vorgegeben? Miß den Anstiegswinkel und gib die Steigung (bzw. das Gefälle) in Prozent an! Nenne weitere Beispiele, bei denen nur ein Winkelschenkel in konkreter Form vorliegt. Formuliere abschließend, was man aus der Aufgabe lernen kann!

Mögliche Schüleraktivitäten:
- Einzeichnen der Horizontalen (im Heft Parallele zum unteren Blattrand).
- Messen des Steigungswinkels und Umrechnung in Prozent.
- Nennen weiterer Beispiele.
- Reflexion darüber, daß manchmal ein Winkelschenkel durch besondere Lagen indirekt gegeben ist.

Reflexion:
- In vielen Situationen ist ein Winkelscheitel durch die (oft nicht sichtbare) Horizontale oder Vertikale vorgegeben. Beispiele: Straßensteigung, Sonnenstand, Dachneigung, Schrägstellung eines Surfers u. ä.

V11 Verschiedene Angaben bei Kursänderungen

Auch in der Schiff- und Luftfahrt orientiert man sich an einer ganz bestimmten Richtung, nämlich an der Richtung zum geographischen Nordpol der Erde. Richtungen können z. B. in folgender Weise (Abb.) angegeben werden:

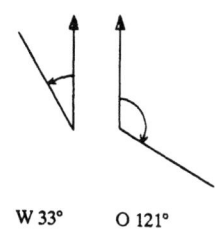

W 33°   O 121°

391

In der rechts abgebildeten Skizze
sind drei Orte dargestellt. (Abb.)
Ein Schiff fährt von Astadt über
Mittenberg und Endhafen zurück
nach Astadt.

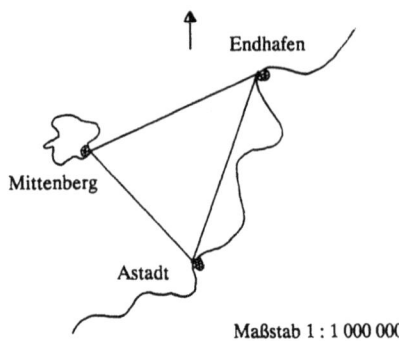

Jemand gibt die Route so an:
1) W 44° 33 km
2) Änderung um 111° Ost 42 km
3) O 211° 43 km

Überprüfe diesen Routenplan und ersetze Teil 2) und Teil 3) durch eine Angabe
wie in Teil 1).

Formuliere nach Bearbeitung der Aufgabe, was man aus ihr lernen kann!

Mögliche Schüleraktivitäten:
- Überprüfen der Richtigkeit der Routenangabe.
- Umrechnung von der "Änderungsangabe" in die "Kompaßangabe".
- Diskussion über die Konvention von Winkelangaben.

Reflexion:
- Bei der Schiffsnavigation kann man sowohl die Nordrichtung als auch die
  vorangehende Richtung als ersten Winkelschenkel wählen. In beiden Fällen
  gibt es nur einen "Winkel mit Bogen".
- Selbst wenn man von der Nordrichtung ausgeht, gibt es noch zwei
  Beschreibungsarten: Man behält (willkürlich) eine Orientierung bei oder läßt
  beide Orientierungen zu und erspart sich damit Winkelangaben über 180°.
- Es gibt Situationen, in denen zum Erreichen desselben Zieles verschiedene
  Angaben von Winkeln verwendet werden können. Die Beschreibungsarten sind
  völlig gleichwertig; die Entscheidung für eine davon ist willkürlich, aber aus
  Gründen der Vereinheitlichung dennoch günstig.
- Für die Navigation werden Kartenprojektionen bevorzugt, die winkeltreu sind.
  Diese sind aber weder längentreu noch flächentreu. Es gibt keine Projektion,
  in der zumindest zwei der drei Eigenschaften erfüllt sind.

V12   Kann man Winkelgrößen in Prozent angeben?

Die prozentuelle Aufteilung der österreichischen Handelsbetriebe sieht so aus:

1	Beschäftigter	36 %
2 - 5	Beschäftigte	40 %
6 - 19	Beschäftigte	18 %
20 >	Beschäftigte	6 %
Zusammen		100 %

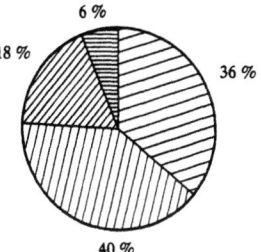

Darstellung mittels eines Prozentkreises (Abb.)

Wie kommt man auf die Größe der einzelnen Sektoren? Übertrage den Prozentkreis in dein Arbeitsheft und kommentiere den Lösungsweg schriftlich!

Jeder Sektor stellt einen gewissen Anteil an der gesamten Kreisfläche dar und
entspricht auch einem bestimmten Winkel. Wieso mißt man eigentlich nicht in
Prozent und schafft die Angabe in Grad einfach ab? Winkel könnte man doch
einfach als Anteile an der Kreisfläche verstehen?! Welche Meinung hast du
dazu? Schreibe abschließend nieder, was man aus dieser Aufgabe lernen kann!

Mögliche Schüleraktivitäten:
- Umrechnung der Prozent in Grad (Schlußrechnung).
- Konstruktion des Prozentkreises im Heft.
- Diskussion in Gruppen über die Angabe von Winkelgrößen in Prozent bzw.
  über die Definition des Winkels als Anteil an der Kreisfläche.

Reflexion:
- Winkelgrößen kann man selbstverständlich auch in Prozenten angeben. In
  einigen Fällen wäre dies sogar bequemer, man könnte sich in der Statistik
  einige Umrechnungen ersparen. Die Unterteilung des Kreises in 360 Teile
  (anstelle in 100 Teile) hat aber prinzipiell keine Nachteile und ist schon eine
  Tradition, von der man schwer loskommt.
- Den Winkel kann man nur dann als Anteil an der Kreisfläche verstehen,
  wenn man den Winkel als "Winkel mit Bogen" (Winkelfeld) versteht.

393

V13   Gibt es einen Winkel zwischen zwei Geraden?

Die untenstehende Figur stellt zwei einander schneidende Geraden dar:

Konstruiere in deinem Heft zwei einander schneidende Geraden, sodaß die entstehende Figur zur obigen deckungsgleich ist. Welche Messung(en) ist (sind) dazu notwendig? Was würdest du als Winkel zwischen zwei Geraden definieren? Welche Konsequenzen hätte diese Festlegung? Formuliere abschließend, was man aus dieser Aufgabe lernen kann!

Mögliche Schüleraktivitäten:
- Übertragen der Figur ins Heft.
- Nachdenken über die Festlegung, was ein Winkel zwischen zwei Geraden sein soll.

Reflexion:
- Die Figur erzeugt vier Winkel (im Sinne des Winkels mit Bogen), gegenüberliegende Winkel sind gleich groß. (Begründung: Jeder von ihnen ergibt zusammen mit einem der anderen beiden Winkel einen gestreckten Winkel)
- Für die Übertragung der Figur ins Heft (ungeachtet der Lage) ist nur eine Messung notwendig, nämlich jene eines der beiden kleineren Winkel.
- Es wäre möglich, als Winkel zwischen zwei einander schneidenden Geraden, den kleinsten dabei gebildeten Winkel zu verstehen. Der größte, zwischen zwei Geraden auftretende, Winkel wäre dann ein rechter Winkel.

9.3   SEQUENZ 3: "BEWEISEN MIT WINKELN"

a) Der Winkel als gedachte Handlung

B01   Handlungsanweisungen für Winkel.
B02   Was ist ein allgemeiner Winkel?

b) Eine "beweiserzeugte" Definition von Winkel

B03   Ist das immer so?
B04   Alpha und Omega diskutieren
B05   Wir führen einen Beweis

c) Weitere Reflexionen über Definieren, Beweisen und Bezeichnen

B06   Plötzlich tauchen wieder Probleme auf ...
B07   Winkel, Winkelgröße und Winkelmaß
B08   Die Winkelsumme in Vielecken
B09   Wie kam man zur entscheidenden Idee?

d) Der Winkel als bedeutender Begriff der Kongruenz

B10   Wieviele Bestimmungsstücke braucht man für ein Dreieck?
B11   Ergeben drei Bestimmungsstücke immer ein Dreieck?
B12   Zwei Dreiecke sind deckungsgleich, wenn ...

e) Beweise und Beweismethoden

B13   Wir beweisen, daß ein Dreieck genau dann gleichschenkelig ist, wenn ...
B14   Der Satz des Thales
B15   Alle Winkel über einer Sehne sind gleich!

Franz und Ernst haben ein interessantes Spiel erfunden: Einer der beiden hat die Aufgabe, dem anderen einen bestimmten Begriff zu erklären, ohne aber das entsprechende Wort zu verwenden. Der andere hat die Aufgabe, den Begriff zu erraten. Anschließend diskutieren die beiden darüber, wie man den Begriff besser hätte erklären können. Nach den Begriffen "Tisch", "Freund" kommt Franz auf die Idee, einen mathematischen Begriff auszuwählen. Franz erklärt ihn so: "Steh zunächst einmal auf und denke dir irgendzwei Richtungen aus! Dann blicke in eine der beiden Richtungen und drehe dich so schnell wie möglich so, daß du dann in die andere Richtung blickst!"

Du hast sicherlich erkannt, daß Franz mit dieser Handlungsanweisung den Winkel ohne Bogen charakterisieren wollte!
Überlege, welche Handlungsanweisungen man geben müßte, um die anderen drei Vorstellungen von Winkel darzustellen!

Formuliere abschließend jene Aspekte von Winkel, die alle vier Vorstellungen von Winkel gemeinsam haben!

Mögliche Schüleraktivitäten:
- Durchdenken der beschriebenen Spielsituation.
- Suche nach Handlungsanweisungen ("Spielregeln"), die zu den anderen schon bekannten Vorstellungen von Winkel führen.
- Formulieren von "Wesensmerkmalen" des Winkels.

Reflexion:
- Für die anderen Vorstellungen von Winkel gibt es z. B. folgende Handlungs- anweisungen ("Spielregeln"):
"Kreis mit Bogen": Denke dir irgendzwei Blickrichtungen aus und merke dir irgendeinen Gegenstand, der nicht in diesen beiden Richtungen liegt. Blicke in eine der beiden Richtungen und drehe dich dann so zur anderen Richtung, daß du beim Drehen den ausgesuchten Gegenstand siehst.
"Kreisbogen mit Pfeil": Entscheide dich, ob du dich nach "links" oder nach "rechts" drehen willst! Denke dir dann eine erste Blickrichtung aus, sowie eine zweite Blickrichtung, in welche du dich drehen willst! Drehe dich schließlich von der ersten Blickrichtung direkt zur zweiten Blickrichtung!

"Umdrehungspfeil": Entscheide dich, ob du dich nach links oder nach rechts drehen willst! Denke dir dann eine erste Blickrichtung aus, sowie eine zweite, in welche du nach beliebig langem Drehen blicken willst! Drehe dich schließlich von der ersten Blickrichtung zur zweiten Blickrichtung!

- Der Winkel hat zwei Wesensmerkmale: Zunächst geht es um das Vorliegen zweier (unterschiedlicher) Richtungen. Zweitens geht es um die Frage, in welcher Weise die Beziehung zwischen diesen beiden Richtungen hergestellt wird. (Dieses Herstellen der Beziehung entspricht dann dem Belegen des Winkels mit einer bestimmten Vorstellung.)

- Die eben erwähnten Denkhandlungen rund um den Winkel zeigen, daß dieser nicht auf einen bloß figurativen Aspekt reduzierbar ist. Die dabei oft verwendeten Zeichen (z. B. Kreisbogen-Pfeil) entsprechen einer Symbolisierung von stets mitzudenkenden Beziehungen.

B02 Was ist ein allgemeiner Winkel?

Franz und Ernst führen nach dem Erraten des Begriffes "Winkel ohne Bogen" noch ein interessantes Gespräch. Diskutiere dieses Gespräch mit Mitschülern in einer Gruppenarbeit!

Franz: Ich war mir zunächst gar nicht sicher, daß du den Begriff sofort erraten würdest! Ich habe mir gedacht, daß dir das Wort "irgendzwei" unklar vorkommen würde. Das klingt so unbestimmt, so unkonkret.

Ernst: Aber gerade darin liegt auch ein Vorteil verborgen. Wenn du z. B. von einer Achteldrehung gesprochen hättest, hätte ich sicherlich sofort an einen "besonderen" Winkel gedacht!

Franz: Du hast völlig recht! Im Unterricht ist es zum Teil noch schwieriger: Wenn der Lehrer einen "beliebigen" Winkel an die Tafel zeichnet, dann ist das eigentlich schon wieder ein ganz bestimmter Winkel, nach einer ganz bestimmten Vorstellung, mit einer ganz bestimmten Größe. Es ist eigentlich sehr schwer, jemandem etwas Allgemeines zu erklären.

Ernst: Deine Erklärungsmethode hat mir aber gut gefallen! Du hast nicht versucht, mir das Ganze an mehreren besonderen Beispielen zu erläutern, sondern hast meine Aufmerksamkeit gleich auf das Allgemeine gelenkt, nämlich auf den Unterschied zwischen den beiden Richtungen! Das ist vor allem dadurch gelungen, daß du mich den Begriff hast denken lassen!

Franz: Ich habe mir gedacht, daß man durch das Drehen gut erkennen kann, daß es um einen Richtungsunterschied geht. Durch die Drehung wird gewissermaßen die Beziehung zwischen den beiden gedachten Richtungen hergestellt.

Ernst: Wie weit man drehen muß, kann man mit Hilfe des Messens von Winkeln bestimmen. Wenn ich z. B. 270° ansage, weißt du genau, welche Handlungen du durchführen mußt, um einen Winkel einer solchen Größe zu erhalten.

Franz: In diesem Fall müßte ich einfach ein Blatt Papier zweimal falten und schon hätte ich einen Winkel von 270° hergestellt. Aber das hat ja eigentlich wenig mit einer Drehung zu tun!

Ernst: Irgendwie schon! Das Winkelmessen beruht auf der Idee der Unterteilung der Kreislinie und die Kreislinie kann man als Ergebnis einer Drehbewegung sehen!

Franz: Aber eigentlich benötige ich gar keine Unterteilung der Kreislinie. Wenn ich an das Faltlinienmodell denke, dann haben wir lediglich Linien geschaffen, die gleichmäßig verteilt in verschiedenste Richtungen weisen.

Ernst: Aber diese verschiedenen Richtungen erzeugen auf jeder Kreislinie eine gleichmäßige Unterteilung, die das Vergleichen von Winkeln wesentlich erleichtert.

Formuliert abschließend in einigen Sätzen, wie man den Begriff Winkel charakterisieren kann!

Mögliche Schüleraktivitäten:
- Diskussion des Dialogs in Gruppenarbeit.
- Charakterisieren (Beschreiben, Definieren) des Begriffes Winkel.

Reflexion:
- Folgende Charakterisierung ist denkbar: Ein Winkel beschreibt Situationen, bei denen gedachte Strahlen (mit gemeinsamem Anfangspunkt) in (zumeist) unterschiedliche Richtungen weisen. Es hängt von unserer Betrachtung der Situation ab, in welcher Weise wir uns den Winkel hergestellt denken. In jedem Fall können wir den Winkel durch eine Drehbewegung zwischen den zwei Strahlen darstellen. Insgesamt könnte man einen Winkel als gedachte Drehbewegung eines Strahles verstehen. Mit Hilfe einer gleichmäßigen Unterteilung der Kreislinie kann man Winkel bequem messen.

Zeichne auf einem Blatt Papier ein beliebiges, möglichst großes Dreieck und
schneide dieses aus! Schneide sodann die Ecken des Dreieckes weg und füge sie
so aneinander, wie es in der Skizze (Abb.) dargestellt ist!
Was fällt dir auf? Vergleiche dein Resultat mit
jenem deiner Mitschüler! Diskutiert in Gruppen
über das vorliegende Phänomen!
Formuliere abschließend, was man aus dieser
Aufgabe lernen kann!

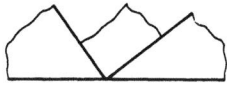

Mögliche Schüleraktivitäten:
- Zeichnen und Ausschneiden eines Dreieckes, Ausschneiden und Aneinander-
  fügen der Ecken.
- Vergleichen des Resultates mit anderen Schülern und Erstellen einer Ver-
  mutung, z. B.: "Die aneinandergefügten Ecken eines Dreiecks bilden eine
  gerade Linie."
- Messen der einzelnen Winkelgrößen und Addition derselben. Erstellen einer
  Vermutung, z. B.: "Die Winkel eines Dreiecks ergeben zusammen 180°."
- Diskussion mit Mitschülern über den "Sinn" dieser Aufgabe.

Reflexion:
- Die Tatsache, daß alle Schüler ein sehr ähnliches Resultat erhalten (welches
  zudem noch eine besondere Größe betrifft), läßt zurecht vermuten, daß eine
  Gesetzmäßigkeit dahinter steckt.
- Sowohl beim Ausschneiden, als auch beim Aneinanderlegen und beim Messen
  treten Fehler auf. Man kann also ohne einen Beweis, der keine "ungenauen"
  Tätigkeiten enthält, nie "todsicher" schließen, daß die aufgestellte Vermutung gilt. Es könnte durchaus sein, daß die Winkelsumme im Dreieck genau
  179° 50' ergäbe, was man anhand der obigen Methode nicht ausschließen
  könnte.
- Zudem könnte es sein, daß es von den unendlich vielen Dreiecken zwar
  einige (oder sogar viele) gibt, deren Winkelsumme nicht dieses Resultat
  liefert, daß man aber bei den wenigen Messungen in der Klasse noch kein
  solches "Exemplar" gefunden hat.
- Ein exakter Beweis ist vonnöten!

Alpha und Omega, zwei Schüler aus "Matheland" diskutieren über die Vermutung mit den zueinandergefügten Ecken eines Dreieckes:

Alpha: Bisher haben wir davon gesprochen, daß wir die Ecken des Blattes ausschneiden und einanderlegen. Aber sobald wir zu schneiden, zu legen oder zu messen beginnen, können wir nie mehr behaupten, einen exakten Beweis zu führen.

Omega: Wir dürfen nur von einer Zeichnung ausgehen und ein Gedankenexperiment durchführen, das völlig schlüssig ist. (Er zeichnet ein Dreieck und beschriftet die "Ecken" mit A,B,C.) (Abb.)

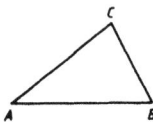

Alpha: Ja richtig, aber was ist eine "Ecke" in einer geometrischen Zeichnung?"

Omega: Wir können sagen, daß es ein Winkel ist!

Alpha: Und welche Vorstellung von Winkel meinst du konkret?

Omega: Drehungen werden wir hier wohl kaum benötigen. Die Vorstellung von einem Knick ist vielleicht auch etwas ungeschickt: Wir meinen doch in jedem Eckpunkt den "inneren Winkel", bei einem Knick wird aber gar keine Unterscheidung zwischen den zwei Ebenenteilen gemacht!

Alpha: Genau, außerdem würden wir dann bei Vierecken ganz schön dumm dastehen. (Er zeichnet ein Viereck.) (Abb.) Da würden wir oft eine falsche Vorstellung von Winkel benützen, betrachte nur den Winkel bei A!

Omega: Wir könnten die Situation retten, indem wir die Strecke AC einzeichnen und so das Viereck in zwei Dreiecke zerlegen. In Dreiecken hätten wir das Problem nicht. Wir sollten hier den Winkel als "Winkel mit Bogen" verstehen!

Alpha: Einverstanden! Wir müßten nur noch genauer klären, was wir unter "Winkel mit Bogen" verstehen! Wenn wir etwas beweisen wollen, brauchen wir auch klare Begriffe, sonst können wir niemanden hundertprozentig überzeugen!

Omega: Sehen wir den Winkel als Teil der Ebene, der von zwei geraden Linien mit gemeinsamem Anfangspunkt begrenzt wird.

Alpha: Also ein Winkelfeld, eine Fläche mit unendlich vielen Punkten!

Omega: Ja, aber ich habe noch ein Problem mit dieser Definition von Winkel: (Er zeichnet zwei rechte Winkel.) Was sagst du zu diesen beiden Winkeln? (Abb.)

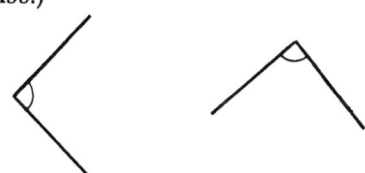

Alpha: Alle beide sind rechte Winkel, sie sind daher gleich groß!

Omega: Aber die Fläche des rechts abgebildeten Winkels ist doch größer!

Alpha: Wir müssen uns einfach die Schenkel der beiden Winkel unbegrenzt verlängert denken, also die Schenkel als Strahlen annehmen. Natürlich kann man keine unbegrenzt langen Linien zeichnen, aber wir können uns die unbegrenzte Verlängerung zumindest vorstellen.

Omega: Dann sind natürlich die beiden Winkel von vorhin gleich groß!

Alpha: Jetzt hast du mich aber nachdenklich gestimmt. Was heißt "gleich groß"? Wann sind zwei Winkel gleich groß?

Omega: Zwei Winkel kann man gleich groß nennen, wenn man sie deckungsgleich übereinander legen kann.

Alpha: Das klingt gut! Dann kann man auch einen Winkel kleiner als einen anderen bezeichnen, wenn er flächenmäßig nur einen Teil des anderen ausmacht.

Omega: Richtig! Eigentlich könnten wir nun unsere Vermutung schon in klarer mathematischer Sprechweise ausdrücken: Die Innenwinkel eines Dreieckes ergeben zusammen einen gestreckten Winkel. Als Innenwinkel sehen wir dabei einen Winkel an, dessen Strahlen von je zwei Seiten des Dreiecks gebildet werden, und der die dritte Dreiecksseite enthält.

Alpha: Ganz sind wir noch nicht fertig! Wir müssen noch klären, was wir unter "ergeben zusammen" verstehen wollen!

Omega: Das ist doch klar! Ich erkläre dir das anhand zweier Winkel! (Er zeichnet zwei Winkel.) (Abb.)

Man nimmt einfach einen der beiden Winkel und fügt ihn an den anderen Winkel lückenlos an. (Er macht eine weitere Skizze.) Die Vereinigung des Ganzen soll der gesuchte Winkel sein. (Abb.)

Alpha: Deine Definition liefert zwar zum Beispiel bei zwei Winkeln, die beide größer als ein gestreckter Winkel sind, kein vernünftiges Ergebnis, aber für die Innenwinkel in Dreiecken dürfte es schon klappen.

Omega: Wir müssen also zeigen, daß die drei Innenwinkel eines Dreiecks zusammen einen gestreckten Winkel ergeben. (Er macht eine Skizze.) (Abb.)

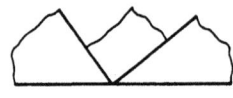

Diskutiere diesen Dialog mit Mitschülern! Versuche schließlich, die wichtigsten Dinge zu formulieren, die man aus dem Dialog lernen kann!

<u>Mögliche Schüleraktivitäten:</u>
- Diskussion in Gruppen über den Dialog.
- Einige Übungen zum Aneinanderfügen von Winkeln, die jeweils kleiner als ein gestreckter Winkel sind.

<u>Reflexion:</u>
- Der Dialog steuert keine axiomatische Grundlegung der Geometrie an, sondern basiert auf bestimmten "anschaulichen Grundtatsachen", die aber bewußt z. T. gar nicht angesprochen werden (z. B. der Anordnungsbegriff "zwischen"). Explizit verwendet wird eine solche "Grundtatsache" z. B. bei der Gleichheit von Winkeln, die auf Deckungsgleichheit (Kongruenz) zurückgeführt wird.
- Für einen Beweis - wenn auch nur in anschaulicher Form - müssen möglichst klare Begriffe geschaffen werden, etwa nach dem Motto: "Wenn etwas 100% sicher sein soll, dann müssen auch die Voraussetzungen (Begriffe) 100% geklärt werden."

- Im Zuge der Vorbereitungen für den Beweis über die Summe der Innenwinkel im Dreieck wurden folgende Definitionen eingeführt: "Winkel", "Innenwinkel", "gleich", "größer" und "kleiner" bei Winkeln, "Aneinanderfügen" von Winkeln.

Du sollst nun beweisen, daß die Innenwinkel eines Dreieckes zusammen einen gestreckten Winkel ergeben. Dabei darfst du folgende Grundtatsachen verwenden:

(G1): Durch einen Punkt P außerhalb einer Geraden g gibt es genau eine Gerade h, die zur gegebenen Geraden g parallel ist.

(G2): Werden die Anfangspunkte zweier zueinander paralleler, aber entgegengesetzter Strahlen a und b durch eine Strecke s verbunden, so sind die kleineren Winkel, die von s und a bzw. s und b gebildet werden gleich groß. (Kurz: Z-Winkel sind gleich groß.)

Deute zunächst G1 und G2 in einer Skizze und überlege sodann, wie man diese Grundtatsachen einsetzen muß, um den geforderten Beweis zu erbringen! Schreibe jeden Beweisschritt exakt auf! Formuliere schließlich, was man aus dieser Aufgabe lernen kann!

Mögliche Schüleraktivitäten:
- Skizze zu den beiden Gundtatsachen.
- Zeichnen eines rechtwinkeligen Dreieckes und Beweis des Satzes unter Verwendung von G1 und G2 unter genauer Angabe der Beweisschritte.
- Reflexion über den Beweisablauf.

Reflexion:
- Die Innenwinkel eines Dreieckes ergeben zusammen einen gestreckten Winkel. Man kann zwar auch sagen, daß die Winkelsumme 180° beträgt, es sollte aber klar sein, daß man für den Beweis eigentlich kein Winkelmaß benötigt.
- Ein Beweis besteht aus einer Schrittfolge von Argumentationen, bei der nur Grundtatsachen und schon bewiesene Aussagen verwendet werden dürfen.

B06 Plötzlich tauchen wieder Probleme auf ...

In unserem letzten Beweis haben wir Winkel aneinander gefügt, aber dabei genau darauf geachtet, daß keiner der beiden betrachteten Winkel größer als ein gestreckter Winkel war. Wieso mußten wir hier so aufpassen?

Betrachten wir einmal zwei Winkel mit den Größen 180° und 270°! Wenn wir diese beiden Winkel aneinanderfügen wollen, so stoßen wir auf das Problem, daß wir plötzlich einen Winkel von 450° erhalten würden, aber doch ganz genau wissen, daß eigentlich der volle Winkel mit 360° der größte Winkel ist!

Im Prinzip haben wir zwei Möglichkeiten, diesem Umstand zu begegnen: Wir können einerseits eine andere Vorstellung von Winkel einnehmen (z. B. "Winkel als Kreisbogenpfeil") und haben damit beliebig große Winkel, oder wir finden einen Winkel unter 360°, den man sinnvollerweise als Ergebnis des Aneinanderfügens der beiden obigen Winkel ansehen kann.

Entscheiden wir uns für die letztere Möglichkeit, um nicht den ganzen Beweis umdenken zu müssen!

Überlege, warum man den rechten Winkel als Ergebnis des Aneinanderfügens der Winkel mit den Größen 180° und 270° (Abb.) sehen kann, und erkläre dieses erweiterte Verständnis des Aneinanderfügens von Winkeln (Abb.)!

Eigentlich hat in diesem Zusammenhang aber auch die Zahl 450 ihre Bedeutung, nur darf man nach unserem Verständnis von Winkel (mit Bogen) nicht von einem Winkel von 450° sprechen. Hier gibt es im Prinzip einen Ausweg: Man führt den Begriff einer "Winkelmaßzahl" ein. Sie gibt an, wievielmal ein Winkel größer ist als der Einheitswinkel. In unserem Fall ginge es also um die Winkelmaßzahlen 180, 270 und 450. Damit hätten wir überhaupt kein Problem mehr: Man könnte beliebige Winkel aneinanderfügen und könnte - je nach Zweck - entweder die Größe des erhaltenen Winkels betrachten oder aber auch die Summe der beiden Winkelmaßzahlen.

Wir wollen aber aus Gründen einer einfachen Sprechweise auf so genaue Unterscheidungen verzichten und lediglich von der Größe von Winkeln (also z. B. auch von 450°) sprechen.

Übe das Aneinanderfügen von Winkeln anhand einiger Beispiele! Formuliere abschließend, was man aus dieser Aufgabe lernen kann!

- Überlegungen zu einer Erweiterung des Verständnisses vom Aneinanderfügen von Winkeln.
- Einige Übungen zum Aneinanderfügen von Winkeln.

Reflexion:
- Durch entsprechende begriffliche Erweiterungen wird es möglich, das Aneinanderfügen beliebiger Winkel zu betrachten.
- Die Einführung des Begriffes "Winkelmaßzahl" bringt zwar eine gewisse "Bereinigung" terminologischer Fragen, im Unterricht kann jedoch auf dessen Verwendung sicherlich verzichtet werden.

B07 Winkel, Winkelgröße und Winkelmaß

Diskutiert folgenden Text in Gruppen!

Wir haben bewiesen, daß die drei Innenwinkel eines Dreieckes zusammen einen gestreckten Winkel ergeben. Im Beweis ist der Begriff "Winkel" in zwei unterschiedlichen Ausprägungen aufgetreten: Einerseits als Menge von Punkten ("Winkel" bzw. "Winkelfeld"), andererseits aber auch als gemeinsame Eigenschaft aller deckungsgleichen Winkel, also als "Winkelgröße". Der größte Winkel (mit Bogen) ist der Vollwinkel, der kleinste Winkel ist der Nullwinkel.

Schon in der ersten Aufgabensequenz haben wir gesehen, daß man die Größe von Winkeln durch Winkelmaße angeben kann. Unterteilt man den Vollwinkel in 360 gleiche Teile, so erhält man als Einheit 1 Grad; ein rechter Winkel hat dann 90°, ein voller Winkel 360°. Auch die Verwendung kleinerer Einheiten ist möglich, wie etwa jene von Minuten (60ster Teil eines Grades) oder von Sekunden (60ster Teil einer Minute). Natürlich kann man das Maß eines Winkels auch in "gemischter" Form angeben, z. B. mit 128° 23' 18". Selbstverständlich sind noch beliebig viele andere Maßeinheiten denkbar, wie etwa ein rechter Winkel, ein Sezel oder ein Neugrad (wird in der Landvermessung verwendet). Da wir aber fast ausschließlich mit der Maßeinheit Grad rechnen werden, ist die Unterscheidung zwischen der Größe eines Winkels und dem Maß eines Winkels nicht so wichtig. Wir wollen daher in Zukunft z. B. einfach davon sprechen, daß die Größe eines Winkels 60° Grad beträgt.

In der vorigen Aufgabe haben wir gesehen, daß man sogar noch von einer Winkelmaßzahl sprechen könnte. Aus Gründen einer einfacheren Sprechweise wollen wir aber diesen Begriff gar nicht weiter verwenden und einfach von der Größe eines Winkels sprechen.

Die sprachliche Unterscheidung zwischen Winkel und Winkelgröße, also zwischen dem, was ein Winkel ist (Definition) und der Angabe, wie groß dieses (im Vergleich zu anderen) ist, wollen wir aber beibehalten.

Winkel gibt man meist in kleinen griechischen Buchstaben an, die ersten drei lauten: α ... alpha , β ... beta , γ ... gamma

Selbstverständlich könnte man auch bei den Symbolen zwischen einem Winkel ß und dessen Größe ß (bzw. auch dessen Maß ß° und dessen Maßzahl |ß|) eine Unterscheidung treffen. Wir wollen in Hinkunft z. B. lediglich ß = 90° schreiben.

Faßt abschließend die wichtigsten Gedanken dieses Textes schriftlich zusammen!

<u>Mögliche Schüleraktivitäten:</u>
- Besprechung des Lehrtextes in Gruppenarbeit.
- Diskussion der vorgeschlagenen Regelungen zum Sprachgebrauch und zur Verwendung von Symbolen.

<u>Reflexion:</u>
- In bestimmten Zusammenhängen kann es sinnvoll sein, verschiedene Aspekte von "Winkel" zu unterscheiden: "Winkel": Mengen von Punkten, z. B. gestreckter Winkel als Halbebene (Figur); "Winkelgröße": Gemeinsame Eigenschaft aller deckungsgleichen Winkel, so sind z. B. alle gestreckten Winkel "gleich groß" (unabhängig von der Angabe irgendeines Winkelmaßes); "Winkelmaß": Mit ihm wird die Größe eines Winkels angegeben. Das Ergebnis hängt vom gewählten Einheitswinkel ab, z. B. kann man die Größe des gestreckten Winkels mit 2R, 180° oder 200^g umschreiben; "Winkelmaßzahl": Gibt an, wievielmal ein Winkel größer als der Einheitswinkel ist. Das Ergebnis hängt vom gewählten Einheitswinkel ab, beim gestreckten Winkel könnte es 2 oder 180 oder 200 sein (siehe oben). Im Unterricht scheint es jedoch angebracht, nur vom Winkel und dessen Größe zu sprechen.
- Wie exakt man bestimmte Begriffe festlegen muß, hängt von der jeweiligen Zielsetzung ab. Während beim Beweisen relativ strenge Maßstäbe angelegt werden müssen, geht es beim Messen weniger um genaue Definitionen, sondern vielmehr um die Genauigkeit des Meßvorganges.

- Symbole als Abkürzungen für bestimmte Begriffe sind im Prinzip beliebig wählbar. Bei Winkeln ist es allgemein üblich geworden, griechische Klein-buchstaben zu verwenden. Im Unterricht scheint es angebracht, bezüglich der Symbole (zu den verschiedenen Aspekten von "Winkel") keine Unter-scheidungen zu treffen.
- Im Sinne der neuen Sprechweise kann man nun sagen: Die (Innen-) Winkel-summe in einem Dreieck beträgt 180°.

B08 Die Winkelsumme in Vielecken

Wir wissen bereits, daß in jedem Dreieck die Innenwinkel zusammen exakt einen gestreckten Winkel ergeben. Wie sieht das nun bei Vierecken aus? (Abb.)

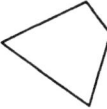 

Jedes Viereck läßt sich zumindest auf eine Weise so in zwei Dreiecke zerlegen, daß die Teilungslinie (Diagonale) im Inneren des Viereckes verläuft. Überlege, daß man damit bereits beweisen kann, daß die Innenwinkel des Viereckes an-einandergefügt einen vollen Winkel ergeben!
Überlege weiters, wie man bei Fünfecken (Abb.) und Sechsecken (und allgemein bei Vielecken) vorgehen kann!

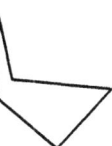 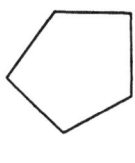

Argumentiere auch, daß es einen Sinn hat, von einer "Winkelsumme" zu sprechen!
Formuliere abschließend, was man aus dieser Aufgabe lernen kann!

<u>Mögliche Schüleraktivitäten:</u>
- Betrachten verschiedener Vielecke, Zerlegen dieser in Dreiecke.
- Beweis, daß die Winkelsumme eines Viereckes 360° beträgt.
- Betrachten verschiedener Fünfecke, Zerlegen dieser in ein Viereck und ein Dreieck (bzw. in drei Dreiecke). Beweis, daß die Winkelsumme 540° beträgt. Analog für Sechsecke, Verallgemeinerung auf beliebige Vielecke.

<u>Reflexion:</u>
- Jedes Viereck kann man so in zwei Dreiecke zerlegen, daß die Teilungslinie (Diagonale) im Inneren des Viereckes verläuft. Da in jedem Dreieck die Innenwinkel zusammen einen gestreckten Winkel und zwei gestreckte Winkel zusammen einen vollen Winkel ergeben, folgt daraus die Aussage, daß die Innenwinkel eines Viereckes zusammen genau einen vollen Winkel ausmachen. Aufgrund der in der vorigen Aufgabe getroffenen Vereinbarungen kann man auch von einer Winkelsumme von 360° sprechen.
- Jedes Fünfeck kann man so in ein Viereck und ein Dreieck zerlegen, Daß die Teilungslinie (Diagonale) im Inneren des Fünfeckes verläuft. Damit ergibt sich, daß die Winkelsumme in Fünfecken 540° beträgt. Analog geht man bei Sechsecken vor, die man in ein Fünfeck und ein Dreieck zerlegt. Die Winkelsumme beträgt 720°.
- Jedes n-Eck kann man so in ein (n-1)-Eck und ein Dreieck zerlegen, daß die Teilungslinie (Diagonale) im Inneren des n-Eckes verläuft. Die Winkelsumme eines n-Eckes beträgt (n-2).180°.

B09 Wie kam man zur entscheidenden Idee?

Die Geschichte der Mathematik legt die Annahme nahe, daß es die griechischen Mathematiker waren, denen es gelang, die Aussage über die Innenwinkel im Dreieck zu beweisen. Es wird vermutet, daß sie die Idee für die Aussage Mustern entnahmen, die man zu dieser Zeit manchmal auf griechischen Vasen fand (Abb.):

Beschreibe dieses Muster mit mathematischen Begriffen und gib plausible Gründe dafür an, warum man gerade anhand dieses Musters auf die Vermutung des von uns schon bewiesenen Sachverhaltes kommen kann!
Formuliere abschließend, was man aus dieser Aufgabe lernen kann!

<u>Mögliche Schüleraktivitäten:</u>
- Übertragen des Musters in das Heft, Beschriftung mit Winkeln.
- Suchen nach Gründen, warum das Muster zum Vermuten der Aussage über die Innenwinkel in Dreieck anregen könnte.

Reflexion:

- So manche Vermutungen über mathematische Aussagen (Sätze) besitzen ihren Ursprung gar nicht in mathematischen Fragestellungen, sondern sind reine "Zufallsprodukte".

- Eigentlich ist damit nur die Vermutung für gleichschenkelige Dreiecke (als einem Sonderfall) geschaffen worden. An dieser Stelle kann bereits wieder der Forschergeist des Mathematikers auftreten, der die Aussage gleich verallgemeinern will.

- Zeichnet man im vorliegenden Muster die Symmetrieachsen für die gleichschenkeligen Dreiecke ein, so entstehen rechtwinkelige Dreiecke, wobei jeweils ein benachbartes dunkles und weißes Dreieck ein Rechteck ergeben. Daraus kann man schon wieder die Vermutung für den Sachverhalt in rechtwinkeligen Dreiecken und damit in weiterer Folge auch für allgemeine Dreiecke (Zerlegung in zwei rechtwinkelige Dreiecke) erahnen.

B10 Wieviele Bestimmungsstücke braucht man für ein Dreieck?

Rechts neben dem Text ist ein Dreieck abgebildet. Du hast nun die Aufgabe, in deinem Heft
ein kongruentes (deckungsgleiches) Dreieck zu
konstruieren, allerdings ohne abzupausen. Du
darfst dabei Strecken und Winkel des Dreieckes
messen, du sollst aber versuchen, mit möglichst
wenig Messungen auszukommen.

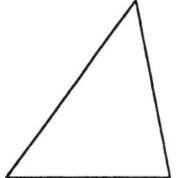

Welche verschiedenen Kombinationen von Streckenlängen bzw. Winkelgrößen
sind dabei denkbar? Versuche, alle Möglichkeiten - nachdem du sie selbst
konkret durchprobiert hast - anzugeben! Vergleiche und ergänze deine Ideen
mit jenen deiner Mitschüler!
Formuliere abschließend, was man aus dieser Aufgabe lernen kann!

Mögliche Schüleraktivitäten:

- Verschiedenste Versuche, das Dreieck mit unterschiedlichen Bestimmungsstücken zu konstruieren.

- Versuch einer Aufzählung aller möglichen Bestimmungsstückkombinationen.

- Nachdenken über die Bedeutung des Winkelbegriffes bei der Kongruenz.

- Um zu einem vorgegebenen Dreieck ein dazu kongruentes Dreieck aus Seiten und/oder Winkeln konstruieren zu können, benötigt man im allgemeinen drei Bestimmungsstücke. Hiervon gibt es nur zwei Ausnahmen:
   a) Die Angabe aller drei Winkelgrößen ist zuwenig. Es ist zwar die Form des Dreieckes festgelegt, man hat aber keinen Hinweis auf dessen Größe. Die Angabe einer dritten Winkelgröße ist ohnehin überflüssig, da man es als Ergänzung der beiden anderen auf 180° errechnen kann.
   b) Bei der Angabe zweier Streckenlängen und der Größe jenes Winkels, welcher der kürzeren der beiden Strecken gegenüber liegt. In diesem Falle ist die Konstruktion zweier verschiedener Dreiecke möglich, wovon eines mit dem vorgegebenen Dreieck übereinstimmt. Man bräuchte also eine zusätzliche Information.
- Alle anderen Kombinationen führen zum Ziel:
   1) Drei Streckenlängen: S-S-S.
   2) Zwei Streckenlängen und eine Winkelgröße (eingeschlossener Winkel oder der der größeren Strecke gegenüberliegende Winkel): S-W-S bzw. W-S-s.
   3) Zwei Winkelgrößen und eine Streckenlänge: W-W-S.
- Bei dieser Aufgabe liegt von Anfang an ein konkretes Dreieck vor, zu welchem (nur noch) eine "Kopie" hergestellt werden soll. Damit ist aber noch nicht geklärt, ob durch Angabe dreier Bestimmungsstücke (der Kombinationen 1,2a,2b,3) stets ein Dreieck entsteht.

B11 Ergeben drei Bestimmungsstücke immer ein Dreieck?

Die vorige Aufgabe ging von der Voraussetzung aus, daß man bereits ein bestimmtes Dreieck hat. Wir wollen nun umgekehrt überlegen, ob durch die Angabe dreier Bestimmungsstücke überhaupt immer ein Dreieck festgelegt wird. Als Denkanstoß sei ein Beispiel angeführt, wo dies nicht der Fall ist: Gegeben sind die Streckenlänge a = 3 cm und b = 8 cm, sowie die Winkelgröße β = 183°. Warum geht das nicht? Stelle eine Liste auf, in der du anführst, was alles nicht passieren darf!
Formuliere abschließend, was man aus dieser Aufgabe lernen kann!

Mögliche Schüleraktivitäten:
- Suche nach Kombinationen, die zu keinem realen Dreieck führen.
- Nachdenken über die Bedeutung des Winkelbegriffes bei der Kongruenz.

Reflexion:
- Folgende Bedingungen müssen erfüllt sein: 1) S-S-S: Die Summe der beiden kleineren Streckenlängen muß größer sein als die größte Streckenlänge. 2) S-W-S und W-S-s: Der Winkel muß kleiner sein als 180°. 3) W-W-S: Die beiden Winkel müssen zusammen weniger ergeben als ein gestreckter Winkel. Es ist nur notwendig, diese vier Fälle zu betrachten, da die anderen Fälle ohnehin keine eindeutige Lösung ergeben.

B12 Zwei Dreiecke sind deckungsgleich, wenn ...

Wir wollen die in Aufgabe B10 gestellte Aufgabe nocheinmal betrachten: Es ging darum, von einem gegebenen Dreieck eine "Kopie" (ein Ebenbild) herzustellen und dabei möglichst wenig Bestimmungsstücke zu verwenden. Man kann diese Aufgabe auch aus einer anderen Sicht sehen: Welche und wieviele Bestimmungsstücke braucht man, um anschaulich aber klar die Gewißheit zu haben, daß zwei Dreiecke kongruent (deckungsgleich) sind, also in allen sechs Bestimmungsstücken übereinstimmen?

Wenn man die ursprüngliche Fragestellung umformuliert, dann kann man auch das Ergebnis umformulieren. Es entstehen dabei folgende vier anschauliche Grundtatsachen: Zwei Dreiecke sind zueinander kongruent, wenn sie in folgenden drei Bestimmungsstücken übereinstimmen:

G1) Drei Strecken.

G2) Zwei Strecken und dem eingeschlossenen Winkel.

G3) Zwei Strecken und dem der größeren Strecke gegenüberliegenden Winkel.

G4) Einer Strecke und zwei Winkeln.

Jede geradlinig begrenzte Figur läßt sich in Dreiecke zerlegen. Jedes Dreieck wiederum läßt sich durch Strecken bzw. Winkel beschreiben. Somit stellen Winkel ein bedeutendes "Grundelement" der Geometrie dar. Während der gestreckte Winkel genau der Idee des Geradlinigen, der Idee des Beibehaltens einer Richtung entspricht, sind die anderen Winkel eine Erweiterung dieser Idee, weil es hier eben genau um das Abweichen von einer vorgegebenen Richtung geht. Die Winkel sind also gewissermaßen mit dafür zuständig, daß man in der Geometrie die gerade Linie "verlassen" kann und flächenhafte Dinge (Figuren) zu beschreiben vermag.

Diskutiere diesen Text mit Mitschülern und formuliere abschließend, was man aus diesem Text lernen kann!

- Diskussion des vorliegenden Textes.
- Nachdenken über die Bedeutung des Winkelbegriffes bei der Kongruenz.

Reflexion:
- "Winkel" ist ein bedeutender Begriff der Geometrie. Er verkörpert das Abweichen von einer bestimmten Richtung und bereitet damit einen entscheidenden Schritt zur ebenen Geometrie vor. Alle geradlinig begrenzten Figuren, insbesondere die Dreiecke, lassen sich durch Winkel (bis auf Ähnlichkeit) beschreiben.
- Zwischen dem Handlungsvorgang, zu einem Dreieck eine Kopie anzufertigen, und dem Vergleich, ob zwei Dreiecke zueinander kongruent sind, gibt es feine Unterschiede. Während im ersten Fall ein praktisches Problem vorliegt, welches durch Messen und Konstruieren gelöst werden kann, liegt im zweiten Fall zunächst ein theoretisches Problem vor, bei welchem es noch um keine Messungen gehen muß. Es wird nämlich die Kongruenz von Dreiecken auf die Kongruenz von Strecken bzw. Winkeln zurückgeführt.

B13 Wir beweisen, daß ein Dreieck genau dann gleichschenkelig ist, wenn ...

Ein Dreieck, bei welchem zwei Seiten gleich lang sind, nennt man gleichschenkeliges Dreieck. Man kann beweisen, daß ein Dreieck genau dann gleichschenkelig ist, wenn es zwei gleich große Winkel besitzt. Es gilt sogar, daß den gleich langen Seiten genau die gleich großen Winkel gegenüber liegen (und umgekehrt).
Überlege, daß diese Aussage eigentlich in zwei unterschiedliche Teile zerfällt! Formuliere diese beiden Teilaussagen und beweise zunächst jene Richtung, bei der man voraussetzt, daß ein gleichschenkeliges Dreieck vorliegt!
Hinweis: Verwende dabei die Grundtatsachen bezüglich der Kongruenz von Dreiecken!
Etwas schwieriger ist der Beweis für jene Richtung, bei der man voraussetzt, daß zwei gleich große Winkel vorliegen und man zeigen muß, daß die den gleich großen Winkeln gegenüberliegenden Seiten gleich lang sind. Man kann hier nämlich keine der vier Grundtatsachen über die Kongruenz von Dreiecken direkt anwenden. Erkläre warum!

Um den Beweis dennoch führen zu können, benötigt man eine neue Beweismethode, die wir bisher noch nicht kennengelernt haben, nämlich jene des "indirekten Beweises". In unserem Fall sieht die Beweisführung so aus: Man nimmt an, daß zwei gleich großen Winkeln eines Dreieckes <u>nicht</u> gleich lange Seiten gegenüberliegen und zeigt aber, daß diese Annahme auf einen Widerspruch führt. Daher müssen also die beiden Seiten doch gleich lang sein. Konkret wird der indirekte Beweis so geführt:

Nehmen wir also an, daß z. B. die Winkel β und γ gleich groß, aber die gegenüberliegenden Seiten AB und AC nicht gleich lang wären. Eine der beiden Seiten müßte dann länger sein, in unserer Zeichnung (Abb.) sei es AB:

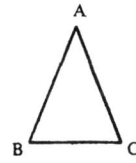

Nun sucht man auf der Strecke AB einen Punkt D so, daß BD = CD. Dann zieht man die Strecke CD. (Abb.)

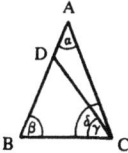

Betrachten wir nun das Dreieck DBC. Dieses hat zwei gleich lange Seiten, nämlich CD und BD. Daher sind die diesen Seiten gegenüberliegenden Winkel β und δ gleich groß! (Erkläre warum!) Daraus folgt aber auch, daß der Winkel γ größer ist als der Winkel δ , also auch größer als der Winkel β . Dies ist aber ein Widerspruch zur ursprünglichen Annahme, nach der β und γ gleich groß waren. Daher ist insgesamt die Annahme, daß die Seiten AB und AC verschieden lang sind, widersprüchlich zur Voraussetzung $\beta = \gamma$, und der Beweis ist geglückt.

Diskutiere mit Mitschülern die Methode des indirekten Beweisens und versuche, die Strategie dieser Methode allgemein zu formulieren! Halte schließlich schriftlich fest, was man aus dieser Aufgabe lernen kann!

<u>Mögliche Schüleraktivitäten:</u>
- Formulieren der beiden Aussagerichtungen: "A = = > B" und "B = = > A".
- Beweis von "A = = > B".
- Reflexion über "B = = > A" bzw. über die Methode des indirekten Beweisens.

Reflexion:

- Eine "Genau-dann-Aussage" muß in zwei Richtungen bewiesen werden.
- Neben dem "direkten Beweis" wird in der Mathematik auch häufig der "indirekte Beweis" geführt.
- Beim direkten Beweis zeigt man, daß aus einer Aussage A die Aussage B folgt, beim indirekten Beweis zeigt man, daß die Aussage A und die Aussage ¬B zu einem Widerspruch führen.

B14 Der Satz des Thales

Folgender berühmte geometrische Satz wird dem griechischen Mathematiker und Naturphilosophen THALES von Milet (600 v. Chr.) zugeschrieben:
Liegt eine Ecke C eines Dreieckes ABC auf dem Kreis mit der Seite AB als Durchmesser, so ist der Innenwinkel des Dreieckes bei C ein rechter Winkel.
Manchmal wird der "Satz des Thales" auch in folgender Kurzform umschrieben:
"Jeder Winkel in einem Halbkreis ist ein rechter."
Entwirf eine entsprechende Skizze und beweise den Satz! Hinweis: Zeichne die Hilfslinie MC (M Mittelpunkt von AB) und verwende den Satz über das gleich-schenkelige Dreieck zweimal!
Der Satz des Thales läßt sich auch umkehren. Formuliere die Aussage des Umkehrsatzes und beweise sie mit Hilfe eines indirekten Beweises. Schreibe abschließend nieder, was man aus dieser Aufgabe lernen kann!

Mögliche Schüleraktivitäten:
- Anfertigen einer Skizze und Beweis des Satzes des Thales.
- Formulieren des Umkehrsatzes und Beweis desselben.
- Reflexion über die "Struktur" des Beweises.

Reflexion:
- Der Satz des Thales ist eine direkte Folgerung des Satzes über das gleichschenkelige Dreieck. Seien die Innenwinkel des Dreieckes ABC bei A bzw. B α bzw. β. Die beiden Winkel bei C im Inneren des Dreieckes sind aufgrund des Vorliegens gleichschenkeliger Dreiecke ebenfalls α bzw. β. Nun sieht man, daß der Innenwinkel bei C ebenso groß ist, wie die beiden Innenwinkel bei A und B zusammen. Da die drei Innenwinkel zusammen einen gestreckten Winkel ergeben, muß der Innenwinkel bei C ein rechter Winkel sein.

414

- Der Satz des Thales kann auch umgekehrt werden:
Ist in einem Dreieck ABC der Innenwinkel bei C ein rechter Winkel, so liegt der Punkt C auf dem Kreis mit der Seite AB als Durchmesser. Der Beweis erfolgt indirekt. Man nimmt im Gegensatz zur Behauptung an, daß C nicht auf dem Kreis mit AB als Durchmesser liege, sondern im Inneren dieses Kreises (Fall 1) oder im Äußeren des Kreises (Fall 2). Der erste Fall führt (genauso wie der zweite) zu einem Widerspruch: Man verlängert die Strecke AC bis zum Kreis und erhält den Punkt S. Nach dem Satz des Thales ist der Innenwinkel bei S des Dreieckes ABS ein rechter Winkel, also auch jener bei S des Dreieckes BSC. Laut Voraussetzung ist der Innenwinkel bei C des Dreieckes ABC ein rechter Winkel, also auch der Innenwinkel bei C des Dreieckes BSC. (Die beiden ergänzen einander auf einen gestreckten Winkel.) Nun ergeben aber schon zwei der drei Innenwinkel des Dreieckes BSC zusammen einen gestreckten Winkel. Dies führt zu einem Widerspruch zum Satz über die Innenwinkel in einem Dreieck. Damit ist bewiesen, daß der Satz des Thales einen gültigen Umkehrsatz besitzt.

B15 Alle Winkel über einer Sehne sind gleich!

Eine weitere bedeutende geometrische Aussage beinhaltet der Zentriwinkelsatz: Ist AB eine beliebige Sehne eines Kreises und liegt ein Punkt C des Kreises auf derselben Seite der Sehne wie der Mittelpunkt des Kreises M, so gilt:
Der Zentriwinkel ist doppelt so groß wie der Peripheriewinkel.

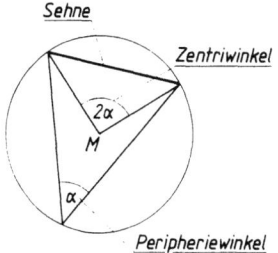

Wir wollen diesen Satz nicht selbst beweisen, sondern nur nach einer unmittelbaren Folgerung dieses Satzes suchen, nämlich dem Peripheriewinkelsatz. Wie könnte dieser Satz lauten? Überlege auch, in welcher Beziehung dieser Satz zum Satz des Thales steht!
Versuche nun folgendes Problem zu lösen: Gegeben ist die Strecke AB und der Winkel α (kleiner als ein gestreckter Winkel). Konstruiere einen Kreis durch A und B so, daß genau Peripheriewinkel der Größe von α entstehen.

Die nebenstehende Skizze (Abb.) deutet den Konstruktionsweg an. Beschreibe die Idee und die Abfolge des Konstruktionsweges und führe ihn für AB = 5 cm und α = 70° konkret durch!

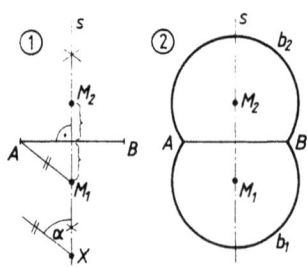

Formuliere abschließend, was man aus dieser Aufgabe lernen kann!

Mögliche Schüleraktivitäten:
- Formulierung des Peripheriewinkelsatzes.
- Beschreibung des Konstruktionsweges zur Ermittlung des Peripheriebogens über AB.
- Konstruktion des Peripheriebogens in einem konkreten Fall.
- Reflexion über die "lokale Ordnung" der genannten drei Sätze.

Reflexion:
- Der Peripheriewinkelsatz besagt, daß der einem Kreisbogen zugeordnete Peripheriewinkel halb so groß ist wie der diesem Kreisbogen zugeordnete Zentriwinkel.
- Der Satz des Thales ist ein Sonderfall des Peripheriewinkelsatzes.
- Die Konstruktion des Peripheriebogens beruht auf folgender Idee:
  1) Ein Peripheriewinkel α ist halb so groß wie der entsprechende Zentriwinkel (Zentriwinkelsatz).
  2) Gesucht ist also ein Punkt M (Mittelpunkt eines Kreises), bei welchem der Innenwinkel im Dreieck AHM genau α ist (wobei H der Halbierungspunkt der Strecke AB ist).
  3) Da das Dreieck AHM rechtwinkelig ist, folgt aus dem Satz über die Innenwinkel in einem Dreieck, daß der Innenwinkel dieses Dreieckes bei A die Ergänzung von α auf einen rechten Winkel ist.
  4) Errichtet man daher zu Beginn der Konstruktion einen Strahl g, der mit der Strecke AB den Winkel α einschließt, so erhält man M als Schnitt der Normalen auf g durch A mit der Streckensymmetralen von AB.

a) Konstruktionsprobleme

P01 Das einfachste Dreieck
P02 Ein schönes Ornament
P03 Konstruktion von Winkeln mit Zirkel und Lineal
P04 Ein unlösbares Problem

b) Berechnungsprobleme

P05 Eine Leichtigkeit für Winkelfreunde
P06 Wie groß ist der gesuchte Winkel?
P07 Wir arbeiten "vorwärts" und "rückwärts"

c) "Steckbriefe" von Figuren

P08 Wanted: Rectangle
P09 Wer beschreibt den Drachen?
P10 Welche Figur hält sich dahinter verborgen?

d) Winkel und Algorithmen

P11 Winkelbefehle für den Computer
P12 Wie lautet der Befehl für die Figur?
P13 Figuren ohne Ende

e) Winkel im Raum

P14 Ein Winkel zwischen Strahl und Ebene
P15 Ein Winkel zwischen zwei Ebenen

P01 Das einfachste Dreieck

Ein Dreieck, bei welchem alle drei Seiten gleich lang sind, nennt man gleichseitiges Dreieck. Begründe unter Verwendung des Satzes über gleichschenkelige Dreiecke, warum alle drei Winkel eines gleichseitigen Dreieckes gleich groß sein müssen. Gilt auch die Umkehrung des Satzes? Gib schließlich die Größe der Winkel eines gleichseitigen Dreieckes an und konstruiere ein solches mit der Seitenlänge a = 5 cm!
Formuliere abschließend, was man aus dieser Aufgabe lernen kann!

Mögliche Schüleraktivitäten:
- Begründen, warum ein gleichseitiges Dreieck drei gleich große Winkel hat.
- Begründen, daß ein Dreieck mit drei gleich großen Winkeln ein gleichseitiges Dreieck ist.
- Berechnung der Winkelgröße.
- Konstruktion eines gleichseitigen Dreieckes.
- Reflexion über die Besonderheit des gleichseitigen Dreieckes.

Reflexion:
- Ein gleichseitiges Dreieck liegt genau dann vor, wenn alle drei Winkel gleich groß sind. Ihre Größe beträgt jeweils 60°.
- Dinge, die sich durch besondere Eigenschaften auszeichnen, erhalten einen eigenen Namen (gleichseitiges Dreieck, gestreckter Winkel, Rechteck, ...).
- Ein gleichseitiges Dreieck ist immer auch ein gleichschenkeliges Dreieck.

P02 Ein schönes Ornament

Konstruiere mit dem Zirkel folgende Figur (r = 4 cm):

Diese Figur kann nur deshalb zustande kommen, weil man den Radius genau sechsmal an der Kreislinie abschlagen kann. (Abb.)

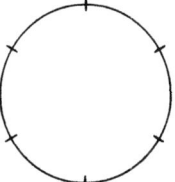

Warum aber kann man den Radius genau sechsmal an der Kreislinie abschlagen? Hinweis: Zeichne in der zweiten Figur so viele Hilfslinien ein, daß sechs gleichseitige Dreiecke entstehen!
Formuliere abschließend, was man aus dieser Aufgabe lernen kann!

Mögliche Schüleraktivitäten:
- Konstruktion der Figur.
- Analyse der Figur, Zerlegen in gleichseitige Dreiecke.
- Reflexion über den Konstruktionsprozeß der Figur.

Reflexion:
- Die Begründung für die Möglichkeit einer solchen Konstruktion liegt darin, daß am Kreis ein großes regelmäßiges Sechseck entsteht, welches aus sechs gleichseitigen Dreiecken zusammengesetzt ist. Die sechs Winkel, die am Mittelpunkt des mittleren Kreises angelagert sind, ergeben zusammen einen vollen Winkel.
- Bei vielen Konstruktionen bzw. vielen Figuren ist es von Bedeutung, die Beziehungen der verschiedenen auftretenden Winkel zueinander genau zu analysieren.
- Mit dem Zirkel ist es möglich, Winkel von 60° zu konstruieren.

P03 Konstruktion von Winkeln mit Zirkel und Lineal

Mit Hilfe eines Zirkels kann man verschiedene Winkel aneinanderfügen, aber auch Winkel halbieren. Die vorangehende Aufgabe hat auch gezeigt, daß man einen Winkel von 60° recht einfach konstruieren kann!
Argumentiere, warum man jeden Winkel, der ein Vielfaches von 15° ist, recht einfach mit Zirkel und Lineal konstruieren kann!

Führe die Konstruktionen für die Winkel alpha = 15°, beta = 120°, gamma = 225° und delta = 315° konkret aus.
Formuliere abschließend, was man aus dieser Aufgabe lernen kann!

<u>Mögliche Schüleraktivitäten:</u>
- Überlegungen zur Konstruierbarkeit von einfachen Winkeln mit Zirkel und Lineal.
- Konstruktion einiger Winkel zu vorgegebenen Größen.

<u>Reflexion:</u>
- Mit Zirkel und Lineal lassen sich einige wichtige Winkel konstruieren.

P04 Ein unlösbares Problem

Kann man einen Winkel von 20° mit Zirkel und Lineal konstruieren? Man müßte z. B. dazu wissen, wie man einen Winkel von 60° in drei gleich große Teile teilt. Obwohl sich die griechischen Mathematiker sehr intensiv mit dem Problem der Winkeldreiteilung beschäftigt haben, konnten sie diese Frage nicht beantworten. Inzwischen ist aufgrund von Arbeiten bedeutender Mathematiker wie Carl Friedrich GAUSS (1777 - 1855) und Evariste GALOIS (1811 - 1832) der Nachweis gelungen, daß eine Dreiteilung eines Winkels mit Zirkel und Lineal im allgemeinen nicht möglich ist! Zwar findet man zu einzelnen Winkeln (90°, 180°, ...) einen Winkel, der ein Drittel der Größe des ersteren ausmacht, aber es gibt kein Konstruktionsverfahren, welches man bei jedem Winkel anwenden könnte. So mancher, der vor dieses Problem gestellt wurde, glaubte eine einfache Lösung gefunden zu haben (Abb.):

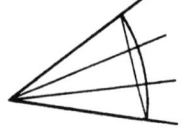

Er teilte einfach die Bogensehne in drei gleich lange Strecken. Durch die entstehenden Teilungspunkte wurden Strahlen gezeichnet, die ihren Anfangspunkt im Scheitel des Winkels hatten. Die Schnittpunkte der Strahlen mit dem Kreisbogen brachten aber eine Enttäuschung! Probiere dies selbst einmal bei Winkeln von 60° und 90° aus!
Formuliere abschließend, was man aus dieser Aufgabe lernen kann!

- Ausprobieren der Sehnendrittelung bei den Winkeln der Größe 60° und 90°.
- Wenn die Schüler - trotz der Information, daß es kein allgemeines Verfahren gibt - Experimentiergeist zeigen: Weitere Versuche, eine Methode für die Winkeldreiteilung zu finden.
- Reflexion über (die) Grenzen des Konstruierens mit Zirkel und Lineal.

Reflexion:
- Es gibt kein allgemeines Konstruktionsverfahren mit Zirkel und Lineal, um Winkel in drei gleich große Winkel zu teilen.
- Es besteht ein wesentlicher Unterschied zwischen der Situation, daß ein Problem bisher noch nicht gelöst werden konnte und der Situation, daß gezeigt werden konnte, daß eine Lösung gar nicht möglich ist. Nur im ersten Fall hat es einen Sinn, selbst nach einer Lösung zu suchen.
- Das Scheitern der Sehnendrittelung als Methode der Winkeldreiteilung bekräftigt die Tatsache, daß der Winkelbegriff eng mit der Unterteilung des Kreises zusammenhängt. Winkel wird man daher nie mit einer äquidistanten linearen Skala messen können. Oder anders gesagt: Die Größe von Winkeln kann man nicht durch den (linearen) Abstand von ausgewählten Punkten beschreiben. (Außer man läßt zu, daß z. B. ein doppelt so großer Winkel nicht den doppelten Abstand besitzt.)

P05 Eine Leichtigkeit für Winkelfreunde

In den folgenden Figuren ist jeweils der Winkel ß zu ermitteln:

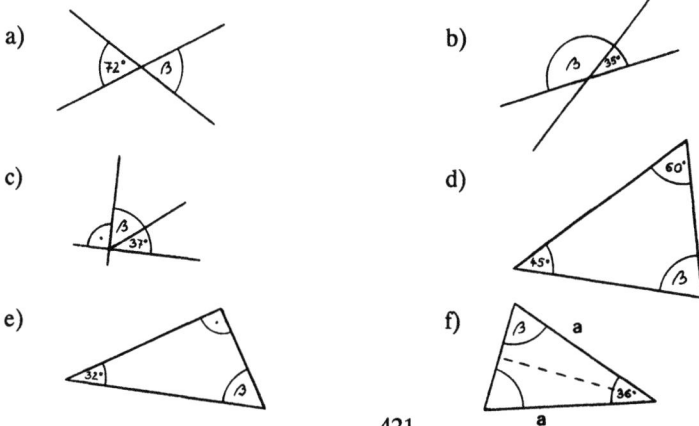

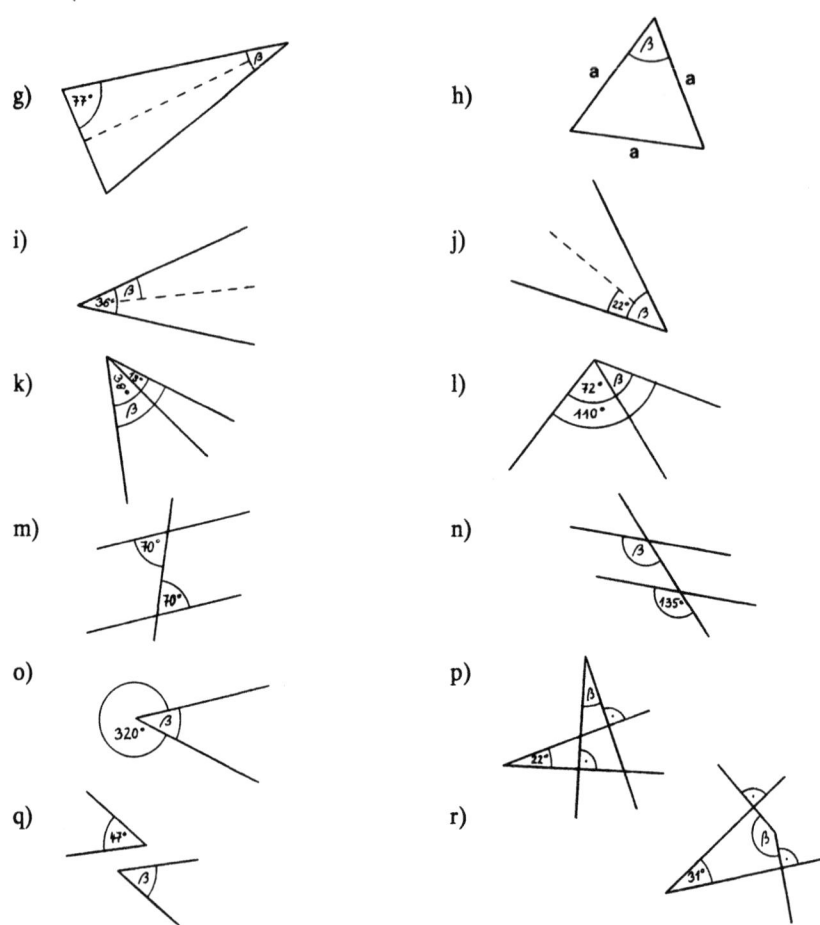

Ersetze in allen Figuren die konkrete Winkelgröße durch die Variable ω und drücke ß mit Hilfe von ω aus, z. B. bei c): ß = 90° - ω .

Formuliere abschließend, was man aus dieser Aufgabe lernen kann!

Mögliche Schüleraktivitäten:
- Berechnen der einzelnen Winkelgrößen unter Verwendung bekannter Sätze.
- Ausdrücken von ß durch ω.
- Schaffen eines Überblickes über die vielen "Standardsituationen" mit Winkeln.

- Winkel treten in verschiedensten Situationen, in unterschiedlichsten Beziehungen zueinander auf. Es lassen sich zahlreiche "Standardsituationen" des Berechnens von Winkeln angeben.
- Jedes Berechnungsproblem läßt sich auch auf Variablenebene behandeln, z. T. wird dadurch die Beziehung zwischen einzelnen Winkeln klarer beschrieben.

P06 Wie groß ist der gesuchte Winkel?

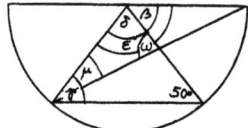

Berechne ω !

Hinweis: Berechne zunächst β , γ , δ , ϵ und dann μ ! Ersetze nach Berechnung von ω den Winkel von 50° durch die Variable α und drücke schließlich ω durch α aus: Begründe jeden einzelnen Schritt!
Formuliere abschließend, was man aus dieser Aufgabe lernen kann!

Mögliche Schüleraktivitäten:
- Schrittweises Errechnen der einzelnen Winkel.
- Ausdrücken von ω durch α .
- Reflexion des Lösungsweges.

Reflexion:
- Manche Figuren sind so komplex, daß der gesuchte Winkel erst über mehrere Zwischenschritte errechnet werden kann, wobei jeder Zwischenschritt einer bestimmten Standardsituation entspricht. Satz über gleichschenkeliges Dreieck - Satz über Winkelsumme im Dreieck - Satz über Wechselwinkel (Z-Winkel) - Addition zweier Winkel - zweimal Satz über Winkelsumme im Dreieck: $\omega = 75°$; $\omega = \frac{3\alpha}{2}$.
- Bei der Lösung eines komplexeren Problems geht es darum, dieses in eine geschlossene Kette lösbarer Einzelprobleme zu verwandeln.

Drücke in der folgenden Figur ω durch α aus:

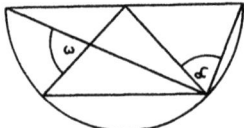

Hinweis: Man kann nicht nur von α aus "nach vorwärts arbeiten", man kann auch von ω ausgehend versuchen, zu α hin "rückwärts zu arbeiten"! Formuliere abschließend, was man aus dieser Aufgabe lernen kann!

Mögliche Schüleraktivitäten:
- Bearbeitung des Problems durch "Vorwärtsarbeiten" und "Rückwärtsarbeiten".
- Ausdrücken von ω durch α.
- Reflexion des Lösungsweges.

Reflexion:
- Als Problemlösestrategie ist sehr oft eine Kombination von Vorwärts- und Rückwärtsarbeiten zielführend.
- Folgende Standardsituationen werden verwendet (von α aus "vorwärts arbeiten"): Satz des Thales - Satz über gleichschenkeliges Dreieck - Satz über Winkelsumme im Dreieck - Satz über Wechselwinkel (Z-Winkel) - Addition zweier Winkel - Satz über Winkelsumme im Dreieck - Satz über gleichschenkeliges Dreieck - Satz über Winkelsumme im Dreieck - Satz über Scheitelwinkel: $\omega = 90° - \frac{3\alpha}{2}$.

P08 Wanted: Rectangle

Figuren kann man auf verschiedenste Arten beschreiben. Welche der folgenden "Steckbriefe" (Beschreibungen) liefert mit Sicherheit ein Rechteck?
1) Ein Viereck mit drei gleich großen Winkeln.
2) Ein Viereck, bei dem gegenüberliegende Winkel gleich groß sind.
3) Ein Viereck, bei dem gegenüberliegende Seiten gleich lang sind.
4) Ein Viereck, bei dem die Diagonalen gleich lang sind und einander jeweils im Mittelpunkt schneiden.

5) Ein Viereck, bei dem gegenüberliegende Seiten zueinander parallel sind.
6) Ein Viereck, bei dem alle Seiten gleich lang sind.
7) Ein Viereck, bei dem gegenüberliegende Winkel gleich groß sind. Die Diagonalen sind gleich lang und schneiden einander genau im Mittelpunkt.

Suche nach einem möglichst einprägsamen "Steckbrief", der noch nicht vorgekommen ist!
Welche Eigenschaften soll ein guter "Steckbrief" haben? Formuliere abschließend, was man aus dieser Aufgabe lernen kann!

Mögliche Schüleraktivitäten:
- Überprüfen, ob die einzelnen "Steckbriefe" mit Sicherheit ein Rechteck ergeben.
- Suchen nach einem möglichst einprägsamen "Steckbrief".
- Reflexion über die Möglichkeit, Figuren durch "Steckbriefe" zu beschreiben.

Reflexion:
- Nur 4) und 7) ergeben mit Sicherheit ein Rechteck, 4) und 7) sind daher "hinreichende" Forderungen. Im Falle von 7) ist der Hinweis auf die Winkel gar nicht "notwendig". Die Beschreibung 4) ist "hinreichend" und "notwendig" und gibt daher eine sehr gute Charakterisierung eines Rechteckes wieder.
- Neben der Beschreibung "Ein Viereck, bei dem die Diagonalen gleich lang sind und einander genau im Mittelpunkt schneiden" stellt auch die Beschreibung "Ein Viereck, bei dem alle Winkel rechte Winkel sind" einen sehr einprägsamen Steckbrief dar, der ein Rechteck genau charakterisiert.
- Figuren können unterschiedliche, genau passende Steckbriefe besitzen. Diese sind untereinander äquivalent.

P09 Wer beschreibt den Drachen?

Nebenstehend siehst du ein Drachenviereck abgebildet. Suche dafür einen möglichst einprägsamen "Steckbrief"! Formuliere abschließend, was man aus dieser Aufgabe lernen kann!

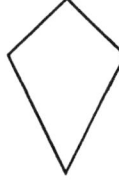

- Zeichnen und analysieren der Figur.
- Suchen nach einem guten "Steckbrief".
- Reflexion über die Bedeutung von Winkeln in "Steckbriefen".

Reflexion:
- Mögliche gute Steckbriefe: "Die beiden Diagonalen stehen aufeinander senkrecht", "Ein Viereck, welches eine Diagonale als Symmetrieachse besitzt".
- Nicht immer sind Aussagen über Winkel entscheidende Bestandteile von Steckbriefen.

P10 Welche Figur hält sich dahinter verborgen?

Welche Figuren verbergen sich hinter den folgenden "Steckbriefen"?

a) Dreieck mit zwei gleich großen Winkeln.
b) Viereck mit vier gleich großen Winkeln.
c) Rechteck, dessen Diagonalen einen rechten Winkel bilden.
d) Viereck, bei welchem sich benachbarte Winkel auf 180° ergänzen.
e) Dreieck mit zwei rechten Winkeln.

Formuliere abschließend, was man aus dieser Aufgabe lernen kann!

Mögliche Schüleraktivitäten:
- Konstruktion verschiedener Figuren bei gleichzeitiger Analyse der vorgegebenen "Steckbriefe".
- Reflexion über den Inhalt von "Steckbriefen".

Reflexion:
- Lösung: a) Gleichschenkeliges Dreieck, b) Rechteck, c) Quadrat, d) Parallelogramm, e) Eine solche Figur gibt es nicht.
- Es handelt sich um eine Umkehraufgabe zu P08 und P09.
- Ein Quadrat ist auch ein Rechteck (Teilaufgabe c).
- Zu jeder Figur gibt es mindestens einen (notwendigen und hinreichenden) "Steckbrief", nicht zu jedem "Steckbrief" ergibt sich eine Figur.

Hilde und Rosi spielen "Computer". Rosi führt jene "Befehle" aus, die ihr Hilde vorgibt. Dabei haben sie lediglich vier "Befehle" vereinbart:

VORWÄRTS   VW
RÜCKWÄRTS   RW
RECHTS   RE
LINKS   LI

VW 50 bedeutet z. B. daß Rosi 50 dm in jene Richtung geht, in welche sie gerade blickt.

RECHTS 70 bedeutet eine Drehung von Rosi um 70° am Stand im Uhrzeigersinn.

Rosi blickt zunächst nach Norden. Sie muß nun ein "Programm" ausführen, das aus folgender Befehlsfolge besteht:

1. VW 70	5. VW 70
2. RE 90	6. RE 90
3. VW 100	7. VW 100
4. RE 90	8. RE 90

Versuche, die entstehende Figur im Kopf nachzuvollziehen. Wenn du Schwierigkeiten hast, spiele die Befehle mit einem Mitschüler nach! Zeichne schließlich die Figur im Maßstab 1 : 100! Was bewirkt eigentlich der letzte Befehl?

Formuliere abschließend, was man aus dieser Aufgabe lernen kann!

Mögliche Schüleraktivitäten:
- Nachspielen der "Computerbefehle".
- Vorstellen und Konstruieren der Figur.
- Falls PC vorhanden, direktes Ausprobieren am Bildschirm.
- Nachdenken über die verwendete Vorstellung von Winkel.

Reflexion:
- Bei diesem Programm (LOGO) treten Begriffe (z. B. Winkel) als Befehle auf. Figuren sind dann durch Folgen von Befehlen beschreibbar.
- Der Winkel-Befehl entspricht am ehesten der Definition des Winkels als "Winkel mit Kreisbogenpfeil". Zwar kann man z. B. RE 480 eingeben, dies ergibt aber dasselbe wie RE 120.

P12 Wie lautet der Befehl für die Figur?

Gib die Befehlsfolge für folgende Figuren an (Blickrichtung anfangs immer nach oben):

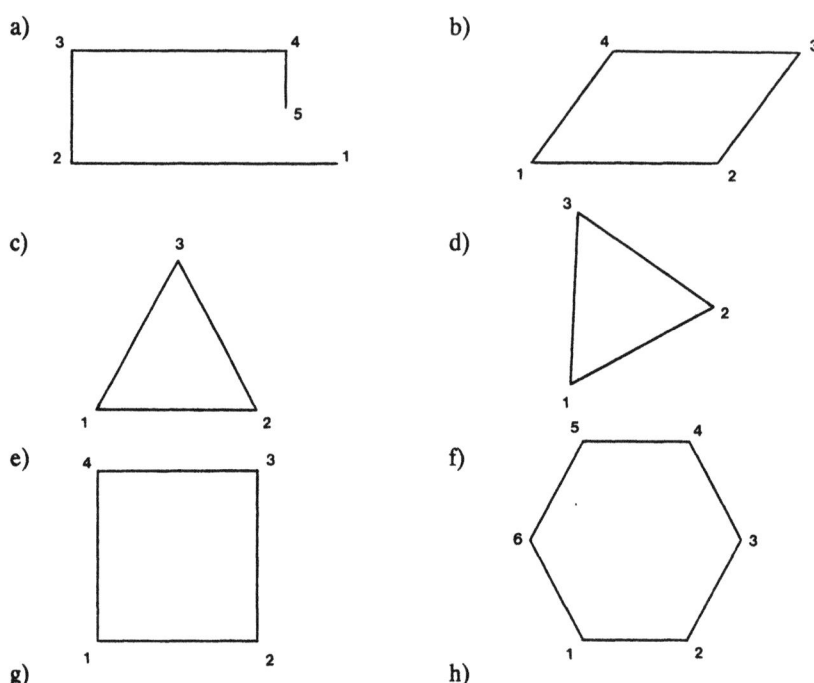

Formuliere abschließend, was man aus dieser Aufgabe lernen kann!

<u>Mögliche Schüleraktivitäten:</u>
- Analyse der vorgegebenen Figuren, Messen von Bestimmungsstücken.
- Angabe der Befehlsfolgen für die einzelnen Figuren.
- Reflexion über die Beschreibbarkeit von Figuren mittels Algorithmen.

Reflexion:
- Jede beliebige Figur, die sich aus einem Streckenzug ergibt, läßt sich durch ein Programm beschreiben. (Prinzipiell hätte man auch die Möglichkeit, "Sprünge" zwischen Punkten vorzunehmen, ohne die entsprechende Verbindungsstrecke zu zeichnen.)
- Jede geschlossene Figur kann zumindest durch zwei verschiedene Programme beschrieben werden: Sie unterscheiden sich durch das orientierungsmäßig verschiedene "Durchlaufen" (entgegen bzw. im Uhrzeigersinn) der Figur.
- Bei regelmäßigen Figuren treten verschiedene Befehle immer wieder auf. Es erhebt sich die Frage, ob man nicht einen allgemeinen "WIEDERHOLE"-Befehl einführt.

P13 Figuren ohne Ende

Bei einigen Figuren der vorangehenden Aufgabe treten immer wieder Befehlsblöcke auf, die wiederholt werden. Betrachten wir zum Beispiel das Quadrat:

1. VW 30	5. VW 30
2. RE 90	6. RE 90
3. VW 30	7. VW 30
4. RE 90	8. RE 90

Der Befehlsblock VW 30   RE 90 tritt viermal hintereinander auf. Man kann daher sinnvollerweise einen neuen Befehl einführen: "WIEDERHOLE VIERMAL FOLGENDE BEFEHLE".
Abgekürzt kann dies so aussehen:
WH 4 [VW 30   RE 90]
Für ein gleichseitiges Dreieck mit Seitenlänge 30 dm sieht das "Programm" so aus:
WH 3 [VW 30   RE 120]

Wie lautet das Programm für ein regelmäßiges Fünfeck, Sechseck oder Achteck? Vielleicht schaffst du sogar ganz allgemein ein Programm für ein regelmäßiges n-Eck (mit Seitenlänge a)?
Formuliere abschließend, was man aus dieser Aufgabe lernen kann!

- Konkretes Durchspielen des Programmes für das Quadrat.
- Aufstellen von Programmen für das regelmäßige Fünfeck, Sechseck, Achteck und n-Eck, evtl. mit parallel laufendem Durchspielen von möglichen Algorithmen.
- Falls PC vorhanden, direktes Ausprobieren am Bildschirm.
- Reflexion über die "Grenzenlosigkeit" von Programmen.

Reflexion:
- Das Programm für ein regelmäßiges n-Eck lautet:
WH n (VW a RE 360/n).
- Mit dem Einbau von Wiederholungen sind auch Figuren andeutbar, die kein Ende besitzen (z. B. eckige Spiralen).
- Die Bearbeitung weiterführender Fragestellungen, etwa die Suche nach einem Analogon zum Satz über die Winkelsumme im Dreieck ("Vollständige-Igel-reise-Satz") hängt von der Möglichkeit ab, ob Schüler - zumindest in Gruppen - an einem PC arbeiten können.

P14 Ein Winkel zwischen Strahl und Ebene

Gesucht ist der kleinste Winkel zwischen einem Strahl und einer Ebene. In einem beliebigen Punkt des Strahles errichtet man eine Normale zur Ebene (Abb.). Dadurch entsteht ein rechtwinkeliges Dreieck. Die Größe des gesuchten Winkels erhält man sofort durch Winkelmessen mit einem Geodreieck oder über den "Umweg" einer maßstabgerechten Zeichnung.

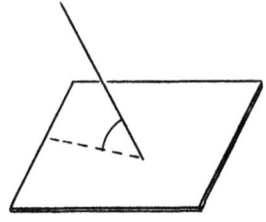

Probiere beide Methoden in einem konkreten Fall (z. B. Nadel in einem Karton) aus! Wieso errichtet man eigentlich die Normale? Könnte man nicht einfach vom Winkel zwischen einem Strahl und einer Ebene sprechen, also das Wort "kleinsten" auslassen?
Formuliere nach Bearbeitung der Aufgabe auch, was man aus ihr lernen kann!

Mögliche Schüleraktivitäten:
- Herstellen eines Modells (z. B. mit Karton und Nadel).
- Errichten einer Normalen zur Ebene (z. B. mit Hilfe zweier Geodreiecke), Einzeichnen des "genau darunter" liegenden Strahles (Projektion) und schließlich Messung des Winkels.
- Überlegungen darüber, was passiert, wenn man den Winkel zwischen dem vorgegebenen Strahl und anderen Strahlen der Ebene (als jenem der Projektion) ermittelt.
- Reflexion über die Frage, ob man einfach vom Winkel zwischen einem Strahl und einer Ebene sprechen kann.

Reflexion:
- Bisher wurde der Winkel nur im Zusammenhang mit zwei Strahlen behandelt. Die (räumliche) Frage nach dem kleinsten Winkel zwischen einem Strahl und einer Ebene kann auf die (ebene) Frage nach dem kleinsten Winkel zwischen einem Strahl und einer Ebene (die den Anfangspunkt des Strahles enthält) zurückgeführt werden (wobei hier nur mehr zwei Winkel zur Auswahl stehen, die einander auf 180° ergänzen).
- In den meisten Situationen wird man gar nicht auf die Idee kommen, Winkel zu berechnen, die nicht orthogonal auf die Ebene stehen. Dann gibt es im Prinzip nur zwei Winkel, die in Frage kommen, wobei zumeist der kleinere im Vordergrund stehen dürfte. In diesem Zusammenhang könnte man natürlich auch einfach vom Winkel zwischen einem Strahl und einer Ebene sprechen.

P15 Ein Winkel zwischen zwei Ebenen

In dieser Aufgabe geht es um den kleinsten Winkel zwischen zwei Ebenen(hälften) (Abb.), die eine gerade Linie gemeinsam haben:

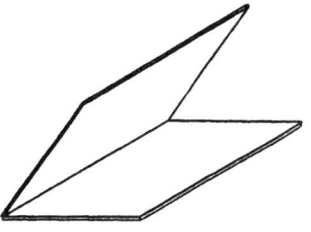

Es gibt mehrere Methoden, um den kleinsten Winkel (mit Bogen) zwischen den zwei Ebenen zu bestimmen. Eine davon wird hier beschrieben:
Betrachte die räumliche Figur so, daß man die gemeinsame Linie der beiden Ebenen nur mehr als Punkt wahrnimmt! Dann erscheinen auch die beiden Ebenen nur mehr als gerade Linien und man kann den Winkel grob schätzen oder durch möglichst passendes Anlegen eines Geodreickes auch messen.

Probiere dies konkret aus! Überlege dir eine andere Methode, die ein genaueres Messen zuläßt und führe sie auch konkret aus!

Könnte man nicht einfach vom Winkel zwischen zwei Ebenen sprechen, also das Wort "kleinsten" auslassen?

Formuliere abschließend, was man aus dieser Aufgabe lernen kann!

Mögliche Schüleraktivitäten:
- Ausprobieren der vorgeschlagenen Methode.
- Ausdenken einer weiteren Methode mit gleichzeitigem bzw. anschließendem Ausprobieren.
- Reflexion über Möglichkeiten, den gesuchten Winkel zu bestimmen.
- Reflexion über die Frage, ob man einfach vom Winkel zwischen zwei Ebenen sprechen kann.

Reflexion:
- Die Methode des "Peilens" ist nicht immer durchführbar (vor allem bei größeren, unbeweglichen Objekten).
- Die Zurückführung des Winkels zwischen den Ebenen(hälften) auf den Winkel zwischen entsprechenden Orthogonalen ist wohl zu schwierig und wird von den Schülern sicher nicht selbst gefunden.
- Relativ einfach ist folgende Methode: In einem Punkt der gemeinsamen Linie errichtet man in beiden Ebenen zur gemeinsamen Linie orthogonale Strahlen. Der Winkel zwischen den beiden Strahlen ist bereits der gesuchte Winkel. Um den Winkel messen zu können, bietet sich das maßstabgetreue Nachzeichnen eines Dreieckes an (Messung von drei Seiten), welches genau in den "Winkel" der beiden Ebenen paßt.
- Bei der Frage nach dem (kleinsten) Winkel zwischen zwei Ebenen(hälften) handelt es sich um das räumliche Analogon zur Frage nach dem Winkel zwischen zwei Geraden (Strahlen), allerdings mit der "Verkomplizierung", daß im Prinzip auch "schief" liegende (nicht orthogonal zu den Ebenen verlaufende) Winkel betrachtet werden können.
- Auch für diese Aufgabe gilt, daß in den meisten Situationen (bei denen es um einen Winkel zwischen zwei Ebenen oder Ebenenhälften geht) der kleinste Winkel von Relevanz ist. Aus dieser Sicht ist es adäquat, einfach vom Winkel zwischen zwei Ebenen(hälften) zu sprechen.

9.5 SEQUENZ 5: "PRAKTISCHE ANWENDUNGEN"

a) Modellbildungsprozesse

A01 Schiff auf Kurs: Peilen und Seekarten
A02 Wie breit ist der Fluß?
A03 Was ist ein lawinengefährdeter Hang?

b) Erörterung verschiedener Situationen

A04 Beim Billardspiel
A05 Wer hat den besseren Schußwinkel?
A06 Wo Süden ist, sagt uns die Sonne!

c) Verkörperung mathematischer Sätze in der Umwelt

A07 Ein mathematischer Satz wird gespielt!
A08 Wir basteln einen Neigungsmesser
A09 Wir messen Höhenwinkel und Tiefenwinkel

d) Probieren, Schätzen und Orientieren

A10 Welcher Blickwinkel ist der günstigste?
A11 Ein Spiel: "Schiffsposition"
A12 Winkel als "Koordinaten" auf der Erdkugel
A13 Auf der Suche nach Sternen

e) Rekonstrukion von Zwecken

A14 Der Winkel als "Verjüngung"
A15 Verschiedene Dachneigungen
A16 Wie spitz sind Bleistifte?

Die Besatzung eines Schiffes, welches in der Nähe der Nordfriesischen Inseln unterwegs ist, hat nach einem Sturm die Orientierung verloren. Nachdem das Wetter aufklart, werden zwei Leuchttürme erblickt (Abb.):

Wo befindet sich die Besatzung des Schiffes? Um diese Frage beantworten zu können, kann man auf eine Seekarte zurückgreifen. Untenstehend ist eine Seekarte der Nordfriesischen Inseln abgebildet (Abb.):

In Seekarten sind bedeutende Informationen enthalten, wie etwa die Umrisse des Festlandes bzw. der Inseln, markante Stellen (Leuchttürme, Kirchen, ...), die Himmelsrichtungen und natürlich der Maßstab der Karte. Auch die Situation der Besatzung kann mit Hilfe der Seekarte gewissermaßen "von oben" betrachtet werden.

Suche jene Insel, in deren Küstennähe sich zwei Leuchttürme befinden und gib eine Schätzung für den Standort des Schiffes an!

In einer genaueren Lagebestimmung nimmt die Besatzung des Schiffes eine Peilung vor: Vom Schiff aus erscheint der linke Leuchtturm auf dem Kompaß unter 20° OST und der rechte Leuchtturm unter 45° OST. Ermittle auf der Seekarte jene Stelle, an der sich das Schiff befindet! In welcher Entfernung zur Insel befindet sich das Schiff?

Beschreibe abschließend, welche Stationen bei der Lösung dieser Aufgabe wichtig waren!

Mögliche Schüleraktivitäten:
- Schätzung für den Standort des Schiffes.
- Peilung des Schiffsstandortes - Konstruktion in der Seekarte.
- Ablesen der Entfernung von der Insel.
- Reflexion des Modellbildungsprozesses.

Reflexion:
- Ausgehend von einer realen Situation und einem in ihr auftretenden Problem, wird diese in einem mathematischen Modell (Seekarte) betrachtet, die dort gewonnenen Ergebnisse dann wieder auf die reale Situation angewandt.
- Eine Seekarte ist aber schon insofern kein "ideales" Modell der realen Situation, als nur Winkeltreue, nicht aber Längentreue vorliegt. Allerdings gibt es keine zweidimensionale Darstellung einer Kugel, die sowohl winkel-, als auch längen- und flächentreu wäre.

A02 Wie breit ist der Fluß?

Du befindest dich an einem Flußufer und willst die Breite dieses Flusses ermitteln. Als Hilfsmittel hast du nur ein Maßband sowie ein Geodreieck, Papier und Bleistift. Suche nach einer Strategie zur Lösung dieses Problems! Beschreibe, welche Lösungsschritte dabei aufgetreten sind!

- Entwerfen einer Skizze.
- Aufstellen einer Lösungsstrategie.
- Reflexion des Modellbildungsprozesses.

Reflexion:
- Die Situation legt eine Anwendung des W-W-S-Kongruenzsatzes nahe. Man entwirft eine maßstabgerechte Zeichnung (Dreieck) und errichtet die Höhe des Dreieckes, deren Länge genau die Flußbreite repräsentiert. Der Entwurf einer maßstabgerechten Zeichnung entspricht der Erstellung eines mathematischen Modells der Situation.
- Die Aufgabe ist ein treffendes Beispiel dafür, wie man mit Hilfe des Messens zweier Winkel (und einer Strecke) eine Streckenlänge ermitteln kann, deren Messung in einer bestimmten Situation gar nicht möglich ist (Vorteil einer Modellbildung).

A03 Was ist ein lawinengefährdeter Hang?

In manchen Situationen geht es um Winkel, bei denen eigentlich überhaupt kein Schenkel unmittelbar gegeben ist, wie z. B. bei Gefällen bzw. Steigungen in einem Gelände.

Eine einfache Regel besagt, daß Hänge mit einem Neigungswinkel über 30° lawinengefährdet sind. Ist der oben abgebildete Hang lawinengefährdet? Auf welche Weise kommt man hier zu den Winkelschenkeln? Formuliere abschließend, was man an dieser Aufgabe lernen kann!

Mögliche Schüleraktivitäten:
- Einzeichnen der Horizontalen als (Erst-) Schenkel des Winkels.
- Überlegungen, was man als zweiten Schenkel nehmen könnte (Bilden verschiedener Modelle).

Reflexion:
- Ein Schenkel ist in diesem Beispiel mit der Horizontalen indirekt gegeben.
- Was man als zweiten Schenkel wählt, hängt davon ab, wie man die Aussage "über 30°" interpretiert. Möglich sind zumindest drei Modelle :

a) Möglichst gutes Anpassen einer geraden Linie an den gesamten Gefälleverlauf - der durchschnittliche Neigungswinkel muß unter 30° liegen.

b) Differenzierung - Unterteilung des Geländes in verschiedene Steilheitsklassen.

c) Aufsuchen des steilsten Stückes - der größte Steigungswinkel muß unter 30° liegen.

A04 Beim Billardspiel

Im Physikunterricht hast du schon das Reflexionsgesetz kennengelernt: Trifft ein Lichtstrahl auf einen ebenen Spiegel auf, so sind Einfallswinkel und Ausfallswinkel gleich groß (Abb.):

Genau dasselbe gilt auch für eine Billardkugel, die in einer geradlinigen Bahn auf die ebenfalls geradlinige Bande trifft: Einfallswinkel = Ausfallswinkel.

Betrachte nun folgende Situation:

Der Spieler soll in dieser Situation die weiße Kugel so an die Bande schießen, daß sie beim Zurückprallen die rote Kugel voll trifft. (Abb.)

Entwirf eine Zeichnung, welche die Situation in idealisierter Form (Bande = Gerade, Kugel = Punkt) wiedergibt und löse das Problem zunächst durch Probieren.

Es gibt jedoch eine Methode, die das exakte Ergebnis durch eine Konstruktion liefert. Dazu ein Hinweis: Spiegle den Punkt W (weiße Kugel) an der Geraden B (Bande) und ...

Wie geht es weiter? Ermittle den Aufprallpunkt der weißen Kugel an der Bande und überlege, welche Schritte für die Lösung dieses Problems verwendet werden!

Formuliere abschließend, was man aus dieser Aufgabe lernen kann!

- Übertragen der Situation in eine Skizze im Heft.
- Versuche, die Aufgabe durch Probieren zu lösen.
- Suche nach einer Lösungsstrategie (Ermittlung des Aufprallpunktes).
- Überlegen, welche Schritte zur Lösung der Aufgabe verwendet werden.

Reflexion:
- Sowohl in der Optik (Spiegel) als auch in der Mechanik (elastischer Stoß) tritt das Reflexionsgesetz auf, welches einen Zusammenhang zwischen Winkeln beschreibt.
- Die Analyse des gestellten Problems zeigt eine recht gute Lösungsstrategie für den konkreten Fall auf: Man spiegelt die zu treffende Kugel gedanklich an der Bande und schießt die eigene Kugel in Richtung des Spiegelbildes der anderen Kugel.
- Für die Lösung der Aufgabe verwendet man sowohl das Reflexionsgesetz (Physik) als auch die Tatsache, daß Scheitelwinkel gleich groß sind (Mathematik).

A05 Wer hat den besseren Schußwinkel?

Peter und Hans üben ihre Zielgenauigkeit im Fußball. Sie stecken ein Tor aus und schießen aus verschiedenen Positionen auf das leere Tor. Wer hat nach der unten dargestellten Skizze (Sicht von oben) die besseren Chancen, das Tor zu treffen?

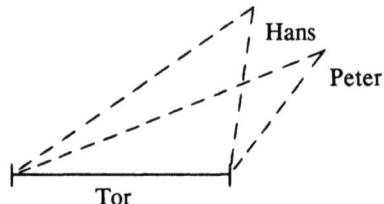

Man sieht schon mit freiem Auge, daß die Chancen von Hans größer sind, weil er den größeren Schußwinkel hat. Was sind hier eigentlich die beiden Winkelschenkel? Welche Vorstellung von Winkel ist hier sinnvoll? Schätze und miß dann die beiden Winkel!

Peter und Hans vereinbaren, den Ball nur von der unten abgebildeten Markierungslinie wegzuschießen:

Welcher Standort ist hier der günstigste? Was passiert, wenn man von diesem Standort nach rechts oder links abrückt?

Hans hat sich den Ball wieder aufgelegt:

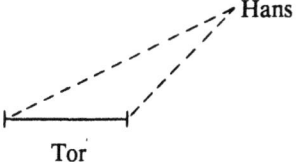

Finde noch vier weitere Stellen, an denen er denselben Schußwinkel hätte! Sowohl vom Toreschießen als auch vom Messen her, wird eine solche Situation komplizierter, wenn noch ein Tormann im Tor steht. Diskutiert über die damit verbundenen Veränderungen! Warum sagt man, daß ein Tormann einem Schützen den Winkel "abschneidet", wenn er sich auf diesen zubewegt? Formuliere abschließend, was man aus diesem Beispiel lernen kann!

Mögliche Schüleraktivitäten:
- Schätzen und Messen der Schußwinkel.
- Analysieren der Situation bei "Links- bzw. Rechts-Rücken".
- Analysieren der Situation "Gleich großer Schußwinkel".
- Diskutieren von komplexen Situationen (mit Tormann, evtl. reale Spielszene vor einem Tor).

Reflexion:
- Der Schußwinkel ist Produkt einer Idealisierung (Übertragung der realen Situation in eine Zeichnung), wobei die Standorte der beiden Buben und die Sehstrahlen von den Standortpunkten zu den Torstangenpunkten als Winkelschenkel betrachtet werden. Die Vorstellung von Winkel ist hier die des Winkels mit Bogen (bzw. die des Winkelfeldes - "Blickfeld").

- Die besten Schußpositionen liegen auf der Mittelsymmetrale der Torlinie. Je weiter man (in Parallelen zur Torlinie) nach links bzw. nach rechts schreitet, desto schlechter wird die Schußposition.
- Standorte mit gleich großem Schußwinkel liegen laut Peripheriewinkelsatz auf einer Kreislinie. Dies ist ein Beispiel dafür, wie einer realen Situation in "versteckter Weise" ein mathematischer Satz als Erklärungsmuster zugrunde liegen kann.
- Das Herauslaufen des Tormannes zum Schützen hin ("Abschneiden des Winkels"), kann deshalb sehr vorteilhaft sein, weil die durch den Körper des Tormannes (ausgestreckte Hände usw.) erzeugten "Sperrflächen" immer wirkungsvoller werden, je näher der Tormann zum Schützen gelangt. (Je näher man sich zum Scheitel hin bewegt, desto größer wird der Anteil einer vorgegebenen Stecke am "Öffnungsquerschnitt".)
- Noch komplexer sind Situationen, die realen Fußballszenen nahe kommen: Es gibt Verteidiger, man kann selbst schießen oder einem anderen Spieler den Ball zuspielen, man kann den Ball hoch zuspielen (Kopf-, Brusthöhe) oder am Boden zuspielen, es gibt Kopfballspezialisten und Dribbelkünstler, ... so komplexe Situationen sind einer mathematischen Modellbildung schwer zugänglich, weil zu viele Parameter auftreten, die man z. T. gar nicht genauer in den Griff bekommen kann (Gefühle, Einschätzung von anderen, ...).

A06 Wo Süden ist, sagt uns die Sonne!

Zur Orientierung im Gelände verwendet man einen Kompaß (Bussole), dessen Magnetnadel stets die Nordrichtung anzeigt. So kann man mit Hilfe der Windrose stets die Himmelsrichtungen bestimmen. Wenn die Sonne scheint, gelingt die ungefähre Bestimmung der Südrichtung auch mit dem Stundenzeiger einer Uhr. (Wenn man dann die Südrichtung kennt, hat man damit zugleich auch die anderen Himmelsrichtungen.) Wie funktioniert dieser Trick? Betrachten wir dazu das Ziffernblatt einer Uhr und eine Windrose (mit nach oben zeigender Südrichtung):

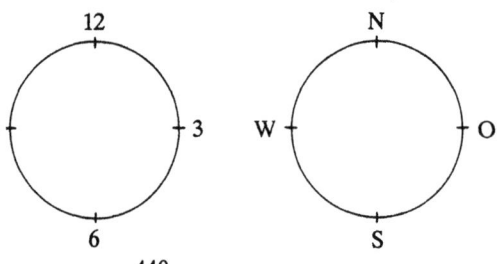

Mittags um 12 Uhr erblicken wir die Sonne in südlicher Richtung. Es vergehen 24 Stunden, bis wir die Sonne am nächsten Tag wieder in südlicher Richtung sehen. D. h.: Die tatsächliche Veränderung der Richtung, aus der wir die Sonne erblicken, ist nur halb so schnell wie die Veränderung, die der Stundenzeiger am Zifferblatt wiedergibt. Somit ist auch klar, wie man die Südrichtung ermitteln kann: Man hält die Uhr so, daß der Stundenzeiger in Richtung Sonne zeigt. Dann ...

Wie geht es weiter? Fertige eine Skizze an und überlege, wie man die Südrichtung bestimmen kann. Probiere diese Methode schließlich auch in der Praxis aus!

Überlege noch etwas: Wie könnte man am Tag - unter der Voraussetzung, daß man eine Himmelsrichtung kennt - die ungefähre Uhrzeit bestimmen, ohne eine Uhr zu verwenden?

Formuliere abschließend, was man aus dieser Aufgabe lernen kann!

Mögliche Schüleraktivitäten:
- Anfertigen einer Skizze.
- Analyse der Situation, Halbierung des Winkels zwischen "12-Uhr"-Richtung und "Stundenzeiger"-Richtung.
- Ausprobieren der Methode in der Praxis.
- Reflexion der wechselseitigen Bestimmungsmöglichkeit von Uhrzeit und Südrichtung.

Reflexion:
- Da sich der Stundenzeiger zweimal so schnell dreht wie die Erde um ihre Achse, muß der Winkel zwischen der "Stundenzeiger-Richtung" und der "12-Uhr-Richtung" halbiert werden. Nur mittags gibt die Stundenzeiger-Richtung die Südrichtung an.
- Wären die Uhren so gebaut, daß ihr Zifferblatt eine Einteilung von 0-24 Stunden hätte, könnte man die "12-Uhr-Richtung" direkt als Südrichtung ablesen. Die Unterteilung des Zifferblattes in nur 12 Stunden ist wohl aus Ablesbarkeitsgründen entstanden, verstärkt durch die Tatsache, daß Tag- und Nachtzeiten ohnehin leicht auseinander gehalten werden können.
- Wenn man am Tag eine bestimmte Himmelsrichtung weiß, kann man anhand der Richtung, aus der man die Sonne erblickt, auf die Uhrzeit rückschließen (Umkehraufgabe).

Spielt in eurem Klassenzimmer folgendes Spiel: Stellt euch so auf, daß ihr insgesamt einen großen Halbkreis bildet! (Überlegt vorher, mit welchen Hilfsmitteln man einen schönen Halbkreis erzeugen kann!) Die Schüler, die an den Ecken des Halbkreises stehen, sind die einzigen, die sich bei diesem Spiel nicht bewegen. Alle anderen führen folgende Bewegungen aus: Sie richten ihren Körper so aus, daß sie geradewegs zu jenem Schüler blicken, der links von ihnen an der Ecke steht, dann werden die Augen geschlossen. Danach führen alle eine Vierteldrehung nach rechts aus und öffnen die Augen! Was ist passiert? Stelle eine Vermutung darüber auf, welche Gesetzmäßigkeit dahinter steckt! Warum ist aber oftmaliges Ausprobieren kein Beweis? Betrachte die reale Situation aus einer idealisierten geometischen Sicht und fertige eine Skizze an! Formuliere die Vermutung in mathematischer Sprache! Jetzt müßtest du aber schon wissen, welcher mathematische Satz deine Vermutung beweist! Formuliere abschließend, was man aus dieser Aufgabe lernen kann!

Mögliche Schüleraktivitäten:
- Praktische Durchführung des Spieles.
- Formulieren der Vermutung: Zunächst umgangssprachlich, dann in mathematischer Sprechweise.
- Anfertigen einer Skizze, Vergleich mit der schon aufgeschriebenen Formulierung des Satzes von Thales.
- Reflexion über die Verkörperung mathematischer Sätze in der Umwelt.

Reflexion:
- Daß beim Spiel alle Schüler nach der Drehung auf den Randschüler blicken, kann bestenfalls als Vermutung für einen allgemeinen Sachverhalt gesehen werden. Ein Beweis wird erst möglich, wenn man den Sachverhalt in klaren geometrischen Begriffen beschreiben kann. Das Spiel verkörpert den Satz des Thales.
- Das Spiel zeigt, daß in verschiedensten Bereichen unserer Umwelt Situationen auftreten können, die z. T. recht komplizierte geometrische Sachverhalte als Modelle besitzen.
- Das Problem, einen Halbkreis zu bilden, kann nicht durch (lokale) Standortveränderungen einzelner Schüler gelöst werden, sondern durch eine (globale) Ordnung, die durch Äquidistanz zu einem (festzulegenden) Mittelpunkt gekennzeichnet ist.

Zur Bestimmung von Dachneigungen, Böschungswinkeln, usw. wird der Neigungsmesser (auch "Setzwaage" genannt) verwendet (Abb.):

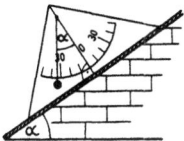

Warum kann man auf der Skala des Neigungsmessers den Böschungswinkel messen? Oder anders formuliert: Welche mathematische Aussage über zwei Winkel wird bei diesem Gerät verwendet?

Stelle selbst einen einfachen Neigungsmesser her und erprobe ihn an einigen Dingen oder Situationen, die in unserer Umwelt auftreten! Überlege abschließend auch, welche Rolle dieses Beispiel hinsichtlich Theorie und Praxis einnimmt!

Mögliche Schüleraktivitäten:
- Analyse des Neigungsmessers.
- Herstellung eines eigenen Neigungsmessers.
- Durchführung einiger Messungen mit dem Neigungsmesser.
- Reflexion über die Verkörperung mathematischer Sätze in der Umwelt.

Reflexion:
- Der Neigungsmesser ist ein einfaches Beispiel für eine Anwendung eines theoretischen Satzes in der Praxis. Dies sagt jedoch nichts darüber aus, ob es zuerst den Satz gab, oder ob zuerst eine praktische Notwendigkeit für ein Meßgerät entstand, wobei sich im Rahmen dessen Entwicklung die Vermutung über einen allgemeinen geometrischen Sachverhalt ergab (Modellbildung).
- Der Neigungsmesser kann als Realisierung der Idee des Satzes über Normalwinkel interpretiert werden. Die im Satz bewiesene Beziehung ist ein theoretisches Modell des Neigungsmessers ("praktisches Modell").

Ganz ähnlich wie der Neigungsmesser ist auch der Höhenwinkelmesser gebaut:

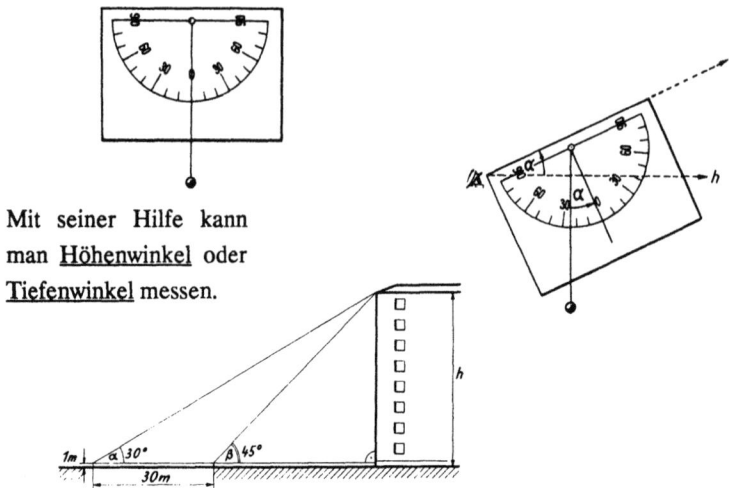

Mit seiner Hilfe kann man <u>Höhenwinkel</u> oder <u>Tiefenwinkel</u> messen.

Von einem Hausfenster aus (6 m über den Erdboden) sieht man den Fußpunkt eines Turmes unter einem Tiefenwinkel von 16,5° und die Spitze unter einem Höhenwinkel von 19,5°. Wie hoch ist der Turm und wie weit ist er vom Haus entfernt? Löse diese Aufgabe durch das Anfertigen einer maßstabgerechten Zeichnung!

Bastle selbst einen Höhenwinkelmesser: Entwirf einen skalierten Halbkreis aus Pappe und befestige entlang des Halbkreisdurchmessers ein Rohr, durch welches man entsprechende Zielpunkte anvisieren kann!

Führe in der Umgebung deiner Schule, deiner Wohnung konkrete Messungen mit diesem Instrument durch! Wie heißt das Gerät, mit welchem man präzise Messungen von Höhen- und Tiefenwinkeln vornehmen kann? Beschaffe in einem Geschäft ein Prospekt und besprich die Funktionsweise mit Mitschülern! Formuliere abschließend, was man aus dieser Aufgabe lernen kann!

<u>Mögliche Schüleraktivitäten:</u>

- Anfertigen einer Skizze und Messen der Längen.
- Herstellung eines Höhenwinkelmessers, konkreter Einsatz desselben.
- Einholen von Erkundigungen über die Funktionsweise eines Theodolits. (Reflexion der Bauart und Vergleich mit dem einfachen Höhenwinkelmesser.)

- Der selbstgebastelte Höhenwinkelmesser ist - analog zum Neigungsmesser in Aufgabe A08 - eine Realisierung des Satzes über Normalwinkel. Das Präzisionsgerät für das Messen von Höhen- und Tiefenwinkeln ist der Theodolit.
- Mit Hilfe der Messung von Winkeln und in Verbindung mit der Herstellung maßstabgerechter Zeichnungen können Längen (aber auch Winkelgrößen) ermittelt werden, ohne sie direkt im Konkreten messen zu müssen.

A10   Welcher Blickwinkel ist der günstigste?

Jemand betrachtet in einer Galerie ein großes rechteckiges Gemälde. Dieses hängt senkrecht so an einer Wand, daß das untere Bildende 2 m und das obere Bildende 3,5 m vom Boden entfernt ist. Der Betrachter selbst befindet sich 4 m vom Bild entfernt und betrachtet das Bild aus einer Höhe von 1,7 m (Augenhöhe). soll der Betrachter weiter nach vorne oder weiter nach hinten gehen, um einen größeren Blickwinkel zu erhalten? In welcher Entfernung von der Wand wäre der Blickwinkel am größten? (Wir nehmen dabei an, daß sich der Betrachter immer nur auf der Mittelsymmetrale des Bildes bewegt.) Ändert sich der Sachverhalt, wenn das Bild 50 cm tiefer hängt?

Mögliche Schüleraktivitäten:
- Erstellen einer maßstabgerechten Zeichnung (Blick von der Seite), Einzeichnen der Sehstrahlen.
- Ermitteln der "günstigsten" Position durch fortgesetztes Messen der Blickwinkel.
- Durchdenken des Zusammenhanges zwischen der Entfernung vom Gemälde und dem Blickwinkel (funktionales Denken).

Reflexion:
- Es handelt sich um eine räumliche Situation, in der eigentlich kein "Blickwinkelfeld", sondern eine "Blickwinkelpyramide" auftritt. Erst durch die Beschränkung auf die in 1,7 m Höhe verlaufende und in der Mittelsymmetralebene des Bildes liegende Augenlinie kann eine ebene Darstellung des Sachverhaltes (Modell) erreicht werden, in welcher auch die Winkel in wahrer Größe erscheinen.

- Den Blickwinkel kann man in der Zeichnung mit einem Bogen zwischen den beiden Sehstrahlen zum oberen bzw. unteren Bildende andeuten. Es gibt genau eine Stelle, an welcher der Blickwinkel am größten ist. Von dieser Stelle aus wird der Blickwinkel durch Hinbewegen zum (bzw. Wegbewegen vom) Gemälde immer kleiner. Die Abnahme des Blickwinkels bezüglich Hin- und Wegbewegen verläuft nicht symmetrisch, was man allein daraus sieht, daß der Winkel 0° durch Hinbewegen zum Bild (schließlich senkrechter Blick nach oben) bald erreicht ist, während der Winkel beim Wegbewegen nur langsam kleiner wird und 0° eigentlich nie erreicht. Folgendes Motto ist jedenfalls falsch: "Je näher man hingeht, desto größer ist der Blickwinkel."

- Wenn das Bild 50 cm tiefer hängt, stellt sich die Sachlage völlig anders dar. Ein waagrecht verlaufender Sehstrahl des Betrachters trifft direkt auf dem Bild auf. Je näher der Betrachter zum Bild hinschreitet, desto größer ist der Blickwinkel. Der größte Blickwinkel (180°) ergibt sich rein hypothetisch, wenn die Augen bereits auf der Bildoberfläche liegen würden. Daraus sieht man, daß das Modell des größten Blickwinkels nicht automatisch (und in diesem Fall überhaupt nicht) die beste Blickposition liefert.

- Diese Aufgabe entspricht dem Problem, durch zwei Punkte P und Q (hier: oberes und unteres Bildende) einen Kreis zu legen, der eine vorgegebene Gerade (hier: Gehlinie des Betrachters) berührt, wobei der Berührungspunkt T genau die in dieser Aufgabe gesuchte Stelle (mit größtem Blickwinkel) fest-legt: In diesem Punkt liegt nämlich der größte Peripheriewinkel vor, dessen zugehörige Sehne die "Bildstrecke" ist und dessen Scheitel auf der Geraden liegt. Der Sekanten-Tangentensatz liefert mit der Gleichung $FT^2 = FP \cdot FQ$ (wobei F der Fußpunkt des Bildes sei) die Berechnung der Länge von FT, welche sich damit mit Hilfe des Höhensatzes auch konstruktiv ermitteln läßt.

A11 Ein Spiel: "Schiffsposition"

Gabriele hat ein neues Spiel erfunden, sie nennt es "Schiffsposition". Die Spielregeln sind recht einfach: Es spielen jeweils zwei Spielpartner (A und B) gegeneinander. Beide haben ein kariertes Papier vor sich, auf welchem sie ein Quadrat mit 10x10 Kästchen abgrenzen.

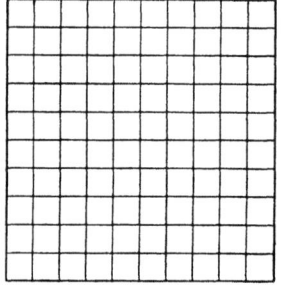

Der Spieler A markiert auf seinem Blatt die Position seines "Tarnschiffes" in die Mitte eines der 100 Kästchen, ohne daß Spieler B diese Position kennt. Spieler B erhält die Aufgabe, daß Kästchen, in welchem sich das Tarnschiff befindet, aufzufinden. Dazu hat er ein "Suchschiff", welches zu Beginn in der linken unteren Ecke stationiert ist und auf die quer gegenüberliegende Ecke ausgerichtet ist.

Bevor B sein Suchschiff losschickt, erhält er einen Hinweis von A: Dazu muß dieser die Entfernung vom Tarnschiff zum Suchschiff messen. Den Spieler A muß er aber nur einen ungefähren Entfernungsbereich angeben. Wenn die Distanz z. B. 5,6 Einheiten beträgt, kann B entscheiden, ob er sagt, daß die Entfernung zwischen 4 und 6 oder zwischen 5 und 7 liegt. Er muß also einen Bereich angeben, der die echte Distanz enthält, 2 Einheiten lang ist und als Bereichsgrenzen natürliche Zahlen besitzt. Die Angabe erfolgt in der Form "E 4-6" bzw. "E 5-7".

Immer wenn A so einen Entfernungsbereich angegeben hat, fährt B mit seinem Suchschiff eine geradlinige Strecke. Seinen Kurs gibt er dem Spieler A in folgender Weise bekannt: Z. B. L 23/4 heißt, daß B von der momentanen Richtung 23° nach links abweicht und 4 Einheiten nach vorne fährt. Beide Spieler tragen dann die Position des Suchschiffes ein. Daraufhin gibt A wieder einen ungefähren Entscheidungsbereich an. Dann fährt wieder das Suchschiff, usw.

Das Spiel ist zu Ende, wenn das Suchschiff jenes Kästchen erreicht, in welchem sich das Tarnschiff befindet. Danach wird kontrolliert, ob beide Spieler den richtigen Kurs aufgetragen bzw. einen richtigen Entfernungsbereich angegeben haben. Wenn ein Fehler entdeckt wird, erhält der erste, der einen Fehler gemacht hat, 5 Minuspunkte. Wurde kein Fehler endeckt, so erhalten beide Spieler 10 Punkte. Dem Spieler B werden jedoch soviele Punkt abgezogen, als er Versuche benötigt hat. (Es sind also auch Minuspunkte möglich.) Bei der Rückrunde wird mit vertauschten Rollen gespielt. Vor Spielbeginn muß festgelegt werden, wieviele Runden gespielt werden. Gewonnen hat natürlich derjenige, der insgesamt mehr Punkte bzw. weniger Minuspunkte gesammelt hat. Denke abschließend nach, was mit diesem Spiel geübt werden soll!

Mögliche Schüleraktivitäten:

- Messen von Strecken und Winkeln, Auftragen von Strecken und Winkeln.
- Gegenseitige Kontrolle (Nachmessen).
- Errechnen der Punkteanzahl.
- Analyse der Spielregeln, evtl. Erfinden eines ähnlichen Spieles.

- Das Spiel dient dazu, in spielerischer Form das Schätzen, Messen und Zeichnen von Winkeln einzuüben.
- Anregend könnten Diskussionen darüber sein, welche "Such- bzw. Versteck"-Strategien günstig sind.

A12 Winkel als "Koordinaten" auf der Erdkugel

Winkel verwendet man auch zur Angabe von Orten auf unserer Erdkugel. Durch die Drehung der Erde um die eigene Achse ist eine Nord-Süd-Richtung ausgezeichnet. Dazu orthogonal verläuft genau eine Ebene, welche die Erdkugel in einem Großkreis (solche Kreise der Erdkugel, die denselben Radius besitzen, wie die Erdkugel selbst) schneidet. Dieser eindeutig bestimmte Großkreis wird Äquator genannt. Alle Kreise der Kugeloberfläche, welche parallel zum Äquator verlaufen, nennt man Breitenkreise. Je weiter man sich vom Äquator wegbewegt, desto kleiner werden diese Kreise. Großkreise, welche gleichzeitig durch Nord- und Südpol verlaufen und damit auch orthogonal zum Äquator stehen, werden Längenkreise genannt. Halbe Längenkreise (vom Nord- zum Südpol verlaufend) nennt man Meridiane. Zu jedem Ort der Erdoberfläche gibt es genau einen Breitenkreis und einen Meridian.

Den Meridian durch den Stadtteil Greenwich von London hat man als Nullmeridian ausgezeichnet. Die anderen Meridiane werden durch deren östliche oder westliche Abweichung vom Nullmeridian beschrieben. Als Abweichungsangabe nimmt man den Winkel, der durch den Bogen zwischen dem Nullmeridian und dem Ortsmeridian am Äquator festgelegt wird. (Abb.)

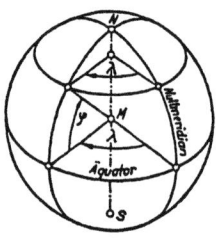

Somit hat jeder Ort der Erdoberfläche eine festgelegte geographische Länge. Alle Orte eines Meridians haben dieselbe geographische Länge. Lies aus einem Atlas die geographischen Längen von Hamburg (BRD) und Tunis (Tunesien) heraus! Die beiden genannten Orte unterscheiden sich vor allem durch ihre unterschiedliche Entfernung vom Äquator.

Die geographische Breite eines Ortes (nördliche oder südliche Breite) wird durch jenen Winkel beschrieben, dessen Bogen zwischen dem Äquator und dem Breitenkreis des jeweiligen Ortsmeridians festgelegt wird. Alle Orte eines Breitenkreises haben diesselbe geographische Breite.

Lies aus einem Atlas die geographische Breiten von Prag (Tschechoslowakei) und Winnipeg (Kanada) heraus! Suche im Atlas weitere große Städte, die ziemlich genau auf demselben Längen- oder Breitenkreis liegen.

Um sich die Sache mit den Längen- und Breitenkreisen räumlich besser vorstellen zu können, gibt es u. a. zwei Hilfsmittel:

a) Man schneidet eine Porozellkugel (o. ä.) entlang zweier Meridiane bis zur Nord-Süd-Achse durch und entfernt die ausgeschnittene Kugelspalte. Mit zwei Kreissektoren aus Pappe (o. ä.) kann man nun leicht demonstrieren, was geographische Länge und Breite bedeuten.

b) Man zeichnet auf einem kugelförmig aufgeblasenen Luftballon mit einem Filzstift (o. ä.) ein System von Längen- und Breitenkreisen ein.

Vielleicht ist es dir möglich, eine der beiden Möglichkeiten zu verwirklichen. Dann könntest du z. B. auch einige große Städte in das Modell eintragen! Formuliere abschließend, was man aus dieser Aufgabe lernen kann!

Mögliche Schüleraktivitäten:

- Nachvollziehen der Definitionen von geographischer Länge und Breite an einer Abbildung.
- Nachschlagen im Atlas: Angabe von geographischer Länge und Breite zu verschiedenen Städten.
- Erstellen eines Modells (Porozellkugel, Luftballon).
- Reflexion über die Bedeutung von Winkeln als "Kugelkoordinaten".

Reflexion:

- Der Winkel kann zur Ortsbestimmung von Punkten an der Oberfläche der Kugel herangezogen werden. Dies bietet sich deshalb an, weil ebene Schnitte der Kugel Kreise ergeben und bestimmte Kreisteile (Bögen) bestimmte Winkel festlegen.
- Dadurch, daß man nördliche und südliche Breite bzw. westliche und östliche Länge voneinander unterscheidet, treten nur Winkelangaben bis max. 90° (Breite) bzw. max. 180° (Länge) auf.

In der vorigen Aufgabe haben wir gesehen, daß man die Lage jedes Ortes auf der Erdkugeloberfläche mit Hilfe von Winkeln angeben kann. Überlege gemeinsam mit Mitschülern, wie man die Lage von Himmelskörpern (Planeten, Sternen) beschreiben kann!

Formuliere abschließend, was man aus dieser Aufgabe lernen kann!

Mögliche Schüleraktivitäten:
- Diskussion in Gruppen über Möglichkeiten, die Lage von Himmelskörpern anzugeben.
- Eventuell Nachschlagen in Atlanten (Sternkarten).

Reflexion:
- Wenn man vom gedachten Erdmittelpunkt durch jeden Ort der Erdoberfläche einen Strahl gelegt denkt, dann wird jeder Himmelskörper (Planet, Stern, ...) von einem solchen Strahl "getroffen". Daher könnte die Lage dieses Himmelskörpers durch die geographische Länge und Breite beschrieben werden. Natürlich weiß man damit zunächst nur die Richtung. Zur eindeutigen Lagebestimmung wäre es noch notwendig, die Entfernung zum Himmelskörper zu bestimmen.

  Mit dieser Methode kann man zwar die Lage jedes Himmelskörpers genau angeben, sie nützt uns praktisch jedoch wenig, weil die Messung der Winkel vom (gedachten) Mittelpunkt der Erde ausgeht und nicht von jenem Punkt, an dem wir uns gerade befinden.
- Jeder Ort der Erdoberfläche hat sein eigenes nächtliches Sternbild. Auch hier ist es möglich, mit Hilfe von Winkeln die Lage von Sternen (die Richtung, in der sie - von uns aus gesehen - liegen) zu beschreiben. Um Lageangaben miteinander vergleichen zu können, ist es notwendig, sich auf eine Richtung zu einigen (z. B. auf jene zum Polarstern). Die Suche nach einem anderen Stern kann dann z. B. durch folgende Art von Änderungsangaben vorgenommen werden: 37° (senkrecht nach) unten, 12° (waagrecht nach) rechts.

A14   Der Winkel als "Verjüngung"

An sehr vielen Gegenständen unserer Umwelt treten Winkel auf. Beispiele dafür sind auch die Hacke und der Nagel. Während es bei der Hacke um einen "eckigen Keil" geht, ist beim Nagel die "kegelförmige Spitze" von Bedeutung. Beide haben gemeinsam, daß sich bei ihnen gerade Linien zueinander hin verjüngen. Das Gegenteil wären Linien, die parallel zueinander verlaufen. In den folgenden Zeichnungen sind Situationen abgebildet, in denen die Gegensätzlichkeit der Eigenschaften "Verjüngung" und "Parallelität" deutlich zum Ausdruck kommen soll.

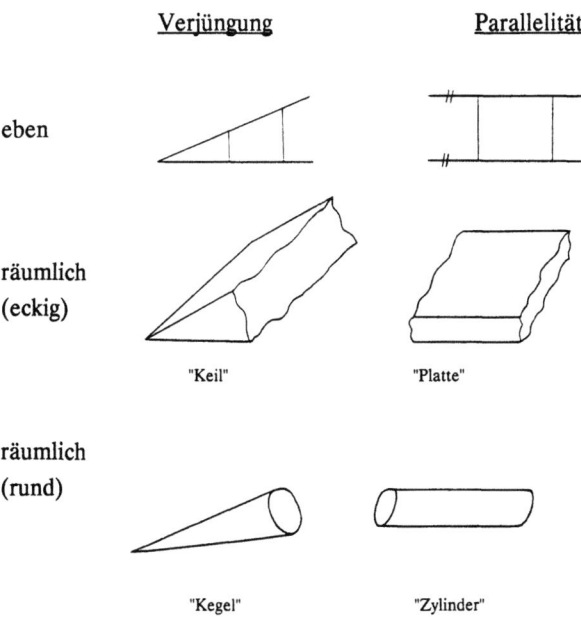

"Winkelbilden" ist somit eine Idee, die dem "Parallelsein" genau entgegengesetzt ist. Nicht vergessen soll man, daß bei einem Winkel die Schenkel geradlinig sind. Erkläre, warum z. B. beim Nagel oder bei der Hacke (Abb.) die Geradlinigkeit zweckmäßig ist!

Suche nach weiteren Beispielen, in denen die Idee der geradlinigen Verjüngung von Bedeutung ist! Formuliere abschließend, was man aus dieser Aufgabe lernen kann!

- Suche nach Gründen für die Zweckmäßigkeit des geradlinigen Verjüngens bei Nägeln und Hacken.
- Suche nach weiteren Beispielen.
- Reflexion der Idee des "Verjüngens".

Reflexion:
- "Parallelsein" und "Verjüngen" (einander schneiden) sind Beziehungen von geraden Linien, die in gewisser Hinsicht zueinander konträr sind.
- An zahlreichen Gegenständen unserer Umwelt tritt die Idee des geradlinigen Verjüngens auf. Es handelt sich vor allem um Körper, wo gewisse Querschnitte Winkel ergeben: Kegel und Prismen mit dreieckigen Grundflächen (Keile). Überhaupt kann man den Kegel als Rotationsprodukt eines Winkels um einen seiner Schenkel und das Prisma als Verschiebungsprodukt eines Winkels entlang einer zum Winkel orthogonal verlaufenden und durch den Scheitel gehenden Geraden, verstehen.
- Verjüngungen sind vor allem dann zweckmäßig, wenn es um möglichst kleine Aufprallflächen (leichteres Vorwärtsbewegen, Eindringen) oder einfach um scharfe Kanten oder Spitzen geht. Die Kombination mit der Idee des Geradlinigen bringt den Vorteil des lückenlosen Aneinandervorbeischiebens (z. B. bei entgegengerichteten Keilen zum Unterlegen, Anheben von Gegenständen) bzw. des gegenseitigen Abrollens - z. B. beim Spitzen eines Bleistiftes mit einem gewöhnlichen Spitzer, dessen Hauptbestandteil eine geradlinige scharfe Klinge ist.

A15 Verschiedene Dachneigungen

Untenstehend sind Haustypen mit gleich großem rechteckigen Grundriß dargestellt, die sich jedoch u. a. durch unterschiedliche Dachneigungen voneinander unterscheiden. Diskutiere Vor- und Nachteile der einzelnen Haustypen hinsichtlich verschiedenster Betrachtungsweisen!

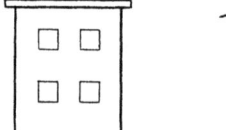   

Formuliere abschließend, was man aus dieser Aufgabe lernen kann!

- Herbeiholen von Informationen (Eltern, Baumeister, Architekt, Prospekte, Photos, ...).
- Diskussion von Unterschieden bzw. von Vor- und Nachteilen.

Reflexion:
- Man darf nicht überall bauen, wie man will, es gibt zahlreiche Auflagen, Bauvorschriften.
- Unterschiede bezüglich der vier Haustypen gibt es vor allem hinsichtlich der Kosten, der Raumgestaltung (Mansarde), der Niederschlagsbewältigung, des Baustoffes (Flachbau mit Holz?), des Energiehaushaltes (Isolierung, Sonnenenergie?, ...) und nicht zuletzt hinsichtlich des persönlichen Geschmackes.
- Der Winkel kommt hier über die Dachneigung ins Spiel, die sich evtl. auch innerhalb des Hauses durch eine Mansarde auswirkt.

A16 Wie spitz sind Bleistifte?

Nimm einen Bleistift zur Hand und miß den Öffnungswinkel der kegelförmigen Spitze des Bleistiftes. Wenn du dein Meßergebnis mit jenem deiner Schulkollegen vergleichst, so wirst du wahrscheinlich auf eine überraschende Übereinstimmung stoßen: Alle Bleistifte haben einen Winkel von etwa 25°. Es gibt keinen besonderen praktischen Grund, weshalb man genau auf diese Zahl gekommen ist, andererseits gibt es gute Argumente, warum etwa Bleistifte mit 15° bzw. 35° nicht besonders gut geeignet sind:

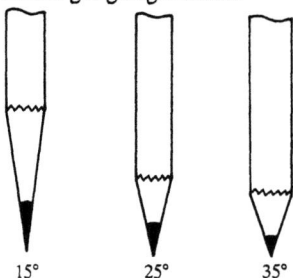

15°   25°   35°

Gib Gründe an, weshalb zu spitze bzw. zu wenig spitze Winkel Nachteile mit sich bringen! Welche Rolle spielt der Bleistiftspitzer?
Formuliere abschließend, was man aus dieser Aufgabe lernen kann!

- Messen des Öffnungswinkels eines Bleistiftes, Vergleich mit anderen Schülern.
- Suchen nach Argumenten gegen zu spitze bzw. zu "stumpfe" Bleistiftspitzen.
- Reflexion über die Gründe, weshalb gerade ein Winkel von ca. 25° am günstigsten ist.

Reflexion:
- Bei einem Winkel von 35° wäre zwar die Gefahr des Abbrechens der Mine ziemlich klein, allerdings müßte der Bleistift sehr oft gespitzt werden. Bei einem Winkel von 15° könnte man prinzipiell relativ lange schreiben ohne zu spitzen, hier dürfte aber ein häufiges Abbrechen der Mine diesen Vorteil aber wieder zunichte machen.
- Daß bei einem Bleistift ein Winkel von rund 25° auftritt, ist kein Naturgesetz, sondern ein sicherlich von empirischen Beobachtungen (Versuchen) abgeleitetes Ergebnis, welches natürlich von der Zusammensetzung und Härte bestimmter Materialien abhängt. Würde man ein wesentlich bruchfesteres Material finden (als es z. B. Graphit ist), so könnte man den Winkel durchaus noch spitzer gestalten. Es stellt sich dabei allerdings auch die Frage, ob damit nicht das Schreiben deutlich erschwert werden würde: Eine stark ausgeprägte Spitze "kratzt" stärker und ergibt durchschnittlich auch eine "dünnere" Schrift.
- Die Größe des Winkels, der an einer Bleistiftspitze vorliegt, ist natürlich durch die Bauart eines Bleistiftspitzers (genauer: durch die Öffnung seines Kegels) festgelegt. Natürlich werden aber die Bleistiftspitzer so hergestellt, daß man die Bleistifte möglichst gut handhaben kann!

Anhang

ANHANG 1:

Die Transkription der beiden Interviews

Im Rahmen der empirischen Studie über die Vorstellung von 12 bis 13jährigen Schüler(inne)n zum Winkelbegriff (Kapitel 6) wurden zwei ausführliche Interviews durchgeführt: Mit einem Schüler ("beta") und einer Schülerin ("chi") einer 3.Klasse einer allgemeinbildenden höheren Schule in Österreich (7. Schulstufe). Beide Interviews wurden zur Gänze auf Band aufgezeichnet, transkribiert (leichte Veränderungen bei umgangssprachlichen Äußerungen) und mit erläuternden Abbildungen versehen.

Bei der Transkription werden folgende, den Interviewablauf kommentierende Symbole verwendet:

I	Interviewer
S	Schüler(in)
..	kurze Pause
....	lange Pause (mehr als 4 Sekunden)
mhm	Pausenfüller , Rezeptionssignal
(kichert),	Charakterisierung von nicht-sprachlichen Vorgängen, vor allem
(zeichnet	Hinweise auf Handlungen (Zeichnen von Figuren bzw. Hindeuten
einen Winkel,	auf diese, falls erforderlich mit Hinweis auf eine Abbildung, die
siehe Abb. 3)	neben/unter der entsprechenden Interviewstelle zu finden ist)
(kurze	bzw. sonstige Bemerkungen zum Interviewverlauf (Zwischenge-
Unterbrechung)	spräche, unverständliche Äußerungen u.ä.)

A 1.1 Transkription des Interviews mit "beta"

I: Was findest du am Winkelbegriff leicht und was findest du an ihm schwierig?

S: Mhm .. ja das Zeichnen ist einmal leicht (kichert)

I: Das Zeichnen ist leicht?

S: Ja. Das Berechnen ist ein bißchen schwieriger.

I: Was verstehst du unter Berechnen?

S: Mhm .. den Winkel ausrechnen!

I: Ich kenne mich da auch nicht so genau aus, was ihr in der zweiten Klasse und in der dritten Klasse so gemacht habt. Was habt ihr speziell berechnet?

S: Ja, wie groß der Winkel ist zum Zeichnen.. Ich habe es auch wieder vergessen (kichert)

I: Was hat denn der Lehrer konkret für eine Aufgabe gestellt?

S: Wenn ich das noch wüßte! .... Ich weiß gar keine mehr ....

I: Irgendetwas mit Rechnen hast du gesagt ....

S: Gegeben sind z.B. 2 Seiten und da muß man dann den Winkel ausrechnen, damit das Dreieck vollständig wird.

I: Ach so, du müßtest ein Dreieck zeichnen und da waren gewisse Sachen gegeben. Und was mußtest du machen?

S: Den Winkel ausrechnen.

I: Ausrechnen - wie hast du gerechnet? Mit der Hand gerechnet oder hast du mit dem Lineal etwas gemacht?

S: Ja, mit der Hand gerechnet!

I: Mit der Hand gerechnet. Hast du irgendetwas mit 180° gerechnet?

S: Ja.

I: Aha .. Und das war schwierig?

S: Naja so schwierig war es nicht, aber schwieriger als das Zeichnen.

I: Schwieriger als das Zeichnen, das Zeichnen war leichter?

S: Ja.

I: Was verstehst du unter einem Winkel? Vielleicht kannst du das mit eigenen Worten erklären und eine Zeichnung machen!

S: (Zeichnet einen Winkel mit 45° - siehe Abb.1) .... Wenn das der Winkel ist, dann ist das genau der Abstand von dem bis daher (zeichnet den Bogen mit Pfeil, siehe Abb.1a) .. zumindest zwischen den beiden Linien.

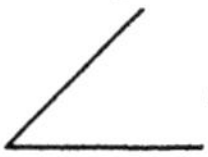

Abb. 1

I: Aha, der Winkel ist der Abstand zwischen den beiden Linien.

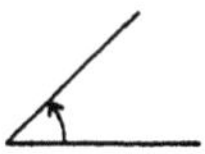

Abb. 1a

457

S: Ja, die sich da hier treffen (zeigt auf den Scheitel).

I: Und was ist, wenn jemand den Pfeil so macht (zeichnet einen weiter außen liegenden, größeren Bogen, siehe Abb.1b) .. dann ist doch der Abstand größer?

S: Nein, er ist doch wieder gleich .., man kann da (zeigt hin) den Pfeil machen oder da .. er wird doch nicht größer..

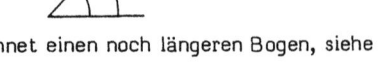

Abb. 1b

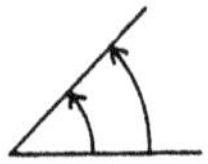

I: Bleibt das immer gleich?

S: Wenn man jetzt da den Pfeil macht .. (zeichnet einen noch längeren Bogen, siehe Abb.1c) ändert sich da genau nichts (zeigt auf den Scheitel) ..

I: Aber der Pfeil wird doch länger?

S: Ja.

Abb. 1c

I: Der Pfeil macht nichts aus?

S: Nein. Es ist nur so, daß man weiß, daß da ein Winkel ist. (kichert) .. Ein Winkel ändert sich doch nicht.

I: Ein Winkel ändert sich nicht?

S: Nein.

I: Ja, aber was ist denn dann der Winkel? Jetzt sehen wir da zwei Striche, die bleiben gleich, aber die Bögen werden immer größer. Was ist denn dann das, was immer gleich bleibt?

S: Ja der Winkel! .... Der Winkel bleibt doch gleich da! (zeigt auf den Scheitel) Und da kann man von mir aus immer größere Striche machen .. (deutet eine Verlängerung der Schenkel an)

I: Angenommen, du müßtest das nun einem Volksschüler erklären - der stellt dir so die Fragen, wie ich es jetzt mache: Du zeichnest einen Winkel auf, dann sieht er, daß du immer größere Striche machst. Du sagst aber, daß es trotzdem immer gleich bleibt. Dann mußt du irgendwann erklären, warum das gleich bleibt, obwohl das hier (zeigt hin) größer wird. Was ist denn dann das Typische beim Winkel?

S: Ja mhm ... der Winkel da ist, sagen wir ist 45° .. (Schreibt 45° hin, siehe Abb.1d) Und wenn man da jetzt Striche macht, bleibt ja der Winkel 45°. Ich meine, die Striche sind doch egal! .. Ich kann doch immer mit 45° weiterzeichnen.

Abb. 1d

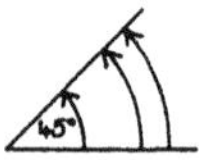

I: Wie kommst denn du z.B. auf die 45°?

S: Das zeichne ich mit dem Lineal, so (deutet einen Winkel mit 45° an, kichert) und dann tue ich ihn daher (gemeint ist der zweite Strahl des Winkels, den er ebenfalls andeutet).

I: Kannst du das vielleicht einmal hier anlegen und das ausführen - mit dem Geodreieck würdest du das machen, nicht?

S: Einfach so .. (zeichnet einen 'horizontalen' Strahl) und dann einfach so (legt das Geodreieck gleich rationell an, sodaß er den zweiten Strahl gleich zeichnen kann) .... einfach bei 45° anlegen .... (erhält schließlich einen Winkel, siehe Abb.2)

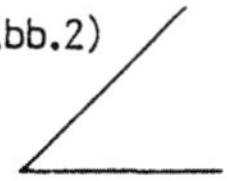

Abb. 2

I: Und was wäre, wenn du ein ganz großes Geodreieck hättest, oder ein anderer hat wieder ein kleines Geodreieck - macht das nichts?

S: Nein .. nein - ich meine, die Winkel sind doch auch .. eingezeichnet, auf einem kleinen oder auf einem großen .. man kann mit einem solch großen auf der Tafel besser zeichnen. Ich meine, der Winkel bleibt doch hier auch gleich .. Ich meine, da ist er sicher größer als man ihn hier zeichnet.

I: Mhm. Was haben denn alle gemeinsam, die großen und die kleinen Geodreiecke?

S: .... Ja, das hier (deutet auf das Geodreieck, kichert)

I: Ja was denn? Was haben sie gleich?

S: Den Halter (kichert)

I: Den Halter haben sie gleich, ja.

S: Aber die Zentimeter sind doch hier wieder größer.

I: (Überhört Zentimeter) Ja eben - und trotzdem kommt das gleiche heraus, nicht? Das ist doch komisch! Irgendetwas muß doch gleich sein, sonst könnte nicht bei allen das Gleiche herauskommen.

S: .... Die Tafel ist doch da (zeigt auf die Tafel) auch größer als da. (deutet auf das Blatt Papier)

I: Ja .. nur .. du zeichnest da 45°, nicht? - und draußen 45°, z.B. und du sagst es sind beide gleich! Der andere hat ein großes Geodreieck und du hast ein kleines Geodreieck und vielleicht jemand in der Volksschule hat noch ein kleineres Geodreieck. Trotzdem haben alle den gleichen Winkel.

S: Ja.

I: Da muß doch irgendetwas gleich sein, nicht?

S: Die Abstände da (zeigt zur Skala des Geodreiecks) .. die Winkel sind doch richtig eingezeichnet, genauso bei dem (meint sein Geodreieck) oder auf dem kleinen ..

I: Wie würdest du selbst einen Winkelmesser machen, oder so ein Geodreieck? Angenommen, diesen gibt es noch nicht und du müßtest diesen neu erfinden. Wie würdest du das angehen?

S: Mhm .. ich würde einmal ein Geodreieck zeichnen .. (schaut auf das Geodreieck)

459

I: Ja, du kannst es skizzieren, du kannst es (das Geodreieck) dazu verwenden.

S: .. Gibt es schon ein Lineal?

I: Ja, gerade Linien darf man verwenden.

S: So, jetzt werde ich einmal ein Dreieck zeichnen (zeichnet den Umriß des zur Verfügung stehenden Geodreiecks nach und erhält so auf dem Blatt Papier ein gleichschenkeliges, rechtwinkeliges Dreieck, von welchem er noch die Höhe auf die Basis zeichnet, siehe Abb.3) .... also da, hier sind 45° (zeigt auf den linken Schenkel) und da genauso (zeigt auf den rechten Schenkel)

Abb. 3

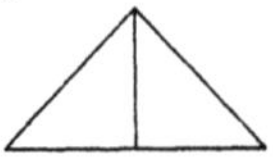

I: Du weißt ja eigentlich noch gar nicht, daß dies 45° sind. Winkel kannst du noch keine messen.

S: Und hat man Zirkel auch keinen?

I: Zirkel - brauchst du einen Zirkel?

S: Nein, nein (keine starke Verneinung, sondern eher im Sinne einer dankenden Ablehnung)

I: Nein, ich habe einen hier, du kannst einen haben, wenn du willst.

S: (fällt sofort ins Wort:) Mit dem Zirkel kann man das auch machen?

I: Ja. Gut. (Holt einen Zirkel, der für den Schüler vorher nicht sichtbar war).

S: (Er zeichnet an der linken unteren Ecke des Dreiecks einen Vollkreis mit Radius ca. 1,5 cm, siehe Abb.4)

Abb. 4

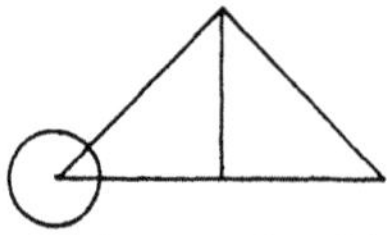

I: Es geht nicht um die Genauigkeit, man soll nur eine Idee bekommen von einem Geodreieck.

S: (murmelt einige unverständliche Worte, er versucht, die 45°, die er durch das Nachzeichnen des Geodreiecks schon hatte, mit dem Zirkel zu konstruieren. Er verwendet dabei aber unzulässigerweise den Schnittpunkt der 45° Linie mit dem Kreis, von diesem trägt er mit dem Radius als Zirkelspannweite 60° auf, sodaß er im Prinzip eine Stelle am Kreis markiert, die 105° repräsentiert. Danach halbiert er diesen Winkel mit dem Zirkel und erhält zu seiner Überraschung einen Punkt, der nicht auf der 45° Linie liegt) Fast (kichert) .. (Unverständliches) 45° hinauf zeichnen (deutet an, daß er die Konstruktion hätte, daß diese aber etwas zu ungenau sei) und dort genauso (gemeint ist die rechte Ecke)

I: Wie hast du dann das gemacht, das verstehe ich jetzt nicht.

S: (Er sagt nur einzelne Stichworte und zeigt nochmals seinen Konstruktionsweg, der wiederum die 45° Linie benützt, obwohl diese erst konstruiert werden müßte. Er wird darauf aufmerksam gemacht, weicht aber von seinem Plan nicht ab, den er für richtig hält, nur sei seine Zeichnung etwas ungenau. Der Interviewer schwenkt auf eine andere Frage über, da die Konstruierbarkeit von Winkeln in diesem Interview keine bedeutende Rolle spielen soll).

I: Wieso willst du überhaupt 45° zeichnen?

S: Mhm .. weil es bei diesem auch 45° ist.

I: Aber du mußt das neu erfinden, du kannst doch ganz andere (der Schüler unterbricht ihn)

S: Nein, 45°, das ist der geeignete Winkel.

I: Wieso?

S: Weil mir der gefällt (kichert)

I: Weil er dir gefällt, mhm, (verzichtet auf etwaige Überlegungen über die Winkelsumme im Dreieck bzw. über die Zweckmäßigkeit der besonderen Form des Dreiecks:) Angenommen, du hättest nun die 45° .. wie geht es dann weiter?

S: Ich werde hier einmal eine Linie machen (zeichnet die übliche 45° Linie ein) und jetzt .. könnte man da auch 45° herausmessen, kann ich das gleich?

I: Ja, das kann man gleich machen (zeichnet nun auch die 135° Linie ein)

S: Jetzt würde ich die Zentimeter einzeichnen

I: Ja (der Schüler markiert an der Basis des Dreiecks alle Zentimeter einen Strich, am linken Ende beginnt er auch, alle halben Zentimeter einzuzeichnen) Das mußt du nicht so genau machen

S: Und jetzt nehme ich den Zirkel (zeichnet einen Halbkreis, der seinen Mittelpunkt richtigerweise im Nullpunkt der linearen Basisskala besitzt, siehe Abb.5)

I: Wie groß machst du den Kreis?

S: Das sind .. 6 Zentimeter ..   Abb. 5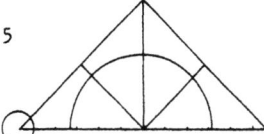

I: Und wieso 6 Zentimeter?

S: Da ist es auch so (zeigt auf das Geodreieck)

I: Ach so, du machst es gleich?

S: Ja. Nein, das war aber jetzt nicht gleich - so, daß ich jetzt das von hier abgeschaut habe, so einfach 6 Zentimeter gemacht

I: Wie tätest du es machen, wenn hier (deutet auf das Geodreieck) kein Kreis wäre?

S: Auch 6 Zentimeter!

I: Wieso?

S: Weil es mir gefällt (kichert)

I: Würde es kleiner auch gehen?

S: Nein, kleiner wäre nicht so gut, weil da kann man .. wenn man so einen Minikreis hat ..

I: Was wäre da für ein Nachteil?

S: Man könnte nicht so gut zeichnen. (Unverständliches)

I: Ja gut, jetzt haben wir den Kreis und jetzt möchte ich 40° eingezeichnet haben

S: 40°?

I: 40°

S: Mit dem Lineal oder ..

I: Die Winkeleinteilung (zeigt auf die Skala des Geodreiecks) darfst du nicht verwenden - du mußt selbst einen Winkelmesser machen; also ein Gerät machen, mit dem du Winkel messen kannst.

S: .... Mhm .... (zeichnet im Schnittpunkt des Halbkreises mit der 45° Linie einen kleinen Kreis)

I: (Erkennt den Sinn dieser Konstruktion nicht:) Was hast du da gezeichnet?

S: Einen Kreis

I: Hast du eine Idee gehabt, wie du es machen könntest?

S: Ja, fast (kichert)

I: Ja, was hast du denn gedacht?

S: .... (Schaut auf seine Zeichnung, sagt aber kein Wort)

I: (Vermutet, daß der Schüler 60° auftragen wollte:) Machen wir es so: Vielleicht kannst du am Geodreieck ein paar Winkel einzeichnen, die du kennst, ohne daß du viel konstruieren mußt .. daß du mir einige nennst, die ohnehin oben sind .. vielleicht kannst du am Kreis dazuschreiben, wieviel Grad diese haben .. ein paar wichtige Winkel

S: (Konstruiert mit dem Zirkel 60°, 120° und schreibt die Bezeichnungen für 60°, 90°, 120° und 180° an die entsprechenden Stellen des Halbkreises)

I: Wieso kommt man denn eigentlich auf 180°?

S: Weil das ein Halbkreis ist und .. (unverständlich) 360°

I: Was ist mit 360°?

S: Das ist ein ganzer Kreis

I: Das ist ein ganzer Kreis

S: Und die Hälfte ist 180°

I: Die Hälfte ist 180° .. wer glaubst du, ist auf die 360° gekommen? - oder muß das so sein?

S: Das muß ja wohl so sein, der Kreis hat eben 360°.

I: Und wenn jemand herkommt und behauptet, der Kreis hätte 1000°?

S: Das stimmt doch nicht.

I: Stimmt nicht?

S: Nein

I: .. Was ist denn 1° - für dich? Wenn dich jemand fragt, was ein Grad ist. Die Winkel werden doch alle in Grad gemessen, was ist dann ein Grad eigentlich?

S: Ein Grad .. mhm .. ja ein Grad ist eine Einheit - eine Einheit, in was man den

Winkel .. die dingsbums angibt .. ja die .. 180, die muß ich aber durch irgendetwas benennen?

I: Eine Einheit, ja

S: Einheit

I: Und wie könnte ich diese hier einzeichnen? 1° - wo würde das hier liegen - ungefähr?

S: Ungefähr da herunten (zeigt etwa dorthin, wo 5° liegen)

I: Ziemlich weit herunten, ja - und wie könnte man das erhalten?

S: .... Indem man 60 durch 60 dividiert (kichert), da kommt auch das heraus

I: Gerechnet, aber du mußt doch einen Winkelmesser herstellen - für die Schüler, du bist der Erfinder vom Geodreieck

S: Der möchte ich lieber nicht sein

(Einige unwichtige Passagen)

I: Ist 1° schwierig?

S: Ja, weil man nicht weiß, wo er liegt

I: Könnte man vielleicht noch andere Winkel finden, du hast nun im Abstand von 60 einige gefunden, das ist schon relativ passabel zum abschätzen. Kann man vielleicht noch ein paar genauer angeben?

S: Was genauer?

I: Zusätzlich ein paar Winkel noch dazu

S: Wie?(hat die Frage nicht verstanden)

I: Du brauchst nur zu sagen, wie du es machen würdest, ohne es zu zeichnen

S: Ja, also mit dem Zirkel würde ich hier einmal abschlagen, dann hier, dann hätte ich 75° (er deutet die Halbierung von 60° und 90° an)

I: Jetzt hast du halbiert, nicht? (Schüler nickt) Gut. Könnte man das noch irgendwo anwenden?

S: Da

(der Schüler kann einige Fälle nennen, wo er halbieren kann)

I: Gibt es eigentlich Winkel über 200°?

S: Ja (aber eher unsicher)

I: Gibt es so etwas?

S: Es gibt, ja (er deutet in der Luft einen Winkel an)

I: Und gibt es Winkel über 400°?

S: Ja (eher unsicher), wenn er einmal herumdreht (kichert) ....

I: Mache einmal eine Skizze, vielleicht zuerst von jenem über 200°, einfach eine Skizze ohne Lineal, mit der Hand

S: (Skizziert mit der Hand einen Winkel, siehe Abb.6)

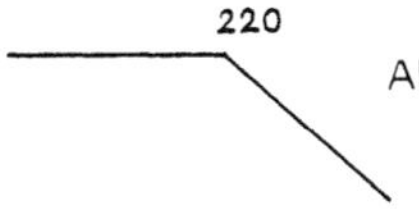

Abb. 6

I: Wieviel hat der nach deiner Schätzung ungefähr?

S: Der hat .... 200 .. 220 (kichert) (I. schreibt, ohne das Blatt zu drehen, 220 hin)

I: Okay, 220. Dann sag ich aber, das sind sicher nur 120° (der Interviewer, der dem Schüler genau gegenüber sitzt, macht einen Kreisbogen, dreht das Blatt um 180°, und schreibt seitenverkehrt 120 hin - siehe Abb.6a)

(jeweils aus der

Sicht des Schülers)

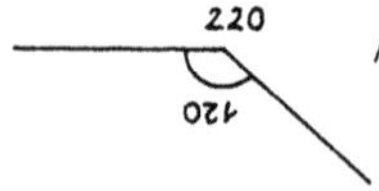

Abb. 6 a

S: Ja sicher, von so gesehen sind es 120° (dreht dann wieder zurück) während von so gesehen sind es 220°.

I: Aha .. Was ist denn da die Eigenschaft? Welchen Winkel nimmst du denn immer? Das sind ja praktisch zwei, die immer möglich sind, welchen nimmst du denn immer?

S: Den da, der so hinunter geht (deutet auf den hinunterweisenden Schenkel von Abb.6a) .. den mit den 220°

I: Wenn ich dir einen solchen gebe (zeichnet einen Winkel, siehe Abb.7), welchen nimmst du?

Abb. 7

S: .. Kann ich mir das aussuchen?

I: Das ist die Frage, kannst du dir das aussuchen oder ist das schon vorher bestimmt?

S: Da muß ja wohl stehen, wieviel Grad das sind

I: Ich frage dich, wieviel Grad dieser (deutet auf einen Winkel) hat

S: (Dreht das Blatt um 180°) so kann er 120° haben (dreht wieder zurück) und so kann er 220 haben

I: Aha. Eigentlich wären das 240 oder dort 130 und 230 - aber um das geht es ja nicht. Aha, da hat man zwei Möglichkeiten (Schüler nickt zustimmend)

(Kleine Pause)

I: Früher hast du gesagt, daß der Winkel der Abstand ist. Jetzt ist der Abstand immer so etwas (macht eine Skizze, siehe Abb.8), da ist ein

Punkt und da ist ein Punkt und der Abstand ist -

Abb. 8

sagen wir 7 cm und jetzt müßten wir da hier (deutet auf die letzte Winkelzeichnung) auch irgendwo einen Abstand einzeichnen können - oder ist das beim Winkel anders?

S: Die zwei Linien treffen sich doch auf diesem Punkt (markiert den Scheitel in Abb.7 etwas stärker - "Knödel") und das ist dann der Abstand .. von diesem da .. von dieser Linie zu dieser (deutet auf die beiden Linien) .. und das ist dann der Winkel .. wieviel das ist

I: Also, da kann ich mit dem Lineal abmessen (Interviewer zeichnet einen Pfeil - siehe Abb.7a) und schauen, wieviel das ist und (Schüler unterbricht)

S: Nein, nein, das nicht.

I: Ja, aber warum sagst du dann Abstand dazu?

S: (Denkt lange angestrengt nach, sagt aber nichts)

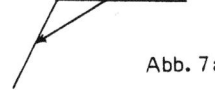

Abb. 7a

I: Ist es gefühlsmäßig doch irgendein Abstand?

S: (Sofortige Antwort:) Ja sicher ist es ein Abstand. Die beiden Linien sind doch verbunden (Interviewer bejaht) und das, von der Linie zu der - dieser Abstand

I: Muß man eigentlich Winkel in eine bestimmte Richtung messen?

S: Nein .. Sicher, ich meine, wenn ein rechter Winkel gegeben ist .. dann muß ich einen rechten zeichnen und wenn ein linker gegeben ist, einen linken

I: Zeichne einmal einen rechten Winkel (a) und einen linken (b) (der Schüler macht zwei Zeichnungen, siehe Abb.9a,b)

Abb. 9

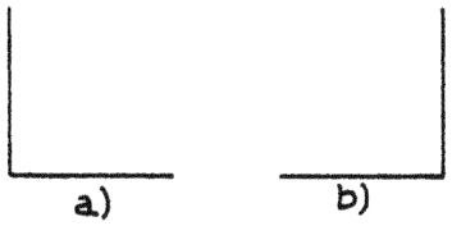

a)   b)

I: Mir ist aufgefallen, daß du die Winkel immer so zeichnest, daß einer der Schenkel zum Blattrand parallel ist (deutet auf den unteren Blattrand)

S: Ja

I: Das gehört zum Winkel dazu, nicht?

S: Man kann ihn auch so zeichnen (zeichnet einen Winkel in allgemeiner Lage, siehe Abb.10)

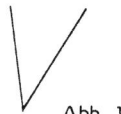

Abb. 10

I: Dürfen wir das?

S: Ich meine, dürfen schon, aber es schaut (schiach) nicht schön aus

I: Es schaut nicht schön aus?

S: Es ist schon besser, wenn man so zeichnet (zeigt eine Zeichnung, in welcher ein Schenkel parallel zum Blattrand ist)

I: Mhm .. Ist dir am Winkel irgendetwas unklar, gibt es offene Fragen für dich? Daß du jetzt einfach an mich Fragen stellst.. wenn du etwas nicht weißt, daß du mich jetzt frägst.

S: Wenn ich nicht weiß, wieviel der Winkel Grad hat, dann schon

I: Kannst du das als Frage formulieren? Schreib die Frage auf und das ist dann, sagen wir, deine Frage an mich, so in der Art einer Fragestunde. Was fällt dir ein - was möchtest du gerne wissen?

S: (Deutet gestenhaft an, daß ihm nichts einfällt)

I: Wenn dir natürlich beim Winkel alles klar ist, dann brauchst du natürlich nichts zu fragen, aber wenn du denkst, da könnte ich fragen, das wäre interessant, dann kannst du mich jetzt fragen

S: Ich weiß nichts

I: (Wechselt zu einer anderen Frage) Ich werde dir jetzt vier Sätze vorlesen, die den Winkel betreffen und kannst du mir jeweils in einem Satz einen kurzen Kommentar dazu geben - was du dazu sagst (liest den ersten Satz vor:) Ein Winkel ist eine Figur, die aus zwei Strahlen besteht

S: (Ungläubig) Strahlen? Wieso Strahlen?

I: Strahlen?

S: Das sind zwei Linien (deutet auf Abb.10)

I: Linien .. zwei Linien .. (wiederholt den halben Satz etwas verändert:) die aus zwei Linien besteht (Schüler nickt) ja .. weißt du, was eine Strecke ist?

S: Ja

I: Was eine Gerade ist?

S: Ja

I: Und was ein Strahl ist, hast du noch nicht gehört?

S: Wohl, ein Strahl ist doch unendlich weit

I: Kannst du einen Strahl aufzeichnen (als Aufforderung zu verstehen)

S: Ja .. Über das ganze Blatt oder wie? .. Ein Strahl hat doch einen Anfangspunkt, aber keinen Endpunkt (zeichnet zwei lange Linien, mit gemeinsamen Anfangspunkt, welchen er mit einem dicken "Knödel" markiert, siehe Abb.11)

Abb. 11

I: Wo ist denn der Anfangspunkt?

S: Da herunten (deutet auf den Scheitel) Das ist die Sonne .. und die strahlt

I: Man kann nicht sagen, daß ein Winkel aus zwei Strahlen besteht?

S: Naja, wenn die Sonne hierher strahlt (verlängert die beiden obigen Strahlen bis zum Blattrand, siehe Abb.11a), dann kann das hier ein Winkel sein, wenn die zwei Strahlen so strahlen .. so besteht der Winkel dann aus zwei Strahlen

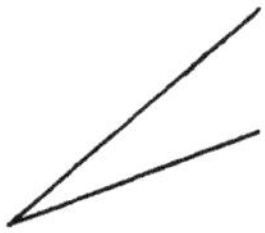

Abb. 11a

I: Aber das hast du vorher nicht gemeint .. du hast gesagt, daß das Linien sind (Schüler bejaht) ja, was ist denn der Unterschied zwischen den beiden? Du sagst, daß es Linien sind!

S: Mhm, ich meine .. der Winkel ist so (deutet auf die ursprüngliche Länge der beiden Strahlen) weil es ist eigentlich nie ein Winkel mit zwei Strahlen

I: Ach so, man zeichnet immer nur bestimmte (Schüler bejaht sofort) ..bestimmte Strecken oder Linien, nicht? (Schüler bejaht) also ein Winkel ist .. wie würdest du

I: es sagen .. ist nicht so lang? (Schüler bejaht) Der hört einmal auf .. (blickt zum Schüler der ständig nickt) - würdest du es so sagen?

S: Nein, ich meine bei einer Zeichnung, kann er (der Winkel) aufhören, aber wenn die Sonne strahlt, da geht der Winkel .. da hört er nicht auf

466

I: Aha, (deutet auf den ersten Satz) soll ich hier Strahlen ausradieren und Linien hinschreiben? Was würdest du jetzt sagen?

S: Man kann es auch lassen

I: Kann man es auch lassen? (Schüler bejaht) mhm, gut: Dann der zweite (Satz:) Winkel ist der Abstand zwischen zwei Linien .. oder Strahlen

S: Der Winkel ist der Abstand zwischen zwei Strahlen? .. Ich meine, das stimmt doch .. ja schon, aber was ist, wenn die Strahlen so strahlen (blickt verschmitzt) .. so strahlen (zeichnet zwei zueinander parallele Striche), dann ist das doch kein Winkel mehr

I: Mhm, was müßte ich jetzt hier (deutet auf den zweiten Satz) dazuschreiben, damit es richtig ist?

S: .. Ja ..die zwei Linien müssen sich auf einem Punkt treffen

I: Ja, wie würdest du dann das hier ausbessern? Du bist jetzt der Schriftführer und ich muß jetzt radieren und genau das machen, was du zu mir sagst. Was müßte ich machen? .. Da steht: Winkel ist der Abstand zwischen zwei Strahlen .... du hast jetzt gesagt, da gibt es ein Beispiel, da stimmt es nicht .... da müßte ich natürlich etwas ändern, nicht? (Schüler bejaht) .. muß ich alles ausradieren, oder muß ich etwas dazuschreiben?

S: Ja. Wenn sich die Strahlen auf einem Punkt treffen, und die strahlen von hier weg (deutet auf Abb.11a), dann muß es ein Winkel sein ..(nach einem "Aha" des Interv.)

S: Wenn die Strahlen so strahlen (deutet zu den Parallelen) ist es kein Winkel

I: Ja, du hast völlig recht. Du mußt mir nur noch sagen, was ich schreiben müßte, ... kann man einen Beistrich machen oder so etwas ähnliches? ....

S: Der Winkel ist der Abstand zwischen zwei Strahlen, die sich auf einem Punkt treffen

I: .. Die sich auf einem Punkt treffen, ja .. Das dritte (liest den dritten Satz vor:) Winkel ist jene Größe, um die ein Strahl gedreht werden muß, um zu einem zweiten Strahl zu gelangen .... Soll ich den Satz nocheinmal vorlesen? (Der Schüler nickt) (Der Interviewer liest den Satz nochmals langsam vor und demonstriert den Sachverhalt mit Hilfe zweier Bleistifte) kannst du dir das mit den zwei Stiften vorstellen, was gemeint ist?

S: Sicher, wenn der (deutet auf einen Bleistift) so gedreht wird ..ist es dann ein Winkel

I: Ja .. und was sagst du zu diesem Satz?

S: Ich meine, das stimmt doch wohl

I: Ist hier kein Haken dabei? Würdest du das akzeptieren? Wenn das zum Beispiel in deinem Buch drinstehen würde, in deinem Mathematikbuch oder in deinem Heft - würdest du es bejahen oder eher verneinen?

467

S: Wenn er so herumgedreht wird, dann ist es sicher kein Winkel (macht mit den Finger eine Bewegung, im Uhrzeigersinn)

I: Wenn er wie herumgedreht wird?

S: So, wenn der Strahl so hinauf geht und der Strahl wird so herumgedreht (deutet nochmals ganz kurz eine Drehung im Uhrzeigersinn an)

I: Das mußt du langsam zeigen, damit ich es verstehen kann

S: So (zeichnet in der Winkelzeichnung mit den "langen Schenkeln" einen Bogen ein - im Uhrzeigersinn, siehe Abb.11b)

Abb. 11 b

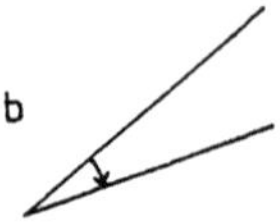

I: (Vergißt, daß noch vom Gegenbeispiel die Rede ist) Also zuviel darf er nicht herumgedreht werden.

S: Nein, ich meine, wenn er so herumgedreht wird, so ist das dann ein Blödsinn .. das ist dann kein Winkel (zeigt nochmals auf die Zeichnung)

I: Und wie müßte er sich drehen?

S: Wenn er so ist, müßte er sich so her drehen (deutet in der Zeichnung an, daß der Pfeil von vorhin umgedreht werden müsse)

I: Ja (Der Interviewer hält einen Bleistift etwa parallel zum unteren Blattrand, einen zweiten dreht er von dieser Lage aus etwa 60° entgegen dem Uhrzeigersinn, siehe Abb.12 - Pfeile als Bleistifte) Das ist ein Winkel?

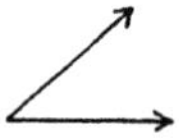

S: Ja

Abb. 12

I: Und so? (dreht den zweiten Bleistift weiter und hält etwa bei 90° inne, siehe Abb.12a)

Abb.12a

S: Das ist auch ein Winkel

I: Und so? (Stellung bei etwa 150°, siehe Abb.12b)

Abb.12b

S: Das ist auch ein Winkel

I: Und so? (Stellung bei etwa 300°, siehe Abb.12c)

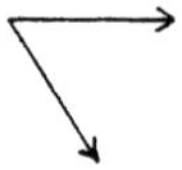

Abb.12c

S: Das ist auch ein Winkel

I: Und so? (die volle Drehung ist durchgeführt, der Interviewer hält den zweiten Bleistift über den ersten, siehe Abb.12d)

Abb.12d

S: Das ist kein Winkel

I: (Wiederholt) Das ist kein Winkel, und so (dreht den zweiten Bleistift etwas zurück, siehe Abb.12e)

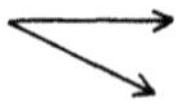

468

Abb.12e

S: Das ist ein Winkel

I: Und wenn er jetzt darüberdreht (nunmehr wieder etwa Stellung 30°)

S: Das ist ein Winkel

I: (Wiederholt) Das ist ein Winkel (legt die beiden Bleistifte wieder übereinander) das ist kein Winkel?

S: Nein

I: Mhm .. und als letztes habe ich noch (liest den vierten Satz vor:) Ein Winkel ist die Fläche zwischen zwei Strahlen ....

S: Das kann aber nicht stimmen .. ein Winkel ist die Fläche ..

I: Winkel ist die Fläche zwischen zwei Strahlen

S: Ja, das stimmt doch, wenn man da einen Winkel hat (skizziert die zwei Schenkel eines Winkels) .. die Strahlen hier .. (füllt den Öffnungsbereich des Winkels mit unsystematisch gezogenen Strichen aus, zeichnet einen Bogen mit Pfeil entgegen Uhrzeiger zwischen den beiden Schenkeln, siehe Abb.13), dann ist das die Fläche .. die Fläche vom Winkel

Abb. 13

I: Und was sagst du zu diesem Satz? Müßte ich diesen streichen oder?

S: Nein, ich meine, der stimmt doch wohl, nur das ist nicht die ganze Fläche .. die hier weggeht .. ich meine der Winkel

I: Wieviel von der Fläche müßte ich hier anstreichen? Das ist so wie vorhin mit dem großen und dem kleinen .. (will das Wort Bogen vermeiden) mit den Linien? Muß ich hier alles anstreichen oder nur einen Teil? Oder wie ist das hier mit der Fläche? Welche Fläche wird hier eigentlich genommen? Die Fläche zwischen .. (zeichnet einen Winkel, siehe Abb.14) hier habe ich den Winkel so gezeichnet, jetzt darf ich nur diese Fläche nehmen?

(schraffiert den Öffnungsbereich)

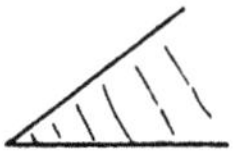

Abb. 14

S: Ja .. die Fläche vom Winkel

I: Die Fläche vom Winkel, mhm, .. und da (zeichnet einen Winkel mit kurzen Scheiteln, siehe Abb.15) bei diesem, wo ist hier die Fläche?

Abb. 15

S: So (schraffiert den Öffnungsbereich)

I: Mhm (bejahend) .. Jetzt haben wir vier Sätze gehabt und du hast eigentlich bei jedem gesagt, daß er mehr oder weniger richtig ist: bei einem hast du etwas dazugeschrieben, aber jetzt ist er auch richtig; kann das sein: Jetzt gibt es vier verschiedene Sätze, die alle richtig sind und jeder sagt eigentlich etwas anderes aus - oder nicht? ....

469

S: Ich meine, wenn der andere Winkel gedreht wird .. und da ist die Fläche (zeigt auf Abb.14), so ist doch der gedrehte Winkel etwas anderes als die Fläche

I: Ja, was ist denn dann der Winkel? Ist es das Gedrehte oder ist das der Abstand, ist das eine Figur oder ist das eine Fläche - was ist jetzt der Winkel? ....

S: Das ist der Abstand .. der Abstand zwischen zwei Linien, die sich auf einem Punkt treffen .. das ist der Winkel

I: Das ist für dich der Winkel?

S: Ja

I: Und wenn jemand sagt .. (fängt einen neuen Satz an) aber hier hast du doch auch gesagt, daß dies richtig ist: Winkel ist die Fläche zwischen zwei Strahlen, ist das zwar auch richtig, aber nicht so wichtig, oder wie siehst du das?

S: Ich meine, daß stimmt doch wohl, das ist .. es ist die Fläche ..

I: (Eher neutral) Ja

S: Es ist die Fläche vom Winkel (zeichnet einen Winkel und malt die Öffnung aus) .. das .. zwischen zwei Strahlen

I: Aber du sagst, es sei der Abstand, Winkel ist der Abstand und jetzt steht auf einmal: Winkel ist die Fläche - ist das ein Zusammenhang, ist das das Gleiche, oder ist das etwas Verschiedenes oder ....

S: Wenn man da zum Beispiel eine Fläche zeichnet (skizziert wieder einen Winkel und schraffiert den Öffnungsbereich) .. so .. oder zumindest .. kann man da schon die zwei Linien eintragen (Interviewer bejaht) .. da .. (Interviewer bejaht) .. und das ist dann die Fläche .. von einem Winkel .. und da, da erhält man zwei Linien vorgeschrieben (zeichnet einen spitzen Winkel mit einem bogenförmigen Pfeil im Gegenüberuhrzeigersinn) und einen Winkel, nehmen wir alpha ist (schreibt neben die Zeichnung:∡ = ?) (vermutlicher Wortlaut) Weiß nicht, irgendwo .. und dann kann man hier den Winkel zeichnen .. das der Abstand zwischen zwei Linien, die sich auf einem Punkt treffen

I: Aber mir ist immer noch nicht klar, ob das etwas Verschiedenes ist, oder ob das etwas Gleiches ist; angenommen, ein Freund von dir geht in eine Parallelklasse, der lernt das so, der schreibt das so in sein Heft auf und du schreibst das so in dein Heft auf; und vielleicht ein Dritter noch, der schreibt das mit dem Drehen auf - was sagst du dazu? ....

S: Ich meine, mit allen kann man einen Winkel zeichnen (kichert) .. ich meine, irgendwo muß vorgeschrieben sein, wieviel der Winkel ist

I: Und wie gibt man das an? Praktisch?

S: Ja, alpha ist irgendwie.. und die zwei Linien, wie groß sie sind .. oder es muß auch nichts sein, einfach der Winkel

I: Und wenn ich jetzt einfach hergehe und sage, die Fläche ist ein Abstand, in

470

(unbetont) diesem Fall .... oder ist das nicht richtig, und ich darf das nicht sagen?

S: Wie soll die Fläche ein Abstand sein?

I: Weil du sagst .. das steht: Der Winkel ist eine Fläche; und du hast gesagt: Der Winkel ist ein Abstand

S: Der Winkel ist nur dann eine Fläche, wenn man schon die zwei Dinge hat ..

I: Mhm

S: Ich meine, (macht in ein schon bemaltes Winkelfeld noch einige Striche) das ist dann die Fläche vom Winkel .. aber vorher muß man doch angeben, wieviel (unverständlich)

I: Kann man die Fläche von einem Winkel ausrechnen?

S: Ja sicher, da braucht man .. ja sicher, wenn man es so hat .. (zeichnet einen Winkel und verbindet die beiden Schenkelenden, siehe Abb.16), dann das Dreieck herunter gibt .. dann das Dreieck ausrechnet .. dann hat man die Fläche vom Winkel .. ich meine die ganze Fläche

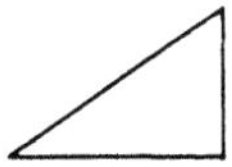

Abb. 16

I: Wie ist denn das: (zeigt auf zwei schon gezeichnete Winkel mit schraffiertem Öffnungsbereich, siehe Abb.13 und 14) Da sind zwei Winkel, die beiden Flächen - wie sind diese beiden im Vergleich zueinander? .. Die beiden Flächen?

S: Die eine ist kleiner und (zeigt auf den größeren Winkel, der auch die größere schraffierte Fläche aufweist) die andere größer

I: Und die beiden Winkel?

S: (Zeigt richtig) Dieser (Abb.14) ist kleiner und dieser ist größer (Abb.13)

I: (Wiederholt) Dieser ist kleiner und dieser ist größer (Schüler bejaht). Kann man folgendes sagen: Wenn der Winkel größer ist, ist auch die Winkelfläche größer

S: Ja

I: Ist das eine sichere Sache?

S: Das stimmt ja!

I: Ja, mhm, ganz zum Schluß habe ich noch ein Blatt für dich (siehe Aufgabe 10), da habe ich sechs verschiedene Winkel aufgezeichnet. Du sollst nun diese Winkel nach ihrer Größe vergleichen, also etwa: Gibt es einen größten Winkel, einen kleinsten Winkel oder gibt es gleich große Winkel - vielleicht schätzt du zunächst nur einmal, ohne zu messen

S: .... Dieser unten ist der größte (zeigt auf 5)

I: Das ist der größte, mhm, .. also 5 ist der größte, mhm ..

S: Und das ist der kleinste (zeigt auf 6) .... 4 ist der mittelgrößte (kichert)

I: (Wiederholt) 4 ist in der Mitte ..

S: 3 ist kleiner als 2

I: (Wiederholt) 3 ist kleiner als 2 .. aber wo kommt der 2-er hin? Den haben wir noch nirgends, wo kommt der hin?

S: (Unverständlich) 3 ist dann auch ....

I: Bis jetzt ist es so (Der Interviewer schreibt die Nummern nach der Größe der Winkel geordnet auf - siehe Abb.17 - und läßt auch den Schüler mitschauen) 5,4,6 .. das ist der größte (deutet auf 5), jetzt müssen wir noch den 1-er, den 3-er und den 2-er .. es können auch zwei gleich sein, oder zumindest schätzungsweise gleich

S: Diese zwei sind gleich

I: Welche zwei?

S: (Zeigt auf 3 und 4) Diese zwei

$$Abb.\ 17 \qquad \begin{matrix} (5) \\ (4) \\ (6) \end{matrix}$$

I: Diese zwei sind gleich: 3 und 4, also kann ich den (3) noch hier (neben 4) dazuschreiben?

S: Ja

I: 3 daher schreiben .. so, jetzt fehlen noch der 1-er und der 2-er (siehe Abb.17a)

$$Abb.\ 17a \qquad \begin{matrix} (5) \\ (4),(3) \\ (6) \end{matrix}$$

S: Dieser wird auch ungefähr gleich groß sein wie dieser (zeigt auf 1)

I: Welcher?

S: Dieser (zeigt auf 2)

I: Der 2-er und der 1-er .. ja, aber den 1-er haben wir auch noch nicht, den 1-er und den 2-er, diese beiden - sagst du - sind gleich, aber wo kommen diese nun hinein?

S: Nach dem mittleren

I: Wo ist jetzt der mittlere?

S: 3 und 4

I: 3 und 4, ja aber: vorher oder nachher oder genau in der Mitte? Jetzt gibt es noch drei Möglichkeiten (zeigt auf die hierarchische Darstellung)

S: Hierher, hierher

I: Also zwischen diesen beiden (4,3) und dem 6-er .. also du sagst, daß der 1-er und der 2-er ein bißchen kleiner sind als 4 und 3?

S: (Übersieht offenbar, daß er früher 3 kleiner als 2 wertete - der Interviewer übrigens auch) Ja

I: Also hier 1 und 2 (trägt die beiden Ziffern in die Darstellung ein, siehe Abb.17b).. Du sagst also, dieser hier (zeigt auf den 5) ist der größte, warum ist dieser der größte? .. Er schaut doch so klein aus?

$$Abb.\ 17\,b \qquad \begin{matrix} (5) \\ (4),(3) \\ (1),(2) \\ (6) \end{matrix}$$

S: Trotzdem .. ich meine, es ist egal, ob er klein oder groß ist, aber er hat einen großen Winkel

I: Großen Winkel, mhm, wie merkst du, daß er einen großen Winkel hat?

S: Indem die zwei Linien weiter auseinander stehen

I: (Zustimmend) mhm .. wieso ist zum Beispiel der 5-er größer als der 2-er? Nach deiner Meinung?

S: Weil dieser (zeigt auf 2) nicht so einen großen Winkel hat, weil die zwei Schenkel nicht so weit auseinander gehen wie bei diesem (5)

I: Also um das geht es: Daß die Schenkel ziemlich weit auseinander gehen? (Schüler bejaht) Kannst du mir den größtmöglichen Winkel, den du dir vorstellen kannst .... oder einen, der schon ganz knapp an die Grenze kommt, ganz knapp an die Grenze des größten kommt, weil der größte ist oft schwer aufzuzeichnen

S: Ich meine, da kann man ein paarmal herumdrehen

I: Mhm, mache einmal eine Skizze

S: Ich meine, wenn man jetzt hier einen Winkel zeichnet .. und er sich hier ein paarmal herumdreht .. ich meine, der kann dann unendlich groß sein .. aber nur, wenn er sich herumdreht, aber so (zeichnet einen Winkel, der knapp an die 360° herangeht, siehe Abb.18) (Unverständliches)

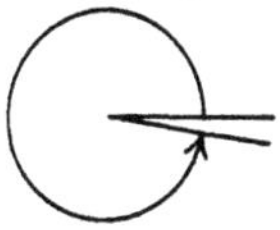

Abb. 18

I: Und was ist mit diesem hier? (deutet auf 2) Ist das nicht so einer?

S: .... Kann sein .. ich weiß nicht, wie groß er ist

I: Aber ist nicht dieser (2) größer als dieser (5)?

S: Wenn man ihn so anschaut (dreht das Blatt) und wenn man ihn so anschaut .. so .. ist er kleiner als der, weil .. und wenn man ihn so anschaut, dann ist er größer als der

I: Wie muß ich das anschauen, daß ich sehe, daß er kleiner ist und wie muß ich anschauen, daß er größer ist?

S: (Zeigt vor) So anschauen, daß er kleiner ist ..

I: (Erkennt das Schema noch nicht) Ich muß also hineinschauen oder so irgendwie?

S: Nein so, einfach so (kichert) .. Kuckuck

I: Dann ist er kleiner? Ja?

S: Ja sicher!

I: Und wie muß ich schauen, daß er größer ist?

S: Ja so kann man das (wird vom Interviewer unterbrochen, weil er nicht erkennt, nach welchen Gesichtspunkten er das Blatt dreht)

I: Andere Augengläser aufsetzen?

S: Nein, so .. falls der Strich hier herunter geht

I: (Wiederholt fragend) Falls der Strich hier herunter geht?

S: Ja, das ist .. das hier .. und so hinunter .. dann ist doch dann größer als der

I: Aber ich zeichne doch beidesmal, nicht?

473

S: Ja

I: Ob ich jetzt das sehe oder das sehe .. wie muß ich hier schauen, ich verstehe nicht, wie du das meinst .. muß ich hier anders schauen oder ..

S: Aber nein .. wenn man jetzt so schaut, dann ist er kleiner und wenn man jetzt wieder so schaut, so .. so hinunter, dann ist er größer als dieser ..

I: Ich verstehe immer noch nicht, stehe ich auf der Leitung, oder wie?

S: Wenn man jetzt einfach so schaut, dann kann er von mir aus 60° (der Interviewer unterbricht)

I: Muß ich jetzt zu dir hin kommen, damit ich das sehe? Oder kann ich das von meinem Platz aus auch sehen?

S: Nein, von da auch .. wenn man jetzt so schaut, zeichnet man dann einfach so, .. so (macht eine Zeichnung, siehe Abb.19)(Unverständliches) .. 45°

Abb. 19

I: Das ist ja egal, 45° ja;

S: Ungefähr so schaut jetzt 45° aus .. und wenn man so schaut .. verkehrt .. kann es ein bißchen mehr haben .. weil dann kommt der Winkel hier hinauf .. kann er so hinauf gehen .. und er dreht ihn dann so ab .. daher also ist er dann größer als der

I: Ich verstehe noch immer nicht, warum du das so drehst .. Wenn du sagst, daß es egal ist, ob ich hier sitze oder da .. dann muß man doch drehen auch nicht

S: Man kann es von so auch sehen (meint die Position des Interviewers)

I: (Wiederholt etwas ungläubig) Kann man von hier auch sehen

S: Ja sicher .. oder von so (dreht das Blatt ein wenig) .. geht auch .. oder von so .. (dreht abermals) .. da ist er jetzt 45° .. wenn man jetzt so hindreht, dann ist er da .. geht doch das .. wenn jetzt der Winkel so hinuntergeht dann kann man ihn so hinaufdrehen und dann ist er hier herunten

I: (Versteht noch immer nicht und versucht etwas anderes:) Wozu zeichnet man eigentlich die Kreisbögen ein?

S: .. Mhm .. das weiß ich nicht

I: (Deutet auf 2 hin und macht auf das fehlende Stück des Kreisbogens aufmerksam) Ich hätte ihn doch auch hier einzeichnen können, nicht? Was glaubst du, warum habe ich ihn nicht so eingezeichnet?

S: Weil hier vielleicht der Radius durchgeht .. zumindest .. der Kreisbogen hier

I: Ich habe doch hier auch so gezeichnet, (zeigt auf 3) nicht?

S: Dieser (zeigt auf 2) ist doch mit dem Zirkel gemacht

I: (Zeigt auf 3) Dieser auch ..

S: Da fehlt vielleicht der Kreis (meint 3)

I: Sind diese beiden jetzt gleich groß, hast du das gesagt, 2,3, nein? .. Oder was hast du gesagt? Wo haben wir das .. du hast irgendwo eine Schätzung gehabt .. welcher größer ist .. (schaut nach) 4,3 ist für dich größer .. die zwei sind größer als dieser (2) .. also drei ist größer als 2

S: Ja ich habe ihn aber auch nur so gesehen, daß der Winkel so ist .. so .. und wenn man von hier schaut (dreht das Blatt), dann ist er natürlich wieder anders

I: Kann dieser Winkel (zeigt auf 3) auch sehr groß sein?

S: Ja sicher .. er kann ja auch so groß sein wie dieser (2) (zeigt noch auf andere Winkel) und der auch .. und der auch .. und der auch .. der 6-er kann ja größer sein als dieser (3)

I: Aber wieso macht man denn diese Linien (zeigt auf die Bögen) eigentlich? Das ist doch das Zeichen, das man sagt, welchen Winkel man meint, nicht?

S: Ja

I: (Zeigt auf die leere Öffnung bei 2) Wenn ich diesen Strich hier gezeichnet hätte, dann wäre das (zeigt auf den "Komplementärwinkel" von 2) gemeint gewesen. Ist das durch den Kreisbogen jetzt nicht klar, welcher Winkel gemeint ist? ..

S: Nein

I: Kann man trotzdem noch immer entscheiden, in welche Richtung man sich das denkt?

S: Ja

I: Also könnte zum Beispiel dieser größer sein als dieser (zeigt auf 6 und 5) (Schüler bejaht) oder als dieser (4) (Schüler bejaht), es ist noch immer alles drin?

S: Mhm, ich meine, es kommt darauf an, wo man schaut

I: Und wie könnte man das als Lehrer so machen, daß dem Schüler klar wird, welcher (Winkel) gemeint ist? Was für ein Merkmal könnte man noch hinzufügen?

S: Ja, den Pfeil

I: Den Pfeil

S: Ja weil .. darf ich aufzeichnen?

I: Ja, ja; warte ein bißchen - machen wir es hier .. (nimmt ein Blatt Papier, zeichnet darauf einen Winkel und dreht dann das Blatt so, daß der Text, der auf der oberen Blatthälfte steht, zum Schüler schaut) also .. da haben wir jetzt einen Winkel .. was müßte ich machen?

S: Und der Pfeil .. (zeichnet in der Figur zwischen den beiden Schenkeln einen Bogen mit Pfeil im Gegenuhrzeigersinn, siehe Abb.20) der geht dann so

I: Aha

S: Jetzt kann man von unten nicht mehr schauen (dreht das Blatt um 180°, dann wieder zurück) .. weil der Pfeil immer hinauf geht und nie hinunter

I: Der Pfeil muß hinaufgehen?

S: Ja, der Pfeil geht immer hinauf

I: Von meiner Seite aus gesehen, geht der Pfeil aber hinunter

S: Aber von meiner Seite aus gesehen geht er hinauf

Abb. 20

I: Muß ich jetzt auf deine Seite gehen?

S: Nein, man kann es umdrehen auch (dreht das Blatt um 180°)

I: (Dreht das Blatt wieder zurück)(denkt laut) Er geht immer nach

oben .. Aber was ist, wenn ich jetzt .. so habe (skizziert mit der

Hand einen Winkel, siehe Abb.21) und ich muß jetzt den Winkel ein-

zeichnen, ich drehe aber nicht um - du mußt jetzt den Winkel ein-

zeichnen, wie würdest du ihn einzeichnen?

S: Ich kann so oder so ..

Abb. 21

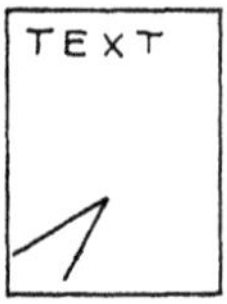

I: Ist das egal? .. wie man den Pfeil einzeichnet?

S: Nein, das ist nicht egal .. ich meine, wenn hier zum Beispiel 60° vorgegeben sind

und man zeichnet 60° und macht den Pfeil so (zeichnet einen

Pfeil, siehe Abb.21a) .. dann ist das über 200 .. (deutet im Gegen-

uhrzeigersinn) .. das .. (Interviewer schreibt 60° hin)   Abb. 21a

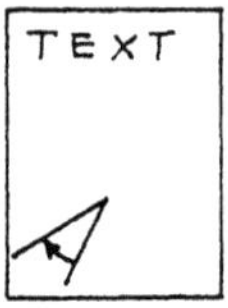

I: Ist das jetzt richtig? 60° .., das was du jetzt eingezeichnet hast?

S: Nein

I: (Dreht das Blatt wieder um 180°, siehe Abb.21b)

Was würde das dann sein?

Abb. 21b

S: So .. ich meine, daß ist jetzt 60° (macht einen Pfeil in entgegengesetzter

Richtung, neben dem zuerst eingezeichneten Pfeil, siehe Abb.21c)

.. wenn man den Pfeil so hinauf macht

Abb. 21c

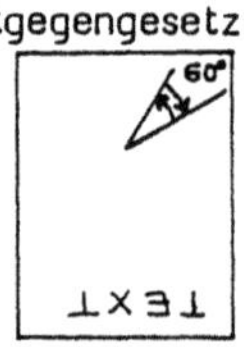

I: Das wäre 60°, wenn du ihn so hinauf machst .. und so wäre er? Wenn du ihn aber

so zeichnest? (dreht das Blatt wieder um 180°, siehe Abb.21d)

Abb. 21d

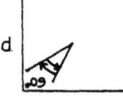

S: Über 200° .. da so

I: Also wenn der ganze 360 wäre, wieviel wäre dann dieser hier (meint den äußeren

Pfeil) .. der hier hinauf? (schreibt 60° hin und deutet durch einen Pfeil besonders

an, daß der im Gegenuhrzeigersinn verlaufende Pfeil gemeint ist) .. das wären 60°,

sagst du .. und der hier?

S: Mhm

I: Der müßte die Ergänzung sein auf? .... oder nicht? .. Dieser herunter wäre also

jedenfalls über 200 (Schüler bejaht) .. Könnte er 300 sein? .. 300 und 60 sind 360

(Schüler bejaht) .. das könnte auch sein, nicht .. ja und jetzt sagst du aber trotzdem, daß der 4-er und der 3-er gleich groß sind (zeigt wieder auf das Blatt mit den 6 Winkeln) .. Wieso das?

S: Von so aus gesehen .. ich meine, wenn man so schaut, .. so (dreht das Blatt) .. und dann so schaut (dreht wieder) .. so .. dann sind .. (Unverständlich) .. gleich groß

I: Mhm, .. aber dieser (4) schaut doch viel größer aus als dieser (3)

S: Ja, weil er Linien hat, wenn man bei ihm die Linien wegradiert (bei 4), dann ist er gleich groß wie dieser (3)

I: Mhm .. also wenn ich jetzt zum Beispiel (zeichnet zwei Winkel mit Pfeilen, siehe Abb.22) .. diese beiden Winkel zeichne .. so und so .. sind diese beiden gleich groß oder nicht gleich?

S: Nein

I: Nicht gleich .. welcher ist denn größer?

Abb. 22

S: (Sofort) Der (zeigt auf den rechts liegenden Winkel)

I: Der ist größer .. und der ist kleiner .. (Schüler bejaht, während der Interviewer "größer" bzw. "kleiner" sowie + bzw. - unter die Winkel schreibt) .... und der 1-er und der 4-er .. welches Verhältnis besteht zwischen beiden - mit der Größe?

S: Diese können auch gleich groß sein

I: Können auch .. schauen aber auch im Prinzip etwas anders aus . . weil da (zeigt auf die beiden Bögen) ist ein kleiner Unterschied, nicht?

S: Ja schon, aber .. der Winkel ist hier, (deutet auf 1) sagen wir, 60° und hier (4) ist er auch 60°

I: Mhm, ja.

ENDE

Interviewdauer: ca. 29 Minuten

I: Was findest du am Winkelbegriff leicht und was findest du am Winkelbegriff schwierig?

S: .. Am Begriff Winkel?

I: Ja

S: Also es ist leicht, zum Beispiel einen rechten Winkel .. da weiß man, daß sie normal aufeinander stehen und daß das 90° sind .. und es ist schwerer, sie ohne Lineal zu konstruieren .. mit Lineal ist es etwas leichter

I: Also mit diesem (zeigt auf das Geodreieck) z.B. ist es leichter (Schülerin bejaht) .. und womit ist es schwieriger?

S: Mit dem Zirkel .. zu konstruieren

I: Was ist daran schwierig? .. Ich meine, für dich ist es wahrscheinlich auch nicht so schwierig, aber relativ, nicht?

S: Ja, es kommt darauf an, welcher Winkel es ist .. z.B. 60° ist noch leicht ..

I: Ist leicht, ja

S: Aber wenn es z.B. 105° sind, dann muß man den Zirkel mehrfach einspannen, bis man zu 105° kommt

I: Wie weit .. wie groß habt ihr Winkel konstruiert? .. mit dem Zirkel?

S: Ja, eigentlich alles .. wir haben fast alles mit dem Zirkel konstruiert .. ohne Winkelmesser

I: Und wie weit .. wie groß war der größte Winkel?

S: .. Eigentlich alle Winkel .. haben wir konstruiert

I: Was war dann der größte Winkel?

S: (Gleichzeitig mit Interviewer) Es waren verschiedene Winkel .. 360°

I: 360, .. ist der leicht oder schwierig?

S: Der ist leicht

I: (Wiederholt) Der ist leicht .. Gibt es sonst noch irgendwelche schwierige Sachen, relativ schwierige Sachen .. oder die du vielleicht bei deinen Mitschülern entdeckt hast? .. Welche dir vielleicht gar nicht so schwerfallen, aber vielleicht anderen

S: Ja .. beim Messen z.B., wenn ein Winkel gezeichnet ist, mit dem Lineal zu messen, dann .. z.B. bei .. 60° steht 120 dabei, da wissen manche nicht, ob das nun 120° sind oder 60°

I: (Zustimmend) Mhm .. Also, wenn hier zum Beispiel (zeichnet einen Winkel mit 32°, siehe Abb.1) ein Winkel ist .. was würdest du sagen, wieviel Grad er hat?

S: (Mißt mit dem Geodreieck) Ich würde sagen, er hat 32°, aber einige werden sagen, daß er 148° hat

I: Und was ist jetzt richtig?

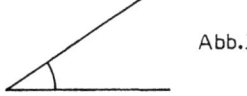

Abb.1

S: Ich sage 32°

I: Wieso haben die anderen mit 148° Unrecht?

S: Der Winkel müßte auf die andere Seite hin gehen .. oder es kann eventuell so sein, daß der waagrechte Strich unten auf diese Seite .. also da auf die entgegengesetzte Seite her gehen würde

I: Könntest du diese Zeichnung so ergänzen, daß 148° richtig wäre?

S: (Beginnt eine neue Zeichnung, siehe Abb.2) Dann müßte das auf diese Seite hergehen .... also er ist größer

Abb. 2

I: Könnte nicht jemand hergehen und sagen, daß dieser Winkel (zeigt auf Abb.1) größer ist als dieser Winkel (zeigt auf Abb.2)?

S: Ja aber dann muß er es von hier herunten .. also, das hier ist nämlich der Winkel (zeichnet in Abb.2 einen Bogen ein, siehe Abb.3) .. der Abstand von so auf ..

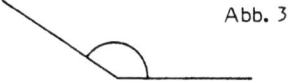

Abb. 3

I: Aha .. ja aber (will fragen, ob das wirklich 148° sind, wird aber von der Schülerin unterbrochen)

S: Weil, dieser Abstand ist größer (zeigt auf Abb.3) wie das .. man muß so messen, nicht so herunter (zeigt auf Abb.3 und zeigt auf die noch verbleibende "Lücke" beim Kreisbogen)

I: Darf ich das nicht so messen?

S: Nein

I: Mhm .. Was verstehst du unter einem Winkel? Vielleicht kannst du das mit eigenen Worten erklären .. was du unter Winkel verstehst ..

S: Unter Winkel .. der Abstand zwischen zwei Strichen, die einen gleichen .., die sich auf irgend einem bestimmten Punkt schneiden

(Das Interview wird durch äußere Umstände kurz für eine Minute unterbrochen, die Schülerin beginnt nocheinmal damit, zu erklären, was sie unter einem Winkel versteht:)

S: Unter Winkel verstehe ich den Abstand zwischen zwei Geraden, die sich (halt) irgendwo schneiden .. z.B. hier (zeigt auf Abb.3) .. also diese schneiden sich hier (deutet auf den Winkelscheitel) .. und der Abstand ist .. das dazwischen ist der Winkel

I: Mhm .. das ist der Winkel .. mhm .... Wenn ich jetzt hier diesen Winkel nehme (zeichnet in Abb.1 einen Bogen ein) .. und manchmal macht man so einen

S: Bogen

I: .. Und ein anderer macht den Bogen so (zeichnet in Abb.1 noch einen Bogen ein, siehe Abb.4)

Abb. 4

S: Das kommt auf das Gleiche heraus, weil wenn ich mit dem Lineal messe, dann kommt es auf das Gleiche heraus, weil das ist so gezeichnet, daß man bei weit weg .. z.B. der kleinere Winkel, wenn z.B. dieser Strich hier kürzer wäre (deutet auf den kürzeren Bogen in Abb.4) .. dann mißt man es mit der inneren Skala .. und wenn der Strich länger ist, dann mißt man es mit der äußeren ..

I: (Ergänzt) Skala .. Angenommen, du hättest jetzt die Aufgabe, einen Winkelmesser zu erfinden .. bis zu deiner Zeit hat es noch keinen Menschen gegeben, der die großartige Idee hatte, so etwas zu erfinden .. also es gibt ihn praktisch noch nicht und du hast die Idee, wie man einen solchen Winkelmesser für die Schüler machen könnte, weißt also, daß es so etwas noch nicht gibt, nur gerade Linien kannst du schon zeichnen .. wie würdest du so einen Winkelmesser machen?

S: Mhm .. Wenn zwei Linien (zeichnet eine 'horizontale' Linie und ca. von deren Mitte aus einen senkrecht nach oben verlaufenden Strahl, siehe Abb.5) .. die normal aufeinander stehen, dann weiß ich, daß es ein rechter Winkel ist, also 90°..

Abb. 5

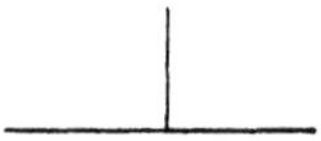

S: (Fährt fort) Das hier werden 180° sein .. und hier sind 0 (deutet jeweils die Winkel 90°, 180° und 0° an) .. und in der Mitte zwischen 90° und der geraden Linie sind 45° und dann wieder die Mitte zwischen 45° und 90° .. und immer so weiter, bis ich jeden Grad habe .. mit dem Zirkel konstruieren

I: Machen wir es konkret .. hier wäre 0° (schreibt es hin) .. hier wäre

S: 90° (der Interviewer fordert die Schülerin auf, selbst zu schreiben, worauf sie 90°, 180°, 45° der Reihe nach hinschreibt) .. 180° .. hier wären zirka 45° ..

I: (Deutet auf den Raum zwischen 45° und 0°) Halbieren wir ab nun immer hier

S: Hier die Mitte wäre (erkennt, daß es Halbe werden - lacht) .. das wären 22 1/2°

480

I: Schreib nur hin (sie schreibt) Was hast du jetzt für ein Problem?

S: Weil das die Hälfte ist

I: Das geht also nicht so schön weiter, wie man es gerne hätte

S: (Lacht) Ja

I: Was machen wir jetzt? ....

S: Wenn man die 45° nicht in die Hälfte teilt, sondern .. ach nein, das ginge so: Zwischen 0 und 45° müssen noch genau 45° sein (Interviewer bejaht) und da kann man vielleicht die Distanz zwischen diesen abmessen (Interviewer bejaht) und wenn es zum Beispiel 45cm wären, bei jedem Millimeter würde dann ein Winkel sein

I: Aha, also du tätest

S: Die Distanz abmessen ..

I: Warte, bräuchtest du einen Zirkel? (gibt ihr einen Zirkel) Wie würdest du es machen - rein ideenmäßig?

S: Das sind 0° und da sind dann ungefähr 45° .. dann wäre das mit dem Lineal .. hat es das schon gegeben?

I: Ja, das Lineal gibt es schon, **Abb. 6** gerade Linien darfst du ziehen

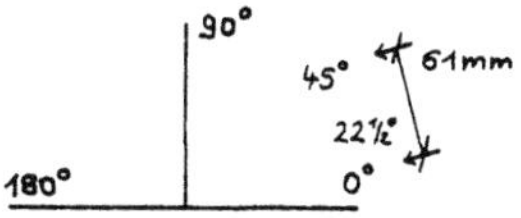

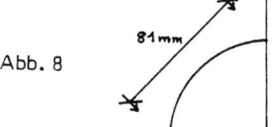

S: (Legt das Geodreieck an und mißt die Strecke zwischen den Grad-Ringerln von 0° bis 45°, siehe Abb.6) Mit dem Lineal wären das 61 mm, das ist also der Abstand da dazwischen .. und das dann so einteilen, daß genau die Linien .. also die Winkel eben genau im Abstand sind .. z.B. 1 muß genau den gleichen Abstand haben .. (korrigiert von selbst) von 0 bis 1 muß der gleiche Abstand sein wie zwischen 1 und 2

I: Mhm .. Probieren wir es hier einmal konkret bei einer Sache .. (zeichnet einen rechten Winkel, siehe Abb.7) angenommen es wäre ein rechter Winkel und jetzt teilen wir das in drei Teile, oder?

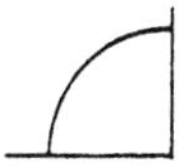

S: Das wären 90°

Abb. 7

I: (schreibt 90° hin und mißt dann mit dem Geodreieck die Sehne zwischen den beiden Schenkeln, siehe Abb.8) das wären etwa 81, nicht? (Schülerin bejaht) Wie würdest du jetzt rechnen?

Abb. 8

81 mm

90°

S: Das dividieren, einmal ..

I: Durch?

S: Durch ..

I: In drei Teile haben wir gesagt

481

S: Durch drei

I: (Wiederholt) Durch drei .. dann geht sich das genau aus (rechnet 81 : 3) .. mit .. (gemeinsam mit der Schülerin) 27 .. also was müßte ich jetzt machen? .. da einmal eine Linie ..

S: Eine Linie ziehen und die 27 einzeichnen (Interviewer wiederholt) auf der anderen Seite auch (Interviewer bejaht) .. jetzt die Linien

I: (Interviewer zeichnet die durch die Teilung erhaltenen zwei Strahlen, siehe Abb.9) So, jetzt haben wir die Winkel .. (schreibt noch zu jedem Winkel 30°)

Abb. 9

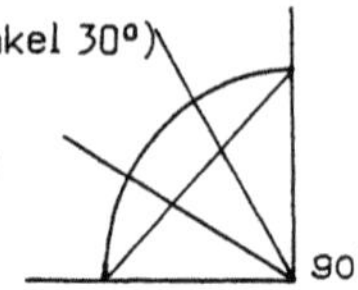

90°

S: Die 27 müßte ich wieder dividieren, dann hätte ich hier auch noch drei Teile .. also dividiert durch drei .. das wäre 9 ..

I: Der ganze Winkel hat wieviel Grad?

S: 90

I: 90° .. und diese (deutet auf die drei Unterteilungen, siehe Abb.9) würden sein?

S: (Unverständliches) .. 30

I: Und sind diese drei alle 30? .. Wenn du sie jetzt so ansiehst .. nach deinem Gefühl..

S: Nein (lacht) .. der in der Mitte scheint ein wenig größer zu sein

I: Der scheint ein wenig größer zu sein .. das ist aber wirklich so; der ist größer .. was sagst du jetzt dazu?

S: Das geht dann doch nicht so .. oder nur die zwei äußeren sind jetzt einmal 30° .. das geht dann doch wieder nicht

I: Warum geht das nicht, daß diese beiden 30° sind?

S: Weil diese beiden sind dann 30°, dann würde das gehen .. aber der mittlere, also das dazwischen, der mittlere Winkel, der ist doch größer und jetzt kann man das doch nicht mit den gleichen Abständen einteilen

I: Nein, das geht nicht (erzählt dann kurz, daß schon die Griechen dieses Problem kannten, es aber mit Zirkel und Lineal nicht lösen konnten) Wie würdest du es anders probieren .. einen anderen Trick probieren

S: In mehrere Teile einteilen .. nein .. wenn man es probiert, vielleicht in .. da es 81 cm sind, vielleicht in 9 Teile einmal .. ach, das geht doch auch wieder nicht ....

I: Was müßte man denn unterteilen? (Legt "Kreis" beinahe schon in den Mund) Also, die Strecke darf man nicht unterteilen in .. sagen wir in .. wenn das jetzt 90° sind .. und ich möchte jetzt alle Grade einzeichnen: 1°; 2°,3°, was müßte ich machen .. können, damit ich hier 1 bis 90 eintragen kann .. was müßte mir gelingen?

S: Man müßte herausfinden, wieviel die Abstände zwischen den einzelnen .. Dings sind

482

I: (Zeigt auf die Strecken zwischen den Strahlen) Das, also das?

S: Ja .. die Abstände .. (deutet auf die Sehne in Abb.9) ob das 1 mm Abstand ist dazwischen oder 2 mm oder weniger ..

I: Mhm .. du hast jetzt gesagt, daß der Winkel der Abstand zwischen zwei Linien ist

S: Zwei Geraden, ja

I: Der Abstand ist doch meistens so (zeichnet eine Strecke, siehe Abb.10) .. ich habe hier einen Punkt A und hier einen Punkt B und das (deutet auf Abb.10) ist der Abstand

Abb. 10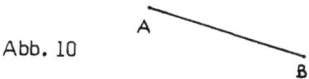

S: Nein, die sich .. schneiden .. oder die einen gleichen Ausgangspunkt haben

I: Ja schon, aber .. (zeichnet einen Winkel, siehe Abb.11) das ist jetzt ein Winkel .. kann ich hier jetzt auch irgendwo einen Abstand einzeichnen, wo ich sehe: das ist der Abstand .. das ich sage: Von da bis daher, daß ist der Abstand vom Winkel .. oder von da bis daher .. wo sehe ich denn hier den Abstand?

Abb. 11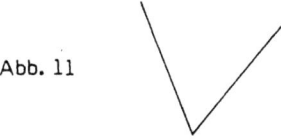

S: Ja eben, das dazwischen da (zeichnet einen Verbindungsstrich, siehe Abb.11a)

Abb.11a

I: Und zwischen wo und wo?

S: Zwischen den beiden Linien .. oder man könnte es vielleicht so machen, daß man die beiden Linien in die Hälfte teilt und diese auch .. und das ist dann der Abstand zwischen den beiden Hälften (führt das konkret durch, siehe Abb.11b)

I: Ich verstehe nicht, wie du das meinst

Abb.11b

S: Ich weiß nicht .. z.B. das ist 20 mm oder was

I: Das Ganze ist 20 mm? (Schülerin bejaht)

S: Dann müßte diese auch 20 mm (Interviewer schreibt zweimal 20 dazu, siehe Abb.11c)

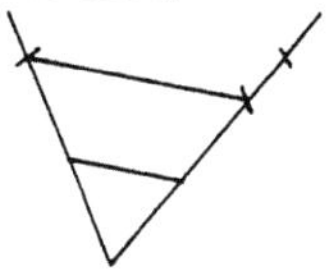

Abb.11c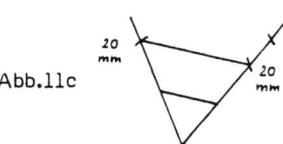

I: Die müssen gleich lang sein?

S: Müssen nicht, aber ich könnte ja .. wenn ich beide 20 habe, dann teile ich diese dividiert durch zwei vielleicht, dann sind das 10 mm und diese beiden verbinde ich dann, genau die Mitte zwischen denen .. und so kann ich dann .. das ist dann der Winkel, das da dazwischen drinnen

I: Mhm .. und wenn ich jetzt so einen Winkel habe (zeichnet einen weiteren gleich großen mit längeren Schenkeln) und da ist 50 und da ist 50 mm (schreibt zweimal 50 dazu, siehe Abb. 12)

Abb. 12

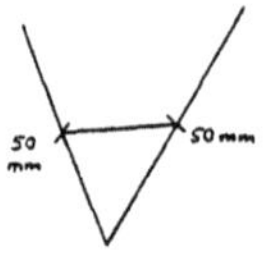

S: 25

I: (Markiert die Hälfte der Schenkel) Dann habe ich da 25 und da 25 und (zeichnet einen Verbindungsstrich, siehe Abb.12a) dann ist es dieser Abstand?

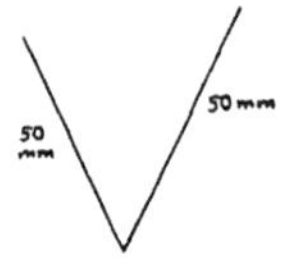

S: Ja, also der Abstand dazwischen drin, das ist immer der ..

I: Das ist der Winkel?

Abb.12a

S: Das ist der Winkel, ja

I: Welcher Winkel ist denn größer, dieser oder dieser? (zeigt auf 11c und 12a) .. ist dieser Winkel größer als dieser, oder?

S: Die sind gleich

I: (Deutet auf die beiden Verbindungslinien). Aber das ist doch viel länger als das .. ist dieser Winkel daher nicht größer als dieser?

S: Nein, es kommt nicht auf die Länge darauf an, wie lange die Seiten sind

I: Nicht? .. Auf was kommt es dann an? ..

S: Ja, wie man das zeichnet (lächelt) .. mhm .. man kann z.B. die Linie (deutet auf den linken Schenkel in Abb.12a) .. eine macht man hier herunter und dann muß man halt die andere weiter weg .. also mit einem größeren Abstand zeichnen .. (deutet eine Vergrößerung des Öffnungsbereiches des Winkels durch ein nach-unten-Drehen des rechten Schenkels an)

I: Ja was verstehst du jetzt unter Abstand, jetzt weiß ich nicht mehr, was du meinst, was Abstand ist

S: Kann ich?

I: Ja, tu nur, du kannst ein Lineal auch nehmen .. (lächelnd) jetzt bin ich verwirrt

S: (Lächelt) Da ist A und da ist der Mittelpunkt (zeichnet einen Winkel, siehe Abb.13) .. und wenn man jetzt einen größeren Abstand zwischen den zwei Linien da nimmt, (meint einen größeren Abstand als in den Abb.11,12) das diese nicht so eng beieinander sind, sondern weiter auseinander,

dadurch ist der Winkel auch größer ..

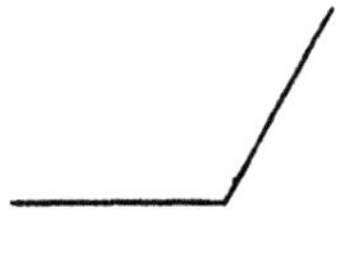

Abb. 13

484

I: Wenn das jetzt irgendeiner aus deiner Klasse nicht versteht - ich weiß schon ungefähr was du meinst .. der sieht den Abstand nicht, verstehst du (Schülerin bejaht) .. und er möchte von dir wissen: Wo ist der Abstand, ich sehe ihn nicht .. bei einer Strecke ist er einfach, da kann ich sagen: Das ist er, da kann ich mit dem Lineal hingehen und sagen: Da ist er .. aber wo ist hier der Abstand - ich sehe keinen .. was würdest du da sagen?

Abb.13a

A

S: Der leere Raum zwischen den zwei Strichen, zwischen den zwei Geraden da drinnen (zeichnet in der Abb.13 einen kleinen Bogen, wobei sie den Bogen beim Strahl durch A beginnt und schraffiert den Kreissektor, siehe Abb.13a) der leere Raum da, das ist der Abstand zwischen den zwei Geraden .. und das ist dann der Winkel .. also der Winkel ist z.B. wenn man diese hier irgendwie verbindet (verstärkt den Bogen in Abb.13 durch einige Striche) .. das ist dann .. (schreibt α in den inneren Sektor) das ist eben z.B. der Winkel . oder was .. das ist dann der Winkel .. mit dem Lineal .. meinen sie, wie man das jetzt genauer erklären könnte, was da der Winkel ist? (Interviewer bejaht) .. mhm .. z.B. da geht man 20 mm heraus und da geht man auch 20 mm heraus .. und das verbindet man mit dem Zirkel (deutet wieder auf Abb.13) indem man hier ansetzt und so verbindet .. und der Bogen, der dadurch entsteht, da mit dem Zirkel, das ist dann der Winkel

I: Und wenn jemand einen größeren Zirkel hat? Und der macht so einen Bogen (zeichnet in Abb.13 einen noch größeren Bogen ein, siehe Abb.13b)

Abb.13b

A

S: Ja dann ist es auch .. das kommt auf das Gleiche heraus

I: Ja aber dann darf man nicht sagen, daß die Länge des Bogens wichtig ist, nicht?

S: Nein, die Länge des Bogens ist nicht wichtig

I: Was ist dann wichtig vom Bogen? Warum zeichnen wir ihn dann, wenn er sowieso nicht wichtig ist?

S: Vielleicht ist dann irgendwie einfacher zu verstehen, wenn man so einen Bogen sieht und man weiß, daß das dann der Winkel ist

I: Ist der Bogen der Winkel?

S: Nein, mhm .. ich würde das so erklären, daß der Winkel das ist, was dazwischen drin ist, also zwischen den zwei Geraden

I: Die Fläche, die dazwischen drin ist oder .. der Raum (Schülerin bejaht) oder .. das? (bezieht sich auf den Raum)

485

S: Ja

I: Und wie weit geht dieser Raum? Ist es das, was ich hier anfärbe innerhalb des Kreises (deutet auf Abb.13a) .. oder

S: Nein, das geht ganz heraus

I: Wie weit

S: Wenn die Linie länger wäre, also der ganze Raum zwischen den zwei Linien

I: Wenn ich z.B. so etwas habe (zeichnet nebeneinander zwei gleich große Winkel, siehe Abb.14) .. und so etwas habe

Abb. 14

S: Dann ist es nicht nur so ein bißchen darinnen, sondern das Ganze, der ganze Raum

I: Und wie groß wäre hier der ganze Raum? (zeigt auf den linken Winkel in Abb.14) hier bei diesem .. (deutet einen kleinen Bogen an) .. hört das hier auf (Schülerin verneint) oder geht es noch ein bißchen weiter?

S: Es geht noch weiter, eben es kommt darauf an .. die Linien da können unendlich lang sein .. die Geraden .. und deshalb ist der Raum auch so groß wie die Linien eben sind

I: Und diese beiden Winkel (deutet auf Abb.14) .. wie würden diese sein .. im Größenvergleich?

S: Ungefähr gleich groß

I: Ungefähr gleich .. also, wenn hier ein Schüler fragt: Ist dieser nicht größer, (zeigt auf den rechten der beiden Winkel) er schaut doch viel größer aus als der?

S: Es kommt nicht auf die Länge der Geraden an .. es schaut nur größer aus, weil eben hier die Strecken länger sind als bei den kleineren .. dort sind sie kürzer

I: Es könnte jemand ganz gemein sein und sagen: (zeichnet bei den Winkeln in Abb.14 je einen Bogen ein, siehe Abb.14a) So und so .. jetzt ist dieser größer als dieser

Abb.14a

S: (Lacht) ja schon .. aber bei einem Winkel müßte es doch schon so eingezeichnet sein, (lacht) daß man richtig messen kann

I: (Lacht) aha .. jetzt sind wir noch einmal beim Winkelmesser .. der (Erfinder) hat schon eine gute Idee geliefert, nicht? (Schülerin bejaht) .. die Idee mit dem Halbieren ist sicherlich gut, da kommt man auf 45°, dann .. welcher Winkel geht denn noch leicht zu konstruieren mit dem Zirkel?

S: 60

I. 60, dann könnte ich diesen zumindest halbieren, dann hätte ich 30, dann hätte ich so die wichtigsten einmal oben ..   486

S: Und 120°

I: Ja genau, und so weiter .. wie könnte ich auf ein Grad kommen? Und was ist überhaupt ein Grad? Wie könntest du das erklären, was ein Grad ist?

S: Man könnte darauf kommen, z.B. wenn man 60° einzeichnet, und die 60° halbiert und das immer so weiter, dann sind das 30° und die 30° wieder halbiert

I: Dann 15 (Schülerin lacht) dann 7 1/2 .. ich möchte aber auf 1° kommen, was müßte ich machen?

S: Das sind 7,5° .. das geht dann nicht ..

I: Geht das ungefähr?

S: Ungefähr, man könnte den Abstand ungefähr 1 mm nehmen

I: Wo? Welchen Abstand?

S: Zwischen 1° und zweiten Grad und so .... (sehr leise) nein, das weiß ich nicht ....

I: Mhm .. Wieso kommt man eigentlich auf 360°?

S: Das ist der ganze

I: Ja .. warum kommt man denn auf 360? Kann das nicht 500 sein oder 1000?

S: Nein, weil ein rechter Winkel 90° hat, dann hat man hier wieder einen rechten Winkel, dann sind das 180 und dann wieder einen rechten .. und dann hat man drei rechte Winkel

I: Vier

S: Vier ja, 1,2,3,4 rechte Winkel und wenn einer 90° ist, dann braucht man das nur mal 4, dann ist es ein ganzer Kreis, also 360°

I: Wieso hat ein rechter Winkel nicht 100°?

S: Dann stehen aber die Linien nicht mehr normal aufeinander .. wenn ich jetzt 100° einzeichnen würde .. dann ..

I: Das verstehe ich schon, aber wenn jemand hergeht und sagt: Das ist ein rechter Winkel (zeichnet einen rechten Winkel, siehe Abb.15) (bestimmt) .. und ein rechter Winkel hat 100°

S: Ja aber heutzutage wissen doch die meisten, daß (lacht) ein rechter Winkel 90° hat

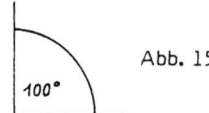

Abb. 15

I: Woher weiß man das?

S: Ja ich glaube eben dadurch, weil man hat das festgesetzt, daß ein ganzer Kreis 360° hat und dadurch muß ein rechter Winkel 90° haben, weil mit 100° wird sich das nicht ausgehen, dann müßte der ganze Kreis 400 .. das hat man einfach so festgelegt

I: Festgelegt, ja .. glaubst du, hat es da vernünftige Gründe gegeben?

S: (Lacht) Ja sicher ..

I: Warum gerade 360 und nicht 400, das wäre fast sogar leichter, weil der rechte Winkel hätte 100, mit 100 rechnet man leichter .. wieso hat man eigentlich gerade

360° genommen? .. Was glaubst du .. (erklärt den Zusammenhang zu den Tagen in einem Jahr) .... Muß man Winkel in eine bestimmte Richtung messen? Oder kann man da messen, wie man will?

S: Man hat ja immer so einen .. Mittelpunkt, nicht Mittelpunkt .. so einen Punkt, wo sich die zwei Geraden schneiden .. aber wenn man das jetzt bei dem da so messen .. (legt auf Abb.3 das Geodreieck an) .. so (unverständlich) .. wie ich früher gesagt habe, sonst machen es vielleicht ein paar auf diese Seite, weil man muß ja messen .. also so dazwischen, diesen Abstand (zeigt auf den Bogen) .. und der wäre größer, wenn da die .. (verlängert die waagrechte Linie in Abb.3, siehe Abb.16) .. wenn die Gerade hier weiter gehen würde .. der

Winkel muß also immer von der .. von der .. mhm .. auf der rechten S ..

also muß anlegen, daß 0 genau beim Schneidepunkt ist

(Interviewer bejaht) .. so (legt das Geodreieck wieder in   Abb. 16

Standardlage an) .... und das .. man kann .. und weil von ..

es fängt da auf der Seite .. also, man muß ja den .. wie

gesagt den Abstand messen zwischen den zwei Geraden, und man muß es von der Seite, von rechts nach links hinauf messen, am Lineal .. auf dieser Skala .. das fängt unten bei 10 an und dann muß man es hinübermessen

I: Also man muß von rechts nach links messen?

S: Von rechts nach links

I: Welche Skala wäre das jetzt an dem (Geodreieck)?

S: Die gelbe

I: Und wieso ist da nocheineschwarze oben?

S: Die ist dann, wenn der Winkel .. nein .. (legt das Geodreieck auf verschiedene Weisen an) .. wenn der Winkel 180° ist .. nein, das geht auch nicht so ganz .. nein, das müßte man auch wieder mit der gelben Skala ..

I: Für was ist dann diese eigentlich oben, die schwarze? .. Zur Verwirrung der Schüler?

S: (Beide lachen) Nein, die braucht man dann, aber für was?

I: Macht doch nichts, könnte jetzt jemand hergehen, ich radiere jetzt nocheinmal den Bogen von dem Winkel weg (führt dies aus - gemeint ist der Bogen in Abb.16) .. und die Erweiterung auch, nein die könnten wir eigentlich stehenlassen .. könnte nicht jemand hergehen und sagen: Der Winkel hier ist größer als 180°

S: Naja, vielleicht wenn das einer so sieht (dreht das Blatt um 180°) .. dann meint er vielleicht, daß das 180° sind .. also das da hier

I: Zeichne das einmal, mit dem Bleistift .. was meint er jetzt?

S: Z.B. das .. so eine Zeichnung, so wie sie bei mir auf dem Kopf steht .. da meint derjenige vielleicht, daß das (zeigt auf Abb.16,

488

jedoch jetzt aus anderer Sicht, siehe Abb.16v; die angesprochene Linie ist mit Pfeil versehen) die Gerade ist, von   Abb.16v

der man weggezeichnet hat .. und das da bis hier herunter der Winkel verläuft

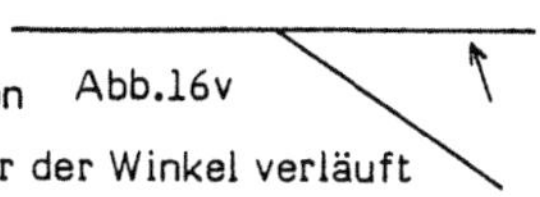

I: Von wo bis wo? Zeichne genau ein, damit ich das sehe .. du brauchst nur den Bogen
    zu zeichnen

S: (Zeichnet den Bogen, siehe Abb.16b) Wenn die Zeichnung am Kopf steht und er
    meint, es geht vielleicht so herunter ..

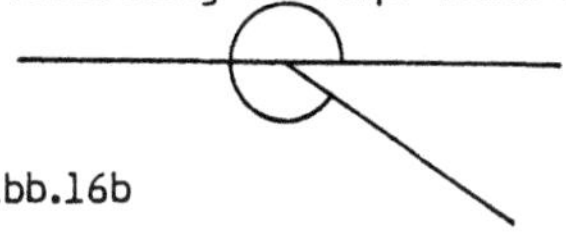

Abb.16b

I: Nein, ich habe jetzt

S: Er meint vielleicht, daß man gedacht hat, den Bogen der geht (unverständlich) ..
    und der meint dann, daß der Bogen .. also daß man den Winkel zeichnen wollte ..
    bis da (zeigt auf Abb.16b) .. aber deswegen muß man die Zeichnung so richtig da ..
    daß man sie richtig hergelegt hat

I: Wie legt man eine Zeichnung richtig hin?

S: Es kommt darauf an, wie man das Blatt gerichtet hat und man muß dann also
    immer von der rechten Seite .. von sich aus gesehen von der rechten Seite muß
    man den Winkel hinaufmessen ..

I: Nach? Wohin muß ich jetzt? Nach links, rechts, oben, unten

S: Von sich aus gesehen muß man .. wenn da eine ganz lange Gerade eingezeichnet
    ist, auch die 180° .. dann muß man bei 0 anlegen, also beim Schneidepunkt .. und
    dann .. von der rechten Seite bis zur anderen Geraden, bis .. den Winkel messen
    und nicht von der linken Seite weg .. aber wenn man die Zeichnung umdreht, dann
    schaut es aus, als wenn der Winkel eben über 180° wäre

I: Aha .. Wie mißt man denn eigentlich so einen Winkel? (Zeichnet   Abb.17
    einen Winkel, der - von der Schülerin aus gesehen - mit dem
    Scheitel nach unten steht, siehe Abb.17) Der also so drin liegt?

S: So her (dreht das Blatt so, daß ein Strahl waagrecht liegt und einer
    schräg nach rechts oben zeigt, siehe Abb.17s) dann wieder, daß 0 beim
    Schneidepunkt liegt und auf der rechten Seite soll 0 sein .. beim
    Winkel .. und das müßte man jetzt hinauf und das wären jetzt ca. ..
    (naja) 39° (Messung mit dem Geodreieck)

I: Ja, so um 39°   Abb.17s

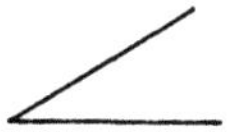

S: Also 0° soll immer auf der rechten Seite sein .. von der rechten Seite dann links
    dazu zur linken

I: Also du hast ihn (den Winkelmesser) so hergetan und (legt das Geodreieck an) dann
    hast du so hinaufgemessen, nicht? (Schülerin bejaht) So und jetzt .. könnte ich ihn
    so hernehmen .. warte einmal (überlegt), wie könnte ich noch?

489

.. so hernehmen (dreht das Blatt so, daß nun der "zweite" Strahl für die Abb.17ss

Schülerin waagrecht liegt, siehe Abb.17ss) .. und so her messen, nicht?

.. (deutet einen Bogen an, der im Uhrzeigersinn verläuft und vom horizontalen

Scheitel ausgeht) geht das oder ist das nicht richtig? .. (dreht wieder zurück) das

eine wäre dann so (zeichnet einen Bogen mit Pfeil, siehe Abb.17p) und   Abb.17p

wenn ich es so herlege .. ich drehe ihn so (siehe Abb.17ss) .. (Belangloses)

.. was könnte ich hier jetzt machen?

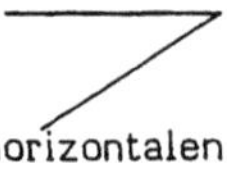

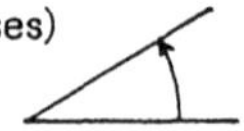

S: Jemand könnte wieder meinen, daß der Winkel hier

(zeichnet einen Bogen, siehe Abb.17a) wieder wäre ..

I: Ist das jetzt falsch - oder wie ist das?

Tritt das öfter auf?

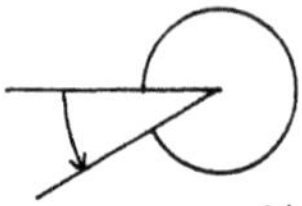

S: Ich weiß nicht, (lachend) mir ist das noch nie passiert!   Abb.17a

I: Was macht derjenige falsch, der es so sieht?

S: Bei demjenigen ist das wieder so, daß auf der linken Seite .. das die Gerade nach

links geht und er auf der linken Seite jetzt den 0°, 0° hat, und so hinauf mißt ..

dann denkt er: Bis daher sind es schon 180°, jetzt muß er das andere noch

dazuzuzählen .... aber ich glaube, man sieht, daß das innen gemeint ist, was man da

.. von wo man den Winkel ausrechnen muß, von der Distanz

I: (Organisatorisches) .. Ich zeichne hier einen Winkel (siehe Abb.18) .. so .. z.B. so

gedreht oder irgendwas .. dann ist der Winkel ungefähr,

schätzungsweise?   Abb. 18

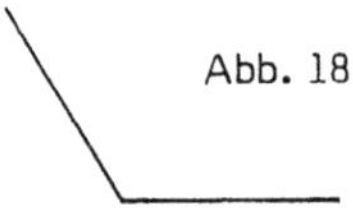

S: (Dreht das Blatt so, daß der Text am Blattrand "richtig" zu ihr

hinschaut) 120°

I: 120° .. und dann ist aber eigentlich jedesmal, wenn ich zwei solche Strahlen

zeichne, oder Linien .. da kann doch kein Winkel größer sein als 180°, oder?

S: Ja aber dann .. wohl, das .. der, wenn man diese Gerade läßt und da herunter

zeichnet, weil

I: (Unterbricht) Zeichne einmal einen, der größer ist als 180°

S: (Zeichnet einen Winkel, siehe Abb.19) Z.B. so herunter .. daß da eben der

Schneidepunkt, wo sie sich treffen, .. und legt man ja .. dann weiß man, daß das

180° da sind, bis zur nächsten Geraden

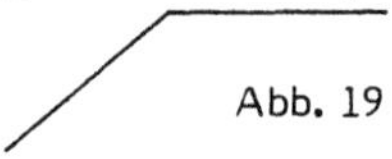

I: Kannst du den Bogen einzeichnen?   Abb. 19

S: (Zeichnet einen Bogen ohne Pfeil, siehe Abb.19a) .... und eben, wenn man von ..

man muß immer 0° .. sind immer auf der rechten Seite .. und dann legt man halt

so an, dann merkt man, daß bis hierher 180° sind .. dann muß man von oben wieder

heruntermessen, wieviel von oben bis zur Geraden darunter sind .. das wären hier

42 und die zählt man dann zu den 180° dazu .. 222

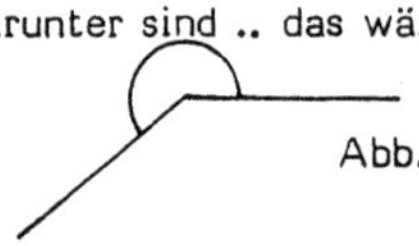

    Abb.19a

I: Angenommen, es kommt jetzt einer her, der das bei dir gelernt hat und sagt:
Erstens einmal schaue ich, da ist der Schnittpunkt (Schülerin bejaht), dann schaue
ich, wo .. daß der Strich nach rechts liegt und messe dann nach links oben und
dann ist das der Winkel
(dreht das Blatt so, daß der zweite Strahl aus Abb.19 waagrecht
liegt - von der Schülerin aus gesehen; von diesem aus zeichnet er
einen Bogen mit Pfeil, siehe Abb.19s) .. was sagst du da dazu

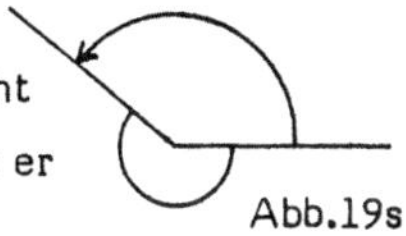

Abb.19s

S: Das wäre dann so: Dann steht ja die Zeichnung auf dem Kopf .. man muß es ja
immer von .. der würde es dann vielleicht von der entgegengesetzten Seite sehen,
aber wenn er auf der .. von mir aus gesehen, dann .. ja, man kann es so machen,
daß nachher da, wo sie sich schneiden, einen Buchstaben hermacht, z.B. einen
Mittelpunkt oder so etwas, und dann weiß man, der zu sich .. daß das nachher
gerade liegt, das Blatt, z.B. ein M (schreibt M zum Scheitel in Abb.19) das M
schaut dann zu demjenigen hin, der das zeichnet .. und dann weiß man, daß das
Blatt gerade liegt .. dann kann man es nicht umdrehen, weil dann würde man eben
den Winkel wieder verkehrt sehen, von der anderen Seite .... und so kann man es
da messen, es ist vielleicht immer leichter, wenn man da einen Mittelpunkt
einzeichnet, ein M, dann kann man das Blatt nie verkehrt herlegen ..

Abb. 20

I: Und wenn ich hier ein Dreieck habe, z.B. (zeichnet ein Dreieck, siehe Abb.20)
Dann habe ich hier A,B,C .. Was mache ich denn bei C? .. damit ich den Winkel
oben - den nennt man gamma, nicht (Schülerin bejaht) - wie täte ich den messen?

S: Da muß man das Blatt so herlegen, daß eben wieder eine Gerade auf die rechte
Seite hingeht (legt das Geodreieck an, siehe Abb.21)
.. so herlege .. wieder bei 0 aufsetzen .. wo sich die

Abb. 21

zwei Geraden schneiden .. und so kann man das dann abmessen
.. das wären 48°, immer so, daß eine Gerade auf die rechte
Seite hingeht

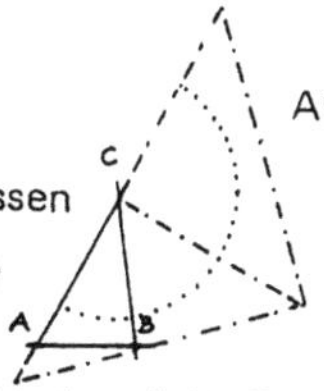

I: Aber jetzt ist das C in einer ganz anderen Richtung, macht das nichts? .. Weil du
früher Wert darauf gelegt hast, daß das M nach unten zeigt, jetzt ist das C ..

S: Dann legt man halt das Lineal so verkehrt an (lacht) .. ich glaube, das wichtigste
ist immer, daß eine Gerade auf die rechte Seite hingeht und daß man von der
Geraden, die auf die rechte Seite hingeht, daß da 0° sind

I: Aha, das ist das wichtigste, das muß man sich merken, ja .... Gibt es noch ein paar
Sachen, die für dich am Winkel unklar sind, wo es für dich noch offene Fragen gibt
.. und du noch die Möglichkeit hast, daß du mich das fragst

S: Nein, im Moment fällt mir dazu nichts ein .... ich wüßte nichts, nein

491

I: Nichts, ist für dich beim Winkel alles klar?

S: Ja, ich glaube, jetzt schon .. vielleicht eher, daß es beim Zeichnen Schwierigkeiten gibt, aber so, wenn ich einen Winkel habe und ich ihn messen soll, dann eigentlich nicht

I: Hast du keine Schwierigkeiten, nicht? (Schülerin stimmt zu)... Glaubst du, daß es Winkel über 400°, 500° gibt?

S: Naja - Ein Kreis, das haben sie herausgefunden, daß das 360° .. sind eine ganze Umdrehung .. und deswegen ist das, wenn, man z.B. 400° hat, wäre das schon wieder .. also würde man da schon wieder von 0 wegmessen, weil bei 360° ist ein Kreis .. also ist das eine volle Umdrehung .. da gibt es keinen Winkel, der 400° ist .. 360 ist das höchste ..

I: Das allerhöchste .. Und wenn jemand beim Schlüssel, beim Überdrehen, wenn einer sehr vorsichtig ist, bei seinem Haus .. dreht den Schlüsssel zweimal drüber

S: Dann hat er zwei volle Umdrehungen gemacht, das wären dann zweimal 360°

I: Das wären dann 720° .. und gibt es den jetzt wieder? Zuerst hast du gesagt, daß der größte 360 ist

S: Ja aber, ja weil man eben zweimal übergedreht hat, hat man zwei Umdrehungen gemacht, eine Umdrehung war da 360° .. das ist schon einmal das höchste und dann hat man nocheinmal eine volle Umdrehung gemacht, das sind wieder 360°, das sind dann zwei volle Umdrehungen und die muß man dann .. eben weil eine ist 360, das höchste .. und wenn man die beiden dann zusammenzählt, dann sind das 720, aber eine Umdrehung ist das höchste, also 360° ist das höchste .. das andere kann man höchstens so wie da beim Umdrehen beim Schlüssel nocheinmal 360° dazuzuzählen, weil man zweimal drüberdreht .. aber mit einmal kann man nur 360° erreichen, das höchste

I: (Organisatorisches) .. Da habe ich vier Sätze aufgeschrieben, die nicht unbedingt von mir sind, es ist auch nicht gesagt, daß sie richtig sind, .. sondern ich lese dir die vier einfach der Reihe nach vor und du sagst dann, was du dir dazu denkst, .. ob das richtig ist oder falsch oder ob man noch etwas dazu sagen müßte usw. (Schülerin nickt) Der erste Satz: Winkel ist eine Figur, die aus 2 Strahlen besteht

S: Ja also, Figur - das klingt vielleicht ein bißchen .. aber 2 Strahlen besteht, das stimmt

I: Und Figur? Du wolltest irgendetwas sagen

S: Also unter Figur versteht man eher etwas, das .. das die Endpunkte auch wieder vielleicht miteinander verbunden sind. (I: Z.B.?) Besser klingen würde Zeichnung

I: Was würdest du schreiben, wenn du hier der Schriftführer wärest, was würdest du sagen? Da müßte man jetzt was verändern?

492

S: Anstelle von Figur würde ich vielleicht Zeichnung sagen oder .. , also Zeichnung, die aus Strahlen besteht und die, vielleicht noch dazusagen, das sie einen gemeinsamen Mittelpunkt haben, weil die müssen ja .. also einen Schneidepunkt haben, damit man sie messen kann, .. die müssen verbunden sein

I: Weißt du, was ein Strahl ist?

S: Ja, so eine Gerade

I: Eine Gerade

S: Ja, die einen Anfangspunkt hat, aber keinen Endpunkt .. unendlich lang ist .. aber einen Anfangspunkt hat

I: So und so (zeichnet zwei einander schneidende Geraden, siehe Abb.21a) die schneiden einander

Abb. 21a

S: Nein, die müssen .. das muß der gleiche .. die müssen vom gleichen Punkt aus weggehen

I: Das würdest du ändern .. und da würdest du Zeichnung sagen

S: Ja, aber Figur kann man eigentlich auch dazu sagen

I: Und das zweite ist jetzt: Winkel ist ein Abstand zwischen zwei Strahlen

S: Da würde ich vielleicht auch dazu sagen, daß sie einen gemeinsamen Mittelpunkt haben, von dem sie weggehen .. aber sonst ..

I: Sonst würdest du das nehmen?

S: Ja

I: Und das dritte ist: Winkel ist jene Größe, um die ein Strahl gedreht werden muß, um zu einem zweiten Strahl zu gelangen .... soll ich das nocheinmal vorlesen? (Schülerin bejaht, Interviewer liest nocheinmal vor)

S: Ja, das könnte man eigentlich auch sagen, .. ist ein bißchen kompliziert, aber .... es würde auch .. so ist es noch am besten auszudrücken

I: Wie am besten?

S: Wenn man genau nachdenkt, dann versteht man es schon .. vielleicht ein bißchen kompliziert, aber man kann es auch so erklären, glaube ich

I: Könntest du es auch einfacher sagen .. in einem leichteren Satz?

S: Ja vielleicht so wie da das zweite, allerdings der Abstand zwischen zwei Strahlen, da würde man es vielleicht leichter ausdrücken, das wird man eher verstehen .. aber sonst .. das ist eigentlich auch eine gute Erklärung ..

I: Und das vierte wäre dann: Winkel ist die Fläche zwischen zwei Strahlen ..

S: Bei Fläche meint man vielleicht .. so wie bei einem Dreieck, daß man das ausrechnet, die Fläche .. und das wäre dann der Winkel .. Fläche ist vielleicht nicht allzu gut, daß man Fläche sagt ..

I: Was könnte für ein Fehler, oder falsche Vorstellung auftreten?

S: Da denkt man sich vielleicht, daß man das Ganze innen so wie z.B. bei einem Rechteck, daß man das Ganze innerhalb ausrechnen soll, .. den ganzen Raum innerhalb der zwei Strahlen

I: Wie weit würde dieser Raum gehen?

S: Unendlich weit, weil die haben eigentlich keinen Endpunkt .. Fläche ist vielleicht ein bißchen schlechter

I: Müßte man jetzt diesen (vierten Satz) wegstreichen, oder könnte man hier etwas anderes nehmen, oder was würdest du sagen .. welcher ist deiner Meinung nach der Beste, der das am besten wiedergibt, was ein Winkel ist .. oder sollte man alle aufschreiben oder .. nur einen, daß es keine Verwirrung gibt, .. was würdest du vorschlagen?

S: Der erste ist vielleicht recht gut, weil daß es zwei Strahlen gibt, das ist vielleicht wichtig .. und das zweite, der Abstand zwischen zwei Strahlen, da vielleicht noch dazu (sagen), daß sie vom gleichen Punkt ausgehen .. also einen gleichen Mittelpunkt haben .... den dritten versteht man zwar auch, aber .. ich glaube, der ist komplizierter, das wäre, wenn man die ersten beiden aufschreibt, fast leichter zu verstehen als der dritte ....

I: So, das letzte, was ich jetzt noch für dich hätte: .. Da habe ich eine Aufstellung von 6 verschiedenen Winkeln .. und du sollst diese ihrer Größe nach unterscheiden, vergleichen miteinander, gibt es vielleicht einen größten Winkel von denen, gibt es einen kleinsten .. zuerst nur einmal schätzen!

S: Ja ..

I: Ich schreibe mir hier auf, welcher der größte ist bei dir, machen wir so eine Reihenfolge, .. oder wenn auch zwei gleich sind, dann schreiben wir sie nebeneinander hin ..

S: Am größten ist die Nummer 2, dann die Nummer 5

I: Ist das jetzt der nächste?

Abb. 22

(2) gr.
(5)
(1), (4), (3)
(6)

S: Ja, der zweitgrößte .. dann .. 1,4 sind ungefähr gleich groß

I: 1,4 .. aber kleiner als 5 .. oder wie?

S: Ja, aber kleiner als 5 .. und 3 ist auch noch gleich groß .. auch kleiner als 5 und auch ungefähr gleich groß wie 1,4 .. und der kleinste ist, würde ich sagen, ist der 6-er (insgesamt ergab sich Abb.22)

I: Jetzt schauen wir uns das einmal an: Wieso ist der (zeigt auf 2) der größte?

S: Wenn man das eben so herdreht (dreht das Blatt ein wenig) .. der geht über 180° .. nein, ach nein (dreht das Blatt noch etwas weiter, siehe Abb.22a) .. (lacht) .. der ist gleich groß wie der 1-er und der 4-er und der

I: Und der dreier

Abb. 22a

494

S: Und der dreier .. ja, ich habe verkehrt gedacht .. ich habe gedacht, eben wegen dieser Linie .. der ist auch ungefähr gleich groß wie der 1-er und der 4-er und der 3-er .. aber nicht der größte

I: (Deutet auf Abb.22) Müßte ich da umändern?

S: (Lächelnd) Ja

I: Aber jetzt bleiben wir einmal bei den dreien: Du sagst, daß diese gleich groß sind

S: Ja, so ungefähr

I: Aber könntest du dir vorstellen, daß hier Fehler auftreten, bei gewissen Schülern?

S: Ja, die denken vielleicht, daß der (6) größer sein müßte als der (3), eben weil die Strahlen länger sind

I: Reden wir jetzt nur von den dreien! Nur die drei

S: Eben dieser hat kürzere Strahlen, sind hier gezeichnet, da denkt vielleicht jemand, daß deshalb der Winkel auch kleiner sein müßte als beim 4-er, weil da die Strahlen länger sind ..

I: Und das ist aber nicht der Fall?

S: Nein .. man könnte ja auch bei diesem (3) die Strahlen verlängern, weil sie ja unendlich lang sein können

I: Und was ist der Unterschied zwischen 1 und 4? Jetzt so von der Zeichnung her

S: Ja das ist, weil da (4) der Winkel näher beim Mittelpunkt ist, .. also so ein Winkel gezeichnet und beim 1-er ist er eben weiter weg, und deshalb scheint das auch größer .. beim 1-er

I: Und wer wäre jetzt der größte nach deiner Schätzung? Jetzt nach dieser korrigierten Meinung

S: Die Nummer 5 .. weil der geht über 90° hinaus

I: (Zugleich mit Schülerin) Hinaus .. und der da (6), der schaut doch so groß aus

S: Nur weil die Strahlen lang sind

I: Nur weil die Strahlen lang sind, eine Täuschung .. aber da (2) hast du an und für sich am meisten gezaudert, nicht (Schülerin bejaht) .. könntest du dir vorstellen, daß ich diesen Winkel irgendwie in Beziehung zu diesem Winkel (3) bringen könnte?

S: Ja, die sind auch fast gleich groß .. oder vielleicht meint man, weil die Strahlen sind ungefähr gleich lang wie beim 2-er

I: Sind genau gleich lang, habe ich genau gleich lang gezeichnet

S: Beim 2-er und beim

I: (Unterbricht) der Kreis ist auch gleich groß gezeichnet .. wenn man das nachmißt, kommt man drauf .. was würdest du jetzt sagen, mit dem 2-er und dem 3-er?

S: Ich glaube, daß der Winkel auch ungefähr gleich ist .. also gleich groß ist

I: Und die Begründung ist? wie würdest du das jetzt nocheinmal begründen?

S: Daß die zwei gleich groß sind?

I: Ja

S: Daß der Abstand der zwei Strahlen, die einen gemeinsamen Mittelpunkt haben, von dem sie ausgehen, daß der Abstand zwischen den zwei Strahlen gleich groß ist .. beim 2-er gleich groß ist wie beim 3-er ..

I: Und wieso hast du zuerst etwas anderes gesagt? Hast du dich durch irgendetwas verwirren lassen?

S: Ja, eben durch den Kreis da (zeigt auf 2) außen .. da habe ich zuerst gedacht, der geht über 180° hinaus, aber dann (lacht) .. bin ich daraufgekommen, daß es doch nicht so ist

I: Mhm .. jetzt hätte ich ja hergehen können z.B. .. so ähnlich wie das (zeigt auf 2 und 3) .. hätte den 2-er jetzt so gemacht (zeichnet 2 und 3 extra nocheinmal auf und schraffiert jene Ebenenteile, in denen die Bögen angedeutet waren, siehe Abb.23) .. und ich hätte eine Farbe gehabt - ich habe jetzt keine da, aber angenommen ich hätte das jetzt so schön angefärbelt .. was hättest du jetzt gesagt? (2) (3) Abb. 23

S: Da meint man vielleicht, daß der Winkel das Angefärbelte ist und so wie da .. das wäre das gleiche wie der Kreis .. oben da (zeigt auf 2 und 3) Und da meint man vielleicht, daß außen wieder der Winkel ist, aber wenn man das eben so dreht, daß auf der rechten Seite, .. das der Strahl wo 0° ist, von der linken Seite .. also vom Mittelpunkt, das der linke ist und nach rechts führt, wenn man das so dreht, dann sieht man, daß das doch der gleiche Winkel ist .. aber so, auf den ersten Blick schaut es fast so aus, als wäre das Angefärbte hier der Winkel .... deswegen muß man vielleicht das Blatt auch so drehen, daß .. eben der Strahl vom Mittelpunkt, daß der Mittelpunkt links ist vom Strahl und der Strahl nach rechts führt und nicht gleich am ersten Blick so ....

I: Naja .... hast du jetzt noch Fragen, oder ist jetzt irgendetwas wieder unklar geworden, oder bist du jetzt bestätigt, völlig bestätigt?

S: (Lacht) Da habe ich nur am Anfang ein bißchen schlecht geschaut .. durch den Kreisbogen .. nein, aber sonst, wenn man sich .. also nicht so schnell heraussagt, und vorher denkt, so ist es eigentlich wohl klar, wie groß der Winkel ist ..

I: Du, aber ich muß dir ehrlich sagen, mir kommt dieser Winkel (2) größer vor als der (3), jetzt .. ich will dich jetzt nicht .. nein, das der viel größer ist als der (hat den letzten Satz gesagt, weil die Schülerin im Begriffe war, die beiden Winkel genau nachzumessen) .. weil ich das als großen Winkel ansehe, für mich ist das der größte von allen: der 2-er, so wie du es zuerst gesagt hast, wirklich. Was sagst du jetzt dazu? .... Ich bin der festen Überzeugung ..

S: Das ist auch wieder so, es kommt darauf an, wie man das Blatt dreht, .. aber wenn

man das so liegen hat (siehe Abb.24), dann geht eigentlich auch ein Strahl .. es

geht dann auch, daß links der Mittelpunkt ist und nach rechts .. dann geht er doch

über 180° .. wenn man das so liegen hat, aber wenn man sich das so dreht, dann

meint man wieder, daß das der Winkel ist .. das ist ein bißchen schwer .... wenn

man das vielleicht beschriftet mit a und b, daß a diese Linie ist, bei welcher 0°

sind, dann ist das vielleicht leichter, dann weiß man, wie groß der Winkel ist ..

weil wenn da z.B. diese Linie a wäre, dann würde ich ungefähr sagen, daß der

Winkel 45 oder 50° ist, aber wenn man jetzt diese als a verwendet, dann wäre das

b und dann wäre der Winkel über 180° ..

I: Also ist es praktisch so, daß man sagen müßte, was der erste Schenkel ist?

S: (Unterbricht) Ja, das wäre vielleicht leichter

Abb. 24

I: (Fährt fort) .. und was der letzte ist (Schülerin bejaht) .. und wie kommt man vom

ersten zum zweiten?

S: Ja also bei dem Winkel z.B. kann ich das, so wie ich am Anfang gedacht habe, daß

das eben a ist, wo 0° ist der Winkel (siehe Abb.25) .. und wenn ich da eben so einen

Kreis ziehe, wo ich ansetze beim Mittelpunkt, beim Kreis, dann wäre das b und

der Winkel wäre über 180° .. und wenn ich den unteren Schenkel nehme, der zuerst

b war und jetzt als a nehme, dann wieder so einen Kreis macht (meint so etwas

wie Abb.25a), dann denkt man sich vielleicht wieder, daß das innen der Abstand

zwischen den zwei Winkeln ist .. leichter wäre es vielleicht zu erkennen, wenn

man die mit a und b beschriften würde ....

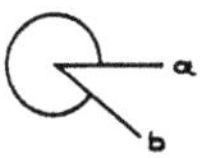

Abb. 25

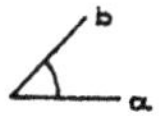

Abb.25a

I: Und das (zeigt auf Abb.23) ist zuwenig - einfach anfärben?

S: Wenn man das anfärbt, dann ist es auch wieder so, .. ja man erkennt schon, dann

irgendwie besser, aber dann ist es auch wieder so, wie man es dreht dann .. wenn

man es falsch dreht, z.B. so, daß man das als a nimmt, dann denkt man, das ist ja

falsch angefärbt worden und das doch das innen der Winkel ist, am leichtesten zu

erkennen wäre es fast, wenn man a und b beschriftet .. die Strahlen ..

I: Gut, hören wir einmal auf, nicht?

ENDE

Interviewdauer: ca. 25 Minuten

ANHANG 2:

Das Kreisbogen-Lemma

Vorbemerkungen: Zu jedem Pfeil am Kreisbogen gibt es einen zweiten Pfeil, der in Spitze und Schaft mit dem ersteren übereinstimmt, jedoch eine andere Orientierung besitzt. (Abb.)

Je zwei solcher Pfeile seien "Komplementärpfeile" genannt. Die Gesamtlänge der beiden Pfeile ergibt die Länge des Kreisbogens, welcher in diesem Fall in Grad beschrieben wird, wobei zwischen einem Pfeil und dessen Länge kein terminologischer Unterschied getroffen werden soll. Fast jeder Pfeil besteht aus Bogenteilen, die nach "oben" weisen und solchen, die nach "unten" weisen. Der in nebenstehender Zeichnung (Abb.) markierte Pfeil enthält z. B. zwei kurze nach "unten" verlaufende Bögen und einen Halbkreisbogen, der ganz nach "oben" weist.

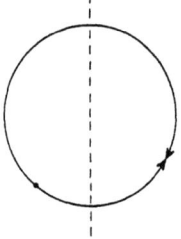

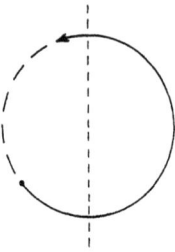

In 6.3.2 galt das Interesse jeweils dem Anteil der insgesamt nach "oben" verlaufenden Bogenlänge an der Gesamtbogenlänge eines Pfeiles, kurz "Obrigkeit" des Pfeiles genannt. Bereits vorher wurde allgemein vermutet, daß die Differenz aus der Gesamtlänge der nach "oben" verlaufenden Bogenteile und der nach "unten" verlaufenden Bogenteile (kurz "Amplitude" eines Pfeiles) bei zwei Komplementärpfeilen gleich ist.

Im Zusammenhang mit der Interpretation der Schülerantworten sind jene Komplementärpfeile interessant, die "nach oben" gerichtet sind, bei denen also die Spitze "über" dem Schaft liegt: Solche Pfeile seien "steigende Komplementärpfeile" genannt. Es geht nun um folgende zwei Behauptungen, die man unter dem Namen "Kreisbogen-Lemma" zusammenfassen kann:

(1) Die Amplituden von steigenden (fallenden) Komplementärpfeilen sind stets gleich groß.

(2) Der jeweils kürzere von zwei steigenden (fallenden) Komplementärpfeilen besitzt die höhere (niedrigere) Obrigkeit. Steigende (fallende) Komplementärpfeile, die gleich lang sind, haben dieselbe Obrigkeit.

Beweis des Kreisbogen-Lemmas:

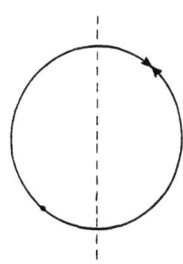

Bei gleich langen steigenden Komplementärpfeilen (Abb.) sieht man anhand des Satzes über Scheitelwinkel, daß die nach "oben" bzw. nach "unten" gerichteten Bogenpfeile gleich lang sind. Daher sind auch die Amplituden und Obrigkeiten gleich groß.

Sein nun $\alpha < 180°$ der kürzere Pfeil, $\beta = 360° - \alpha$ der längere Pfeil. Weiters sei α_+ die Gesamtlänge jener Teile von α, die nach "oben" gehen und α_- die Ergänzung auf α (Abb.).

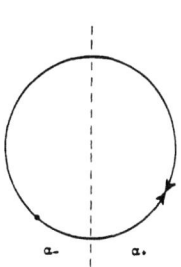

Da α und β Komplementärwinkel sind, gilt:

$(\alpha_+ + \beta_-) - (\beta_+ + \alpha_-) = 0$.

Daraus folgt: (1) $\alpha_+ - \alpha_- = \beta_+ - \beta_-$.

Da $\alpha_+ + \alpha_- = \alpha$, $\beta_+ + \beta_- = \beta$ und $\alpha + \beta = 360°$, gilt auch:

$\alpha_+ - (\alpha - \alpha_+) = \beta_+ - (\beta - \beta_+)$, daher auch

$2\alpha_+ - \alpha = 2\beta_+ - \beta$, daher auch

$2\alpha_+ - \alpha = 2\beta_+ - (360° - \alpha)$, daher auch

$360° + 2\alpha_+ - 2\alpha = 2\beta_+$, daher auch $\beta_+ = 180° - (\alpha - \alpha_+)$.

Weiters gilt: $\beta_- = \beta - \beta_+ = 360° - \alpha - (180° - (\alpha - \alpha_+)) = 180° - \alpha_+$.

Schließlich erhält man durch entsprechendes Umformen von Ungleichungen:

$$\frac{\beta_+}{\beta_-} = \frac{180° - \alpha + \alpha_+}{180° - \alpha_+} = \frac{180° - \alpha + \alpha_+}{180° - (\alpha - \alpha_-)} =$$

$$\frac{180° - \alpha + \alpha_+}{180° - \alpha + \alpha_-} \leq \frac{\alpha_+}{\alpha_-} \quad ,$$

da unter den hinreichenden Voraussetzungen a (= 180° - α) > 0 und c (= α_+) ≥ d (= α_-) > 0

allgemein gilt, daß $\dfrac{a + c}{a + d} \leq \dfrac{c}{d}$.

Aus $\dfrac{\alpha_+}{\alpha_-} \geq \dfrac{\beta_+}{\beta_-}$ folgt sehr einfach $\dfrac{\alpha_+}{\alpha_+ + \alpha_-} \geq \dfrac{\beta_+}{\beta_- + \beta_-}$

also (2) $\dfrac{\alpha_+}{\alpha} \geq \dfrac{\beta_+}{\beta}$ ∎

(Der Beweis für fallende Komplementärpfeile erfolgt analog.)

Weiters sei ein kürzerer Beweis des Lemmas skizzenhaft wiedergegeben, wobei o. B. d. A. zwei Fälle zu betrachten sind:

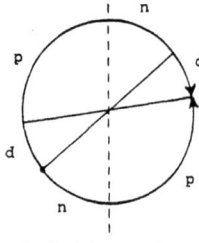 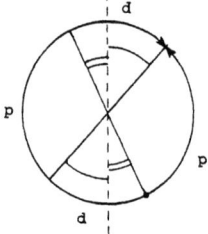

Man kann leicht nachweisen, daß für

$$p > n > 0 \qquad\qquad \text{bzw. für } p > 0$$

$$\frac{p}{p + n} \geq \frac{p + d}{p + n + 2d} \qquad \frac{p}{p} \geq \frac{p + d}{p + 2d} \quad \text{gilt.}$$

(Die Idee zu letzteren Beweis verdanke ich Lothar PROFKE.)

Ein Katalog allgemeiner Lernziele

In Kapitel 7 des Werkes "Mensch und Mathematik . Eine Einführung in didaktisches Denken und Handeln." werden von FISCHER/MALLE (1985) unter maßgeblicher Beteiligung von Heinrich BÜRGER folgende allgemeine Lernziele angeführt:

Argumentieren und exaktes Arbeiten:

- Präzisieren von Sachverhalten
- Definieren von Begriffen
- Begründen (Beweisen) mathematischer Sachverhalte mit vorgegebenen Argumenten oder ohne vorgegebene Argumente
- Erkennen unterschiedlicher Begründungsmöglichkeiten, Vergleich mathematischer und außermathematischer Begründungen
- Überprüfen von Eigenschaften
- Überprüfen von Vermutungen
- Fallunterscheidungen vornehmen
- Vollständigkeit einer Argumentation überblicken
- Arbeiten unter bewußter Verwendung von Regeln
- Bewußtes Arbeiten mit logischen Schlußweisen
- Erkennen logischer Strukturen
- Rechtfertigen und Beurteilen von Entscheidungen (etwa der Wahl eines Lösungsweges oder eines mathematischen Modells)

Darstellen und Interpretieren von Sachverhalten

- Verbales Beschreiben mathematischer Sachverhalte
- Formales Beschreiben von Sachverhalten
- Graphisches Darstellen von Sachverhalten
- Schematisches Darstellen von Sachverhalten
- Geometrisches Interpretieren von mathematischen Sachverhalten
- Beschreiben geometrischer Sachverhalte mit algebraischen Methoden
- Geometrisch-zeichnerisches Darstellen von Objekten, speziell von räumlichen Objekten
- Finden einer geeigneten Darstellungsform
- Erstellen von mathematischen Modellen außermathematischer Sachverhalte
- Interpretieren von formalen Darstellungen
- Interpretieren mathematischer Modelle
- Interpretieren graphischer Darstellungen

Produktives geistiges Arbeiten

- Auseinandersetzen mit mathematischen Texten
- Formulieren mathematischer Sachverhalte
- Analysieren von Problemen, Begründungen, Darstellungen, mathematischen Objekten
- Kombinieren von Kenntnissen und vertrauten Methoden
- Anwenden bekannter mathematischer Verfahren in außermathematischen Situationen
- Anwenden bekannter Verfahren in teilweise neuartigen Situationen
- Finden von Problemen
- Finden von geeigneten Darstellungsformen
- Finden von Begründungen
- Finden von Beispielen mit vorgegebenen Eigenschaften
- Überblicken aller möglicher Fälle einer Situation
- Herausarbeiten von charakteristischen Eigenschaften
- Erkennen von gemeinsamen Eigenschaften bzw. von Strukturgleichheiten
- Abstrahieren
- Konkretisieren
- Verallgemeinern
- Spezialisieren
- Analogisieren

Kritisches Denken

- Überprüfen von Vermutungen
- Überprüfen von Ergebnissen
- Erkennen der beschränkten Gültigkeit von Aussagen, Feststellen von Voraussetzungen
- Erkennen von Mängeln in Darstellungen oder Begründungen
- Erkennen von Unzulänglichkeiten mathematischer Modelle
- Überlegen von Bedeutungen und Anwendungen mathematischer Methoden und Denkweisen
- Überlegen der Bedeutung einzelner Geschehnisse im Mathematikunterricht und des Sinns von Mathematikunterricht im Hinblick auf die eigene Person

Anwenden von Mathematik in außermathematischen Bereichen

- Erarbeiten mathematischer Begriffe aus außermathematischen Situationen
- Finden von mathematischen Modellen für außermathematische Situationen
- Anwenden bekannter mathematischer Verfahren in außermathematischen Situationen
- Abschätzen von Genauigkeit und Größenordnung numerischer Daten und Rechenergebnisse
- Überprüfen von mathematischen Modellen, Erkennen von Unzulänglichkeiten, Vernachlässigungen und Idealisierungen
- Erkennen, daß eine Realsituation durch verschiedene mathematische Modelle beschrieben werden kann und daß ein mathematisches Modell in verschiedenen Realsituationen anwendbar sein kann
- Interpretieren mathematischer Modelle
- Beurteilen und Rechtfertigen der Wahl eines bestimmten Modells
- Untersuchen von Möglichkeiten, mathematische Arbeitsweisen (deduktives Begründen, Definieren, formales Beschreiben u.a.) in andere Bereiche zu übertragen

Reflektieren über Mathematik und mathematische Arbeitsweisen

- Erkennen, daß durch Definition eines intuitiv vorliegenden Begriffes dessen Umfang verändert werden kann
- Erkennen von Begriffsveränderungen durch erweiternde Definitionen
- Erkennen, daß für Definitionen ein Spielraum besteht, daß sie aber zweckmäßig sein sollen
- Erkennen, daß mathematische Sätze als Aussagen der Art "wenn A richtig, dann B richtig" aufgefaßt werden können
- Erkennen, daß Beweisen eine Form des deduktiven Begründens mit vorgegebenen (als richtig angesehenen) Argumenten ist
- Erkennen, daß die Art einer Begründung von den vorgegebenen Argumenten (Argumentationsbasis) abhängt
- Erkennen, daß Zeichnungen mathematische (insbesondere auch geometrische) Sachverhalte nur angenähert wiedergeben und für Argumentationen nur beschränkt verwendbar sind
- Erkennen der Probleme mathematischer Modellbildungen
- Erkennen des Modellcharakters mathematischer Beschreibungen von außermathematischen Situationen
- Erkennen der Wandelbarkeit mathematischer Begriffe in der historischen Entwicklung
- Erkennen von Exaktheitsniveaus und der Vor- und Nachteile von Exaktifizierungen
- Erkennen von Existenz- und Eindeutigkeitsproblemen
- Erkennen und bewußtes Verwenden von Problemlösestrategien

Verzeichnisse

Literaturverzeichnis

Bildquellenverzeichnis

LITERATURVERZEICHNIS

ABELSON, H. / DI SESSA, A. (1981): Turtle geometry. The computer as a medium for exploring mathematics. MIT Press, Cambridge(MA).

ABELSON, H. (1983): Einführung in Logo. Übersetzt und überarbeitet von Herbert Löthe. Verlag ITW, Vaterstetten.

AEBLI, H. (1980 u. 1981): Das Ordnen des Tuns. (2 Bände) Klett, Stuttgart.

AMSTLER, J. u. a. (1981): M 6 . Schulbuch für die 6. Schulstufe für AHS und HS. Jugend und Volk, Wien.

ATHEN, H. / GRIESEL, H. (Hrsg.)(1978): Mathematik heute. Schulbuch für das 6. Schuljahr. Schroedel, Hannover.

BACHMANN, F. (1973): Aufbau der Geometrie aus dem Spiegelungsbegriff. Zweite Auflage (Ersterscheinen 1959). Springer, Berlin.

BECKER, G. (1980): Geometrieunterricht. Klinkhardt, Bad Heilbronn.

BECKER, O. (1975): Grundlagen der Mathematik. (Zweite Auflage, Ersterscheinen 1964). Verlag Karl Alber, Freiburg-München.

BELL, E. (1978): Drehung und Winkel. Der Kreis und andere Kurven. Mathematische Lesehefte 9,10. Klett, Stuttgart.

BENDER, P. (1978): Umwelterschließung im Geometrieunterricht durch operative Begriffsbildung. In: Der Mathematikunterricht 24/5, S. 25 - 87.

BENDER, P. (1982): Abbildungsgeometrie in der didaktischen Diskussion. In: ZDM 82/1, S. 9 - 24.

BENDER, P. / SCHREIBER, A. (1985): Operative Genese der Geometrie. Band 12 der Schriftenreihe "Didaktik der Mathematik". Hölder-Pichler-Tempsky, Wien und B.G. Teubner, Stuttgart.

BIGALKE, H.G. (Hrsg.)(1975): Einführung in die Mathematik. Schulbuch für die 6. Schulstufe (H). Diesterweg, Frankfurt/Main-Berlin-München.

BIGALKE, H. G. / HASEMANN, K. (1977 u. 1978): Zur Didaktik der Mathematik in den Klassen 5 und 6. (2 Bände) Diesterweg, Frankfurt/Main.

BROMME, R. (1980): Die alltägliche Unterrichtsvorbereitung von Mathematiklehrern. In: Unterrichtswissenschaft 1980, Nr. 2, S. 142 - 156.

BROMME, R. (1986): Die alltägliche Unterrichtsvorbereitung des (Mathematik) Lehrers im Spiegel empirischer Untersuchungen. In: Journal für Mathematikdidaktik, Jahrgang 7, Heft 1, S. 3 - 22.

BRUNER, J. S. (1976): Der Prozeß der Erziehung. (4. Auflage, Übersetzung der amerikanischen Originalausgabe "The process of education", 1960) Pädagogischer Verlag Schwann, Düsseldorf.

BÜRGER, H. (1981): Realisierung allgemeiner Lernziele des Mathematikunterrichts. In: Journal für Mathematikdidaktik. Jahrgang 2, Heft 4, S. 283 - 320.

BÜRGER, H. u. a. (1985): Hauptschule Mathematik. Kommentarheft 1. Reihe "Lehrplan-Service" (Hrsg.: BENEDIKT, u. a.). Bundesverlag, Wien.

BUTH, M. (1984): Alle Welt redet von Begriffen. - Was ist eigentlich ein Begriff? In: Beiträge zum Mathematikunterricht 1984, S. 102 - 105. Franzbecker, Bad Salzdetfurth.

CATHERALL, E. (1983): Investigating angles. Wayland, Hove.

CHOQUET, G. (1969): Neue Elementargeometrie. (Übersetzung der französischen "L'enseignement de la géometrie" der Edition Hermann, Paris) Originalausgabe VEB Fachbuchverlag, Leipzig.

CLOSE, G. S. (1982): Children's understanding of angle at the primary/secondary transfer stage. Dissertation on the Department of Mathematical Sciences and Computing. Polytechnic of the South Bank, London.

COOPER, M. (1988): Recognition of learned triangles in unlearned orientations. Ms. University of New South Wales, Australia. (Ersch. vorauss. 1989 in PME)

COXETER, H. S. M. (1963): Unvergängliche Geometrie. Birkhäuser, Basel.

DÖRFLER, W. / FISCHER, R. (Hrsg.) (1979): Beweisen im Mathematikunterricht. Band 2 der Schriftenreihe "Didaktik der Mathematik". Hölder-Pichler-Tempsky, Wien und B.G. Teubner, Stuttgart.

DÖRFLER, W. (1984a): Qualität mathematischer Begriffe und Visualisierung. In: KAUTSCHITSCH, H. / METZLER, W. (Hrsg.) (1984): Anschauung als Anregung zum mathematischen Tun. Band 9 der Schriftenreihe "Didaktik der Mathematik", S. 44 - 64. Hölder-Pichler-Tempsky, Wien und B.G. Teubner, Stuttgart.

DÖRFLER, W. (1984b): Verallgemeinern als zentrale mathematische Fähigkeit. In: Journal für Mathematikdidaktik. Jahrgang 5, Heft 4, S. 239 - 264.

DÖRFLER, W. (1989): Protocols of actions as a cognitive tool for knowledge construction. Ms. Universität Klagenfurt. (Ersch. vorauss. 1989 in PME)

EUKLID (1962): Die Elemente. Buch I - XIII. (Übersetzung des von J. L. Heiberg 1883/88 herausgegebenen griechischen Textes) Wissenschaftliche Buchgemeinschaft, Darmstadt.

EWALD, G. (1971): Geometrie. Eine Einführung für Studenten und Lehrer. Vandenhoeck & Ruprecht, Göttingen.

FESSEL (Gesellschaft für Konsum-, Markt- und Absatzforschung) (1985): Studierfähigkeit - Ergebnisse einer empirischen Umfrage unter Wiener Hochschullehrern. Fessel, Wien.

FIELKER, D. (1979): Strategies for teaching geometry to younger children. Educational Studies Mathematics 10, S. 85 - 133.

FISCHER, R. / MALLE, G. (1985): Mensch und Mathematik. Eine Einführung in didaktisches Denken und Handeln. Band 1 der Lehrbücher und Monographien zur Didaktik der Mathematik. Bibliographisches Institut, Mannheim-Wien-Zürich.

FLICK, W. (1980): Mathematik in unserer Welt. Arbeitsbuch für die 6. Schulstufe an AHS und HS. Schöningh, Wien.

FLODERER, M. / PIFFL, H. / MACHINEK, W. (1981): Mathematik. Schulbuch für die 6. Schulstufe an AHS und HS. Hölder-Pichler-Tempsky, Wien.

FREUDENTHAL, H. (1963): Was ist Axiomatik, und welchen Bildungswert kann sie haben? In: MU 9, Heft 4, S. 5 - 29.

FREUDENTHAL, H. (1973): Mathematik als pädagogische Aufgabe. (2 Bände) Klett, Stuttgart.

FREUDENTHAL, H. (1983): Didactical phenomenology of mathematical structures. Reidel, Dordrecht-Boston-Lancaster.

FÜHRER, L. (1982): Didaktik minus Stoff gleich Methodik? oder Das Gegenbeispiel Mittelstufengeometrie. In: Mathematiklehrer 1 - 1982, S. 27 - 29.

GEISE, G. (1975): Der Winkelbegriff im Schullehrgang "Geometrie". In: MidS 13, S. 34 - 37.

GRIESEL, H. / SPROCKHOFF, W. (Hrsg.) (1979): Welt der Mathematik. Schulbuch für die 6. Schulstufe. Schroedel, Hannover.

HAHN, O. / DZEWAS, J. (Hrsg.) (1978): Mathematik. Schulbuch für die 6. Schulstufe. Westermann, Braunschweig.

HARTEN, G. v. / STEINBRING, H. (1985): Aufgabensysteme im Stochastikunterrricht. Occasional paper 71. IDM Bielefeld.

HARTEN, G. v. / STEINBRING, H. (1986): Stochastik in der Klassenstufe 5/6. Heft 19 der Handreichungen für die Gesamtschule. Landesinstitut für Schule und Weiterbildung (Hrsg.), Soest.

HAYEN, J. / VOLLRATH, H. J. / WEIDIG, I. (1977): Gamma. Mathematik Grundband. Schulbuch für die 6. Schulstufe. Klett, Stuttgart.

HILBERT, D. (1977): Grundlagen der Geometrie. (12. Auflage, Ersterscheinen 1899 in Leipzig) Teubner, Stuttgart.

HOGBEN, L. (1953): Mathematik für alle. (Übersetzung der englischen Originalausgabe "Mathematics for the million" des Verlages Allen/Unwin) Kiepenheuer/ Witsch, Köln-Berlin.

HOLLAND, G. (1971): Zum Winkelbegriff in der Elementargeometrie. In: Beiträge zum Mathematikunterricht 1970, S. 105 - 115. Schrödel, Hannover.

HOLLAND, G. (1974): Geometrie für Lehrer und Studenten. Band 1. Schroedel, Hannover.

HOLLAND, G. (1982): Didaktik der Geometrie. Vorlesungsmanuskript SS 1982. Universität Gießen.

HOYLES, C. / SUTHERLAND, R. (1987): Logo: An aid to pupils' thinking and learning in mathematics. Vortragsmanuskript für das Symposium "Computers in school: Cognitive and social processes" (Second EARLI Conference, Tübingen 1987). Universität London.

KAHLE, D. / LÖRCHER, G.A. (Hrsg.) (1981): Mathematik. Schulbuch für das 6. Schuljahr. Westermann, Braunschweig.

KEMPINSKY, H. (1951): Raumkundliches Sehen, Denken und Schaffen für den Raumlehreunterricht in Volksschulen. (6. Auflage) Verlag Dürrsche Buchhandlung, Bonn.

KEMPINSKY, H. (1952): Lebensvolle Raumlehre. Anleitung zu einem wesenhaften Raumkundeunterricht. (10. Auflage) Verlag Dürrsche Buchhandlung, Bonn.

KIERAN, C. (1986): Logo and the notion of angle among forth and sixth grade children. In: PME 10, S. 99 - 104.

KIRSCH, A. (1972): Ein didaktisch orientiertes Axiomensystem der Elementargeometrie. In: MNU 25, S. 139 - 145.

KLEIN, F. (1968): Elementarmathematik vom höheren Standpunkt aus. 2. Band. (Nachdruck der 3. Auflage von 1925, Ersterscheinen 1908 in Berlin) Springer, Berlin.

KRAINER, K. (1982): Umwelterschließung im Geometrieunterricht. Diplomarbeit zur Erlangung des Lehramtes an höheren Schulen. Universität für Bildungswissenschaften Klagenfurt.

KRAINER, K. (1985): Alternative Wege im Geometrieunterricht. In: FISCHER, R. u. a. (Hrsg.): Pädagogik und Fachdidaktik für Mathematiklehrer. Band 14 der Schriftenreihe "Didaktik der Mathematik", S. 195 - 226. Hölder-Pichler-Tempsky, Wien und B.G. Teubner, Stuttgart.

KRAINER, K. (1988): Ein Aufgabensystem zur Erschließung des Winkelbegriffs. In: BENDER, P. (Hrsg.): Mathematikdidaktik: Theorie und Praxis. Festschrift für Heinrich Winter, S. 103 - 114. Cornelsen, Berlin.

KÜHL, J. (1976): Einfache geometrische Tätigkeiten. Paul Albrechts Verlag, Lütjensee.

LAKATOS, I. / MUSGRAVE, A. (Hrsg.)(1974): Kritik und Erkenntnisfortschritt. Band 9 der Reihe "Wissenschaftstheorie. Wissenschaft und Philosophie". Vieweg, Braunschweig.

LAKATOS, I. (1979): Beweise und Widerlegungen. Vieweg, Braunschweig-Wiesbaden.

LAUB, J. / HRUBY, E. (1975): Mathematik. Arbeitsbuch für das 6. Schuljahr an AHS und HS. Hölder-Pichler-Tempsky, Wien.

MAINZER, K. (1980): Geschichte der Geometrie. Bibliographisches Institut, Mannheim-Wien-Zürich.

MITCHELMORE, M. (1983): Was wissen deutsche Schüler über geometrische Grundbegriffe? In: KLIKA, M. / TIETZE, P. / WOLPERS, H. (Hrsg.): Mathematica didactica, 6. Jahrgang, Heft 1, S. 3 - 18.

MITSCHKA, A. (1982): Didaktik der Geometrie in der Sekundarstufe I . Herder, Freiburg-Basel-Wien.

MUED (= Mathematik - Unterrichtseinheitendatei): Unterrichteinheiten "Winkel" (Klassen 5/6), "Navigation", "Landvermessung", "Sonnenkollektor - Anstellwinkel" (alle Klasse 7). Kontaktadresse: MUED - Arbeitsgruppe, Bahnhofstraße 72, D-4405 Appelhülsen.

NEUBERT, K. / WÖLPERT, H. (Hrsg.)(1978): Mathematik. Denken und Rechnen. Schulbuch für das 6. Schuljahr. Westermann, Braunschweig.

NOEL, G. (Hrsg.)(1982): Colloque international sur l'enseignement de la geometrie. Proceedings. Universität Mons.

NORDMEIER, G. u. a. (Hrsg.) (1977): Mathematik. Schulbuch für 6. Schuljahr an AHS und HS. Westermann, Wien.

OEHL, W. / PALZKILL, L. (Hrsg.)(1981): Die Welt der Zahl. Schulbuch für das 6. Schuljahr. Schroedel, Hannover.

OTTE, M. / STEINBRING, H. / STOWASSER, R. (1977): Mathematik, die uns angeht. Bertelsmann, Gütersloh.

PALZKILL, L. / SCHWIRTZ, W. (1971): Die Raumlehrestunde. Eine Einführung in den operativen Geometrieunterricht der Hauptschule. Verlag Henn, Wuppertal-Ratingen-Kastellaun.

PAPERT, S. (1982): Mindstorms. Kinder, Computer und Neues Lernen. (Übersetzung der amerikanischen Originalausgabe "Mindstorms. Children, Computer and powerful ideas", 1980) Birkhäuser, Basel-Boston-Stuttgart.

PIAGET, J. / INHELDER, B. (1971): Die Entwicklung des räumlichen Denkens beim Kinde. (Übersetzung der französischen Originalausgabe "La représentation de l'espace chez l'enfant", 1948) Klett, Stuttgart.

PIAGET, J. / INHELDER, B. / SZEMINSKA, A. (1974): Die natürliche Geometrie des Kindes. (Übersetzung der französischen Originalausgabe "La geometrie spontanee de l'enfant, 1948) Klett, Stuttgart.

PICKER, B. (1971): Die Elemente des Euklid und ihre Bedeutung für den geometrischen Schulunterricht. In: Beiträge zum Mathematikunterricht 1970, S. 54-62. Schrödel, Hannover.

PROFKE, L. (1983): Didaktik der Geometrie. Fortsetzung des Manuskriptes von G. HOLLAND (1982). Universität Gießen.

SCHMIDT, V. G. (1983): Der Begriffsbildungsprozeß im Geometrieunterricht. Lang, Frankfurt-Bern-New York.

SCHMITT, H. / WOHLFAHRT, P. u. a. (Hrsg.) (1983): Mathematikbuch. Schulbuch für das 6. Schuljahr. Bayrischer Schulbuch-Verlag, München.

SCHÖNBECK, J. / SCHUPP, H. (Hrsg.) (1982): Plus. Schulbuch für das 6. Schuljahr. Schöningh, Paderborn.

SCHREIBER, A. (1978): Die operative Genese der Geometrie nach Hugo Dingler und ihre Bedeutung für den Mathematikunterricht. In: Der Mathematikunterricht 24/5, S. 7 - 24.

SCHRÖDER, H. / UCHTMANN, H. (Hrsg.) (1975): Einführung in die Mathematik. Schulbuch für das 6. Schuljahr. Diesterweg, Frankfurt/Main-Berlin-München.

SCHUPP, H. (1977): Elementargeometrie. Schöningh, Paderborn.

SCHUR, F. (1909): Grundlagen der Geometrie. Leipzig.

SCHWAN, W. (1929): Elementare Geometrie. Akademische Verlagsgesellschaft, Leipzig.

SCHWARTZE, H. (1984): Elementarmathematik aus didaktischer Sicht. Band 2: Geometrie. Kamp, Bochum.

SCHWEIGER, F. (1986): Winkelbegriff und Winkelmaß. In: Mathematik im Unterricht, Nr. 11, S. 1 - 9. Mitteilungen der Arbeitsgemeinschaft der Mathematikprofessoren des Landes Salzburg.

STEINER, H. G. (1966): Vorlesung über Grundlagen und Aufbau der Geometrie in didaktischer Sicht. Aschendorffsche Verlagsbuchhandlung, Münster (Westfalen).

STOWASSER, R. (1976): Küstenschiffahrt, Landmessen, Billard - drei Problemfelder der Geometrie. In: MU 3/76, S. 24 - 52.

STOWASSER, R. (1982): Problemfeld "Geometrische Konstruktionen". In: Mathematiklehrer 1982, Heft 2, S. 39 - 40.

STREHL, R. (1983): Anschauliche Vorstellungen und mathematische Theorie beim Winkelbegriff. In: Mathematica didactica 6, Heft 3/4, S. 129 - 146.

STRUVE, H. (1984): Zur Genesis des geometrischen Abbildungsbegriffs. In: Beiträge zum Mathematikunterricht 1984, S. 343 - 347. Franzbecker, Bad Salzdetfurth.

STRUVE, H. (1984): Zur Diskussion um die Abbildungsgeometrie, In: ZDM 84 / 2, S. 69 - 74.

STRUVE, R. (1984): Beweglichkeit in der Geometrie. In: Beiträge zum Mathematikunterricht 1984, S. 348 - 351. Franzbecker, Bad Salzdetfurth.

TRÄGER, W. / UNGER, K. H. (1975): Mathematisches Arbeitsbuch. Schulbuch für die 6. Schulstufe. Diesterweg, Frankfurt/Main.

VOLLRATH, H. J. (1974): Geometrie im Mathematikunterricht - eine Analyse neuerer Entwicklungen. In: STEINER, H.G. / WINKELMANN, B. (Hrsg.): Fragen des Geometrieunterrichts. Band 1 der Reihe "Untersuchungen zum Mathematikunterricht". Aulis Verlag Deubner, Köln, S. 11 - 27.

VOLLRATH, H. J. (1979): Die Bedeutung von Hintergrundtheorien für die Bewertung von Unterrichtssequenzen. In: MU 5/79, S. 77 - 89.

WILLERS, H. (1922): Die Spiegelung als primitiver Begriff im Unterricht. In ZMNU 53, S. 68 - 77, S. 109 - 119.

WINTER, H. (1975): Allgemeine Lernziele für den Mathematikunterricht ? In: ZDM 75, Heft 3, S. 109.

WINTER, H. (1976): Die Erschließung der Umwelt im Mathematikunterricht der Grundstufe. In: Beiträge zum Mathematikunterricht 1976, S. 262 - 279.

WINTER, H. (1983): Entfaltung begrifflichen Denkens. In: Journal für Didaktik der Mathematik 4, Heft 3, S. 175 - 204.

WITTMANN, E. (1975): Zur Rolle von Prinzipien in der Mathematikdidaktik. In: Beiträge zum Mathematikunterricht 1975, S. 226 - 235.

WITTMANN, E. (1978): Grundfragen des Mathematikunterrichts. (5. Auflage) Vieweg, Braunschweig.

WITTMANN, E. (1987): Elementargeometrie und Wirklichkeit. Vieweg, Braunschweig.

ZENTRUM FÜR SCHULVERSUCHE UND SCHULENTWICKLUNG (1984): Arbeitsberichte III/24/M. Bundesministerium für Unterricht und Kunst, Klagenfurt-Graz-Wien.

BILDQUELLENVERZEICHNIS

Seite 391   Auto: ALBRECHT/GUTSCHI/WILTSCHE (1987): Lebendige Mathe-
             matik 2. Lehrbuch für die zweite Klasse HS und AHS. Hölder-Pichler-
             Tempsky, Wien, S. 194.

Seite 393   Prozentkreis: ALBRECHT/GUTSCHI/WILTSCHE (1987): Lebendige
             Mathematik 2. Lehrbuch für die zweite Klasse HS und AHS. Hölder-
             Pichler-Tempsky, S. 221.

Seite 408   Muster: BECKER, O. (1975, S. 28).

Seite 415   Abb. zum Zentriwinkelsatz: RINDERER/LAUB/ROVINA (1988): Ma-
             thematik. Arbeitsbuch für die vierte Klasse HS und AHS. Hölder-
             Pichler-Tempsky, Wien-Graz, S. 48.

Seite 416   Abb. zum Konstruktionsweg: RINDERER/LAUB/ROVINA (1988):
             Mathematik. Arbeitsbuch für die vierte Klasse HS und AHS. Hölder-
             Pichler-Tempsky, Wien-Graz, S. 49.

Seite 418   Muster: BECKER, O. (1975, S. 28).

Seite 434   Boot, Seekarte: MUED (Klasse 7, Geometrie 1).

Seite 437   Abb. zum Reflexionsgesetz: SCHNEIDER, G. / THANNHAUSER, I.
             (Hrsg.) (1986): Physik. Lehrbuch für den IV. und V. Lehrgang HAK.
             Trauner, Linz, S. 141.

Seite 443   Neigungsmesser: LAUB, J. / HRUBY, E. (1975, S. 218).

Seite 444   Höhenwinkelmesser: LAUB, J. / HRUBY, E. (1975, S. 218).

             Höhenwinkel: LAUB, J. / HRUBY, E. (1975, S. 235).

Seite 448   Erdkugel: WITTMANN, E. (1987, 1. Umschlagseite).

Heinrich Kanz (Hrsg.)

Deutsche pädagogische Zeitgeschichte 1974-1979
Bildungs- und Erziehungsdokumente auf Bundesebene

Frankfurt/M., Bern, New York, 1983. 234 S.
Erziehungsphilosophie. Bd. 1
Herausgegeben von Prof. Dr. Heinrich Kanz
ISBN 3-8204-7333-5   br. sFr. 58,--

Die bundesrepublikanische Erziehungsgeschichte 1974-1979 wird hier anhand von Dokumenten und Kommentaren in ihren Grundzügen ansprechbar. Die Auswahl der Dokumente erfolgt unter der Zielsetzung, die europäischen Zusammenhänge ins Blickfeld zu bringen. In den Kommentaren wird u. a. zur erziehungsphilosophischen Reflexion über den heutigen geschichtlichen Standort aller Erziehungspartner angeregt. Da ohne das Verständnis der zeitgeschichtlichen Dimension die pädagogischen Handlungen der Gegenwart ins Leere laufen, ist die Frage eines umgreifenden geschichtlichen Bewußtseins mit dem vorliegenden Werk wieder neu und unabweisbar zu stellen.

Aus dem Inhalt: Bildungsdokumente der UNESCO, des Deutschen Städtetages, der zuständigen Bundesministerien, der Kirchen, der Gewerkschaft, des Juristentages, des Bundeselternrates, der KMK, der nationalen Kommission des Kindes.

Verlag Peter Lang Frankfurt a.M. · Bern · New York · Paris
Auslieferung: Verlag Peter Lang AG, Jupiterstr. 15, CH-3000 Bern 15
Telefon (004131) 321122, Telex pela ch 912 651, Telefax (004131) 321131